COOLING AND HEATING
LOAD CALCULATION PRINCIPLES

Cognizant TC:
This publication was prepared under ASHRAE Research Project 875 sponsored by TC 4.1., Load Calculation Data and Procedures.

About the authors:
Curtis O. Pedersen is Professor Emeritus of Mechanical Engineering at the University of Illinois in Urbana-Champaign. He has forty years of professional experience including six in industry and thirty-four at universities. He is an ASHRAE Fellow and has been actively involved in ASHRAE activities for 30 years. He was the principal investigator of RP-875, which resulted in this book. He also has participated in five other ASHRAE research projects and currently directs RP-987. He also directs the BLAST (Building Loads Analysis and System Thermodynamics) Support Office at the University of Illinois, which is developing the new energy analysis program, EnergyPlus.

Daniel E. Fisher is Senior Research Engineer at the University of Illinois in Urbana-Champaign and a Project Coordinator in the BLAST Support Office. During the last ten years he has participated in numerous research projects related to heat-balance-based energy and thermal load calculations, including three ASHRAE projects (RP-529, RP-664, and RP-876) and the project that resulted in this publication (RP-875).

Jeffrey D. Spitler is Associate Professor in the School of Mechanical and Aerospace Engineering at Oklahoma State University in Stillwater. He teaches and conducts research in the areas of heat transfer, thermal systems, HVAC, and ground-source heat pump systems. He received his bachelor's and master's degrees and Ph.D. in mechanical engineering from the University of Illinois at Urbana-Champaign. He is active in ASHRAE, where he serves on the energy calculation and geothermal systems technical committees and the society's Student Activities Committee. He has worked on several ASHRAE research projects and was co-author of the ASHRAE *Cooling and Heating Load Calculation Manual*, 2d edition.

Richard J. Liesen is Senior Research Engineer in the Mechanical Engineering Department at the University of Illinois in Urbana-Champaign. He has 16 years of professional experience including five in industry and the Navy and eleven at the university doing building simulation research, project research, and consulting. He is an Associate Member of ASHRAE. For the last nine years he has been a Project Coordinator for the BLAST Support Office and has participated in many of the current research projects, including the new energy analysis program, EnergyPlus, the merger of BLAST and DOE2.

COOLING AND HEATING LOAD CALCULATION PRINCIPLES

Curtis O. Pedersen
Daniel E. Fisher
Jeffrey D. Spitler
Richard J. Liesen

American Society of Heating, Refrigerating
and Air-Conditioning Engineers, Inc.

©1998 American Society of Heating,
Refrigerating and Air-Conditioning Engineers, Inc.
1791 Tullie Circle N.E.
Atlanta, Georgia 30329
www.ashrae.org

All rights reserved.

Printed in the United States of America

ISBN 1-883413-59-1

ASHRAE has compiled this publication with care, but ASHRAE has not investigated, and ASHRAE expressly disclaims any duty to investigate, any product, service, process, procedure, design, or the like that may be described herein. The appearance of any technical data or editorial material in this publication does not constitute endorsement, warranty, or guaranty by ASHRAE of any product, service, process, procedure, design, or the like. ASHRAE does not warrant that the information in this publication is free of errors, and ASHRAE does not necessarily agree with any statement or opinion in this publication. The entire risk of the use of any information in this publication is assumed by the user.

No part of this book may be reproduced without permission in writing from ASHRAE, except by a reviewer who may quote brief passages or reproduce illustrations in a review with appropriate credit; nor may any part of this book be reproduced, stored in a retrieval system, or transmitted in any form or by any means—electronic, photocopying, recording, or other—without permission in writing from ASHRAE.

ASHRAE Staff

SPECIAL PUBLICATIONS

Mildred Geshwiler
Editor
Jeri Alger
Managing Editor
Jennifer Schonheiter
Assistant Editor
Amanda Arwood
Assistant Editor
Michshell Phillips
Secretary

PUBLISHING SERVICES

Scott Zeh
Manager

W. Stephen Comstock
Publisher

Table of Contents

FOREWORD

Chapter One
    INTRODUCTION 1

Chapter Two
    FUNDAMENTALS OF THE HEAT BALANCE METHODS 7

Chapter Three
    USING THE ASHRAE HEAT BALANCE METHODS 15

Chapter Four
    THERMAL PROPERTY DATA 43

Chapter Five
    ENVIRONMENTAL DESIGN CONDITIONS 55

Chapter Six
    INFILTRATION 131

Chapter Seven
    INTERNAL HEAT GAIN 153

Chapter Eight
    AIR SYSTEMS, LOADS, IAQ, AND PSYCHROMETRICS 163

Chapter Nine
    HEATING LOAD CALCULATIONS 187

Chapter Ten
    MATHEMATICAL DESCRIPTION OF THE METHODS 193

Appendix A
    USING THE LOAD CALCULATION SOFTWARE 207

Appendix B
    HB FORT INPUT FILE 217

Appendix C
    OUTPUT FILES 223

Appendix D
    PSYCHROMETRIC PROCESSES—BASIC PRINCIPLES 227

Foreword

ASHRAE Technical Committee 4.1, which originated RP-875, the research project that resulted in this book, is responsible for developing and documenting procedures for calculating cooling and heating loads in buildings. Over the years, many procedures have been developed and presented. They all had a common goal of trying to synthesize the complex, interacting heat exchange processes that occur in a building into a simple manual procedure. The result always required incorporating many simplifications, particularly regarding the interactions between heat exchange processes. Given the present status of widespread, inexpensive computing power, it is foolish to even consider imposing the restrictions required by a manual method. Accordingly, the goal of RP-875 was not to develop a manual method but, rather, to develop a framework for applying the fundamental processes of a heat balance to the task of calculating cooling loads for buildings. Strangely, the calculation of heating loads has always used fundamental heat balance principles, but, since the calculation is normally done as a steady-state process, it is much simpler. It is the non-steady nature of the cooling load calculation that presents the challenge.

This book begins with an overview of the heat exchange processes that occur within a room and presents two methods for using them to calculate cooling loads. The first method is the Heat Balance (HB) method and the second is the Radiant Time Series (RTS) method, which is based on the HB method but adds additional assumptions about the heat transfer interactions. As presented, the RTS method depends entirely on the HB method to provide the necessary customized coefficients. The value of the RTS method is of a forensic nature. It can be used to estimate the contributions of individual heat gain quantities to the cooling load. A designer can use this information to rank contributors to the cooling load.

Chapter 2 presents the fundamentals of the HB method in general mathematical form, and chapter 10 gives the specific framework for applying those principles to a cooling load calculation. This framework is incorporated into load calculation software that accompanies this book. Chapter 3 covers the use of the software through a series of examples. Appendix A is a detailed manual that describes the use of the software. Appendices B and C present supporting information about the software. Chapters 1-3, 10, and Appendices A-C are the most important parts of the book.

Chapters 4, 6, 7, 8, and Appendix D, are only slightly modified forms of the same chapters in *Heating and Cooling Load Calculation Manual*, second edition, by Faye C. McQuiston and Jeffrey Spitler. They present supporting data and information that can be used to determine some of the parameters needed in the HB procedures.

Foreword

Chapter 5, Environmental Design Conditions, is reproduced from the *1997 ASHRAE Handbook—Fundamentals* and helps determine the boundary conditions that should be used on the outside of the building.

This book represents a watershed change in the method for calculating cooling loads. The authors believe it represents a forward step in the direction of "Proclaiming the Truth," which is the title of the Centennial history of the American Society of Heating, Refrigerating and Air-Conditioning Engineers.

The support of ASHRAE TC 4.1 through RP-875 is gratefully acknowledged. The Project Monitoring Subcommittee and particularly its chair, Tom Romine, spent countless hours reviewing text and testing the procedures. We appreciate those efforts very much.

Curtis O. Pedersen, 1998

Chapter One
Introduction

This manual presents two methods for calculating cooling loads in nonresidential buildings. The methods presented are based on fundamental heat balance principles and are significantly different from those presented in the previous version of this manual. The methods were developed under ASHRAE Research Project 875. In the work statement that led to the project, "Cooling Load Methodology Development and Load Calculation Manual Update" (875-TRP), Technical Committee 4.1 states: "The current *1997 ASHRAE handbook—Fundamentals* Chapter 26, includes discussion of four cooling load methodologies (heat balance, weighting factors, CLTD/CLF, and TETD/TA), which is confusing to Handbook users and is undesirable. The heat balance method is the most scientifically rigorous method. The description of this method in the Handbook will be expanded to fully document the procedure."

That statement, although applied to the *ASHRAE 1997 Handbook—Fundamentals*, applies equally to the second edition of the *Cooling Load Manual*. This manual, *Load Calculation Principals*, presents the methods developed by RP-875, examples of their use, and the material needed to apply the methods to calculating cooling loads.

1.1 Definition of a Cooling Load

When an HVAC system is operating, the rate at which it is removing heat from a space is the instantaneous heat extraction rate for that space. The concept of a design cooling load derives from the need to determine an HVAC system size that, under extreme conditions, will provide some specified condition within a space. The space served by an HVAC system commonly is referred to as a thermal zone or just a zone. Usually, the indoor boundary condition associated with a cooling load calculation is a constant interior dry-bulb temperature, but it could be a more complex function, such as a thermal comfort condition. What constitutes extreme conditions can be interpreted in many ways. Generally, for an office it would be assumed to be a clear sunlit day with high outdoor wet-bulb and dry-bulb temperatures, a high office occupancy, and a correspondingly high use of equipment and lights. It is apparent that the boundary conditions for a cooling load determination are subjective. But, after the design boundary conditions are agreed upon, then the design cooling load represents the maximum or peak heat extraction rate under those boundary conditions.

1.2 The Basic Design Questions

In considering the problem of design from the HVAC system engineer's viewpoint, there are three main questions that a designer needs to address. They are:

1. What is the required equipment size?
2. How do the heating/cooling requirements vary spatially within the building?

Overview of the ASHRAE Heat Balance Methods

3. What is the relative size of the various contributors to the heating/cooling load?

The cooling load calculation is performed primarily to answer the second question, that is, to provide a basis for specifying the required airflow to individual spaces within the building. The calculation also is critical to professionally answering the first question, while answers to the third question help the designer make choices to improve the performance or efficiency of the design and occasionally may influence architectural designers regarding energy-sensitive consequences.

1.3 Overview of the ASHRAE Heat Balance Methods

1.3.1 Models and Reality

All calculation procedures involve some kind of model, and all models are approximate. The amount of detail involved in a model depends on the purpose for that model. This is the reality of modeling, which should describe only the variables and parameters that are significant to the problem at hand. The problem is to ensure no significant aspects of the process or device being modeled are excluded and, at the same time, unnecessary detail is avoided. The second edition of the *Load Calculation Manual* contains methods that represent a mix of detail levels. Some aspects of the problem are treated in great detail, while others are represented without reference to certain fundamental interactions.

In an *ASHRAE Journal* paper, Romine (1992), traced the history of load calculation procedures that have appeared in the *ASHRAE Handbook—Fundamentals*. The methods all have a common theme, that of a "two step" process. This means that a model is envisioned that has heat entering a zone at one time, being absorbed into the material in the zone, and then being removed from the zone at a later time, thus forming the cooling load. Unfortunately, this two-step concept developed from a particular computational model of the process involving the response to a steady periodic sine wave input. Considering only the time relationship between the peaks of the sine wave tended to separate the process into two steps, an excitation step followed by a delayed response step. Qualitatively, it may be useful to think of the processes that way, but actually all the heat transfer processes involved in the space occur continuously and simultaneously. The challenge is to develop a computational scheme that can deal with the simultaneity while being understandable and retaining the correct physics for the processes. Basic models that satisfy these criteria for the heat balance processes are described in Section 1.3.2.

A complete, detailed model of all of the heat transfer processes occurring in a building would be very complex and would be impractical as a computational model even today. However, there is fairly good agreement among building physics researchers and practitioners that certain modeling simplifications are reasonable and appropriate under a broad range of situations. The most fundamental of these is that the air in the space can be modeled as well-stirred. This means it has a uniform temperature throughout the space because it mixes by motion within itself. Some current research is concerned with determining the limits to this condition, but so far it appears that the modeling assumption is quite valid over a wide range of conditions. The next step in complexity requires an enormous increase in computational requirements, so the simple model becomes the basis for most discussions of room heat transfer. With that as a basis, it is possible to formulate fundamental models for the various heat transfer and thermodynamic processes that occur. The resulting formulation is called the Heat Balance (HB) method. There is a general description in Chapter 2 and a mathematical description in Chapter 10.

INTRODUCTION

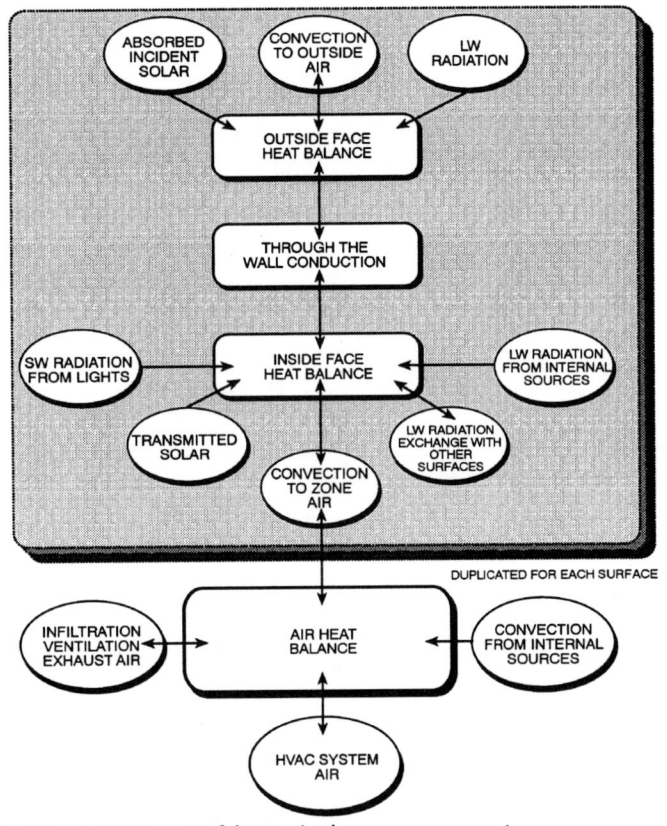

Figure 1.1 Schematic of heat balance process in a zone.

1.3.2 THE HEAT BALANCE METHOD

The processes that make up the heat balance model can be visualized using the schematic shown in Figure 1.1. It consists of four distinct processes. They are:

1. the outside face heat balance,
2. the wall conduction process,
3. the inside face heat balance,
4. the air heat balance.

Figure 1.1 shows the heat balance process in detail for a single opaque surface. The top part of the figure is repeated for each of the surfaces enclosing the zone.

The process for transparent surfaces would be similar to that shown but would not have the absorbed solar component at the outside surface. Instead, it would split into two parts: an inward-flowing fraction, and an outward-flowing fraction. These fractional parts would participate in the inside and outside face heat balances. The transparent surfaces would, of course, provide the transmitted solar component that contributes to the inside heat balance.

The double-ended arrows indicate schematically where there is a heat exchange, and single-ended arrows indicate where the interaction is one way. The formulation of the heat balance consists of mathematically describing the four major processes shown as rounded blocks within the figure.

1.3.3 THE RADIANT TIME SERIES METHOD

The radiant time series (RTS) method is a new method for performing design cooling load calculations. It is derived directly from the heat balance method, and effectively replaces all other simplified (non-heat-balance) methods such as the transfer function method, the cooling load temperature difference/solar cooling load/cooling load factor method, and the total equivalent temperature difference/time

Overview of the ASHRAE Heat Balance Methods

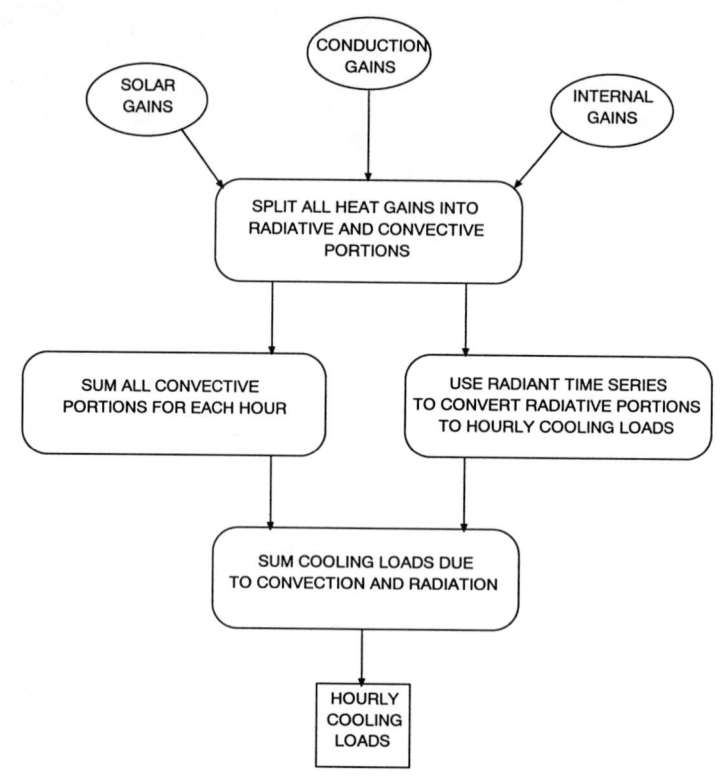

Figure 1.2 Schematic of the radiant time series method.

averaging method. RTS was developed in response to TC 4.1's desire to offer a method that was rigorous, yet did not require iterative calculations of the previous methods. In addition, for pedagogical reasons, it is desirable for the user to be able to inspect and compare the coefficients for different zone types.

It is expected that the more rigorous heat balance method eventually will become the computational engine in commercially available load calculation programs. Computation speed is no longer an issue, and a carefully designed user interface can simplify a cooling load procedure to any level of specificity required by the user.

The utility of the RTS method lies in the clarity, not the simplicity, of the procedure. Since the RTS method uses the heat balance to generate the RTS coefficients, it is at least as computationally intensive as the heat balance upon which it is based. What the RTS method does offer is insight into the building physics at the expense of computational rigor, a sacrifice in accuracy that is surprisingly small in most cases. Previous simplified methods relied on room transfer function coefficients that completely obscured the actual heat transfer processes they modeled. The heat balance based RTS coefficients, on the other hand, provide some insight into the relationship between zone construction and the time dependence of the building heat transfer processes. The RTS method abstracts the building thermal response from the fundamentally rigorous heat balance and presents the effects of complex, interdependent physical processes in terms that are relatively easy to understand. The abstraction requires a number of simplifying assumptions and approximations. These are covered in Chapter 2.

Figure 1.2 shows the computational procedure that defines the RTS method. A more detailed schematic is shown in Chapter 10.

INTRODUCTION

In the RTS method, a conductive heat gain for each surface is first calculated using air-to-air response factors. The conductive heat gains and the internal heat gains are then split into radiant and convective portions. All convective portions are instantaneously converted to cooling loads and summed to obtain the fraction of the total hourly cooling load due to convection.

Radiant heat gains from conduction, internal sources, and solar transmission are operated on by the radiant time series to determine the fraction of the heat gain that will be converted to a cooling load in current and subsequent hours. These fractional cooling loads are added to the previously calculated convective portions at the appropriate hour to obtain the total hourly cooling load.

Chapter Two
Fundamentals of the Heat Balance Methods

The heat balance processes introduced briefly in Chapter 1 are described more generally in this chapter, and a specific implementation is presented in Chapter 10. The resolution of the simultaneous heat balance processes requires an iterative solution. It is not realistic to consider doing that without the aid of a computer. Accordingly, both the heat balance procedure and the radiant time series (RTS) procedure have been implemented in the software that accompanies this manual. The use of the software will be explained by presenting a series of examples tailored to show various fundamental aspects of the load calculation process. These examples are included in Chapter 3.

The heat balance concept is fundamental to both of the methods described in the first chapter. In order to make the model useful, the concepts must be translated into mathematical form. This is done in this chapter. These concepts will be made more specific in Chapter 10, and the actual equations that constitute the heat balance methods will be presented there.

In the following sections the fundamentals of the heat balance method are discussed in the context of the outside face, inside face, and air heat balances and wall conduction. The discussion is intended to present the physical processes in mathematical terms. The heat flux, which is defined as the rate of heat transfer per unit area (q/A) perpendicular to the direction of transfer, is denoted by the symbol q''. The subscript on q'' shows the mode of heat transfer (conduction, convection, or radiation).

2.1 Outside Face Heat Balance

The heat balance at the outside face of an exterior zone wall is modeled with four heat exchange processes. Figure 2.1 shows this balance schematically.

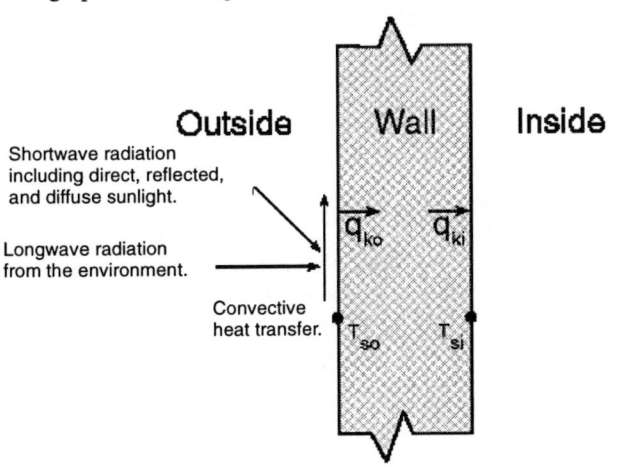

Figure 2.1

Wall Conduction Process

The heat balance on the outside face is:

$$q''_{\alpha sol} + q''_{LWR} + q''_{conv} - q''_{ko} = 0 \qquad (2.1)$$

where

- q''_{ko} = conductive heat flux (q/A) into the wall
- $q''_{\alpha sol}$ = absorbed direct and diffuse solar (short wavelength) radiant heat flux
- q''_{LWR} = net long wavelength (thermal) radiant flux exchange with the air and surroundings.
- q''_{conv} = convective flux exchange with outside air

All terms are positive for net flux to the face except the conduction term, which traditionally is taken to be positive in the direction from outside to inside of the wall.

Simplified procedures generally combine the last three terms by using the concept of a sol-air temperature.

The ASHRAE implementation of the heat balance method uses fundamental, but simple, solar, environmental, and outside convection models to calculate the terms of the outside heat balance where:

- $q''_{\alpha sol}$ is calculated using the procedures from the *ASHRAE Handbook—Fundamentals*;
- $q''_{conv} = h_{co}(T_{air} - T_o)$ where $h_{co'}$ is the MoWiTT natural convection coefficient (McClellan 1997), which is based on air and surface temperatures and is slightly more conservative that the ASHRAE constant coefficient of 17.8 W/m²K;
- q''_{LWR} is a standard radiation exchange formulation between the surface, the sky, and the ground. The radiation heat flux is calculated from the surface absorptance, surface temperature, sky and ground temperatures, and sky and ground view factors.

The conduction term, q''_{ko}, is calculated using a transfer function method shown in Section 2.2.

2.2 Wall Conduction Process

There are probably more ways to formulate the wall conduction process than any of the other processes. As a result, it is the topic that has received the most attention over the years. Among the possible ways to model this process are:

1. numerical finite difference,
2. numerical finite element,
3. transform methods,
4. time series methods.

This process introduces part of the time dependence inherent in the load calculation process (Figure 2.2).

This schematic shows face temperatures on the inside and outside faces of the wall element, and corresponding inside and outside heat fluxes. All four of these quantities are functions of time. The direct formulation of the process has the two temperature functions as input or known quantities and the two heat fluxes as outputs or resultant quantities.

In all simplified methods, including the RTS formulation, the face heat transfer coefficients are included as part of the wall element. Then the temperatures in question are the inside and outside air temperatures. This simplification hides the heat transfer coefficients and prohibits changing them as airflow conditions change, and it

FUNDAMENTALS OF THE HEAT BALANCE METHODS

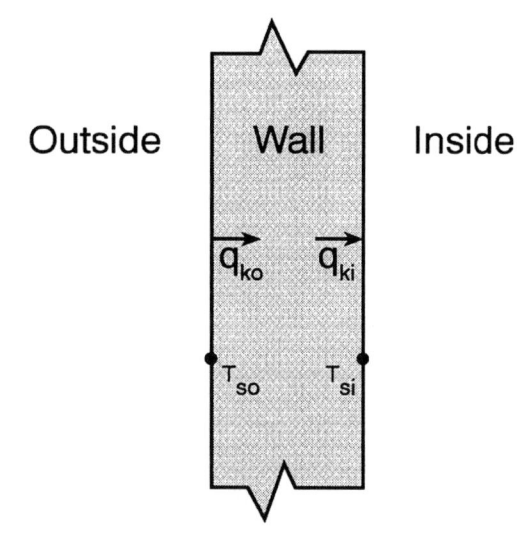

Figure 2.2 Schematic of wall conduction process.

also prohibits treating the internal longwave radiation exchange appropriately. This is why it is not done.

Since the heat balances on both sides of the element incorporate both the temperature and heat fluxes, the solution technique must be able to deal with this simultaneous condition. The two possibilities are either to iterate or to lag some of the quantities in time. From a computational standpoint, the two methods that are reasonable candidates are a finite difference (FD) procedure or a conduction transfer function (CTF) procedure. The CTF procedure has been incorporated into the procedures of this manual because it offers much greater computational speed with little loss of generality.

The CTF formulation relates the conductive heat fluxes to the current and past surface temperatures and the past heat fluxes. The general form is

$$q''_{ki}(t) = -Z_o T_{i,t} - \sum_{j=1}^{nz} Z_j T_{i,t-j\delta} + Y_o T_{o,t} + \sum_{j=1}^{nz} Y_j T_{o,t-j\delta} + \sum_{j=1}^{nq} \Phi_j q''_{ki,t-j\delta} \quad (2.2)$$

for the inside heat flux, and

$$q''_{ko}(t) = -Y_o T_{i,t} - \sum_{j=1}^{nz} Y_j T_{i,t-j\delta} + X_o T_{o,t} + \sum_{j=1}^{nz} X_j T_{o,t-j\delta} + \sum_{j=1}^{nq} \Phi_j q''_{ko,t-j\delta} \quad (2.3)$$

for the outside heat flux ($q'' = q/A$).

where

X_j = outside CTF, $j = 0, 1, ...nz$,
Y_j = cross CTF, $j = 0, 1, ...nz$,
Z_j = inside CTF, $j = 0, 1, ...nz$,
F_j = flux CTF, $j = 1, 2, ...nq$,
T_i = inside face temperature,
T_o = outside face temperature,
q''_{ko} = conductive heat flux on outside face,
q''_{ki} = conductive heat flux on inside face.

LOAD CALCULATION PRINCIPLES

Inside HB

The subscript following the comma indicates the time period for the quantity in terms of the time step d.

The first terms in the series (those with subscript "0") have been separated from the rest to facilitate solving for the current temperature in the solution scheme

The two summation limits, nz and nq, are dependent on the wall construction and somewhat dependent on the scheme used for calculating the CTFs. If $nq = 0$, the CTFs generally are referred to as response factors, but then theoretically nz is infinite. The values for nz and nq generally are set to minimize the amount of computation. A development of CTFs can be found in Hittle (1979).

2.3 Inside HB

The heart of the heat balance method is the internal heat balance involving the inside faces of the zone surfaces. This heat balance generally is modeled with four coupled heat transfer components:

1. Conduction through the building element.
2. Convection to the air.
3. Shortwave radiant absorption and reflection.
4. Longwave radiant interchange.

The incident shortwave radiation is from the solar radiation entering the zone through windows and that emitted from internal sources such as lights. The longwave radiant interchange includes the absorption and emittance from low-temperature radiation sources, such as all other zone surfaces, equipment, and people.

The inside face heat balance for each face can be written as follows:

$$q''_{LWX} + q''_{SW} + q''_{LWS} + q''_{ki} + q''_{sol} + q''_{conv} = 0 \qquad (2.4)$$

where

q''_{LWX} = net longwave radiant exchange flux between zone surfaces,
q''_{SW} = net shortwave radiation flux to surface from lights,
q''_{LWS} = longwave radiation flux from equipment in zone,
q''_{ki} = conductive flux through the wall,
q''_{sol} = transmitted solar radiation flux absorbed at face,
q''_{conv} = convective heat flux to zone air.

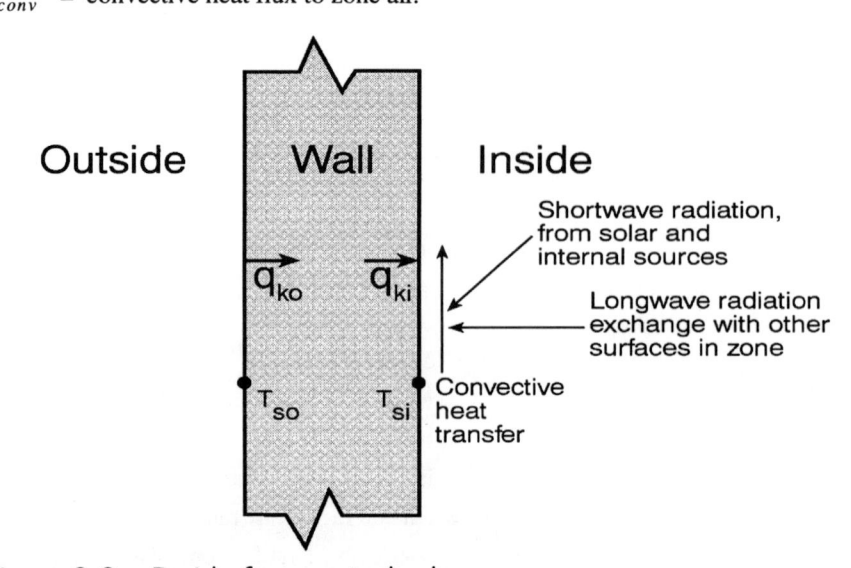

Figure 2.3 Inside face control volume.

FUNDAMENTALS OF THE HEAT BALANCE METHODS

The models for these heat exchange components will be described in the following sections.

2.3.1 CONDUCTION, q_{ki}

This contribution to the inside face heat balance is the wall conduction term, expressed by Equation 2.2. This represents the heat transfer behind the inside face of the building element.

2.3.2 INTERNAL RADIATION MODELING

LW Radiation Exchange Among Zone Surfaces, q_{lwx}

There are two limiting cases for internal *LW* radiation exchange that are easily modeled.

1. The zone air is completely transparent to *LW* radiation.
2. The zone air completely absorbs *LW* radiation from the surfaces within the zone.

The limiting case of completely absorbing air has been used for load calculations and also in some energy analysis calculations. This model is attractive because it can be formulated simply using a combined radiation and convection heat transfer coefficient from each surface to the zone air. However, it oversimplifies the zone surface exchange problem. Accordingly, most heat balance formulations treat air as completely transparent.

Then the *LW* radiation exchange among the surfaces in the zone can be formulated directly. The HB procedure in this manual uses a mean radiant temperature (MRT) exchange formulation, which uses approximate view factors but retains very good accuracy (Liesen 1997).

Internal Furnishings

Furniture in a zone has the effect of increasing the amount of surface area, which can participate in the radiant and convective heat exchanges. It also adds thermal mass to the zone. These two changes affect the time response of the zone cooling load in opposite ways. The added area tends to shorten the response time, while the added mass tends to lengthen the response time.

The proper modeling of furniture is an area that needs further research, but the heat balance formulation allows the effect to be modeled in a realistic manner by including the furniture surface area and thermal mass in the heat exchange process.

LW Radiation from Internal Sources

The traditional model for this source is to define a radiative/convective split for the heat introduced into a zone from equipment. The radiative part is then distributed over the surfaces within the zone in some prescribed manner. This, of course, is not a completely realistic model, and it departs from the heat balance principles. However, it is virtually impossible to treat this source in any more detail since the alternative would require knowledge of the placement and surface temperatures of all equipment.

SW Radiation from Lights

The short wavelength radiation from lights is distributed over the surfaces in the zone in some prescribed manner. In many cases, this is not a very large cooling load component.

2.3.3 TRANSMITTED SOLAR

ASHRAE TC 4.5, Fenestration, currently is revising the calculation procedure for determining transmitted solar energy. They are proposing to use the solar heat gain coefficient (SHGC) directly rather than relate it to that for a double-strength glass as is done when using shading coefficient (SC). This approach was described by Wright (1995). The problem with this plan is that the SHGC includes both the transmitted solar and the inward flowing fraction of the solar radiation absorbed in the window. In keeping with the heat balance formulation, this latter part should be added to the conduction component so that it can be included in the inside surface heat balance. Thus, the heat balance procedure has to rely on more fundamental treatment of transmitted solar radiation.

Transmitted solar radiation also is distributed over the surfaces in the zone in a prescribed manner. It would be possible to calculate the actual position of beam solar radiation, but that would involve partial surface irradiation, which is inconsistent with the rest of the zone model that assumes uniform conditions over an entire surface.

The current procedures incorporate a set of prescribed distributions. Since the heat balance approach can deal with any distribution function, it is possible to change the distribution function if it seems appropriate. This question will be discussed further in the examples.

2.3.4 Convection to Zone Air

The convection flux is calculated using the heat transfer coefficients as follows:

$$q''_{conv} = h_c (T_a - T_s) \tag{2.5}$$

The inside convection coefficients (h_c) presented in the *ASHRAE Handbook—Fundamentals* and used in most load calculation procedures and energy programs are based on very old natural convection experiments and do not accurately describe the heat transfer coefficients that are present in a mechanically ventilated zone. In previous calculation procedures, these coefficients were buried and could not be changed. The heat balance formulation keeps them as working parameters. In this way, new research results can be incorporated into the procedures. It also will permit determining the sensitivity of the load calculation to these parameters.

2.4 Air HB

In heat balance formulations aimed at determining cooling loads, the capacitance of the air in the zone is neglected and the air heat balance is done as a quasi-steady balance in each time period. There are four contributors to the air heat balance. They are: convection from the zone surfaces, infiltration and ventilation introduced directly into the zone, and the HVAC system air.

$$q_{conv} + q_{CE} + q_{IV} + q_{sys} = 0 \tag{2.6}$$

where

q_{conv} = convective heat transfer from the surfaces,
q_{CE} = convective part of internal loads,
q_{IV} = sensible load due to infiltration and direct zone ventilation air,
q_{sys} = heat transfer to/from the HVAC system.

2.4.1 Convection from Surfaces

This contribution is expressed using the convective heat transfer coefficient as follows:

$$q_{conv} = \sum_{i=1}^{nsurfaces} h_{c,i} A_i (T_{s,i} - T_a) \tag{2.7}$$

Convective Parts of Internal Loads, q_{CE}

This component is the companion part of the radiant contribution from internal loads described previously. It is added directly into the air heat balance. Such a treatment also violates the tenets of the heat balance since the surface temperature of the surfaces producing the internal loads exchange heat with the zone air through normal convective processes. However, the details required to include this component in the heat balance generally are not available, and its direct inclusion into the air heat balance is a reasonable approach.

Infiltration, q_{IV}

Any air that enters by way of infiltration is assumed to be immediately mixed with the zone air. The determination of the amount of infiltration air is quite complicated and subject to significant uncertainty. Chapter 7 of this manual presents some procedures for estimating infiltration. In the HB and RTS procedures the infiltration quantity is converted to a number of air changes per hour (ACH) and included in the zone air heat balance using the outside temperature at the current hour.

References

Hittle, D.C. 1979. Calculating building heating and cooling loads using the frequency response of multilayered slabs. Ph.D. thesis, University of Illinois at Urbana-Champaign.

Liesen, R.J., and C.O. Pedersen. 1997. An evaluation of inside surface heat balance models for cooling load calculation. *ASHRAE Transactions* 103(2): 485-502.

McClellan, T.M., and C.O. Pedersen. 1997. An evaluation of inside surface heat balance models for use in a heat balance cooling load calculation procedure. *ASHRAE Transactions* 103(2): 469-484.

Wright, J.L. 1995. Summary and comparison of methods to calculate solar heat gain. *ASHRAE Transactions* 101(2): 802-818.

Chapter Three

Using the ASHRAE Heat Balance Methods

The ASHRAE heat-balance-based cooling load procedures are included in this manual in two forms. First, the basic equations and algorithms for both the heat balance (HB) and the radiant time series (RTS) methods are shown in Chapter 10. Second, the procedures have been translated into a high-level computer language and are included as a stand-alone program on the disk accompanying this manual.

In past versions of the *Cooling and Heating Load Calculation Manual*, examples primarily have served to illustrate the proper formulation and use of the equations required by the solution technique under discussion. This was due to the fact that codified procedures were not included with the manual; users were required to write the code themselves—either in a spreadsheet or in a high-level language.

The examples in this chapter move beyond the mechanics of the procedures and concentrate on some of the more difficult issues involved in cooling load calculations—suspended ceilings, carpet, plenums, and window systems. This shift in emphasis has been effected by writing input-based rather than equation-based examples. The sections that follow show how the interface, which is described in Appendix A, is used to set up the examples. The tables show the information in approximately the same format as the forms of the interface.

3.1 BASE CASE EXAMPLE

A small single-story office building is used to illustrate the use of the heat balance procedures. A 20 ft by 20 ft zone, which represents the southwest corner of this office building, is shown schematically in Figure 3.1.

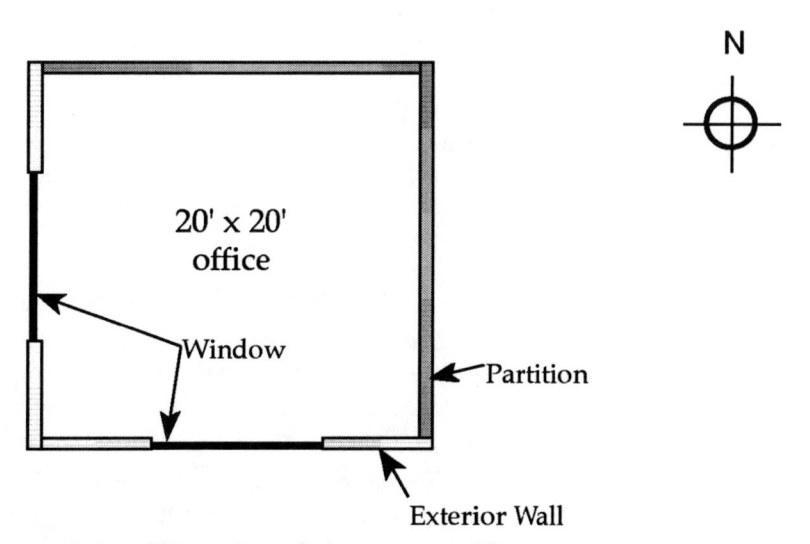

Figure 3.1 Floor plan of the corner office zone.

Base Case Example

Heat balance-based calculations can be approached systematically by considering the information that is required by each of the three energy balances: outside, inside, and air. A step-by-step procedure that follows this approach is described in the following sections. The procedure organizes the information in the format of the heat balance-based program supplied with this manual.

The heat balance procedure is based on a 24-hour calculation. This requires hourly values for many or most design parameters. These hourly values can be generated by functional relationships, such as sinusoidal outdoor temperature profiles, but the straightforward approach is to simply supply the 24 values when required.

Step 1: Describe Outside Conditions

The daily hourly values for the outdoor air dry-bulb and the outdoor air wet-bulb temperatures are the two critical outdoor parameters as shown in Table 3.1. The temperatures represent design weather conditions for the location of the building.

Hourly values for the outside surfaces of a ground-coupled slab also can be specified. Since ground coupling nearly always reduces the peak and total cooling load, it often is neglected in cooling load calculations.

In addition to ambient temperatures, the latitude of the building location and the day of the year must be selected in order to calculate sun angles and determine absorbed and transmitted solar energy. The procedures of the *ASHRAE Handbook—Fundamentals* are incorporated for these calculations.

Table 3.2 shows the longitude, latitude, and time zone for Champaign, Ill., as well as the day and month of the load calculation. July 21 is a typical summer design day. Wind speed is the other environmental parameter shown on the global zone data sheet. Wind speed can affect the rate of convective heat transfer from the exterior of building surfaces.

The Zone North Axis shows how the building is oriented on its site. If the wall labeled North Wall by the heat balance program actually faces 15 degrees east of north, then the Zone North Axis is set to "15" to reflect a 15 degree rotation of the building.

Step 2: Describe Inside Conditions

Table 3.3 shows the five hourly schedules that typically contribute to the inside heat balance. The internal sources (people, lights, equipment, and infiltration) are specified as hourly heat gains. Diversity is included by varying the hourly values according to a more or less realistic usage or occupancy schedule.

In the ASHRAE heat balance-based procedures, the zone air temperature is a parameter of the calculation procedure, rather than a result. The procedure calculates the cooling load for a given zone temperature at each hour. The zone air temperature profile then should reflect realistic daily temperature variations in the zone rather than thermostat settings.

Step 3: Describe Walls, Windows, Ceiling, and Floor

The twelve surface zone model used in the ASHRAE heat balance procedure is described in Chapter 10. For a given orientation, there are three pieces of construction information that are critical to the cooling load calculation: these are the surface area, the surface boundary conditions, and the surface construction.

The surface tilt parameter shown in Table 3.4 is set for a flat roofed building with vertical walls. With the exception of surfaces with a high percentage of glazing, changing this parameter to accurately reflect the angular deviation of walls and roofs from vertical and horizontal positions has little effect on the cooling load.

USING THE ASHRAE HEAT BALANCE METHODS

Table 3.1
Outside Conditions Form

Local Time		1:00	2:00	3:00	4:00	5:00	6:00	7:00	8:00	9:00	10:00	11:00	12:00
Outside Conditions													
Outside Air Dry-Bulb Temperature, °F	AM PM	76.0 93.0	76.0 94.0	75.0 95.0	74.0 94.0	74.0 93.0	74.0 91.0	75.0 87.0	77.0 85.0	80.9 83.0	83.9 81.0	80.0 79.0	87.0 77.0
Outside Air Wet-Bulb Temperature, °F	AM PM	74.0 74.0	74.0 74.0	74.0 74.0	74.0 74.0	74.0 74.0	74.0 74.0	74.0 74.0	74.0 74.0	74.0 74.0	74.0 74.0	74.0 74.0	74.0 74.0
Ground (bottom face of floor) Temperature, °F	AM PM	55.0 55.0	55.0 55.0	55.0 55.0	55.0 55.0	55.0 55.0	55.0 55.0	55.0 55.0	55.0 55.0	55.0 55.0	55.0 55.0	55.0 55.0	55.0 55.0
Special Outside Boundary Temperature, °F	AM PM	80.0 80.0	80.0 80.0	80.0 80.0	80.0 80.0	80.0 80.0	80.0 80.0	80.0 80.0	80.0 80.0	80.0 80.0	80.0 80.0	80.0 80.0	80.0 80.0

Table 3.2
Zone Data Form

Zone Data	Units	
Latitude	degrees	40.0
Longitude	degrees	88.0
Time Zone	numeric	6
Month	numeric	7
Day	numeric	21
Zone North Axis	degrees	0.
Zone Height (for Vol.)	feet	10.00
Wind Speed	ft/s	11
Wind Direction	degrees from N	0.0
Barometric Pressure	psi	14.50

LOAD CALCULATION PRINCIPLES

Base Case Example

Table 3.3
Inside Conditions Form

Local Time		1:00	2:00	3:00	4:00	5:00	6:00	7:00	8:00	9:00	10:00	11:00	12:00
Outside Conditions													
Zone Air Temperature, °F	AM	75.0	75.0	75.0	75.0	75.0	75.0	75.0	75.0	75.0	75.0	75.0	75.0
	PM	75.0	75.0	75.0	75.0	75.0	75.0	75.0	75.0	75.0	75.0	75.0	75.0
People Number	AM	.00	.00	.00	.00	.00	.00	5.	2.	4.	4.	4.	4.
	PM	2.	4.	4.	4.	2.	.5	.00	.00	.00	.00	.00	1.00
Lights, W/ft²	AM	0.10	0.10	0.10	0.10	0.10	0.10	0.40	2.00	2.00	2.00	2.00	2.00
	PM	2.00	2.00	2.00	2.00	2.00	1.00	0.10	0.10	0.10	0.10	0.10	0.10
Electrical Equipment, W/ft²	AM	0.05	0.05	0.05	0.05	0.05	0.05	0.20	1.00	1.00	1.00	1.00	1.00
	PM	1.00	1.00	1.00	1.00	1.00	0.50	0.10	0.50	0.50	0.50	0.50	0.50
Infiltration, ACH	AM	.25	.25	.25	.25	.25	.25	.25	.25	.25	.25	.25	.25
	PM	.25	.25	.25	.25	.25	.25	.25	.25	.25	.25	.25	.25

Table 3.4
Wall Data Form

	Facing Angle (Degrees East from North)	Tilt Angle (Degrees from Vertical)	Area (ft²)	Solar Abs Outside	SW Abs Inside	LW Emiss Outside	LW Emiss Inside	Exterior Temp BC
South Wall	180.0	90.0	120.0	.93	.92	.90	.90	TOS
East Wall	90.0	90.0	200.0	.65	.65	.90	.90	TA
North Wall	.0	90.0	200.0	.65	.65	.90	.90	TA
West Wall	270.0	90.0	120.0	.93	.92	.90	.90	TOS
Roof	.0	.0	400.0	.65	.32	.90	.90	TOS
Floor	.0	180.0	400.0	.32	.65	.90	.90	TA
Thermal Mass	.0	90.0	0.0	.65	.65	.90	.90	TA

Using the ASHRAE Heat Balance Methods

The surface property parameters shown in Table 3.4 are "Solar Abs Outside," "SW Abs Inside," "LW Emiss Outside," and "LW Emiss Inside." The prefixes (SW and LW) refer to the short wavelength (SW) and infrared, long wavelength (LW) portions of the spectrum. "Solar" refers to the visible bandwidth. The descriptors (ABS and EMISS) refer to the radiative properties of the surface: absorptance (ABS) and emittance (EMISS). These surface properties can be changed to model special construction elements.

"Boundary conditions" (BC) refer to the environmental parameters that affect heat transfer to or from the surface. Boundary conditions usually include the presence or absence of sunlight, the ambient air temperature, and the magnitude of the convective heat transfer (film) coefficient. In the Heat Balance procedure, several groupings of solar, air temperature, and film coefficients can be specified. Table 3.4 shows two- and three-letter codes used to specify boundary conditions.

"TOS" specifies an outdoor boundary condition. It is normally used to designate exterior surfaces. Solar radiation is present, the ambient air temperature is set to the outdoor dry-bulb temperature, and the convective film coefficient is set to correspond to the wind velocity speed specified in Table 3.2. TA specifies an indoor boundary condition and is normally used to designate interior partition walls. This boundary condition assumes that the spaces separated by the partition have the same air temperature, resulting in no conductive heat transfer between spaces. The surface with this designator then becomes a heat storage surface. Three special indicators, "TG," "TSS," and "TB" are used for ground coupling, sheltered exterior surfaces, and heat transfer with interior spaces, respectively.

Windows are defined by their area and normal solar heat gain coefficient (SHGC) as shown in Table 3.5. Specifying shades, reveals, or overhangs will reduce the cooling load. Specific examples describing the application of these parameters are shown in Section 3.3.

Finally, the physical properties of all 12 surfaces—walls, windows, ceilings, floors, and thermal mass, are described in Table 3.6.

Table 6 shows the density (ρ), specific heat (c_p), conductivity (k), and thickness (L) of each layer of each surface. The layers for each construction are listed in order from outside to inside. (See Chapter 4.)

Step 4: Describe System (Optional)

Although cooling coil loads and system airflow rates are technically not con-

Table 3.5
Window Data Form

	Area (ft²)	Normal SHGC	LW Emiss Outside	LW Emiss Inside	Transmittance of Inside Shade	Reveal (ft)	Overhang width (ft)	Distance from Overhang to Window (ft)
South Window	80.0	0.93	0.9	0.9	1.0	0	0	0
East Window	0.0	0.93	0.9	0.9	1.0	0	0	0
North Window	0.0	0.93	0.9	0.9	1.0	0	0	0
West Window	80.0	0.93	0.9	0.9	1.0	0	0	0
Skylight	0.0	0.93	0.9	0.9	1.0	0	0	0

Base Case Example

Table 3.6
Wall Construction Form

	Code of layer #	ρ (lb/ft^3)	C_p (Btu/lb·°F)	k(Btu/h·ft·°F),	L (ft)
South Wall	A2	125	0.22	0.77	0.333
	B3	2.000	0.200	0.0250	0.1670
	C2	38.000	0.200	0.2200	0.3330
	E1	100.	0.200	0.4194	0.0625
East Wall	C7	38.000	0.200	0.3299	0.6670
North Wall	C7	38.000	0.200	0.3299	0.6670
West Wall	A2	130.000	0.220	0.7192	0.3330
	B3	2.000	0.200	0.0250	0.1670
	C2	38.000	0.200	0.2200	0.3330
	E1	100.	0.200	0.4194	0.0625
Roof	C5	140.001	0.200	0.9994	0.3330
	E4	0.000	0.000	1.0000	1.0000
	E5	30.0	0.200	0.0350	0.0625
Floor	E5	30.0	0.200	0.0350	0.0625
	E4	0.000	0.000	1.0000	1.0000
	C5	140.00	0.200	0.9994	0.3330
Thermal Mass	C7	38.000	0.200	0.3299	0.6670
South Wall	glass	0.000	0.000	69.4522	3.2808
Window	glass	0.000	0.000	69.4522	3.2808
North Window	glass	0.000	0.000	69.4522	3.2808
West Window	glass	0.000	0.000	69.4522	3.2808
Skylight	glass	0.000	0.000	69.4522	3.2808

Table 3.7
System Conditions

Local Time		1:00	2:00	3:00	4:00	5:00	6:00	7:00	8:00	9:00	10:00	11:00	12:00
System Conditions													
Deck Temp., °F	AM	54.0	54.0	54.0	54.0	54.0	54.0	54.0	54.0	54.0	54.0	54.0	54.0
	PM	54.0	54.0	54.0	54.0	54.0	54.0	54.0	54.0	54.0	54.0	54.0	54.0
Ventilation Air, ACH	AM	1.0	1.0	1.0	1.0	1.0	1.0	1.0	1.0	1.0	1.0	1.0	1.0
	PM	1.0	1.0	1.0	1.0	1.0	1.0	1.0	1.0	1.0	1.0	1.0	1.0

sidered part of a cooling load calculation, users may optionally specify the system supply air temperature and ventilation rate as shown in Table 3.7.

It should be noted that *Infiltration* represents air that enters the zone directly and therefore affects the cooling load. *Ventilation*, on the other hand, enters the sys-

Using the ASHRAE Heat Balance Methods

3.2 Base Case Results

tem at the mixing box just upstream of the coil and therefore affects only the coil load. Figure 8.1 shows a schematic of this arrangement.

The results from applying both automated procedures to the base case example are shown in Figure 3.2. The sensible load from both the heat balance procedure and the customized RTS procedure are shown. The loads calculated using the RTS procedure are slightly larger than those from the heat balance procedure. Generally, this is the case, and an extensive comparison is given by Spitler (1997).

The heat balance results from the summary output file, Hbcsum.out, are shown in Figure 3.3. This file shows the peak cooling load and the cooling load at the adjacent hours before and after the peak hour. It also shows the required system airflow rate and the heat gains that were imposed. For reference, some of the zone geometry details also are repeated.

The next sections of this chapter demonstrate the capabilities of the heat balance methods by making systematic changes to the base case. For many cases the comparisons display only the HB procedure results.

3.3 Fenestration

For many zones, the solar radiation transmitted through windows accounts for a significant fraction of the total peak heat gain. Generally, transmitted solar radiation is affected by three factors:

1. sunlit area of the window,
2. orientation of the glazing relative to the sun,
3. optical properties of the window unit.

This example deals with the first factor, sunlit area. Orientation and optical properties are discussed in other examples.

3.3.1 Changing Window Area

In the Northern Hemisphere, for zones with east-, west-, or south-facing fenestration, increases in window area usually result in measurably higher cooling loads. Consider changing the window area of the base case by 50%—from 80 ft^2 to 120 ft^2. The new window area is shown in Table 3.8. It should be noted that the specified wall

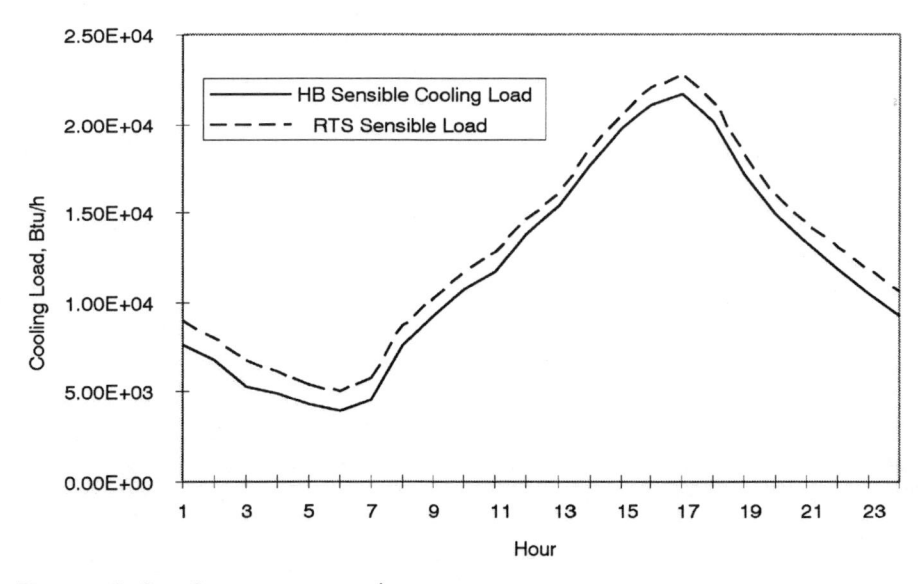

Figure 3.2 Base case results.

FENESTRATION

```
================================================================
Heat Balance Loads Calculation Summary Output, IP Units
================================================================

This is the Chapter 3 base case file
                                           ————Hour————
                                          16        17        18
     Sensible Cooling Load, (Btu/hr)   20570.9   21092.0   19364.7
     System Air Flow, (CFM)             898.748   921.516   846.050
     Heat Gain, People, (Btu/hr)       1774.76    887.380   221.845
     Heat Gain, Lights, (Btu/hr)       2730.38   2730.38   1365.19
     Heat Gain, Equip, (Btu/hr)        1365.19   1365.19    682.594
     Heat Gain, Infiltration (Btu/hr)   319.499   303.190   270.407
     Heat Gain, Solar (Btu/hr)        19265.4   18691.2   15098.1
     ————Zone Details————
        Surface              Area(ft^2)    Boundary Cond
        S Wall                120.0         TOS
        E Wall                200.0         TA
        N Wall                200.0         TA
        W Wall                120.0         TOS
        Roof/Ceiling          400.0         TOS
        Floor                 400.0         TA
        T Mass                0.0000        TA
        S Window              80.00         TOS
        E Window              0.0000        TA
        N Window              0.0000        TA
        W Window              80.00         TOS
        Skylight              0.0000        TOS
```

Figure 3.3 Hbcsum.out.

area in the input forms is the actual area. In order to keep the overall size of the surface the same, when the window area is increased, the associated wall area must be decreased.

3.3.2 ADDITION OF OVERHANG

External shading surfaces reduce the transmitted solar radiation by intercepting the direct beam component of the solar radiation and transmitting only the diffuse component. One of the most common shading devices is a window overhang. A general overhang description would include its facing angle, as well as its length, width, and height above the window. The simplified overhang model included in the heat balance program assumes that the overhang is long, relative to the width of the window. Thus, only the horizontal projection of the overhang is specified. Table 3.9 illustrates the addition of a 2 ft overhang located 0.5 ft above the window.

Table 3.8
Changing Window Area

	Area (ft²)	Normal SHGC	LW Emiss Out	LW Emiss In	Transmittance of Inside Shade	Reveal (ft)	Overhang width (ft)	Distance from Overhang to Window (ft)
South Window	120.0	0.93	0.9	0.9	1.0	0	0	0
East Window	0.0	0.93	0.9	0.9	1.0	0	0	0
North Window	0.0	0.93	0.9	0.9	1.0	0	0	0
West Window	120.0	0.93	0.9	0.9	1.0	0	0	0
Skylight	0.0	0.93	0.9	0.9	1.0	0	0	0

Using the ASHRAE Heat Balance Methods

Table 3.9
Addition of Overhang

	Area (ft²)	Normal SHGC	LW Emiss Out	LW Emiss In	Transmittance of Inside Shade	Reveal (ft)	Overhang width (ft)	Distance from Overhang to Window (ft)
South Window	80.0	0.93	0.9	0.9	1.0	0	2	0.5
East Window	0.0	0.93	0.9	0.9	1.0	0	0	0
North Window	0.0	0.93	0.9	0.9	1.0	0	2	0.5
West Window	80.0	0.93	0.9	0.9	1.0	0	0	0
Skylight	0.0	0.93	0.9	0.9	1.0	0	0	0

Figure 3.4 compares the HB hourly zone sensible cooling load of the corner office zone with 40% glazing to the load that would be required by the same zone with larger windows in the first case and with an overhang in the second case. The example highlights the importance of properly accounting for solar effects, especially in zones with a high percentage of glazing. Since solar calculations are dependent on both the position of the sun and the position of the receiving surface, solar heat gains must be calculated for each surface and summed to obtain the total hourly solar heat gain. The relative effect of the overhangs and glazing areas on the cooling load will vary significantly depending on geographic location, time of year, and surface orientation.

3.4 Specifying Internal Heat Gains

Accounting for internal heat gains involves specifying the expected peak heat gain for each hour of the day for each heat source. The 24-hour internal source schedule that results is a conservative estimate of expected hourly heat gains due to lights, equipment, people, and infiltration.

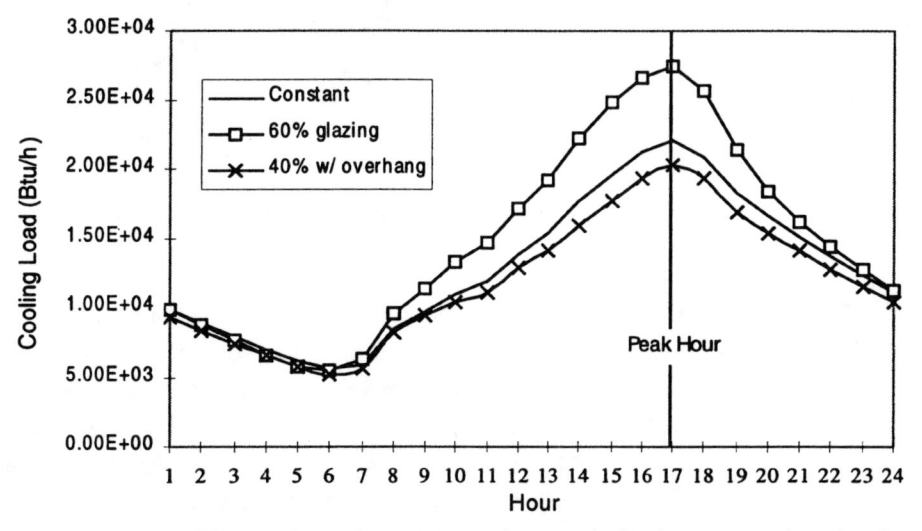

Figure 3.4 Effect of window area and partial shading on cooling load.

CHANGING WALL CONSTRUCTIONS

Heat gains due to lights and people can be reliably estimated on the basis of rated wattage and occupancy levels. Heat gains due to equipment, however, can be overestimated by a factor of two or more by summing the rated nameplate power consumption to obtain peak equipment heat gain levels. Recent studies indicate that peak equipment heat gains for most offices are under 2 W/ft^2. Equipment heat gains based on rated power consumption often result in estimated loads in excess of 5 W/ft^2 for the same offices (Wilkins 1991).

Infiltration also is difficult to estimate. Stack effects, wind pressure, and building envelope construction must be accounted for in the calculation. Chapter 7 presents the computational procedures and data required to estimate infiltration rates for various types of buildings and environments.

The significance of the internal heat gain profiles is largely dependent on the relative magnitude of solar and conductive heat gains. Consider the case where the peak internal heat gain due to lights and equipment is increased to 5 W/ft^2 by multiplying the equipment gains by three (Table 3.3).

Both loads are constant at the peak value from 8 a.m. to 6 p.m. The new equipment schedule represents an increase in the peak equipment heat gain of 2 W/ft^2 or 2730 Btu/h. Of this, approximately 2500 Btu/h shows up as a cooling load at the peak hour. Figure 3.5 shows the peak sensible cooling load for the corner office with and without windows or equipment, plus lighting heat gain levels of 3 W/ft^2 and 5 W/ft^2. Although the relative significance of solar radiation decreases slightly for the higher equipment heat gain levels, for both cases the solar heat gain represents between 40% and 50% of the total load.

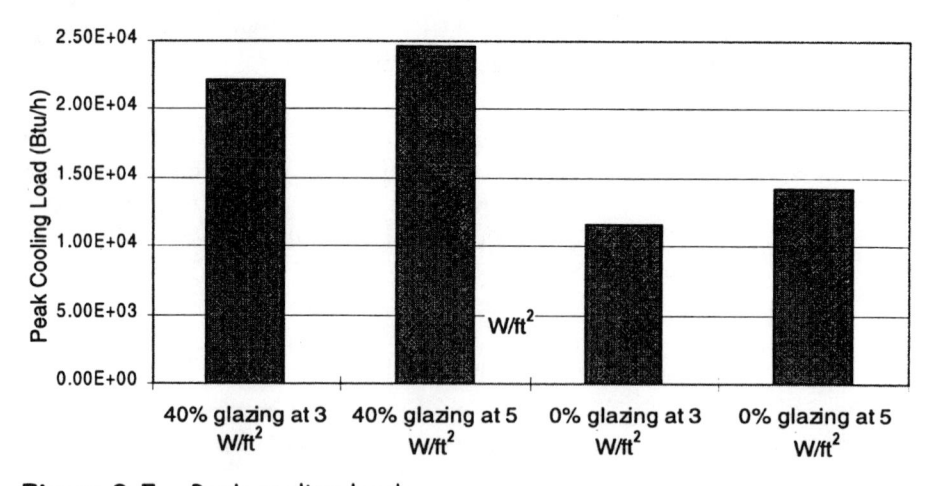

Figure 3.5 Peak cooling loads.

3.5 CHANGING WALL CONSTRUCTIONS

The ASHRAE heat balance methods describe walls, roofs, and floors as "multi-layered slabs." The material properties of each layer are described from outside to inside as shown in Table 3.6 Specifying new layer properties changes both the heat storage capacity of the surface and the heat transfer rate through the surface. Although the input parameters can be changed with relative ease, the effects produced by these changes can only be accounted for by a computation. The complexity in the computational procedure, which is described in detail in Chapter 10, arises because of the time-dependent nature of the calculation.

Using the ASHRAE Heat Balance Methods

3.5.1 The Effect of Building Mass

The walls of the corner office zone described in the base case are constructed of a brick facing followed by 3 in. of insulation, 5 in. of lightweight concrete block, and 3/5 in. of plaster. The interior walls are 8 in. of lightweight concrete block. The roof is 5 in. of poured concrete with an airspace and acoustic tile. To answer the question of how thermal mass affects this building, the density of each material layer will be changed to the extreme conditions of purely resistive layers and extremely dense layers. This is specified by changing the density of each layer without changing any other layer parameters (Table 3.6).

Thermal mass tends to dampen and shift the peak load. This effect is especially pronounced in zones with a significant fraction of total heat gains contributed by conduction and solar radiation. At the limit where the mass of the wall is completely eliminated and the wall is modeled as a purely resistive surface, there is no heat storage in the walls. The hourly cooling load for the base case construction with a (hypothetical) purely resistive construction and with a solid heavy concrete construction are compared in Figure 3.6. The concrete construction was modeled by setting the density equal to 150 lb/ft^3 for every material layer.

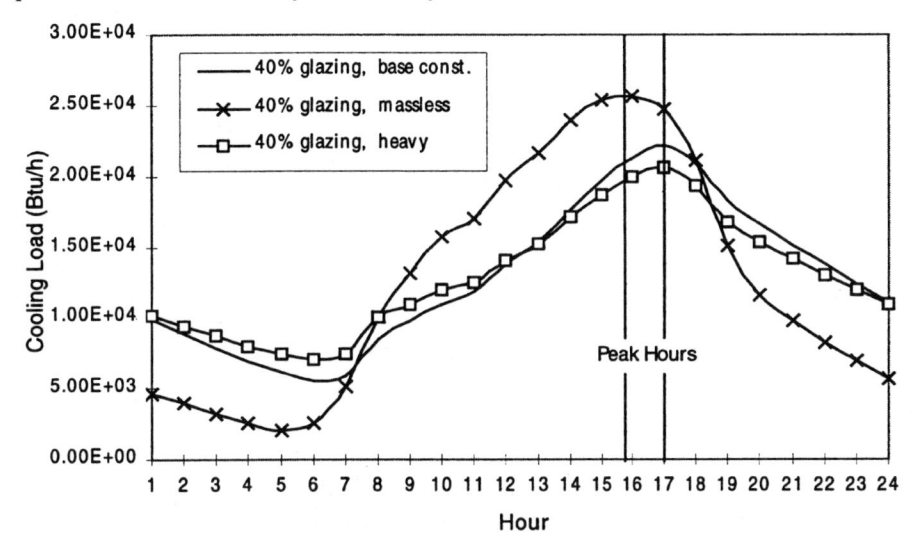

Figure 3.6 Effect of mass on the cooling load for the corner office.

The extreme cases show that the corner office zone is much closer to a heavyweight construction than a lightweight construction. They also show that for this particular building the maximum peak shift across the entire range of possible surface constructions is a little more than an hour.

The absence of windows radically changes the cooling load profile as shown in Figure 3.7. The peak shift is now greater than two hours, and the heavyweight and lightweight cooling load profiles do not look anything alike. The example highlights the importance of correctly accounting for internal mass in the cooling load calculation. Thermal mass becomes particularly important where conductive heat gains represent a significant percentage of the overall cooling load.

3.5.2 Boundary Conditions

Boundary conditions on the "other" side of the wall include air temperatures and movement, surface temperatures, and radiant sinks and sources. These parameters should be carefully specified for each surface to correctly describe the effect of each surface on hourly heat gains. Consider adding an addition to the west end of the office. The zone under consideration would no longer be a corner zone. Referring to Table 3.4, the boundary condition on the west wall should then

Inside Conditions

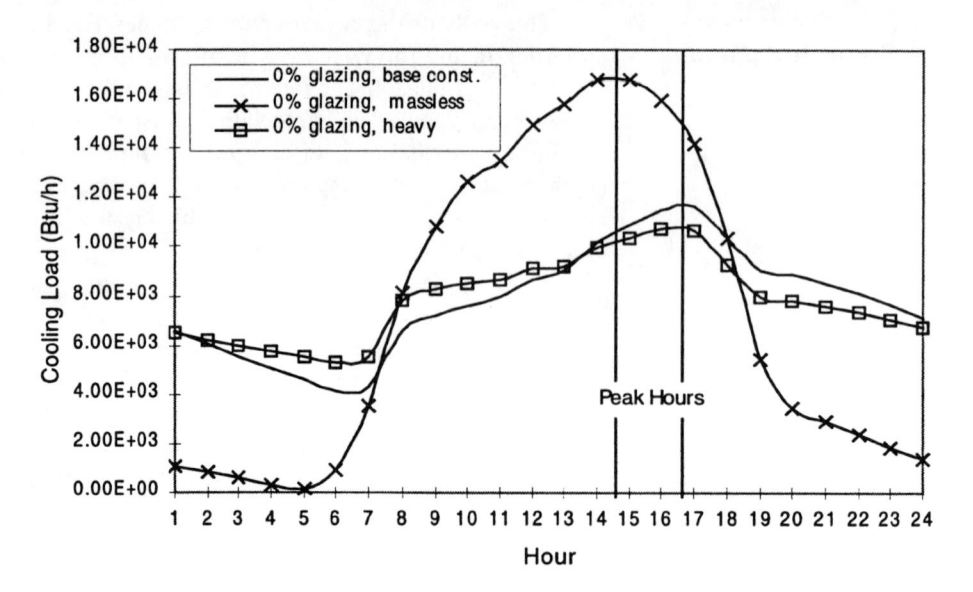

Figure 3.7 Effect of mass on the cooling load for the windowless corner office.

be changed from *TOS* (outside dry-bulb temperature with solar and wind) to *TA* (inside air temperature and heat transfer coefficients).

We have already observed that the example zone is more or less dominated by the solar load. As might be expected, eliminating the west window has a significant impact on the cooling load as shown by Figures 3.6 and 3.7.

3.5.3 Solar Absorptivity

The ASHRAE heat balance algorithms simplify the radiation calculation by dividing radiative surface properties into the visible range of the spectrum (solar and SW, short wavelength) and in the infrared range of the spectrum (LW, long wavelength). In the visible spectrum (Solar and SW) the absorptivity varies appreciably, but in the infrared spectrum, all known nonmetal building materials have emissivities greater than 0.9. Painted metals exhibit the radiative characteristics of the paint and, therefore, also have emissivities on the order of 0.9. This fact greatly simplifies the estimation of radiative properties. The LW columns shown in Table 3.4 should only be changed when uncoated metals are on the surface (e.g., an aluminum deck). The "Solar" and "SW" columns can be estimated on the basis of the visually perceived reflectance from the surface (for opaque surfaces, reflectance + absorptance = 1).

The roof specified in the example has a solar absorptance of 0.65. Suppose that the roof was coated with a reflective paint that lowered the solar absorptance to 0.3. The impact of this change on the cooling load is shown in Figure 3.8. Solar absorbtance data can be found in Chapter 4 of this manual.

3.6 Inside Conditions

The hourly zone air temperature profile can be thought of as the HVAC system control parameter. The cooling load is the rate at which heat must be extracted from the space in order to reach the air temperature specified in this profile for each hour. The base case example calculates the cooling load required to maintain an air temperature of 75°F for each hour of the day. For most cases, this is a conservative profile for peak load calculations, but in some cases, the designer may want to check the magnitude of the morning pick-up load as the system comes out of night setback. The pick-up load can be calculated for any system specification. For example, suppose that the system is required to bring the zone air temperature from an overnight high of 87°F to

Using the ASHRAE Heat Balance Methods

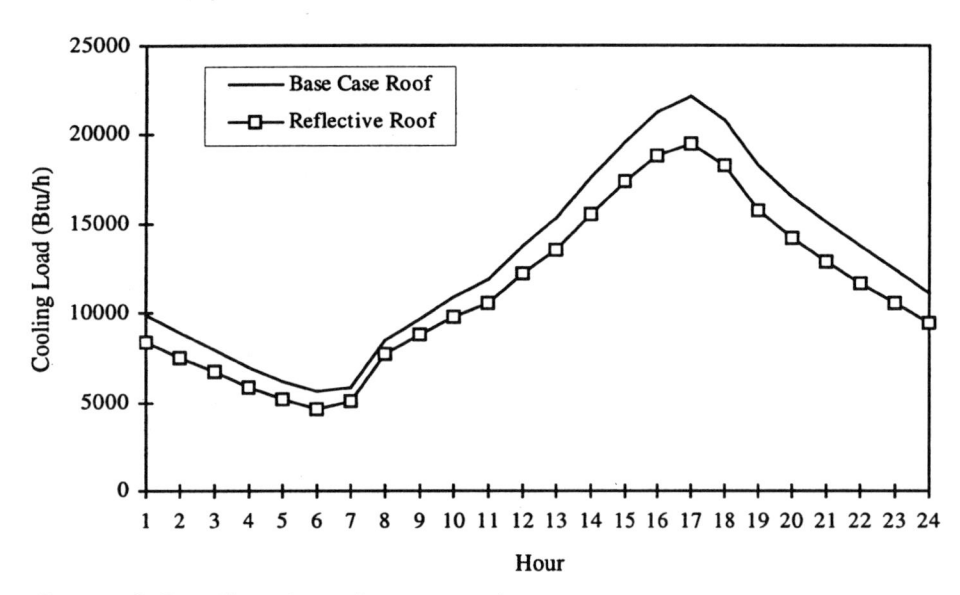

Figure 3.8 Changing solar properties.

Table 3.10
Changing Inside Conditions

Local Time		1:00	2:00	3:00	4:00	5:00	6:00	7:00	8:00	9:00	10:00	11:00	12:00
Inside Conditions													
Zone Air Temperature, °F	AM	86.0	86.0	87.0	87.0	81.0	75.0	75.0	75.0	75.0	75.0	75.0	75.0
	PM	75.0	75.0	75.0	75.0	75.0	75.0	83.0	84.0	85.0	85.0	86.0	
People Number	AM	.00	.00	.00	.00	.00	.00	.5	2.	4.	4.	4.	4.
	PM	2.	4.	4.	4.	2.	.5	.00	.00	.00	.00	.00	.00
Lights, W/ft^2	AM	0.10	0.10	0.10	0.10	0.10	0.10	.40	2.00	2.00	2.00	2.00	2.00
	PM	2.00	2.00	2.00	2.00	2.00	1.00	0.10	0.10	0.10	0.10	0.10	0.10
Electrical Equipment, W/ft^2	AM	0.05	0.05	0.05	0.05	0.05	0.05	0.20	1.00	1.00	1.00	1.00	1.00
	PM	1.00	1.00	1.00	1.00	1.00	0.50	0.50	0.50	0.50	0.50	0.50	0.50
Infiltration	AM	.25	.25	.25	.25	.25	.25	.25	.25	.25	.25	.25	.25
	PM	.25	.25	.25	.25	.25	.25	.25	.25	.25	.25	.25	.25

the daytime setpoint of 75°F within two hours of when the system is turned on. The zone air temperature profile that matches this specification is shown in Table 3.10.

Figure 3.9 compares the cooling load that results from a night setback scenario with the cooling load that results from a constant 75°F control scheme. The night setback not only results in a morning pick-up load, but it also shifts the overnight heat gains to the next ten hours, including the peak hour.

3.7 Changing Building Site

The building location determines the outside weather conditions, the incident solar angles, and, by extension, the total zone solar heat gain. The building used in the base case example was located in Champaign, Ill., at 40°N latitude. Consider the same building located in Dallas, Texas. The outside dry-bulb and wet-bulb temperature were adjusted to reflect the change in daily high and the range between Champaign and Dallas.

The Effect of Zone Location Within a Building

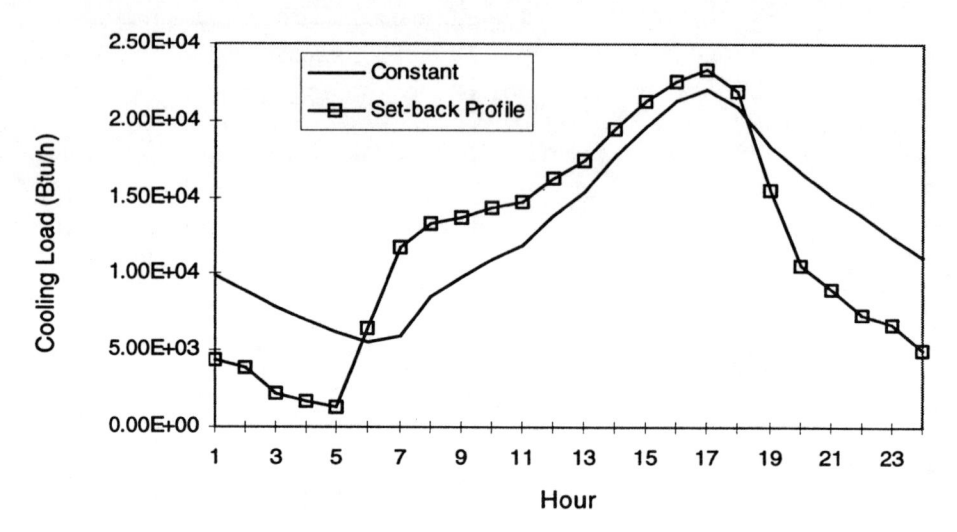

Figure 3.9 Comparison of a constant and a setback zone temperature.

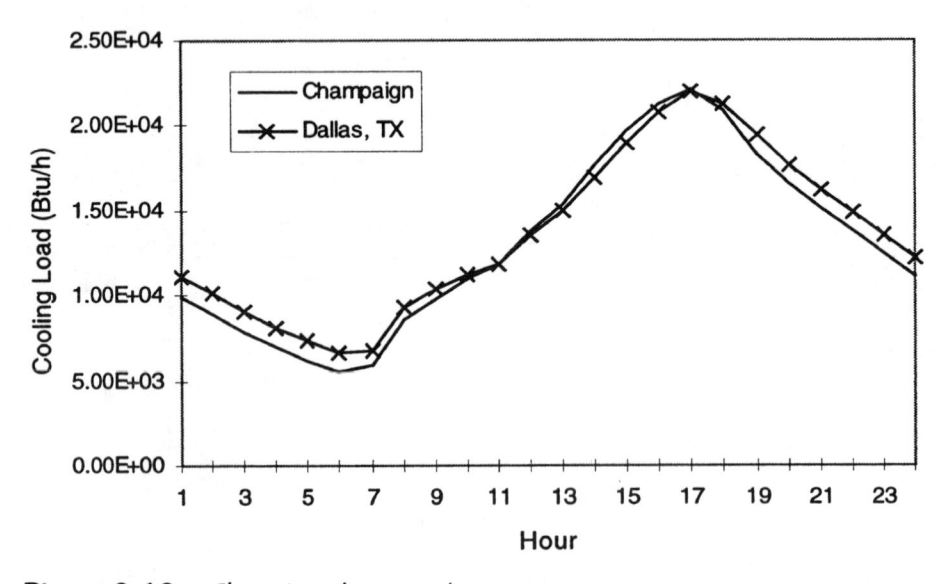

Figure 3.10 Changing the zone location.

Although the daily high outdoor dry-bulb temperature changed from 95°F in Champaign, to 102°F in Dallas, the change in the cooling load is insignificant as shown in Figure 3.10. The outdoor dry-bulb temperature difference, in fact, changes by only 7%, but the more important factor is the conductive heat gain, which for this building is a small fraction of the total heat gain. For cases where conductive heat gains are more significant, the effect of location will have a greater impact on the cooling load.

3.8 The Effect of Zone Location Within a Building

The elements of a heating or cooling load consist of quantities that can be normalized on the basis of either the floor area or the outside wall area. All quantities that relate to internal gains lend themselves to normalization on floor area, while those quantities relating to envelope gains/losses can be normalized on the external wall area. Thus, one important geometric aspect of a zone is the exterior wall area to floor

Using the ASHRAE Heat Balance Methods

area ratio. For heating loads this parameter can characterize a zone; however, for cooling loads there are additional considerations.

In particular, the location of a zone within the building becomes important for the solar aspects of the outside zones. When solar considerations are included, a multistory rectangular building has 27 unique locations for a zone. The easiest way to visualize this is to consider a Rubik's cube. The three layers represent three floors, ground, middle, and top. The corner elements represent the corner zones. The outside middle elements on each floor represent zones facing in each of the four directions but having only one exposed surface, and the very center element (which is not visible in the cube) represents an internal zone. The top layer, of course, has a roof on top, while the bottom layer has some sort of communication with the ground.

Continuing the analogy, it is easy to see that a single-story building would only have nine unique locations, and a two-story building would have eighteen.

The influence of location within a building is dependent upon the relative magnitudes of the internal gains and the solar and conduction contributions to the load. In order to give some flavor of these effects, the following example may be helpful. Nine zones are arranged to represent the nine representative zones of the middle floor of a three-story building as shown in Figure 3.11.

The example zones are 20 ft × 20 ft square and 10 ft high. Other conditions are:

Location:	40 °N latitude
Glazing:	40% glazing on all external surfaces
Windows:	Single pane
Exterior Walls:	Layers A2, B3, C2, E1
Partitions:	Layer C7
People:	4 (100 ft^2/person)

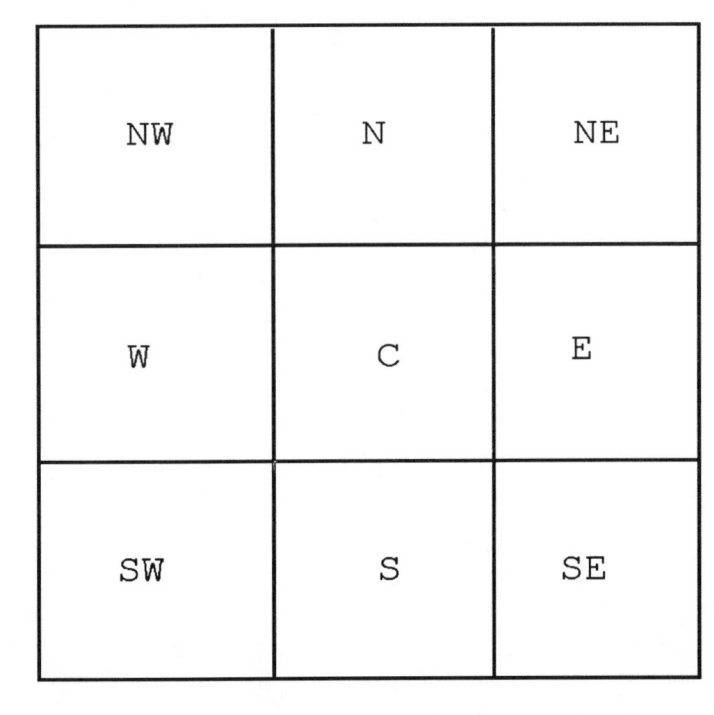

NW	N	NE
W	C	E
SW	S	SE

↑ N

Figure 3.11 Plan view of middle story of Rubik Cube® building.

LOAD CALCULATION PRINCIPLES

The Effect of Zone Location Within a Building

Lights: 800 W (2 W/ft^2)

Equipment: 400 W (1 W/ft^2)

Infiltration: (0.25 ACH)

Schedules: Typical office

For this example it is sufficient to describe only three of the nine zones and obtain the others by simply rotating the original set. For example, we can describe zone SW and then obtain zone SE by changing the north axis to 270 degrees, zone NE by changing the north axis to 180 degrees, and zone NW by changing it to 90 degrees. Similarly, zone S can be used to simulate zones W, N, and E by changing its north axis to 90 degrees, 180 degrees, and 270 degrees, respectively. The north axis change is done using the global zone data (Table 3.2).

Zone C is described and used only once.

The load profiles obtained for some of the zones are shown in Figures 3.12-3.14.

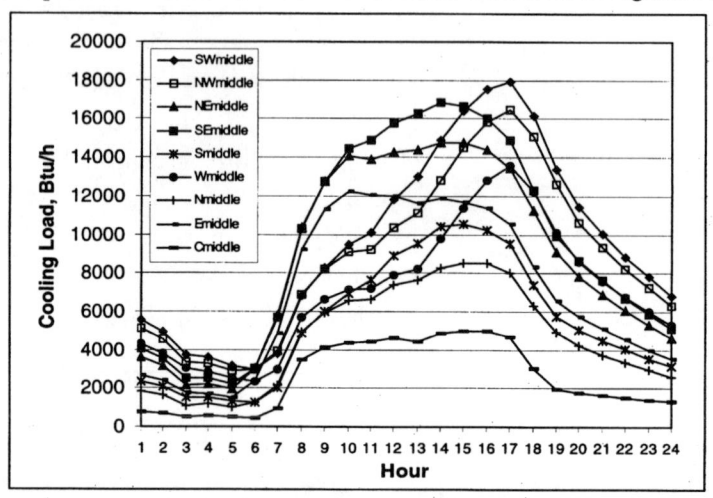

Figure 3.12   Cooling loads for the nine middle floor zones.

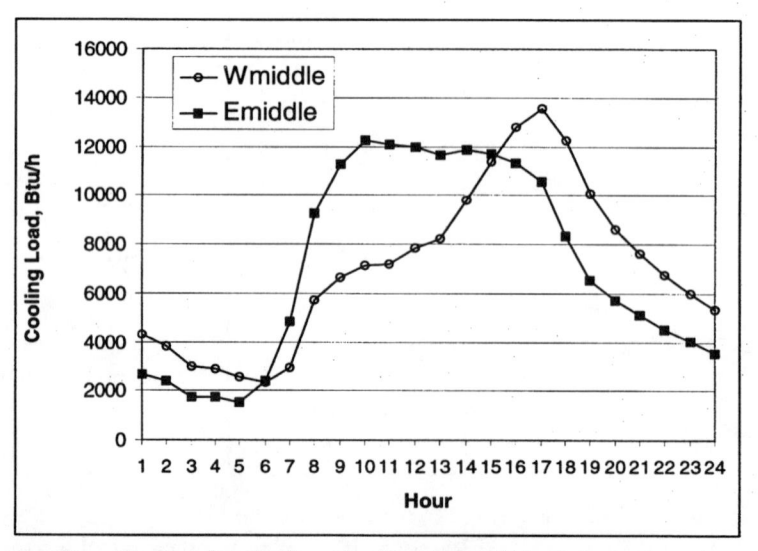

Figure 3.13   Cooling loads for the East and West zones.

Using the ASHRAE Heat Balance Methods

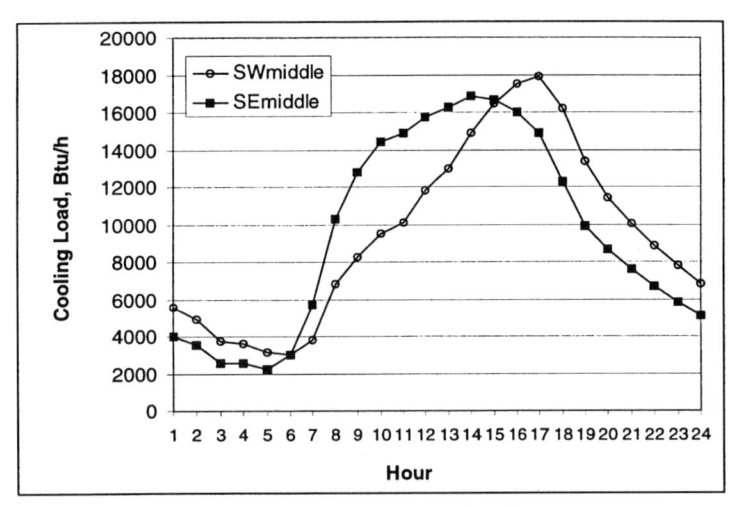

Figure 3.14 Cooling loads for the SW and SE zones.

Table 3.11
Normalized Zone Airflow

Zone	Peak Cooling Load (Btu/h)	Hour of Occurrence	Peak Airflow with 54°F Supply (cfm/ft^2)
SW	17906	1700	1.96
S	10506	1500	1.15
SE	16836	1400	1.84
E	12256	1000	1.34
NE	14786	1400	1.62
N	8498	1600	0.93
NW	16463	1700	1.80
W	13576	1700	1.48
C	5012	1600	0.55

It is obvious that the zones have very different load profiles, but it is also interesting to look at the peak supply airflow required on a cfm\ft^2 basis. These values are shown in Table 3.11. In many instances it is possible to use normalized flow values such as these to obtain the required airflow for similar zones with different floor areas. However, as mentioned above, the important constraints are that the internal gains are similar when normalized to the floor area, and the ratio of exterior wall and window area to floor area is similar.

3.9 Interior Furnishings and Modular Partitions

Interior furnishings and modular partitions introduce an interesting twist in a load calculation procedure. Since rooms are seldom empty, some method of estimating the effect of furnishings on the zone cooling load is desirable. From a theoretical point of view, furnishings impact the inside heat balance in two ways: First, they passively participate in the radiant exchange between zone surfaces. A significant fraction of the energy radiating from a roof or an exterior wall is intercepted by furniture and modular partitions in a typical office setting. Second, they provide additional surface area for convective heat transfer to the zone air. The combined effect of addi-

CARPET

Table 3.12
Specifying Internal Furnishings

	Facing Angle (degrees East from North)	Tilt Angle (degrees from vertical)	Area (ft^2)	Solar Abs Outside	SW Abs Inside	LW Emiss Outside	LW Emiss Inside	Exterior Temp BC
South Wall	180.0	90.0	120.0	.93	.92	.90	.90	TOS
East Wall	90.0	90.0	200.0	.65	.65	.90	.90	TA
North Wall	.0	90.0	200.0	.65	.65	.90	.90	TA
West Wall	270.0	90.0	120.0	.93	.92	.90	.90	TOS
Roof	.0	.0	400.0	.65	.32	.90	.90	TOS
Floor	.0	180.0	400.0	.32	.65	.90	.90	TA
Thermal Mass	.0	90.0	400.0	.65	.65	.90	.90	TA

tional surface area for convection and passive participation in the radiant exchange can be thought of as a radiative fin. The furnishings short-circuit the radiant exchange between the zone walls and—more or less quickly depending on the material properties of the furnishings—convect the energy to the zone air. Lightweight furnishings tend to increase and shift the peak cooling load.

The ASHRAE cooling load procedure uses a parameter called "thermal mass" to approximate furnishings and modular partitions. From a computational point of view, the combined thermal mass in the room is represented as an additional surface in the heat balance as shown in Table 3.12.

The facing angle, solar absorptance, outside emittance, and exterior boundary condition are all redundant specifications for thermal mass, since furnishings do not interact with the outdoor environment and always interact with air at zone temperature. Since they store energy, however, both radiative surface properties and material properties are required. Material properties are specified like the wall, roof, and floor specification shown in Table 3.13.

Since the ASHRAE procedure allows only one thermal mass entry, the total exposed surface area and surface area weighted average properties of the room furnishings should be used. The total exposed surface area of the furnishings is specified as shown in Table 3.13.

For example, suppose that the dominant feature of a small office is the lightweight, cloth-covered partitions that create work spaces and cubicles. These partitions can be approximated as reference material "B23," which is 2.6 in. of insulation. The effect of adding the thermal mass is shown in Figure 3.15. In this particular case, the furnishings did not shift the peak but did result in an increase in the peak cooling load.

3.10 CARPET

Addition of carpet to a floor construction is a straightforward exercise that provides some insight into the dynamics of the sensible cooling load calculation. Since carpets are of lightweight construction, they can be approximated as a purely resistive layer without significantly affecting the simulation. Table 3.14 and 3.15 show typical R-values for carpet and carpet padding. While carpets can have a wide range of R-

Using the ASHRAE Heat Balance Methods

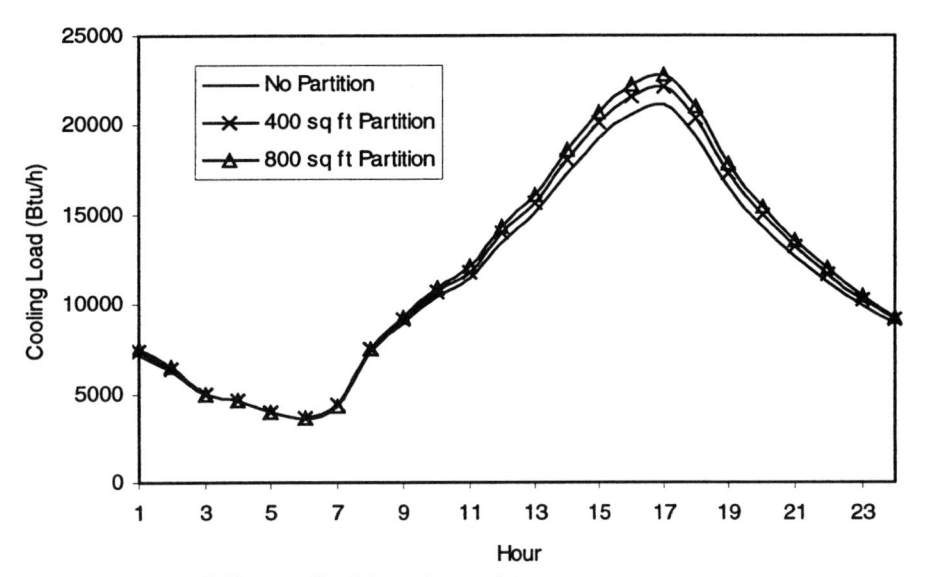

Figure 3.15 Effect of adding furnishings.

Table 3.13
Specifying Furnishing Properties

	Code of Layer #	ρ (lb/ft^3)	C_p (Btu/lb·°F)	k (Btu/h·ft·°F)	L (ft)
South_Wall	4				
	A2	125	0.22	0.77	0.333
	B3	2.000	0.200	0.0250	0.1670
	C2	38.000	0.200	0.2200	0.3330
	E1	99.997	0.200	0.4194	0.0625
Floor	4				
	E5	29.997	0.200	0.0350	0.0625
	E4	0.000	0.000	1.0000	1.0000
	C5	140.001	0.200	0.9994	0.3330
	carpet	0	0	1	2.73
Thermal Mass	1				
	B23	5.7	0.200	0.025	0.2019
South Window	1				
	glass	0.000	0.000	69.4522	3.2808
Skylight	1				
	glass	0.000	0.000	69.4522	3.2808

LOAD CALCULATION PRINCIPLES

Carpet

Table 3.14
Typical Carpet R-Values (Carpet and Rug Institute)

Sample	Fiber Type	Yarn Type	Style	Pile Height, in.	Pile Weight, oz/yd²	Gauge	Stitches per in.	Tufts/in.²	R-value
1	Nylon	CF	LL	0.125	10	1/10	8	80	0.68
2	Nylon	CF	LL	0.109	20	1/8	6	48	0.65
3	Nylon	CF	LL	0.192	28	1/8	8.4	67.2	0.67
4	Nylon	CF	LL	0.125	24	1/10	8.6	86	0.55
5	Nylon	S	Plush	0.25	24	1/8	11	88	1.12
6	Nylon	CF	HLL	—	24	5/32	8.6	55	1.33
7	Nylon	CF	Shag	1.07	24	3/16	5.2	27.7	1.51
8	Acrylic	S	LL	0.21	42	1/10	8	80	0.78
9	Acrylic	S	LL(FB)	0.21	42	1/10	8	80	1.03
10	Polyester	S	Plush	0.28	42	5/32	8.5	54.4	0.95
11	Polyester	S	HLL	—	42	5/32	8.5	54.4	1.66
12	Nylon	S	Saxony	0.552	40	3/16	5.5	29.3	1.96
13	Nylon	CF	Shag	1.25	43	3/16	4.2	22.4	2.46
14	Wool	S	Plush	0.487	43	5/32	7	44.8	2.19
15	Nylon	S	Plush	0.812	58	1/8	10	80	1.83
16	Acrylic	S	Plush	0.688	53	5/32	9	57.6	1.9
17	Acrylic	S	Plush	0.53	44	3/16	8.25	44	1.71
18	Olefin	CF	LL	—	20	—	—	—	0.7

Table 3.15
Typical Carpet Cushion R-Values (Carpet and Rug Institute)

Cushion	Thickness, in.	Weight, oz/yd²	Density, lbs/ft³	R-Value
Prime Urethane	0.4	10.3	2.2	1.61
Slab Rubber	0.23	622	—	0.62
Waffled Sponge Rubber	0.43	49.2	—	0.78
Hair and Jute Coated	0.44	52.6	—	1.71
Bonded Urethane	0.5	—	4	2.09

values, their longwave radiative properties are very similar—all have emissivities between 0.90 and 1.0.

Selecting carpet sample number 5 with an R-value of 1.12 from Table 3.14 and a prime urethane pad with an R-value of 1.61 from Table 3.15 results in a conductive thermal resistance of 2.73 h·ft²·°F/Btu for the carpet and pad. With this information an additional layer may be added to the floor construction as shown in Table 3.16. Since the thermal resistance for conduction is defined as L/k, the new layer is most easily specified by setting $k = 1$ and $L = $ thermal resistance of carpet and pad.

Using the ASHRAE Heat Balance Methods

Table 3.16
Adding Carpet to the Floor

	Code of Layer #	ρ (lb/ft^3)	C_p (Btu/lb·°F)	k (Btu/h·ft·°F)	L (ft)
South_Wall					
	A2	125	0.22	0.77	0.333
	B3	2.000	0.200	0.0250	0.1670
	C2	38.000	0.200	0.2200	0.3330
	E1	99.997	0.200	0.4194	0.0625
East_Wall					
	C7	38.000	0.200	0.3299	0.6670
North_Wall					
	C7	38.000	0.200	0.3299	0.6670
West_Wall					
	A2	130.000	0.220	0.7192	0.3330
	B3	2.000	0.200	0.0250	0.1670
	C2	38.000	0.200	0.2200	0.3330
	E1	99.997	0.200	0.4194	0.0625
Roof					
	C5	140.001	0.200	0.9994	0.3330
	E4	0.000	0.000	1.0000	1.0000
	E5	29.997	0.200	0.0350	0.0625
Floor					
	E5	29.997	0.200	0.0350	0.0625
	E4	0.000	0.000	1.0000	1.0000
	C5	140.001	0.200	0.9994	0.3330
	carpet	0	0	1	2.73
Thermal Mass					
	C7	38.000	0.200	0.3299	0.6670
South Window					
	glass	0.000	0.000	69.4522	3.2808
East Window					
	glass	0.000	0.000	69.4522	3.2808
North Window					
	glass	0.000	0.000	69.4522	3.2808
West Window					
	glass	0.000	0.000	69.4522	3.2808
Skylight					
	glass	0.000	0.000	69.4522	3.2808

SUSPENDED CEILINGS

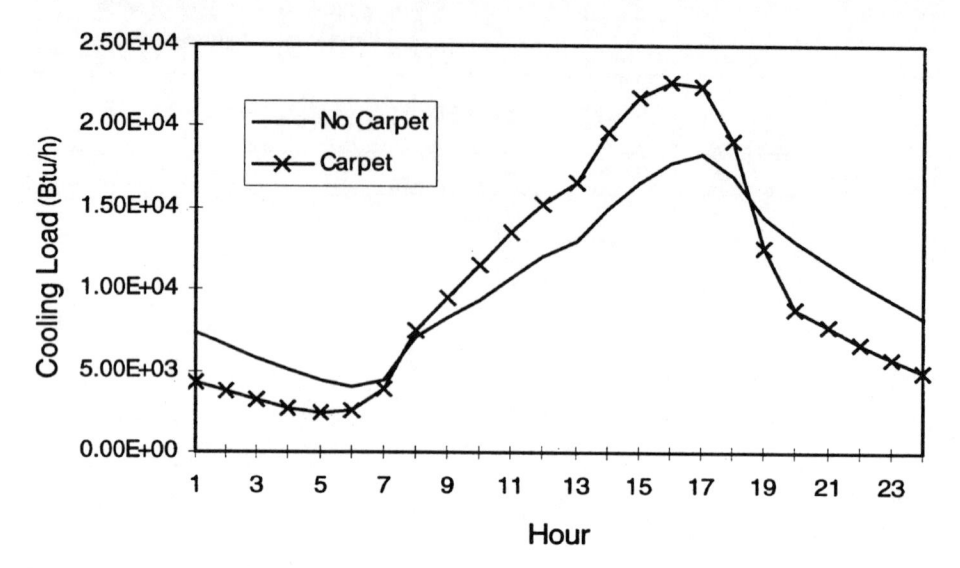

Figure 3.16 Effect of adding carpet.

The results of this simple addition are quite significant as shown in Figure 3-16. Adding the example carpet to a room is equivalent to adding three-fourths of an inch of insulation to the floor. More significantly, the carpet increases the thermal resistance of a lightweight concrete floor by about 80%. Since the carpet has no heat storage capacity, it shifts and raises the peak cooling load as shown in the figure.

3.11 SUSPENDED CEILINGS

Another example shows the procedure being used to determine how changes to the building structure can affect the cooling load. The results from modeling the corner zone are shown in Figure 3.17. The zone originally was modeled with a suspended ceiling in the roof by using a roof construction consisting of a layer of concrete, an air space, and a layer of ceiling tile. The properties of the layers are given In Table 3.17.

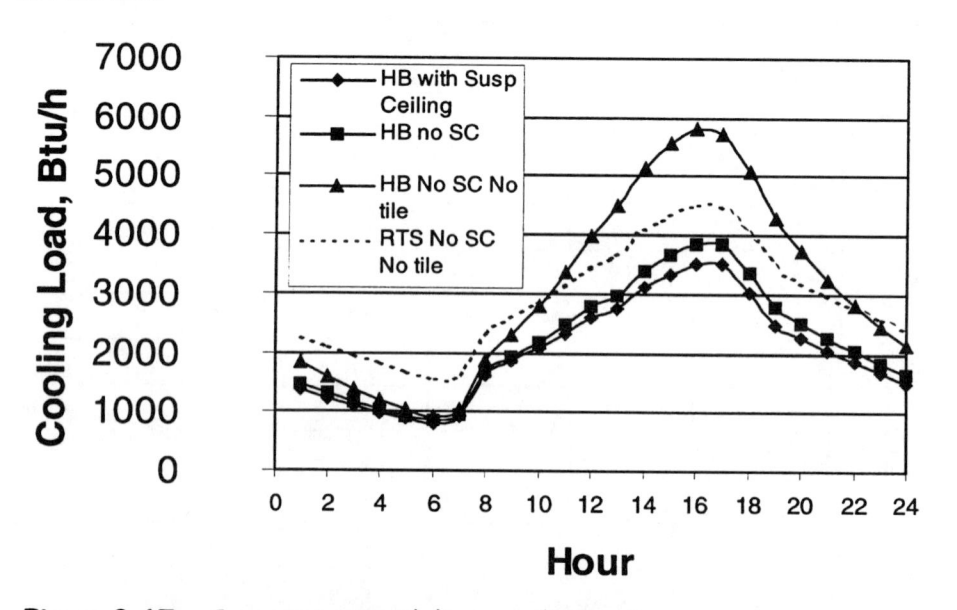

Figure 3.17 Corner zone modeling results.

36   LOAD CALCULATION PRINCIPLES

Using the ASHRAE Heat Balance Methods

Table 3.17
Roof Construction Showing Air Layer

Wall and Window Construction	Code of Layer	ρ (lb/ft³)	C_p (Btu/lb·F)	k(Btu/h·ft·°F)	L (ft)
(Other surfaces left off for clarity)					
Roof					
	C5	140.00	0.200	0.9994	0.3330
	E4	0.00	0.000	1.0000	1.0000
	E5	30.00	0.200	0.0350	0.0625

Note that the thermal resistance of the air layer (E4) is specified by the ratio of thickness to thermal conductivity, (L/k), which in IP units is about 1.0.

The heat balance procedure was run with the three roof layers as shown. Then it was rerun without the air layer (E4). This would be equivalent to having the ceiling tile glued to the bottom of the concrete. It was then run again with only the concrete layer (C5). These runs are labeled "Suspended Ceiling," "No Suspended Ceiling," and "No SC No Tile," respectively, in the legend. It is clear that the air space in the suspended ceiling has some effect, but the more significant effect comes when the insulation of the ceiling tile is not present. It would be easy to investigate the effect of reducing the radiant transfer across the air layer resulting from changing the surface emissivities. This would change the effective thermal resistance of the air layer.

3.12 Shades and Blinds

The SHGC procedure for transmitted solar, which is described in Section 2.3.3 of this manual, has been implemented in the software. To use this procedure for inside shades and blinds, both the SHGC and the shade transmittance columns of the window data form must be used. The window data form for specifying an inside shade on the west window is shown in Table 3.18.

The normal SHGC has been changed to 0.5 to model the solar energy, which is reflected back out through the window. The transmittance of the inside shade has been changed to indicate that 10% of the solar energy incident on the shade is transmitted through it and will be distributed over the zone surfaces the same way as solar gain from the other windows. The solar gain that is not transmitted through the shade is

Table 3.18
Window Data Form with Inside Shade

	Area (ft²)	Normal SHGC	LW Emiss Out	LW Emiss In	Transmittance of Inside Shade	Reveal (ft)	Overhang width (ft)	Distance from Overhang to Window (ft)
South Window	80.0	0.93	0.9	0.9	1.0	0	0	0
East Window	0.0	0.93	0.9	0.9	1.0	0	0	0
North Window	0.0	0.93	0.9	0.9	1.0	0	0	0
West Window	80.0	0.50	0.9	0.9	.1	0	0	0
Skylight	0.0	0.93	0.9	0.9	1.0	0	0	0

Suspended Ceilings with Return Air Plenum

assumed to be converted immediately to convective gain. The term "shade" is used in the generic sense, and the values of SHGC and "Transmittance" correspond roughly to what would be obtained from a closed-weave, medium drapery on a clear window (SHGC = SC*0.87). Refer to Tables 28 and 29 of chapter 29 in the *1997 ASHRAE Handbook—Fundamentals* for information on complex fenestration systems. The resulting cooling load is show in Figure 3.18. For reference, the load profile for the zone without shades is shown in Figure 3.19, and the profile for a zone with similar shades on both the south and west windows is shown in Figure 3.20. It is interesting to note that the profiles are so different that the peak sensible cooling load with the south shade is greater than without it. This is due to the conversion to convective gain, which occurs because of the shade, and the attendant time shift. When both windows have shades, the profile is again different, but the peak sensible cooling load has been reduced.

3.13 Suspended Ceilings with Return Air Plenum

Since the HB procedure and most other load calculation procedures are developed for a single zone, the treatment of a situation that uses the space above a suspended ceiling as a return air plenum requires special treatment. In this case the return air from the zone flows back to the system between the suspended ceiling and the roof. The difficulty arises because the return air enters the plenum at the room air temperature, but then it can be heated as it passes beneath the roof to the system. The plenum becomes an adjacent space to the room, but it is at an unknown temperature.

The way to deal with this situation is to define two zones. One zone consists of the room itself with its heat sources, bounded on top by the suspended ceiling and exchanging heat through that surface with the second zone, the plenum, which is assumed to be at temperature T_p. The plenum has heat gains from the roof and the sidewalls, the heat exchange with the room below, and an airflow through it which enters at the temperature of the room below. The idea is to first simulate the plenum zone at several different temperatures and determine the required cooling airflow using a supply air temperature equal to the design temperature of the zone below. If the light fixtures are of the flow-through type, the plenum also has an internal gain due to lights: the fraction of the lighting gain that goes to return air.

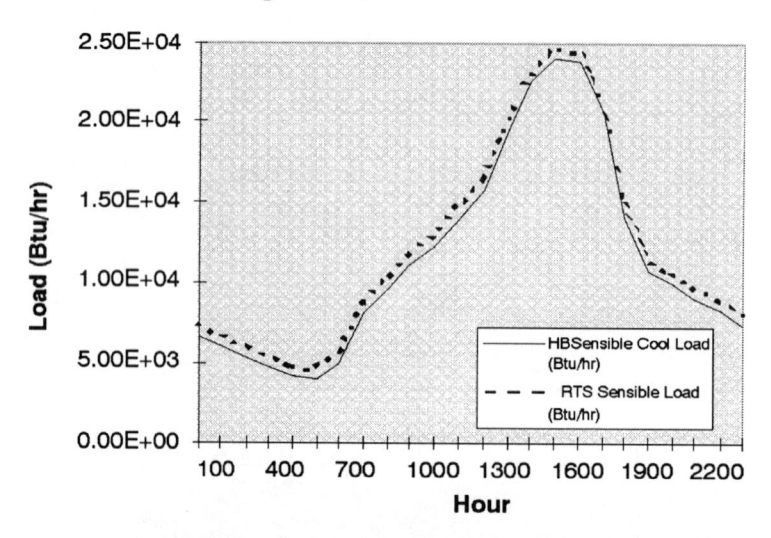

Figure 3.18 SW corner zone with inside shade (peak 24,000 Btu/h at 1600).

USING THE ASHRAE HEAT BALANCE METHODS

SW Corner Zone, No Shade

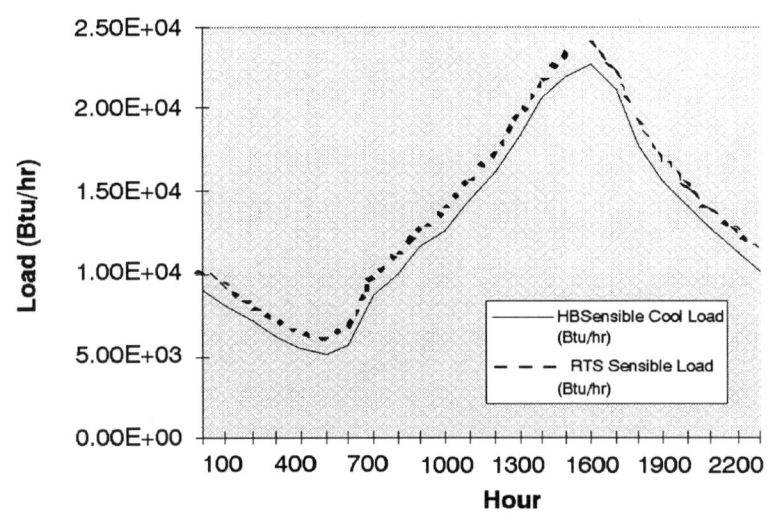

Figure 3.19 SW corner zone with no shade (peak 22,700 at 1700).

SW Corner Zone, S and W Shade

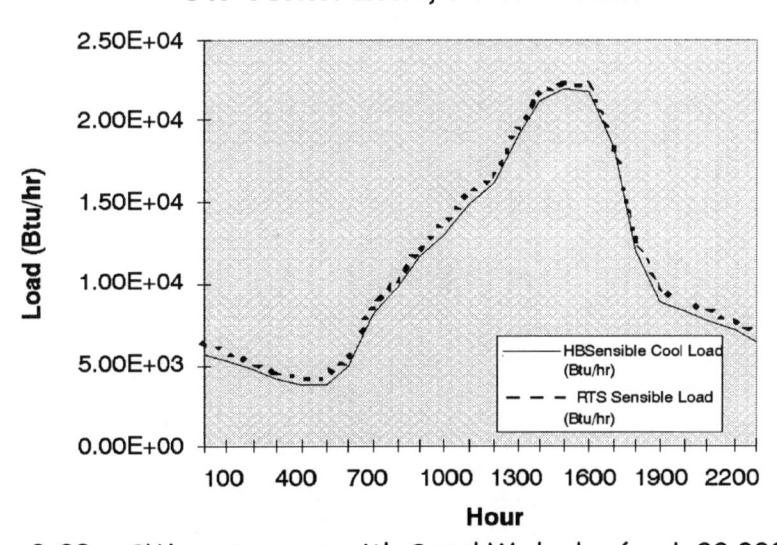

Figure 3.20 SW corner zone with S and W shades (peak 22,000 Btu/h at 1600).

The result of making the calculation for the SW corner zone, used previously but modified with a suspended ceiling 8 ft above the floor and a 2 ft plenum space, is shown in Figure 3.21.

Figure 3.21 shows the required peak airflow calculated by the HB procedure at 1700 hours for assumed plenum temperatures of 80°F, 85°F, 90, 95°F, and 100°F. The inside conditions for the plenum zone, showing the zone air temperature as the assumed plenum temperature (80°F for this case) and the supply air temperature equal to the room air temperature, are shown in Table 3.19.

It should be emphasized that the plenum calculation includes all conductive gains from the peripheral side walls and the roof, in addition to those from the zone below.

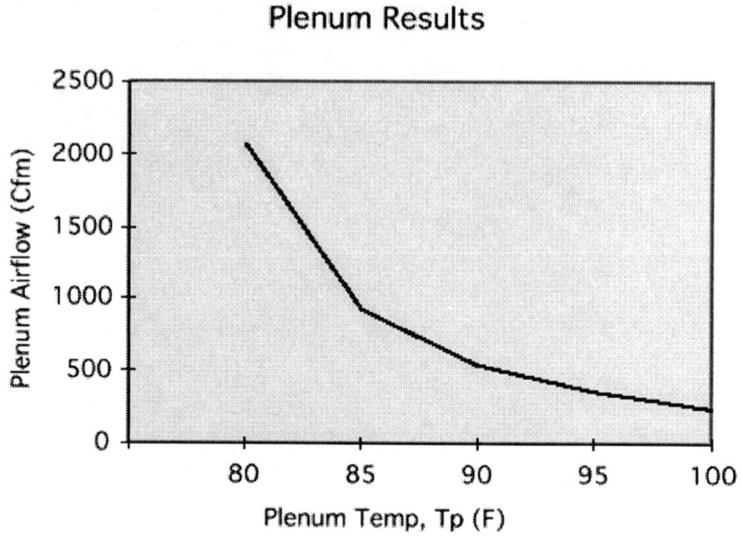

SUSPENDED CEILINGS WITH RETURN AIR PLENUM

Plenum Results

Figure 3.21   Plenum zone calculation results.

Table 3.19
Input Forms for Plenum Zone

Local Time		1:00	2:00	3:00	4:00	5:00	6:00	7:00	8:00	9:00	10:00	11:00	12:00
Inside Conditions													
Zone Air Temperature (°F)	AM	80.0	80.0	80.0	80.0	80.0	80.0	80.0	80.0	80.0	80.0	80.0	80.0
	PM	80.0	80.0	80.0	80.0	80.0	80.0	80.0	80.0	80.0	80.0	80.0	80.0
Number of People	AM	.00	.00	.00	.00	.00	.00	.00	.00	.00	.00	.00	.00
	PM	.00	.00	.00	.00	.00	.00	.00	.00	.00	.00	.00	.00
Lights (W/ft^2)	AM	.00	.00	.00	.00	.00	.00	.00	.00	.00	.00	.00	.00
	PM	.00	.00	.00	.00	.00	.00	.00	.00	.00	.00	.00	.00
Electrical Equipment (W/ft^2)	AM	.00	.00	.00	.00	.00	.00	.00	.00	.00	.00	.00	.00
	PM	.00	.00	.00	.00	.00	.00	.00	.00	.00	.00	.00	.00
Infiltration (ACH)	AM	.00	.00	.00	.00	.00	.00	.00	.00	.00	.00	.00	.00
	PM	.00	.00	.00	.00	.00	.00	.00	.00	.00	.00	.00	.00
Local Time		1:00	2:00	3:00	4:00	5:00	6:00	7:00	8:00	9:00	10:00	11:00	12:00
System Conditions													
Supply Air (°F)	AM	75.	75.	75.	75.	75.	75.	75.	75.	75.	75.	75.	75.
	PM	75.	75.	75.	75.	75.	75.	75.	75.	75.	75.	75.	75.
Temperature	AM												
	PM												
Ventilation	AM	.00	.00	.00	.00	.00	.00	.00	.00	.00	.00	.00	.00
	PM	.00	.00	.00	.00	.00	.00	.00	.00	.00	.00	.00	.00
Air (ACH)	PM												

USING THE ASHRAE HEAT BALANCE METHODS

Note in Table 3.19 that the internal gains to the plenum zone are specified as zero. If there are any gains in that space, they should be specified. Particularly, if the light fixtures are of the type where the return air flows through them, that fraction of the light gain must be included as a gain on the plenum zone input sheet. The remaining fraction must be used with the zone below the plenum.

After the plenum zone has been simulated at several temperatures, the zone below the plenum should be simulated using the plenum temperature as the special boundary temperature on the zone roof, which now consists of a single layer of acoustic tile. The input forms are shown in Tables 3.20 - 3.22.

Table 3.20
Outside Conditions Form for Zone Below Plenum When Simulating with a Plenum Temperature of 80°F

Local Time		1:00	2:00	3:00	4:00	5:00	6:00	7:00	8:00	9:00	10:00	11:00	12:00
Outside Conditions													
Outside Air Dry-Bulb Temperature (°F)	AM	76.0	76.0	75.0	74.0	74.0	74.0	75.0	77.0	80.9	83.9	80.0	87.0
	PM	93.0	94.0	95.0	94.0	93.0	91.0	87.0	85.0	83.0	81.0	79.0	77.0
Outside Air Wet-Bulb Temperature (°F)	AM	74.0	74.0	74.0	74.0	74.0	74.0	74.0	74.0	74.0	74.0	74.0	74.0
	PM	74.0	74.0	74.0	74.0	74.0	74.0	74.0	74.0	74.0	74.0	74.0	74.0
Ground Temperatures	AM	55.0	55.0	55.0	55.0	55.0	55.0	55.0	55.0	55.0	55.0	55.0	55.0
	PM	55.0	55.0	55.0	55.0	55.0	55.0	55.0	55.0	55.0	55.0	55.0	55.0
Special Outside Boundary Temperature (°F)	AM	80.	80.	80.	80.	80.	80.	80.	80.	80.	80.	80.	80.
	PM	80.	80.	80.	80.	80.	80.	80.	80.	80.	80.	80.	80.

Table 3.21
The Wall Data Form for the Zone Below the Plenum Showing the TB Boundary Condition Used on the Top

	Facing Angle (deg from North)	Tilt (deg from vertical)	Area (ft^2)	Solar Abs Outside	SW Abs Inside	LW Emiss Outside	LW Emiss Inside	Exterior Temp BC
South Wall	180.0	90.0	180.0	.93	.92	.90	.90	TOS
East Wall	90.0	90.0	180.0	.65	.65	.90	.90	TA
North Wall	.0	90.0	180.0	.65	.65	.90	.90	TA
West Wall	270.0	90.0	180.0	.93	.92	.90	.90	TOS
Roof	.0	.0	400.0	.65	.32	.90	.90	TB
Floor	.0	180.0	400.0	.32	.65	.90	.90	TA
Thermal Mass	.0	90.0	0.0	.65	.65	.90	.90	TA

Table 3.22
A Segment of the Wall and Window Construction Form Showing the Single Acoustic Layer on the Top of the Zone

Roof	1				
	E5	29.997	0.200	0.0350	0.0625

LOAD CALCULATION PRINCIPLES

Suspended Ceilings with Return Air Plenum

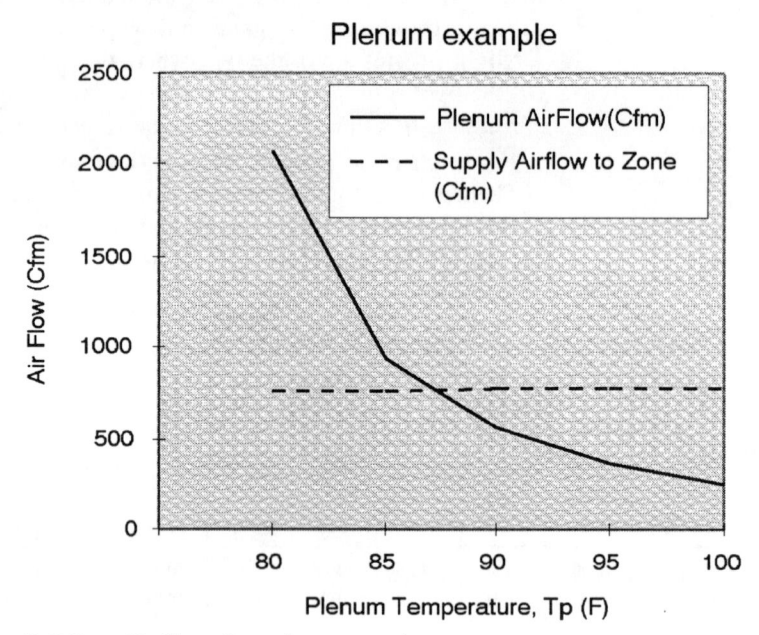

Figure 3.22 Airflow for plenum and zone.

Figure 3.22 shows those results added to the previous graph. Two things are immediately apparent. First, the zone load is not affected strongly by the heat transfer from the hotter plenum as evidenced by the small slope of the lower zone line. Second, since the effect is low, it would probably be satisfactory to make only two calculations for the lower zone, probably at 80°F and 100°F plenum temperatures.

From the graph, it is apparent that the equilibrium plenum temperature is about 87°F, and the required airflow is about 750 cfm. For this case, the sensible and latent loads on the coil must be calculated by hand since the coil sees the 750 cfm flow rate, but the temperature entering the coil is 87°F.

Chapter Four
Thermal Property Data

4.1 Thermal Property Data

4.1.1 Thermal Properties of Building and Insulation Materials

The basic properties that determine the way in which a material will behave in the conductive mode of heat transfer are the thermal conductivity, k; the mass density ρ; and the specific heat capacity C_p. The last two properties are important when unsteady heat transfer is occurring because of heat storage. These variables are discussed in Chapters 2, 8, and 9 where the unsteady nature of the load is covered. The thermal conductivity is basic to the determination of the thermal resistance component leading to the U-factor.

Table 4.1 lists the basic properties for many different construction and insulation materials. The data given are intended to be representative of materials generally available and are not intended for specification purposes. It is always advisable to use manufacturers' specification data when available.

It is important to thoroughly understand the relation of columns 4, 5, and 6 to column 3 in Table 4.1. The data in these columns are given as a convenience to the designer and depend on the conductivity and thickness of the material. Consider the conductance, C, given in column 4:

$$C = k/x, \text{Btu}/(\text{h} \cdot \text{ft}^2 \cdot °F) \tag{4.1}$$

where
k = thermal conductivity, Btu·in./(h·ft²·°F),
x = thickness of material, in.

Note that the conductance is not given when the thickness of the material is unknown. The unit thermal resistance, R, is the reciprocal of the conductance and is given in column 6:

$$R = 1/C, (\text{h} \cdot \text{ft}^2 \cdot °F)/\text{Btu}. \tag{4.2}$$

Recall that the actual thermal resistance is given by

$$R' = R/A, (\text{h} \cdot °F)/\text{Btu}. \tag{4.3}$$

The unit thermal resistance per inch of material thickness is simply the reciprocal of the thermal conductivity and is given in column 5 of Table 4.1.

It should be noted that the data of Table 4.1 are for a mean temperature of 75°F. While these data are adequate for design load calculations, the thermal conductivity does depend on the temperature of the material.

THERMAL PROPERTY DATA

4.1.2 SURFACE CONDUCTANCES AND RESISTANCES

The transfer of heat to surfaces such as walls and roofs is usually a combination of convection and radiation. For simplified calculation methods, the two modes usually are combined into one conductance or thermal resistance even though the radiation component is quite sensitive to surface type and temperature. The heat balance method separates the radiative and convective heat transfer mechanisms, so the combined conductance is not used. Accordingly, the surface conductance used with the heat balance method should be convective conductance only. The heat balance method implemented in the software with this manual uses the MoWitt (see Chapter 2) outside convection model, which determines the coefficient from the wind speed and surface temperature. The RTS method, which is limited to a combined radiation and convection coefficient, uses the standard ASHRAE surface conductances shown in Table 4.2.

4.1.3 WALL LAYER PROPERTIES

The information in Table 4.1 can be used to build up wall construction thermal properties layer by layer. The calculation methods of the CLM have built-in procedures that take the individual layer properties of wall, roof, and floor constructions and determine the overall conductive transfer functions as described in Chapter 10. The input to these procedures consists of a layer-by-layer description of the density, specific heat, thermal conductivity, and thickness of the layers of the construction. For convenience, these properties are tabulated in Table 4.3 for a number of common layer materials. The order of the columns in Table 4.3 is the same as required in the input forms for the software. Some of the examples in Chapter 3 show the use of these layer properties.

Thermal Property Data

Table 4.1
Typical Thermal Properties of Common Building and Insulating Materials—Design Values[a]

Description	ρ Density, lb/ft³	Conductivity[b] (k), Btu·in / h·ft²·°F	Conductance (C), Btu / h·ft²·°F	Resistance[c] (R) Per Inch Thickness (1/k), °F·ft²·h / Btu·in	Resistance[c] (R) For Thickness Listed (1/C), °F·ft²·h / Btu	Specific Heat, Btu / lb·°F
BUILDING BOARD						
Asbestos-cement board	120	4.0	—	0.25	—	0.24
Asbestos-cement board .... 0.125 in.	120	—	33.00	—	0.03	
Asbestos-cement board .... 0.25 in.	120	—	16.50	—	0.06	
Gypsum or plaster board .... 0.375 in.	50	—	3.10	—	0.32	0.26
Gypsum or plaster board .... 0.5 in.	50	—	2.22	—	0.45	
Gypsum or plaster board .... 0.625 in.	50	—	1.78	—	0.56	
Plywood (Douglas Fir)[d]	34	0.80	—	1.25	—	0.29
Plywood (Douglas Fir) .... 0.25 in.	34	—	3.20	—	0.31	
Plywood (Douglas Fir) .... 0.375 in.	34	—	2.13	—	0.47	
Plywood (Douglas Fir) .... 0.50 in.	34	—	1.60	—	0.62	
Plywood (Douglas Fir) .... 0.625 in.	34	—	1.29	—	0.77	
Plywood or wood panels .... 0.75 in.	34	—	1.07	—	0.93	0.29
Vegetable fiber board						
Sheathing, regular density[e] ..... 0.5 in.	18	—	0.76	—	1.32	0.31
.... 0.78125 in.	18	—	0.49	—	2.06	
Sheathing intermediate density[e] ... 0.5 in.	22	—	0.92	—	1.09	0.31
Nail-base sheathing[e] .... 0.5 in.	25	—	0.94	—	1.06	0.31
Shingle backer .... 0.375 in.	18	—	1.06	—	0.94	0.31
Shingle backer .... 0.3125 in.	18	—	1.28	—	0.78	
Sound deadening board .... 0.5 in.	15	—	0.74	—	1.35	0.30
Tile and lay-in panels, plain or acoustic	18	0.40	—	2.50	—	0.14
.... 0.5 in.	18	—	0.80	—	1.25	
.... 0.75 in.	18	—	0.53	—	1.89	
Laminated paperboard	30	0.50	—	2.00	—	0.33
Homogeneous board from repulped paper ...	30	0.50	—	2.00	—	0.28
Hardboard[e]						
Medium density	50	0.73	—	1.37	—	0.31
High density, service-tempered grade and service grade	55	0.82	—	1.22	—	0.32
High density, standard-tempered grade	63	1.00	—	1.00	—	0.32
Particleboard[e]						
Low density	37	0.71	—	1.41	—	0.31
Medium density	50	0.94	—	1.06	—	0.31
High density	62	.5	1.18	—	0.85	—
Underlayment .... 0.625 in.	40	—	1.22	—	0.82	0.29
Waferboard	37	0.63	—	1.59	—	—
Wood subfloor .... 0.75 in.	—	—	1.06	—	0.94	0.33
BUILDING MEMBRANE						
Vapor—permeable felt	—	—	16.70	—	0.06	
Vapor—seal, 2 layers of mopped 15-lb felt ...	—	—	8.35	—	0.12	
Vapor—seal, plastic film	—	—	—	—	Negl.	
FINISH FLOORING MATERIALS						
Carpet and fibrous pad	—	—	0.48	—	2.08	0.34
Carpet and rubber pad	—	—	0.81	—	1.23	0.33
Cork tile .... 0.125 in.	—	—	3.60	—	0.28	0.48
Terrazzo .... 1 in.	—	—	12.50	—	0.08	0.19
Tile—asphalt, linoleum, vinyl, rubber	—	—	20.00	—	0.05	0.30
vinyl asbestos						0.24
ceramic						0.19
Wood, hardwood finish .... 0.75 in.			1.47		0.68	
INSULATING MATERIALS						
Blanket and Batt[f,g]						
Mineral fiber, fibrous form processed from rock, slag, or glass						
approx. 3-4 in.	0.4-2.0	—	0.091	—	11	
approx. 3.5 in.	0.4-2.0	—	0.077	—	13	
approx. 3.5 in.	1.2-1.6	—	0.067	—	15	
approx. 5.5-6.5 in.	0.4-2.0	—	0.053	—	19	
approx. 5.5 in.	0.6-1.0	—	0.048	—	21	
approx. 6-7.5 in.	0.4-2.0	—	0.045	—	22	
approx. 8.25-10 in.	0.4-2.0	—	0.033	—	30	
approx. 10-13 in.	0.4-2.0	—	0.026	—	38	

THERMAL PROPERTY DATA

Table 4.1 (Continued)
Typical Thermal Properties of Common Building and Insulating Materials—Design Values[a]

Description	ρ Density, lb/ft³	Conductivity[b] (k), Btu·in h·ft²·°F	Conductance (C), Btu h·ft²·°F	Resistance[c] (R) Per Inch Thickness (1/k), °F·ft²·h Btu·in	Resistance[c] (R) For Thickness Listed (1/C), °F·ft²·h Btu	Specific Heat, Btu lb·°F
Board and Slabs						
Cellular glass	8.0	0.33	—	3.03	—	0.18
Glass fiber, organic bonded	4.0-9.0	0.25	—	4.00	—	0.23
Expanded perlite, organic bonded	1.0	0.36	—	2.78	—	0.30
Expanded rubber (rigid)	4.5	0.22	—	4.55	—	0.40
Expanded polystyrene, extruded (smooth skin surface) (CFC-12 exp.)	1.8-3.5	0.20	—	5.00	—	0.29
Expanded polystyrene, extruded (smooth skin surface) (HCFC-142b exp.)[h]	1.8-3.5	0.20	—	5.00	—	0.29
Expanded polystyrene, molded beads	1.0	0.26	—	3.85	—	—
	1.25	0.25	—	4.00	—	—
	1.5	0.24	—	4.17	—	—
	1.75	0.24	—	4.17	—	—
	2.0	0.23	—	4.35	—	—
Cellular polyurethane/polyisocyanurate[i,l] (CFC-11 exp.) (unfaced)	1.5	0.16-0.18	—	6.25-5.56	—	0.38
Cellular polyisocyanurate[j] (CFC-11 exp.) (gas-permeable facers)	1.5-2.5	0.16-0.18	—	6.25-5.56	—	0.22
Cellular polyisocyanurate[j] (CFC-11 exp.) (gas-impermeable facers)	2.0	0.14	—	7.04	—	0.22
Cellular phenolic (closed cell) (CFC-11, CFC-113 exp.)[k]	3.0	0.12	—	8.20	—	—
Cellular phenolic (open cell)	1.8-2.2	0.23	—	4.40	—	—
Mineral fiber with resin binder	15.0	0.29	—	3.45	—	0.17
Mineral fiberboard, wet felted						
Core or roof insulation	16-17	0.34	—	2.94	—	—
Acoustical tile	18.0	0.35	—	2.86	—	0.19
Acoustical tile	21.0	0.37	—	2.70	—	—
Mineral fiberboard, wet molded						
Acoustical tile[l]	23.0	0.42	—	2.38	—	0.14
Wood or cane fiberboard						
Acoustical tile[l] .... 0.5 in.	—	—	0.80	—	1.25	0.31
Acoustical tile[l] .... 0.75 in.	—	—	0.53	—	1.89	—
Interior finish (plank, tile)	15.0	0.35	—	2.86	—	0.32
Cement fiber slabs (shredded wood with Portland cement binder)	25-27.0	0.50-0.53	—	2.0-1.89	—	—
Cement fiber slabs (shredded wood with magnesia oxysulfide binder)	22.0	0.57	—	1.75	—	0.31
Loose Fill						
Cellulosic insulation (milled paper or wood pulp)	2.3-3.2	0.27-0.32	—	3.70-3.13	—	0.33
Perlite, expanded	2.0-4.1	0.27-0.31	—	3.7-3.3	—	0.26
	4.1-7.4	0.31-0.36	—	3.3-2.8	—	—
	7.4-11.0	0.36-0.42	—	2.8-2.4	—	—
Mineral fiber (rock, slag, or glass)[g]						
approx. 3.75-5 in.	0.6-2.0	—	—	—	11.0	0.17
approx. 6.5-8.75 in.	0.6-2.0	—	—	—	19.0	—
approx. 7.5-10 in.	0.6-2.0	—	—	—	22.0	—
approx. 10.25-13.75 in.	0.6-2.0	—	—	—	30.0	—
Mineral fiber (rock, slag, or glass)[g]						
approx. 3.5 in. (closed sidewall application)	2.0-3.5	—	—	—	12.0-14.0	—
Vermiculite, exfoliated	7.0-8.2	0.47	—	2.13	—	0.32
	4.0-6.0	0.44	—	2.27	—	—
Spray Applied						
Polyurethane foam	1.5-2.5	0.16-0.18	—	6.25-5.56	—	—
Ureaformaldehyde foam	0.7-1.6	0.22-0.28	—	4.55-3.57	—	—
Cellulosic fiber	3.5-6.0	0.29-0.34	—	3.45-2.94	—	—
Glass fiber	3.5-4.5	0.26-0.27	—	3.85-3.70	—	—
Reflective Insulation						
Reflective material (ε < 0.5) in center of 3/4 in. cavity forms two 3/8 in. vertical air spaces[m]	—	—	0.31	—	3.2	—

THERMAL PROPERTY DATA

Table 4.1 (Continued)
Typical Thermal Properties of Common Building and Insulating Materials—Design Values[a]

Description	ρ Density, lb/ft³	Conductivity[b] (k), Btu·in h·ft²·°F	Conductance (C), Btu h·ft²·°F	Resistance[c] (R) Per Inch Thickness (1/k), °F·ft²·h Btu·in	Resistance[c] (R) For Thickness Listed (1/C), °F·ft²·h Btu	Specific Heat, Btu lb·°F
METALS (See Chapter 36, Table 3)						
ROOFING						
Asbestos-cement shingles	120	—	4.76	—	0.21	0.24
Asphalt roll roofing	70	—	6.50	—	0.15	0.36
Asphalt shingles	70	—	2.27	—	0.44	0.30
Built-up roofing .... 0.375 in.	70	—	3.00	—	0.33	0.35
Slate .... 0.5 in.	—	—	20.00	—	0.05	0.30
Wood shingles, plain and plastic film faced	—	—	1.06	—	0.94	0.31
PLASTERING MATERIALS						
Cement plaster, sand aggregate	116	5.0	—	0.20	—	0.20
Sand aggregate .... 0.375 in.	—	—	13.3	—	0.08	0.20
Sand aggregate .... 0.75 in.	—	—	6.66	—	0.15	0.20
Gypsum plaster:						
Lightweight aggregate .... 0.5 in.	45	—	3.12	—	0.32	—
Lightweight aggregate .... 0.625 in.	45	—	2.67	—	0.39	—
Lightweight aggregate on metal lath .... 0.75 in.	—	—	2.13	—	0.47	—
Perlite aggregate	45	1.5	—	0.67	—	0.32
Sand aggregate	105	5.6	—	0.18	—	0.20
Sand aggregate .... 0.5 in.	105	—	11.10	—	0.09	—
Sand aggregate .... 0.625 in.	105	—	9.10	—	0.11	—
Sand aggregate on metal lath .... 0.75 in.	—	—	7.70	—	0.13	—
Vermiculite aggregate	45	1.7	—	0.59	—	—
MASONRY MATERIALS						
Masonry Units						
Brick, fired clay	150	8.4-10.2	—	0.12-0.10	—	—
	140	7.4-9.0	—	0.14-0.11	—	—
	130	6.4-7.8	—	0.16-0.12	—	—
	120	5.6-6.8	—	0.18-0.15	—	0.19
	110	4.9-5.9	—	0.20-0.17	—	—
	100	4.2-5.1	—	0.24-0.20	—	—
	90	3.6-4.3	—	0.28-0.24	—	—
	80	3.0-3.7	—	0.33-0.27	—	—
	70	2.5-3.1	—	0.40-0.33	—	—
Clay tile, hollow						
1 cell deep .... 3 in.	—	—	1.25	—	0.80	0.21
1 cell deep .... 4 in.	—	—	0.90	—	1.11	—
2 cells deep .... 6 in.	—	—	0.66	—	1.52	—
2 cells deep .... 8 in.	—	—	0.54	—	1.85	—
2 cells deep .... 10 in.	—	—	0.45	—	2.22	—
3 cells deep .... 12 in.	—	—	0.40	—	2.50	—
Concrete blocks[n, o]						
Limestone aggregate						
8 in., 36 lb, 138 lb/ft³ concrete, 2 cores	—	—	—	—	—	—
Same with perlite filled cores	—	—	0.48	—	2.1	—
12 in., 55 lb, 138 lb/ft³ concrete, 2 cores	—	—	—	—	—	—
Same with perlite filled cores	—	—	0.27	—	3.7	—
Normal weight aggregate (sand and gravel)						
8 in., 33-36 lb, 126-136 lb/ft³ concrete, 2 or 3 cores	—	—	0.90-1.03	—	1.11-0.97	0.22
Same with perlite filled cores	—	—	0.50	—	2.0	—
Same with vermiculite filled cores	—	—	0.52-0.73	—	1.92-1.37	—
12 in., 50 lb, 125 lb/ft³ concrete, 2 cores	—	—	0.81	—	1.23	0.22
Medium weight aggregate (combinations of normal weight and lightweight aggregate)						
8 in., 26-29 lb, 97-112 lb/ft³ concrete, 2 or 3 cores	—	—	0.58-0.78	—	1.71-1.28	—
Same with perlite filled cores	—	—	0.27-0.44	—	3.7-2.3	—
Same with vermiculite filled cores	—	—	0.30	—	3.3	—
Same with molded EPS (beads) filled cores	—	—	0.32	—	3.2	—
Same with molded EPS inserts in cores	—	—	0.37	—	2.7	—

LOAD CALCULATION PRINCIPLES

Thermal Property Data

Table 4.1 (Continued)
Typical Thermal Properties of Common Building and Insulating Materials—Design Values[a]

Description	ρ Density, lb/ft³	Conductivity[b] (k), Btu·in h·ft²·°F	Conductance (C), Btu h·ft²·°F	Resistance[c] (R) Per Inch Thickness (1/k), °F·ft²·h Btu·in	Resistance[c] (R) For Thickness Listed (1/C), °F·ft²·h Btu	Specific Heat, Btu lb·°F
Lightweight aggregate (expanded shale, clay, slate or slag, pumice)						
6 in., 16-17 lb 85-87 lb/ft³ concrete, 2 or 3 cores....	—	—	0.52-0.61	—	1.93-1.65	—
Same with perlite filled cores	—	—	0.24	—	4.2	—
Same with vermiculite filled cores	—	—	0.33	—	3.0	—
8 in., 19-22 lb, 72-86 lb/ft³ concrete	—	—	0.32-0.54	—	3.2-1.90	0.21
Same with perlite filled cores	—	—	0.15-0.23	—	6.8-4.4	—
Same with vermiculite filled cores	—	—	0.19-0.26	—	5.3-3.9	—
Same with molded EPS (beads) filled cores	—	—	0.21	—	4.8	—
Same with UF foam filled cores	—	—	0.22	—	4.5	—
Same with molded EPS inserts in cores	—	—	0.29	—	3.5	—
12 in., 32-36 lb, 80-90 lb/ft³ concrete, 2 or 3 cores...	—	—	0.38-0.44	—	2.6-2.3	—
Same with perlite filled cores	—	—	0.11-0.16	—	9.2-6.3	—
Same with vermiculite filled cores	—	—	0.17	—	5.8	—
Stone, lime, or sand	180	72	—	0.01	—	—
Quartzitic and sandstone	160	43	—	0.02	—	—
	140	24	—	0.04	—	—
	120	13	—	0.08	—	0.19
Calcitic, dolomitic, limestone, marble, and granite....	180	30	—	0.03	—	—
	160	22	—	0.05	—	—
	140	16	—	0.06	—	—
	120	11	—	0.09	—	0.19
	100	8	—	0.13	—	—
Gypsum partition tile						
3 by 12 by 30 in., solid	—	—	0.79	—	1.26	0.19
3 by 12 by 30 in., 4 cells	—	—	0.74	—	1.35	—
4 by 12 by 30 in., 3 cells	—	—	0.60	—	1.67	—
Concretes[o]						
Sand and gravel or stone aggregate concretes (concretes with more than 50% quartz or quartzite sand have conductivities in the higher end of the range)	150	10.0-20.0	—	0.10-0.05	—	—
	140	9.0-18.0	—	0.11-0.06	—	0.19-0.24
	130	7.0-13.0	—	0.14-0.08	—	—
Limestone concretes	140	11.1	—	0.09	—	—
	120	7.9	—	0.13	—	—
	100	5.5	—	0.18	—	—
Gypsum-fiber concrete (87.5% gypsum, 12.5% wood chips)	51	1.66	—	0.60	—	0.21
Cement/lime, mortar, and stucco	120	9.7	—	0.10	—	—
	100	6.7	—	0.15	—	—
	80	4.5	—	0.22	—	—
Lightweight aggregate concretes						
Expanded shale, clay, or slate; expanded slags; cinders; pumice (with density up to 100 lb/ft³); and scoria (sanded concretes have conductivities in the higher end of the range)	120	6.4-9.1	—	0.16-0.11	—	—
	100	4.7-6.2	—	0.21-0.16	—	0.20
	80	3.3-4.1	—	0.30-0.24	—	0.20
	60	2.1-2.5	—	0.48-0.40	—	—
	40	1.3	—	0.78	—	—
Perlite, vermiculite, and polystyrene beads	50	1.8-1.9	—	0.55-0.53	—	—
	40	1.4-1.5	—	0.71-0.67	—	0.15-0.23
	30	1.1	—	0.91	—	—
	20	0.8	—	1.25	—	—
Foam concretes	120	5.4	—	0.19	—	—
	100	4.1	—	0.24	—	—
	80	3.0	—	0.33	—	—
	70	2.5	—	0.40	—	—
Foam concretes and cellular concretes	60	2.1	—	0.48	—	—
	40	1.4	—	0.71	—	—
	20	0.8	—	1.25	—	—
SIDING MATERIALS (on flat surface)						
Shingles						
Asbestos-cement	120	—	4.75	—	0.21	—
Wood, 16 in., 7.5 exposure	—	—	1.15	—	0.87	0.31
Wood, double, 16-in., 12-in. exposure	—	—	0.84	—	1.19	0.28

THERMAL PROPERTY DATA

Table 4.1 (Continued)
Typical Thermal Properties of Common Building and Insulating Materials—Design Values[a]

Description	ρ Density, lb/ft³	Conductivity[b] (k), Btu·in h·ft²·°F	Conductance (C), Btu h·ft²·°F	Resistance[c] (R) Per Inch Thickness (1/k), °F·ft²·h Btu·in	Resistance[c] (R) For Thickness Listed (1/C), °F·ft²·h Btu	Specific Heat, Btu lb·°F
Wood, plus ins. backer board, 0.312 in.	—	—	0.71	—	1.40	0.31
Siding						
Asbestos-cement, 0.25 in., lapped	—	—	4.76	—	0.21	0.24
Asphalt roll siding	—	—	6.50	—	0.15	0.35
Asphalt insulating siding (0.5 in. bed.)	—	—	0.69	—	1.46	0.35
Hardboard siding, 0.4375 in.	—	—	1.49	—	0.67	0.28
Wood, drop, 1 by 8 in.	—	—	1.27	—	0.79	0.28
Wood, bevel, 0.5 by 8 in., lapped	—	—	1.23	—	0.81	0.28
Wood, bevel, 0.75 by 10 in., lapped	—	—	0.95	—	1.05	0.28
Wood, plywood, 0.375 in., lapped	—	—	1.69	—	0.59	0.29
Aluminum, steel, or vinyl[p, q], over sheathing						
Hollow-backed	—	—	1.64	—	0.61	0.29[q]
Insulating-board backed nominal 0.375 in.	—	—	0.55	—	1.82	0.32
Insulating-board backed nominal 0.375 in., foil backed	—	—	0.34	—	2.96	—
Architectural (soda-lime float) glass	158	6.9	—	—	—	0.21
WOODS (12% moisture content)[e,r]						
Hardwoods						0.39[s]
Oak	41.2-46.8	1.12-1.25	—	0.89-0.80	—	
Birch	42.6-45.4	1.16-1.22	—	0.87-0.82	—	
Maple	39.8-44.0	1.09-1.19	—	0.92-0.84	—	
Ash	38.4-41.9	1.06-1.14	—	0.94-0.88	—	
Softwoods						0.39[s]
Southern Pine	35.6-41.2	1.00-1.12	—	1.00-0.89	—	
Douglas Fir-Larch	33.5-36.3	0.95-1.01	—	1.06-0.99	—	
Southern Cypress	31.4-32.1	0.90-0.92	—	1.11-1.09	—	
Hem-Fir, Spruce-Pine-Fir	24.5-31.4	0.74-0.90	—	1.35-1.11	—	
West Coast Woods, Cedars	21.7-31.4	0.68-0.90	—	1.48-1.11	—	
California Redwood	24.5-28.0	0.74-0.82	—	1.35-1.22	—	

Notes for Table 4.1

[a] Values are for a mean temperature of 75°F. Representative values for dry materials are intended as design (not specification) values for materials in normal use. Thermal values of insulating materials may differ from design values depending on their in-situ properties (e.g., density and moisture content, orientation, etc.) and variability experienced during manufacture. For properties of a particular product, use the value supplied by the manufacturer or by unbiased tests.

[b] To obtain thermal conductivities in Btu/h·ft·°F, divide the k-factor by 12 in/ft.

[c] Resistance values are the reciprocals of C before rounding off C to two decimal places.

[d] Lewis (1967).

[e] U.S. Department of Agriculture (1974).

[f] Does not include paper backing and facing, if any. Where insulation forms a boundary (reflective or otherwise) of an airspace, see Tables 2 and 3 for the insulating value of an airspace with the appropriate effective emittance and temperature conditions of the space.

[g] Conductivity varies with fiber diameter. (See Chapter 22, Factors Affecting Thermal Performance.) Batt, blanket, and loose-fill mineral fiber insulations are manufactured to achieve specified R-values, the most common of which are listed in the table. Due to differences in manufacturing processes and materials, the product thicknesses, densities, and thermal conductivities vary over considerable ranges for a specified R-value.

[h] This material is relatively new and data are based on limited testing.

[i] For additional information, see Society of Plastics Engineers (SPI) *Bulletin* U108. Values are for aged, unfaced board stock. For change in conductivity with age of expanded polyurethane/polyisocyanurate, see Chapter 22, Factors Affecting Thermal Performance.

[j] Values are for aged products with gas-impermeable facers on the two major surfaces. An aluminum foil facer of 0.001 in. thickness or greater is generally considered impermeable to gases. For change in conductivity with age of expanded polyisocyanurate, see Chapter 22, Factors Affecting Thermal Performance, and SPI *Bulletin* U108.

[k] Cellular phenolic insulation may no longer be manufactured. The thermal conductivity and resistance values do not represent aged insulation, which may have a higher thermal conductivity and lower thermal resistance.

[l] Insulating values of acoustical tile vary, depending on density of the board and on type, size, and depth of perforations.

[m] Cavity is framed with 0.75 in. wood furring strips. Caution should be used in applying this value for other framing materials. The reported value was derived from tests and applies to the reflective path only. The effect of studs or furring strips must be included in determining the overall performance of the wall.

[n] Values for fully grouted block may be approximated using values for concrete with a similar unit weight.

[o] Values for concrete block and concrete are at moisture contents representative of normal use.

Thermal Property Data

p Values for metal or vinyl siding applied over flat surfaces vary widely, depending on amount of ventilation of airspace beneath the siding; whether airspace is reflective or nonreflective; and on thickness, type, and application of insulating backing used. Values are averages for use as design guides, and were obtained from several guarded hot box tests (ASTM C 236) or calibrated hot box (ASTM C 976) on hollow-backed types and types made using backing-boards of wood fiber, foamed plastic, and glass fiber. Departures of ±50% or more from these values may occur.

q Vinyl specific heat = 0.25 Btu/lb·°F

r See Adams (1971), MacLean (1941), and Wilkes (1979). The conductivity values listed are for heat transfer across the grain. The thermal conductivity of wood varies linearly with the density, and the density ranges listed are those normally found for the wood species given. If the density of the wood species is not known, use the mean conductivity value. For extrapolation to other moisture contents, the following empirical equation developed by Wilkes (1979) may be used:

$$k = 0.1791 + \frac{(1.874 \times 10^{-2} + 5.753 \times 10^{-4} M)\rho}{1 + 0.01M}$$

where ρ is density of the moist wood in lb/ft³, and M is the moisture content in percent.

s From Wilkes (1979), an empirical equation for the specific heat of moist wood at 75°F is as follows:

$$c_p = \frac{(0.299 + 0.01M)}{(1 + 0.01M)} + \Delta c_p$$

where Δc_p accounts for the heat of sorption and is denoted by

$$\Delta c_p = M(1.921 \times 10^{-3} - 3.168 \times 10^{-5} M)$$

where M is the moisture content in percent by mass.

Table 4.2
Surface Conductances and Resistances for Air

		Non-reflective $\varepsilon = 0.90$		Reflective $\varepsilon = 0.20$		$\varepsilon = 0.05$	
Position of Surface	**Direction of Heat Flow**	h_i	R	h_i	R	h_i	R
STILL AIR							
Horizontal	Upward	1.63	0.61	0.91	1.10	0.76	1.32
Sloping—45°	Upward	1.60	0.62	0.88	1.14	0.73	1.37
Vertical	Horizontal	1.46	0.68	0.74	1.35	0.59	1.70
Sloping—45°	Downward	1.32	0.76	0.60	1.67	0.45	2.22
Horizontal	Downward	1.08	0.92	0.37	2.70	0.22	4.55
MOVING AIR (Any position)		h_o	R				
15-mph Wind (for winter)	Any	6.00	0.17	—	—	—	—
7.5-mph Wind (for summer)	Any	4.00	0.25	—	—	—	—

Notes:
1. Surface conductance h_i and h_o measured in Btu/h·ft²·°F; resistance R in °F·ft²·h/Btu.
2. No surface has both an air space resistance value and a surface resistance value.
3. For ventilated attics or spaces above ceilings under summer conditions (heat flow down), see Table 5.
4. Conductances are for surfaces of the stated emittance facing virtual blackbody surroundings at the same temperature as the ambient air. Values are based on a surface-air temperature difference of 10°F and for surface temperatures of 70°F.
5. See Chapter 3 for more detailed information, especially Tables 5 and 6, and see Figure 1 for additional data.
6. Condensate can have a significant impact on surface emittance (see Table 2).

Table 4.3
Wall Layer Material Properties

Common Name	Code	Density (lb/ft^3)	Specific Heat (Btu/lb·°F)	Thermal Conductivity (Btu/h·ft·°F)	Thickness (ft)	Thermal Resistance (ft^2·°F·h/Btu)
Outside surface resistance	A0	0	0	1	0.333	0.33
1 in. Stucco	A1	116	0.2	0.4	0.0833	0.21
4 in. Face brick	A2	125	0.22	0.77	0.333	0.43
Steel siding	A3	480	0.1	26	0.005	0
1/2 in. Slag	A4	70	0.4	0.11	0.0417	0.38
Outside surface resistance	A5	0	0	1	0.333	0.33
Finish	A6	78	0.26	0.24	0.0417	0.17
4 in. Face brick	A7	125	0.22	0.77	0.333	0.43
Air space resistance	B1	0	0	1	0.91	0.91
1 in. Insulation	B2	2	0.2	0.025	0.083	3.33
2 in. Insulation	B3	2	0.2	0.025	0.167	6.67
3 in. Insulation	B4	2	0.2	0.025	0.25	10
1 in. Insulation	B5	5.7	0.2	0.025	0.0833	3.33
2 in. Insulation	B6	5.7	0.2	0.025	0.167	6.67
1 in. Wood	B7	37	0.6	0.07	0.0833	10
2.5 in. Wood	B8	37	0.6	0.07	0.2083	2.98
4 in. Wood	B9	37	0.6	0.07	0.333	4.76
2 in. Wood	B10	37	0.6	0.07	0.167	2.39
3 in. Wood	B11	37	0.6	0.07	0.25	3.57
3 in. Insulation	B12	5.7	0.2	0.025	0.25	10
4 in. Insulation	B13	5.7	0.2	0.025	0.333	13.33
5 in. Insulation	B14	5.7	0.2	0.025	0.417	16.67
6 in. Insulation	B15	5.7	0.2	0.025	0.5	20
0.15 in. Insulation	B16	5.7	0.2	0.025	0.0126	0.5
0.3 in. Insulation	B17	5.7	0.2	0.025	0.0252	1
0.45 in. Insulation	B18	5.7	0.2	0.025	0.0379	1.5
0.61 in. Insulation	B19	5.7	0.2	0.025	0.0505	2
0.76 in. Insulation	B20	5.7	0.2	0.025	0.0631	2.5
1.36 in. Insulation	B21	5.7	0.2	0.025	0.1136	4.5
1.67 in. Insulation	B22	5.7	0.2	0.025	0.1388	5.5
2.42 in. Insulation	B23	5.7	0.2	0.025	0.2019	8
2.73 in. Insulation	B24	5.7	0.2	0.025	0.2272	9

Thermal Property Data

Table 4.3 (Continued)
Wall Layer Material Properties

Common Name	Code	Density (lb/ft^3)	Specific Heat (Btu/lb·°F)	Thermal Conductivity (Btu/h·ft·°F)	Thickness (ft)	Thermal Resistance (ft^2·°F·h/Btu)
3.33 in. Insulation	B25	5.7	0.2	0.025	0.2777	11
3.64 in. Insulation	B26	5.7	0.2	0.025	0.3029	12
4.54 in. Insulation	B27	5.7	0.2	0.025	0.3786	15
4 in. Clay tile	C1	70	0.2	0.33	0.333	1.01
4 in. Lightweight concrete block	C2	38	0.2	0.22	0.333	1.51
4 in. Heavyweight concrete block	C3	61	0.2	0.47	0.333	0.71
4 in. Common brick	C4	120	0.2	0.42	0.333	0.79
4 in. Heavyweight concrete	C5	140	0.2	1	0.333	0.33
8 in. Clay tile	C6	70	0.2	0.33	0.667	2
8 in. Lightweight concrete block	C7	38	0.2	0.33	0.667	2
8 in. Heavyweight concrete block	C8	61	0.2	0.6	0.667	1.11
8 in. Common brick	C9	120	0.2	0.42	0.667	1.59
8 in. Heavyweight concrete	C10	140	0.2	1	0.667	0.67
12 in. Heavyweight concrete	C11	140	0.2	1	1	1
2 in. Heavyweight concrete	C12	140	0.2	1	0.167	0.17
6 in. Heavyweight concrete	C13	140	0.2	1	0.5	0.5
4 in. Lightweight concrete	C14	40	0.2	0.1	0.333	3.33
6 in. Lightweight concrete	C15	40	0.2	0.1	0.5	5
8 in. Lightweight concrete	C16	40	0.2	0.1	0.667	6.67
8 in. Lightweight conc. blk. (filled)	C17	18	0.2	0.08	0.667	8.34
8 in. Heavyweight conc. blk. (filled)	C18	53	0.2	0.34	0.667	1.96
12 in. Lightweight conc. blk. (filled)	C19	19	0.2	0.08	1	12.5
12 in. Heavyweight conc. blk. (filled)	C20	56	0.2	0.39	1	2.56
Inside surface resistance	E0	0	0	1	0.69	0.69

Table 4.3 (Continued)
Wall Layer Material Properties

Common Name	Code	Density (lb/ft^3)	Specific Heat (Btu/lb·°F)	Thermal Conductivity (Btu/h·ft·°F)	Thickness (ft)	Thermal Resistance (ft^2·°F·h/Btu)
3/4 in. Plaster or gypsum	E1	100	0.2	0.42	0.0625	0.15
1/2 in. Siag or stone	E2	55	0.4	0.83	0.0417	0.05
3/8 in. Felt and membrane	E3	70	0.4	0.11	0.0313	0.29
Ceiling air space	E4	0	0	1	1	1
Acoustic tile	E5	30	0.2	0.035	0.0625	1.79

Chapter Five
Environmental Design Conditions

This chapter presents weather data for the United States, Canada, and other countries and recommended interior and exterior design conditions. The data come from the *1997 ASHRAE Handbook—Fundamentals* and are based on long-term hourly observations. The major change from data presented in previous editions is that the summer percentile frequency categories have been changed from 1, 2.5, and 5 to 0.4, 1, and 2. The winter percentile frequency categories of 99 and 97.5 have been replaced by 99.6 and 99. The change was made to provide design conditions that have the same probability of occurrence at all locations. The new outdoor design conditions tables are presented in Section 5.2.

5.1 Indoor Design Conditions

The primary purpose of the heating and air-conditioning system is to maintain the space in a comfortable and healthy condition. To do this the system must generally maintain the dry-bulb temperature and the relative humidity within an acceptable range.

ANSI/ASHRAE Standard 55-1992 gives thermal comfort values at selected conditions in the building environment. Physiological principles, comfort, and health are addressed in the *Fundamentals* volume of the *ASHRAE Handbook*. The *Systems and Applications* volume gives specific recommendations for indoor design conditions for such applications as hospitals and other special cases.

ANSI/ASHRAE/IESNA Standard 90.1, Energy Efficient Design of New Buildings, recommends that indoor design temperature and humidity conditions be in accordance with criteria established in ANSI/ASHRAE Standard 55. This gives considerable latitude in selecting design conditions. Experience has shown that, except in critical cases, the indoor design temperature and relative humidity should be selected on the high side of the comfort envelope to avoid overdesign of the system.

For cooling load calculations a design dry-bulb temperature of 75°F to 78°F with a design relative humidity of approximately 50% are widely used in practice for usual occupied spaces. For heating load, a dry-bulb temperature of 70°F with relative humidity less than or equal to 30% is common.

5.2 Outdoor Design Conditions

Tables 5.1A and 5.1B contain the new recommended design conditions for United States locations. Canadian locations are given in tables 5.2A and 5.2B and Tables 5.3A and 5.3B contain data for other locations around the world.

5.2.1 Summer

Recommended summer design conditions are located in the "B" parts of Tables 5.1, 5.2, and 5.3. These tables contain:

1. Dry-bulb temperature corresponding to 0.4%, 1.0%, and 2.0% annual cumulative frequency of occurrence and the mean coincident wet-bulb temperature (warm).

Outdoor Design Conditions

2. The wet-bulb temperature corresponding to 0.4%, 1.0%, and 2.0% annual cumulative frequency of occurrence and the mean coincident dry-bulb temperature.
3. Dew-point temperature corresponding to 0.4%, 1.0%, and 2.0% annual cumulative frequency of occurrence and the mean coincident dry-bulb temperature and humidity ratio.
4. Mean daily range, which is the mean of the difference between the daily maximum and minimum temperatures for the warmest month.

Maximum temperatures usually occur between 2:00 P.M. and 4:00 P.M. solar time with deviations on cloudy days when the daily range is less. When calculating building cooling loads, it is advisable to determine whether the structure is most sensitive to dry bulb, e.g. extensive exterior exposure, or wet bulb, e.g., outside ventilation. Then the appropriate design dry bulb with its coincident wet bulb or the appropriate design wet bulb with its coincident dry bulb should be used.

For applications where occupancy only occurs during hours near the middle of the day, design temperatures below the recommended maximum might apply. In other cases, the peak occupancy loads may be in months other than the three or four summer months when the maximum outdoor temperature is expected; here design temperatures from other months will apply. Degelman (1984) derived bin data from the Weather Year for Energy Calculations (WYEC) tapes for 51 locations in six time periods during the day. Using these data, Table 5.4 was developed to show design temperatures for October through May for 51 locations in the United States and Canada.

5.2.2 Daily Temperature Profiles for Cooling Calculations

The data in Tables 5.1 through 5.3 contain design temperatures, such as occur in the winter, appropriate for steady-state calculations. However, summer design procedures presented in this manual require a 24-hour daily temperature profile. Suitable profiles can be obtained by using the mean daily range from the "B" tables along with the appropriate high dry-bulb temperature and a generalized profile function given as a percentage of the daily range and shown below:

Time, h	%	Time, h	%	Time, h	%
1	87	9	71	17	10
2	92	10	56	18	21
3	96	11	39	19	34
4	99	12	23	20	47
5	100	13	11	21	58
6	98	14	3	22	68
7	93	15	0	23	76
8	84	16	3	24	82

5.2.3 Winter

Recommended winter design conditions are located in the "A" parts of Tables 5.1, 5.2, and 5.3. These tables contain:

1. The dry-bulb temperature corresponding to 99.6% and 99.0% annual cumulative frequency of occurrence (cold).
2. The wind speed corresponding to 1.0%, 2.5%, and 5.0% annual cumulative frequency of occurrence.
3. The wind speed corresponding to the 0.4% and 1.0% cumulative frequency of occurrence for the coldest month (lowest average dry-bulb temperature) at the location and the mean coincident dry-bulb temperature.

Environmental Design Conditions

4. The mean wind speed coincident with the 99.6% and 0.4% dry-bulb temperatures along with the wind direction occurring most frequently.

5. The average of annual extreme maximum and minimum dry-bulb temperatures.

Minimum temperatures usually occur between 6:00 A.M. and 8:00 A.M. solar time on clear days when the daily range is greatest. Studies at several stations have found that the duration of extremely cold temperatures can continue below the 99% level for three days and below the 97.5% level for five days or more (ECP 1980; Snelling 1985; Crow 1963). This fact should be carefully considered in selecting the design temperature.

ASHRAE/IESNA Standard 90.1 stipulates that design temperatures shall not be less than the 99%. The mean of annual extremes, column 22, may be used under unusual conditions to ensure the prevention of damage to the building or its contents. Generally, it is recommended that the 99% values be used and the 99.6% and mean of extremes be reserved for exceptionally harsh cases.

5.2.4 Data for Ground Heat Transfer

None of the design temperatures discussed above is applicable to calculation of heat loss from walls and floors in contact with the ground. Tests and computer simulation have shown that the surrounding ground surface temperature is the appropriate design temperature in this case. The ground surface temperature is known to fluctuate about a mean value with amplitude *Amp*, which varies with geographic location and ground cover and reaches a minimum value in late January or February. Mean values of ground surface temperature are not known. Therefore, the mean ground surface temperature is approximated by assuming it is equal to the mean annual air temperature *ta*, which can be determined from meteorological records. Figure 5.1 is a map of North America showing lines of constant amplitude *Amp* of the ground temperature. The outside design temperature is then given by

$$tg = ta - Amp \tag{5.1}$$

where

tg = ground surface temperature, °F;

ta = average winter air temperature, Table 3.5, °F;

Amp = amplitude of the variation of the ground surface temperature, °F.

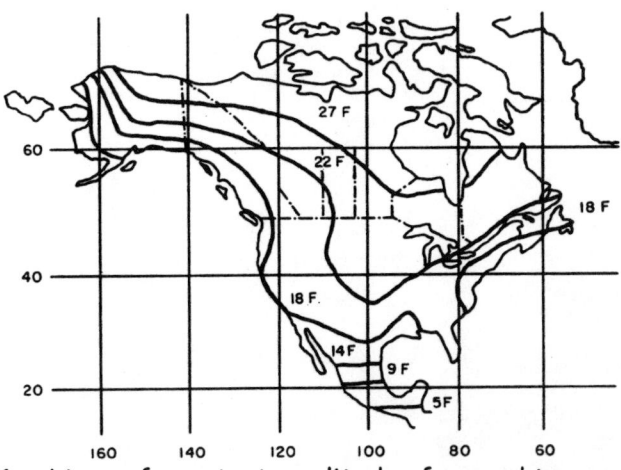

Figure 5.1 Lines of constant amplitude of ground temperatures.

References

Crow, L.W. 1963. Study of weather design conditions, ASHRAE RP-23.

Degelman, L.O. 1985. Bin weather data for simplified energy calculations and variable-base degree-day information. *ASHRAE Transactions* 91(1A):3-14.

ECP (Ecodyne Cooling Products). 1980. *Weather Data Handbook for HVAC and Cooling Equipment Design*, 1st ed. New York: McGraw Hill Book Co.

Meteorological Office. 1958. Tables of Temperature, Relative Humidity and Precipitation for the World, Parts I-IV. M.O. 617 AF. London.

Snelling, H.J. 1985. Duration study for heating and air-conditioning design temperatures. *ASHRAE Transactions* 91(2b): 242-247.

Environmental Design Conditions

Table 5.1A (IP)
Heating and Wind Design Conditions—United States

		West Lat.	North Long.	Elev. ft	StdP, psia	Dates	Heating Dry Bulb 99.6%	99%	Extreme Wind Speed, mph 1%	2.5%	5%	Coldest Month 0.4% WS	MDB	1% WS	MDB	MWS/MWD to DB 99.6% MWS	MDB	0.4% MWS	MWD	Extr. Annual Daily Mean DB Max.	Min.	StdD DB Max.	Min.
	WHO#																						
ALABAMA																							
Anniston	722287	33.58	85.85	610	14.374	8293	19	24	16	14	13	18	47	15	46	6	300	7	240	98	10	3.2	7.4
Birmingham	722280	33.57	86.75	630	14.364	6193	18	23	19	17	15	20	41	18	42	7	340	9	320	98	9	3.3	6.4
Dothan	722268	31.32	85.45	400	14.484	8293	28	32	18	17	15	19	45	17	47	9	320	8	320	99	16	1.6	7.2
Huntsville	723230	34.65	86.77	643	14.357	6193	15	20	23	20	18	23	40	21	40	10	340	10	270	97	7	3.0	7.5
Mobile	722230	30.68	88.25	220	14.579	6193	26	30	22	19	17	23	48	21	48	10	360	9	320	97	18	1.9	6.3
Montgomery	722260	32.30	86.40	203	14.588	6193	24	27	20	17	15	20	45	18	45	7	360	8	270	98	15	2.9	6.3
Muscle Shoals/Florence	723235	34.75	87.62	551	14.405	8293	16	21	18	16	14	19	42	17	42	9	360	7	290	98	7	3.1	9.2
Ozark, Fort Rucker	722269	31.28	85.72	299	14.538	8293	28	31	16	13	12	17	49	15	47	5	340	5	300	99	18	2.3	5.9
Tuscaloosa	722286	33.22	87.62	171	14.605	8293	20	24	17	14	13	18	47	16	51	5	360	7	240	99	11	1.8	6.8
ALASKA																							
Adak, NAS	704540	51.88	176.65	13	14.688	8293	19	23	34	30	27	40	34	34	35	4	210	10	170	67	11	3.4	2.9
Anchorage, Elemendorf AFB	702720	61.25	149.80	213	14.583	8293	−13	−8	17	14	12	18	26	15	26	3	50	7	260	77	−18	3.2	6.5
Anchorage, Fort Richardson	702700	61.27	149.65	377	14.496	8293	−19	−13	19	14	11	20	35	15	36	3	50	5	270	80	−23	2.2	6.3
Anchorage, Int'l Airport	702730	61.17	150.02	131	14.626	6193	−14	−9	22	19	17	23	18	19	18	4	10	8	290	77	−18	2.9	7.2
Annette	703980	55.03	131.57	112	14.636	6193	13	17	31	27	23	31	41	28	40	10	40	8	320	81	10	3.8	5.4
Barrow	700260	71.30	156.78	13	14.688	6193	−41	−36	28	25	22	30	3	26	−1	7	140	12	90	65	−45	4.7	4.4
Bethel	702190	60.78	161.80	151	14.615	6193	−28	−24	31	27	24	34	8	30	5	13	20	12	360	78	−32	3.3	6.6
Bettles	701740	66.92	151.52	643	14.357	6193	−49	−44	18	16	14	19	11	16	7	2	340	8	190	85	−53	4.0	5.8
Big Delta, Ft. Greely	702670	64.00	145.73	1283	14.027	6193	−45	−39	34	29	25	38	0	33	3	3	180	9	180	84	−48	3.3	7.5
Cold Bay	703160	55.20	162.73	102	14.642	6193	6	10	38	34	30	46	34	40	34	15	340	16	140	67	2	4.0	5.3
Cordova	702960	60.50	145.50	43	14.673	8293	−4	1	22	19	16	24	40	22	38	1	340	8	240	79	−9	5.0	5.4
Deadhorse	700637	70.20	148.47	56	14.666	8293	−36	−34	32	28	25	34	−1	30	−7	12	240	12	60	78	−51	14.2	5.2
Dillingham	703210	59.05	158.52	95	14.645	8293	−20	−13	25	22	20	28	20	24	21	5	40	10	180	74	−27	3.1	9.4
Fairbanks, Eielson AFB	702650	64.67	147.10	548	14.407	8293	−33	−31	14	12	10	14	21	11	16	0	150	5	290	87	−46	3.8	7.7
Fairbanks, Int'l Airport	702610	64.82	147.87	453	14.457	6193	−47	−41	18	15	13	16	11	12	11	2	10	8	220	87	−48	3.8	7.8
Galena	702220	64.73	156.93	151	14.615	8293	−33	−31	18	15	13	19	14	16	15	0	270	5	320	84	−50	2.5	10.4
Gulkana	702710	62.15	145.45	1578	13.877	6193	−44	−39	26	24	21	22	17	19	18	3	360	7	180	82	−46	3.2	7.4
Homer	703410	59.63	151.50	72	14.657	8293	0	4	22	20	18	23	24	21	27	9	30	10	270	70	−5	4.0	6.8
Juneau	703810	58.37	134.58	23	14.683	8293	4	7	27	23	20	29	39	25	38	5	360	9	230	81	−1	2.5	4.9
Kenai	702590	60.57	151.25	95	14.645	8293	−22	−14	23	20	18	25	25	22	24	2	30	9	270	75	−27	3.4	7.4
Ketchikan	703950	55.35	131.70	95	14.645	8293	13	20	25	22	19	29	42	24	42	5	280	11	320	78	7	1.8	5.2
King Salmon	703260	58.68	156.65	49	14.669	6193	−24	−19	32	28	24	33	36	28	36	7	360	12	270	78	−31	3.5	7.2
Kodiak, State USCG Base	703500	57.75	152.50	112	14.636	6193	7	12	34	30	26	34	28	30	30	18	300	11	320	76	1	3.6	6.1
Kotzebue	701330	66.87	162.63	16	14.687	6193	−36	−31	35	31	28	38	14	32	14	7	70	12	300	75	−39	4.8	6.5
McGrath	702310	62.97	155.62	338	14.517	6193	−47	−42	18	16	14	18	23	14	12	1	310	7	340	83	−52	3.3	7.0
Middleton Island	703430	59.43	146.33	46	14.671	8293	18	21	40	34	30	42	35	37	36	18	330	8	260	66	15	4.9	6.8
Nenana	702600	64.55	149.08	361	14.505	8293	−51	−44	16	14	12	18	10	15	8	2	250	7	60	87	−52	4.1	7.2
Nome	702000	64.50	165.43	23	14.683	6193	−31	−26	30	26	23	31	17	28	18	4	20	12	260	76	−35	4.2	6.3
Northway	702910	62.97	141.93	1722	13.803	8293	−34	−32	15	13	12	14	−13	12	−6	0	300	7	290	83	−54	2.7	5.9
Port Heiden	703330	56.95	158.62	95	14.645	8293	−6	−2	38	32	28	38	36	32	35	17	60	15	160	74	−11	4.3	7.4
Saint Paul Island	703080	57.15	170.22	30	14.680	6193	−2	3	41	37	33	47	24	41	21	19	350	14	240	58	−3	5.2	6.9
Sitka	703710	57.07	135.35	66	14.661	8293	16	21	23	21	19	24	40	22	41	8	70	9	230	76	11	6.1	5.0
Talkeetna	702510	62.30	150.10	358	14.507	6193	−28	−21	17	16	14	19	13	17	15	4	50	8	200	82	−35	2.8	8.0
Valdez	702750	61.13	146.35	33	14.678	8293	4	7	24	19	16	28	13	22	15	15	70	10	240	76	1	3.6	6.1
Yakutat	703610	59.52	139.67	30	14.680	6193	−3	2	24	19	16	25	36	21	33	2	100	9	320	75	−8	4.0	7.0
ARIZONA																							
Flagstaff	723755	35.13	111.67	7011	11.335	6193	1	8	21	18	17	21	29	18	30	3	20	9	220	89	−10	2.5	7.3
Kingman	723700	35.27	113.95	3389	12.983	8293	22	27	26	23	20	24	46	21	43	5	90	13	240	103	15	1.8	6.8
Page	723710	36.93	111.45	4278	12.561	8293	20	24	19	16	13	16	42	12	40	4	300	7	360	104	8	3.6	12.2
Phoenix, Int'l Airport	722780	33.43	112.02	1106	14.118	6193	34	37	19	16	14	17	59	14	58	5	90	9	270	114	30	2.2	4.6
Phoenix, Luke AFB	722785	33.53	112.38	1089	14.126	8293	35	38	19	15	13	16	58	13	55	4	340	9	210	115	30	2.2	3.8
Prescott	723723	34.65	112.42	5043	12.208	6193	15	20	22	19	17	21	42	18	42	6	190	11	230	98	7	2.2	6.2
Safford, Agri Center	722747	32.82	109.68	3117	13.114	8293	21	26	17	14	12	15	50	13	48	4	110	7	310	106	11	3.8	11.5
Tucson	722740	32.12	110.93	2556	13.388	6193	31	34	24	21	18	24	56	21	56	7	140	12	300	108	25	2.8	4.0
Winslow	723740	35.02	110.73	4882	12.281	8293	10	14	26	22	19	24	46	19	45	5	140	9	250	100	3	4.9	6.3
Yuma	722800	32.65	114.60	207	14.586	8293	40	44	19	17	15	20	59	17	58	4	30	7	280	116	29	1.8	11.9
ARKANSAS																							
Blytheville, Eaker AFB	723408	35.97	89.95	256	14.560	8293	12	18	22	19	17	23	36	21	38	10	10	6	240	99	6	5.0	9.0
Fayetteville	723445	36.00	94.17	1250	14.044	8293	6	13	21	19	18	21	44	19	44	9	350	10	190	100	−1	3.2	9.2
Fort Smith	723440	35.33	94.37	463	14.451	6193	13	19	20	18	16	21	46	18	41	9	320	9	270	102	6	3.9	6.6
Little Rock, AFB	723405	34.92	92.15	312	14.531	6193	16	21	20	18	16	20	42	18	42	9	360	9	200	101	10	3.8	6.2

WMO# = World Meteorological Organization number
Lat. = latitude, degrees north
Long. = longitude, degrees west
Elev. = elevation, ft
StdP = standard pressure at station elevation, psia
DB = dry-bulb temperature, °F
WS = windspeed, mph

LOAD CALCULATION PRINCIPALS

Outdoor Design Conditions

Table 5.1A (IP) (Continued)
Heating and Wind Design Conditions—United States

	WMO#	West Lat.	North Long.	Elev. ft	StdP, psia	Dates	Heating Dry Bulb 99.6%	99%	Extreme Wind Speed, mph 1%	2.5%	5%	Coldest Month 0.4% WS	MDB	1% WS	MDB	99.6% MWS	MDB	0.4% MWS	MWD	Extr. Annual Daily Mean DB Max.	Min.	StdD DB Max.	Min.
Texarkana	723418	33.45	93.98	390	14.489	8293	20	25	19	17	15	20	47	18	48	9	50	9	190	101	13	3.1	7.6
CALIFORNIA																							
Alameda, NAS	745060	37.78	122.32	13	14.688	8293	40	42	21	18	16	20	51	17	52	6	120	8	300	93	25	4.9	14.2
Arcata/Eureka	725945	40.98	124.10	217	14.581	6193	30	32	21	19	17	21	53	18	51	5	90	10	320	82	26	4.5	3.2
Bakersfield	723840	35.43	119.05	492	14.436	6193	32	35	19	16	14	19	56	14	54	5	90	12	310	108	28	2.3	3.4
Barstow/Daggett	723815	34.85	116.78	1926	13.701	6193	28	32	30	27	23	30	58	25	54	6	270	12	290	111	22	2.5	4.8
Blue Canyon	725845	39.28	120.72	5285	12.097	8293	21	24	15	12	11	16	35	14	35	5	70	6	290	89	11	3.8	18.4
Burbank/Glendale	722880	34.20	118.35	774	14.289	8293	39	41	18	14	12	20	56	17	57	2	330	8	180	106	33	3.1	4.5
Fairfield, Travis AFB	745160	38.27	121.93	62	14.662	8293	31	34	28	24	22	26	53	22	52	4	20	9	240	105	26	3.4	4.0
Fresno	723890	36.77	119.72	328	14.522	6193	30	32	17	15	13	17	53	14	52	4	90	9	290	107	26	2.2	3.8
Lancaster/Palmdale	723816	34.73	118.22	2346	13.492	8293	22	24	30	28	25	29	48	26	49	2	260	14	240	107	15	2.0	5.9
Lemoore, Reeves NAS	747020	36.33	119.95	236	14.570	8293	30	32	19	16	14	20	49	16	51	4	150	7	360	110	17	4.1	10.4
Long Beach	722970	33.82	118.15	39	14.675	6193	40	43	19	17	14	19	58	16	58	4	300	10	270	102	35	4.5	2.8
Los Angeles	722950	33.93	118.40	105	14.640	6193	43	45	21	18	16	20	56	17	56	6	70	10	250	97	38	5.1	3.0
Marysville, Beale AFB	724837	39.13	121.43	112	14.636	8293	31	34	20	17	14	23	53	19	53	3	20	5	200	106	26	3.2	4.1
Merced, Castle AFB	724810	37.38	120.57	187	14.596	8293	30	32	18	15	12	21	51	17	49	2	110	9	320	104	26	2.7	3.6
Mount Shasta	725957	41.32	122.32	3543	12.909	8293	16	21	14	12	10	14	36	12	37	4	60	4	180	95	10	2.7	6.7
Mountain View, Moffet NAS	745090	37.42	122.05	39	14.675	8293	36	39	19	17	15	19	54	16	52	1	140	9	330	98	23	2.5	12.2
Ontario	722865	34.05	117.60	942	14.202	8293	35	38	22	19	17	28	62	21	57	4	10	13	240	108	29	3.4	2.5
Oxnard, Pt. Mugu NAWS	723910	34.12	119.12	7	14.692	8293	39	41	22	19	16	25	57	21	58	5	20	12	50	93	24	5.0	10.6
Paso Robles	723965	35.67	120.63	837	14.257	8293	26	29	22	20	18	21	52	18	51	3	110	11	300	108	21	2.2	4.9
Red Bluff	725910	40.15	122.25	354	14.508	8293	29	32	23	21	19	26	53	23	50	6	340	9	160	111	25	3.2	3.8
Riverside, March AFB	722860	33.88	117.27	1539	13.896	8293	34	36	18	15	13	22	51	18	55	1	210	9	300	107	29	2.3	3.2
Sacramento, Mather Field	724835	38.55	121.30	95	14.645	8293	30	32	20	17	14	24	53	20	51	2	120	6	310	105	26	5.0	4.3
Sacramento, McClellan AFB	724836	38.67	121.40	75	14.655	8293	31	34	20	16	14	23	53	19	52	2	340	5	220	107	27	2.5	4.9
Sacramento, Metro	724839	38.70	121.58	23	14.683	6193	31	33	22	19	17	23	51	20	50	3	340	8	220	107	27	6.6	3.0
Salinas	724917	36.67	121.60	85	14.650	8293	33	35	21	19	18	23	51	21	51	6	130	11	310	95	29	4.7	2.2
San Bernardino, Norton AFB	722866	34.10	117.23	1158	14.091	8293	34	36	17	13	11	21	56	16	55	2	50	8	250	109	29	2.5	2.7
San Diego, Int'l Airport	722900	32.73	117.17	30	14.680	6193	44	46	18	16	15	20	59	16	60	3	70	10	310	95	39	6.4	4.4
San Diego, Miramar NAS	722930	32.85	117.12	420	14.474	8293	39	42	13	11	9	15	59	12	59	3	90	6	310	102	27	4.0	13.7
San Francisco	724940	37.62	122.38	16	14.687	6193	37	39	29	26	23	27	53	22	52	5	160	13	300	94	33	4.3	3.0
San Jose Int'l Airport	724945	37.37	121.93	56	14.666	8293	35	38	20	18	17	20	56	17	56	1	160	10	320	101	27	3.1	9.0
Santa Barbara	723925	34.43	119.83	10	14.690	8293	34	37	20	17	14	19	58	16	58	1	40	10	260	97	28	6.7	6.5
Santa Maria	723940	34.90	120.45	240	14.569	6193	32	35	23	21	19	21	59	18	59	4	110	11	300	95	27	5.0	2.8
Stockton	724920	37.90	121.25	26	14.681	8293	30	32	22	19	17	24	52	21	49	4	110	11	280	106	26	3.1	3.4
Victorville, George AFB	723825	34.58	117.38	2874	13.232	8293	27	30	22	19	16	22	49	18	47	3	160	9	180	106	21	3.1	5.6
COLORADO																							
Alamosa	724620	37.45	105.87	7543	11.108	6193	−17	−11	26	23	21	23	33	20	30	3	190	12	240	88	−27	2.0	7.9
Colorado Springs	724660	38.82	104.72	6171	11.701	6193	−2	4	29	25	21	28	35	23	33	7	20	12	160	95	−9	2.0	6.9
Craig	725700	40.50	107.53	6283	11.652	6193	−20	−12	26	20	17	22	33	17	27	2	270	9	250	93	−31	2.0	10.6
Denver	724699	39.75	104.87	5331	12.076	8293	−3	3	24	21	18	25	39	21	40	6	180	9	160	97	−11	2.3	7.0
Eagle	724675	39.65	106.92	6539	11.539	6193	−13	−7	22	19	17	20	33	18	32	3	90	11	230	93	−23	3.2	7.8
Grand Junction	724760	39.12	108.53	4839	12.301	6193	2	7	22	19	17	17	33	14	30	5	70	11	290	100	−3	2.0	8.5
Limon	724665	39.27	103.67	5364	12.062	8293	−6	1	27	23	21	27	29	22	25	9	160	12	200	96	−13	2.2	6.5
Pueblo	724640	38.28	104.52	4721	12.355	6193	−1	5	32	27	24	30	44	26	43	5	270	12	140	102	−12	1.9	7.7
Trinidad	724645	37.27	104.33	5761	11.883	8293	−2	6	25	22	19	24	41	20	42	7	290	10	210	98	−10	2.0	6.8
CONNECTICUT																							
Bridgeport	725040	41.17	73.13	16	14.687	6193	8	12	27	23	21	34	29	30	29	14	320	14	230	93	2	2.8	4.9
Hartford, Brainard Field	725087	41.73	72.65	20	14.685	6193	2	6	23	20	18	23	25	20	26	7	320	11	250	97	−6	2.4	5.7
Windsor Locks, Bradley Fld	725080	41.93	72.68	180	14.600	8293	3	8	21	19	17	22	30	20	29	7	360	11	240	97	−5	2.0	5.8
DELAWARE																							
Dover, AFB	724088	39.13	75.47	30	14.680	8293	14	18	22	19	17	23	36	21	35	8	340	9	240	97	6	3.2	6.1
Wilmington	724089	39.68	75.60	79	14.654	6193	10	14	25	22	19	27	29	23	30	11	290	11	240	96	3	2.7	6.8
FLORIDA																							
Apalachicola	722200	29.73	85.03	20	14.685	8293	31	35	19	17	15	19	51	17	51	6	360	9	220	93	23	6.7	7.4
Cape Canaveral, NASA	747946	28.62	80.72	10	14.690	8293	38	42	19	17	15	21	60	19	60	8	320	8	220	96	29	1.4	6.1
Daytona Beach	722056	29.18	81.05	36	14.676	6193	34	37	21	19	17	22	61	19	61	7	310	11	240	96	27	1.9	4.4
Fort Lauderdale/Hollywood	722025	26.07	80.15	23	14.683	8293	46	50	22	20	18	22	69	20	71	9	330	11	120	97	39	1.1	6.1
Fort Myers	722106	26.58	81.87	16	14.687	8293	42	47	19	18	16	20	64	18	66	6	30	9	70	97	34	1.3	4.7
Gainesville	722146	29.68	82.27	151	14.615	8293	30	33	19	17	14	19	65	17	62	4	300	9	270	97	21	1.8	7.2
Homestead, AFB	722026	25.48	80.38	7	14.692	8293	48	52	17	15	13	17	70	15	70	6	360	7	120	95	41	2.2	5.6
Jacksonville, Cecil Field NAS9676	722067	30.22	81.88	82	14.652	8293	31	34	18	16	14	19	62	17	62	3	290	7	270	100	20	2.0	8.8
Jacksonville, Int'l Airport	722060	30.50	81.70	30	14.680	6193	29	32	21	18	17	21	54	19	55	6	310	9	230	98	22	2.1	5.1

WMO# = World Meteorological Organization number Elev. = elevation, ft DB = dry-bulb temperature, °F
Lat. = latitude, degrees north   Long. = longitude, degrees west   StdP = standard pressure at station elevation, psia   WS = windspeed, mph

ENVIRONMENTAL DESIGN CONDITIONS

Table 5.1A (IP) (Continued)
Heating and Wind Design Conditions—United States

	WMO#	West Lat.	North Long.	Elev. ft	StdP, psia	Dates	Heating Dry Bulb 99.6%	99%	Extreme Wind Speed, mph 1%	2.5%	5%	Coldest Month 0.4% WS	MDB	1% WS	MDB	MWS/MWD to DB 99.6% MWS	MDB	0.4% MWS	MWD	Extr. Annual Daily Mean DB Max.	Min.	StdD DB Max.	Min.
Jacksonville, Mayport Naval	722066	30.40	81.42	16	14.687	8293	34	39	19	17	14	21	54	18	55	6	310	7	270	99	20	2.2	13.1
Key West	722010	24.55	81.75	20	14.685	6193	55	58	22	20	18	24	65	21	66	12	50	9	140	91	51	1.2	4.0
Melbourne	722040	28.10	80.65	36	14.676	8293	38	43	21	19	18	22	62	20	62	9	320	11	120	97	30	1.8	6.7
Miami, Int'l Airport	722020	25.82	80.28	13	14.688	6193	46	50	23	20	18	22	68	20	69	10	340	11	150	94	39	2.1	5.1
Miami, New Tamiami A	722029	25.65	80.43	10	14.690	8293	45	49	21	19	18	21	72	19	72	8	360	11	130	95	39	2.0	6.3
Milton, Whiting Field NAS	722226	30.72	87.02	200	14.589	8293	28	31	18	16	14	19	50	17	52	6	340	6	330	99	17	1.8	8.6
Orlando	722050	28.43	81.32	105	14.640	6193	37	42	20	18	16	21	66	19	65	8	330	9	290	96	29	1.6	6.5
Panama City, Tyndall AFB	747750	30.07	85.58	16	14.687	8293	33	37	18	16	14	19	52	17	52	9	360	7	240	94	24	2.3	6.3
Pensacola, Sherman AFB	722225	30.35	87.32	30	14.680	8293	28	32	23	20	18	25	43	22	48	9	360	10	200	100	15	6.3	7.6
Saint Petersburg	722116	27.92	82.68	10	14.690	8293	43	47	21	19	17	22	65	20	63	11	10	10	230	97	35	1.8	4.7
Sarasota/Bradenton	722115	27.40	82.55	30	14.680	8293	39	43	22	19	17	23	67	20	67	5	40	9	270	97	29	1.6	12.1
Tallahassee	722140	30.38	84.37	69	14.659	6193	25	28	18	16	14	19	52	17	54	3	350	8	360	98	17	2.0	4.6
Tampa, Int'l Airport	722110	27.97	82.53	10	14.690	6193	36	40	19	17	15	21	59	19	59	8	20	10	270	95	29	1.2	4.8
Valparaiso, Eglin AFB	722210	30.48	86.53	85	14.650	8293	30	33	19	16	14	18	49	16	51	6	360	7	210	97	19	2.0	6.1
Vero Beach	722045	27.65	80.42	26	14.681	8293	39	43	20	19	17	21	67	19	67	8	310	11	240	96	31	2.0	6.5
West Palm Beach	722030	26.68	80.12	20	14.685	6193	43	47	24	21	19	24	69	21	70	9	320	12	110	94	35	2.0	5.0
GEORGIA																							
Albany	722160	31.53	84.18	194	14.593	8293	27	30	19	17	15	19	50	18	50	4	360	9	250	100	17	2.2	7.2
Athens	723110	33.95	83.32	810	14.270	6193	20	25	19	17	15	20	40	18	40	10	290	9	270	98	11	3.5	6.6
Atlanta	722190	33.65	84.42	1033	14.155	6193	18	23	22	19	17	23	37	21	36	12	320	9	300	96	9	3.5	7.3
Augusta	722180	33.37	81.97	148	14.617	6193	21	25	20	18	15	21	45	19	46	5	290	9	250	100	13	3.7	5.6
Brunswick	722137	31.15	81.38	20	14.685	8293	30	34	18	17	16	19	49	18	49	8	350	10	250	98	22	2.5	7.7
Columbus, Fort Benning	722250	32.33	85.00	233	14.572	8293	23	27	16	13	11	17	46	15	46	3	320	5	240	100	14	2.9	6.7
Columbus, Metro Airport	722255	32.52	84.93	397	14.486	6193	23	27	17	15	14	18	44	16	46	7	310	9	310	99	14	2.3	6.1
Macon	722170	32.70	83.65	361	14.505	6193	23	27	19	17	15	20	46	18	45	7	320	9	270	100	14	2.7	6.4
Marietta, Dobbins AFB	722270	33.92	84.52	1070	14.136	8293	21	26	18	16	13	20	35	18	38	9	340	6	300	97	12	3.6	6.7
Rome	723200	34.35	85.17	643	14.357	8293	15	21	14	12	10	14	42	13	42	5	340	6	270	98	4	3.8	7.0
Savannah	722070	32.13	81.20	49	14.669	6193	26	29	20	17	15	21	49	19	49	7	270	9	270	98	18	3.0	5.4
Valdosta, Moody AFB	747810	30.97	83.20	233	14.572	8293	30	34	15	13	12	16	53	14	52	4	360	5	300	99	21	2.5	7.6
Valdosta, Regional Airport	722166	30.78	83.28	203	14.588	8293	28	31	17	15	14	18	55	16	56	4	340	8	300	99	17	3.2	7.7
Waycross	722130	31.25	82.40	151	14.615	8293	29	32	16	14	12	16	52	14	52	4	250	7	240	98	21	7.0	7.6
HAWAII																							
Ewa, Barbers Point NAS	911780	21.32	158.07	49	14.669	8293	59	61	20	18	16	22	73	19	75	5	40	11	60	93	35	1.6	21.4
Hilo	912850	19.72	155.07	36	14.676	6193	61	63	19	16	14	21	76	18	76	7	230	12	110	88	58	1.6	1.8
Honolulu	911820	21.35	157.93	16	14.687	6193	61	63	23	21	20	23	74	21	75	5	320	15	60	91	58	1.9	2.2
Kahului	911900	20.90	156.43	66	14.661	6193	59	61	27	25	24	32	76	28	76	6	160	19	50	92	54	1.5	4.4
Kaneohe, MCAS	911760	21.45	157.77	10	14.690	8293	67	68	20	18	17	21	74	19	74	7	190	10	70	88	40	1.4	29.0
Lihue	911650	21.98	159.35	148	14.617	6193	60	62	26	24	21	25	73	23	73	8	270	14	60	87	57	1.4	3.0
Molokai	911860	21.15	157.10	449	14.458	8293	60	61	24	22	21	22	74	21	74	4	70	13	60	92	43	4.0	22.0
IDAHO																							
Boise	726810	43.57	116.22	2867	13.235	6193	2	9	24	21	18	22	37	19	37	6	130	11	320	103	−4	2.7	9.1
Burley	725867	42.55	113.77	4150	12.621	8293	−5	2	23	21	19	23	30	22	28	7	60	8	280	98	−11	4.0	8.5
Idaho Falls	725785	43.52	112.07	4741	12.346	8293	−12	−6	27	23	21	28	32	23	29	7	360	12	180	96	−20	3.6	9.0
Lewiston	727830	46.38	117.02	1437	13.948	8293	6	15	20	17	14	24	38	20	40	5	280	7	310	103	3	2.7	9.9
Mountain Home, AFB	726815	43.05	115.87	2995	13.173	8293	0	5	23	21	18	23	33	21	31	2	90	8	350	105	−6	3.2	8.5
Mullan	727836	47.47	115.80	3317	13.017	8293	−1	7	10	10	9	11	18	9	21	2	10	4	10	92	−7	2.0	7.9
Pocatello	725780	42.92	112.60	4478	12.468	6193	−7	0	29	25	23	30	36	27	36	6	50	11	250	98	−15	2.3	9.1
ILLINOIS																							
Belleville, Scott AFB	724338	38.55	89.85	453	14.457	8293	3	10	21	18	15	23	32	20	31	7	360	7	190	100	−3	3.1	7.2
Chicago, Meigs Field	725340	41.78	87.75	623	14.367	8293	−4	3	23	22	19	26	17	23	30	12	240	13	220	97	−10	3.2	8.1
Chicago, O'Hare Int'l A	725300	41.98	87.90	673	14.342	6193	−6	−1	26	23	21	27	24	23	23	10	270	12	230	96	−12	2.8	6.5
Decatur	725316	39.83	88.87	682	14.337	8293	−2	3	24	22	20	27	24	24	27	13	310	12	210	99	−10	5.8	7.2
Glenview, NAS	725306	42.08	87.82	653	14.352	8293	−3	4	22	19	17	23	17	20	25	11	250	10	240	98	−10	3.1	7.7
Marseilles	744600	41.37	88.68	738	14.308	8293	−5	1	26	22	19	28	18	25	21	12	290	10	250	96	−11	4.0	5.9
Moline/Davenport IA	725440	41.45	90.52	594	14.383	8293	−8	−3	26	23	20	28	16	24	18	9	290	12	200	97	−14	2.7	6.0
Peoria	725320	40.67	89.68	663	14.347	6193	−6	−1	25	22	20	26	16	23	19	9	290	11	180	96	−12	3.3	6.1
Quincy	724396	39.95	91.20	768	14.292	8293	−4	2	26	23	20	28	23	24	22	12	330	12	210	97	−10	3.6	8.1
Rockford	725430	42.20	89.10	741	14.306	6193	−10	−4	26	23	21	26	18	23	20	9	290	13	200	95	−16	3.1	5.5
Springfield	724390	39.85	89.67	614	14.373	6193	−4	2	25	23	21	27	25	24	27	10	270	12	230	97	−11	2.8	5.5
West Chicago	725305	41.92	88.25	758	14.297	8293	−7	0	23	21	19	25	13	23	20	11	290	11	240	96	−14	3.2	7.7
INDIANA																							
Evansville	724320	38.05	87.53	387	14.491	6193	3	9	22	19	17	22	33	20	34	7	320	9	240	97	−4	2.7	8.5
Fort Wayne	725330	41.00	85.20	827	14.262	6193	−4	2	25	23	20	27	19	24	22	10	250	12	230	95	−11	3.6	5.2
Indianapolis	724380	39.73	86.27	807	14.272	6193	−3	3	24	21	19	25	26	22	27	8	230	11	230	94	−10	2.8	6.8

WMO# = World Meteorological Organization number   Elev. = elevation, ft   DB = dry-bulb temperature, °F
Lat. = latitude, degrees north   Long. = longitude, degrees west   StdP = standard pressure at station elevation, psia   WS = windspeed, mph

Outdoor Design Conditions

Table 5.1A (IP) (Continued)
Heating and Wind Design Conditions—United States

	WMO#	West Lat.	North Long.	Elev. ft	StdP, psia	Dates	Heating Dry Bulb 99.6%	99%	Extreme Wind Speed, mph 1%	2.5%	5%	Coldest Month 0.4% WS	MDB	1% WS	MDB	MWS/MWD to DB 99.6% MWS	MWD	0.4% MWS	MWD	Extr. Annual Daily Mean DB Max.	Min.	StdD DB Max.	Min.
Lafayette, Purdue Univ	724386	40.42	86.93	607	14.376	8293	−5	3	22	20	18	24	26	22	27	9	270	12	220	97	−11	3.8	7.7
Peru, Grissom AFB	725335	40.65	86.15	810	14.270	8293	−3	4	24	21	18	29	20	24	22	11	270	9	210	96	−8	3.8	7.4
South Bend	725350	41.70	86.32	774	14.289	6193	−2	3	25	23	20	26	22	23	23	13	230	12	230	95	−10	3.3	5.8
Terre Haute	724373	39.45	87.32	584	14.388	8293	−3	5	23	20	18	23	31	21	32	8	150	11	230	96	−10	3.2	7.9
IOWA																							
Burlington	725455	40.78	91.13	699	14.328	8293	−4	1	21	19	17	24	12	21	18	9	310	11	200	98	−10	4.0	6.8
Cedar Rapids	725450	41.88	91.70	869	14.240	8293	−11	−5	25	22	20	29	12	26	14	10	300	11	180	96	−15	3.6	5.4
Des Moines	725460	41.53	93.65	965	14.190	6193	−9	−4	27	24	21	28	14	24	19	11	320	12	180	98	−15	3.4	5.1
Fort Dodge	725490	42.55	94.18	1165	14.087	8293	−13	−7	27	23	21	29	10	26	10	11	340	11	190	96	−17	4.3	4.9
Lamoni	725466	40.62	93.95	1122	14.109	8293	−6	0	19	17	15	21	23	19	20	7	320	9	210	99	−12	4.3	6.8
Mason City	725485	43.15	93.33	1214	14.062	6193	−15	−10	27	23	22	30	9	27	12	12	300	14	200	97	−23	3.6	11.4
Ottumwa	725465	41.10	92.45	846	14.251	8293	−5	0	29	26	23	31	20	28	24	13	320	15	200	98	−12	4.0	6.8
Sioux City	725570	42.40	96.38	1102	14.119	6193	−11	−6	29	25	22	31	14	28	16	11	320	14	180	99	−18	3.6	4.7
Spencer	726500	43.17	95.15	1339	13.998	8293	−16	−11	24	22	20	25	13	23	13	10	300	12	180	99	−20	6.3	4.0
Waterloo	725480	42.55	92.40	879	14.234	6193	−14	−9	27	24	20	29	10	25	13	9	300	13	180	96	−20	3.5	5.9
KANSAS																							
Concordia	724580	39.55	97.65	1483	13.925	8293	−4	3	28	25	22	28	32	25	32	13	360	16	10	104	−8	4.0	9.4
Dodge City	724510	37.77	99.97	2592	13.370	6193	0	6	30	27	24	31	31	27	32	13	10	17	200	104	−6	2.8	5.6
Ft Riley, Marshall AAF	724550	39.05	96.77	1066	14.138	8293	−2	5	21	18	16	20	39	18	37	5	350	9	180	104	−5	3.1	9.0
Garden City	724515	37.93	100.72	2890	13.224	6193	−3	4	30	26	23	29	32	25	34	12	360	16	190	104	−9	2.7	6.5
Goodland	724650	39.37	101.70	3688	12.840	6193	−3	2	32	28	24	31	27	27	30	12	270	13	180	102	−11	2.9	6.6
Russell	724585	38.87	98.82	1864	13.732	8293	−4	3	29	26	23	29	33	25	35	11	10	16	190	105	−8	3.6	8.5
Salina	724586	38.80	97.65	1273	14.032	8293	−3	4	27	23	20	28	33	24	34	11	360	15	180	106	−7	2.3	9.9
Topeka	724560	39.07	95.62	886	14.231	6193	−2	4	25	22	20	25	28	22	29	9	320	12	180	100	−8	3.8	7.4
Wichita, Airport	724500	37.65	97.43	1339	13.998	6193	2	8	29	25	23	28	30	26	31	13	360	16	200	105	−4	2.9	6.3
Wichita, McConnell AFB	724505	37.62	97.27	1371	13.982	8293	2	10	25	23	20	25	38	23	36	11	360	12	190	105	−1	2.7	7.7
KENTUCKY																							
Bowling Green	746716	36.97	86.42	548	14.407	8293	7	14	20	19	17	21	40	19	40	6	220	9	230	97	−2	3.2	10.3
Covington/Cincinnati Airport	724210	39.05	84.67	876	14.236	6193	1	7	22	20	18	25	30	22	33	9	250	10	230	95	−7	3.1	8.5
Fort Campbell, AAF	746710	36.67	87.50	571	14.395	8293	9	15	19	16	14	20	40	17	43	4	330	6	240	98	0	3.1	9.5
Fort Knox, Godman AAF	724240	37.90	85.97	755	14.299	8293	9	15	17	15	13	18	42	16	39	4	290	6	270	97	0	4.1	7.9
Jackson	724236	37.60	83.32	1381	13.977	8293	7	14	17	14	13	18	44	16	40	7	230	6	230	94	−3	2.7	9.4
Lexington	724220	38.03	84.60	988	14.179	6193	4	10	21	19	17	23	38	20	38	8	270	9	240	94	−4	3.5	8.3
Louisville	724230	38.18	85.73	489	14.438	6193	6	12	22	19	17	22	40	20	34	10	290	10	250	96	−1	3.1	7.9
Paducah	724350	37.07	88.77	413	14.477	8293	7	13	22	19	17	22	45	19	42	8	40	9	180	98	−1	2.9	9.4
LOUISIANA																							
Alexandria, England AFB	747540	31.33	92.55	89	14.648	8293	27	30	16	13	12	17	53	15	49	7	360	3	180	98	20	2.2	6.3
Baton Rouge	722317	30.53	91.15	69	14.659	6193	27	30	20	18	16	21	48	19	49	8	360	8	270	97	20	2.2	5.4
Bossier City, Barksdale AFB	722485	32.50	93.67	167	14.607	8293	22	27	18	16	14	19	49	16	51	7	360	5	180	99	15	2.3	6.7
Lafayette	722405	30.20	91.98	43	14.673	8293	28	32	21	18	16	21	54	19	53	9	10	8	200	97	19	1.6	8.1
Lake Charles	722400	30.12	93.22	33	14.678	6193	29	32	22	19	17	24	50	21	49	10	20	8	230	96	23	2.3	4.7
Leesville, Fort Polk	722390	31.05	93.20	328	14.522	8293	27	30	16	13	12	16	51	14	52	4	20	4	180	98	20	2.0	5.9
Monroe	722486	32.52	92.03	79	14.654	8293	22	27	19	17	15	20	50	18	47	9	10	7	230	99	17	1.8	8.5
New Orleans, Int'l Airport	722310	29.98	90.25	30	14.680	6193	30	34	21	19	17	21	48	19	49	7	340	8	360	96	23	2.0	5.3
New Orleans, Lakefront A	722315	30.05	90.03	10	14.690	8293	35	39	22	19	18	21	49	20	50	14	360	9	300	94	21	8.1	12.4
Shreveport	722480	32.47	93.82	259	14.558	6193	22	26	20	18	16	22	46	19	48	9	360	8	180	99	16	3.1	5.6
MAINE																							
Augusta	726185	44.32	69.80	351	14.510	8293	−3	1	23	21	19	25	20	22	22	10	320	11	210	93	−10	3.1	3.4
Bangor	726088	44.80	68.83	194	14.593	8293	−7	−2	22	19	17	24	18	21	20	6	300	10	240	94	−16	2.9	5.9
Brunswick, NAS	743920	43.88	69.93	75	14.655	8293	−2	2	20	17	15	21	27	19	25	4	340	9	190	96	−12	7.9	6.1
Caribou	727120	46.87	68.02	623	14.367	8293	−14	−10	28	24	22	30	13	27	11	10	270	13	250	90	−23	2.8	4.5
Limestone, Loring AFB	727125	46.95	67.88	745	14.304	8293	−13	−9	23	20	18	25	12	22	11	7	300	9	260	91	−20	2.3	2.9
Portland	726060	43.65	70.32	62	14.662	6193	−3	2	24	21	18	24	26	21	25	7	320	12	270	93	−13	3.6	5.5
MARYLAND																							
Camp Springs, Andrews AFB	745940	38.82	76.87	282	14.546	8293	13	18	21	18	16	23	30	21	32	7	350	9	230	98	4	2.9	6.7
Baltimore, BWI Airport	724060	39.18	76.67	154	14.614	6193	11	15	24	21	19	25	31	22	31	10	290	11	280	97	4	2.9	5.8
Lex Park, Patuxent River NAS	724040	38.28	76.40	39	14.675	8293	16	21	20	17	15	22	30	19	35	9	340	9	270	98	8	2.3	6.1
Salisbury	724045	38.33	75.52	52	14.668	8293	13	18	20	18	16	20	35	19	37	6	10	9	240	97	4	2.7	5.8
MASSACHUSETTS																							
Boston	725090	42.37	71.03	30	14.680	6193	7	12	29	25	23	30	30	27	28	17	320	14	270	96	0	2.7	4.7
East Falmouth, Otis Angb	725060	41.65	70.52	131	14.626	8293	11	14	26	22	20	26	34	23	33	9	300	10	240	90	5	2.5	3.8
S. Weymouth NAS	725097	42.15	70.93	161	14.610	8293	6	11	19	16	14	18	29	16	29	7	320	9	260	97	−2	3.8	3.8
Worcester	725095	42.27	71.88	1010	14.167	6193	0	5	27	23	20	29	22	26	21	14	270	10	270	90	−6	1.9	4.1

WMO# = World Meteorological Organization number
Lat. = latitude, degrees north Long. = longitude, degrees west
Elev. = elevation, ft
StdP = standard pressure at station elevation, psia
DB = dry-bulb temperature, °F
WS = windspeed, mph

Environmental Design Conditions

Table 5.1A (IP) (Continued)
Heating and Wind Design Conditions—United States

	WHO#	West Lat.	North Long.	Elev. ft	StdP, psia	Dates	Heating Dry Bulb 99.6%	99%	Extreme Wind Speed, mph 1%	2.5%	5%	Coldest Month 0.4% WS	MDB	1% WS	MDB	99.6% MWS	MDB	MWS/MWD to DB 0.4% MWS	MWD	Extr. Annual Daily Mean DB Max.	Min.	StdD DB Max.	Min.
MICHIGAN																							
Alpena	726390	45.07	83.57	692	14.332	6193	−7	−1	21	19	17	22	20	19	20	5	270	11	240	93	−17	3.4	5.9
Detroit, Metro	725370	42.23	83.33	663	14.347	6193	0	5	27	23	21	28	28	24	27	11	240	13	230	95	−7	3.0	5.4
Flint	726370	42.97	83.75	764	14.294	6193	−2	3	25	22	20	27	24	23	23	8	230	13	230	93	−10	3.1	5.0
Grand Rapids	726350	42.88	85.52	804	14.274	6193	0	5	25	22	20	26	25	23	24	8	180	13	240	93	−9	2.1	5.3
Hancock	727440	47.17	88.50	1079	14.131	6193	−9	−4	21	19	18	23	18	20	16	8	270	10	250	90	−16	2.9	5.6
Harbor Beach	725386	44.02	82.80	600	14.379	8293	9	12	26	22	19	26	27	23	27	10	220	9	230	94	2	2.9	4.1
Jackson	725395	42.27	84.47	1001	14.172	8293	−3	4	20	19	17	23	22	20	23	9	240	11	210	93	−11	2.5	5.6
Lansing	725390	42.77	84.60	873	14.238	6193	−3	2	26	23	20	28	23	25	24	8	290	13	250	94	−13	2.8	5.9
Marquette, Sawyer AFB	727435	46.35	87.40	1220	14.059	8293	−11	−6	24	21	18	26	18	23	17	6	280	10	210	91	−18	4.7	4.7
Marquette/Ishpeming, A	727430	46.53	87.55	1424	13.955	8293	−13	−8	22	19	18	22	20	20	16	8	270	11	230	90	−22	4.5	4.5
Mount Clemens, Angb	725377	42.62	82.83	581	14.390	8293	3	7	21	18	16	25	21	21	24	7	280	9	230	95	−3	4.0	2.7
Muskegon	726360	43.17	86.25	633	14.362	6193	3	7	27	24	22	28	25	25	26	10	290	12	200	90	−5	2.7	5.0
Oscoda, Wurtsmith AFB	726395	44.45	83.40	633	14.362	8293	0	3	21	19	17	23	26	21	24	6	220	11	200	95	−7	4.1	4.7
Pellston	727347	45.57	84.80	719	14.318	8293	−9	−3	26	23	20	28	22	24	22	4	300	14	250	92	−21	3.1	4.9
Saginaw	726379	43.53	84.08	669	14.343	8293	0	4	23	21	19	25	22	22	23	10	260	13	240	96	−6	5.8	4.5
Sault Ste. Marie	727340	46.47	84.37	725	14.314	6193	−12	−7	23	20	18	24	19	21	18	7	90	10	230	89	−22	3.5	5.4
Seul Choix Point	726399	45.92	85.92	591	14.385	8293	0	4	28	24	22	30	27	26	27	9	300	8	200	82	−5	2.3	6.3
Traverse City	726387	44.73	85.58	623	14.367	6193	−3	2	21	19	18	23	23	21	23	7	180	13	230	94	−13	2.8	7.3
MINNESOTA																							
Alexandria	726557	45.87	95.40	1424	13.955	8293	−20	−15	25	22	20	28	12	24	8	10	300	14	180	96	−26	3.6	4.5
Brainerd, Pequot Lakes	727500	46.60	94.32	1280	14.029	8293	−24	−17	11	10	9	11	8	10	11	3	320	5	190	95	−30	7.9	6.8
Duluth	727450	46.83	92.18	1417	13.958	6193	−21	−16	25	22	20	25	12	22	11	10	310	12	230	90	−28	4.8	4.7
Hibbing	727455	47.38	92.83	1352	13.992	8293	−25	−20	20	19	17	20	13	19	13	6	330	11	200	92	−34	2.5	4.7
International Falls	727470	48.57	93.38	1184	14.077	6193	−29	−23	22	20	18	22	10	20	8	6	270	11	180	92	−37	3.4	3.8
Minneapolis-St. Paul	726580	44.88	93.22	837	14.257	6193	−16	−11	25	22	20	25	12	22	14	9	300	14	180	97	−22	3.5	5.4
Redwood Falls	726556	44.55	95.08	1024	14.160	8293	−17	−12	26	22	20	28	14	24	15	11	280	14	180	99	−22	4.1	5.2
Rochester	726440	43.92	92.50	1319	14.008	6193	−17	−12	29	26	24	32	12	28	12	13	300	15	200	94	−23	3.7	5.2
Saint Cloud	726550	45.55	94.07	1024	14.160	6193	−20	−14	22	20	18	23	11	20	10	8	300	12	200	95	−27	3.0	5.6
Tofte	727554	47.58	90.83	791	14.280	8293	−10	−6	24	20	17	25	16	22	18	8	260	8	330	86	−19	4.5	4.9
MISSISSIPPI																							
Biloxi, Keesler AFB	747686	30.42	88.92	33	14.678	8293	31	35	17	14	13	18	49	16	50	8	360	7	210	97	23	2.0	7.4
Columbus, AFB	723306	33.65	88.45	220	14.579	8293	20	25	18	15	13	19	43	16	46	6	360	6	240	100	12	2.7	6.8
Greenwood	722359	33.50	90.08	154	14.614	8293	20	24	19	17	14	19	46	18	47	6	360	6	180	99	13	2.3	7.6
Jackson	722350	32.32	90.08	331	14.520	6193	21	25	20	18	16	21	45	19	46	7	340	8	270	98	14	2.7	5.8
McComb	722358	31.18	90.47	413	14.477	8293	23	28	17	14	13	17	49	15	49	6	350	7	230	98	15	2.0	7.2
Meridian	722340	32.33	88.75	308	14.532	6193	21	25	19	17	15	19	43	17	46	6	360	8	360	99	13	2.9	5.9
Tupelo	723320	34.27	88.77	361	14.505	8293	18	22	19	17	15	20	44	17	44	7	10	7	260	99	10	2.9	8.5
MISSOURI																							
Cape Girardeau	723489	37.23	89.57	341	14.515	8293	6	13	21	19	18	22	35	20	36	9	360	10	200	100	−1	2.9	9.2
Columbia	724450	38.82	92.22	899	14.224	6193	−1	5	25	22	20	25	27	22	28	11	310	11	200	99	−8	4.4	6.2
Joplin	723495	37.15	94.50	981	14.182	8293	3	11	23	21	19	24	50	21	47	10	10	11	220	100	−2	4.0	9.4
Kansas City	724460	39.32	94.72	1024	14.160	6193	−1	4	26	23	20	26	34	23	33	10	320	13	190	100	−7	4.1	6.6
Poplar Bluff	723300	36.77	90.47	479	14.443	8293	8	13	18	15	13	17	40	15	37	7	360	7	200	101	2	6.8	9.4
Spickard/Trenton	725400	40.25	93.72	886	14.231	8293	1	6	23	20	18	25	29	22	31	8	360	11	200	100	−5	5.2	7.4
Springfield	724400	37.23	93.38	1270	14.034	6193	3	9	24	21	19	23	35	21	35	10	340	10	230	98	−4	3.5	6.4
St. Louis, Int'l Airport	724340	38.75	90.37	564	14.398	6193	2	8	26	23	20	26	26	23	27	12	290	11	240	99	−5	3.5	6.2
Warrensburg, Whiteman AFB	724467	38.73	93.55	869	14.240	8293	1	7	22	19	17	23	34	21	34	9	360	9	190	101	−5	4.0	7.7
MONTANA																							
Billings	726770	45.80	108.53	3570	12.896	6193	−13	−7	28	24	22	30	25	27	30	10	230	10	240	99	−19	2.8	6.2
Bozeman	726797	45.78	111.15	4475	12.469	8293	−20	−12	21	18	15	20	36	17	34	4	140	9	360	96	−29	2.9	7.7
Butte	726785	45.95	112.50	5545	11.980	8293	−22	−14	23	21	18	21	29	19	30	4	150	13	120	92	−34	2.5	7.9
Cut Bank	727796	48.60	112.37	3855	12.760	6193	−21	−16	34	30	27	40	36	34	36	7	320	13	270	93	−28	4.0	5.7
Glasgow	727680	48.22	106.62	2297	13.516	6193	−22	−17	29	26	23	28	18	25	15	8	330	13	160	99	−29	3.2	6.6
Great Falls, Int'l Airport	727750	47.48	111.37	3658	12.854	6193	−19	−13	33	29	26	34	38	31	38	7	240	12	230	98	−25	3.2	7.4
Great Falls, Malmstrom AFB	727755	47.50	111.18	3527	12.917	8293	−17	−11	28	24	21	33	38	29	38	4	240	8	260	99	−22	3.2	7.9
Havre	727770	48.55	109.77	2598	13.367	8293	−25	−19	24	21	19	26	35	23	33	6	240	9	270	102	−33	5.0	8.1
Helena	727720	46.60	112.00	3898	12.740	6193	−18	−10	25	22	19	25	40	22	35	5	290	12	280	96	−24	3.3	7.2
Kalispell	727790	48.30	114.27	2972	13.184	6193	−12	−3	24	20	17	25	12	21	18	7	9	10	170	95	−19	2.9	8.6
Lewistown	726776	47.05	109.47	4167	12.613	6193	−18	−12	26	23	20	29	35	25	35	7	250	11	90	95	−25	3.5	7.3
Miles City	742300	46.43	105.87	2628	13.352	6193	−19	−13	27	23	20	28	25	23	27	8	290	11	140	102	−25	2.7	6.5
Missoula	727730	46.92	114.08	3189	13.079	6193	−9	−1	22	19	17	22	17	19	21	7	120	10	290	97	−15	2.9	8.2
NEBRASKA																							
Bellevue, Offutt AFB	725540	41.12	95.92	1047	14.148	8293	−5	1	22	19	17	26	23	22	23	8	330	10	190	100	−9	4.5	6.3

WMO# = World Meteorological Organization number
Lat. = latitude, degrees north
Long. = longitude, degrees west
Elev. = elevation, ft
StdP = standard pressure at station elevation, psia
DB = dry-bulb temperature, °F
WS = windspeed, mph

Outdoor Design Conditions

Table 5.1A (IP) (Continued)
Heating and Wind Design Conditions—United States

	WMO#	West Lat.	North Long.	Elev. ft	StdP, psia	Dates	Heating Dry Bulb 99.6%	99%	Extreme Wind Speed, mph 1%	2.5%	5%	Coldest Month 0.4% WS	MDB	1% WS	MDB	MWS/MWD to DB 99.6% MWS	MDB	0.4% MWS	MWD	Extr. Annual Daily Mean DB Max.	Min.	StdD DB Max.	Min.
Grand Island	725520	40.97	98.32	1857	13.736	6193	−8	−2	30	26	23	29	21	26	19	11	270	15	180	102	−14	3.2	5.2
Lincoln	725510	40.85	96.75	1188	14.076	8293	−7	−2	27	23	21	28	25	24	27	9	350	15	180	103	−11	6.5	8.1
Norfolk	725560	41.98	97.43	1552	13.890	6193	−11	−5	29	25	22	33	20	28	21	11	340	15	190	101	−18	3.0	5.4
North Platte	725620	41.13	100.68	2785	13.275	6193	−10	−4	29	25	22	28	24	24	26	7	320	12	180	101	−16	2.9	6.6
Omaha, Eppley Airfield	725500	41.30	95.90	981	14.182	6193	−7	−2	26	23	20	27	21	23	17	10	340	12	180	100	−14	3.3	4.8
Omaha, Wso	725530	41.37	96.02	1332	14.002	8293	−8	−2	22	20	18	25	23	22	25	10	310	11	170	98	−14	4.0	6.5
Scottsbluff	725660	41.87	103.60	3957	12.712	6193	−11	−3	30	26	22	32	35	27	35	8	300	11	300	101	−19	2.9	8.0
Sidney	725610	41.10	102.98	4304	12.549	8293	−8	−1	29	24	22	31	32	26	35	9	290	12	160	101	−18	4.5	8.6
Valentine	725670	42.87	100.55	2598	13.367	8293	−16	−8	27	24	21	26	25	23	28	9	250	15	180	104	−22	4.3	8.5
NEVADA																							
Elko	725825	40.83	115.78	5135	12.166	6193	−5	1	21	18	16	20	36	16	37	4	70	10	230	98	−13	3.2	8.0
Ely	724860	39.28	114.85	6263	11.660	6193	−6	0	28	24	21	26	33	22	30	11	190	13	230	93	−15	2.3	7.3
Las Vegas, Int'l Airport	723860	36.08	115.17	2178	13.575	6193	27	30	30	26	23	25	48	22	49	7	250	12	230	111	21	2.2	4.7
Mercury	723870	36.62	116.02	3310	13.021	8293	24	28	25	22	19	25	44	21	42	8	50	12	230	102	19	17.6	6.3
North Las Vegas, Nellis AFB	723865	36.23	115.03	1870	13.729	8293	28	31	24	21	18	23	52	19	49	2	20	9	210	112	21	2.0	4.5
Reno	724880	39.50	119.78	4400	12.505	6193	8	13	26	22	19	26	46	21	44	3	160	10	290	99	1	2.2	8.4
Tonopah	724855	38.05	117.08	5427	12.033	6193	7	13	25	22	20	24	37	22	36	9	340	12	180	98	1	2.0	6.5
Winnemucca	725830	40.90	117.80	4314	12.544	6193	1	7	23	19	17	21	39	18	38	5	160	11	250	101	−9	2.3	10.2
NEW HAMPSHIRE																							
Concord	726050	43.20	71.50	344	14.513	6193	−8	−2	23	20	17	23	20	20	21	4	320	10	230	95	−18	2.9	5.5
Lebanon	726116	43.63	72.30	597	14.381	8293	−7	−3	18	15	14	18	25	16	26	2	360	9	220	94	−17	2.0	5.2
Mount Washington	726130	44.27	71.30	6266	11.659	8293	−23	−19	88	81	73	99	−14	92	−15	73	280	21	270	65	−33	2.3	4.1
Portsmouth, Pease AFB	726055	43.08	70.82	102	14.642	8293	4	9	21	18	16	22	26	20	27	8	280	8	270	94	−2	2.2	3.2
NEW JERSEY																							
Atlantic City	724070	39.45	74.57	66	14.661	6193	8	13	27	23	20	29	36	25	34	9	310	11	250	96	0	2.9	5.7
Millville	724075	39.37	75.07	82	14.652	6193	10	15	19	18	17	20	35	19	35	7	300	11	240	96	0	2.3	7.4
Newark	725020	40.70	74.17	30	14.680	6193	10	14	26	23	20	27	28	23	29	13	260	13	230	98	4	2.6	4.8
Teterboro	725025	40.85	74.07	10	14.690	8293	10	14	21	19	17	21	29	19	30	11	280	12	240	97	2	2.5	5.6
Trenton, McGuire AFB	724096	40.02	74.60	135	14.624	8293	11	15	22	19	17	23	31	21	31	8	330	8	240	97	2	2.2	5.2
NEW MEXICO																							
Alamogordo, Holloman AFB	747320	32.85	106.10	4094	12.647	8293	20	23	20	17	14	18	50	15	48	3	10	8	250	102	13	2.9	3.6
Albuquerque	723650	35.05	106.62	5315	12.084	6193	13	18	29	25	22	26	34	22	37	8	360	10	240	100	6	2.6	7.3
Carlsbad	722687	32.33	104.27	3294	13.028	8293	19	23	25	22	19	25	57	21	54	8	340	12	150	104	9	3.6	7.0
Clayton	723600	36.45	103.15	4970	12.241	8293	1	9	30	27	24	30	40	26	39	10	40	13	200	99	−5	2.5	7.4
Clovis, Cannon AFB	722686	34.38	103.32	4295	12.554	8293	10	15	26	23	20	26	40	23	39	8	50	11	220	101	5	2.3	4.0
Farmington	723658	36.75	108.23	5502	11.999	8293	8	13	23	21	18	22	35	19	34	6	60	10	240	99	−1	3.8	7.2
Gallup	723627	35.52	108.78	6470	11.570	8293	−1	5	23	20	18	19	39	18	37	1	140	11	270	94	−12	2.3	7.9
Roswell	722680	33.30	104.53	3668	12.849	8293	14	20	22	19	17	20	51	18	48	8	360	11	140	105	6	4.7	6.5
Truth Or Consequences	722710	33.23	107.27	4859	12.292	8293	22	26	25	21	18	24	43	21	41	8	350	10	170	102	6	2.9	23.8
Tucumcari	723676	35.18	103.60	4065	12.661	6193	9	15	25	22	19	28	50	23	45	8	50	12	230	102	1	3.1	7.2
NEW YORK																							
Albany	725180	42.75	73.80	292	14.541	6193	−7	−2	24	22	19	23	20	20	22	5	300	10	230	95	−18	3.0	6.3
Binghamton	725150	42.22	75.98	1631	13.850	6193	−2	2	24	21	19	24	20	22	19	13	270	11	220	89	−9	3.1	4.4
Buffalo	725280	42.93	78.73	705	14.325	6193	2	5	29	26	23	34	25	30	24	12	270	13	240	91	−6	2.3	5.3
Central Islip	725035	40.80	73.10	98	14.643	8293	11	15	22	20	18	23	32	21	31	10	340	11	210	94	2	3.2	5.4
Elmira/Corning	725156	42.17	76.90	955	14.195	8293	−2	3	21	19	17	23	20	20	27	5	240	11	210	95	−10	3.6	6.1
Glens Falls	725185	43.33	73.62	328	14.522	8293	−10	−4	18	16	14	19	22	17	22	2	350	10	190	93	−20	2.7	4.7
Massena	726223	44.93	74.85	213	14.583	6193	−15	−10	21	18	17	23	22	21	22	4	270	10	230	92	−27	3.0	6.0
New York, JFK Airport	744860	40.65	73.78	23	14.683	6193	11	15	27	24	21	30	29	27	28	17	320	13	230	96	6	2.6	4.6
New York, La Guardia A	725030	40.77	73.90	30	14.680	8293	13	17	28	25	22	30	29	27	28	18	310	12	280	97	6	2.2	4.3
Newburgh	725038	41.50	74.10	492	14.436	8293	6	10	23	20	18	26	17	23	26	8	260	10	230	92	−4	3.1	6.5
Niagara Falls	725287	43.10	78.95	591	14.385	8293	4	7	26	22	20	30	24	27	23	11	240	13	230	91	−4	3.2	6.1
Plattsburgh, AFB	726225	44.65	73.47	236	14.570	8293	−9	−4	21	18	16	22	27	19	24	2	350	8	260	93	−17	2.7	4.7
Poughkeepsie	725036	41.63	73.88	167	14.607	8293	2	6	18	16	14	19	25	17	25	3	250	9	250	96	−8	3.1	5.9
Rochester	725290	43.12	77.67	554	14.403	6193	1	5	27	23	21	29	22	26	21	10	230	12	250	93	−7	2.8	4.9
Rome, Griffiss AFB	725196	43.23	75.40	505	14.429	8293	−5	1	22	19	16	23	22	20	22	3	330	8	260	93	−15	2.5	3.8
Syracuse	725190	43.12	76.12	407	14.481	6193	−3	2	26	22	20	28	20	25	21	7	90	11	250	93	−13	3.0	6.0
Watertown	726227	44.00	76.02	325	14.524	8293	−12	−6	21	19	18	24	24	21	25	5	80	11	240	90	−25	2.9	7.0
White Plains	725037	41.07	73.70	440	14.463	8293	7	12	19	17	15	19	29	18	29	13	310	9	260	95	0	2.9	4.5
NORTH CAROLINA																							
Asheville	723150	35.43	82.55	2169	13.580	6193	11	16	25	22	19	26	26	23	28	11	340	9	340	91	3	2.6	6.8
Cape Hatteras	723040	35.27	75.55	10	14.690	6193	26	29	26	22	20	27	47	23	47	11	340	11	230	91	20	2.0	4.9
Charlotte	723140	35.22	80.93	768	14.292	6193	18	23	20	17	15	20	44	18	45	6	50	9	240	97	10	2.9	6.0
Cherry Point, Mcas	723090	34.90	76.88	30	14.680	8293	24	28	19	16	15	19	43	17	48	5	10	7	240	100	12	2.5	8.5

WMO# = World Meteorological Organization number
Lat. = latitude, degrees north
Long. = longitude, degrees west
Elev. = elevation, ft
StdP = standard pressure at station elevation, psia
DB = dry-bulb temperature, °F
WS = windspeed, mph

Environmental Design Conditions

Table 5.1A (IP) (Continued)
Heating and Wind Design Conditions—United States

	WHO#	West Lat.	North Long.	Elev. ft	StdP, psia	Dates	Heating Dry Bulb 99.6%	99%	Extreme Wind Speed, mph 1%	2.5%	5%	Coldest Month 0.4% WS	MDB	1% WS	MDB	MWS/MWD to DB 99.6% MWS	MWD	0.4% MWS	MWD	Extr. Annual Daily Mean DB Max.	Min.	StdD DB Max.	Min.
Fayetteville, Fort Bragg	746930	35.13	78.93	243	14.567	8293	22	27	17	14	12	19	42	16	44	4	10	6	240	100	15	3.8	6.8
Goldsboro, Johnson AFB	723066	35.33	77.97	108	14.638	8293	22	27	17	14	12	18	46	15	44	4	270	8	260	100	14	3.1	7.4
Greensboro	723170	36.08	79.95	886	14.231	6193	15	19	19	17	15	20	40	18	40	7	290	8	230	96	7	2.7	5.0
Hickory	723145	35.73	81.38	1188	14.076	8293	18	23	17	15	13	18	41	16	41	4	320	9	240	97	8	3.2	6.8
Jacksonville, New River Mcaf	723096	34.72	77.45	26	14.681	8293	23	27	18	16	14	19	49	17	47	5	350	7	240	99	13	2.0	8.8
New Bern	723095	35.07	77.05	20	14.685	8293	22	27	18	16	14	19	49	17	47	6	10	8	240	99	13	1.4	8.3
Raleigh/Durham	723060	35.87	78.78	440	14.463	6193	16	20	21	18	16	21	42	19	43	8	360	9	240	96	9	2.9	5.3
Wilmington	723013	34.27	77.90	33	14.678	6193	23	27	21	19	17	22	51	20	48	7	320	10	220	97	17	2.2	5.7
Winston-Salem	723193	36.13	80.22	971	14.187	8293	18	23	19	17	15	21	38	19	38	7	290	8	240	96	8	2.7	5.8
NORTH DAKOTA																							
Bismarck	727640	46.77	100.75	1660	13.835	6193	−21	−16	29	25	22	29	13	25	16	7	290	13	180	100	−30	3.6	6.4
Devils Lake	727580	48.10	98.87	1453	13.940	6193	−23	−19	26	22	20	27	12	24	10	9	300	11	10	98	−27	7.0	5.0
Fargo	727530	46.90	96.80	899	14.224	6193	−22	−17	31	27	24	32	7	28	7	8	180	14	160	98	−27	3.4	4.4
Grand Forks, AFB	727575	47.97	97.40	912	14.217	8293	−20	−16	27	24	21	30	9	26	13	7	290	13	180	98	−25	4.7	4.9
Minot, AFB	727675	48.42	101.35	1667	13.832	8293	−21	−16	28	24	21	30	18	27	16	10	310	12	150	101	−25	3.8	7.4
Minot, Int'l Airport	727676	48.27	101.28	1716	13.807	6193	−20	−16	28	24	21	30	14	27	14	12	290	13	200	98	−25	3.0	4.8
Williston	727670	48.18	103.63	1906	13.711	8293	−24	−18	27	23	21	28	25	24	20	8	220	14	150	101	−30	4.5	8.3
OHIO																							
Akron/Canton	725210	40.92	81.43	1237	14.050	6193	0	5	24	21	19	25	26	22	26	11	270	10	230	92	−7	2.9	7.0
Cincinnati, Lunken Field	724297	39.10	84.42	482	14.441	8293	5	12	21	19	17	22	35	19	33	9	260	10	210	96	−3	3.2	9.4
Cleveland	725240	41.42	81.87	804	14.274	6193	1	6	26	23	20	27	28	24	28	12	230	12	230	93	−6	2.8	6.3
Columbus, Int'l Airport	724280	40.00	82.88	817	14.267	6193	1	6	23	20	18	24	30	21	25	9	270	11	270	94	−6	2.6	7.1
Columbus, Rickenbckr AFB	724285	39.82	82.93	745	14.304	8293	3	10	21	18	16	23	26	20	27	7	210	8	270	96	−4	4.5	8.6
Dayton, Int'l Airport	724290	39.90	84.20	1004	14.170	6193	−1	5	24	21	19	25	26	22	28	11	270	11	240	95	−8	2.9	7.0
Dayton, Wright-Paterson	745700	39.83	84.05	823	14.263	8293	1	8	21	18	16	23	28	21	30	7	270	9	240	96	−7	3.2	7.7
Findlay	725366	41.02	83.67	810	14.270	8293	−2	4	23	20	17	25	34	22	29	11	250	12	210	94	−9	3.8	7.9
Mansfield	725246	40.82	82.52	1296	14.020	6193	−1	4	25	22	20	28	28	25	26	13	240	12	240	91	−8	2.8	6.0
Toledo	725360	41.60	83.80	692	14.332	6193	−2	3	23	20	18	25	25	22	21	10	250	11	230	95	−10	3.0	5.4
Youngstown	725250	41.27	80.67	1184	14.077	6193	−1	4	23	21	19	24	22	22	21	10	230	10	230	91	−8	2.5	5.8
Zanesville	724286	39.95	81.90	899	14.224	8293	2	9	19	18	16	21	32	19	31	7	240	9	220	94	−7	3.6	8.5
OKLAHOMA																							
Altus, AFB	723520	34.67	99.27	1378	13.978	8293	13	19	23	21	19	24	40	21	42	9	20	10	190	107	7	3.4	7.7
Enid, Vance AFB	723535	36.33	97.92	1306	14.015	8293	5	12	26	23	20	27	38	23	38	12	10	11	190	105	1	3.6	6.7
Lawton, Fort Sill/Post Field	723550	34.65	98.40	1188	14.076	8293	12	19	24	21	19	26	35	22	36	11	10	11	170	103	8	2.5	7.4
McAlester	723566	34.88	95.78	771	14.291	8293	10	17	20	18	16	21	47	19	45	9	360	9	190	102	4	4.0	8.3
Oklahoma City, Tinker AFB	723540	35.42	97.38	1293	14.022	8293	10	17	24	22	19	25	42	22	42	10	10	10	190	103	6	3.2	6.1
Oklahoma City, W. Rogers A	723530	35.40	97.60	1302	14.017	6193	9	15	29	25	23	29	33	26	37	15	360	13	180	103	4	3.4	4.9
Tulsa	723560	36.20	95.90	676	14.340	6193	9	14	25	23	21	24	46	22	40	11	360	12	180	103	3	3.6	5.6
OREGON																							
Astoria	727910	46.15	123.88	23	14.683	6193	25	29	25	22	19	29	51	24	49	8	90	12	320	87	20	4.5	6.1
Eugene	726930	44.12	123.22	374	14.498	6193	21	26	20	18	16	22	46	19	45	8	360	12	360	99	16	3.7	7.9
Hillsboro	726986	45.53	122.95	203	14.588	8293	19	24	19	17	15	23	26	19	34	8	60	9	360	100	15	3.8	6.3
Klamath Falls	725895	42.15	121.73	4091	12.649	8293	4	10	25	22	19	28	39	23	33	6	320	9	320	97	−4	4.1	8.6
Meacham	726885	45.52	118.40	4055	12.666	8293	−9	0	12	10	9	13	33	11	33	1	130	5	360	93	−21	4.7	12.2
Medford	725970	42.37	122.87	1329	14.003	6193	21	24	19	16	13	20	51	15	50	3	130	9	290	104	15	3.4	6.4
North Bend	726917	43.42	124.25	13	14.688	6193	30	32	25	23	20	23	51	20	50	7	140	14	340	82	24	4.0	5.5
Pendleton	726880	45.68	118.85	1496	13.918	6193	3	11	28	24	20	27	44	23	42	6	140	9	310	102	−1	3.6	11.2
Portland	726980	45.60	122.60	39	14.675	6193	22	27	25	21	18	28	37	25	39	13	120	11	340	99	18	4.4	6.0
Redmond	726835	44.25	121.15	3077	13.133	6193	1	9	20	17	16	20	42	18	41	6	320	11	340	98	−7	3.2	10.2
Salem	726940	44.92	123.00	200	14.589	6193	20	25	23	19	17	25	46	22	46	9	350	10	360	100	14	3.3	6.6
Sexton Summit	725975	42.62	123.37	3842	12.767	8293	21	24	24	22	19	27	37	24	38	9	120	6	340	89	16	4.9	8.5
PENNSYLVANIA																							
Allentown	725170	40.65	75.43	384	14.493	6193	5	10	27	23	21	28	26	25	24	9	270	11	240	95	−2	2.8	5.2
Altoona	725126	40.30	78.32	1503	13.915	6193	5	10	20	18	17	23	20	20	22	9	270	8	250	92	−5	3.6	7.9
Bradford	725266	41.80	78.63	2142	13.593	6193	−6	−1	19	18	16	22	22	19	21	7	270	9	240	87	−15	2.8	5.0
Du Bois	725125	41.18	78.90	1818	13.756	8293	0	5	21	19	17	23	20	21	20	11	280	10	270	90	−9	3.1	7.0
Erie	725260	42.08	80.18	738	14.308	6193	2	7	27	24	22	29	28	26	28	14	200	12	250	90	−4	3.1	6.4
Harrisburg	725115	40.20	76.77	308	14.532	6193	9	13	22	20	18	24	29	22	29	8	270	10	250	97	2	3.3	5.7
Philadelphia, Int'l Airport	724080	39.88	75.25	30	14.680	6193	11	15	24	21	19	26	31	23	30	12	290	11	230	96	5	2.8	5.6
Philadelphia, Northeast A	724085	40.08	75.02	121	14.631	8293	11	15	21	19	17	22	30	19	29	10	300	10	260	97	3	2.6	6.1
Philadelphia, Willow Gr NAS	724086	40.20	75.15	361	14.505	8293	10	14	18	15	13	19	30	16	30	5	300	6	250	99	2	5.4	5.8
Pittsburgh, Allegheny Co. A	725205	40.35	79.93	1253	14.042	8293	4	11	21	19	17	23	24	21	24	11	250	11	240	94	−4	3.1	9.4
Pittsburgh, Int'l Airport	725200	40.50	80.22	1224	14.057	6193	2	7	25	21	19	26	24	23	25	10	260	11	230	93	−6	3.1	6.7
Wilkes-Barre/Scranton	725130	41.33	75.73	948	14.199	6193	2	7	20	18	16	21	26	19	25	8	230	11	220	92	−5	2.8	4.9

WMO# = World Meteorological Organization number Elev. = elevation, ft DB = dry-bulb temperature, °F
Lat. = latitude, degrees north Long. = longitude, degrees west StdP = standard pressure at station elevation, psia WS = windspeed, mph

LOAD CALCULATION PRINCIPALS

Outdoor Design Conditions

Table 5.1A (IP) (Continued)
Heating and Wind Design Conditions—United States

	WMO#	West Lat.	North Long.	Elev. ft	StdP, psia	Dates	Heating Dry Bulb 99.6%	99%	Extreme Wind Speed, mph 1%	2.5%	5%	Coldest Month 0.4% WS	MDB	1% WS	MDB	MWS/MWD to DB 99.6% MWS	MDB	0.4% MWS	MWD	Extr. Annual Daily Mean DB Max.	Min.	StdD DB Max.	Min.
Williamsport	725140	41.25	76.92	525	14.419	6193	2	7	23	20	18	24	23	21	25	8	270	10	250	94	−6	3.1	5.9
RHODE ISLAND																							
Providence	725070	41.73	71.43	62	14.662	6193	5	10	27	23	21	27	31	23	32	12	340	13	230	95	−2	3.7	5.0
SOUTH CAROLINA																							
Beaufort, Mcas	722085	32.48	80.72	39	14.675	8293	28	31	18	15	13	19	46	17	45	4	300	7	270	101	13	2.9	8.3
Charleston	722080	32.90	80.03	49	14.669	6193	25	28	22	19	17	22	52	19	51	7	20	10	230	98	18	2.3	5.6
Columbia	723100	33.95	81.12	226	14.576	6193	21	24	20	17	15	20	48	18	49	5	220	9	240	100	13	3.1	5.6
Florence	723106	34.18	79.72	148	14.617	8293	23	27	19	17	15	20	51	18	50	7	360	10	240	100	14	2.7	7.6
Greer/Greenville	723120	34.90	82.22	971	14.187	6193	19	23	20	18	16	21	45	18	44	6	50	9	230	97	11	2.6	5.5
Myrtle Beach, AFB	747910	33.68	78.93	26	14.681	8293	25	29	18	15	13	18	49	15	47	4	360	7	290	98	17	2.9	7.4
Sumter, Shaw AFB	747900	33.97	80.47	243	14.567	8293	24	29	18	16	14	19	48	17	48	5	10	8	240	100	17	3.1	6.1
SOUTH DAKOTA																							
Chamberlain	726530	43.80	99.32	1739	13.795	8293	−13	−7	27	24	21	28	18	25	20	11	270	13	190	106	−12	8.1	18.4
Huron	726540	44.38	98.22	1289	14.024	6193	−17	−12	29	25	22	29	14	25	15	9	290	14	180	102	−25	4.6	5.9
Pierre	726686	44.38	100.28	1742	13.794	6193	−14	−9	29	25	22	32	15	27	20	11	320	14	180	106	−20	3.8	5.7
Rapid City	726620	44.05	103.07	3169	13.089	6193	−11	−5	36	31	27	37	26	32	26	9	350	13	160	102	−17	3.4	5.4
Sioux Falls	726510	43.58	96.73	1427	13.953	6193	−16	−11	28	25	22	30	15	26	17	8	310	15	180	100	−23	4.1	4.9
TENNESSEE																							
Bristol	723183	36.48	82.40	1519	13.906	6193	9	14	20	17	15	21	35	19	36	6	270	8	250	92	−1	3.0	7.5
Chattanooga	723240	35.03	85.20	689	14.333	6193	15	20	19	17	15	20	37	18	38	7	360	8	280	97	7	3.6	7.0
Crossville	723265	35.95	85.08	1880	13.724	8293	7	15	16	14	13	18	33	16	36	4	310	8	270	93	−3	4.0	8.6
Jackson	723346	35.60	88.92	433	14.467	8293	12	18	20	18	16	21	46	19	44	9	360	8	240	98	4	2.3	8.8
Knoxville	723260	35.82	83.98	981	14.182	6193	13	19	21	18	15	21	48	19	45	7	50	8	250	95	4	3.0	7.8
Memphis	723340	35.05	90.00	285	14.544	6193	16	21	22	19	17	22	42	20	42	10	20	9	240	99	9	2.8	7.2
Nashville	723270	36.13	86.68	591	14.385	6193	10	16	22	19	17	22	46	20	42	8	340	9	230	97	1	3.3	7.8
TEXAS																							
Abilene	722660	32.42	99.68	1791	13.769	6193	16	22	27	24	22	26	48	23	46	12	0	11	140	102	10	2.8	5.9
Amarillo	723630	35.23	101.70	3606	12.879	6193	6	12	30	27	24	30	40	27	38	14	20	15	200	100	−1	2.8	5.5
Austin	722540	30.30	97.70	620	14.369	6193	25	30	23	20	18	25	41	22	43	12	10	10	180	101	20	2.4	5.9
Beaumont/Port Arthur	722410	29.95	94.02	23	14.683	6193	29	32	22	20	18	23	51	21	51	10	340	9	200	97	22	2.5	4.5
Beeville, Chase Field NAS	722556	28.37	97.67	190	14.595	8293	28	33	22	20	18	23	58	20	53	13	350	9	150	104	22	2.5	8.3
Brownsville	722500	25.90	97.43	20	14.685	6193	36	40	27	24	22	26	64	23	62	13	330	16	160	98	31	2.4	5.2
College Station/Bryan	722445	30.58	96.37	322	14.525	8293	22	29	21	19	17	21	47	19	49	12	350	9	170	101	17	2.3	8.3
Corpus Christi	722510	27.77	97.50	43	14.673	6193	32	36	28	25	23	27	59	24	58	13	360	15	140	98	25	1.9	5.2
Dallas/Fort Worth, Int'l A	722590	32.90	97.03	597	14.381	8293	17	24	26	23	21	26	46	24	47	13	350	10	170	103	14	3.1	8.3
Del Rio, Laughlin AFB	722615	29.37	100.78	1083	14.130	8293	28	32	22	19	17	22	47	19	50	7	10	9	140	105	22	3.1	5.8
El Paso	722700	31.80	106.40	3917	12.731	6193	21	25	25	21	18	24	51	21	49	5	20	8	180	104	14	3.3	6.1
Fort Worth, Carswell AFB	722595	32.77	97.45	650	14.354	8293	18	24	22	20	18	23	43	20	45	11	10	8	10	103	15	2.2	8.1
Fort Worth, Meacham Field	722596	32.82	97.37	709	14.323	6193	19	24	27	24	21	27	40	24	44	13	350	10	180	103	14	3.0	5.8
Guadalupe Pass	722620	31.83	104.80	5453	12.022	8293	13	19	51	45	41	50	39	46	37	19	70	13	250	98	10	2.9	6.8
Houston, Hobby Airport	722435	29.65	95.28	46	14.671	8293	29	34	22	20	18	23	52	21	52	13	350	7	190	98	24	2.0	8.1
Houston, Inter Airport	722430	29.97	95.35	108	14.638	6193	27	31	20	18	16	22	47	20	52	8	340	10	180	98	22	3.1	5.4
Junction	747400	30.50	99.77	1713	13.808	8293	19	23	19	16	15	19	53	16	53	6	360	9	150	104	12	2.3	6.7
Killeen, Fort Hood	722576	31.07	97.83	1014	14.165	8293	20	27	22	19	17	22	48	19	53	11	360	9	160	102	15	2.0	8.6
Kingsville, NAS	722516	27.50	97.82	49	14.669	8293	31	36	23	21	19	22	61	20	60	11	360	11	150	102	18	2.0	10.1
Laredo	722520	27.55	99.47	509	14.427	8293	32	36	24	22	20	22	59	20	62	9	320	13	140	106	28	2.2	6.7
Lubbock, Int'l Airport	722670	33.65	101.82	3241	13.054	6193	11	17	30	26	23	30	43	27	44	12	0	14	160	102	4	2.6	5.6
Lubbock, Reese AFB	722675	33.60	102.05	3337	13.008	8293	11	18	25	22	19	25	48	22	44	10	20	11	170	102	6	3.1	4.9
Lufkin	722446	31.23	94.75	289	14.543	6193	23	27	18	16	14	18	44	17	46	6	330	8	230	99	17	3.2	5.3
Marfa	722640	30.37	104.02	4859	12.292	8293	15	19	24	21	18	25	44	22	45	5	360	9	220	97	5	2.3	5.0
McAllen	722506	26.18	98.23	108	14.638	8293	34	40	24	22	20	24	68	21	68	11	350	14	130	106	27	4.3	8.1
Midland/Odessa	722650	31.95	102.18	2861	13.238	6193	17	22	28	25	22	27	50	23	48	9	20	13	180	103	9	2.6	6.9
San Angelo	722630	31.37	100.50	1909	13.709	6193	20	24	26	23	21	25	52	22	51	10	20	11	160	103	13	2.8	6.1
San Antonio, Int'l Airport	722530	29.53	98.47	794	14.279	6193	26	30	22	19	17	23	43	20	45	10	350	10	160	100	19	2.9	5.2
San Antonio, Kelly AFB	722535	29.38	98.58	689	14.333	8293	27	32	19	17	15	21	51	18	52	8	360	8	160	103	22	2.9	6.5
San Antonio, Randolph AFB	722536	29.53	98.28	761	14.296	8293	27	31	19	17	15	20	45	17	48	7	340	7	150	101	20	2.2	6.7
Sanderson	747300	30.17	102.42	2838	13.250	8293	23	28	19	16	13	20	44	17	48	6	360	7	120	102	9	2.9	8.3
Victoria	722550	28.85	96.92	118	14.633	6193	29	33	26	23	21	26	50	23	51	12	360	12	180	99	23	2.5	5.2
Waco	722560	31.62	97.22	509	14.427	6193	22	26	26	23	21	29	38	25	42	13	360	12	180	104	16	2.8	6.4
Wichita Falls, Sheppard AFB	723510	33.98	98.50	1030	14.157	6193	14	19	29	25	23	28	42	25	43	12	360	13	180	107	7	3.4	6.6
UTAH																							
Cedar City	724755	37.70	113.10	5623	11.945	6193	2	8	26	22	20	24	38	21	39	4	140	12	200	97	−6	2.3	8.3
Ogden, Hill AFB	725755	41.12	111.97	4787	12.325	8293	6	11	22	19	17	22	27	19	28	9	110	6	190	96	1	2.9	6.3
Salt Lake City	725720	40.78	111.97	4226	12.586	6193	6	11	27	23	20	27	42	22	40	7	160	11	340	100	−3	1.9	6.7

WMO# = World Meteorological Organization number
Lat. = latitude, degrees north
Long. = longitude, degrees west
Elev. = elevation, ft
StdP = standard pressure at station elevation, psia
DB = dry-bulb temperature, °F
WS = windspeed, mph

Environmental Design Conditions

Table 5.1A (IP) (Continued)
Heating and Wind Design Conditions—United States

	WHO#	West Lat.	North Long.	Elev. ft	StdP, psia	Dates	Heating Dry Bulb 99.6%	99%	Extreme Wind Speed, mph 1%	2.5%	5%	Coldest Month 0.4% WS	MDB	1% WS	MDB	99.6% MWS	MWD	0.4% MWS	MWD	Extr. Annual Daily Mean DB Max.	Min.	StdD DB Max.	Min.
VERMONT																							
Burlington	726170	44.47	73.15	341	14.515	6193	−11	−6	23	21	18	24	30	21	27	6	70	11	180	93	−19	2.7	5.6
Montpelier/Barre	726145	44.20	72.57	1165	14.087	8293	−10	−6	21	19	17	22	20	20	20	4	320	9	220	91	−18	3.6	5.9
VIRGINIA																							
Fort Belvoir	724037	38.72	77.18	69	14.659	8293	12	18	18	14	12	19	35	17	34	2	320	6	160	100	2	2.3	7.6
Hampton, Langley AFB	745980	37.08	76.37	10	14.690	8293	21	24	22	19	17	22	41	20	40	10	330	9	240	97	13	3.2	6.1
Lynchburg	724100	37.33	79.20	938	14.204	6193	12	17	19	17	15	21	35	18	35	8	360	9	230	95	5	2.9	5.8
Newport News	723086	37.13	76.50	43	14.673	8293	18	22	19	18	16	20	40	18	41	8	350	10	220	99	11	2.3	4.7
Norfolk	723080	36.90	76.20	30	14.680	6193	20	24	25	22	20	26	40	23	40	12	340	12	230	97	14	2.8	5.4
Oceana, NAS	723075	36.82	76.03	23	14.683	8293	22	25	21	19	17	21	42	19	42	8	310	9	220	98	14	1.8	6.8
Quantico, Mcas	724035	38.50	77.30	13	14.688	8293	16	21	17	14	12	19	36	15	38	6	340	5	230	100	8	3.6	5.9
Richmond	724010	37.50	77.33	177	14.602	6193	14	18	20	18	16	21	40	18	39	7	340	10	230	98	6	2.6	5.8
Roanoke	724110	37.32	79.97	1175	14.082	6193	12	17	23	20	17	27	31	23	32	10	320	10	290	96	4	3.3	5.6
Sterling	724030	38.95	77.45	322	14.525	6193	9	14	22	19	16	25	32	21	31	7	340	10	250	97	−1	3.3	7.0
Washington, National A	724050	38.85	77.03	66	14.661	8293	15	20	23	20	18	24	34	21	35	11	340	11	170	99	8	2.5	6.8
WASHINGTON																							
Bellingham	727976	48.80	122.53	157	14.612	8293	15	21	23	20	18	28	33	23	34	17	40	9	290	87	11	3.1	7.4
Hanford	727840	46.57	119.60	732	14.311	8293	5	12	25	21	18	24	44	19	44	6	20	8	20	105	2	3.1	9.0
Olympia	727920	46.97	122.90	200	14.589	6193	18	23	21	18	16	21	45	19	45	5	180	8	50	94	10	4.0	8.1
Quillayute	727970	47.95	124.55	203	14.588	6193	23	27	33	27	21	41	45	35	45	7	60	9	240	87	19	8.4	6.4
Seattle, Int'l Airport	727930	47.45	122.30	449	14.458	6193	23	28	22	19	17	24	44	21	44	10	10	10	350	92	19	3.6	6.8
Spokane, Fairchild AFB	727855	47.62	117.65	2461	13.435	6193	1	7	27	23	20	28	39	25	38	7	50	9	240	98	−7	3.2	8.7
Stampede Pass	727815	47.28	121.33	3967	12.708	8293	3	10	21	19	16	27	19	22	25	13	90	7	100	84	2	3.2	7.2
Tacoma, McChord AFB	742060	47.13	122.48	322	14.525	8293	18	24	18	15	13	22	45	18	46	2	180	7	20	94	12	2.7	6.8
Walla Walla	727846	46.10	118.28	1204	14.067	8293	4	12	22	19	17	24	49	22	47	6	180	9	300	105	1	3.2	11.7
Wenatchee	727825	47.40	120.20	1243	14.047	8293	3	9	22	19	17	17	36	12	31	3	100	9	280	101	−2	2.5	7.2
Yakima	727810	46.57	120.53	1066	14.138	6193	4	11	24	20	17	23	47	19	43	7	250	7	90	101	−2	3.2	8.5
WEST VIRGINIA																							
Bluefield	724125	37.30	81.20	2858	13.240	8293	5	12	15	13	12	18	34	15	33	6	270	6	290	88	−6	4.0	8.5
Charleston	724140	38.37	81.60	981	14.182	6193	6	11	18	16	14	20	38	18	34	7	250	8	240	94	−2	2.8	6.7
Elkins	724170	38.88	79.85	1998	13.665	6193	−2	5	20	18	16	22	30	19	30	4	280	8	290	88	−12	2.8	5.4
Huntington	724250	38.37	82.55	837	14.257	6193	6	11	19	16	14	20	32	17	32	8	270	8	270	94	−2	5.0	7.6
Martinsburg	724177	39.40	77.98	558	14.402	8293	8	14	21	18	15	23	33	20	34	7	270	9	290	99	−3	4.0	8.3
Morgantown	724176	39.65	79.92	1247	14.045	8293	4	11	18	15	13	19	32	17	33	6	210	8	240	93	−4	3.6	8.6
Parkersburg	724273	39.35	81.43	860	14.245	8293	4	11	18	16	14	20	32	18	29	7	240	8	270	95	−4	3.1	9.2
WISCONSIN																							
Eau Claire	726435	44.87	91.48	906	14.221	6193	−18	−13	22	19	17	21	14	20	13	7	250	13	220	95	−25	3.2	5.7
Green Bay	726450	44.48	88.13	702	14.326	6193	−13	−8	25	22	20	25	19	22	18	10	270	12	200	93	−19	2.8	5.6
La Crosse	726430	43.87	91.25	663	14.347	6193	−14	−8	23	20	18	23	13	21	13	7	310	12	180	97	−21	3.2	6.2
Madison	726410	43.13	89.33	866	14.241	6193	−11	−6	24	21	19	25	16	22	17	8	300	12	230	94	−18	3.2	6.0
Milwaukee	726400	42.95	87.90	692	14.332	6193	−7	−2	28	24	22	28	19	24	20	13	290	15	220	95	−12	3.2	6.7
Wausau	726463	44.93	89.63	1201	14.069	8293	−15	−9	19	17	15	19	16	17	17	7	300	10	200	93	−22	3.1	4.7
WYOMING																							
Big Piney	726710	42.57	110.10	6969	11.353	8293	−22	−15	24	20	17	22	25	19	21	3	60	11	260	87	−33	2.7	8.5
Casper	725690	42.92	106.47	5289	12.096	6193	−13	−5	34	30	27	35	35	32	32	9	260	13	240	97	−22	2.2	8.4
Cheyenne, Warren AFB	725640	41.15	104.82	6142	11.714	6193	−7	0	34	29	26	38	36	33	34	10	290	13	290	92	−15	2.2	7.5
Cody	726700	44.52	109.02	5095	12.184	8293	−14	−7	34	28	23	35	35	30	35	6	40	11	70	95	−20	4.1	9.4
Gillette	726650	44.35	105.53	4035	12.675	8293	−16	−7	28	25	22	30	34	27	33	8	260	11	140	101	−20	5.9	10.1
Lander	725760	42.82	108.73	5558	11.974	6193	−14	−7	23	19	16	25	38	19	37	3	120	10	270	95	−20	2.5	7.8
Rock Springs	725744	41.60	109.07	6759	11.444	6193	−9	−2	28	25	23	32	25	29	24	7	70	13	280	90	−17	2.0	8.0
Sheridan	726660	44.77	106.97	3967	12.708	6193	−14	−8	28	24	20	29	32	23	27	5	280	9	120	99	−22	3.0	6.4
Worland	726665	43.97	107.95	4245	12.577	8293	−22	−13	22	19	16	20	28	17	28	3	210	9	220	103	−30	2.2	10.4

WMO# = World Meteorological Organization number
Lat. = latitude, degrees north
Long. = longitude, degrees west
Elev. = elevation, ft
StdP = standard pressure at station elevation, psia
DB = dry-bulb temperature, °F
WS = windspeed, mph

Table 5.1A (SI)
Heating and Wind Design Conditions—United States

	WHO#	West Lat.	North Long.	Elev. ft	StdP, psia	Dates	Heating Dry Bulb 99.6%	Heating Dry Bulb 99%	Extreme Wind Speed, mph 1%	Extreme Wind Speed, mph 2.5%	Extreme Wind Speed, mph 5%	Coldest Month 0.4% WS	Coldest Month 0.4% MDB	Coldest Month 1% WS	Coldest Month 1% MDB	MWS/MWD to DB 99.6% MWS	MWS/MWD to DB 99.6% MDB	MWS/MWD to DB 0.4% MWS	MWS/MWD to DB 0.4% MWD	Extr. Annual Daily Mean DB Max.	Extr. Annual Daily Mean DB Min.	Extr. Annual Daily StdD DB Max.	Extr. Annual Daily StdD DB Min.
ALABAMA																							
Anniston	722287	33.58	85.85	186	99.11	8293	−7.1	−4.5	7.3	6.3	5.7	7.9	8.3	6.9	7.8	2.5	300	3.3	240	36.7	−12.3	1.8	4.1
Birmingham	722280	33.57	86.75	192	99.04	6193	−7.8	−5.2	8.4	7.5	6.7	8.9	4.8	8.0	5.4	3.3	340	4.0	320	36.7	−12.7	1.8	3.6
Dothan	722268	31.32	85.45	122	99.87	8293	−2.4	−0.2	8.2	7.4	6.5	8.4	7.0	7.8	8.2	4.0	320	3.4	320	37.0	−8.7	0.9	4.0
Huntsville	723230	34.65	86.77	196	98.99	6193	−9.4	−6.6	10.4	9.0	8.0	10.4	4.2	9.3	4.4	4.6	340	4.3	270	36.3	−13.9	1.7	4.2
Mobile	722230	30.68	88.25	67	100.52	6193	−3.1	−1.0	9.7	8.6	7.8	10.1	8.9	9.2	9.1	4.3	360	3.9	320	36.2	−7.6	1.1	3.5
Montgomery	722260	32.30	86.40	62	100.58	6193	−4.7	−2.8	8.8	7.7	6.7	9.1	6.9	8.1	7.4	3.1	360	3.5	270	36.8	−9.6	1.6	3.5
Muscle Shoals/Florence	723235	34.75	87.62	168	99.32	8293	−8.8	−6.0	8.2	7.3	6.3	8.4	5.5	7.7	5.7	3.9	360	3.1	290	36.9	−14.0	1.7	5.1
Ozark, Fort Rucker	722269	31.28	85.72	91	100.24	8293	−2.5	−0.5	7.1	5.9	5.2	7.6	9.4	6.6	8.6	2.4	340	2.2	300	37.1	−7.8	1.3	3.3
Tuscaloosa	722286	33.22	87.62	52	100.70	8293	−6.7	−4.2	7.7	6.4	5.7	8.1	8.4	7.0	10.3	2.1	360	3.3	240	37.3	−11.9	1.0	3.8
ALASKA																							
Adak, NAS	704540	51.88	176.65	4	101.28	8293	−7.0	−5.1	15.3	13.4	11.9	17.8	0.9	15.1	1.8	2.0	210	4.6	170	19.7	−11.7	1.9	1.6
Anchorage, Elemendorf AFB	702720	61.25	149.80	65	100.55	8293	−25.1	−22.0	7.7	6.2	5.3	8.1	−3.6	6.6	−3.6	1.3	50	3.1	260	25.0	−27.8	1.8	3.6
Anchorage, Fort Richardson	702700	61.27	149.65	115	99.95	8293	−28.2	−25.0	8.3	6.3	5.0	8.9	1.6	6.8	2.2	1.4	50	2.2	270	26.6	−30.7	1.2	3.5
Anchorage, Int'l Airport	702730	61.17	150.02	40	100.85	6193	−25.6	−22.5	9.8	8.5	7.5	10.3	−7.7	8.6	−7.8	1.7	10	3.7	290	24.8	−27.8	1.6	4.0
Annette	703980	55.03	131.57	34	100.92	6193	−10.8	−8.4	13.8	11.8	10.2	13.7	5.1	12.4	4.6	4.2	40	3.8	320	27.3	−12.2	2.1	3.0
Barrow	700260	71.30	156.78	4	101.28	6193	−40.3	−38.0	12.5	11.1	9.9	13.4	−16.3	11.5	−18.1	3.3	140	5.3	90	18.4	−42.9	2.6	2.4
Bethel	702190	60.78	161.80	46	100.77	6193	−33.3	−31.1	13.8	12.1	10.7	15.1	−13.3	13.4	−15.0	5.6	20	5.1	360	25.7	−35.3	1.8	3.7
Bettles	701740	66.92	151.52	196	98.99	6193	−45.2	−42.3	8.2	7.3	6.2	8.4	−11.7	7.1	−14.2	0.8	340	3.6	190	29.4	−48.4	2.2	3.2
Big Delta, Ft. Greely	702670	64.00	145.73	391	96.72	6193	−42.8	−39.5	15.0	12.7	11.1	16.8	−17.9	14.6	−16.3	1.4	180	3.8	180	28.6	−44.2	1.8	4.2
Cold Bay	703160	55.20	162.73	31	100.95	6193	−14.3	−12.1	16.8	15.0	13.3	20.4	1.3	17.8	1.1	6.6	340	7.1	140	19.3	−16.7	2.2	2.9
Cordova	702960	60.50	145.50	13	101.17	8293	−20.2	−17.4	9.6	8.3	7.2	10.9	4.2	9.6	3.2	0.4	340	3.7	240	26.2	−23.0	2.8	3.0
Deadhorse	700637	70.20	148.47	17	101.12	8293	−37.6	−36.7	14.1	12.7	11.3	15.3	−18.1	13.5	−21.6	5.3	240	5.4	60	25.3	−46.2	7.9	2.9
Dillingham	703210	59.05	158.52	29	100.98	8293	−28.9	−25.1	11.2	9.9	8.8	12.6	−6.5	10.9	−6.3	2.3	40	4.3	180	23.3	−32.8	1.7	5.2
Fairbanks, Eielson AFB	702650	64.67	147.10	167	99.33	8293	−36.1	−34.8	6.2	5.2	4.4	6.4	−6.2	4.9	−9.0	0.1	150	2.1	290	30.8	−43.6	2.1	4.3
Fairbanks, Int'l Airport	702610	64.82	147.87	138	99.68	6193	−44.0	−40.7	7.8	6.7	5.8	7.1	−11.6	5.4	−11.9	0.7	10	3.7	220	30.3	−44.4	2.1	4.3
Galena	702220	64.73	156.93	46	100.77	8293	−36.3	−35.2	8.1	6.9	5.9	8.5	−10.0	7.2	−9.3	0.2	270	2.2	320	28.9	−45.5	1.4	5.8
Gulkana	702710	62.15	145.45	481	95.68	6193	−42.4	−39.3	11.7	10.5	9.3	10.0	−8.6	8.3	−8.1	1.3	360	3.2	180	27.8	−43.4	1.8	4.1
Homer	703410	59.63	151.50	22	101.06	8293	−17.7	−15.5	9.9	8.9	8.1	10.4	−4.4	9.3	−2.6	3.8	30	4.3	270	21.3	−20.5	2.2	3.8
Juneau	703810	58.37	134.58	7	101.24	8293	−15.8	−13.7	12.1	10.2	9.1	13.0	4.1	11.0	3.6	2.1	360	4.1	230	27.0	−18.1	1.4	2.7
Kenai	702590	60.57	151.25	29	100.98	8293	−29.8	−25.5	10.1	9.0	8.2	11.0	−3.9	9.9	−4.5	1.1	30	4.2	270	23.9	−32.9	1.9	4.1
Ketchikan	703950	55.35	131.70	29	100.98	8293	−10.3	−6.7	11.0	9.7	8.7	12.9	5.7	10.8	5.5	2.4	280	4.8	320	25.5	−13.8	1.0	2.9
King Salmon	703260	58.68	156.65	15	101.14	6193	−31.1	−28.4	14.3	12.4	10.7	14.9	2.1	12.6	2.1	3.0	360	5.4	270	25.3	−35.1	1.9	4.0
Kodiak, State USCG Base	703500	57.75	152.50	34	100.92	6193	−13.8	−11.4	15.0	13.2	11.6	15.1	−2.3	13.5	−1.3	8.1	300	4.8	320	24.4	−17.2	2.0	3.4
Kotzebue	701330	66.87	162.63	5	101.26	6193	−37.6	−35.2	15.7	13.8	12.4	16.7	−10.1	14.5	−10.0	3.0	70	5.1	300	23.7	−39.3	2.7	3.6
McGrath	702310	62.97	155.62	103	100.09	6193	−43.8	−40.8	8.1	7.1	6.2	8.0	−5.2	6.4	−11.4	0.6	310	3.3	340	28.2	−46.8	1.8	3.9
Middleton Island	703430	59.43	146.33	14	101.16	8293	−7.6	−6.0	17.7	15.3	13.3	18.9	1.5	16.6	2.5	8.2	330	3.7	260	19.0	−9.5	2.7	3.8
Nenana	702600	64.55	149.08	110	100.01	8293	−46.2	−42.5	7.3	6.3	5.5	8.0	−12.4	6.9	−13.1	1.1	250	3.0	60	30.4	−46.6	2.3	4.0
Nome	702000	64.50	165.43	7	101.24	6193	−34.8	−32.3	13.5	11.9	10.5	13.7	−8.2	12.3	−7.9	1.6	20	5.2	260	24.6	−37.2	2.3	3.5
Northway	702910	62.97	141.93	525	95.18	8293	−36.7	−35.5	6.9	6.0	5.3	6.4	−24.8	5.4	−21.3	0.1	300	3.2	290	28.3	−47.6	1.5	3.3
Port Heiden	703330	56.95	158.62	29	100.98	8293	−21.1	−18.8	17.0	14.2	12.3	16.9	2.4	14.4	1.7	7.4	60	6.9	160	23.1	−23.8	2.4	4.1
Saint Paul Island	703080	57.15	170.22	9	101.22	6193	−18.7	−16.1	18.4	16.3	14.6	20.8	−4.3	18.3	−6.2	8.3	350	6.4	240	14.4	−19.2	2.9	3.8
Sitka	703710	57.07	135.35	20	101.08	8293	−8.9	−6.2	10.4	9.3	8.4	10.9	4.3	9.8	5.1	3.4	70	3.9	230	24.7	−11.5	3.4	2.8
Talkeetna	702510	62.30	150.10	109	100.02	6193	−33.4	−29.7	7.8	7.1	6.2	8.4	−10.7	7.8	−9.5	1.7	50	3.3	200	27.9	−37.0	1.6	4.4
Valdez	702750	61.13	146.35	10	101.20	8293	−15.5	−13.8	10.8	8.7	7.3	12.5	−10.5	10.0	−9.2	6.6	70	4.3	240	24.4	−17.2	2.0	3.4
Yakutat	703610	59.52	139.67	9	101.22	6193	−19.6	−16.4	10.5	8.6	7.2	11.0	2.3	9.3	0.6	0.8	100	3.8	320	24.1	−22.4	2.2	3.9
ARIZONA																							
Flagstaff	723755	35.13	111.67	2137	78.15	6193	−17.0	−13.5	9.4	8.2	7.4	9.2	−1.9	8.0	−1.4	1.5	20	4.2	220	31.6	−23.2	1.4	4.1
Kingman	723700	35.27	113.95	1033	89.52	8293	−5.7	−3.0	11.5	10.2	9.1	10.8	7.6	9.2	6.3	2.4	90	5.8	240	39.5	−9.4	1.0	3.8
Page	723710	36.93	111.45	1304	86.61	8293	−6.7	−4.7	8.5	7.2	6.0	7.2	5.7	5.5	4.6	2.0	300	3.3	360	39.9	−13.5	2.0	6.8
Phoenix, Int'l Airport	722780	33.43	112.02	337	97.34	6193	1.2	3.0	8.5	7.1	6.1	7.6	15.1	6.4	14.5	2.4	90	4.2	270	45.4	−1.2	1.2	2.6
Phoenix, Luke AFB	722785	33.53	112.38	332	97.40	8293	1.6	3.3	8.3	6.8	5.7	7.2	14.5	5.6	12.9	1.9	340	3.8	210	46.0	−1.3	1.2	2.1
Prescott	723723	34.65	112.42	1537	84.17	6193	−9.3	−6.9	9.9	8.4	7.4	9.2	5.3	8.0	5.7	2.9	190	4.8	230	36.7	−13.8	1.2	3.4
Safford, Agri Center	722747	32.82	109.68	950	90.42	8293	−6.3	−3.1	7.5	6.2	5.2	6.8	10.2	5.6	8.8	1.6	110	3.0	310	40.9	−11.5	2.1	6.4
Tucson	722740	32.12	110.93	779	92.31	6193	−0.6	1.1	10.9	9.5	8.2	10.6	13.1	9.4	13.1	3.1	140	5.2	300	42.2	−3.9	1.6	2.2
Winslow	723740	35.02	110.73	1488	84.68	8293	−12.4	−9.8	11.5	9.8	8.4	10.5	7.5	8.4	7.2	2.3	140	4.2	250	38.0	−16.0	2.7	3.5
Yuma	722800	32.65	114.60	63	100.57	8293	4.7	6.4	8.7	7.4	6.5	8.8	14.8	7.5	14.3	2.0	30	3.0	280	46.7	−1.6	1.0	6.6
ARKANSAS																							
Blytheville, Eaker AFB	723408	35.97	89.95	78	100.39	8293	−11.1	−7.8	9.9	8.6	7.6	10.4	2.3	9.3	3.2	4.3	10	2.9	240	37.3	−14.4	2.8	5.0
Fayetteville	723445	36.00	94.17	381	96.83	8293	−14.4	−10.6	9.2	8.4	7.9	9.4	6.9	8.6	6.7	3.9	350	4.6	190	37.5	−18.4	1.8	5.1
Fort Smith	723440	35.33	94.37	141	99.64	6193	−10.6	−7.5	8.9	7.9	7.1	9.2	7.9	8.2	5.1	4.0	320	4.2	270	38.8	−14.3	2.2	3.7
Little Rock, AFB	723405	34.92	92.15	95	100.19	6193	−8.9	−6.2	8.8	7.9	7.1	8.8	5.4	8.0	5.5	4.2	360	4.0	200	38.6	−12.2	2.1	3.4
Texarkana	723418	33.45	93.98	119	99.90	8293	−6.5	−4.0	8.4	7.6	6.6	8.9	8.4	8.1	9.1	3.9	50	3.8	190	38.3	−10.4	1.7	4.2
CALIFORNIA																							
Alameda, NAS	745060	37.78	122.32	4	101.28	8293	4.4	5.4	9.3	8.2	7.3	8.9	10.6	7.6	11.3	2.6	120	3.6	300	34.0	−4.1	2.7	7.9
Arcata/Eureka	725945	40.98	124.10	66	100.53	6193	−1.1	0.1	9.2	8.3	7.6	9.2	11.9	8.2	10.8	2.2	90	4.3	320	27.9	−3.2	2.5	1.8
Bakersfield	723840	35.43	119.05	150	99.54	6193	0.2	1.6	8.3	7.1	6.2	8.3	13.6	6.3	11.9	2.1	90	5.4	310	42.4	−2.2	1.3	1.9
Barstow/Daggett	723815	34.85	116.78	587	94.47	6193	−2.1	−0.2	13.2	11.9	10.2	13.2	14.6	11.2	12.3	2.6	270	5.2	290	43.9	−5.7	1.4	2.7
Blue Canyon	725845	39.28	120.72	1611	83.41	8293	−6.0	−4.7	6.8	5.5	4.7	7.3	1.6	6.1	1.7	2.3	70	2.7	290	31.6	−11.8	2.1	10.2
Burbank/Glendale	722880	34.20	118.35	236	98.52	8293	4.0	5.1	8.0	6.4	5.5	8.8	13.4	7.8	13.7	0.9	330	3.5	180	41.0	0.7	1.7	2.5
Fairfield, Travis AFB	745160	38.27	121.93	19	101.10	8293	−0.3	1.0	12.4	10.9	9.9	11.7	11.5	9.7	11.2	1.6	20	4.2	240	40.4	−3.1	1.9	2.2
Fresno	723890	36.77	119.72	100	100.13	6193	−1.2	0.1	7.6	6.7	5.9	7.4	11.4	6.1	11.2	1.7	90	3.9	290	41.8	−3.4	1.2	2.1

ENVIRONMENTAL DESIGN CONDITIONS

Table 5.1A (SI) (Continued)
Heating and Wind Design Conditions—United States

							Heating Dry Bulb		Extreme Wind Speed, mph			Coldest Month				MWS/MWD to DB				Extr. Annual Daily			
												0.4%		1%		99.6%		0.4%		Mean DB		StdD DB	
	WHO#	West Lat.	North Long.	Elev. ft	StdP, psia	Dates	99.6%	99%	1%	2.5%	5%	WS	MDB	WS	MDB	MWS	MDB	MWS	MWD	Max.	Min.	Max.	Min.
Lancaster/Palmdale	723816	34.73	118.22	715	93.03	8293	−5.7	−4.3	13.5	12.6	11.3	13.1	8.9	11.4	9.6	1.0	260	6.4	240	41.5	−9.5	1.1	3.3
Lemoore, Reeves NAS	747020	36.33	119.95	72	100.46	8293	−1.2	0.2	8.6	7.2	6.1	9.0	9.3	7.1	10.3	1.6	150	3.0	360	43.1	−8.1	2.3	5.8
Long Beach	722970	33.82	118.15	12	101.18	6193	4.5	5.8	8.5	7.2	6.3	8.5	14.3	7.1	14.4	1.6	300	4.6	270	38.9	1.7	2.5	1.6
Los Angeles	722950	33.93	118.40	32	100.94	6193	6.2	7.4	9.2	7.9	7.1	8.9	13.6	7.4	13.3	2.8	70	4.4	250	35.9	3.5	2.8	1.7
Marysville, Beale AFB	724837	39.13	121.43	34	100.92	8293	−0.4	0.9	9.0	7.6	6.4	10.1	11.6	8.5	11.4	1.3	20	2.2	200	41.2	−3.1	1.8	2.3
Merced, Castle AFB	724810	37.38	120.57	57	100.64	8293	−1.0	0.1	8.1	6.5	5.5	9.2	10.4	7.7	9.4	0.9	110	3.9	320	40.1	−3.3	1.5	2.0
Mount Shasta	725957	41.32	122.32	1080	89.01	8293	−8.9	−6.3	6.2	5.3	4.6	6.3	2.5	5.5	3.0	1.9	60	2.0	180	35.1	−12.5	1.5	3.7
Mountain View, Moffet NAS	745090	37.42	122.05	12	101.18	8293	2.2	3.8	8.4	7.5	6.5	8.7	12.0	7.1	11.1	0.3	140	3.8	330	36.5	−5.1	1.4	6.8
Ontario	722865	34.05	117.60	287	97.92	8293	1.4	3.4	9.9	8.4	7.7	12.7	16.7	9.4	13.7	2.0	10	5.8	240	42.1	−1.4	1.9	1.4
Oxnard, Pt. Mugu NAWS	723910	34.12	119.12	2	101.30	8293	3.8	5.0	10.0	8.4	7.1	11.0	14.1	9.3	14.6	2.3	20	5.2	50	33.8	−4.5	2.8	5.9
Paso Robles	723965	35.67	120.63	255	98.30	8293	−3.2	−1.8	10.0	9.1	8.2	9.5	11.1	8.1	10.3	1.3	110	4.9	300	42.5	−6.3	1.2	2.7
Red Bluff	725910	40.15	122.25	108	100.03	8293	−1.5	−0.1	10.4	9.4	8.4	11.7	11.8	10.1	9.9	2.7	340	4.2	160	43.9	−3.8	1.8	2.1
Riverside, March AFB	722860	33.88	117.27	469	95.82	8293	1.0	2.2	8.2	6.8	5.9	9.8	10.8	8.1	12.9	0.6	210	4.1	300	41.4	−1.9	1.3	1.8
Sacramento, Mather Field	724835	38.55	121.30	29	100.98	8293	−1.3	0.1	9.1	7.4	6.1	10.7	11.4	9.0	10.6	0.7	120	2.5	310	40.8	−3.4	2.8	2.4
Sacramento, McClellan AFB	724836	38.67	121.40	23	101.05	8293	−0.4	1.0	8.8	7.3	6.2	10.1	11.5	8.5	11.1	1.0	340	2.4	220	41.4	−2.7	1.4	2.7
Sacramento, Metro	724839	38.70	121.58	7	101.24	6193	−0.8	0.6	10.0	8.6	7.7	10.1	10.5	8.8	9.7	1.3	340	3.8	220	41.6	−2.9	3.7	1.7
Salinas	724917	36.67	121.60	26	101.01	8293	0.7	1.9	9.5	8.5	7.9	10.4	10.7	9.3	10.6	2.9	130	4.7	310	34.9	−1.6	2.6	1.2
San Bernardino, Norton AFB	722866	34.10	117.23	353	97.16	8293	1.0	2.3	7.4	5.7	4.8	9.3	13.2	7.2	12.7	0.7	50	3.4	250	42.9	−1.6	1.4	1.5
San Diego, Int'l Airport	722900	32.73	117.17	9	101.22	6193	6.7	7.9	8.2	7.3	6.6	8.8	15.0	7.3	15.4	1.5	70	4.6	310	34.7	4.1	3.6	2.4
San Diego, Miramar NAS	722930	32.85	117.12	128	99.80	8293	4.0	5.3	5.7	4.9	4.2	6.8	14.9	5.2	15.1	1.2	90	2.8	310	38.7	−2.8	2.2	7.6
San Francisco	724940	37.62	122.38	5	101.26	6193	2.7	3.9	13.0	11.5	10.4	11.9	11.4	9.9	11.2	2.4	160	5.6	300	34.7	0.8	2.4	1.7
San Jose Int'l Airport	724945	37.37	121.93	17	101.12	8293	1.6	3.1	9.0	8.2	7.4	8.8	13.1	7.8	13.4	0.4	160	4.4	320	38.2	−2.7	1.7	5.0
Santa Barbara	723925	34.43	119.83	3	101.29	8293	1.2	2.8	9.0	7.7	6.4	8.5	14.2	7.3	14.3	0.6	40	4.4	260	36.2	−2.0	3.7	3.6
Santa Maria	723940	34.90	120.45	73	100.45	6193	0.1	1.4	10.4	9.3	8.3	9.4	14.7	8.0	14.9	1.9	110	4.7	300	35.1	−3.0	2.8	1.6
Stockton	724920	37.90	121.25	8	101.23	8293	−1.1	0.1	9.6	8.4	7.6	10.6	11.1	9.2	9.7	1.8	110	4.7	280	41.1	−3.5	1.7	1.9
Victorville, George AFB	723825	34.58	117.38	876	91.23	8293	−2.7	−1.1	9.8	8.4	7.3	10.0	9.6	8.2	8.4	1.4	160	4.0	180	41.0	−5.9	1.7	3.1
COLORADO																							
Alamosa	724620	37.45	105.87	2299	76.59	6193	−27.4	−24.0	11.7	10.3	9.2	10.3	0.4	8.9	−1.1	1.5	190	5.4	240	31.2	−32.8	1.1	4.4
Colorado Springs	724660	38.82	104.72	1881	80.68	6193	−18.7	−15.3	12.9	11.0	9.6	12.4	1.7	10.4	0.7	3.2	20	5.4	160	34.8	−23.0	1.1	3.8
Craig	725700	40.50	107.53	1915	80.34	8293	−28.8	−24.7	11.6	9.1	7.5	9.7	0.4	7.4	−2.7	1.1	270	3.9	250	33.7	−34.8	1.1	5.9
Denver	724699	39.75	104.87	1625	83.26	8293	−19.7	−16.1	10.4	8.8	7.5	11.1	4.1	9.5	4.4	2.7	180	4.1	160	36.3	−23.7	1.3	3.9
Eagle	724673	39.65	106.92	1993	79.56	6193	−25.0	−21.7	9.8	8.5	7.7	8.9	0.4	7.8	−0.2	1.2	90	5.0	230	34.1	−30.8	1.8	4.3
Grand Junction	724760	39.12	108.53	1475	84.82	6193	−16.8	−13.8	10.0	8.5	7.4	7.6	0.6	6.4	−1.4	2.2	70	4.9	290	37.7	−19.6	1.1	4.7
Limon	724665	39.27	103.67	1635	83.16	8293	−21.2	−17.0	12.2	10.4	9.3	11.9	−1.7	10.0	−4.0	3.9	160	5.4	200	35.5	−25.2	1.2	3.6
Pueblo	724640	38.28	104.52	1439	85.19	6193	−18.5	−15.0	14.1	12.2	10.5	13.2	6.7	11.4	6.1	2.3	270	5.4	140	38.8	−24.4	1.1	4.3
Trinidad	724645	37.27	104.33	1756	81.93	8293	−18.8	−14.7	11.1	9.7	8.5	10.7	5.0	9.2	5.3	2.3	290	4.6	210	36.7	−23.4	1.1	3.8
CONNECTICUT																							
Bridgeport	725040	41.17	73.13	5	101.26	6193	−13.3	−10.9	11.8	10.2	9.2	15.2	−1.6	13.3	−1.6	6.1	320	6.0	230	33.6	−16.9	1.6	2.7
Hartford, Brainard Field	725087	41.73	72.65	6	101.25	6193	−16.9	−14.3	10.1	8.9	7.9	10.1	−3.8	9.1	−3.1	3.3	320	4.9	250	35.9	−21.0	1.3	3.2
Windsor Locks, Bradley Fld	725080	41.93	72.68	55	100.67	8293	−15.9	−13.2	9.5	8.4	7.7	10.0	−1.2	8.9	−1.8	3.3	360	4.7	240	36.0	−20.4	1.1	3.2
DELAWARE																							
Dover, AFB	724088	39.13	75.47	9	101.22	8293	−10.2	−7.5	9.7	8.4	7.4	10.4	2.4	9.4	1.4	3.6	340	3.9	240	36.2	−14.3	1.8	3.4
Wilmington	724089	39.68	75.60	24	101.04	6193	−12.4	−9.9	11.1	9.7	8.6	11.9	−1.9	10.3	−1.3	5.1	290	4.7	240	35.3	−16.2	1.5	3.8
FLORIDA																							
Apalachicola	722200	29.73	85.03	6	101.25	8293	−0.5	1.7	8.3	7.4	6.6	8.5	10.4	7.7	10.8	2.5	360	4.1	220	33.8	−5.1	3.7	4.1
Cape Canaveral, NASA	747946	28.62	80.72	3	101.29	8293	3.1	5.3	8.6	7.6	6.8	9.5	15.5	8.3	15.8	3.6	320	3.5	220	35.6	−1.6	0.8	3.4
Daytona Beach	722056	29.18	81.05	11	101.19	6193	0.9	3.0	9.6	8.5	7.7	9.6	16.1	8.6	15.8	3.2	310	4.8	240	35.3	−2.7	1.1	2.4
Fort Lauderdale/Hollywood	722025	26.07	80.15	7	101.24	8293	7.9	10.2	9.9	8.9	8.1	10.0	20.8	9.0	21.4	4.0	330	4.8	120	36.2	3.9	0.6	3.4
Fort Myers	722106	26.58	81.87	5	101.26	8293	5.7	8.2	8.6	7.9	7.1	8.9	17.9	8.2	18.8	2.8	30	4.0	70	36.2	1.3	0.7	2.6
Gainesville	722146	29.68	82.27	46	100.77	8293	−1.0	0.8	8.3	7.4	6.4	8.4	18.2	7.6	16.8	1.8	300	3.8	270	36.1	−6.3	1.0	4.0
Homestead, AFB	722026	25.48	80.38	2	101.30	8293	8.8	10.9	7.7	6.7	6.0	7.7	21.0	6.8	21.0	2.6	360	3.2	120	34.9	4.9	1.2	3.1
Jacksonville, Cecil Field NAS	722067	30.22	81.88	25	101.03	8293	−0.8	1.0	8.2	7.2	6.4	8.4	16.4	7.4	16.4	1.5	290	3.0	270	37.7	−6.7	1.1	4.9
Jacksonville, Int'l Airport	722060	30.50	81.70	9	101.22	6193	−1.7	0.2	9.4	8.2	7.4	9.5	12.3	8.6	12.5	2.7	310	3.9	230	36.5	−5.4	1.2	2.8
Jacksonville, Mayport Naval	722066	30.40	81.42	5	101.26	8293	1.2	3.8	8.5	7.4	6.4	9.3	12.0	8.1	13.0	2.7	310	3.3	270	37.4	−6.6	1.2	7.3
Key West	722010	24.55	81.75	6	101.25	6193	12.6	14.4	10.0	9.0	8.2	10.5	18.3	9.6	18.9	5.5	50	4.2	140	33.0	10.3	0.7	2.2
Melbourne	722040	28.10	80.65	11	101.19	8293	3.5	5.9	9.4	8.5	8.0	10.0	16.4	9.0	16.6	4.1	320	4.9	120	36.2	−1.2	1.0	3.7
Miami, Int'l Airport	722020	25.82	80.28	4	101.28	6193	7.6	9.8	10.1	9.0	8.2	9.6	19.9	8.8	20.4	4.5	340	5.0	150	34.4	3.6	1.2	2.8
Miami, New Tamiami A	722029	25.65	80.43	3	101.29	8293	7.1	9.6	9.4	8.5	8.0	9.5	22.5	8.7	22.5	3.6	360	5.0	130	35.0	3.8	1.1	3.5
Milton, Whiting Field NAS	722226	30.72	87.02	61	100.59	8293	−2.3	−0.3	8.1	7.0	6.1	8.4	10.0	7.4	11.0	2.9	340	2.7	330	37.1	−8.4	1.0	4.8
Orlando	722050	28.43	81.32	32	100.94	8293	2.9	5.3	9.0	8.0	7.2	9.4	18.8	8.4	18.2	3.6	330	3.9	290	35.6	−1.7	0.9	3.6
Panama City, Tyndall AFB	747750	30.07	85.58	5	101.26	8293	0.5	2.9	8.2	7.2	6.3	8.4	11.3	7.5	11.3	3.8	360	3.3	240	34.5	−4.5	1.3	3.5
Pensacola, Sherman AFB	722225	30.35	87.32	9	101.22	8293	−2.0	−0.1	10.3	9.1	8.1	11.2	6.3	9.8	8.7	4.1	360	4.5	200	37.6	−9.3	3.5	4.2
Saint Petersburg	722116	27.92	82.68	3	101.29	8293	6.1	8.5	9.4	8.4	7.8	9.9	18.2	8.9	17.3	4.8	10	4.4	230	35.9	1.6	1.0	2.6
Sarasota/Bradenton	722115	27.40	82.55	9	101.22	8293	3.8	6.0	9.9	8.5	7.8	10.2	19.5	9.1	19.2	2.1	40	4.1	270	35.9	−1.9	0.9	6.7
Tallahassee	722140	30.38	84.37	21	101.07	6193	−4.0	−2.1	7.9	7.0	6.2	8.6	11.2	7.7	12.1	1.2	350	3.6	360	36.7	−8.2	1.1	2.6
Tampa, Int'l Airport	722110	27.97	82.53	3	101.29	6193	2.2	4.2	8.4	7.5	6.8	9.4	14.8	8.3	15.1	3.5	20	4.4	270	34.9	−1.8	0.7	2.7
Valparaiso, Eglin AFB	722210	30.48	86.53	26	101.01	8293	−1.3	0.6	8.3	7.3	6.3	8.2	9.3	7.2	10.4	2.6	360	3.3	210	35.9	−7.1	1.1	3.4
Vero Beach	722045	27.65	80.42	8	101.23	8293	4.0	6.1	9.1	8.3	7.7	9.3	19.4	8.4	19.6	3.6	310	4.7	240	35.6	−0.6	1.1	3.6
West Palm Beach	722030	26.68	80.12	6	101.25	6193	5.9	8.1	10.5	9.4	8.5	10.5	20.8	9.5	20.9	4.2	320	5.4	110	34.6	1.7	1.1	2.8
GEORGIA																							
Albany	722160	31.53	84.18	59	100.62	8293	−3.0	−1.2	8.3	7.5	6.7	8.5	9.9	7.9	9.8	1.6	360	3.8	250	37.9	−8.5	1.2	4.0
Athens	723110	33.95	83.32	247	98.39	6193	−6.6	−4.2	8.6	7.6	6.7	8.9	4.6	8.1	4.6	4.2	290	3.9	270	36.8	−11.4	1.9	3.7

Table 5.1A (SI) (Continued)
Heating and Wind Design Conditions—United States

	WHO#	West Lat.	North Long.	Elev. ft	StdP, psia	Dates	Heating Dry Bulb 99.6%	Heating Dry Bulb 99%	Extreme Wind Speed, mph 1%	2.5%	5%	Coldest Month 0.4% WS	0.4% MDB	1% WS	1% MDB	MWS/MWD to DB 99.6% MWS	99.6% MDB	0.4% MWS	0.4% MWD	Extr. Annual Daily Mean DB Max.	Mean DB Min.	StdD DB Max.	StdD DB Min.
Atlanta	722190	33.65	84.42	315	97.60	6193	−7.9	−4.9	9.9	8.7	7.8	10.3	2.5	9.2	2.4	5.5	320	4.1	300	35.3	−12.7	1.9	4.1
Augusta	722180	33.37	81.97	45	100.79	6193	−6.1	−4.1	9.1	7.9	6.9	9.3	7.2	8.3	7.7	2.4	290	4.1	250	37.6	−10.4	2.1	3.1
Brunswick	722137	31.15	81.38	6	101.25	8293	−0.9	0.9	8.2	7.5	7.0	8.5	9.3	7.9	9.2	3.5	350	4.5	250	36.8	−5.8	1.4	4.3
Columbus, Fort Benning	722250	32.33	85.00	71	100.47	8293	−4.8	−2.6	7.1	5.9	5.0	7.8	7.7	6.6	7.5	1.4	320	2.2	240	37.8	−9.9	1.6	3.7
Columbus, Metro Airport	722255	32.52	84.93	121	99.88	6193	−4.8	−2.6	7.7	6.9	6.1	8.1	6.8	7.3	7.6	3.0	310	3.8	310	37.2	−10.1	1.3	3.4
Macon	722170	32.70	83.65	110	100.01	6193	−5.1	−2.8	8.5	7.6	6.7	8.8	7.9	7.9	7.3	3.1	320	4.2	270	37.8	−10.3	1.5	3.6
Marietta, Dobbins AFB	722270	33.92	84.52	326	97.47	8293	−6.2	−3.2	8.1	7.0	6.0	9.0	1.8	8.0	3.4	4.0	340	2.5	300	36.3	−11.1	2.0	3.7
Rome	723200	34.35	85.17	196	98.99	8293	−9.4	−6.0	6.1	5.3	4.5	6.3	5.3	5.6	5.4	2.3	340	2.6	270	36.7	−15.6	2.1	3.9
Savannah	722070	32.13	81.20	15	101.14	6193	−3.5	−1.6	8.8	7.7	6.9	9.5	9.3	8.4	9.6	3.0	270	4.2	270	36.9	−7.7	1.7	3.0
Valdosta, Moody AFB	747810	30.97	83.20	71	100.47	8293	−0.9	1.0	6.9	5.9	5.2	7.3	11.7	6.2	11.3	1.7	360	2.4	300	37.3	−5.9	1.4	4.2
Valdosta, Regional Airport	722166	30.78	83.28	62	100.58	8293	−2.5	−0.8	7.6	6.8	6.1	7.9	12.8	7.1	13.1	1.7	340	3.4	300	37.3	−8.3	1.8	4.3
Waycross	722130	31.25	82.40	46	100.77	8293	−1.7	−0.1	7.0	6.2	5.5	7.1	11.0	6.3	11.2	1.6	250	3.3	240	36.5	−6.2	3.9	4.2
HAWAII																							
Ewa, Barbers Point NAS	911780	21.32	158.07	15	101.14	8293	14.9	16.2	8.9	7.9	7.1	10.0	22.8	8.5	23.8	2.2	40	4.8	60	33.7	1.5	0.9	11.9
Hilo	912850	19.72	155.07	11	101.19	6193	16.3	17.1	8.3	7.3	6.4	9.3	24.5	8.1	24.4	3.2	230	5.4	110	31.3	14.4	0.9	1.0
Honolulu	911820	21.35	157.93	5	101.26	6193	16.0	17.2	10.4	9.5	8.7	10.4	23.5	9.3	23.9	2.3	320	6.6	60	32.5	14.2	1.1	1.2
Kahului	911900	20.90	156.43	20	101.08	6193	14.9	15.9	12.2	11.3	10.6	14.4	24.2	12.7	24.3	2.5	160	8.3	50	33.2	12.4	0.8	2.4
Kaneohe, MCAS	911760	21.45	157.77	3	101.29	8293	19.3	19.9	9.0	8.2	7.4	9.5	23.2	8.5	23.1	3.3	190	4.5	70	31.3	4.4	0.8	16.1
Lihue	911650	21.98	159.35	45	100.79	6193	15.5	16.6	11.7	10.5	9.6	11.1	22.5	10.2	22.7	3.6	270	6.0	60	30.3	13.6	0.8	1.7
Molokai	911860	21.15	157.10	137	99.69	8293	15.3	16.3	10.5	9.9	9.3	10.0	23.6	9.2	23.5	1.7	70	5.9	60	33.4	6.1	2.2	12.2
IDAHO																							
Boise	726810	43.57	116.22	874	91.26	6193	−16.8	−12.6	10.5	9.2	8.0	9.8	2.6	8.5	2.7	2.5	130	4.7	320	39.4	−19.8	1.5	5.1
Burley	725867	42.55	113.77	1265	87.02	8293	−20.4	−16.7	10.3	9.4	8.4	10.4	−1.3	9.7	−2.3	3.0	60	3.6	280	36.5	−23.9	2.2	4.7
Idaho Falls	725785	43.52	112.07	1445	85.13	8293	−24.4	−20.9	12.2	10.4	9.3	12.4	0.1	10.4	−1.5	3.3	360	5.2	180	35.6	−28.9	2.0	5.0
Lewiston	727830	46.38	117.02	438	96.17	8293	−14.2	−9.7	9.1	7.7	6.3	10.9	3.6	8.9	4.5	2.2	280	3.1	310	39.4	−16.3	1.5	5.5
Mountain Home, AFB	726815	43.05	115.87	913	90.83	8293	−17.9	−14.8	10.4	9.2	8.1	10.4	0.3	9.4	−0.3	1.0	90	3.5	350	40.7	−21.1	1.8	4.7
Mullan	727836	47.47	115.80	1011	89.75	8293	−18.5	−13.8	4.6	4.3	3.9	4.7	−7.7	4.2	−6.2	0.8	10	1.8	10	33.1	−21.7	1.1	4.4
Pocatello	725780	42.92	112.60	1365	85.97	6193	−21.6	−17.7	13.1	11.2	10.1	13.4	2.0	12.0	2.1	2.5	50	5.0	250	36.7	−26.0	1.3	5.1
ILLINOIS																							
Belleville, Scott AFB	724338	38.55	89.85	138	99.68	8293	−16.2	−12.4	9.3	8.0	6.9	10.2	0.0	9.1	−0.8	3.2	360	3.1	190	37.5	−19.5	1.7	4.0
Chicago, Meigs Field	725340	41.78	87.75	190	99.06	8293	−20.0	−16.1	10.4	9.6	8.7	11.4	−8.2	10.1	−1.0	5.4	240	5.6	220	36.0	−23.4	1.8	4.5
Chicago, O'Hare Int'l A	725300	41.98	87.90	205	98.89	6193	−21.2	−18.1	11.7	10.4	9.2	12.0	−4.6	10.4	−4.9	4.6	270	5.4	230	35.4	−24.6	1.6	3.6
Decatur	725316	39.83	88.87	208	98.85	8293	−19.0	−15.9	10.8	9.8	9.1	12.0	−4.2	10.5	−2.8	5.7	310	5.2	210	37.0	−23.2	3.2	4.0
Glenview, NAS	725306	42.08	87.82	199	98.96	8293	−19.7	−15.7	9.7	8.4	7.4	10.1	−8.4	9.0	−4.0	4.7	250	4.3	240	36.4	−23.6	1.7	4.3
Marseilles	744600	41.37	88.68	225	98.65	8293	−20.4	−17.3	11.4	10.0	8.9	12.6	−7.6	11.2	−6.0	5.2	290	4.5	250	35.4	−24.1	2.2	3.3
Moline/Davenport IA	725440	41.45	90.52	181	99.17	6193	−22.4	−19.3	11.6	10.1	9.0	12.7	−8.7	10.8	−8.0	4.2	290	5.2	200	36.2	−25.7	1.5	3.3
Peoria	725320	40.67	89.68	202	98.92	6193	−21.1	−18.1	11.0	9.7	8.7	11.7	−8.7	10.1	−7.2	4.1	290	4.9	180	35.4	−24.6	1.8	3.4
Quincy	724396	39.95	91.20	234	98.55	8293	−19.9	−16.6	10.8	9.6	8.8	12.5	−5.0	10.7	−5.6	5.4	330	5.2	210	36.2	−23.3	2.0	4.5
Rockford	725430	42.20	89.10	226	98.64	6193	−23.1	−20.1	11.4	10.0	9.1	11.4	−7.6	10.0	−6.9	3.9	290	5.6	200	35.1	−26.6	1.7	3.1
Springfield	724390	39.85	89.67	187	99.10	6193	−19.7	−16.6	11.7	10.4	9.4	12.0	−3.8	10.5	−2.8	4.5	270	5.3	230	36.2	−23.9	1.6	3.1
West Chicago	725305	41.92	88.25	231	98.58	8293	−21.6	−18.0	10.3	9.3	8.4	11.1	−10.3	10.1	−6.6	5.1	290	4.8	240	35.6	−25.5	1.8	4.3
INDIANA																							
Evansville	724320	38.05	87.53	118	99.92	6193	−16.2	−12.8	9.8	8.6	7.7	9.9	0.3	8.8	1.3	3.1	320	4.2	240	36.3	−20.2	1.5	4.7
Fort Wayne	725330	41.00	85.20	252	98.33	6193	−19.9	−16.9	11.3	10.0	9.1	12.2	−7.1	10.5	−5.7	4.4	250	5.2	230	34.8	−23.9	2.0	2.9
Indianapolis	724380	39.73	86.27	246	98.40	6193	−19.2	−16.1	10.8	9.5	8.3	11.2	−3.1	9.9	−2.8	3.7	230	4.8	230	34.6	−23.2	1.6	3.8
Lafayette, Purdue Univ	724386	40.42	86.93	185	99.12	8293	−20.5	−16.3	10.0	9.0	8.2	10.7	−3.3	9.7	−2.6	4.2	270	5.3	220	36.2	−24.0	2.1	4.3
Peru, Grissom AFB	725335	40.65	86.15	247	98.39	8293	−19.2	−15.3	10.6	9.3	8.2	12.9	−6.8	10.5	−5.4	4.9	270	4.1	210	35.8	−22.5	2.1	4.1
South Bend	725350	41.70	86.32	236	98.52	6193	−18.9	−16.2	11.3	10.0	9.0	11.6	−5.7	10.3	−4.9	5.7	230	5.3	230	34.7	−23.1	1.8	3.2
Terre Haute	724373	39.45	87.32	178	99.20	8293	−19.2	−15.1	10.1	9.1	8.2	10.4	−0.3	9.5	0.0	3.5	150	4.7	230	35.5	−23.3	1.8	4.4
IOWA																							
Burlington	725455	40.78	91.13	213	98.79	8293	−20.0	−17.4	9.4	8.4	7.7	10.5	−11.0	9.5	−7.7	3.9	310	4.9	200	36.4	−23.5	2.2	3.8
Cedar Rapids	725450	41.88	91.70	265	98.18	8293	−24.0	−20.6	11.2	9.9	9.0	13.1	−11.3	11.6	−9.9	4.6	300	4.7	180	35.5	−26.3	2.0	3.0
Des Moines	725460	41.53	93.65	294	97.84	6193	−22.7	−19.9	12.1	10.6	9.4	12.3	−9.8	10.8	−7.2	4.9	320	5.5	180	36.5	−26.2	1.9	2.8
Fort Dodge	725490	42.55	94.18	355	97.13	8293	−25.0	−21.9	11.9	10.4	9.3	12.9	−12.2	11.5	−12.3	4.7	340	5.0	190	35.5	−27.4	2.7	2.7
Lamoni	725466	40.62	93.95	342	97.28	8293	−21.1	−17.7	8.7	7.6	6.9	9.5	−5.0	8.5	−6.9	3.2	320	3.9	210	37.0	−24.3	2.4	3.8
Mason City	725485	43.15	93.33	370	96.96	6193	−26.2	−23.5	12.2	10.4	9.7	13.3	−12.6	11.8	−11.3	5.3	300	6.3	200	35.9	−30.4	2.0	6.3
Ottumwa	725465	41.10	92.45	258	98.26	8293	−20.6	−17.9	13.0	11.6	10.4	13.7	−6.5	12.6	−4.5	5.9	320	6.5	200	36.7	−24.2	2.2	3.8
Sioux City	725570	42.40	96.38	336	97.35	6193	−23.8	−21.1	12.9	11.2	10.0	14.0	−9.8	12.3	−8.8	4.7	320	6.4	180	37.2	−27.6	2.0	2.6
Spencer	726500	43.17	95.15	408	96.52	8293	−26.5	−23.8	10.6	9.7	8.8	11.3	−10.3	10.1	−10.7	4.6	300	5.4	180	37.3	−29.1	3.5	2.2
Waterloo	725480	42.55	92.40	268	98.15	6193	−25.7	−22.9	12.1	10.8	9.7	12.8	−12.1	11.2	−10.4	4.1	300	5.9	180	35.5	−29.1	1.9	3.3
KANSAS																							
Concordia	724580	39.55	97.65	452	96.01	8293	−19.9	−16.0	12.3	11.0	10.0	12.4	0.0	11.1	0.1	6.0	360	7.2	10	40.1	−22.0	2.2	5.2
Dodge City	724510	37.77	99.97	790	92.19	6193	−17.7	−14.7	13.3	11.9	10.6	13.8	−0.7	12.2	−0.2	5.7	10	7.7	200	39.9	−21.1	1.6	3.1
Ft Riley, Marshall AAF	724550	39.05	96.77	325	97.48	8293	−19.0	−14.9	9.4	8.2	7.2	9.1	3.9	7.9	3.0	2.2	350	4.2	180	39.8	−20.7	1.7	5.0
Garden City	724515	37.93	100.72	881	91.18	8293	−19.2	−15.5	13.3	11.8	10.3	13.0	0.1	11.0	1.2	5.3	360	7.2	190	39.9	−22.8	1.5	3.6
Goodland	724650	39.37	101.70	1124	88.53	6193	−19.7	−16.5	14.2	12.3	10.8	13.7	−2.7	11.9	−1.3	5.4	270	5.9	180	38.8	−23.9	1.6	3.7
Russell	724585	38.87	98.82	568	94.69	8293	−20.1	−16.0	13.0	11.4	10.3	12.9	0.3	11.2	1.5	5.1	10	7.3	190	40.5	−22.1	2.0	4.7
Salina	724586	38.80	97.65	388	96.75	8293	−19.4	−15.4	11.9	10.4	9.7	12.5	0.5	10.6	0.9	4.7	360	6.7	180	41.0	−21.6	1.3	5.5
Topeka	724560	39.07	95.62	270	98.12	6193	−18.8	−15.6	11.2	10.0	8.8	11.3	−2.3	9.9	−1.8	4.1	320	5.5	180	38.0	−22.4	2.1	4.1
Wichita, Airport	724500	37.65	97.43	408	96.52	6193	−16.6	−13.3	12.8	11.3	10.2	12.6	−1.0	11.4	−0.8	5.7	360	7.2	200	40.4	−19.7	1.6	3.5
Wichita, McConnell AFB	724505	37.62	97.27	418	96.40	8293	−16.5	−12.3	11.3	10.1	9.1	11.3	3.3	10.1	2.4	5.1	360	5.4	190	40.7	−18.3	1.5	4.3
KENTUCKY																							

ENVIRONMENTAL DESIGN CONDITIONS

Table 5.1A (SI) (Continued)
Heating and Wind Design Conditions—United States

	WHO#	West Lat.	North Long.	Elev. ft	StdP, psia	Dates	Heating Dry Bulb 99.6%	Heating Dry Bulb 99%	Extreme Wind Speed, mph 1%	Extreme Wind Speed, mph 2.5%	Extreme Wind Speed, mph 5%	Coldest Month 0.4% WS	Coldest Month 0.4% MDB	Coldest Month 1% WS	Coldest Month 1% MDB	MWS/MWD to DB 99.6% MWS	MWS/MWD to DB 99.6% MDB	MWS/MWD to DB 0.4% MWS	MWS/MWD to DB 0.4% MWD	Extr. Annual Daily Mean DB Max.	Extr. Annual Daily Mean DB Min.	Extr. Annual Daily StdD DB Max.	Extr. Annual Daily StdD DB Min.
Bowling Green	746716	36.97	86.42	167	99.33	8293	−14.1	−10.2	9.1	8.3	7.6	9.5	4.3	8.5	4.4	2.6	220	4.1	230	36.1	−18.9	1.8	5.7
Covington/Cincinnati Airport	724210	39.05	84.67	267	98.16	6193	−17.5	−14.1	9.9	8.8	7.9	10.9	−1.4	9.6	0.4	4.2	250	4.6	230	35.1	−21.6	1.7	4.7
Fort Campbell, AAF	746710	36.67	87.50	174	99.25	8293	−12.6	−9.4	8.3	7.2	6.2	8.9	4.4	7.8	6.1	1.8	330	2.6	240	36.4	−17.6	1.7	5.3
Fort Knox, Godman AAF	724240	37.90	85.97	230	98.59	8293	−12.8	−9.7	7.8	6.6	5.7	8.2	5.4	7.3	4.0	1.7	290	2.5	270	36.0	−17.8	2.3	4.4
Jackson	724236	37.60	83.32	421	96.37	8293	−14.0	−10.1	7.4	6.4	5.9	8.1	6.6	7.2	4.6	3.2	230	2.8	230	34.4	−19.6	1.5	5.2
Lexington	724220	38.03	84.60	301	97.76	6193	−15.8	−12.4	9.5	8.3	7.5	10.1	3.3	9.0	3.1	3.8	270	4.0	240	34.5	−20.1	1.9	4.6
Louisville	724230	38.18	85.73	149	99.55	6193	−14.5	−11.4	9.7	8.6	7.7	10.0	4.4	8.9	1.1	4.3	290	4.5	250	35.6	−18.3	1.7	4.4
Paducah	724350	37.07	88.77	126	99.82	8293	−13.9	−10.4	9.6	8.4	7.6	9.8	7.3	8.7	5.7	3.6	40	3.9	180	36.6	−18.5	1.6	5.2
LOUISIANA																							
Alexandria, England AFB	747540	31.33	92.55	27	101.00	8293	−3.0	−1.1	7.2	6.0	5.2	7.5	11.9	6.5	9.4	3.0	360	1.5	180	36.4	−6.9	1.2	3.5
Baton Rouge	722317	30.53	91.15	21	101.07	6193	−3.0	−0.9	9.1	8.0	7.1	9.2	8.6	8.3	9.2	3.4	360	3.6	270	35.9	−6.7	1.2	3.0
Bossier City, Barksdale AFB	722485	32.50	93.67	51	100.71	8293	−5.5	−2.8	8.2	7.1	6.2	8.3	9.4	7.3	10.5	3.2	360	2.2	180	37.3	−9.2	1.3	3.7
Lafayette	722405	30.20	91.98	13	101.17	8293	−2.4	−0.2	9.2	8.2	7.3	9.2	12.5	8.3	11.6	4.1	10	3.5	200	36.2	−7.1	0.9	4.5
Lake Charles	722400	30.12	93.22	10	101.20	6193	−1.8	0.1	9.7	8.6	7.7	10.5	9.8	9.3	9.6	4.2	20	3.8	230	35.6	−5.1	1.3	2.6
Leesville, Fort Polk	722390	31.05	93.20	100	100.13	8293	−2.9	−0.9	7.0	6.0	5.2	7.2	10.3	6.1	11.1	2.0	20	1.7	180	36.8	−6.7	1.1	3.3
Monroe	722486	32.52	92.03	24	101.04	8293	−5.7	−2.9	8.5	7.7	6.8	8.8	10.1	8.0	8.5	3.8	10	3.2	230	37.3	−8.6	1.0	4.7
New Orleans, Int'l Airport	722310	29.98	90.25	9	101.22	6193	−1.3	0.8	9.4	8.3	7.5	9.4	8.8	8.4	9.2	3.3	340	3.5	360	35.6	−4.8	1.1	2.9
New Orleans, Lakefront A	722315	30.05	90.03	3	101.29	8293	1.8	3.9	9.6	8.6	7.9	9.5	9.6	8.9	9.9	6.4	360	3.8	300	34.4	−6.3	4.5	6.9
Shreveport	722480	32.47	93.82	79	100.38	6193	−5.5	−3.2	9.0	7.9	7.1	9.7	7.8	8.5	8.9	3.9	360	3.8	180	37.4	−8.9	1.7	3.1
MAINE																							
Augusta	726185	44.32	69.80	107	100.05	8293	−19.7	−17.2	10.2	9.3	8.4	11.1	−6.5	10.0	−5.8	4.6	320	5.1	210	33.8	−23.4	1.7	1.9
Bangor	726088	44.80	68.83	59	100.62	8293	−21.5	−19.0	9.7	8.4	7.8	10.7	−7.9	9.4	−6.7	2.9	300	4.6	240	34.4	−26.6	1.6	3.3
Brunswick, NAS	743920	43.88	69.93	23	101.05	8293	−19.1	−16.4	9.0	7.8	6.8	9.5	−2.8	8.3	−3.7	1.6	340	3.8	190	35.5	−24.6	4.4	3.4
Caribou	727120	46.87	68.02	190	99.06	6193	−25.8	−23.2	12.3	10.8	9.6	13.3	−10.4	11.8	−11.8	4.4	270	5.6	250	32.2	−30.7	1.6	2.5
Limestone, Loring AFB	727125	46.95	67.88	227	98.63	8293	−25.1	−22.7	10.2	8.9	7.9	11.1	−11.3	9.8	−11.6	3.1	300	3.9	260	32.7	−28.8	1.3	1.6
Portland	726060	43.65	70.32	19	101.10	6193	−19.6	−16.7	10.7	9.3	8.2	10.8	−3.6	9.4	−3.7	3.1	320	5.3	270	33.8	−24.9	2.0	3.1
MARYLAND																							
Camp Springs, Andrews AFB	745940	38.82	76.87	86	100.30	8293	−10.3	−7.6	9.4	8.1	7.2	10.4	−1.0	9.3	0.1	3.2	350	3.8	230	36.9	−15.5	1.6	3.7
Baltimore, BWI Airport	724060	39.18	76.67	47	100.76	6193	−11.6	−9.2	10.8	9.4	8.3	11.2	−0.4	9.8	−0.3	4.5	290	4.9	280	36.2	−15.7	1.6	3.2
Lex Park, Patuxent River NAS	724040	38.28	76.40	12	101.18	8293	−9.0	−6.2	8.8	7.7	6.8	9.8	−0.9	8.4	1.7	3.8	340	3.9	270	36.6	−13.5	1.3	3.4
Salisbury	724045	38.33	75.52	16	101.13	8293	−10.5	−7.7	8.8	8.0	7.2	9.0	1.7	8.3	2.8	2.8	10	4.2	240	36.2	−15.3	1.5	3.2
MASSACHUSETTS																							
Boston	725090	42.37	71.03	9	101.22	6193	−13.7	−11.3	13.1	11.3	10.2	13.5	−1.3	12.2	−2.1	7.5	320	6.2	270	35.4	−17.6	1.5	2.6
East Falmouth, Otis Angb	725060	41.65	70.52	40	100.85	8293	−11.9	−9.8	11.4	10.0	8.9	11.8	1.0	10.3	0.6	4.2	300	4.5	240	32.2	−15.1	1.4	2.1
Weymouth, S Weymouth NAS	725097	42.15	70.93	49	100.74	8293	−14.6	−11.8	8.3	7.3	6.3	8.1	−1.9	7.2	−1.7	3.0	320	3.9	260	36.1	−18.9	2.1	2.1
Worcester	725095	42.27	71.88	308	97.68	6193	−17.7	−15.1	12.0	10.2	8.8	12.9	−5.6	11.4	−6.1	6.1	270	4.3	270	32.4	−21.2	1.1	2.3
MICHIGAN																							
Alpena	726390	45.07	83.57	211	98.82	6193	−21.6	−18.6	9.4	8.3	7.5	9.6	−6.4	8.6	−6.8	2.3	270	5.0	240	34.1	−27.1	1.9	3.3
Detroit, Metro	725370	42.23	83.33	202	98.92	6193	−17.8	−15.1	11.9	10.3	9.2	12.4	−2.5	10.8	−2.8	5.0	240	5.6	230	34.9	−21.7	1.7	3.0
Flint	726370	42.97	83.75	233	98.56	6193	−18.9	−16.3	11.1	9.7	8.8	11.9	−4.4	10.3	−4.9	3.8	230	5.6	230	33.6	−23.3	1.7	2.8
Grand Rapids	726350	42.88	85.52	245	98.42	6193	−17.8	−15.2	11.3	9.9	8.8	11.8	−4.0	10.3	−4.6	3.7	180	5.8	240	33.9	−23.0	1.2	2.9
Hancock	727440	47.17	88.50	329	97.43	6193	−22.6	−19.8	9.5	8.5	7.8	10.2	−7.7	9.1	−8.7	3.7	270	4.2	250	32.4	−26.9	1.6	3.1
Harbor Beach	725386	44.02	82.80	183	99.15	8293	−13.0	−11.1	11.4	9.8	8.4	11.5	−2.8	10.2	−2.9	4.6	220	3.9	230	34.7	−16.6	1.6	2.3
Jackson	725395	42.27	84.47	305	97.71	8293	−19.4	−15.7	9.1	8.3	7.7	10.2	−5.4	9.1	−5.1	3.9	240	5.1	210	34.0	−23.8	1.4	3.1
Lansing	725390	42.77	84.60	266	98.17	6193	−19.6	−16.8	11.7	10.2	9.1	12.5	−5.3	11.2	−4.6	3.6	290	5.7	250	34.4	−24.8	1.6	3.3
Marquette, Sawyer AFB	727435	46.35	87.40	372	96.94	8293	−24.0	−21.3	10.5	9.3	8.2	11.4	−7.9	10.1	−8.2	2.5	280	4.5	210	32.9	−27.5	2.6	2.6
Marquette/Ishpeming A	727430	46.53	87.55	434	96.22	8293	−24.9	−22.1	9.7	8.7	8.1	9.8	−6.6	8.9	−8.8	3.5	270	4.9	230	32.4	−29.9	2.5	2.5
Mount Clemens, Angb	725377	42.62	82.83	177	99.22	8293	−15.9	−14.0	9.4	8.2	7.3	11.2	−6.0	9.4	−4.3	3.3	280	4.0	230	35.2	−19.4	2.2	1.5
Muskegon	726360	43.17	86.25	193	99.03	6193	−16.2	−13.9	12.1	10.8	9.6	12.4	−4.0	11.2	−3.4	4.6	290	5.4	200	32.0	−20.7	1.5	2.8
Oscoda, Wurtsmith AFB	726395	44.45	83.40	193	99.03	8293	−17.9	−16.1	9.5	8.3	7.4	10.4	−3.6	9.2	−4.3	2.5	220	5.1	200	34.9	−21.6	2.3	2.6
Pellston	727347	45.57	84.80	219	98.72	8293	−22.7	−19.5	11.6	10.1	9.1	12.7	−5.5	10.5	−5.8	1.6	300	6.2	250	33.6	−29.4	1.7	2.7
Saginaw	726379	43.53	84.08	204	98.90	8293	−17.5	−15.6	10.2	9.2	8.4	11.0	−5.7	10.0	−5.0	4.6	260	5.8	240	35.6	−21.3	3.2	2.5
Sault Ste. Marie	727340	46.47	84.37	221	98.70	6193	−24.4	−21.8	10.1	8.9	7.9	10.8	−7.2	9.4	−7.6	2.9	90	4.4	230	31.4	−29.7	1.9	3.0
Seul Choix Point	726399	45.92	85.92	180	99.18	8293	−17.6	−15.8	12.4	10.9	9.6	13.5	−2.7	11.7	−2.7	4.2	300	3.7	200	27.9	−20.7	1.3	3.5
Traverse City	726387	44.73	85.58	190	99.06	6193	−19.6	−16.8	9.6	8.5	7.9	10.3	−5.1	9.2	−5.1	2.9	180	5.7	230	34.5	−24.9	1.6	4.1
MINNESOTA																							
Alexandria	726557	45.87	95.40	434	96.22	8293	−29.0	−26.0	11.1	9.9	9.0	12.5	−11.0	10.8	−13.6	4.4	300	6.2	180	35.5	−32.1	2.0	2.5
Brainerd, Pequot Lakes	727500	46.60	94.32	390	96.73	8293	−31.1	−27.3	5.1	4.4	3.9	5.1	−13.3	4.4	−11.9	1.4	320	2.2	190	34.8	−34.3	4.4	3.8
Duluth	727450	46.83	92.18	432	96.24	6193	−29.2	−26.6	11.3	9.9	8.9	11.1	−11.4	9.9	−11.8	4.5	310	5.2	230	32.1	−33.6	1.6	2.6
Hibbing	727455	47.38	92.83	412	96.47	8293	−31.8	−28.8	9.1	8.3	7.7	9.0	−10.4	8.3	−10.4	2.8	330	5.0	200	33.1	−36.7	1.4	2.6
International Falls	727470	48.57	93.38	361	97.06	6193	−33.6	−30.8	9.9	8.8	7.9	9.7	−12.3	8.7	−13.6	2.6	270	5.0	180	33.3	−38.3	1.9	2.1
Minneapolis-St. Paul	726580	44.88	93.22	255	98.30	6193	−26.5	−23.7	11.1	9.9	8.9	11.2	−11.2	9.9	−10.3	4.2	300	6.3	180	35.8	−30.2	1.9	3.0
Redwood Falls	726556	44.55	95.08	312	97.63	8293	−27.1	−24.4	11.5	9.9	9.0	12.4	−9.8	10.6	−9.7	4.7	280	6.1	180	37.1	−29.9	2.3	2.9
Rochester	726440	43.92	92.50	402	96.59	6193	−27.3	−24.4	13.1	11.8	10.5	14.2	−11.4	12.6	−11.4	5.8	300	6.8	200	34.2	−30.7	2.1	2.9
Saint Cloud	726550	45.55	94.07	312	97.63	6193	−28.7	−25.8	9.8	8.7	7.9	10.1	−11.6	9.0	−12.2	3.6	300	5.4	200	34.9	−32.7	1.7	3.1
Tofte	727554	47.58	90.83	241	98.46	8293	−23.1	−21.0	10.6	9.1	7.8	11.2	−9.1	9.9	−7.7	3.7	260	3.4	330	30.1	−28.1	2.5	2.7
MISSISSIPPI																							
Biloxi, Keesler AFB	747686	30.42	88.92	10	101.20	8293	−0.7	1.6	7.5	6.4	5.7	8.0	9.6	7.0	9.9	3.4	360	3.0	210	35.9	−4.9	1.1	4.1
Columbus, AFB	723306	33.65	88.45	67	100.52	8293	−6.5	−4.1	7.9	6.7	5.8	8.3	6.3	7.3	7.8	2.5	360	2.7	240	37.5	−11.1	1.5	3.8
Greenwood	722359	33.50	90.08	47	100.76	8293	−6.9	−4.5	8.4	7.6	6.3	8.5	7.8	8.0	8.3	2.9	360	2.9	180	37.4	−10.6	1.3	4.2
Jackson	722350	32.32	90.08	101	100.12	6193	−6.3	−4.1	9.1	8.0	7.1	9.3	7.1	8.3	7.6	3.2	340	3.6	270	36.7	−10.1	1.5	3.2
McComb	722358	31.18	90.47	126	99.82	8293	−4.9	−2.1	7.5	6.4	5.8	7.6	9.2	6.7	9.2	2.5	350	3.3	230	36.6	−9.2	1.1	4.0

LOAD CALCULATION PRINCIPLES 71

Table 5.1A (SI) (Continued)
Heating and Wind Design Conditions—United States

							Heating Dry Bulb		Extreme Wind Speed, mph			Coldest Month				MWS/MWD to DB				Extr. Annual Daily			
												0.4%		1%		99.6%		0.4%		Mean DB		StdD DB	
	WHO#	West Lat.	North Long.	Elev. ft	StdP, psia	Dates	99.6%	99%	1%	2.5%	5%	WS	MDB	WS	MDB	MWS	MDB	MWS	MWD	Max.	Min.	Max.	Min.
Meridian	722340	32.33	88.75	94	100.20	6193	−6.2	−3.9	8.4	7.5	6.6	8.5	6.2	7.7	7.5	2.7	360	3.6	360	37.2	−10.5	1.6	3.3
Tupelo	723320	34.27	88.77	110	100.01	8293	−7.9	−5.3	8.4	7.5	6.7	8.8	6.6	7.8	6.6	3.2	10	3.3	260	37.1	−12.4	1.6	4.7
MISSOURI																							
Cape Girardeau	723489	37.23	89.57	104	100.08	8293	−14.4	−10.7	9.5	8.5	7.9	10.0	1.7	9.1	2.4	4.2	360	4.3	200	37.8	−18.4	1.6	5.1
Columbia	724450	38.82	92.22	274	98.08	6193	−18.1	−14.9	11.1	9.7	8.7	11.2	−2.6	9.9	−2.2	4.8	310	4.8	200	37.2	−22.2	2.4	3.4
Joplin	723495	37.15	94.50	299	97.78	8293	−15.9	−11.9	10.3	9.3	8.4	10.5	10.0	9.5	8.1	4.4	10	4.9	220	37.8	−19.0	2.2	5.2
Kansas City	724460	39.32	94.72	312	97.63	6193	−18.6	−15.4	11.4	10.1	9.0	11.6	1.2	10.2	0.6	4.2	320	5.7	190	37.9	−21.7	2.3	3.7
Poplar Bluff	723300	36.77	90.47	146	99.58	8293	−13.2	−10.3	7.9	6.5	5.7	7.8	4.5	6.6	3.3	3.0	360	3.0	200	38.3	−16.8	3.8	5.2
Spickard/Trenton	725400	40.25	93.72	270	98.12	8293	−17.4	−14.6	10.4	9.1	8.1	11.0	−1.9	9.6	−0.5	3.5	360	5.0	200	37.7	−20.7	2.9	4.1
Springfield	724400	37.23	93.38	387	96.76	6193	−16.2	−12.8	10.8	9.6	8.7	10.4	1.6	9.6	1.8	4.6	340	4.4	230	36.9	−20.2	1.9	3.6
St. Louis, Int'l Airport	724340	38.75	90.37	172	99.28	6193	−16.8	−13.6	11.4	10.0	8.8	11.7	−3.4	10.3	−2.8	5.4	290	4.8	240	37.4	−20.7	1.9	3.4
Warrensburg, Whiteman AFB	724467	38.73	93.55	265	98.18	8293	−17.3	−13.8	9.9	8.6	7.6	10.4	1.1	9.3	0.9	4.0	360	4.0	190	38.1	−20.7	2.2	4.3
MONTANA																							
Billings	726770	45.80	108.53	1088	88.92	6193	−25.1	−21.8	12.3	10.7	9.7	13.3	−3.9	12.0	−1.2	4.2	230	4.4	240	37.3	−28.1	1.6	3.4
Bozeman	726797	45.78	111.15	1364	85.98	8293	−29.0	−24.7	9.2	8.0	6.7	8.9	2.5	7.6	1.2	1.9	140	4.0	360	35.8	−34.0	1.6	4.3
Butte	726785	45.95	112.50	1690	82.60	8293	−30.1	−25.8	10.2	9.2	8.2	9.5	−1.5	8.4	−1.2	1.6	150	5.6	120	33.1	−36.8	1.4	4.4
Cut Bank	727796	48.60	112.37	1175	87.98	6193	−29.2	−26.4	15.2	13.4	12.0	18.0	2.0	15.3	2.4	3.2	320	5.8	270	34.1	−33.1	2.2	3.2
Glasgow	727680	48.22	106.62	700	93.19	6193	−30.2	−27.1	13.1	11.5	10.2	12.5	−7.8	11.0	−9.3	3.6	330	5.9	160	37.3	−33.8	1.8	3.7
Great Falls, Int'l Airport	727750	47.48	111.37	1115	88.63	6193	−28.1	−24.8	14.6	13.1	11.6	15.3	3.4	14.0	3.4	3.3	240	5.4	230	36.8	−31.8	1.8	4.1
Great Falls, Malmstrom AFB	727755	47.50	111.18	1075	89.06	8293	−27.4	−23.9	12.7	10.8	9.5	14.8	3.3	13.1	3.3	1.8	240	3.5	260	37.0	−29.8	1.8	4.4
Havre	727770	48.55	109.77	792	92.17	8293	−31.6	−28.4	10.8	9.4	8.4	11.5	1.7	10.2	0.4	2.5	240	3.9	270	38.7	−36.2	2.8	4.5
Helena	727720	46.60	112.00	1188	87.84	6193	−27.5	−23.5	11.1	9.8	8.7	11.2	4.3	9.6	1.7	2.0	290	5.4	280	35.7	−30.8	1.8	4.0
Kalispell	727790	48.30	114.27	906	90.90	6193	−24.2	−19.7	10.5	8.8	7.6	11.2	−11.1	9.3	−7.9	2.9	20	4.1	170	34.7	−28.4	1.6	4.8
Lewistown	726776	47.05	109.47	1270	86.97	6193	−27.9	−24.2	11.4	10.1	9.1	13.0	1.4	11.3	1.4	3.3	250	4.7	90	34.8	−31.6	1.9	4.1
Miles City	742300	46.43	105.87	801	92.07	6193	−28.2	−24.7	12.0	10.1	9.0	12.3	−3.8	10.3	−2.8	3.7	290	4.9	140	39.1	−31.7	1.5	3.6
Missoula	727730	46.92	114.08	972	90.18	6193	−22.8	−18.3	9.9	8.6	7.5	9.9	−8.1	8.5	−6.3	2.9	120	4.6	290	36.3	−26.3	1.6	4.6
NEBRASKA																							
Bellevue, Offutt AFB	725540	41.12	95.92	319	97.55	8293	−20.7	−17.2	10.0	8.5	7.4	11.4	−4.8	9.7	−5.2	3.4	330	4.4	190	37.6	−22.7	2.5	3.5
Grand Island	725520	40.97	98.32	566	94.71	6193	−22.2	−19.1	13.3	11.6	10.4	13.0	−6.2	11.5	−7.0	4.8	270	6.7	180	39.0	−25.8	1.8	2.9
Lincoln	725510	40.85	96.75	362	97.05	8293	−21.9	−18.8	11.9	10.3	9.3	12.4	−3.9	10.9	−2.7	4.0	350	6.8	180	39.4	−24.1	3.6	4.5
Norfolk	725560	41.98	97.43	473	95.77	6193	−23.7	−20.7	12.9	11.2	9.9	14.5	−6.8	12.7	−6.3	4.7	340	6.6	190	38.2	−27.7	1.7	3.0
North Platte	725620	41.13	100.68	849	91.53	6193	−23.1	−19.8	13.1	11.2	9.9	12.6	−4.6	10.7	−3.3	3.3	320	5.4	180	38.1	−26.9	1.6	3.7
Omaha, Eppley Airfield	725500	41.30	95.90	299	97.78	6193	−21.8	−18.9	11.4	10.0	8.9	12.0	−6.3	10.4	−8.2	4.6	340	5.5	180	37.9	−25.6	1.8	2.7
Omaha, Wso	725530	41.37	96.02	406	96.54	8293	−22.1	−18.8	10.0	8.8	8.0	11.0	−5.0	9.6	−3.8	4.4	310	4.7	170	36.6	−25.3	2.2	3.6
Scottsbluff	725660	41.87	103.60	1206	87.65	6193	−23.6	−19.4	13.4	11.5	9.9	14.1	1.4	12.2	1.4	3.5	300	5.0	300	38.4	−28.6	1.6	4.4
Sidney	725610	41.10	102.98	1312	86.53	8293	−22.5	−18.2	12.9	10.8	9.6	13.8	0.2	11.4	1.9	4.2	290	5.4	160	38.3	−27.6	2.5	4.8
Valentine	725670	42.87	100.55	792	92.17	8293	−26.5	−22.0	11.9	10.4	9.2	11.6	−4.1	10.1	−2.5	3.8	250	6.6	180	40.2	−29.8	2.4	4.7
NEVADA																							
Elko	725825	40.83	115.78	1565	83.88	6193	−20.6	−17.1	9.5	8.1	6.9	8.8	2.3	7.2	2.7	1.6	70	4.5	230	36.9	−25.1	1.8	4.4
Ely	724860	39.28	114.85	1909	80.40	6193	−21.2	−17.8	12.5	10.8	9.3	11.6	0.4	9.9	−0.9	4.9	190	5.7	230	33.8	−26.1	1.3	4.1
Las Vegas, Int'l Airport	723860	36.08	115.17	664	93.60	6193	−2.7	−0.9	13.3	11.5	10.2	11.2	8.9	9.9	9.6	3.3	250	5.5	230	44.1	−6.3	1.2	2.6
Mercury	723870	36.62	116.02	1009	89.78	8293	−4.5	−2.2	11.3	9.8	8.7	11.0	6.7	9.2	5.3	3.4	50	5.5	230	38.8	−7.0	9.8	3.5
North Las Vegas, Nellis AFB	723865	36.23	115.03	570	94.66	8293	−2.4	−0.7	10.8	9.4	8.1	10.1	11.1	8.3	9.6	0.7	20	4.0	210	44.6	−6.1	1.1	2.5
Reno	724880	39.50	119.78	1341	86.22	6193	−13.4	−10.6	11.5	9.9	8.5	11.5	7.5	9.2	6.7	1.4	160	4.6	290	37.2	−17.1	1.2	4.7
Tonopah	724855	38.05	117.08	1654	82.97	6193	−13.7	−10.8	11.3	10.0	9.0	10.5	3.0	9.6	2.3	4.2	340	5.2	180	36.7	−17.4	1.1	3.6
Winnemucca	725830	40.90	117.80	1315	86.49	6193	−17.1	−13.7	10.1	8.7	7.7	9.3	3.8	8.1	3.3	2.2	160	4.9	250	38.4	−22.8	1.3	5.7
NEW HAMPSHIRE																							
Concord	726050	43.20	71.50	105	100.07	6193	−21.9	−18.9	10.0	8.7	7.7	10.0	−6.6	9.0	−6.2	2.0	320	4.6	230	34.9	−27.9	1.6	3.1
Lebanon	726116	43.63	72.30	182	99.16	8293	−21.8	−19.3	7.9	6.9	6.1	8.0	−3.8	7.0	−3.4	1.1	360	4.1	220	34.2	−27.3	1.1	2.9
Mount Washington	726130	44.27	71.30	1910	80.39	8293	−30.8	−28.2	39.4	36.1	32.6	44.4	−25.3	41.1	−26.0	32.4	280	9.3	270	18.2	−36.0	1.3	2.3
Portsmouth, Pease AFB	726055	43.08	70.82	31	100.95	8293	−15.5	−12.9	9.4	8.1	7.1	10.0	−3.2	8.9	−2.6	3.4	280	3.7	270	34.2	−18.7	1.2	1.8
NEW JERSEY																							
Atlantic City	724070	39.45	74.57	20	101.08	6193	−13.4	−10.8	11.8	10.4	9.1	12.7	1.9	11.0	0.8	3.9	310	5.1	250	35.7	−17.6	1.6	3.2
Millville	724075	39.37	75.07	25	101.03	8293	−12.2	−9.5	8.6	8.1	7.4	9.0	1.9	8.3	1.6	3.0	300	4.9	240	35.8	−17.6	1.3	4.1
Newark	725020	40.70	74.17	9	101.22	6193	−12.3	−10.0	11.6	10.2	9.1	12.0	−2.2	10.4	−1.6	5.9	260	5.7	230	36.4	−15.6	1.4	2.7
Teterboro	725025	40.85	74.07	3	101.29	8293	−12.0	−9.8	9.2	8.3	7.7	9.5	−1.5	8.5	−1.1	4.8	280	5.2	240	36.0	−16.5	1.4	3.1
Trenton, McGuire AFB	724096	40.02	74.60	41	100.83	8293	−11.8	−9.6	9.8	8.4	7.4	10.4	−0.6	9.4	−0.5	3.6	330	3.4	240	36.2	−16.6	1.2	2.9
NEW MEXICO																							
Alamogordo, Holloman AFB	747320	32.85	106.10	1248	87.20	8293	−6.8	−5.2	9.0	7.5	6.3	8.1	10.2	6.6	8.7	1.2	10	3.5	250	38.8	−10.3	1.6	2.0
Albuquerque	723650	35.05	106.62	1620	83.32	6193	−10.4	−7.6	13.0	11.2	9.6	11.8	1.2	9.8	2.7	3.6	360	4.5	240	37.5	−14.7	1.4	4.1
Carlsbad	722687	32.33	104.27	1004	89.83	8293	−7.4	−5.2	11.3	9.6	8.4	11.1	13.8	9.4	12.0	3.5	340	5.5	150	40.2	−12.6	2.0	3.9
Clayton	723600	36.45	103.15	1515	84.40	8293	−17.1	−12.8	13.6	11.9	10.5	13.4	4.4	11.8	3.9	4.3	40	5.9	200	36.4	−20.3	1.4	4.1
Clovis, Cannon AFB	722686	34.38	103.32	1309	86.56	8293	−12.0	−9.2	11.6	10.1	8.8	11.7	4.5	10.3	3.8	3.4	50	5.0	220	38.3	−14.8	1.3	2.2
Farmington	723658	36.75	108.23	1677	82.74	8293	−13.3	−10.8	10.4	9.5	8.2	9.9	1.9	8.4	1.3	2.5	60	4.6	240	37.0	−18.1	2.1	4.0
Gallup	723627	35.52	108.78	1972	79.77	8293	−18.1	−15.1	10.1	8.8	8.1	8.7	3.8	7.9	2.6	0.6	140	5.0	270	34.3	−24.5	1.3	4.4
Roswell	722680	33.30	104.53	1118	88.60	8293	−9.8	−6.8	9.6	8.4	7.5	9.1	10.5	8.0	9.0	3.4	360	4.9	140	40.5	−14.2	2.6	3.6
Truth Or Consequences	722710	33.23	107.27	1481	84.75	8293	−5.6	−3.2	11.0	9.5	8.2	10.7	6.1	9.3	5.1	3.5	350	4.4	170	38.7	−14.6	1.6	13.2
Tucumcari	723676	35.18	103.60	1239	87.30	6193	−12.6	−9.5	11.1	9.9	9.0	12.5	10.2	10.2	7.2	3.3	50	5.2	230	39.1	−17.1	1.7	4.0
NEW YORK																							
Albany	725180	42.75	73.80	89	100.26	6193	−21.9	−18.8	10.9	9.6	8.6	10.0	−6.6	9.0	−5.8	2.1	300	4.6	230	34.8	−27.6	1.7	3.5
Binghamton	725150	42.22	75.98	497	95.50	6193	−18.9	−16.6	10.6	9.4	8.5	10.9	−6.7	9.6	−7.0	5.6	270	4.8	220	31.7	−22.8	1.7	2.4
Buffalo	725280	42.93	78.73	215	98.77	6193	−16.8	−14.8	13.1	11.4	10.0	15.0	−3.8	13.3	−4.6	5.2	270	5.8	240	32.5	−21.1	1.3	2.9

Table 5.1A (SI) (Continued)
Heating and Wind Design Conditions—United States

							Heating Dry Bulb		Extreme Wind Speed, mph			Coldest Month 0.4%		Coldest Month 1%		MWS/MWD to DB 99.6%		MWS/MWD to DB 0.4%		Extr. Annual Daily Mean DB		Extr. Annual Daily StdD DB	
	WHO#	West Lat.	North Long.	Elev. ft	StdP, psia	Dates	99.6%	99%	1%	2.5%	5%	WS	MDB	WS	MDB	MWS	MDB	MWS	MWD	Max.	Min.	Max.	Min.
Central Islip	725035	40.80	73.10	30	100.97	8293	−11.7	−9.6	10.0	9.0	8.2	10.3	0.1	9.4	−0.7	4.6	340	4.7	210	34.6	−16.4	1.8	3.0
Elmira/Corning	725156	42.17	76.90	291	97.88	8293	−18.9	−15.9	9.4	8.3	7.6	10.2	−6.7	9.1	−3.0	2.4	240	5.0	210	35.0	−23.5	2.0	3.4
Glens Falls	725185	43.33	73.62	100	100.13	8293	−23.1	−19.8	8.2	7.3	6.3	8.3	−5.6	7.4	−5.4	1.1	350	4.4	190	34.1	−28.9	1.5	2.6
Massena	726223	44.93	74.85	65	100.55	6193	−26.3	−23.2	9.5	7.9	7.4	10.4	−5.4	9.4	−5.7	1.6	270	4.6	230	33.1	−32.9	1.7	3.3
New York, JFK Airport	744860	40.65	73.78	7	101.24	6193	−11.4	−9.2	12.1	10.5	9.5	13.2	−1.4	11.9	−2.3	7.6	320	5.9	230	35.3	−14.7	1.4	2.6
New York, La Guardia A	725030	40.77	73.90	9	101.22	8293	−10.7	−8.1	12.5	11.0	9.9	13.2	−1.6	12.0	−2.4	7.9	310	5.5	280	36.0	−14.5	1.2	2.4
Newburgh	725038	41.50	74.10	150	99.54	8293	−14.7	−12.0	10.2	9.0	8.2	11.7	−8.6	10.2	−3.6	3.5	260	4.4	230	33.3	−20.1	1.7	3.6
Niagara Falls	725287	43.10	78.95	180	99.18	8293	−15.7	−13.9	11.6	10.0	9.1	13.5	−4.3	12.1	−5.1	5.1	240	5.8	230	32.9	−20.2	1.8	3.4
Plattsburgh, AFB	726225	44.65	73.47	72	100.46	8293	−22.6	−20.2	9.2	8.1	7.1	9.8	−3.0	8.6	−4.7	1.0	350	3.5	260	33.7	−27.4	1.5	2.6
Poughkeepsie	725036	41.63	73.88	51	100.71	8293	−16.7	−14.2	8.1	7.1	6.1	8.4	−3.9	7.8	−3.9	1.2	250	3.9	250	35.3	−22.5	1.7	3.3
Rochester	725290	43.12	77.67	169	99.31	6193	−17.2	−15.0	11.9	10.4	9.3	12.9	−5.3	11.6	−6.1	4.4	230	5.4	250	34.0	−21.4	1.6	2.7
Rome, Griffiss AFB	725196	43.23	75.40	154	99.49	8293	−20.6	−17.4	9.7	8.3	7.2	10.4	−5.3	8.8	−5.5	1.4	330	3.4	260	33.9	−25.9	1.4	2.1
Syracuse	725190	43.12	76.12	124	99.84	6193	−19.6	−16.4	11.4	10.0	9.0	12.7	−6.8	11.1	−5.9	3.3	90	4.8	250	33.7	−24.7	1.7	3.3
Watertown	726227	44.00	76.02	99	100.14	8293	−24.7	−20.9	9.5	8.5	8.0	10.5	−4.3	9.3	−4.0	2.2	80	5.1	240	32.0	−31.5	1.6	3.9
White Plains	725037	41.07	73.70	134	99.73	8293	−13.8	−11.1	8.4	7.6	6.5	8.5	−1.4	8.1	−1.4	5.7	310	3.9	260	34.9	−17.8	1.6	2.5
NORTH CAROLINA																							
Asheville	723150	35.43	82.55	661	93.63	6193	−11.4	−8.8	11.0	9.6	8.5	11.6	−3.3	10.3	−2.0	5.0	340	3.9	340	33.0	−16.3	1.4	3.8
Cape Hatteras	723040	35.27	75.55	3	101.29	6193	−3.6	−1.9	11.4	10.0	8.8	11.9	8.4	10.4	8.5	4.9	340	4.8	230	32.8	−6.8	1.1	2.7
Charlotte	723140	35.22	80.93	234	98.55	6193	−7.6	−5.1	8.8	7.7	6.8	9.1	6.8	8.1	7.1	2.8	50	3.8	240	35.9	−12.0	1.6	3.3
Cherry Point, Mcas	723090	34.90	76.88	9	101.22	8293	−4.7	−2.2	8.3	7.3	6.5	8.7	6.1	7.8	8.8	2.3	10	3.3	240	37.5	−11.0	1.4	4.7
Fayetteville, Fort Bragg	746930	35.13	78.93	74	100.44	8293	−5.5	−3.0	7.6	6.4	5.4	8.4	5.3	7.3	6.4	1.9	10	2.7	240	37.9	−9.7	2.1	3.8
Goldsboro, Johnson AFB	723066	35.33	77.97	33	100.93	8293	−5.6	−3.0	7.5	6.3	5.5	8.2	7.9	6.9	6.9	2.0	270	3.4	260	37.9	−10.2	1.7	4.1
Greensboro	723170	36.08	79.95	270	98.12	6193	−9.7	−7.2	8.6	7.7	6.8	8.9	4.3	8.0	4.2	3.2	290	3.8	230	35.7	−14.2	1.5	2.8
Hickory	723145	35.73	81.38	362	97.05	8293	−7.7	−5.2	7.8	6.5	5.9	8.2	4.9	7.1	5.2	1.9	320	3.9	240	36.0	−13.2	1.8	3.8
Jacksonville, New River Mcaf	723096	34.72	77.45	8	101.23	8293	−5.1	−2.6	8.2	7.1	6.3	8.4	9.6	7.4	8.3	2.4	350	3.3	240	37.0	−10.5	1.1	4.9
New Bern	723095	35.07	77.05	6	101.25	8293	−5.4	−2.8	8.1	7.1	6.3	8.3	9.6	7.4	8.4	2.5	10	3.6	240	37.3	−10.5	0.8	4.6
Raleigh/Durham	723060	35.87	78.78	134	99.73	6193	−9.1	−6.4	9.2	8.1	7.1	9.5	5.5	8.4	5.9	3.4	360	4.1	240	35.6	−13.0	1.6	2.9
Wilmington	723013	34.27	77.90	10	101.20	6193	−4.9	−2.9	9.6	8.3	7.5	9.9	10.3	8.8	8.8	3.3	320	4.6	220	36.1	−8.6	1.2	3.2
Winston-Salem	723193	36.13	80.22	296	97.82	8293	−8.0	−5.2	8.4	7.7	6.5	9.3	3.1	8.3	3.6	3.3	290	3.6	240	35.7	−13.1	1.5	3.2
NORTH DAKOTA																							
Bismarck	727640	46.77	100.75	506	95.39	6193	−29.6	−26.6	13.0	11.2	10.0	13.0	−10.4	11.3	−8.8	3.0	290	5.9	180	37.9	−34.7	2.0	3.6
Devils Lake	727580	48.10	98.87	443	96.12	8293	−30.6	−28.1	11.4	10.0	8.8	12.1	−11.1	10.5	−12.0	4.0	300	5.0	10	36.4	−32.7	3.9	2.8
Fargo	727530	46.90	96.80	274	98.08	6193	−29.7	−27.3	13.6	12.0	10.7	14.4	−14.2	12.5	−13.9	3.6	180	6.4	160	36.6	−32.7	1.9	2.4
Grand Forks, AFB	727575	47.97	97.40	278	98.03	8293	−29.1	−26.6	12.2	10.5	9.4	13.3	−12.9	11.6	−10.6	3.3	290	5.6	180	36.9	−31.9	2.6	2.7
Minot, AFB	727675	48.42	101.35	508	95.37	8293	−29.2	−26.5	12.5	10.5	9.4	13.6	−7.5	12.2	−8.9	4.5	310	5.3	150	38.1	−31.7	2.1	4.1
Minot, Int'l Airport	727676	48.27	101.28	523	95.20	6193	−28.9	−26.6	12.3	10.7	9.8	13.4	−9.8	11.9	−10.1	5.3	290	5.8	200	36.9	−31.9	1.7	2.7
Williston	727670	48.18	103.63	581	94.54	8293	−31.0	−27.7	12.2	10.4	9.3	12.6	−3.8	10.6	−6.7	3.6	220	6.4	150	38.2	−34.3	2.5	4.6
OHIO																							
Akron/Canton	725210	40.92	81.43	377	96.88	6193	−17.9	−14.9	10.6	9.3	8.3	11.2	−3.6	10.0	−3.6	5.0	270	4.6	230	33.3	−21.8	1.6	3.9
Cincinnati, Lunken Field	724297	39.10	84.42	147	99.57	8293	−14.9	−11.3	9.2	8.3	7.6	9.7	1.8	8.7	0.8	3.8	260	4.3	210	35.8	−19.7	1.8	5.2
Cleveland	725240	41.42	81.87	245	98.42	6193	−17.4	−14.7	11.5	10.2	9.1	12.0	−2.2	10.5	−2.5	5.5	230	5.3	230	33.9	−21.3	1.6	3.5
Columbus, Int'l Airport	724280	40.00	82.88	249	98.37	6193	−17.4	−14.3	10.4	9.1	8.1	10.6	−1.3	9.3	−4.0	4.1	270	4.7	270	34.5	−20.9	1.4	3.9
Columbus, Rickenbacker AFB	724285	39.82	82.93	227	98.63	8293	−16.3	−12.5	9.2	8.0	7.1	10.2	−3.4	9.1	−2.8	3.2	210	3.7	270	35.4	−20.2	2.5	4.8
Dayton, Int'l Airport	724290	39.90	84.20	306	97.70	6193	−18.2	−15.2	10.7	9.5	8.5	11.1	−3.4	9.8	−2.4	4.8	270	4.8	240	34.8	−22.2	1.6	3.9
Dayton, Wright-Paterson AFB	745700	39.83	84.05	251	98.35	8293	−17.1	−13.2	9.4	8.2	7.2	10.4	−2.3	9.3	−1.0	3.1	270	3.8	240	35.7	−21.5	1.8	4.3
Findlay	725366	41.02	83.67	247	98.39	8293	−18.9	−15.3	10.2	9.1	8.3	11.1	1.0	9.9	−1.8	4.8	250	5.3	210	34.4	−22.6	2.1	4.4
Mansfield	725246	40.82	82.52	395	96.67	6193	−18.6	−15.8	11.1	10.0	9.0	12.5	−2.5	11.1	−3.3	5.6	240	5.3	240	33.0	−22.2	1.6	3.3
Toledo	725360	41.60	83.80	211	98.82	6193	−19.0	−16.2	10.1	8.8	7.9	11.2	−4.1	9.9	−6.1	4.4	250	5.0	230	35.1	−23.3	1.7	3.0
Youngstown	725250	41.27	80.67	361	97.06	6193	−18.1	−15.4	10.4	9.2	8.4	10.8	−5.4	9.7	−6.1	4.6	230	4.6	230	33.0	−22.0	1.4	3.2
Zanesville	724286	39.95	81.90	274	98.08	8293	−16.8	−12.8	8.7	7.9	7.2	9.3	0.0	8.4	−0.6	3.1	240	4.2	220	34.7	−21.5	2.0	4.7
OKLAHOMA																							
Altus, AFB	723520	34.67	99.27	420	96.38	8293	−10.6	−7.1	10.3	9.3	8.3	10.5	4.2	9.5	5.3	3.9	20	4.4	190	41.5	−13.9	1.9	4.3
Enid, Vance AFB	723535	36.33	97.92	398	96.63	8293	−14.8	−11.0	11.5	10.1	9.0	11.9	3.4	10.3	3.2	5.4	10	4.9	190	40.3	−17.1	2.0	3.7
Lawton, Fort Sill/Post Field	723550	34.65	98.40	362	97.05	8293	−11.3	−7.3	10.6	9.4	8.4	11.8	1.8	10.0	2.4	4.9	10	4.8	170	39.5	−13.4	1.4	4.1
McAlester	723566	34.88	95.78	235	98.53	8293	−12.2	−8.1	8.9	8.1	7.3	9.4	8.5	8.4	7.1	3.8	360	4.1	190	38.8	−15.3	2.2	4.6
Oklahoma City, Tinker AFB	723540	35.42	97.38	394	96.68	8293	−12.1	−8.5	10.7	9.6	8.7	11.0	5.7	9.7	5.5	4.6	10	4.8	190	39.3	−14.3	1.8	3.4
Oklahoma City, W. Rogers A	723530	35.40	97.60	397	96.65	6193	−12.6	−9.6	12.9	11.3	10.3	13.0	0.4	11.5	2.8	6.9	360	5.9	180	39.3	−15.7	1.9	2.7
Tulsa	723560	36.20	95.90	206	98.87	6193	−12.9	−10.1	11.3	10.3	9.2	10.8	7.6	9.7	4.7	4.9	360	5.4	180	39.4	−16.4	2.0	3.1
OREGON																							
Astoria	727910	46.15	123.88	7	101.24	6193	−3.8	−1.8	11.3	9.7	8.5	12.8	10.3	10.9	9.3	3.6	90	5.2	320	30.3	−6.9	2.5	3.4
Eugene	726930	44.12	123.22	114	99.96	6193	−6.0	−3.6	9.1	7.9	7.1	9.6	7.9	8.5	7.2	3.5	360	5.2	360	37.0	−9.2	2.1	4.4
Hillsboro	726986	45.53	122.95	62	100.58	8293	−7.0	−4.2	8.5	7.8	6.7	10.2	−3.2	8.4	1.3	3.6	60	3.9	360	37.7	−9.5	2.1	3.5
Klamath Falls	725895	42.15	121.73	1247	87.21	8293	−15.8	−12.5	11.0	9.8	8.4	12.6	3.8	10.2	0.8	2.5	320	3.9	320	36.1	−19.9	2.3	4.8
Meacham	726885	45.52	118.40	1236	87.33	8293	−23.0	−17.7	5.2	4.4	3.8	5.7	0.7	5.0	0.3	0.6	130	2.3	360	33.8	−29.7	2.6	6.8
Medford	725970	42.37	122.87	405	96.55	6193	−6.3	−4.5	8.4	6.9	5.8	8.7	10.7	6.6	10.0	1.2	130	4.2	290	40.2	−9.4	1.9	3.6
North Bend	726917	43.42	124.25	4	101.28	6193	−1.3	0.2	11.1	10.0	9.1	10.1	10.8	8.9	10.1	2.9	140	6.2	340	27.9	−4.6	2.2	3.1
Pendleton	726880	45.68	118.85	456	95.97	6193	−15.9	−11.7	12.3	10.6	9.1	12.0	6.7	10.1	5.7	2.6	140	4.1	310	38.8	−18.1	2.0	6.2
Portland	726980	45.60	122.60	12	101.18	6193	−5.8	−2.9	11.0	9.3	8.1	12.5	2.7	11.1	3.6	5.7	120	5.0	340	37.1	−7.8	2.4	3.3
Redmond	726835	44.25	121.15	938	90.55	6193	−17.2	−12.7	8.9	7.6	7.1	9.1	5.7	8.2	4.9	2.5	320	4.7	340	36.7	−21.5	1.8	5.7
Salem	726940	44.92	123.00	61	100.59	6193	−6.6	−4.1	10.2	8.7	7.5	11.0	8.0	9.6	7.9	2.6	350	4.4	360	37.6	−10.0	1.8	3.7
Sexton Summit	725975	42.62	123.37	1171	88.03	8293	−6.1	−4.4	10.9	9.6	8.7	12.2	2.7	10.9	3.6	4.1	120	2.9	340	31.6	−8.7	2.7	4.7
PENNSYLVANIA																							

Table 5.1A (SI) (Continued)
Heating and Wind Design Conditions—United States

							Heating Dry Bulb		Extreme Wind Speed, mph			Coldest Month				MWS/MWD to DB				Extr. Annual Daily			
												0.4%		1%		99.6%		0.4%		Mean DB		StdD DB	
	WHO#	West Lat.	North Long.	Elev. ft	StdP, psia	Dates	99.6%	99%	1%	2.5%	5%	WS	MDB	WS	MDB	MWS	MDB	MWS	MWD	Max.	Min.	Max.	Min.
Allentown	725170	40.65	75.43	117	99.93	6193	−14.9	−12.3	11.9	10.4	9.2	12.7	−3.3	11.2	−4.6	4.2	270	4.9	240	34.9	−18.7	1.6	2.9
Altoona	725126	40.30	78.32	458	95.94	8293	−15.0	−12.3	9.1	8.2	7.4	10.1	−6.8	9.1	−5.8	4.0	270	3.4	250	33.5	−20.5	2.0	4.4
Bradford	725266	41.80	78.63	653	93.72	6193	−21.2	−18.3	8.5	8.0	7.1	9.6	−5.8	8.4	−6.0	3.1	270	4.2	240	30.6	−26.3	1.6	2.8
Du Bois	725125	41.18	78.90	554	94.84	8293	−17.8	−15.0	9.3	8.3	7.6	10.3	−6.8	9.3	−6.5	5.0	280	4.3	270	32.0	−22.8	1.7	3.9
Erie	725260	42.08	80.18	225	98.65	6193	−16.6	−14.1	11.9	10.7	9.7	12.7	−2.5	11.4	−2.5	6.1	200	5.4	250	32.3	−20.2	1.7	3.6
Harrisburg	725115	40.20	76.77	94	100.20	6193	−13.0	−10.7	10.0	8.7	7.9	10.9	−1.8	9.7	−1.9	3.7	270	4.2	250	36.0	−16.7	1.8	3.2
Philadelphia, Int'l Airport	724080	39.88	75.25	9	101.22	6193	−11.9	−9.7	10.9	9.6	8.5	11.7	−0.8	10.1	−1.4	5.2	290	4.8	230	35.7	−15.3	1.6	3.1
Philadelphia, Northeast A	724085	40.08	75.02	37	100.88	8293	−11.7	−9.5	9.3	8.3	7.6	9.8	−0.9	8.6	−1.4	4.5	300	4.4	260	36.2	−15.9	1.4	3.4
Philadelphia, Willow Gr NAS	724086	40.20	75.15	110	100.01	8293	−12.0	−9.8	7.9	6.8	5.9	8.3	−1.0	7.3	−1.2	2.4	300	2.8	250	37.2	−16.9	3.0	3.2
Pittsburgh, Allegheny Co. A	725205	40.35	79.93	382	96.82	8293	−15.3	−11.9	9.2	8.3	7.7	10.2	−4.2	9.2	−4.4	5.0	250	4.8	240	34.2	−20.2	1.7	5.2
Pittsburgh, Int'l Airport	725200	40.50	80.22	373	96.92	6193	−16.9	−14.1	10.9	9.5	8.4	11.7	−4.7	10.2	−3.9	4.5	260	4.9	230	33.8	−21.0	1.7	3.7
Wilkes-Barre/Scranton	725130	41.33	75.73	289	97.90	6193	−16.7	−14.2	9.1	8.0	7.3	9.5	−3.1	8.4	−4.2	3.8	230	4.8	220	33.5	−20.6	1.6	2.7
Williamsport	725140	41.25	76.92	160	99.42	6193	−16.6	−13.7	10.3	9.0	8.1	10.7	−4.9	9.5	−3.8	3.4	270	4.6	250	34.4	−21.3	1.7	3.3
RHODE ISLAND																							
Providence	725070	41.73	71.43	19	101.10	6193	−14.8	−12.3	11.9	10.4	9.2	12.1	−0.8	10.4	−0.2	5.1	340	5.7	230	35.1	−18.8	2.1	2.8
SOUTH CAROLINA																							
Beaufort, Mcas	722085	32.48	80.72	12	101.18	8293	−2.3	−0.4	7.9	6.8	6.0	8.4	8.0	7.5	7.4	2.0	300	3.2	270	38.2	−10.8	1.6	4.6
Charleston	722080	32.90	80.03	15	101.14	6193	−3.9	−2.0	9.8	8.6	7.7	9.8	10.8	8.6	10.6	3.3	20	4.5	230	36.4	−7.8	1.3	3.1
Columbia	723100	33.95	81.12	69	100.50	6193	−6.3	−4.2	8.7	7.7	6.8	9.1	8.8	8.1	9.3	2.1	220	4.1	240	37.7	−10.6	1.7	3.1
Florence	723106	34.18	79.72	45	100.79	8293	−5.1	−2.7	8.5	7.8	6.9	8.8	10.5	8.0	9.9	3.0	360	4.3	240	38.0	−9.8	1.5	4.2
Greer/Greenville	723120	34.90	82.22	296	97.82	6193	−7.1	−4.8	8.9	7.9	7.0	9.2	7.3	8.2	6.8	2.7	50	3.9	230	35.9	−11.9	1.4	3.1
Myrtle Beach, AFB	747910	33.68	78.93	8	101.23	8293	−3.8	−1.4	7.9	6.9	6.0	7.9	9.3	6.9	8.2	1.6	360	3.1	290	36.9	−8.6	1.6	4.1
Sumter, Shaw AFB	747900	33.97	80.47	74	100.44	8293	−4.2	−1.9	8.1	7.0	6.1	8.6	8.9	7.5	8.8	2.2	10	3.5	240	37.5	−8.3	1.7	3.4
SOUTH DAKOTA																							
Chamberlain	726530	43.80	99.32	530	95.12	8293	−25.0	−21.8	12.2	10.8	9.5	12.6	−8.0	11.0	−6.8	5.0	270	6.0	190	41.2	−24.5	4.5	10.2
Huron	726540	44.38	98.22	393	96.69	6193	−27.1	−24.4	13.0	11.3	10.0	12.9	−10.2	11.3	−9.3	3.9	290	6.4	180	38.8	−31.6	2.6	3.3
Pierre	726686	44.38	100.28	531	95.11	6193	−25.4	−22.5	12.9	11.2	10.0	14.1	−9.6	12.2	−6.6	4.8	320	6.3	180	41.0	−28.9	2.1	3.2
Rapid City	726620	44.05	103.07	966	90.25	6193	−23.8	−20.6	16.2	13.9	12.1	16.7	−3.6	14.2	−3.3	4.2	350	5.8	160	38.6	−27.3	1.9	3.0
Sioux Falls	726510	43.58	96.73	435	96.21	6193	−26.5	−23.7	12.5	10.9	9.7	13.2	−9.4	11.5	−8.2	3.5	310	6.7	180	37.8	−30.7	2.3	2.7
TENNESSEE																							
Bristol	723183	36.48	82.40	463	95.89	6193	−12.8	−9.8	8.8	7.6	6.6	9.3	1.8	8.3	2.0	2.5	270	3.5	250	33.5	−18.2	1.7	4.2
Chattanooga	723240	35.03	85.20	210	98.83	6193	−9.7	−6.9	8.4	7.5	6.6	8.9	2.8	7.9	3.6	3.2	360	3.6	280	36.2	−14.1	2.0	3.9
Crossville	723265	35.95	85.08	573	94.63	8293	−13.7	−9.7	7.3	6.4	5.9	7.9	0.3	7.0	2.3	1.7	310	3.4	270	33.9	−19.2	2.2	4.8
Jackson	723346	35.60	88.92	132	99.75	8293	−11.0	−7.5	8.8	8.0	7.2	9.2	8.0	8.3	6.7	3.8	360	3.5	240	36.6	−15.6	1.3	4.9
Knoxville	723260	35.82	83.98	299	97.78	6193	−10.5	−7.5	9.2	7.9	6.7	9.5	9.1	8.3	7.3	3.2	50	3.4	250	35.1	−15.8	1.7	4.3
Memphis	723340	35.05	90.00	87	100.28	6193	−8.9	−6.3	9.8	8.6	7.8	10.0	5.3	8.9	5.6	4.4	20	4.1	240	36.9	−12.6	1.6	4.0
Nashville	723270	36.13	86.68	180	99.18	6193	−12.2	−9.0	9.6	8.5	7.6	9.8	7.6	8.8	5.7	3.7	340	4.2	230	36.2	−17.0	1.8	4.3
TEXAS																							
Abilene	722660	32.42	99.68	546	94.94	6193	−8.9	−5.7	11.8	10.8	9.8	11.5	8.7	10.3	7.6	5.2	0	5.0	140	39.1	−12.1	1.6	3.3
Amarillo	723630	35.23	101.70	1099	88.80	6193	−14.4	−11.3	13.4	11.9	10.7	13.4	4.2	12.1	3.1	6.3	20	6.7	200	37.8	−18.2	1.6	3.1
Austin	722540	30.30	97.70	189	99.08	6193	−3.7	−1.3	10.3	9.1	8.0	11.1	5.0	9.7	6.2	5.3	10	4.3	180	38.4	−6.9	1.3	3.3
Beaumont/Port Arthur	722410	29.95	94.02	7	101.24	6193	−1.8	0.2	10.1	9.0	8.1	10.2	10.4	9.2	10.6	4.6	340	4.2	200	35.9	−5.4	1.4	2.5
Beeville, Chase Field NAS	722556	28.37	97.67	58	100.63	8293	−2.1	0.8	9.9	8.8	7.9	10.3	14.3	9.1	11.5	5.7	350	4.1	150	40.1	−5.7	1.4	4.6
Brownsville	722500	25.90	97.43	6	101.25	6193	2.1	4.2	12.1	10.8	9.8	11.4	17.8	10.3	16.4	5.9	330	7.0	160	36.6	−0.4	1.3	2.9
College Station/Bryan	722445	30.58	96.37	98	100.15	8293	−5.8	−1.9	9.2	8.3	7.6	9.2	8.5	8.3	9.3	5.5	350	4.2	170	38.6	−8.2	1.3	4.6
Corpus Christi	722510	27.77	97.50	13	101.17	6193	0.1	2.1	12.5	11.2	10.3	12.1	14.8	10.8	14.4	5.7	360	6.8	140	36.8	−3.7	1.1	2.9
Dallas/Fort Worth, Int'l A	722590	32.90	97.03	182	99.16	8293	−8.1	−4.4	11.4	10.3	9.4	11.8	7.7	10.5	8.1	5.6	350	4.6	170	39.4	−10.0	1.7	4.6
Del Rio, Laughlin AFB	722615	29.37	100.78	330	97.42	8293	−2.3	0.1	9.6	8.4	7.4	9.7	8.6	8.3	9.9	3.0	10	4.1	140	40.3	−5.6	1.7	3.2
El Paso	722700	31.80	106.40	1194	87.78	6193	−6.2	−3.9	11.0	9.3	7.9	10.7	10.3	9.2	9.6	2.1	20	3.8	180	40.0	−10.2	1.8	3.4
Fort Worth, Carswell AFB	722595	32.77	97.45	198	98.97	8293	−7.9	−4.2	9.9	8.8	8.0	10.2	6.3	9.1	7.2	5.0	10	3.6	10	39.3	−9.5	1.2	4.5
Fort Worth, Meacham Field	722596	32.82	97.37	216	98.76	6193	−7.2	−4.2	11.9	10.6	9.6	12.2	4.2	10.7	6.5	5.8	350	4.6	180	39.5	−10.2	1.7	3.2
Guadalupe Pass	722620	31.83	104.80	1662	82.89	8293	−10.6	−7.2	22.6	20.3	18.3	22.2	3.9	20.4	2.6	8.7	70	5.9	250	36.4	−12.4	1.6	3.8
Houston, Hobby Airport	722435	29.65	95.28	14	101.16	8293	−1.8	1.0	9.8	8.8	8.1	10.3	11.3	9.4	11.0	5.9	350	3.3	190	36.8	−4.7	1.1	4.5
Houston, Inter Airport	722430	29.97	95.35	33	100.93	6193	−2.6	−0.4	9.1	8.1	7.3	10.0	8.5	8.9	10.9	3.6	340	4.2	180	36.8	−5.6	1.7	3.0
Junction	747400	30.50	99.77	522	95.21	8293	−7.2	−4.8	8.3	7.3	6.5	8.3	11.8	7.1	11.7	2.8	360	4.1	150	39.8	−11.3	1.3	3.7
Killeen, Fort Hood	722576	31.07	97.83	309	97.67	8293	−6.6	−2.8	9.7	8.6	7.7	9.9	9.0	8.7	11.5	4.8	360	3.9	160	38.8	−9.3	1.1	4.8
Kingsville, NAS	722516	27.50	97.82	15	101.14	8293	−0.8	2.0	10.1	9.2	8.3	9.9	16.2	8.9	15.4	4.9	360	4.9	150	38.9	−7.8	1.1	5.6
Laredo	722520	27.55	99.47	155	99.48	8293	−0.1	2.2	10.5	9.7	8.9	10.0	15.0	8.9	16.5	3.9	320	5.8	140	41.3	−2.4	1.2	3.7
Lubbock, Int'l Airport	722670	33.65	101.82	988	90.01	6193	−11.7	−8.3	13.2	11.4	10.2	13.5	6.3	12.1	6.8	5.3	0	6.2	160	38.9	−15.5	1.4	3.1
Lubbock, Reese AFB	722675	33.60	102.05	1017	89.69	8293	−11.4	−7.8	11.3	9.8	8.6	11.2	9.1	9.8	6.6	4.6	20	4.9	170	39.1	−14.2	1.7	2.7
Lufkin	722446	31.23	94.75	88	100.27	6193	−4.9	−2.6	8.0	7.1	6.3	8.2	6.5	7.4	8.0	2.7	330	3.5	230	37.4	−8.6	1.8	2.9
Marfa	722640	30.37	104.02	1481	84.75	8293	−9.6	−7.3	10.9	9.4	8.2	11.2	6.6	9.6	7.4	2.3	360	4.1	220	36.3	−14.8	1.3	2.8
McAllen	722506	26.18	98.23	33	100.93	8293	1.3	4.2	10.5	9.7	9.0	10.4	20.2	9.4	19.9	4.8	350	6.3	130	40.9	−2.7	2.4	4.5
Midland/Odessa	722650	31.95	102.18	872	91.28	6193	−8.2	−5.4	12.7	11.1	9.9	12.1	9.8	10.4	8.9	4.2	20	5.7	180	39.3	−12.8	1.4	3.8
San Angelo	722630	31.37	100.50	582	94.53	6193	−6.9	−4.4	11.6	10.2	9.2	11.3	11.2	10.0	10.8	4.3	20	4.9	160	39.5	−10.7	1.6	3.4
San Antonio, Int'l Airport	722530	29.53	98.47	242	98.45	6193	−3.3	−1.0	9.7	8.6	7.7	10.3	6.3	9.1	6.9	4.4	350	4.4	160	37.7	−7.0	1.6	2.9
San Antonio, Kelly AFB	722535	29.38	98.58	210	98.83	8293	−2.7	−0.2	8.4	7.4	6.5	9.2	10.5	8.1	10.9	3.7	360	3.5	160	39.3	−5.8	1.6	3.6
San Antonio, Randolph AFB	722536	29.53	98.28	232	98.57	8293	−2.9	−0.6	8.4	7.4	6.5	8.8	7.4	7.8	8.7	3.2	340	3.3	150	38.2	−6.5	1.2	3.7
Sanderson	747300	30.17	102.42	865	91.36	8293	−4.9	−2.5	8.4	7.0	5.9	9.0	6.5	7.6	8.7	2.6	360	3.3	120	38.7	−12.8	1.6	4.6
Victoria	722550	28.85	96.92	36	100.89	6193	−1.7	0.7	11.5	10.3	9.2	11.4	9.9	10.2	10.7	5.3	360	5.1	180	37.0	−5.2	1.4	2.9
Waco	722560	31.62	97.22	155	99.48	6193	−5.7	−3.2	11.6	10.4	9.4	13.0	3.1	11.3	5.8	5.9	360	5.1	180	39.8	−9.1	1.6	3.6
Wichita Falls, Sheppard AFB	723510	33.98	98.50	314	97.61	6193	−9.9	−7.1	12.8	11.3	10.2	12.6	5.7	11.2	6.0	5.3	360	5.6	180	41.7	−13.7	1.9	3.7

Environmental Design Conditions

Table 5.1A (SI) (Continued)
Heating and Wind Design Conditions—United States

	WHO#	West Lat.	North Long.	Elev. ft	StdP, psia	Dates	Heating Dry Bulb 99.6%	99%	Extreme Wind Speed, mph 1%	2.5%	5%	Coldest Month 0.4% WS	MDB	1% WS	MDB	MWS/MWD to DB 99.6% MWS	MDB	0.4% MWS	MWD	Extr. Annual Daily Mean DB Max.	Min.	StdD DB Max.	Min.
UTAH																							
Cedar City	724755	37.70	113.10	1714	82.36	6193	−16.5	−13.3	11.4	10.0	8.9	10.7	3.6	9.4	4.0	1.7	140	5.3	200	36.1	−21.1	1.3	4.6
Ogden, Hill AFB	725755	41.12	111.97	1459	84.98	8293	−14.7	−11.6	9.6	8.4	7.5	10.0	−2.6	8.7	−2.5	4.2	110	2.7	190	35.5	−17.2	1.6	3.5
Salt Lake City	725720	40.78	111.97	1288	86.78	6193	−14.7	−11.7	12.0	10.1	8.8	11.9	5.7	9.6	4.2	2.9	160	5.0	340	37.9	−19.2	1.1	3.7
VERMONT																							
Burlington	726170	44.47	73.15	104	100.08	6193	−23.9	−21.2	10.4	9.2	8.2	10.8	−1.3	9.5	−2.9	2.9	70	4.9	180	33.8	−28.3	1.5	3.1
Montpelier/Barre	726145	44.20	72.57	355	97.13	8293	−23.1	−21.0	9.4	8.3	7.6	9.9	−6.6	8.8	−6.5	1.6	320	4.0	220	32.6	−28.0	2.0	3.3
VIRGINIA																							
Fort Belvoir	724037	38.72	77.18	21	101.07	8293	−11.0	−7.8	8.0	6.4	5.2	8.6	1.9	7.4	1.2	0.9	320	2.5	160	37.8	−16.6	1.3	4.2
Hampton, Langley AFB	745980	37.08	76.37	3	101.29	8293	−6.3	−4.2	9.9	8.6	7.7	9.8	4.8	8.8	4.2	4.3	330	4.1	240	36.1	−10.4	1.8	3.4
Lynchburg	724100	37.33	79.20	286	97.94	6193	−11.1	−8.2	8.5	7.6	6.9	9.2	1.8	8.2	1.8	3.3	360	3.8	230	35.1	−15.2	1.6	3.2
Newport News	723086	37.13	76.50	13	101.17	8293	−7.5	−5.3	8.6	8.0	7.3	8.8	4.7	8.2	4.9	3.5	350	4.5	220	37.1	−11.7	1.3	2.6
Norfolk	723080	36.90	76.20	9	101.22	6193	−6.7	−4.7	11.3	9.9	8.9	11.8	4.3	10.4	4.5	5.4	340	5.2	230	36.2	−9.8	1.6	3.0
Oceana, NAS	723075	36.82	76.03	7	101.24	8293	−5.8	−3.9	9.4	8.3	7.4	9.4	5.4	8.4	5.4	3.4	310	4.0	220	36.5	−10.1	1.0	3.8
Quantico, Mcas	724035	38.50	77.30	4	101.28	8293	−9.0	−6.3	7.4	6.3	5.4	8.3	2.0	6.9	3.6	2.8	340	2.4	230	37.6	−13.6	2.0	3.3
Richmond	724010	37.50	77.33	54	100.68	6193	−10.1	−7.6	8.8	7.9	7.0	9.2	4.2	8.2	4.1	3.1	340	4.4	230	36.4	−14.4	1.4	3.2
Roanoke	724110	37.32	79.97	358	97.10	6193	−11.1	−8.6	10.1	8.8	7.5	12.2	−0.7	10.4	−0.1	4.6	320	4.4	290	35.4	−15.3	1.8	3.1
Sterling	724030	38.95	77.45	98	100.15	6193	−12.8	−10.2	9.9	8.3	7.2	11.2	−0.3	9.5	−0.7	2.9	340	4.2	250	36.0	−18.2	1.8	3.9
Washington, National A	724050	38.85	77.03	20	101.08	8293	−9.3	−6.5	10.1	8.9	8.1	10.7	1.2	9.5	1.9	5.0	340	4.8	170	37.0	−13.5	1.4	3.8
WASHINGTON																							
Bellingham	727976	48.80	122.53	48	100.75	8293	−9.2	−6.0	10.3	9.1	8.2	12.3	0.8	10.1	1.1	7.4	40	4.0	290	30.5	−11.4	1.7	4.1
Hanford	727840	46.57	119.60	223	98.67	8293	−15.1	−11.1	11.2	9.4	8.2	10.8	6.8	8.5	6.7	2.7	20	3.4	20	40.4	−16.9	1.7	5.0
Olympia	727920	46.97	122.90	61	100.59	6193	−7.8	−4.8	9.2	7.9	7.1	9.4	7.0	8.4	7.2	2.1	180	3.8	50	34.6	−12.0	2.2	4.5
Quillayute	727970	47.95	124.55	62	100.58	6193	−5.1	−2.8	14.7	11.9	9.2	18.5	7.1	15.5	7.3	2.9	60	3.8	240	30.8	−7.5	4.7	3.6
Seattle, Int'l Airport	727930	47.45	122.30	137	99.69	6193	−4.8	−2.2	9.8	8.6	7.6	10.6	6.9	9.5	6.7	4.4	10	4.5	350	33.4	−7.4	2.0	3.8
Spokane, Fairchild AFB	727855	47.62	117.65	750	92.63	6193	−17.4	−13.8	11.9	10.3	9.1	12.7	3.9	11.1	3.4	3.1	50	4.0	240	36.5	−21.4	1.8	4.8
Stampede Pass	727815	47.28	121.33	1209	87.62	8293	−16.1	−12.4	9.5	8.3	7.3	12.0	−7.4	10.0	−4.0	5.9	90	3.3	100	29.1	−16.4	1.8	4.0
Tacoma, McChord AFB	742060	47.13	122.48	98	100.15	8293	−7.5	−4.7	8.1	6.9	5.8	9.6	7.1	7.9	7.5	1.0	180	3.1	20	34.5	−10.9	1.5	3.8
Walla Walla	727846	46.10	118.28	367	96.99	8293	−15.6	−11.1	9.9	8.6	7.8	10.9	9.7	9.6	8.6	2.7	180	4.1	300	40.3	−17.4	1.8	6.5
Wenatchee	727825	47.40	120.20	379	96.85	8293	−15.9	−12.6	9.8	8.6	7.7	7.7	2.0	5.5	−0.3	1.4	100	3.9	280	38.1	−18.7	1.4	4.0
Yakima	727810	46.57	120.53	325	97.48	6193	−15.4	−11.8	10.7	9.1	7.6	10.1	8.2	8.3	6.3	2.9	250	3.3	90	38.1	−18.7	1.8	4.7
WEST VIRGINIA																							
Bluefield	724125	37.30	81.20	871	91.29	8293	−14.9	−11.3	6.8	6.0	5.4	7.9	1.3	6.5	0.5	2.9	270	2.6	290	31.1	−21.1	2.2	4.7
Charleston	724140	38.37	81.60	299	97.78	6193	−14.4	−11.5	8.0	7.0	6.1	9.1	3.3	8.1	0.8	2.9	250	3.5	240	34.4	−18.7	1.6	3.7
Elkins	724170	38.88	79.85	609	94.22	6193	−18.8	−15.0	9.0	7.9	7.1	9.8	−0.9	8.6	−1.2	1.6	280	3.7	290	31.3	−24.2	1.6	3.0
Huntington	724250	38.37	82.55	255	98.30	6193	−14.6	−11.5	8.3	7.2	6.3	8.8	−0.2	7.7	−0.2	3.4	270	3.6	270	34.2	−19.0	2.8	4.2
Martinsburg	724177	39.40	77.98	170	99.30	8293	−13.1	−10.2	9.2	8.2	7.3	10.1	0.6	9.0	1.0	3.3	270	4.0	290	37.0	−19.4	2.2	4.6
Morgantown	724176	39.65	79.92	380	96.84	8293	−15.3	−11.7	7.9	6.7	6.0	8.4	0.1	7.8	0.6	2.8	210	3.6	240	33.8	−19.9	2.0	4.8
Parkersburg	724273	39.35	81.43	262	98.22	8293	−15.4	−11.5	8.0	7.0	6.3	9.0	0.1	7.9	−1.5	3.1	240	3.7	270	35.0	−19.9	1.7	5.1
WISCONSIN																							
Eau Claire	726435	44.87	91.48	276	98.05	6193	−27.7	−24.9	9.6	8.7	7.7	9.5	−9.9	8.8	−10.6	3.1	250	5.8	220	35.2	−31.5	1.8	3.2
Green Bay	726450	44.48	88.13	214	98.78	6193	−24.8	−21.9	11.0	9.8	8.8	11.1	−7.3	9.8	−7.6	4.3	270	5.5	200	33.8	−28.1	1.6	3.1
La Crosse	726430	43.87	91.25	202	98.92	6193	−25.6	−22.4	10.1	9.0	8.1	10.4	−10.5	9.3	−10.7	3.0	310	5.3	180	36.0	−29.3	1.8	3.4
Madison	726410	43.13	89.33	264	98.19	6193	−24.1	−21.2	10.7	9.4	8.4	11.2	−8.9	9.9	−8.3	3.6	300	5.4	230	34.7	−27.6	1.8	3.3
Milwaukee	726400	42.95	87.90	211	98.82	6193	−21.7	−18.7	12.4	10.9	9.7	12.4	−7.3	10.8	−6.5	5.8	290	6.5	220	34.9	−24.6	1.8	3.7
Wausau	726463	44.93	89.63	366	97.00	8293	−26.2	−22.7	8.3	7.4	6.5	8.4	−8.8	7.7	−8.1	3.2	300	4.6	290	33.8	−30.1	1.7	2.6
WYOMING																							
Big Piney	726710	42.57	110.10	2124	78.28	8293	−29.9	−25.9	10.5	9.1	7.8	9.9	−4.0	8.4	−5.9	1.5	60	5.1	260	30.3	−35.9	1.5	4.7
Casper	725690	42.92	106.47	1612	83.40	6193	−24.7	−20.3	15.0	13.4	12.0	15.4	1.6	14.3	−0.1	4.1	260	5.8	240	35.9	−29.9	1.2	4.7
Cheyenne, Warren AFB	725640	41.15	104.82	1872	80.77	6193	−21.5	−17.6	15.1	13.1	11.4	17.1	2.2	14.7	1.3	4.4	290	5.7	290	33.4	−26.3	1.2	4.2
Cody	726700	44.52	109.02	1553	84.01	8293	−25.5	−21.8	15.2	12.5	10.4	15.7	1.9	13.4	1.4	2.5	40	4.7	70	34.8	−29.4	2.3	5.2
Gillette	726650	44.35	105.53	1230	87.40	8293	−26.5	−21.9	12.7	11.1	9.8	13.5	1.2	12.1	0.7	3.4	260	5.0	140	38.5	−28.7	3.3	5.6
Lander	725760	42.82	108.73	1694	82.56	6193	−25.6	−21.6	10.1	8.4	7.0	11.0	3.4	8.4	2.5	1.3	120	4.6	270	34.8	−28.9	1.4	4.3
Rock Springs	725744	41.60	109.07	2060	78.90	6193	−22.6	−18.7	12.7	11.2	10.1	14.3	−3.7	13.0	−4.7	3.0	70	5.6	280	32.4	−26.9	1.1	4.4
Sheridan	726660	44.77	106.97	1209	87.62	6193	−25.7	−21.9	12.3	10.5	9.1	12.7	−0.1	10.4	−2.6	2.1	280	4.2	120	36.9	−29.7	1.7	3.6
Worland	726665	43.97	107.95	1294	86.72	8293	−30.1	−25.0	9.9	8.5	7.3	9.0	−2.2	7.5	−2.2	1.4	210	4.1	220	39.5	−34.3	1.2	5.8

LOAD CALCULATION PRINCIPLES

Outdoor Design Conditions

Table 5.1B (IP)
Cooling and Dehumidification Design Conditions—United States

	Cooling DB/MWB						WB/MDB						DP/MDB and HR								Range
	0.4%		1%		2%		0.4%		1%		2%		0.4%			1%			2%		
	DB	MWB	DB	MWB	DB	MWB	WB	MDB	WB	MDB	WB	MDB	DP	HR	MDB	DP	HR	MDB	DP	HR	MDB	of DB
ALABAMA																						
Anniston	95	76	93	76	90	75	79	90	78	88	77	86	77	143	84	76	137	82	75	133	81	19.6
Birmingham	94	75	92	75	90	74	78	89	77	88	76	87	75	135	83	74	131	82	73	127	81	18.7
Dothan	95	76	93	76	92	76	80	90	79	88	78	87	77	144	83	76	139	82	76	136	82	17.5
Huntsville	94	75	92	74	90	74	78	89	77	88	76	86	75	135	83	74	130	82	73	126	81	18.5
Mobile	94	77	92	76	91	76	79	89	79	88	78	87	77	142	83	76	139	83	76	135	82	16.5
Montgomery	95	76	93	76	91	76	79	91	78	89	78	88	76	139	85	75	134	84	75	130	83	18.7
Muscle Shoals/Florence	96	76	94	75	92	74	78	90	78	89	77	87	76	137	82	75	133	82	74	130	81	20.0
Ozark, Fort Rucker	95	77	94	77	92	76	81	90	79	89	78	88	78	146	85	77	142	84	76	138	83	18.0
Tuscaloosa	95	77	94	77	92	76	80	90	79	89	78	88	77	142	84	76	137	83	75	134	82	19.6
ALASKA																						
Adak, NAS	59	55	57	53	55	51	55	59	53	57	51	54	53	59	58	51	55	56	49	51	53	9.7
Anchorage, Elemendorf AFB	71	58	69	57	66	56	60	69	58	66	57	64	57	69	62	55	65	61	53	61	60	12.6
Anchorage, Fort Richardson	74	60	71	58	68	57	61	72	59	69	58	66	56	69	64	54	63	62	53	61	61	15.5
Anchorage, Int'l Airport	71	59	68	57	65	56	60	69	58	66	57	63	56	68	62	55	64	61	53	61	60	12.6
Annette	74	61	70	59	66	57	62	72	60	68	58	65	58	71	65	56	68	63	55	65	61	10.5
Barrow	57	51	52	49	48	46	52	56	49	52	46	48	49	53	54	46	46	51	44	42	48	10.6
Bethel	72	59	68	57	64	55	60	69	58	66	56	63	56	68	62	55	64	60	53	60	58	13.4
Bettles	79	61	75	59	72	58	63	76	61	73	59	70	58	72	66	56	67	64	54	63	63	19.4
Big Delta, Ft. Greely	78	59	75	58	71	56	61	74	59	72	58	69	56	70	65	54	65	63	52	61	61	17.3
Cold Bay	60	54	57	53	55	52	55	59	54	56	53	55	54	62	56	53	59	55	51	56	54	7.4
Cordova	70	59	67	57	63	56	60	69	58	65	56	62	56	67	63	54	62	60	53	60	59	13.5
Deadhorse	66	57	61	54	58	53	58	64	55	62	53	58	54	61	62	51	56	59	49	51	56	13.7
Dillingham	69	57	66	56	62	54	59	67	57	64	55	61	56	67	62	53	61	59	52	57	57	13.1
Fairbanks, Eielson AFB	81	61	78	60	75	59	64	78	62	75	60	72	58	74	66	56	69	66	54	63	66	19.4
Fairbanks, Int'l Airport	81	61	77	59	74	58	63	77	61	74	59	71	58	72	65	56	68	64	54	64	63	18.6
Galena	78	61	74	59	71	58	63	74	61	71	59	69	58	73	66	56	69	65	54	63	64	15.3
Gulkana	77	58	73	56	69	55	59	73	57	70	56	67	53	63	62	51	60	60	50	55	59	20.3
Homer	65	56	62	55	60	54	57	63	56	61	55	59	54	64	59	53	60	58	52	57	57	11.9
Juneau	74	60	69	58	66	57	61	71	59	68	58	64	57	70	63	56	67	61	55	64	60	13.9
Kenai	68	56	65	55	62	54	58	65	56	63	55	61	55	64	59	53	60	58	52	58	57	13.3
Ketchikan	71	60	68	59	66	58	62	69	60	67	59	64	59	74	64	57	71	62	56	68	61	10.3
King Salmon	71	58	67	56	64	55	59	68	57	65	56	62	56	67	61	54	62	60	52	58	58	15.5
Kodiak, State USCG Base	68	58	65	56	62	55	59	66	57	63	56	61	56	67	61	55	64	59	53	61	57	11.2
Kotzebue	68	59	64	58	61	56	60	67	58	64	56	61	57	70	64	55	65	61	54	62	59	8.8
McGrath	77	60	73	58	70	56	61	74	59	70	58	67	57	69	63	55	65	62	54	62	61	17.4
Middleton Island	62	54	60	51	59	51	55	61	54	59	53	57	52	57	56	51	56	56	50	54	55	5.8
Nenana	80	60	76	59	73	57	62	75	60	73	59	70	57	69	65	55	65	65	53	60	63	21.2
Nome	69	57	65	55	61	54	58	66	56	63	55	60	55	64	61	53	60	59	51	56	57	10.9
Northway	78	58	74	57	71	56	60	76	58	71	57	69	54	66	62	53	62	61	51	60	59	20.0
Port Heiden	64	54	61	52	59	51	56	62	54	60	52	58	51	57	59	50	54	57	49	51	55	9.7
Saint Paul Island	54	51	52	50	51	49	51	53	50	52	49	50	50	55	52	49	52	51	48	50	50	5.4
Sitka	66	59	64	58	61	57	60	65	59	62	58	60	58	74	62	57	71	60	56	68	59	9.2
Talkeetna	77	60	73	58	70	57	62	74	60	70	58	67	57	71	64	56	67	62	54	64	61	16.4
Valdez	69	56	66	55	62	54	58	67	56	64	55	61	53	60	59	53	59	57	52	57	56	12.2
Yakutat	66	56	63	55	60	54	58	62	57	60	56	59	56	67	58	55	64	57	54	62	57	12.0
ARIZONA																						
Flagstaff	85	56	83	55	80	55	61	74	60	73	59	72	58	93	65	56	88	64	55	83	63	27.6
Kingman	99	64	97	63	95	62	71	82	67	85	66	86	67	112	77	62	92	75	59	85	76	24.8
Page	99	62	97	62	95	61	66	85	65	86	64	86	60	92	74	58	85	74	56	80	74	23.8
Phoenix, Int'l Airport	110	70	108	70	106	70	76	97	75	96	74	95	71	118	82	69	111	84	67	104	85	23.0
Phoenix, Luke AFB	110	71	107	71	105	71	78	97	76	97	75	96	74	130	85	71	118	85	69	111	86	25.2
Prescott	94	60	91	60	89	60	67	81	66	80	64	79	63	104	71	61	98	71	60	93	70	25.4
Safford, Agri Center	102	66	99	66	97	65	71	89	71	89	69	88	67	111	77	66	106	76	64	102	77	34.7
Tucson	104	65	102	65	100	65	72	88	71	87	70	86	69	116	76	67	111	76	66	106	77	29.4
Winslow	95	60	93	60	91	59	65	80	64	81	63	80	61	95	71	59	91	69	58	85	69	27.4
Yuma	111	72	109	72	106	72	80	96	78	95	77	95	76	136	87	74	127	88	71	117	89	23.8
ARKANSAS																						
Blytheville, Eaker AFB	97	78	95	77	93	77	82	92	80	91	78	89	78	149	88	77	142	86	76	135	85	18.7
Fayetteville	95	75	93	75	90	74	78	90	77	89	76	87	75	136	85	74	132	84	72	124	81	21.4
Fort Smith	99	76	96	76	93	75	79	92	78	91	77	90	75	134	85	74	130	84	73	126	83	21.5
Little Rock, AFB	97	77	95	77	92	76	80	92	79	91	78	89	77	141	86	76	137	85	75	133	84	19.5
Texarkana	97	77	95	77	93	76	80	91	79	90	78	89	77	143	85	76	139	85	75	135	84	20.5
CALIFORNIA																						

MDB = mean coincident dry-bulb temperature, °F MWS = mean coincident wind speed, mph StdP = standard deviation HR = humidity ratio, grains (water)/lb (dry air)
MWB = mean coincident wet-bulb temperature, °F MWD = mean coincident wind direction, degrees DP = dew-point temperature, °F

Environmental Design Conditions

Table 5.1B (IP) (Continued)
Cooling and Dehumidification Design Conditions—United States

	Cooling DB/MWB						WB/MDB						DP/MDB and HR									Range
	0.4%		1%		2%		0.4%		1%		2%		0.4%			1%			2%			
	DB	MWB	DB	MWB	DB	MWB	WB	MDB	WB	MDB	WB	MDB	DP	HR	MDB	DP	HR	MDB	DP	HR	MDB	of DB
Alameda, NAS	83	65	79	64	76	63	67	79	65	76	64	73	62	85	70	61	80	69	60	78	67	14.8
Arcata/Eureka	70	60	67	59	65	58	62	67	61	65	60	64	60	78	64	59	75	63	58	71	62	15.5
Bakersfield	104	70	101	69	99	69	73	98	71	96	70	95	64	92	84	62	85	83	60	79	83	26.5
Barstow/Daggett	107	68	105	67	102	67	72	95	71	95	69	95	66	103	81	63	91	85	59	81	85	27.8
Blue Canyon	84	59	81	57	79	56	62	80	60	78	58	75	54	74	70	52	69	70	50	64	68	16.6
Burbank/Glendale	98	69	95	69	92	68	74	90	72	89	71	86	69	108	80	67	103	78	66	98	77	23.4
Fairfield, Travis AFB	98	67	94	67	91	66	70	92	69	90	67	88	62	85	76	61	79	74	59	75	73	29.0
Fresno	103	71	101	70	98	69	73	98	71	96	70	94	64	92	85	62	85	84	61	80	82	30.9
Lancaster/Palmdale	101	66	98	65	96	64	70	94	69	91	67	90	62	92	80	60	84	81	58	78	81	27.9
Lemoore, Reeves NAS	103	72	101	71	98	70	75	97	73	96	71	94	67	101	89	65	94	87	62	85	86	32.9
Long Beach	92	67	88	67	84	66	71	85	70	82	69	80	67	101	76	66	96	75	65	92	75	16.7
Los Angeles	85	64	81	64	78	64	70	78	69	76	68	75	67	99	75	66	95	73	65	92	72	10.9
Marysville, Beale AFB	101	70	98	69	95	68	72	97	71	95	69	92	63	86	85	61	80	82	60	76	81	29.9
Merced, Castle AFB	99	69	97	69	94	68	72	96	71	93	69	92	64	90	81	62	82	84	60	78	81	30.2
Mount Shasta	91	62	88	61	85	60	64	87	63	84	61	82	56	76	74	53	69	73	51	64	71	32.0
Mountain View, Moffet NAS	88	65	84	65	80	64	68	82	67	80	65	78	62	83	74	61	80	73	60	76	72	18.0
Ontario	102	71	98	70	95	69	75	94	73	92	72	90	70	113	80	68	106	80	66	101	78	27.7
Oxnard, Pt. Mugu NAWS	83	62	79	64	77	64	70	77	69	75	67	74	68	103	74	66	97	73	65	93	72	14.6
Paso Robles	102	68	98	67	95	65	70	97	68	94	67	91	61	81	76	58	75	73	57	71	71	37.8
Red Bluff	105	70	102	69	98	67	72	98	71	95	69	93	65	94	82	62	85	80	61	80	78	29.5
Riverside, March AFB	101	68	98	68	95	67	72	92	71	91	70	90	67	104	79	65	97	80	62	90	79	29.0
Sacramento, Mather Field	101	69	97	68	95	67	71	97	69	94	68	92	61	80	79	60	77	77	58	74	76	33.7
Sacramento, McClellan AFB	102	70	98	69	95	68	72	97	71	95	69	92	63	85	84	61	80	81	60	77	79	29.7
Sacramento, Metro	100	69	97	69	94	68	72	96	70	94	69	91	62	84	82	61	79	80	59	76	78	33.3
Salinas	83	63	78	62	75	61	66	78	65	75	63	72	62	82	69	60	78	68	59	76	67	18.7
San Bernardino, Norton AFB	103	70	101	70	97	69	74	94	73	94	71	92	68	107	83	66	101	83	65	95	82	31.5
San Diego, Int'l Airport	85	67	81	67	79	67	73	79	71	78	70	77	70	111	77	68	104	76	67	99	74	8.9
San Diego, Miramar NAS	92	69	88	67	85	67	72	85	71	83	69	81	68	104	78	67	99	77	65	96	75	17.5
San Francisco	83	63	78	62	74	61	64	79	63	75	62	72	59	76	67	58	73	66	57	71	65	16.7
San Jose Int'l Airport	93	67	89	66	86	65	70	88	68	85	67	83	63	85	77	61	81	76	60	78	74	22.3
Santa Barbara	83	64	80	64	77	64	69	77	67	76	66	74	66	96	74	65	91	71	63	85	70	18.0
Santa Maria	86	63	82	62	78	61	66	81	65	78	64	75	61	80	70	60	77	69	59	74	68	19.4
Stockton	100	69	97	68	94	67	71	96	70	94	68	92	62	83	78	60	78	78	59	75	77	30.4
Victorville, George AFB	101	65	98	65	96	64	69	88	68	88	67	88	65	102	78	61	90	79	59	83	78	28.3
COLORADO																						
Alamosa	84	55	82	55	80	54	60	75	59	74	58	73	55	87	62	54	81	62	52	77	62	31.2
Colorado Springs	90	58	87	58	84	58	63	78	62	77	61	76	59	92	66	57	88	66	56	83	65	24.9
Craig	88	57	85	56	83	55	60	79	59	78	57	77	53	77	66	52	72	65	50	68	64	36.4
Denver	93	60	90	59	87	59	65	81	63	80	62	79	60	96	69	58	90	68	57	85	68	26.9
Eagle	88	58	86	57	83	57	62	80	60	78	59	76	57	88	64	55	82	65	53	76	65	36.1
Grand Junction	96	61	94	60	92	60	65	84	64	83	63	82	60	93	70	58	87	71	56	79	71	26.6
Limon	90	60	88	60	85	59	64	79	63	78	62	77	60	96	67	59	92	66	58	88	66	26.8
Pueblo	97	62	94	62	92	62	67	84	66	83	65	83	63	104	71	62	98	71	60	92	71	29.4
Trinidad	93	61	90	60	87	60	65	84	64	83	63	81	60	96	71	58	91	69	57	86	69	28.3
CONNECTICUT																						
Bridgeport	86	73	84	72	82	71	76	83	74	81	73	79	74	126	79	72	120	78	71	115	77	14.1
Hartford, Brainard Field	91	73	88	72	85	70	76	87	74	84	73	82	81	228	71	79	216	70	78	207	0	20.9
Windsor Locks, Bradley Fld	92	73	88	71	85	70	76	87	74	84	72	82	72	119	81	71	114	79	69	109	77	20.9
DELAWARE																						
Dover, AFB	93	76	89	75	87	74	79	88	78	86	76	84	77	141	84	76	135	82	74	129	81	16.2
Wilmington	91	75	89	74	86	73	78	87	76	85	75	83	75	132	82	74	125	81	72	120	80	17.0
FLORIDA																						
Apalachicola	92	79	90	78	89	78	81	88	80	87	79	87	79	148	85	78	145	84	77	141	84	13.3
Cape Canaveral, NASA	92	78	90	78	89	77	80	88	79	87	79	87	78	145	84	77	141	84	76	138	83	16.0
Daytona Beach	92	77	90	77	88	77	79	88	79	87	78	86	77	141	84	76	137	84	76	134	83	15.4
Fort Lauderdale/Hollywood	92	78	90	78	89	78	81	88	80	87	79	87	78	147	85	78	145	84	77	141	84	11.3
Fort Myers	94	77	93	77	92	77	80	89	80	88	79	87	78	147	84	78	144	83	77	140	83	16.9
Gainesville	94	77	92	77	90	76	80	89	79	88	78	87	77	143	84	76	139	83	76	136	82	18.7
Homestead, AFB	92	79	90	79	89	78	81	89	80	88	80	87	79	150	87	78	145	86	77	141	85	11.7
Jacksonville, Cecil Field NAS9676	95	76	93	76	79	91	78	90	77	89	76	138	84	75	134	83	75	130	82	20.0		
Jacksonville, Int'l Airport	94	77	93	77	91	77	80	90	79	89	78	88	77	142	85	76	138	84	76	134	83	17.8
Jacksonville, Mayport Naval	95	78	92	78	90	77	81	89	80	89	79	88	78	147	86	77	142	85	77	139	85	15.3
Key West	90	79	89	79	89	79	81	87	80	87	80	87	79	149	85	78	146	85	77	143	85	8.1

MDB = mean coincident dry-bulb temperature, °F   MWS = mean coincident wind speed, mph   StdP = standard deviation HR = humidity ratio, grains (water)/lb (dry air)
MWB = mean coincident wet-bulb temperature, °F   MWD = mean coincident wind direction, degrees   DP = dew-point temperature, °F

Outdoor Design Conditions

Table 5.1B (IP) (Continued)
Cooling and Dehumidification Design Conditions—United States

	Cooling DB/MWB						WB/MDB						DP/MDB and HR									Range
	0.4%		1%		2%		0.4%		1%		2%		0.4%			1%			2%			of DB
	DB	MWB	DB	MWB	DB	MWB	WB	MDB	WB	MDB	WB	MDB	DP	HR	MDB	DP	HR	MDB	DP	HR	MDB	
Melbourne	93	79	91	79	89	79	82	89	81	88	80	87	80	155	86	79	150	85	78	146	85	15.3
Miami, Int'l Airport	91	77	90	77	89	77	80	87	79	87	78	86	78	144	83	77	141	83	76	138	82	11.4
Miami, New Tamiami A	92	78	91	78	90	77	80	89	79	88	79	87	78	145	83	77	141	83	76	138	83	15.5
Milton, Whiting Field NAS	95	78	93	77	92	76	81	90	80	89	79	88	78	148	86	77	143	85	76	138	84	18.5
Orlando	94	76	93	76	92	76	79	88	79	88	78	87	77	142	83	76	139	82	76	136	81	16.6
Panama City, Tyndall AFB	91	79	89	79	88	79	83	88	82	87	81	86	81	160	86	80	154	85	79	150	84	12.2
Pensacola, Sherman AFB	93	78	92	78	90	78	81	89	80	88	79	88	79	150	85	78	144	85	76	138	85	15.3
Saint Petersburg	94	80	93	79	92	79	82	90	82	89	81	88	80	156	86	80	153	85	79	150	85	13.5
Sarasota/Bradenton	93	80	92	79	90	79	82	90	81	89	80	88	79	153	87	79	148	86	78	146	86	15.8
Tallahassee	95	77	93	76	91	76	80	89	79	88	78	87	77	142	83	76	138	82	76	135	82	18.5
Tampa, Int'l Airport	92	77	91	77	90	77	80	88	79	88	78	87	78	144	85	77	140	84	76	137	83	15.0
Valparaiso, Eglin AFB	92	78	90	78	89	77	81	88	80	87	79	86	79	149	85	78	144	84	77	141	83	13.9
Vero Beach	92	77	90	78	89	77	80	88	79	87	79	87	77	141	85	77	139	84	76	137	84	15.7
West Palm Beach	91	78	90	78	89	77	80	88	79	88	78	87	77	143	84	77	139	84	76	137	83	13.1
GEORGIA																						
Albany	96	76	95	76	93	75	79	90	78	89	78	88	77	141	83	76	136	82	75	133	81	19.8
Athens	94	75	92	75	90	74	78	89	77	87	76	86	75	133	82	74	129	81	73	125	80	18.4
Atlanta	93	75	91	74	88	73	77	88	76	87	75	85	74	133	82	73	128	81	72	124	80	17.3
Augusta	96	76	94	76	92	75	79	91	78	89	77	88	76	135	84	75	130	83	74	127	82	20.2
Brunswick	93	78	91	79	88	78	81	89	80	88	79	87	78	147	86	78	144	85	77	141	84	14.4
Columbus, Fort Benning	97	76	94	76	92	76	80	91	79	89	78	88	77	142	85	76	136	83	75	133	82	20.5
Columbus, Metro Airport	95	76	93	75	91	75	79	89	78	88	77	87	76	139	82	75	134	82	74	130	81	18.0
Macon	96	76	94	75	92	75	79	91	78	89	77	88	76	136	83	75	132	82	74	129	82	19.3
Marietta, Dobbins AFB	94	74	91	74	89	74	77	88	76	87	75	86	74	134	82	73	130	81	72	123	79	17.1
Rome	96	74	94	74	91	74	78	90	77	89	76	88	75	134	83	74	130	83	73	127	83	20.7
Savannah	95	77	93	76	91	76	79	90	78	89	78	87	77	139	84	76	135	83	75	132	82	17.5
Valdosta, Moody AFB	95	77	94	77	92	76	80	91	79	89	78	88	77	142	85	76	139	84	76	135	83	17.8
Valdosta, Regional Airport	95	77	94	76	92	76	80	90	79	89	78	88	77	144	83	76	139	82	76	136	82	19.4
Waycross	96	76	94	76	93	75	78	91	78	90	77	89	75	134	84	75	130	83	74	127	83	20.3
HAWAII																						
Ewa, Barbers Point NAS	92	73	90	72	89	72	76	86	75	86	75	85	74	126	83	72	118	82	71	113	82	15.8
Hilo	85	74	84	74	83	73	76	82	76	81	75	81	75	130	79	74	127	79	73	123	78	13.3
Honolulu	89	73	88	73	87	73	76	84	75	84	74	84	74	125	80	72	120	80	71	116	79	12.2
Kahului	89	74	88	74	87	73	76	85	76	85	75	84	74	127	80	73	122	80	72	118	80	15.6
Kaneohe, MCAS	86	75	85	74	84	74	78	82	77	82	76	82	76	138	81	75	133	81	74	128	80	7.4
Lihue	85	75	85	74	84	74	77	83	76	82	75	82	75	132	80	74	128	80	73	125	79	9.6
Molokai	88	73	87	73	86	72	76	85	75	83	74	83	74	128	80	73	124	79	71	118	79	13.3
IDAHO																						
Boise	96	63	94	63	91	62	66	90	64	89	63	87	58	79	72	55	72	71	53	67	71	30.3
Burley	94	63	90	62	87	61	67	86	65	84	63	83	60	90	75	58	84	72	56	78	72	29.0
Idaho Falls	92	61	89	60	86	60	64	84	63	82	61	81	58	88	71	56	81	69	54	73	68	34.0
Lewiston	97	65	93	64	90	63	67	91	65	89	64	87	58	76	72	56	71	71	54	65	71	26.5
Mountain Home, AFB	99	63	96	62	93	61	66	91	64	91	63	89	58	79	71	54	70	69	52	64	71	32.8
Mullan	87	62	84	61	80	60	65	81	63	79	62	77	60	86	69	58	80	68	56	75	66	28.1
Pocatello	93	61	90	60	87	59	64	84	62	83	61	82	57	83	70	55	76	70	53	70	69	32.1
ILLINOIS																						
Belleville, Scott AFB	95	78	93	77	90	76	80	92	78	90	77	88	77	141	87	76	136	85	74	131	84	19.8
Chicago, Meigs Field	92	74	89	73	86	71	77	88	76	85	74	83	74	132	84	72	121	80	71	115	80	16.0
Chicago, O'Hare Int'l A	91	74	89	73	86	71	77	88	75	85	74	83	74	130	84	72	123	82	71	115	80	19.6
Decatur	94	76	91	75	88	74	79	90	78	89	76	86	76	140	86	75	133	84	73	127	83	20.0
Glenview, NAS	93	75	89	73	87	71	78	90	76	87	74	84	74	130	85	72	120	82	70	113	81	17.6
Marseilles	93	74	89	73	86	71	78	89	76	86	74	84	75	135	85	73	126	82	71	117	81	19.4
Moline/Davenport IA	93	76	90	74	87	73	78	90	77	87	75	85	75	134	85	73	127	83	72	120	82	20.0
Peoria	92	76	89	74	86	73	78	89	77	86	75	84	75	137	85	74	130	83	72	123	81	19.5
Quincy	94	76	91	75	88	74	78	89	77	88	76	85	76	138	84	74	132	82	73	126	82	18.9
Rockford	91	74	88	73	85	71	77	87	75	85	74	82	74	132	84	73	124	81	71	116	79	19.8
Springfield	93	76	91	75	88	74	79	89	77	88	76	85	76	139	86	75	132	84	73	125	82	19.4
West Chicago	91	75	88	74	86	72	78	88	76	85	74	83	76	138	85	74	130	83	71	119	80	19.8
INDIANA																						
Evansville	94	77	92	76	90	75	79	90	78	89	77	87	76	137	86	75	132	84	73	126	83	19.8
Fort Wayne	90	74	88	73	85	71	77	86	75	84	74	82	74	131	83	72	124	81	71	117	79	19.9
Indianapolis	91	75	88	74	86	73	78	88	77	86	75	83	75	137	84	74	131	82	73	125	81	18.9
Lafayette, Purdue Univ	93	75	90	75	88	73	79	89	77	86	75	84	76	139	85	74	132	83	73	125	82	20.9
Peru, Grissom AFB	93	75	89	75	87	73	79	89	77	86	75	83	76	142	85	75	134	83	73	127	81	18.5

MDB = mean coincident dry-bulb temperature, °F MWS = mean coincident wind speed, mph StdP = standard deviation HR = humidity ratio, grains (water)/lb (dry air)
MWB = mean coincident wet-bulb temperature, °F MWD = mean coincident wind direction, degrees DP = dew-point temperature, °F

Environmental Design Conditions

Table 5.1B (IP) (Continued)
Cooling and Dehumidification Design Conditions—United States

	Cooling DB/MWB						WB/MDB						DP/MDB and HR									Range
	0.4%		1%		2%		0.4%		1%		2%		0.4%			1%			2%			
	DB	MWB	DB	MWB	DB	MWB	WB	MDB	WB	MDB	WB	MDB	DP	HR	MDB	DP	HR	MDB	DP	HR	MDB	of DB
South Bend	90	73	87	72	85	71	77	86	75	84	73	81	74	130	83	72	123	80	71	116	78	18.6
Terre Haute	93	76	90	76	88	75	80	89	78	87	76	85	77	144	86	76	136	84	74	131	82	19.6
IOWA																						
Burlington	94	76	91	76	88	73	78	89	77	88	76	85	75	136	85	74	131	83	72	124	82	18.7
Cedar Rapids	93	75	89	74	86	72	78	89	76	86	74	84	75	136	84	74	129	83	71	120	80	20.0
Des Moines	93	76	90	74	87	73	78	89	76	87	75	85	74	133	85	73	126	83	71	120	81	18.5
Fort Dodge	92	75	88	73	86	71	77	88	75	86	74	83	74	133	84	72	123	82	70	116	79	18.5
Lamoni	96	74	92	74	89	72	77	89	76	87	75	85	74	134	83	73	127	82	71	120	80	18.9
Mason City	91	74	88	73	85	71	77	87	75	85	74	82	75	135	84	73	126	82	71	118	80	20.8
Ottumwa	95	75	92	75	88	73	78	90	76	88	75	86	75	136	84	74	130	83	72	121	81	18.7
Sioux City	94	75	90	74	88	72	78	89	76	87	75	85	75	135	86	73	127	84	71	120	82	20.4
Spencer	91	75	88	73	85	71	77	88	75	86	73	82	74	134	84	72	123	82	70	117	79	20.2
Waterloo	91	75	88	73	85	71	77	87	75	85	74	83	74	132	84	72	124	82	71	117	80	20.0
KANSAS																						
Concordia	100	73	96	72	93	72	77	90	76	89	74	88	74	133	84	72	123	82	70	118	81	22.5
Dodge City	100	70	97	70	94	69	74	90	73	89	71	88	70	120	79	68	114	78	67	109	77	24.3
Ft Riley, Marshall AAF	99	75	96	74	93	74	78	90	77	90	75	88	75	136	86	73	130	83	71	120	82	22.7
Garden City	100	69	97	69	94	69	73	89	72	89	71	88	69	118	79	67	113	78	66	108	77	27.5
Goodland	97	66	94	66	91	65	70	86	69	84	68	84	66	111	74	65	106	73	63	100	73	26.5
Russell	100	72	96	72	94	72	76	91	75	90	73	88	72	126	83	71	120	82	69	116	80	24.1
Salina	101	74	97	73	94	73	77	92	76	90	75	89	74	132	85	72	123	83	71	118	82	23.0
Topeka	96	75	93	75	90	75	79	90	78	89	76	88	76	139	87	74	132	85	73	126	83	20.3
Wichita, Airport	100	73	97	73	94	73	77	91	76	90	74	89	73	129	83	72	123	82	71	118	81	22.2
Wichita, McConnell AFB	100	73	97	73	94	73	77	92	76	90	75	89	74	133	84	72	124	83	71	119	82	21.8
KENTUCKY																						
Bowling Green	94	76	91	75	88	74	78	89	77	87	76	86	76	136	84	75	132	82	74	127	81	20.0
Covington/Cincinnati Airport	91	74	89	73	86	72	77	87	76	86	74	83	74	132	84	73	126	81	72	120	80	18.9
Fort Campbell, AAF	95	77	93	76	90	76	80	90	78	89	77	87	77	143	85	76	136	84	74	132	83	19.4
Fort Knox, Godman AAF	94	76	92	74	89	74	78	90	77	88	76	86	76	138	85	74	132	83	73	126	82	19.4
Jackson	90	74	87	73	85	72	77	87	76	85	74	83	74	135	83	73	130	81	71	122	79	18.2
Lexington	91	74	89	73	86	72	77	87	75	86	74	83	74	130	83	72	124	81	71	120	80	18.4
Louisville	93	76	90	75	88	74	78	90	77	88	76	86	75	134	85	74	129	84	73	125	82	18.2
Paducah	96	77	93	76	92	75	80	91	79	90	78	88	77	143	86	76	138	85	75	132	83	20.2
LOUISIANA																						
Alexandria, England AFB	95	78	94	78	92	77	81	90	80	90	79	89	78	147	86	77	142	85	76	138	85	18.4
Baton Rouge	94	78	92	77	91	77	80	89	79	88	78	87	78	145	84	77	141	84	76	137	83	16.7
Bossier City, Barksdale AFB	96	77	94	77	93	77	80	90	79	90	78	89	77	144	84	76	139	83	76	134	83	20.0
Lafayette	94	78	93	78	91	77	80	89	80	89	79	88	78	146	84	77	143	83	77	140	83	17.1
Lake Charles	93	78	91	78	90	77	80	88	80	88	79	87	78	148	84	78	145	84	77	141	83	16.2
Leesville, Fort Polk	95	77	94	76	92	76	79	89	79	88	78	87	77	144	83	76	140	82	76	136	82	18.2
Monroe	96	78	94	78	93	77	81	91	80	90	79	89	78	147	86	77	143	85	77	139	84	19.3
New Orleans, Int'l Airport	93	79	92	78	90	78	81	90	80	88	80	87	79	151	86	78	146	85	77	142	84	15.5
New Orleans, Lakefront A	93	78	92	78	90	77	81	88	80	87	79	87	79	150	85	78	145	84	77	141	83	11.9
Shreveport	97	77	95	77	93	76	79	91	79	90	78	89	76	139	84	76	135	83	75	132	83	19.1
MAINE																						
Augusta	87	71	84	69	80	67	73	83	71	80	69	77	70	113	77	68	106	75	67	100	74	18.4
Bangor	87	71	84	69	81	67	73	83	71	81	69	77	70	111	78	68	104	75	67	99	73	20.5
Brunswick, NAS	87	71	84	69	80	67	73	83	71	80	70	77	70	111	78	69	105	76	67	100	74	19.1
Caribou	85	69	82	67	79	66	72	81	70	77	68	76	70	112	76	68	104	75	66	97	72	19.5
Limestone, Loring AFB	84	68	80	66	78	64	71	79	69	76	67	74	68	107	75	67	101	72	65	94	71	18.7
Portland	86	71	83	70	80	68	74	83	72	80	70	77	71	114	79	69	107	76	67	101	74	18.7
MARYLAND																						
Camp Springs, Andrews AFB	94	75	91	74	88	73	78	88	77	87	75	85	75	134	83	74	129	82	73	124	80	18.7
Baltimore, BWI Airport	93	75	91	74	88	73	78	88	76	86	75	85	75	132	83	74	125	81	72	120	80	18.8
Lex Park, Patuxent River NAS	93	76	90	75	87	74	79	88	77	87	76	85	76	136	84	75	131	83	74	125	82	15.8
Salisbury	93	77	90	76	88	75	80	88	78	86	77	85	78	144	84	76	137	82	75	132	81	18.7
MASSACHUSETTS																						
Boston	91	73	87	71	84	70	75	87	74	83	72	81	72	119	80	71	113	79	69	108	78	15.3
East Falmouth, Otis Angb	85	72	82	72	79	69	75	81	74	78	72	76	74	125	78	72	118	76	71	113	75	14.6
S. Weymouth NAS	92	73	87	72	85	71	77	87	75	84	73	81	74	129	82	72	118	79	70	111	78	19.6
Worcester	85	71	83	69	80	68	74	82	72	80	70	77	71	119	78	69	112	76	68	105	75	16.6
MICHIGAN																						
Alpena	87	71	84	69	81	67	74	83	72	81	70	78	71	116	79	69	107	76	67	100	74	22.9

MDB = mean coincident dry-bulb temperature, °F MWS = mean coincident wind speed, mph StdP = standard deviation HR = humidity ratio, grains (water)/lb (dry air)
MWB = mean coincident wet-bulb temperature, °F MWD = mean coincident wind direction, degrees DP = dew-point temperature, °F

Outdoor Design Conditions

Table 5.1B (IP) (Continued)
Cooling and Dehumidification Design Conditions—United States

	Cooling DB/MWB						WB/MDB						DP/MDB and HR										Range
	0.4%		1%		2%		0.4%		1%		2%		0.4%			1%			2%			of DB
	DB	MWB	DB	MWB	DB	MWB	WB	MDB	WB	MDB	WB	MDB	DP	HR	MDB	DP	HR	MDB	DP	HR	MDB	
Detroit, Metro	90	73	87	72	84	70	76	86	74	84	73	81	73	125	83	71	118	80	70	111	78	20.4
Flint	88	73	86	71	83	70	75	84	74	82	72	80	73	125	81	71	116	78	69	110	77	20.6
Grand Rapids	89	73	86	71	84	70	76	85	74	83	72	81	73	126	81	71	118	79	70	112	77	20.7
Hancock	86	71	83	69	80	67	73	82	71	80	70	77	70	116	79	69	109	76	67	103	74	20.6
Harbor Beach	90	71	86	69	83	68	74	86	72	83	70	80	70	113	82	68	106	80	67	100	78	14.4
Jackson	88	74	86	73	84	71	77	86	75	83	73	81	74	134	83	72	123	81	71	117	78	20.3
Lansing	89	73	86	72	84	70	76	85	74	83	73	81	73	127	81	72	120	79	70	114	78	21.7
Marquette, Sawyer AFB	86	69	83	68	79	65	72	83	70	79	68	75	69	113	77	67	106	74	66	99	73	22.1
Marquette/Ishpeming, A	85	69	82	67	78	65	72	82	70	78	68	75	69	111	77	67	104	75	65	98	72	22.1
Mount Clemens, Angb	90	74	87	72	84	71	77	87	75	83	73	80	74	131	83	72	120	81	70	113	78	19.6
Muskegon	85	71	83	70	81	69	75	82	73	80	71	78	72	122	80	70	115	77	69	109	76	18.1
Oscoda, Wurtsmith AFB	89	72	86	71	83	69	75	86	73	83	71	79	72	120	80	70	112	79	68	106	77	21.4
Pellston	87	71	85	69	81	68	74	83	72	81	70	78	70	115	78	69	108	76	67	103	75	23.9
Saginaw	90	74	87	72	84	70	77	86	75	84	73	81	74	132	83	72	120	80	70	112	78	21.2
Sault Ste. Marie	83	69	80	68	77	66	72	80	70	77	68	74	69	111	76	67	103	74	65	95	72	21.9
Seul Choix Point	78	66	76	65	74	64	70	76	68	72	66	71	68	106	74	67	101	72	65	94	70	13.9
Traverse City	89	71	86	70	83	68	74	84	72	82	70	80	71	117	80	69	109	78	67	103	76	22.0
MINNESOTA																						
Alexandria	89	72	86	70	83	69	75	86	73	82	71	80	72	123	82	70	116	79	68	109	77	19.3
Brainerd, Pequot Lakes	88	70	85	68	81	66	72	85	70	82	68	78	68	108	81	66	102	77	65	96	75	21.6
Duluth	84	69	81	67	78	65	72	81	69	78	67	75	68	110	77	66	102	75	64	94	72	20.2
Hibbing	85	70	81	68	78	66	73	82	71	78	68	75	70	116	78	68	108	76	66	101	73	23.2
International Falls	86	69	83	67	80	66	72	82	70	79	68	77	69	112	78	67	103	75	65	96	73	21.8
Minneapolis-St. Paul	91	73	88	71	85	70	76	88	74	84	72	82	73	124	83	71	116	81	69	109	79	19.1
Redwood Falls	92	74	88	72	86	70	77	89	75	85	73	82	75	135	83	72	123	81	70	116	80	20.7
Rochester	88	72	85	71	82	70	76	85	74	82	72	80	73	128	81	71	120	79	69	111	77	19.7
Saint Cloud	91	72	88	71	85	70	76	87	74	84	72	82	72	125	83	70	116	80	68	109	78	21.5
Tofte	79	64	75	62	71	61	66	74	64	72	63	70	64	92	70	61	83	69	59	77	68	13.0
MISSISSIPPI																						
Biloxi, Keesler AFB	92	79	91	78	89	78	81	89	80	88	80	87	79	151	86	78	147	85	78	144	84	13.0
Columbus, AFB	96	77	94	76	92	76	80	91	78	89	78	88	77	141	85	76	136	83	75	132	82	19.3
Greenwood	96	78	94	78	93	77	81	91	80	90	79	89	78	148	86	77	143	85	76	139	84	19.1
Jackson	95	77	93	76	92	76	80	90	79	89	78	88	77	142	84	76	138	83	75	134	82	19.2
McComb	94	76	92	76	91	76	79	89	78	88	78	87	77	141	83	76	138	82	75	135	81	19.8
Meridian	96	77	94	76	92	76	79	91	78	90	77	88	76	139	84	75	134	83	74	130	83	20.3
Tupelo	96	76	94	76	92	75	79	89	78	89	77	88	76	137	83	75	134	83	74	131	82	18.9
MISSOURI																						
Cape Girardeau	96	77	94	77	91	76	80	92	78	90	78	88	77	141	86	76	136	85	75	132	83	19.8
Columbia	95	75	92	75	89	74	78	89	77	88	75	86	75	137	85	74	130	83	72	124	82	20.3
Joplin	96	75	94	75	91	74	78	90	77	89	76	88	75	137	85	74	132	85	72	125	83	20.0
Kansas City	96	75	93	75	90	74	78	90	77	89	76	87	75	137	86	74	130	84	73	125	83	18.8
Poplar Bluff	95	77	92	76	90	76	80	90	78	88	77	87	77	144	85	76	138	83	75	133	82	20.0
Spickard/Trenton	96	74	93	73	89	72	78	88	76	88	75	86	76	139	83	73	128	83	71	118	81	19.6
Springfield	95	74	92	74	89	74	78	89	76	88	75	86	74	134	84	73	128	83	72	124	81	20.8
St. Louis, Int'l Airport	95	76	93	75	90	74	79	90	78	88	76	87	76	138	85	75	132	83	73	127	82	18.3
Warrensburg, Whiteman AFB	96	76	93	76	90	75	79	91	78	90	76	88	76	139	86	75	134	85	73	128	83	19.3
MONTANA																						
Billings	93	63	90	62	87	61	65	86	64	84	62	83	59	83	71	57	78	71	55	74	70	25.8
Bozeman	91	61	87	60	85	59	64	83	62	82	61	81	58	83	69	56	78	67	53	71	66	31.7
Butte	86	57	83	56	80	55	60	76	58	76	57	76	54	76	61	52	70	63	50	66	62	31.5
Cut Bank	87	60	84	59	80	58	62	81	60	79	59	77	56	77	67	54	70	65	51	65	63	26.1
Glasgow	94	64	90	63	86	62	68	85	66	83	64	82	62	91	74	60	83	71	58	77	69	25.3
Great Falls, Int'l Airport	92	61	88	60	85	59	64	84	62	82	61	81	57	81	69	55	74	67	53	69	66	27.2
Great Falls, Malmstrom AFB	93	62	89	61	86	60	65	85	63	83	62	81	59	84	71	57	78	69	54	71	68	26.3
Havre	94	63	90	62	86	61	66	87	64	84	62	82	60	84	72	58	78	69	56	74	68	27.9
Helena	90	60	87	59	84	59	63	82	61	81	60	80	57	80	68	55	73	66	52	68	66	28.0
Kalispell	89	62	86	61	82	60	65	83	63	81	61	79	59	82	69	57	76	67	55	71	67	29.9
Lewistown	89	61	86	60	82	59	64	81	63	80	61	78	58	85	71	56	79	69	54	74	67	28.3
Miles City	97	66	93	65	90	64	69	89	67	86	66	84	63	95	76	61	88	75	59	82	73	25.9
Missoula	91	62	88	61	85	60	65	84	63	82	62	81	58	82	68	56	76	68	55	71	66	31.3
NEBRASKA																						
Bellevue, Offutt AFB	95	76	91	75	88	74	79	89	77	88	76	86	76	141	85	74	134	83	73	127	82	18.4
Grand Island	97	72	93	72	90	70	76	89	74	88	73	86	72	127	82	70	120	81	69	113	79	22.4
Lincoln	97	74	94	74	91	73	78	90	76	89	75	87	75	136	84	73	130	83	71	121	82	22.3

MDB = mean coincident dry-bulb temperature, °F MWS = mean coincident wind speed, mph StdP = standard deviation HR = humidity ratio, grains (water)/lb (dry air)
MWB = mean coincident wet-bulb temperature, °F MWD = mean coincident wind direction, degrees DP = dew-point temperature, °F

Environmental Design Conditions

Table 5.1B (IP) (Continued)
Cooling and Dehumidification Design Conditions—United States

	\multicolumn{6}{c}{Cooling DB/MWB}	\multicolumn{6}{c}{WB/MDB}	\multicolumn{9}{c}{DP/MDB and HR}	
	\multicolumn{2}{c}{0.4%}	\multicolumn{2}{c}{1%}	\multicolumn{2}{c}{2%}	\multicolumn{2}{c}{0.4%}	\multicolumn{2}{c}{1%}	\multicolumn{2}{c}{2%}	\multicolumn{3}{c}{0.4%}	\multicolumn{3}{c}{1%}	\multicolumn{3}{c}{2%}	Range
	DB	MWB	DB	MWB	DB	MWB	WB	MDB	WB	MDB	WB	MDB	DP	HR	MDB	DP	HR	MDB	DP	HR	MDB	of DB
Norfolk	95	74	92	72	89	72	76	90	75	88	73	86	73	129	83	71	121	82	70	115	81	20.8
North Platte	95	69	92	69	89	68	73	87	72	86	70	85	69	118	80	67	111	78	66	105	77	25.5
Omaha, Eppley Airfield	95	75	92	75	89	73	78	90	77	88	75	86	75	136	85	73	128	84	72	121	82	19.9
Omaha, Wso	94	75	90	75	87	73	77	89	76	87	74	85	74	134	84	72	126	83	71	120	82	17.6
Scottsbluff	95	65	92	64	89	64	69	87	68	85	66	84	64	102	76	62	97	74	60	91	73	28.9
Sidney	95	63	92	63	89	63	67	84	66	84	64	84	62	97	73	60	91	72	58	86	71	27.9
Valentine	97	68	94	67	90	67	72	90	71	89	69	87	67	110	79	65	103	78	63	94	77	26.5
NEVADA																						
Elko	95	60	92	59	90	58	63	85	61	84	60	84	57	84	68	54	75	66	51	67	67	38.4
Ely	89	56	87	56	85	55	60	78	59	78	58	78	55	82	64	53	75	64	50	68	65	34.6
Las Vegas, Int'l Airport	108	66	106	66	103	65	71	95	70	93	69	93	65	102	79	63	92	81	60	84	85	24.8
Mercury	102	65	100	64	98	63	69	88	67	89	66	89	64	102	72	60	89	77	58	80	80	25.9
North Las Vegas, Nellis AFB	108	68	106	67	104	66	72	94	71	94	70	94	67	106	79	64	97	82	61	86	84	26.3
Reno	95	61	92	60	90	59	63	87	62	86	60	85	56	77	69	53	69	69	50	63	68	37.3
Tonopah	94	58	92	57	89	57	62	83	61	82	60	81	56	83	67	53	74	68	50	67	69	31.1
Winnemucca	97	61	94	60	92	59	63	88	62	87	60	86	56	79	68	53	69	67	50	62	68	37.4
NEW HAMPSHIRE																						
Concord	90	71	87	70	84	68	74	85	73	82	71	79	71	118	79	70	111	77	68	105	76	24.1
Lebanon	88	71	86	69	83	68	74	84	72	82	70	79	70	113	79	69	108	77	67	103	75	23.0
Mount Washington	60	56	58	54	56	54	58	59	56	57	54	56	58	90	58	56	84	57	54	78	55	8.5
Portsmouth, Pease AFB	89	72	85	70	83	70	75	84	73	82	72	79	73	123	85	71	113	77	69	106	76	18.2
NEW JERSEY																						
Atlantic City	91	74	88	73	86	72	77	87	76	84	75	82	75	131	81	74	125	80	72	120	79	18.1
Millville	92	75	89	74	87	73	78	87	76	86	75	83	75	134	81	74	129	80	73	125	80	18.7
Newark	93	74	90	73	87	71	77	88	76	85	74	83	74	127	81	73	121	80	71	116	80	15.9
Teterboro	92	76	89	74	87	73	78	88	77	87	75	83	76	134	84	74	128	82	72	119	81	18.4
Trenton, McGuire AFB	93	75	90	74	87	73	78	89	76	87	75	84	75	132	83	74	127	82	72	118	80	18.9
NEW MEXICO																						
Alamogordo, Holloman AFB	98	63	96	63	93	63	68	87	67	85	67	85	65	106	72	62	98	72	61	92	73	30.2
Albuquerque	96	60	93	60	91	60	65	83	64	82	64	81	61	98	68	60	93	69	58	89	69	25.4
Carlsbad	101	65	98	66	96	66	72	88	71	87	70	85	69	121	76	68	116	76	67	111	75	25.4
Clayton	94	62	91	62	88	62	67	84	65	84	65	82	61	98	72	60	94	71	59	90	70	26.1
Clovis, Cannon AFB	96	64	93	64	91	65	70	84	69	83	68	83	66	114	75	65	109	74	64	105	73	24.5
Farmington	94	60	92	60	89	60	65	83	64	83	63	82	60	94	69	58	90	68	57	85	69	28.8
Gallup	89	57	87	56	85	56	62	76	61	76	60	75	59	94	65	57	90	64	56	85	64	30.6
Roswell	98	65	96	65	94	65	70	87	69	86	68	85	66	111	73	65	108	73	64	104	73	24.8
Truth Or Consequences	97	61	95	61	93	61	66	85	65	85	64	84	60	94	71	59	90	71	58	87	72	25.0
Tucumcari	98	64	95	65	93	64	69	87	68	85	67	84	65	109	73	64	104	73	63	100	72	24.9
NEW YORK																						
Albany	90	71	86	70	84	69	74	85	73	82	71	79	72	118	79	70	111	77	68	106	76	23.7
Binghamton	85	70	82	69	80	67	73	81	71	79	70	77	70	118	77	69	111	75	67	106	74	17.5
Buffalo	86	70	84	69	81	68	74	82	72	80	71	78	71	118	78	70	113	77	68	106	75	17.7
Central Islip	88	73	85	72	83	70	76	83	75	81	74	79	74	129	79	73	124	78	71	116	77	15.1
Elmira/Corning	90	72	87	71	84	69	75	86	73	82	72	80	72	122	81	70	116	78	69	110	76	24.1
Glens Falls	88	73	85	71	83	70	76	85	74	82	72	80	74	127	81	71	116	79	69	108	76	22.1
Massena	87	72	84	71	82	69	75	84	73	81	71	79	72	118	80	70	111	78	68	105	76	21.8
New York, JFK Airport	91	74	88	72	85	71	76	86	75	84	74	82	74	125	80	72	120	80	71	114	79	13.9
New York, La Guardia A	92	74	89	73	86	72	77	87	76	85	74	83	74	129	81	73	125	80	71	116	80	14.6
Newburgh	88	74	85	72	83	70	76	85	74	83	73	80	74	130	82	72	119	80	70	111	78	17.1
Niagara Falls	87	72	85	71	83	69	75	84	74	81	72	79	73	125	81	71	116	78	69	111	76	18.9
Plattsburgh, AFB	86	71	83	69	80	68	74	82	72	80	70	78	71	115	79	69	108	76	67	102	75	19.6
Poughkeepsie	92	75	88	72	85	71	76	87	75	85	73	82	74	126	82	71	116	80	70	111	78	23.0
Rochester	89	73	86	71	83	70	75	85	74	82	72	80	73	123	81	71	116	79	69	109	77	20.1
Rome, Griffiss AFB	88	71	86	70	83	69	74	84	73	82	71	79	71	117	80	70	111	78	68	105	76	22.9
Syracuse	88	72	85	71	83	70	75	85	73	82	72	80	72	120	80	70	113	78	69	107	77	20.3
Watertown	85	71	83	70	80	69	74	82	72	80	71	77	71	118	78	70	111	77	69	106	75	20.5
White Plains	89	74	87	72	84	71	76	86	75	83	73	80	74	128	80	72	120	80	71	114	78	18.0
NORTH CAROLINA																						
Asheville	88	72	85	71	83	70	75	84	73	82	72	80	72	128	79	71	123	78	70	118	76	19.4
Cape Hatteras	88	78	86	77	85	77	80	86	79	84	78	83	78	147	83	77	142	83	76	138	82	11.4
Charlotte	94	74	91	74	89	73	77	88	76	87	75	86	74	130	82	73	125	80	72	122	80	17.8
Cherry Point, Mcas	95	79	92	78	90	77	81	91	80	90	79	88	78	146	87	77	141	86	76	136	85	16.6
Fayetteville, Fort Bragg	96	77	94	76	92	75	79	91	78	89	77	88	76	139	84	76	135	83	75	131	83	18.2
Goldsboro, Johnson AFB	96	77	94	76	91	76	80	91	78	89	77	87	76	139	84	76	135	83	75	132	82	18.4

MDB = mean coincident dry-bulb temperature, °F   MWS = mean coincident wind speed, mph   StdP = standard deviation HR = humidity ratio, grains (water)/lb (dry air)
MWB = mean coincident wet-bulb temperature, °F   MWD = mean coincident wind direction, degrees   DP = dew-point temperature, °F

LOAD CALCULATION PRINCIPALS

Outdoor Design Conditions

Table 5.1B (IP) (Continued)
Cooling and Dehumidification Design Conditions—United States

	Cooling DB/MWB						WB/MDB						DP/MDB and HR										Range
	0.4%		1%		2%		0.4%		1%		2%		0.4%			1%			2%			of DB
	DB	MWB	DB	MWB	DB	MWB	WB	MDB	WB	MDB	WB	MDB	DP	HR	MDB	DP	HR	MDB	DP	HR	MDB	
Greensboro	92	75	90	74	88	73	77	88	76	86	75	85	74	132	82	73	127	81	72	123	80	18.5
Hickory	94	73	91	72	88	72	76	87	75	85	74	84	74	133	80	73	128	80	71	120	78	19.6
Jacksonville, New River Mcaf	94	79	92	78	89	77	81	90	79	89	78	87	78	145	86	77	140	85	76	136	84	17.1
New Bern	94	78	92	78	90	76	81	91	79	89	78	87	78	144	86	77	139	84	76	134	83	17.1
Raleigh/Durham	93	76	90	75	88	74	78	88	77	87	76	85	75	134	82	74	130	81	73	125	80	18.8
Wilmington	93	79	91	78	89	77	80	89	79	88	78	86	78	146	85	77	141	83	76	137	83	15.7
Winston-Salem	92	74	89	74	87	73	77	86	76	86	75	85	74	134	81	73	129	80	72	121	79	17.6
NORTH DAKOTA																							
Bismarck	93	68	90	67	86	66	72	86	70	84	68	82	68	109	79	65	100	77	63	92	75	26.5
Devils Lake	91	69	87	67	84	66	72	86	70	83	68	80	68	108	78	66	100	77	63	90	75	21.1
Fargo	91	71	88	70	85	69	75	86	73	84	71	81	72	122	82	69	112	80	67	104	77	22.3
Grand Forks, AFB	91	71	88	69	85	68	75	86	72	83	70	80	71	118	81	69	109	78	67	101	76	22.9
Minot, AFB	94	68	90	67	86	66	72	87	70	85	68	82	68	109	80	65	100	78	63	90	75	24.7
Minot, Int'l Airport	92	67	88	66	84	65	71	85	69	83	67	80	67	106	78	64	96	75	62	89	73	22.9
Williston	96	67	92	66	87	65	71	87	69	86	67	83	66	103	78	63	92	76	61	85	73	25.7
OHIO																							
Akron/Canton	88	72	85	71	83	70	75	84	73	82	72	80	72	125	80	71	118	78	69	113	77	18.8
Cincinnati, Lunken Field	93	74	90	75	88	73	77	89	76	87	75	84	75	132	82	74	128	81	72	120	80	20.0
Cleveland	89	73	86	72	84	71	76	85	74	83	72	81	73	125	82	71	118	80	70	112	78	18.6
Columbus, Int'l Airport	90	74	88	73	86	71	77	87	75	85	74	82	73	128	82	72	123	81	71	117	79	19.3
Columbus, Rickenbckr AFB	92	74	89	73	87	72	77	88	75	86	74	84	74	130	83	72	120	82	70	115	79	19.8
Dayton, Int'l Airport	90	74	88	73	86	71	76	87	75	85	74	82	73	129	82	72	123	80	71	117	79	19.2
Dayton, Wright-Paterson	92	74	89	74	87	73	78	88	76	86	74	84	75	136	84	73	127	83	71	119	81	19.8
Findlay	90	74	87	72	85	71	76	86	75	83	73	81	74	132	81	72	121	80	71	116	78	18.9
Mansfield	88	73	85	72	83	71	76	85	74	83	73	80	73	128	81	71	122	79	70	116	78	17.8
Toledo	90	73	87	72	85	71	77	86	75	84	73	81	74	129	82	72	122	80	70	115	78	20.9
Youngstown	88	72	85	70	83	69	74	84	73	82	71	79	72	122	80	70	116	78	69	110	76	20.6
Zanesville	90	74	88	73	86	71	76	87	75	85	74	82	74	130	82	72	120	80	71	116	78	20.7
OKLAHOMA																							
Altus, AFB	102	73	100	73	97	73	77	93	76	92	75	91	74	132	84	72	124	83	71	119	82	23.6
Enid, Vance AFB	101	74	98	74	95	73	77	92	76	91	75	90	73	130	85	71	121	83	70	116	82	21.8
Lawton, Fort Sill/Post Field	99	73	97	73	95	73	77	90	76	90	75	89	74	135	83	73	129	82	71	121	81	20.7
McAlester	98	76	96	76	93	76	79	92	78	91	77	89	76	141	85	75	137	83	74	133	83	21.8
Oklahoma City, Tinker AFB	98	74	96	75	94	74	78	92	77	91	76	89	75	138	87	74	132	85	72	123	83	19.4
Oklahoma City, W. Rogers A	99	74	96	74	94	73	77	91	76	90	75	89	73	129	83	72	125	82	71	120	81	21.0
Tulsa	100	76	97	76	94	75	79	92	78	92	77	90	76	137	87	74	132	85	73	127	84	19.5
OREGON																							
Astoria	76	64	72	62	69	61	65	75	63	71	62	68	61	81	69	60	76	66	59	74	65	14.2
Eugene	91	67	87	65	83	64	69	87	67	84	65	81	62	83	74	60	78	73	59	74	71	27.6
Hillsboro	92	69	88	67	84	65	71	89	68	86	66	82	64	90	79	61	82	75	60	78	72	26.6
Klamath Falls	91	64	87	62	85	61	66	87	64	84	63	81	58	85	74	57	80	73	55	75	71	34.2
Meacham	87	59	84	58	80	57	61	82	59	80	58	78	52	67	66	50	63	64	49	59	64	37.1
Medford	98	67	95	66	91	65	69	94	67	91	66	88	60	81	75	58	76	74	56	71	73	33.7
North Bend	71	60	69	60	67	59	62	69	61	67	60	66	60	76	65	58	73	64	57	70	63	12.8
Pendleton	97	64	93	63	90	62	66	92	64	90	63	87	57	74	71	55	68	69	53	62	70	27.2
Portland	90	67	86	66	83	64	69	87	67	84	65	80	62	83	75	60	78	72	59	75	71	21.6
Redmond	93	62	89	61	86	59	63	88	62	86	60	83	55	71	68	52	65	67	50	60	66	35.0
Salem	92	67	87	66	83	64	68	89	67	85	65	81	61	81	75	59	76	73	58	72	71	27.9
Sexton Summit	83	60	80	59	77	58	62	80	61	77	59	74	55	76	70	53	69	68	52	66	66	18.9
PENNSYLVANIA																							
Allentown	90	73	88	72	85	71	76	86	74	84	73	82	73	123	81	71	117	79	70	111	78	19.4
Altoona	89	72	86	70	83	69	74	85	72	83	71	80	71	119	79	69	113	77	68	109	76	19.4
Bradford	83	69	80	68	78	66	72	79	70	77	68	75	69	116	75	68	111	73	66	105	72	21.2
Du Bois	86	70	84	69	81	67	72	81	71	79	70	78	70	116	76	69	112	74	67	108	73	19.4
Erie	85	72	83	70	80	70	74	82	73	80	71	78	72	122	79	70	115	77	69	109	76	15.6
Harrisburg	92	74	89	73	86	72	77	87	76	85	74	83	74	130	82	73	123	80	72	118	79	18.8
Philadelphia, Int'l Airport	92	75	89	74	87	73	78	88	77	86	75	84	75	132	83	74	126	81	73	121	80	17.7
Philadelphia, Northeast A	93	76	90	74	88	73	78	88	77	87	75	84	76	135	84	74	129	82	72	121	82	19.1
Philadelphia, Willow Gr NAS	93	75	90	74	88	72	78	89	76	87	75	85	74	131	83	73	125	82	71	116	81	19.4
Pittsburgh, Allegheny Co. A	90	72	87	71	85	70	75	85	74	84	72	81	71	122	79	70	117	78	69	113	77	18.0
Pittsburgh, Int'l Airport	89	72	86	70	84	69	74	85	73	82	71	80	71	121	80	70	115	78	68	109	77	19.5
Wilkes-Barre/Scranton	88	71	85	70	83	69	74	83	73	81	71	79	71	120	79	70	115	77	69	109	76	18.8
Williamsport	90	73	87	71	84	70	76	85	74	83	73	80	73	125	80	72	118	78	70	113	77	20.3
RHODE ISLAND																							

MDB = mean coincident dry-bulb temperature, °F   MWS = mean coincident wind speed, mph   StdP = standard deviation   HR = humidity ratio, grains (water)/lb (dry air)
MWB = mean coincident wet-bulb temperature, °F   MWD = mean coincident wind direction, degrees   DP = dew-point temperature, °F

Environmental Design Conditions

Table 5.1B (IP) (Continued)
Cooling and Dehumidification Design Conditions—United States

	Cooling DB/MWB						WB/MDB						DP/MDB and HR									Range
	0.4%		1%		2%		0.4%		1%		2%		0.4%			1%			2%			
	DB	MWB	DB	MWB	DB	MWB	WB	MDB	WB	MDB	WB	MDB	DP	HR	MDB	DP	HR	MDB	DP	HR	MDB	of DB
Providence	89	73	86	71	83	70	76	85	74	82	73	80	73	124	80	72	118	78	70	112	77	17.4
SOUTH CAROLINA																						
Beaufort, Mcas	95	78	93	78	92	77	80	90	80	89	79	88	78	145	85	77	141	85	76	137	84	16.7
Charleston	94	78	92	77	90	77	80	90	79	88	78	87	78	145	84	77	139	83	76	134	83	16.2
Columbia	96	76	94	75	92	74	78	90	77	89	77	87	75	134	82	75	130	81	74	127	81	19.9
Florence	96	76	94	76	92	76	80	90	78	89	78	88	77	142	85	76	136	83	75	132	82	19.8
Greer/Greenville	93	74	91	74	88	73	77	88	76	87	75	85	74	130	81	73	126	80	72	122	80	18.2
Myrtle Beach, AFB	93	79	90	78	88	78	81	89	80	88	79	87	79	150	87	78	144	86	77	140	84	14.4
Sumter, Shaw AFB	95	76	93	75	90	75	78	89	77	88	76	86	76	136	83	75	132	82	74	129	81	18.5
SOUTH DAKOTA																						
Chamberlain	98	72	94	71	90	70	76	91	74	89	72	87	71	124	84	70	116	82	68	109	80	23.8
Huron	95	72	91	71	88	70	76	89	74	87	72	84	72	126	84	70	117	81	69	110	79	24.1
Pierre	99	70	95	69	91	68	74	90	72	89	71	86	70	116	81	68	109	80	66	102	78	25.6
Rapid City	95	65	91	65	88	64	70	85	68	84	67	82	65	104	76	63	98	75	61	92	73	25.3
Sioux Falls	94	73	90	72	87	71	76	89	75	87	73	84	73	127	84	71	119	82	69	112	80	22.1
TENNESSEE																						
Bristol	89	72	87	72	85	71	75	85	74	84	73	82	72	125	81	71	120	79	70	116	77	19.2
Chattanooga	94	75	92	75	89	74	78	89	77	88	76	86	75	134	82	74	130	82	73	125	81	19.5
Crossville	89	73	87	72	85	72	76	85	74	83	73	82	74	134	80	72	125	79	71	121	78	19.8
Jackson	95	77	93	76	91	76	80	91	78	90	78	88	76	140	85	75	135	85	75	132	84	19.8
Knoxville	92	74	90	74	87	73	77	88	76	86	75	85	74	131	82	73	127	81	72	123	80	18.1
Memphis	96	78	94	77	92	77	80	92	79	91	78	89	77	143	87	76	137	86	75	133	84	16.8
Nashville	94	76	92	75	90	74	78	89	77	88	76	86	75	134	83	74	130	82	73	126	81	19.1
TEXAS																						
Abilene	99	71	97	71	95	71	75	89	74	89	73	88	71	123	81	70	119	80	69	115	79	20.5
Amarillo	96	67	94	66	92	66	71	86	70	86	69	85	67	112	76	65	107	75	64	104	74	23.3
Austin	98	74	96	74	94	74	78	89	77	88	76	87	76	137	81	75	134	80	74	130	80	20.1
Beaumont/Port Arthur	94	79	92	79	91	78	81	90	81	89	80	88	79	152	86	79	148	85	78	145	84	15.9
Beeville, Chase Field NAS	101	77	98	77	96	77	82	91	81	91	80	90	80	155	86	78	148	85	78	144	84	21.6
Brownsville	95	78	94	77	93	77	80	89	79	88	79	88	78	146	83	77	142	83	77	140	82	16.5
College Station/Bryan	98	75	96	75	94	75	79	89	78	89	78	88	77	141	82	76	138	81	75	134	81	21.4
Corpus Christi	95	78	94	78	92	78	81	90	80	89	79	88	79	148	84	78	146	83	77	143	83	16.5
Dallas/Fort Worth, Int'l A	100	74	98	74	96	74	78	92	77	91	76	90	75	132	82	74	130	82	73	126	81	20.3
Del Rio, Laughlin AFB	101	72	98	73	96	72	78	91	77	90	76	89	75	136	82	74	131	82	72	124	81	20.9
El Paso	101	64	98	64	96	64	70	85	69	84	68	84	67	114	73	65	109	73	64	103	74	28.0
Fort Worth, Carswell AFB	100	75	97	75	96	75	79	92	78	91	77	90	76	141	85	75	135	84	74	130	84	19.3
Fort Worth, Meacham Field	100	75	98	74	96	74	78	91	77	90	76	89	75	135	83	74	131	82	73	127	82	20.0
Guadalupe Pass	92	61	89	60	87	60	66	82	65	80	64	79	62	102	71	60	96	71	59	91	71	20.9
Houston, Hobby Airport	94	77	93	77	92	77	80	89	80	88	79	87	78	147	84	78	144	83	77	141	82	16.6
Houston, Inter Airport	96	77	94	77	92	77	80	90	79	89	79	88	78	144	83	77	141	83	76	137	83	18.2
Junction	100	72	98	71	96	71	76	89	75	88	74	87	73	130	80	71	121	79	70	118	79	24.8
Killeen, Fort Hood	98	74	96	73	95	74	78	90	77	89	76	88	75	137	81	74	132	81	73	128	80	21.4
Kingsville, NAS	97	77	96	78	95	78	81	91	80	91	80	90	79	149	85	78	144	84	77	141	84	19.8
Laredo	102	73	101	74	98	74	79	92	78	91	77	89	76	138	82	75	136	81	75	132	81	21.2
Lubbock, Int'l Airport	97	67	95	67	93	67	73	87	72	86	71	85	69	120	77	68	115	76	67	111	76	22.1
Lubbock, Reese AFB	98	67	95	67	93	67	73	87	72	86	71	85	69	122	78	68	115	77	66	110	77	23.8
Lufkin	97	76	95	77	93	76	79	90	79	89	78	89	77	143	83	76	139	83	75	134	82	20.9
Marfa	94	62	92	61	89	62	68	82	67	81	66	80	65	110	72	63	103	71	62	98	71	31.3
McAllen	100	76	98	76	97	76	80	91	80	90	79	89	78	146	83	77	143	82	77	140	82	20.7
Midland/Odessa	99	67	97	67	95	67	73	87	72	86	71	86	69	120	76	68	115	75	67	111	75	23.7
San Angelo	100	70	97	70	95	70	75	90	74	89	73	88	71	123	80	70	118	79	69	116	78	22.3
San Antonio, Int'l Airport	98	73	96	73	94	74	78	87	77	87	76	86	76	139	81	75	135	81	74	132	80	19.1
San Antonio, Kelly AFB	99	74	97	74	96	74	79	89	78	88	77	88	77	145	83	76	140	82	75	136	81	20.5
San Antonio, Randolph AFB	98	74	96	74	94	74	78	90	77	89	76	88	76	138	82	75	134	81	74	132	81	22.3
Sanderson	97	67	95	68	94	68	74	86	73	86	72	86	70	123	79	69	119	78	68	114	77	20.7
Victoria	95	76	94	76	92	77	80	88	79	88	78	87	78	145	83	77	141	82	76	139	82	17.4
Waco	101	75	99	75	97	75	79	93	78	92	77	91	75	135	83	74	131	82	74	127	82	21.6
Wichita Falls, Sheppard AFB	103	74	100	73	98	73	77	93	76	92	75	91	73	129	82	72	124	82	71	120	81	23.9
UTAH																						
Cedar City	93	59	91	59	88	58	64	80	62	80	61	79	59	93	68	57	85	68	55	78	68	28.5
Ogden, Hill AFB	93	61	90	60	87	60	65	83	64	81	62	81	60	91	72	57	83	73	55	77	73	22.0
Salt Lake City	96	62	94	62	92	61	66	85	65	85	64	85	60	92	73	58	84	73	56	77	73	27.7
VERMONT																						
Burlington	87	71	84	69	82	68	74	83	72	81	70	78	71	115	79	69	109	77	67	102	75	20.4

MDB = mean coincident dry-bulb temperature, °F MWS = mean coincident wind speed, mph StdP = standard deviation HR = humidity ratio, grains (water)/lb (dry air)
MWB = mean coincident wet-bulb temperature, °F MWD = mean coincident wind direction, degrees DP = dew-point temperature, °F

Outdoor Design Conditions

Table 5.1B (IP) (Continued)
Cooling and Dehumidification Design Conditions—United States

	Cooling DB/MWB						WB/MDB						DP/MDB and HR									Range
	0.4%		1%		2%		0.4%		1%		2%		0.4%			1%			2%			
	DB	MWB	DB	MWB	DB	MWB	WB	MDB	WB	MDB	WB	MDB	DP	HR	MDB	DP	HR	MDB	DP	HR	MDB	of DB
Montpelier/Barre	85	70	83	68	80	67	72	82	70	80	69	77	69	111	78	67	106	75	66	99	73	21.1
VIRGINIA																						
Fort Belvoir	95	78	93	76	89	75	80	92	78	89	77	87	77	139	86	75	133	85	74	127	83	20.9
Hampton, Langley AFB	94	78	91	77	88	76	80	90	79	89	78	86	77	141	85	76	136	84	75	132	83	14.9
Lynchburg	93	74	90	74	88	73	77	88	76	87	75	85	74	129	81	73	125	80	72	120	79	18.2
Newport News	95	78	92	77	89	76	80	91	78	89	77	87	77	139	84	76	135	83	75	132	82	18.2
Norfolk	93	77	91	76	88	75	79	89	77	87	77	85	76	135	83	75	130	82	74	126	81	15.3
Oceana, NAS	94	77	91	76	88	75	79	89	78	87	77	86	77	139	85	76	134	83	74	129	82	15.7
Quantico, Mcas	94	77	92	76	89	74	79	91	78	89	76	87	76	136	87	75	130	85	73	125	83	18.5
Richmond	94	76	92	75	89	74	79	90	78	88	76	86	76	137	84	75	131	82	74	126	81	19.1
Roanoke	92	73	89	72	87	71	75	88	74	86	73	84	72	123	80	71	118	79	70	115	78	19.6
Sterling	93	75	90	74	88	73	77	88	76	87	75	85	74	130	83	73	125	81	72	120	80	21.0
Washington, National A	95	76	92	76	89	74	79	89	78	88	76	86	76	137	83	75	132	83	74	127	81	16.6
WASHINGTON																						
Bellingham	79	65	76	64	74	62	67	78	65	75	63	72	61	81	73	60	78	70	59	74	67	16.7
Hanford	100	67	96	65	93	64	68	96	66	94	65	90	58	73	72	56	68	75	53	62	74	26.5
Olympia	87	67	83	65	79	64	68	85	66	81	64	78	61	81	73	60	76	71	58	73	69	25.2
Quillayute	80	62	74	61	70	59	64	76	62	72	60	67	60	76	65	58	74	63	57	71	62	15.4
Seattle, Int'l Airport	85	65	81	64	78	62	66	83	65	79	63	76	60	78	71	59	74	69	57	71	68	18.3
Spokane, Fairchild AFB	92	62	89	61	85	60	65	86	63	84	61	82	57	77	68	55	71	68	53	67	67	26.1
Stampede Pass	78	57	74	56	71	54	59	74	57	71	56	69	53	70	63	51	65	61	50	62	58	16.0
Tacoma, McChord AFB	86	65	82	63	78	62	67	83	65	80	63	76	60	79	71	59	76	70	58	72	68	22.5
Walla Walla	98	66	95	65	92	64	68	92	67	91	65	88	60	82	74	58	76	72	57	71	72	27.0
Wenatchee	95	67	92	65	88	63	67	91	66	89	64	85	59	78	75	57	73	75	55	68	74	25.2
Yakima	95	65	92	64	88	63	67	90	66	89	64	86	59	78	75	57	71	74	55	67	72	31.1
WEST VIRGINIA																						
Bluefield	85	69	83	69	80	67	72	81	71	79	70	77	69	120	75	68	116	75	67	111	73	16.4
Charleston	91	73	88	73	86	71	76	86	75	85	74	82	73	129	81	72	123	80	71	118	78	19.1
Elkins	85	71	83	70	81	69	73	82	72	80	71	78	71	121	78	69	116	77	68	111	75	21.1
Huntington	91	74	89	73	86	72	77	87	76	85	74	83	74	132	82	73	127	81	72	121	79	19.1
Martinsburg	94	74	91	73	88	72	77	87	75	86	74	85	74	130	81	72	120	80	71	116	79	21.8
Morgantown	89	72	87	71	85	70	75	85	74	83	73	82	72	124	79	71	119	78	70	115	76	20.3
Parkersburg	91	74	88	72	86	72	76	87	75	85	74	82	74	132	82	72	122	80	71	118	78	19.6
WISCONSIN																						
Eau Claire	90	73	87	71	84	70	76	86	74	83	72	81	73	125	82	71	116	80	69	109	78	20.6
Green Bay	88	73	85	72	82	70	76	85	74	82	72	80	73	124	82	71	116	79	69	109	77	20.7
La Crosse	91	74	88	73	85	71	77	87	75	84	74	82	75	132	83	73	125	81	71	117	78	20.1
Madison	90	73	87	72	84	70	76	86	74	84	72	82	73	126	83	71	118	80	69	111	78	21.9
Milwaukee	89	74	86	72	83	70	76	86	74	83	72	81	73	127	83	71	119	80	70	111	78	16.6
Wausau	88	71	85	70	82	69	74	83	72	82	71	78	71	120	79	69	113	77	68	108	75	19.6
WYOMING																						
Big Piney	83	54	80	53	78	52	56	75	55	74	53	74	50	69	60	48	64	60	45	57	59	32.8
Casper	92	59	89	58	86	58	62	81	61	80	60	79	57	85	66	55	78	66	53	73	65	30.4
Cheyenne, Warren AFB	87	58	85	57	82	57	62	77	61	76	60	75	58	90	66	56	85	65	55	80	64	25.7
Cody	91	59	87	58	84	57	61	83	60	81	58	80	54	76	70	52	69	66	50	64	65	25.4
Gillette	94	61	91	61	87	60	65	84	63	83	62	82	59	88	73	57	80	69	54	73	68	28.6
Lander	90	59	87	58	85	57	62	81	61	80	59	80	56	81	69	53	74	68	51	69	67	26.7
Rock Springs	86	54	84	54	82	53	58	75	57	74	56	74	54	78	62	51	71	61	49	66	61	27.7
Sheridan	93	62	90	61	86	61	66	85	64	83	63	81	60	88	71	58	82	71	56	76	69	29.1
Worland	96	63	93	63	90	62	67	88	66	86	64	84	61	94	75	59	86	75	57	80	73	31.0

MDB = mean coincident dry-bulb temperature, °F MWS = mean coincident wind speed, mph StdP = standard deviation HR = humidity ratio, grains (water)/lb (dry air)
MWB = mean coincident wet-bulb temperature, °F MWD = mean coincident wind direction, degrees DP = dew-point temperature, °F

Environmental Design Conditions

Table 5.1B (SI)
Cooling and Dehumidification Design Conditions—United States

	Cooling DB/MWB						WB/MDB						DP/MDB and HR								Range
	0.4%		1%		2%		0.4%		1%		2%		0.4%			1%			2%			
	DB	MWB	DB	MWB	DB	MWB	WB	MDB	WB	MDB	WB	MDB	DP	HR	MDB	DP	HR	MDB	DP	HR	MDB	of DB
ALABAMA																						
Anniston	34.8	24.3	33.7	24.3	32.1	23.9	26.3	32.0	25.6	31.1	25.0	30.2	24.9	20.4	29.1	24.2	19.6	28.0	23.7	19.0	27.2	10.9
Birmingham	34.7	23.9	33.4	23.8	32.3	23.5	25.7	31.8	25.1	31.2	24.6	30.3	24.0	19.3	28.6	23.4	18.7	27.9	22.9	18.1	27.4	10.4
Dothan	35.0	24.4	34.1	24.3	33.2	24.2	26.5	32.2	25.9	31.3	25.4	30.5	25.2	20.6	28.4	24.6	19.9	27.9	24.2	19.4	27.5	9.7
Huntsville	34.5	23.8	33.2	23.6	31.9	23.3	25.6	31.6	25.0	30.9	24.4	30.0	23.9	19.3	28.6	23.3	18.6	27.9	22.8	18.0	27.3	10.3
Mobile	34.3	24.7	33.4	24.6	32.5	24.4	26.3	31.6	25.8	31.0	25.5	30.6	25.1	20.3	28.5	24.6	19.8	28.1	24.2	19.3	27.8	9.2
Montgomery	35.1	24.6	34.0	24.4	32.9	24.3	26.3	32.6	25.8	31.8	25.3	31.1	24.6	19.8	29.3	24.1	19.2	28.7	23.7	18.6	28.3	10.4
Muscle Shoals/Florence	35.3	24.2	34.2	24.0	33.1	23.6	25.7	32.2	25.3	31.5	24.8	30.8	24.3	19.6	27.9	23.8	19.0	27.6	23.4	18.6	27.3	11.1
Ozark, Fort Rucker	35.2	25.1	34.3	24.8	33.4	24.5	27.0	32.3	26.3	31.7	25.8	30.9	25.5	20.9	29.4	25.0	20.3	28.7	24.5	19.7	28.3	10.0
Tuscaloosa	35.2	24.8	34.2	24.8	33.2	24.4	26.5	32.5	26.0	31.8	25.5	31.0	25.1	20.3	28.8	24.5	19.6	28.2	24.1	19.1	27.9	10.9
ALASKA																						
Adak, NAS	15.2	12.6	14.0	11.4	13.0	10.3	12.9	14.8	11.7	13.7	10.6	12.5	11.5	8.4	14.6	10.4	7.8	13.1	9.3	7.3	11.9	5.4
Anchorage, Elemendorf AFB	21.9	14.6	20.3	13.9	19.0	13.1	15.7	20.7	14.7	18.9	13.9	17.7	13.7	9.9	16.5	12.9	9.3	16.2	11.9	8.7	15.6	7.0
Anchorage, Fort Richardson	23.4	15.5	21.4	14.4	19.9	13.7	16.1	22.2	15.1	20.3	14.2	18.8	13.5	9.8	18.0	12.2	9.0	16.5	11.7	8.7	16.2	8.6
Anchorage, Int'l Airport	21.5	14.7	19.9	13.9	18.5	13.1	15.6	20.6	14.6	18.7	13.8	17.4	13.4	9.7	16.8	12.7	9.2	16.3	11.8	8.7	15.6	7.0
Annette	23.3	16.0	21.1	15.1	19.1	13.9	16.7	22.3	15.6	20.1	14.6	18.2	14.3	10.2	18.3	13.6	9.7	17.0	12.9	9.3	15.9	5.8
Barrow	13.6	10.8	11.2	9.3	9.0	7.6	11.1	13.3	9.3	11.1	7.6	8.9	9.7	7.5	12.1	7.9	6.6	10.5	6.4	6.0	8.8	5.9
Bethel	22.1	14.7	19.9	13.7	18.0	12.8	15.5	20.7	14.4	18.6	13.5	16.9	13.4	9.7	16.4	12.6	9.1	15.3	11.8	8.6	14.7	7.4
Bettles	26.1	15.9	24.1	15.1	22.2	14.3	17.0	24.2	15.9	22.5	15.0	20.8	14.2	10.3	18.9	13.1	9.6	17.9	12.2	9.0	17.1	10.8
Big Delta, Ft. Greely	25.5	14.8	23.6	14.3	21.9	13.5	16.2	23.3	15.1	22.1	14.2	20.4	13.3	10.0	18.6	12.2	9.3	17.1	11.2	8.7	16.2	9.6
Cold Bay	15.4	12.4	14.1	11.6	13.0	11.1	13.0	14.8	12.2	13.6	11.4	12.7	12.2	8.9	13.6	11.4	8.4	12.8	10.7	8.0	12.2	4.1
Cordova	21.3	14.8	19.3	13.8	17.2	13.2	15.6	20.5	14.4	18.4	13.5	16.7	13.4	9.6	17.2	12.2	8.9	15.5	11.6	8.5	14.9	7.5
Deadhorse	18.8	13.8	16.2	12.5	14.3	11.4	14.2	17.9	12.9	16.4	11.4	14.2	12.0	8.7	16.6	10.7	8.0	15.2	9.3	7.3	13.6	7.6
Dillingham	20.5	14.1	18.7	13.3	16.7	12.4	14.9	19.2	13.9	17.6	13.0	16.3	13.3	9.6	16.5	11.9	8.7	15.2	11.1	8.2	14.1	7.3
Fairbanks, Eielson AFB	27.4	16.2	25.6	15.5	23.7	14.9	17.5	25.8	16.4	23.7	15.6	22.3	14.5	10.5	19.1	13.6	9.9	18.9	12.2	9.0	18.9	10.8
Fairbanks, Int'l Airport	27.1	15.8	25.2	15.1	23.4	14.6	17.0	24.8	16.1	23.4	15.2	21.6	14.2	10.3	18.2	13.3	9.7	17.7	12.4	9.1	17.3	10.3
Galena	25.4	15.9	23.5	14.9	21.4	14.3	17.0	23.2	16.0	21.5	15.1	20.5	14.5	10.4	19.0	13.6	9.8	18.2	12.4	9.0	17.7	8.5
Gulkana	24.7	14.2	22.7	13.2	20.8	12.5	15.1	22.9	14.0	21.3	13.1	19.7	11.6	9.0	16.8	10.7	8.5	15.7	9.7	7.7	15.1	11.3
Homer	18.1	13.4	16.6	12.9	15.7	12.3	14.1	17.1	13.4	16.1	12.7	15.2	12.5	9.1	14.9	11.7	8.6	14.7	11.1	8.2	14.1	6.6
Juneau	23.1	15.5	20.8	14.7	19.1	13.7	16.1	21.6	15.2	20.0	14.3	18.0	14.0	10.0	17.3	13.4	9.6	16.1	12.8	9.2	15.4	7.7
Kenai	20.1	13.3	18.6	12.7	16.8	12.2	14.3	18.4	13.6	17.0	12.9	15.9	12.8	9.2	15.0	11.8	8.6	14.4	11.2	8.3	14.0	7.4
Ketchikan	21.5	15.8	20.0	15.1	18.8	14.2	16.4	20.4	15.6	19.2	14.9	17.9	14.8	10.5	17.5	14.1	10.1	16.6	13.6	9.7	16.0	5.7
King Salmon	21.4	14.3	19.4	13.4	17.7	12.6	15.2	20.1	14.1	18.2	13.2	16.8	13.1	9.4	16.3	12.2	8.8	15.3	11.3	8.3	14.5	8.6
Kodiak, State USCG Base	20.2	14.3	18.2	13.3	16.2	12.5	15.1	18.8	14.1	17.2	13.2	15.9	13.3	9.6	16.3	12.6	9.1	15.2	11.9	8.7	14.1	6.2
Kotzebue	19.8	15.2	18.0	14.3	16.3	13.2	15.8	19.3	14.6	17.5	13.5	15.9	14.1	10.0	17.6	13.0	9.3	16.3	12.1	8.8	15.2	4.9
McGrath	24.9	15.3	22.9	14.3	21.0	13.6	16.2	23.3	15.2	21.1	14.3	19.5	13.7	9.9	17.3	12.8	9.3	16.7	11.9	8.8	15.9	9.7
Middleton Island	16.8	12.0	15.6	10.8	14.8	10.6	12.8	15.9	12.1	14.8	11.7	14.0	11.1	8.2	13.3	10.6	8.0	13.1	10.1	7.7	12.9	3.2
Nenana	26.4	15.7	24.6	14.9	22.8	14.0	16.7	24.1	15.6	22.8	14.8	21.3	13.7	9.9	18.3	12.8	9.3	18.2	11.5	8.6	17.0	11.8
Nome	20.4	13.7	18.2	12.9	16.2	11.9	14.7	19.1	13.6	17.1	12.6	15.6	12.7	9.1	15.9	11.7	8.6	14.8	10.8	8.0	14.0	6.1
Northway	25.5	14.7	23.6	13.9	21.4	13.3	15.5	24.2	14.6	21.6	13.7	20.4	12.2	9.4	16.4	11.4	8.9	15.9	10.7	8.5	15.1	11.1
Port Heiden	18.0	12.5	16.2	11.3	15.0	10.7	13.1	16.8	12.0	15.3	11.2	14.4	10.8	8.1	14.8	10.0	7.7	14.0	9.3	7.3	12.7	5.4
Saint Paul Island	11.9	10.3	11.1	9.7	10.3	9.2	10.7	11.7	10.1	10.8	9.5	10.2	10.2	7.8	11.1	9.6	7.4	10.4	9.1	7.2	9.8	3.0
Sitka	19.1	15.1	17.8	14.2	16.3	13.7	15.8	18.1	14.9	16.8	14.2	15.8	14.7	10.5	16.5	14.1	10.1	15.7	13.6	9.7	15.1	5.1
Talkeetna	24.7	15.7	22.7	14.6	21.0	14.1	16.6	23.1	15.6	21.3	14.7	19.6	14.1	10.1	17.9	13.2	9.6	16.8	12.4	9.1	15.9	9.1
Valdez	20.5	13.5	18.8	13.0	16.8	12.2	14.2	19.3	13.5	17.6	12.7	16.2	11.8	8.6	14.9	11.4	8.4	14.1	11.0	8.2	13.3	6.8
Yakutat	19.0	13.2	17.1	12.7	15.7	12.4	14.3	16.9	13.7	15.8	13.1	15.1	13.4	9.6	14.6	12.8	9.2	14.1	12.3	8.9	13.7	6.7
ARIZONA																						
Flagstaff	29.5	13.1	28.1	12.9	26.7	12.8	16.3	23.1	15.6	22.6	14.9	22.1	14.3	13.3	18.1	13.4	12.5	17.7	12.6	11.8	17.3	15.3
Kingman	37.2	17.7	36.1	17.2	35.0	16.9	21.4	28.0	19.6	29.6	18.8	30.2	19.3	16.0	24.9	16.4	13.2	23.8	15.0	12.1	24.3	13.8
Page	37.1	16.8	36.0	16.4	34.9	16.1	19.1	29.3	18.3	30.2	17.7	30.2	15.7	13.1	23.5	14.6	12.2	23.2	13.6	11.4	23.4	13.2
Phoenix, Int'l Airport	43.2	20.9	42.0	20.9	40.9	20.8	24.2	35.8	23.7	35.4	23.2	35.0	21.5	16.8	27.8	20.6	15.9	28.6	19.6	14.9	29.6	12.8
Phoenix, Luke AFB	43.4	21.8	41.7	21.7	40.6	21.5	25.4	35.9	24.7	36.0	24.0	35.3	23.1	18.6	29.6	21.6	16.9	29.7	20.6	15.9	30.2	14.0
Prescott	34.2	15.7	32.7	15.6	31.4	15.4	19.3	27.2	18.6	26.7	18.0	26.0	17.2	14.9	21.6	16.3	14.0	21.4	15.5	13.3	21.3	14.1
Safford, Agri Center	39.0	18.7	37.2	19.0	36.0	18.5	21.9	31.9	21.4	31.7	20.8	31.3	19.3	15.8	24.9	18.7	15.2	24.6	18.0	14.5	25.0	19.3
Tucson	40.1	18.5	38.8	18.4	37.6	18.4	22.2	31.0	21.7	30.4	21.3	30.1	20.3	16.5	24.3	19.6	15.8	24.5	18.9	15.1	24.9	16.3
Winslow	35.2	15.8	34.0	15.5	32.8	15.2	18.6	26.6	17.8	27.0	17.2	26.8	16.0	13.6	21.5	15.2	13.0	20.8	14.3	12.2	20.7	15.2
Yuma	44.0	22.3	42.6	22.5	41.2	22.1	26.4	35.5	25.7	35.2	25.1	35.1	24.3	19.4	30.7	23.3	18.2	31.2	21.9	16.7	31.5	13.2
ARKANSAS																						
Blytheville, Eaker AFB	36.0	25.7	34.8	25.2	33.7	24.8	27.5	33.3	26.6	32.6	25.8	31.6	25.8	21.3	31.2	25.0	20.3	30.2	24.2	19.3	29.2	10.4
Fayetteville	35.2	24.1	34.0	24.0	32.2	23.6	25.6	32.4	24.9	31.9	24.3	30.6	23.7	19.4	29.4	23.2	18.8	28.7	22.2	17.7	27.4	11.9
Fort Smith	37.0	24.3	35.4	24.3	34.0	24.1	26.0	33.5	25.4	32.4	24.9	32.1	24.0	19.2	29.5	23.4	18.6	28.8	22.9	18.0	28.3	11.9
Little Rock, AFB	36.3	25.1	34.8	24.9	33.6	24.6	26.7	33.3	26.1	32.7	25.6	31.8	24.9	20.2	29.8	24.4	19.6	29.3	23.9	19.0	28.8	10.8
Texarkana	36.1	25.0	34.9	24.8	33.9	24.7	26.6	32.9	26.1	32.5	25.7	31.9	25.0	20.4	29.7	24.5	19.8	29.2	24.1	19.3	28.8	11.4

MDB = mean coincident dry-bulb temperature, °C MWS = mean coincident wind speed, km/h StdP = standard deviation HR = humidity ratio, g (water)/kg (dry air)
MWB = mean coincident wet-bulb temperature, °C MWD = mean coincident wind direction, degrees DP = dew-point temperature, °C

Outdoor Design Conditions

Table 5.1B (SI) (Continued)
Cooling and Dehumidification Design Conditions—United States

	Cooling DB/MWB						WB/MDB						DP/MDB and HR									Range
	0.4%		1%		2%		0.4%		1%		2%		0.4%			1%			2%			
	DB	MWB	DB	MWB	DB	MWB	WB	MDB	WB	MDB	WB	MDB	DP	HR	MDB	DP	HR	MDB	DP	HR	MDB	of DB
CALIFORNIA																						
Alameda, NAS	28.5	18.4	26.0	17.6	24.3	17.0	19.3	25.9	18.5	24.7	17.9	23.0	16.9	12.1	20.9	16.2	11.5	20.3	15.7	11.2	19.7	8.2
Arcata/Eureka	21.3	15.5	19.7	15.0	18.6	14.6	16.8	19.7	15.9	18.6	15.3	17.7	15.6	11.2	17.8	14.9	10.7	17.1	14.2	10.2	16.4	8.6
Bakersfield	39.9	21.3	38.5	20.8	37.1	20.3	22.6	36.6	21.8	35.6	21.2	35.1	17.9	13.1	28.9	16.7	12.1	28.6	15.7	11.3	28.4	14.7
Barstow/Daggett	41.8	20.2	40.5	19.7	39.1	19.2	22.4	35.1	21.6	35.1	20.7	35.0	18.8	14.7	27.4	16.9	13.0	29.6	15.1	11.5	29.5	15.4
Blue Canyon	28.8	15.1	27.1	14.1	25.9	13.5	16.4	26.5	15.4	25.5	14.5	24.1	12.0	10.6	21.1	10.9	9.9	21.2	9.9	9.2	20.1	9.2
Burbank/Glendale	36.7	20.4	34.8	20.3	33.3	20.0	23.2	32.0	22.3	31.7	21.5	30.0	20.3	15.4	26.6	19.5	14.7	25.7	18.8	14.0	24.8	13.0
Fairfield, Travis AFB	36.4	19.6	34.7	19.4	32.7	19.0	21.3	33.6	20.3	32.1	19.5	30.9	16.9	12.1	24.7	15.9	11.3	23.5	15.1	10.7	22.9	16.1
Fresno	39.6	21.4	38.1	20.9	36.6	20.4	22.7	36.8	21.9	35.6	21.2	34.6	18.0	13.1	29.7	16.8	12.1	28.6	15.9	11.4	27.7	17.2
Lancaster/Palmdale	38.5	19.1	36.7	18.5	35.4	18.0	21.1	34.2	20.3	32.7	19.4	32.3	16.9	13.1	26.5	15.5	12.0	27.2	14.4	11.2	27.2	15.5
Lemoore, Reeves NAS	39.5	22.1	38.2	21.7	36.5	20.9	23.8	36.3	22.8	35.6	21.9	34.7	19.5	14.4	31.7	18.4	13.4	30.6	16.8	12.1	30.0	18.3
Long Beach	33.2	19.5	30.9	19.2	29.1	19.0	21.9	29.4	21.2	28.0	20.6	26.8	19.6	14.4	24.4	18.9	13.7	24.1	18.3	13.2	23.7	9.3
Los Angeles	29.2	17.7	27.0	17.6	25.4	17.9	21.0	25.8	20.3	24.7	19.8	23.8	19.4	14.2	23.6	18.7	13.6	22.8	18.1	13.1	22.1	6.1
Marysville, Beale AFB	38.4	21.1	36.4	20.4	35.0	19.8	22.4	35.9	21.5	34.8	20.6	33.1	17.2	12.3	29.7	16.1	11.5	27.8	15.3	10.9	27.0	16.6
Merced, Castle AFB	37.2	20.8	36.0	20.7	34.7	20.1	22.3	35.3	21.6	34.0	20.8	33.1	17.7	12.8	27.2	16.4	11.7	29.1	15.6	11.2	27.4	16.8
Mount Shasta	32.9	16.8	30.9	16.1	29.5	15.3	18.0	30.6	17.0	28.7	16.1	28.0	13.4	10.9	23.4	11.7	9.8	22.9	10.6	9.1	21.5	17.8
Mountain View, Moffet NAS	31.2	18.2	28.9	18.2	26.7	17.6	20.0	27.8	19.2	26.6	18.5	25.7	16.7	11.9	23.6	16.0	11.4	23.0	15.4	10.9	22.2	10.0
Ontario	38.7	21.5	36.5	21.0	35.0	20.7	23.7	34.5	23.0	33.4	22.2	32.2	20.9	16.1	26.5	19.9	15.1	26.8	19.1	14.4	25.6	15.4
Oxnard, Pt. Mugu NAWS	28.5	16.6	26.1	17.8	24.8	17.9	21.3	25.1	20.5	24.1	19.7	23.2	20.0	14.7	23.4	19.1	13.9	22.8	18.4	13.3	22.2	8.1
Paso Robles	38.8	19.8	36.7	19.2	34.9	18.5	20.9	36.2	20.0	34.7	19.2	32.8	15.9	11.6	24.2	14.6	10.7	22.8	13.9	10.2	21.6	21.0
Red Bluff	40.7	20.9	38.8	20.3	36.7	19.5	22.5	36.5	21.6	35.0	20.8	33.7	18.4	13.4	27.6	16.9	12.2	26.4	16.0	11.5	25.3	16.4
Riverside, March AFB	38.4	20.0	36.4	19.9	35.1	19.4	22.5	33.6	21.7	32.7	21.0	32.2	19.3	14.9	26.1	18.2	13.9	26.7	16.9	12.8	26.3	16.1
Sacramento, Mather Field	38.5	20.7	36.3	20.0	34.8	19.3	21.6	36.2	20.8	34.4	20.0	33.1	16.1	11.5	26.1	15.4	11.0	25.1	14.7	10.5	24.2	18.7
Sacramento, McClellan AFB	38.8	21.0	36.8	20.5	35.2	19.9	22.3	36.2	21.4	35.0	20.6	33.5	17.0	12.2	28.7	16.2	11.5	27.0	15.4	11.0	26.2	16.5
Sacramento, Metro	37.8	20.8	36.0	20.3	34.2	19.7	22.0	35.7	21.1	34.3	20.3	32.8	16.8	12.0	27.9	15.9	11.3	26.4	15.2	10.8	25.4	18.5
Salinas	28.5	17.0	25.8	16.8	24.1	16.2	18.9	25.4	18.1	23.9	17.3	22.5	16.4	11.7	20.7	15.7	11.2	19.9	15.2	10.8	19.2	10.4
San Bernardino, Norton AFB	39.5	20.9	38.1	21.0	36.2	20.4	23.5	34.7	22.7	34.4	21.9	33.2	20.0	15.3	28.5	19.0	14.4	28.4	18.1	13.6	28.0	17.5
San Diego, Int'l Airport	29.4	19.6	27.4	19.4	26.1	19.2	22.5	26.3	21.6	25.6	20.9	24.7	21.2	15.8	25.1	20.2	14.9	24.3	19.4	14.2	23.5	4.9
San Diego, Miramar NAS	33.4	20.6	31.0	19.7	29.4	19.3	22.2	29.6	21.5	28.6	20.8	27.4	19.9	14.8	25.6	19.2	14.2	24.8	18.6	13.7	23.9	9.7
San Francisco	28.4	17.0	25.6	16.4	23.3	15.8	18.0	25.9	17.2	23.8	16.6	22.1	15.2	10.8	19.4	14.6	10.4	18.9	14.1	10.1	18.5	9.3
San Jose Int'l Airport	34.1	19.5	31.7	18.9	29.8	18.5	20.9	31.1	20.1	29.4	19.4	28.2	17.0	12.2	24.8	16.3	11.6	24.2	15.7	11.2	23.3	12.4
Santa Barbara	28.6	17.6	26.4	17.8	25.2	17.5	20.5	25.2	19.7	24.5	19.1	23.6	18.9	13.7	23.1	18.1	13.0	21.9	17.1	12.2	21.2	10.0
Santa Maria	29.9	17.2	27.5	16.7	25.6	16.1	19.1	27.2	18.2	25.3	17.5	23.9	15.9	11.4	21.0	15.3	11.0	20.7	14.7	10.5	19.9	10.8
Stockton	38.0	20.8	36.1	20.1	34.7	19.6	21.8	35.5	21.0	34.5	20.2	33.1	16.5	11.8	25.3	15.7	11.2	25.3	15.1	10.7	24.8	16.9
Victorville, George AFB	38.4	18.2	36.7	18.1	35.6	17.7	20.8	31.3	20.1	31.3	19.3	31.1	18.1	14.5	25.5	16.2	12.8	26.0	14.9	11.8	25.4	15.7
COLORADO																						
Alamosa	29.0	12.8	27.8	12.7	26.6	12.4	15.4	24.0	14.8	23.2	14.2	22.7	13.0	12.4	16.7	12.1	11.6	16.5	11.2	11.0	16.9	17.3
Colorado Springs	32.1	14.4	30.6	14.2	29.0	14.2	17.1	25.3	16.4	25.1	15.8	24.6	14.7	13.2	19.1	13.9	12.5	18.7	13.1	11.9	18.5	13.8
Craig	30.9	13.9	29.7	13.4	28.4	13.0	15.8	26.3	14.9	25.7	14.1	25.2	11.9	11.0	19.1	10.9	10.3	18.6	10.0	9.7	17.9	20.2
Denver	33.8	15.3	32.3	15.2	30.8	15.1	18.1	27.2	17.3	26.6	16.7	25.8	15.6	13.7	20.4	14.6	12.8	20.1	13.7	12.1	20.1	14.9
Eagle	31.2	14.7	29.9	14.1	28.4	13.7	16.6	26.8	15.7	25.6	15.0	24.6	13.7	12.5	17.8	12.7	11.7	18.1	11.6	10.8	18.3	20.1
Grand Junction	35.7	16.1	34.4	15.7	33.1	15.4	18.4	28.9	17.7	28.3	17.1	27.9	15.7	13.3	20.9	14.5	12.4	21.7	13.2	11.3	21.9	14.8
Limon	32.3	15.4	31.0	15.3	29.5	15.1	17.9	26.1	17.3	25.8	16.8	25.2	15.8	13.7	19.2	15.1	13.1	18.7	14.5	12.6	18.7	14.9
Pueblo	36.2	16.8	34.6	16.7	33.1	16.6	19.7	28.7	19.0	28.4	18.4	28.2	17.3	14.8	21.7	16.4	14.0	21.7	15.6	13.2	21.6	16.3
Trinidad	33.8	16.1	32.1	15.7	30.8	15.6	18.5	29.0	17.8	28.2	17.1	27.0	15.5	13.7	21.4	14.7	13.0	20.7	13.9	12.3	20.8	15.7
CONNECTICUT																						
Bridgeport	30.2	22.8	28.8	22.1	27.6	21.5	24.3	28.1	23.5	27.1	22.8	26.2	23.2	18.0	26.2	22.4	17.1	25.6	21.7	16.4	24.9	7.8
Hartford, Brainard Field	32.9	23.0	31.2	22.1	29.7	21.2	24.3	30.8	23.4	28.9	22.6	27.5	27.2	32.6	21.8	26.3	30.9	20.9	25.6	29.5	−17.8	11.6
Windsor Locks, Bradley Fld	33.2	22.7	31.2	21.8	29.7	21.0	24.2	30.6	23.3	28.9	22.5	27.5	22.2	17.0	27.2	21.5	16.3	26.1	20.8	15.6	25.2	11.6
DELAWARE																						
Dover, AFB	33.7	24.5	31.9	23.9	30.6	23.6	26.2	30.9	25.5	30.0	24.7	29.0	25.0	20.1	28.8	24.3	19.3	27.8	23.6	18.4	27.3	9.0
Wilmington	32.9	23.8	31.5	23.1	30.1	22.6	25.3	30.6	24.6	29.3	23.8	28.5	23.9	18.8	27.9	23.1	17.9	27.1	22.4	17.2	26.6	9.4
FLORIDA																						
Apalachicola	33.2	26.0	32.0	25.8	31.4	25.6	27.1	31.3	26.7	30.8	26.2	30.4	25.9	21.2	29.3	25.5	20.7	29.1	25.1	20.2	28.7	7.4
Cape Canaveral, NASA	33.5	25.5	32.2	25.4	31.6	25.1	26.7	31.1	26.2	30.8	25.9	30.4	25.5	20.7	29.1	25.1	20.2	28.7	24.7	19.7	28.2	8.9
Daytona Beach	33.2	25.0	32.2	24.8	31.3	24.8	26.3	31.1	25.8	30.6	25.6	30.2	20.1	29.1	24.6	19.6	28.7	24.2	19.1	28.3	8.6		
Fort Lauderdale/Hollywood	33.3	25.5	32.2	25.7	31.8	25.4	27.0	31.1	26.6	30.6	26.2	30.3	25.7	21.0	29.2	25.5	20.7	29.0	25.1	20.2	28.8	6.3
Fort Myers	34.6	25.0	33.9	25.0	33.4	25.0	26.9	31.5	26.5	30.9	26.1	30.8	25.7	21.0	28.7	25.3	20.5	28.5	24.9	20.0	28.2	9.4
Gainesville	34.2	25.1	33.5	24.9	32.2	24.7	26.5	31.8	26.1	31.2	25.6	30.6	25.2	20.4	28.9	24.7	19.8	28.4	24.4	19.5	28.0	10.4
Homestead, AFB	33.1	26.1	32.1	26.0	31.6	25.7	27.2	31.4	26.8	31.1	26.4	30.7	26.0	21.4	30.3	25.5	20.7	29.8	25.1	20.2	29.6	6.5
Jacksonville, Cecil Field NAS9676	34.8	24.4	34.0	24.2	26.2	32.6	25.7	32.1	25.2	31.5	24.6	19.7	28.8	24.1	19.1	28.2	23.7	18.6	27.9	11.1		
Jacksonville, Int'l Airport	34.7	25.2	33.7	25.1	32.7	24.8	26.6	32.2	26.2	31.7	25.7	31.0	25.2	20.3	29.2	24.7	19.7	28.7	24.3	19.2	28.3	9.9
Jacksonville, Mayport Naval	34.8	25.3	33.6	25.4	32.2	25.0	27.1	31.8	26.6	31.4	26.1	31.0	25.7	21.0	29.9	25.2	20.3	29.6	24.8	19.8	29.2	8.5

MDB = mean coincident dry-bulb temperature, °C   MWS = mean coincident wind speed, km/h   StdP = standard deviation   HR = humidity ratio, g (water)/kg (dry air)
MWB = mean coincident wet-bulb temperature, °C   MWD = mean coincident wind direction, degrees   DP = dew-point temperature, °C

ENVIRONMENTAL DESIGN CONDITIONS

Table 5.1B (SI) (Continued)
Cooling and Dehumidification Design Conditions—United States

	Cooling DB/MWB 0.4% DB	MWB	1% DB	MWB	2% DB	MWB	WB/MDB 0.4% WB	MDB	1% WB	MDB	2% WB	MDB	DP/MDB and HR 0.4% DP	HR	MDB	1% DP	HR	MDB	2% DP	HR	MDB	Range of DB
Key West	32.4	26.1	31.9	26.0	31.4	25.8	27.0	30.8	26.7	30.6	26.4	30.4	25.9	21.3	29.6	25.6	20.8	29.4	25.2	20.4	29.2	4.5
Melbourne	33.8	26.3	32.9	26.2	31.8	26.0	27.7	31.7	27.2	31.1	26.8	30.6	26.6	22.2	30.0	26.1	21.5	29.7	25.6	20.9	29.4	8.5
Miami, Int'l Airport	32.8	25.2	32.2	25.1	31.6	24.9	26.4	30.4	26.1	30.3	25.8	29.9	25.4	20.6	28.3	25.0	20.1	28.1	24.7	19.7	28.0	6.3
Miami, New Tamiami A	33.6	25.4	33.0	25.4	32.1	25.2	26.6	31.4	26.2	31.0	26.0	30.7	25.5	20.7	28.5	25.1	20.2	28.3	24.7	19.7	28.1	8.6
Milton, Whiting Field NAS	35.0	25.4	34.1	25.0	33.2	24.7	27.1	32.3	26.5	31.7	25.9	31.0	25.7	21.1	29.9	25.1	20.4	29.2	24.6	19.7	28.7	10.3
Orlando	34.4	24.6	33.7	24.6	33.1	24.4	26.2	31.2	25.9	31.0	25.6	30.6	25.1	20.3	28.2	24.7	19.8	27.8	24.4	19.4	27.4	9.2
Panama City, Tyndall AFB	32.9	26.3	31.8	26.0	31.1	25.9	28.1	31.0	27.5	30.5	27.0	29.9	27.1	22.9	30.1	26.5	22.0	29.4	26.0	21.4	29.1	6.8
Pensacola, Sherman AFB	34.1	25.5	33.3	25.3	32.1	25.3	27.2	31.5	26.6	31.0	26.1	30.9	26.0	21.4	29.6	25.3	20.5	29.4	24.7	19.7	29.3	8.5
Saint Petersburg	34.5	26.6	33.8	26.2	33.1	25.9	28.0	32.4	27.5	31.8	27.1	31.0	26.7	22.3	29.9	26.4	21.9	29.6	26.0	21.4	29.5	7.5
Sarasota/Bradenton	33.7	26.4	33.1	25.9	32.2	26.0	27.7	32.2	27.2	31.6	26.9	31.2	26.3	21.8	30.4	25.9	21.2	30.2	25.6	20.9	29.8	8.8
Tallahassee	34.8	24.7	33.8	24.5	32.9	24.2	26.4	31.6	25.9	31.2	25.6	30.6	25.2	20.3	28.3	24.7	19.7	27.8	24.3	19.3	27.5	10.3
Tampa, Int'l Airport	33.6	25.1	32.9	25.1	32.3	24.9	26.7	31.2	26.2	31.2	25.8	30.7	25.3	20.5	29.2	24.9	20.0	28.7	24.5	19.5	28.5	8.3
Valparaiso, Eglin AFB	33.5	25.4	32.2	25.3	31.5	25.0	27.1	31.1	26.5	30.4	26.1	30.1	25.9	21.3	29.4	25.4	20.6	28.8	25.0	20.1	28.4	7.7
Vero Beach	33.4	25.2	32.2	25.5	31.7	25.2	26.5	31.3	26.1	31.0	25.9	30.7	25.1	20.2	29.2	24.8	19.9	28.9	24.6	19.6	28.8	8.7
West Palm Beach	32.9	25.3	32.2	25.3	31.6	25.2	26.4	31.1	26.1	30.9	25.8	30.4	25.2	20.4	28.9	24.8	19.9	28.7	24.5	19.5	28.5	7.3
GEORGIA																						
Albany	35.8	24.6	34.8	24.4	33.9	24.1	26.2	32.5	25.7	31.7	25.3	31.1	24.9	20.1	28.2	24.4	19.5	27.9	24.0	19.0	27.4	11.0
Athens	34.6	23.6	33.3	23.7	32.0	23.2	25.3	31.6	24.7	30.8	24.3	30.1	23.6	19.0	27.8	23.1	18.4	27.4	22.7	17.9	26.9	10.2
Atlanta	33.9	23.8	32.6	23.4	31.3	22.8	25.1	31.2	24.4	30.3	23.9	29.7	23.4	19.0	27.8	22.8	18.3	27.1	22.3	17.7	26.6	9.6
Augusta	35.7	24.4	34.3	24.3	33.2	23.9	25.9	32.8	25.4	31.9	24.9	31.1	24.3	19.3	28.6	23.7	18.6	28.1	23.2	18.1	27.7	11.2
Brunswick	34.1	25.7	32.6	26.1	31.3	25.4	27.1	31.6	26.6	31.0	26.2	30.4	25.7	21.0	29.9	25.4	20.6	29.4	25.0	20.1	28.9	8.0
Columbus, Fort Benning	35.9	24.5	34.7	24.4	33.6	24.3	26.5	32.6	25.9	31.9	25.4	31.3	25.0	20.3	29.2	24.4	19.5	28.5	24.0	19.0	27.9	11.4
Columbus, Metro Airport	35.2	24.2	34.0	23.9	33.0	23.7	25.9	31.9	25.4	31.2	25.0	30.6	24.5	19.8	27.9	24.0	19.2	27.5	23.6	18.6	27.2	10.0
Macon	35.7	24.3	34.4	24.0	33.3	23.8	25.9	32.7	25.4	31.9	25.0	31.1	24.2	19.4	28.4	23.8	18.9	27.9	23.4	18.4	27.5	10.7
Marietta, Dobbins AFB	34.4	23.4	33.0	23.2	31.5	23.1	25.0	31.3	24.5	30.6	24.0	29.9	23.6	19.2	27.6	23.0	18.5	27.1	22.2	17.6	26.1	9.5
Rome	35.5	23.4	34.2	23.5	32.9	23.1	25.5	32.1	25.0	31.5	24.5	30.9	23.9	19.2	28.6	23.4	18.6	28.1	22.9	18.1	28.1	11.5
Savannah	35.0	24.9	33.8	24.6	32.6	24.4	26.3	32.2	25.8	31.5	25.3	30.7	24.8	19.8	28.7	24.3	19.3	28.1	23.9	18.8	27.8	9.7
Valdosta, Moody AFB	35.2	25.1	34.3	24.8	33.5	24.5	26.6	32.9	26.1	31.9	25.6	31.2	25.0	20.3	29.5	24.6	19.8	28.8	24.2	19.3	28.5	9.9
Valdosta, Regional Airport	35.1	25.0	34.2	24.7	33.4	24.4	26.5	32.3	26.0	31.7	25.6	30.9	25.2	20.5	28.6	24.7	19.9	28.0	24.3	19.4	27.6	10.8
Waycross	35.7	24.5	34.7	24.2	33.7	24.0	25.8	32.8	25.4	32.2	25.0	31.5	24.1	19.1	28.9	23.7	18.6	28.5	23.3	18.2	28.2	11.3
HAWAII																						
Ewa, Barbers Point NAS	33.1	22.6	32.0	22.5	31.5	22.5	24.6	29.9	24.1	29.9	23.7	29.6	23.2	18.0	28.1	22.1	16.8	27.8	21.5	16.2	27.5	8.8
Hilo	29.6	23.3	29.1	23.1	28.5	22.9	24.7	27.8	24.2	27.4	23.8	27.2	23.8	18.6	26.3	23.3	18.1	25.9	22.8	17.6	25.7	7.4
Honolulu	31.8	22.9	31.3	22.7	30.7	22.6	24.4	29.1	23.9	28.9	23.5	28.6	23.1	17.8	26.6	22.4	17.2	26.4	21.9	16.6	26.2	6.8
Kahului	31.7	23.3	31.1	23.1	30.4	22.8	24.7	29.6	24.2	29.2	23.8	28.9	23.3	18.1	26.9	22.7	17.4	26.8	22.2	16.9	26.7	8.7
Kaneohe, MCAS	29.9	23.9	29.4	23.6	29.1	23.3	25.4	28.0	24.9	27.9	24.5	27.7	24.7	19.7	27.1	24.1	19.0	27.0	23.5	18.3	26.9	4.1
Lihue	29.7	23.8	29.2	23.6	28.8	23.3	24.9	28.3	24.5	27.8	24.1	27.6	23.9	18.9	26.9	23.4	18.3	26.6	22.9	17.8	26.3	5.3
Molokai	31.1	22.7	30.6	22.6	30.1	22.2	24.4	29.2	23.9	28.5	23.5	28.2	23.2	18.3	26.4	22.7	17.7	26.3	21.9	16.8	26.0	7.4
IDAHO																						
Boise	35.8	17.4	34.2	16.9	32.5	16.4	18.8	32.2	17.9	31.5	17.2	30.4	14.3	11.3	22.3	12.9	10.3	21.8	11.7	9.5	21.8	16.8
Burley	34.2	17.2	32.0	16.5	30.4	16.2	19.2	30.0	18.2	28.8	17.3	28.1	15.6	12.9	23.9	14.4	12.0	22.2	13.3	11.1	22.1	16.1
Idaho Falls	33.2	16.2	31.4	15.7	30.0	15.5	17.9	28.7	17.1	27.7	16.3	27.1	14.7	12.5	21.4	13.6	11.6	20.6	12.0	10.4	20.1	18.9
Lewiston	35.9	18.2	34.1	17.6	32.0	17.0	19.2	32.8	18.4	31.9	17.6	30.3	14.6	10.9	22.4	13.6	10.2	21.5	12.2	9.3	21.5	14.7
Mountain Home, AFB	37.1	17.4	35.3	16.9	33.7	16.3	18.8	32.7	17.9	32.6	17.1	31.8	14.2	11.3	21.4	12.4	10.0	20.5	11.2	9.2	21.6	18.2
Mullan	30.4	16.7	28.9	16.2	26.8	15.6	18.1	27.4	17.2	26.1	16.4	24.9	15.3	12.3	20.4	14.2	11.4	19.9	13.2	10.7	19.1	15.6
Pocatello	33.9	15.9	32.3	15.5	30.7	15.1	17.7	29.0	16.9	28.4	16.1	27.8	14.1	11.9	20.8	12.8	10.9	21.1	11.5	10.0	20.4	17.8
ILLINOIS																						
Belleville, Scott AFB	35.1	25.3	33.9	24.8	32.2	24.6	26.6	33.1	25.8	32.1	25.2	31.1	24.8	20.2	30.6	24.2	19.4	29.7	23.6	18.7	29.0	11.0
Chicago, Meigs Field	33.5	23.6	31.5	22.7	30.1	21.7	25.2	31.1	24.2	29.5	23.3	28.4	23.6	18.9	28.7	22.2	17.3	26.9	21.4	16.4	26.7	8.9
Chicago, O'Hare Int'l A	32.8	23.6	31.3	22.8	29.7	21.9	25.1	31.0	24.1	29.5	23.1	28.1	23.3	18.6	28.9	22.4	17.5	27.8	21.4	16.4	26.6	10.9
Decatur	34.5	24.7	32.9	24.1	31.2	23.5	26.1	32.3	25.3	31.4	24.5	30.0	24.5	20.0	30.1	23.7	19.0	29.0	22.9	18.1	28.2	11.1
Glenview, NAS	34.1	23.8	31.9	22.8	30.4	21.8	25.3	32.2	24.3	30.3	23.2	28.7	23.4	18.6	29.5	22.1	17.2	28.0	21.2	16.2	27.3	9.8
Marseilles	33.8	23.6	31.7	23.0	30.2	21.9	25.5	31.6	24.4	30.1	23.5	28.8	23.9	19.3	29.4	22.8	18.0	27.6	21.6	16.7	27.2	10.8
Moline/Davenport IA	33.9	24.3	32.2	23.4	30.7	22.7	25.7	32.0	24.7	30.5	23.9	29.3	23.9	19.2	29.5	23.0	18.1	28.3	22.2	17.2	27.5	11.1
Peoria	33.3	24.3	31.7	23.4	30.2	22.8	25.8	31.6	24.9	30.1	23.9	29.0	24.1	19.5	29.2	23.3	18.5	28.3	22.4	17.6	27.2	10.8
Quincy	34.6	24.4	32.9	24.1	30.9	23.2	25.7	31.7	25.0	31.2	24.2	29.5	24.2	19.7	28.8	23.5	18.8	28.0	22.8	18.0	27.6	10.5
Rockford	32.6	23.5	31.0	22.6	29.6	21.7	25.1	30.7	24.1	29.2	23.1	27.8	23.5	18.8	28.8	22.5	17.7	27.3	21.5	16.6	26.2	11.0
Springfield	34.1	24.5	32.6	24.0	31.2	23.2	26.1	31.9	25.2	30.9	24.4	29.5	24.5	19.9	29.8	23.6	18.9	28.7	22.8	17.9	27.6	10.8
West Chicago	33.0	23.7	31.2	23.1	29.9	22.4	25.7	31.0	24.7	29.7	23.6	28.3	24.2	19.7	29.3	23.3	18.6	28.1	21.9	17.0	26.8	11.0
INDIANA																						
Evansville	34.4	24.7	33.1	24.2	31.9	23.7	26.1	32.3	25.4	31.4	24.7	30.4	24.4	19.6	29.8	23.7	18.8	28.9	23.0	18.0	28.1	11.0
Fort Wayne	32.4	23.2	30.9	22.6	29.6	21.8	24.9	30.2	24.0	29.1	23.1	27.7	23.4	18.7	28.2	22.4	17.7	27.3	21.6	16.7	26.2	11.1
Indianapolis	32.7	24.1	31.3	23.4	30.1	22.7	25.6	31.1	24.8	29.7	24.0	28.6	24.1	19.6	28.7	23.3	18.7	28.0	22.6	17.9	26.9	10.5
Lafayette, Purdue Univ	34.1	23.8	32.8	23.2	31.4	22.6	25.6	31.6	25.0	30.2	24.1	28.9	24.4	19.8	29.5	23.6	18.8	28.3	22.8	17.9	27.5	11.6

MDB = mean coincident dry-bulb temperature, °C   MWS = mean coincident wind speed, km/h   StdP = standard deviation   HR = humidity ratio, g (water)/kg (dry air)
MWB = mean coincident wet-bulb temperature, °C   MWD = mean coincident wind direction, degrees   DP = dew-point temperature, °C

Outdoor Design Conditions

Table 5.1B (SI) (Continued)
Cooling and Dehumidification Design Conditions—United States

	Cooling DB/MWB						WB/MDB						DP/MDB and HR							
	0.4%		1%		2%		0.4%		1%		2%		0.4%			1%			2%		Range
	DB	MWB	DB	MWB	DB	MWB	WB	MDB	WB	MDB	WB	MDB	DP	HR	MDB	DP	HR	MDB	DP	HR	MDB	of DB
Peru, Grissom AFB	33.7	24.1	31.7	23.7	30.3	22.7	26.1	31.6	25.1	29.9	24.1	28.4	24.7	20.3	29.7	23.7	19.1	28.3	22.9	18.2	27.3	10.3
South Bend	32.2	23.0	30.8	22.4	29.3	21.6	24.8	30.2	23.8	28.9	22.9	27.4	23.2	18.5	28.1	22.3	17.5	26.8	21.5	16.6	25.7	10.3
Terre Haute	33.8	24.7	32.1	24.6	30.9	23.7	26.5	31.9	25.6	30.6	24.7	29.4	25.0	20.5	29.9	24.2	19.5	28.9	23.5	18.7	27.9	10.9
IOWA																						
Burlington	34.5	24.4	32.8	24.2	30.9	23.0	25.7	31.9	25.0	31.2	24.2	29.7	24.1	19.5	29.3	23.4	18.7	28.6	22.5	17.7	27.8	10.4
Cedar Rapids	33.9	24.1	31.8	23.3	30.2	22.4	25.5	31.9	24.5	30.2	23.8	28.8	23.9	19.4	28.8	23.1	18.4	28.3	21.9	17.1	26.8	11.1
Des Moines	34.1	24.2	32.3	23.4	30.7	22.7	25.3	31.8	24.6	30.8	23.7	29.6	23.6	19.0	29.4	22.7	18.0	28.4	21.8	17.1	27.4	10.3
Fort Dodge	33.4	23.7	31.3	22.8	29.8	21.8	25.0	31.3	24.0	29.8	23.1	28.4	23.4	19.0	29.0	22.1	17.5	27.9	21.2	16.6	26.3	10.3
Lamoni	35.4	23.2	33.4	23.2	31.4	22.5	25.1	31.7	24.4	30.7	23.7	29.5	23.5	19.1	28.3	22.7	18.2	27.6	21.7	17.1	26.8	10.5
Mason City	32.8	23.4	31.1	22.6	29.5	21.9	25.2	30.8	24.1	29.4	23.1	27.8	23.6	19.3	28.6	22.5	18.0	27.5	21.5	16.9	26.4	11.6
Ottumwa	35.0	23.9	33.2	23.7	31.1	22.9	25.5	32.1	24.7	31.0	24.0	29.8	23.9	19.4	28.9	23.2	18.5	28.4	22.1	17.3	27.3	10.4
Sioux City	34.2	23.8	32.4	23.3	30.8	22.4	25.6	31.7	24.6	30.7	23.7	29.6	23.7	19.3	29.7	22.7	18.2	28.8	21.8	17.1	27.7	11.3
Spencer	33.0	23.7	31.1	22.7	29.7	21.5	24.9	30.9	24.0	29.8	23.0	28.0	23.4	19.1	29.0	22.1	17.6	27.5	21.2	16.7	25.9	11.2
Waterloo	32.9	23.6	31.2	22.7	29.7	21.9	25.1	30.7	24.1	29.6	23.2	28.2	23.4	18.9	28.6	22.4	17.7	27.6	21.5	16.7	26.5	11.1
KANSAS																						
Concordia	37.9	23.0	35.5	22.5	33.7	22.4	25.0	32.1	24.2	31.7	23.5	31.2	23.2	19.0	28.9	22.0	17.6	27.5	21.3	16.9	27.1	12.5
Dodge City	37.8	21.2	36.2	20.8	34.4	20.6	23.2	32.4	22.5	31.9	21.9	31.0	20.8	17.1	26.1	20.1	16.3	25.4	19.4	15.6	25.2	13.5
Ft Riley, Marshall AAF	37.2	23.9	35.4	23.2	33.7	23.2	25.6	32.5	24.8	32.1	24.1	31.3	23.9	19.5	29.8	23.0	18.5	28.6	21.9	17.2	28.0	12.6
Garden City	38.0	20.6	36.0	20.6	34.5	20.6	22.8	31.9	22.2	31.7	21.6	31.3	20.4	16.8	26.1	19.7	16.1	25.6	19.1	15.5	25.1	15.3
Goodland	36.1	18.8	34.3	18.7	32.6	18.5	21.2	29.7	20.6	29.0	19.9	28.8	19.1	15.9	23.5	18.2	15.1	23.0	17.4	14.3	22.8	14.7
Russell	37.9	22.1	35.8	22.3	34.2	22.0	24.6	33.0	23.8	32.0	23.0	30.9	22.1	18.0	28.3	21.4	17.2	27.5	20.7	16.5	26.6	13.4
Salina	38.2	23.1	36.2	23.0	34.6	22.9	25.2	33.5	24.5	32.4	23.8	31.6	23.2	18.8	29.3	22.1	17.6	28.4	21.5	17.1	27.6	12.8
Topeka	35.5	24.1	33.8	24.0	32.4	23.7	26.0	32.4	25.3	31.6	24.6	30.9	24.2	19.8	30.3	23.4	18.9	29.3	22.7	18.0	28.5	11.3
Wichita, Airport	37.9	22.6	36.3	22.6	34.5	22.5	24.8	32.6	24.2	32.1	23.6	31.4	22.8	18.4	28.4	22.1	17.6	27.7	21.4	16.9	27.2	12.3
Wichita, McConnell AFB	38.0	23.0	36.0	22.8	34.4	22.7	25.2	33.1	24.5	32.4	23.9	31.6	23.3	19.0	28.8	22.1	17.7	28.5	21.5	17.0	27.7	12.1
KENTUCKY																						
Bowling Green	34.2	24.3	32.9	24.1	31.3	23.6	25.7	31.7	25.1	30.7	24.5	30.0	24.2	19.5	28.7	23.7	18.9	28.0	23.1	18.2	27.4	11.1
Covington/Cincinnati Airport	32.8	23.6	31.4	23.0	30.1	22.4	25.1	30.7	24.3	29.7	23.5	28.4	23.5	18.9	28.6	22.7	18.0	27.4	21.9	17.2	26.4	10.5
Fort Campbell, AAF	35.0	24.8	33.7	24.5	32.1	24.2	26.4	32.3	25.7	31.6	25.1	30.7	24.9	20.4	29.4	24.2	19.5	29.0	23.6	18.8	28.4	10.8
Fort Knox, Godman AAF	34.4	24.5	33.1	23.6	31.4	23.3	25.8	32.2	25.1	31.0	24.4	30.2	24.2	19.7	29.4	23.5	18.8	28.6	22.8	18.0	27.9	10.8
Jackson	32.0	23.2	30.7	22.9	29.7	22.3	24.9	30.4	24.2	29.4	23.5	28.3	23.5	19.3	28.6	22.8	18.5	27.3	21.9	17.4	26.1	10.1
Lexington	32.6	23.2	31.4	22.9	30.2	22.4	24.8	30.7	24.1	29.7	23.4	28.5	23.1	18.5	28.1	22.4	17.7	27.3	21.8	17.1	26.5	10.2
Louisville	33.7	24.6	32.4	24.1	31.2	23.4	25.7	31.9	25.1	30.9	24.3	29.8	24.0	19.2	29.5	23.3	18.4	28.7	22.7	17.8	27.8	10.1
Paducah	35.3	24.9	34.1	24.6	33.1	24.1	26.6	32.8	25.9	32.1	25.3	31.2	25.0	20.4	30.0	24.4	19.7	29.2	23.8	18.9	28.6	11.2
LOUISIANA																						
Alexandria, England AFB	35.0	25.5	34.2	25.3	33.4	25.0	27.1	32.2	26.6	32.2	26.1	31.6	25.7	21.0	29.8	25.1	20.3	29.6	24.6	19.7	29.3	10.2
Baton Rouge	34.2	25.3	33.4	25.1	32.7	24.9	27.2	31.7	26.3	31.3	25.8	30.7	25.4	20.7	28.9	25.0	20.1	28.7	24.6	19.6	28.3	9.3
Bossier City, Barksdale AFB	35.6	25.0	34.6	25.1	33.7	24.9	26.7	32.5	26.1	32.1	25.7	31.6	25.2	20.5	29.1	24.7	19.8	28.5	24.2	19.2	28.2	11.1
Lafayette	34.4	25.7	33.7	25.3	33.0	25.2	26.9	31.9	26.5	31.4	26.1	31.1	25.6	20.9	29.1	25.2	20.4	28.6	24.9	20.0	28.3	9.5
Lake Charles	33.8	25.4	33.0	25.3	32.2	25.2	26.9	31.2	26.6	30.9	26.2	30.6	25.8	21.1	28.9	25.4	20.7	28.7	25.1	20.2	28.4	9.0
Leesville, Fort Polk	35.1	24.8	34.2	24.6	33.5	24.4	26.3	31.6	25.9	31.3	25.5	30.8	25.2	20.6	28.4	24.7	20.0	28.0	24.2	19.4	27.6	10.1
Monroe	35.5	25.5	34.5	25.4	33.7	25.2	27.2	32.9	26.7	32.4	26.2	31.8	25.7	21.0	30.2	25.2	20.4	29.6	24.8	19.9	29.1	10.7
New Orleans, Int'l Airport	33.9	26.1	33.1	25.7	32.3	25.6	27.3	31.9	26.8	31.3	26.4	30.7	26.1	21.5	30.2	25.6	20.9	29.4	25.2	20.3	29.0	8.6
New Orleans, Lakefront A	33.9	25.7	33.1	25.3	32.0	25.2	27.1	31.3	26.6	30.7	26.2	30.3	26.0	21.4	29.3	25.5	20.7	28.8	25.1	20.2	28.5	6.6
Shreveport	35.9	24.9	34.8	24.8	33.7	24.6	26.3	32.9	25.5	32.3	24.7	31.8	24.7	19.9	28.8	24.2	19.3	28.4	23.9	18.9	28.2	10.6
MAINE																						
Augusta	30.3	21.5	28.7	20.3	26.9	19.5	22.8	28.1	21.7	26.5	20.8	25.2	21.2	16.1	24.9	20.2	15.1	23.9	19.4	14.3	23.1	10.2
Bangor	30.8	21.5	29.1	20.4	27.1	19.3	23.0	28.2	21.8	27.0	20.7	25.2	21.1	15.9	25.6	20.1	14.9	24.1	19.2	14.1	22.9	11.4
Brunswick, NAS	30.3	21.6	28.7	20.4	26.6	19.4	23.0	28.4	21.9	26.6	20.9	24.8	21.2	15.9	25.4	20.3	15.0	24.3	19.5	14.3	23.4	10.6
Caribou	29.4	20.5	27.6	19.4	26.0	18.8	22.4	26.9	21.2	25.2	20.1	24.2	20.9	16.0	24.6	19.8	14.8	23.7	18.7	13.8	22.3	10.8
Limestone, Loring AFB	28.9	19.9	26.8	18.8	25.3	18.0	21.6	26.1	20.5	24.6	19.5	23.5	20.2	15.3	23.7	19.2	14.4	22.5	18.2	13.5	21.9	10.4
Portland	30.2	21.8	28.4	20.8	26.7	19.8	23.2	28.3	22.1	26.6	21.0	25.1	21.6	16.3	26.1	20.6	15.3	24.6	19.6	14.4	23.3	10.4
MARYLAND																						
Camp Springs, Andrews AFB	34.3	24.1	32.9	23.6	31.1	22.9	25.5	31.3	24.8	30.5	24.1	29.4	24.1	19.2	28.4	23.4	18.4	27.5	22.8	17.7	26.8	10.4
Baltimore, BWI Airport	34.0	23.7	32.6	23.2	31.1	22.5	25.4	31.2	24.6	30.2	23.9	29.3	23.8	18.8	28.1	23.1	17.9	27.3	22.4	17.2	26.6	10.4
Lex Park, Patuxent River NAS	33.9	24.4	32.0	23.9	30.8	23.4	25.9	31.2	25.2	30.5	24.5	29.5	24.5	19.5	29.0	23.8	18.7	28.1	23.1	17.9	27.5	8.8
Salisbury	33.9	25.2	32.1	24.7	30.9	24.0	26.6	31.3	25.7	30.2	25.1	29.4	25.4	20.6	28.8	24.6	19.6	28.0	24.0	18.9	27.2	10.4
MASSACHUSETTS																						
Boston	32.5	22.6	30.7	21.9	28.9	21.1	24.1	30.3	23.2	28.4	22.3	26.9	22.3	17.0	26.7	21.5	16.2	25.9	20.7	15.4	25.4	8.5
East Falmouth, Otis Angb	29.2	22.1	27.5	22.0	25.9	20.8	23.9	27.1	23.1	25.6	22.3	24.7	23.1	17.9	25.3	22.1	16.9	24.7	21.4	16.1	23.7	8.1
S. Weymouth NAS	33.1	23.0	30.8	22.4	29.3	21.6	24.9	30.5	23.7	28.9	22.8	27.3	23.5	18.4	27.6	22.1	16.9	26.2	21.1	15.8	25.3	10.9
Worcester	29.7	21.6	28.2	20.8	26.7	19.9	23.2	27.6	22.1	26.6	21.2	25.1	21.7	17.0	25.7	20.7	16.0	24.6	19.8	15.0	23.7	9.2
MICHIGAN																						

MDB = mean coincident dry-bulb temperature, °C MWS = mean coincident wind speed, km/h StdP = standard deviation HR = humidity ratio, g (water)/kg (dry air)
MWB = mean coincident wet-bulb temperature, °C MWD = mean coincident wind direction, degrees DP = dew-point temperature, °C

Environmental Design Conditions

Table 5.1B (SI) (Continued)
Cooling and Dehumidification Design Conditions—United States

	Cooling DB/MWB 0.4%		1%		2%		WB/MDB 0.4%		1%		2%		DP/MDB and HR 0.4%			1%			2%			Range
	DB	MWB	DB	MWB	DB	MWB	WB	MDB	WB	MDB	WB	MDB	DP	HR	MDB	DP	HR	MDB	DP	HR	MDB	of DB
Alpena	30.8	21.7	28.9	20.4	27.1	19.6	23.1	28.4	21.9	27.1	20.9	25.6	21.4	16.5	26.1	20.3	15.3	24.7	19.2	14.3	23.6	12.7
Detroit, Metro	32.1	22.8	30.6	22.1	29.1	21.3	24.4	29.9	23.4	28.7	22.5	27.4	22.7	17.8	28.2	21.8	16.8	26.5	20.9	15.9	25.7	11.3
Flint	31.3	22.6	29.8	21.8	28.4	20.8	24.1	29.0	23.1	27.9	22.1	26.7	22.6	17.8	27.2	21.5	16.6	25.7	20.6	15.7	24.9	11.4
Grand Rapids	31.8	22.8	30.2	21.8	28.8	20.9	24.3	29.6	23.3	28.1	22.4	27.0	22.8	18.0	27.4	21.8	16.9	26.3	20.9	16.0	25.2	11.5
Hancock	29.7	21.5	28.1	20.4	26.7	19.6	22.9	27.8	21.8	26.4	20.8	25.0	21.3	16.6	25.9	20.3	15.6	24.6	19.3	14.7	23.6	11.4
Harbor Beach	32.0	21.9	30.2	20.7	28.5	20.0	23.5	29.9	22.2	28.1	21.2	26.5	21.1	16.1	28.0	20.1	15.1	26.6	19.2	14.3	25.3	8.0
Jackson	31.3	23.4	30.1	22.8	28.9	21.7	24.9	29.8	23.9	28.4	22.9	27.2	23.6	19.1	28.2	22.2	17.5	27.0	21.4	16.7	25.6	11.3
Lansing	31.9	22.9	30.2	22.0	28.7	21.3	24.4	29.6	23.4	28.2	22.6	27.0	22.9	18.2	27.3	21.9	17.2	26.2	21.1	16.3	25.3	12.1
Marquette, Sawyer AFB	30.0	20.4	28.2	19.9	26.0	18.6	22.5	28.1	21.2	26.0	20.1	23.9	20.7	16.1	25.1	19.7	15.1	23.4	18.8	14.2	22.8	12.3
Marquette/Ishpeming, A	29.7	20.5	27.8	19.6	25.7	18.5	22.1	27.7	20.9	25.7	19.9	24.1	20.4	15.9	25.0	19.4	14.9	23.8	18.4	14.0	22.5	12.3
Mount Clemens, Angb	32.0	23.4	30.3	22.4	28.9	21.5	24.9	30.3	23.8	28.5	22.8	26.9	23.5	18.7	28.4	22.1	17.1	27.0	21.2	16.2	25.7	10.9
Muskegon	29.7	21.8	28.4	21.1	27.2	20.4	23.6	27.8	22.7	26.7	21.8	25.4	22.3	17.4	26.4	21.3	16.4	25.1	20.5	15.5	24.2	10.1
Oscoda, Wurtsmith AFB	31.6	22.2	29.8	21.7	28.2	20.5	24.0	29.8	22.8	28.2	21.7	26.1	22.1	17.2	26.6	21.0	16.0	25.9	20.1	15.1	24.8	11.9
Pellston	30.8	21.4	29.2	20.6	27.2	19.9	23.1	28.5	22.0	27.3	21.1	25.7	21.3	16.4	25.3	20.4	15.5	24.5	19.6	14.7	24.0	13.3
Saginaw	32.0	23.4	30.3	22.3	28.8	21.3	24.9	30.0	23.7	28.7	22.6	27.1	23.5	18.8	28.1	22.0	17.1	26.5	21.0	16.0	25.5	11.8
Sault Ste. Marie	28.4	20.8	26.6	19.8	24.9	18.7	22.2	26.8	21.0	24.9	19.8	23.6	20.7	15.8	24.7	19.6	14.7	23.4	18.4	13.6	22.1	12.2
Seul Choix Point	25.4	18.9	24.2	18.4	23.1	17.5	21.2	24.2	20.2	22.5	19.1	21.7	20.2	15.2	23.2	19.3	14.4	22.3	18.2	13.4	21.2	7.7
Traverse City	31.7	21.9	29.8	20.9	28.1	20.1	23.4	28.9	22.4	27.7	21.3	26.4	21.7	16.7	26.6	20.6	15.6	25.4	19.6	14.7	24.3	12.2
MINNESOTA																						
Alexandria	31.9	22.5	30.2	21.3	28.6	20.3	24.0	30.0	22.9	28.0	21.7	26.6	22.0	17.6	27.7	21.0	16.5	25.9	20.1	15.6	24.9	10.7
Brainerd, Pequot Lakes	31.1	20.9	29.5	20.0	27.2	19.0	22.5	29.7	21.2	27.7	20.0	25.4	20.1	15.5	27.2	19.1	14.6	24.9	18.1	13.7	23.7	12.0
Duluth	29.1	20.4	27.2	19.3	25.6	18.3	21.9	27.2	20.7	25.4	19.5	24.1	20.2	15.7	25.2	19.0	14.5	23.7	17.8	13.4	22.1	11.2
Hibbing	29.3	21.1	27.1	20.0	25.7	18.8	22.6	27.7	21.4	25.5	20.1	24.1	21.0	16.5	25.7	19.9	15.4	24.4	18.9	14.4	22.6	12.9
International Falls	30.1	20.6	28.2	19.4	26.6	18.7	22.3	27.8	21.1	26.1	19.9	24.7	20.6	16.0	25.4	19.3	14.7	23.9	18.2	13.7	22.7	12.1
Minneapolis-St. Paul	32.8	22.7	31.1	21.9	29.4	21.1	24.4	30.8	23.4	29.1	22.3	27.8	22.5	17.7	28.5	21.4	16.6	27.2	20.4	15.6	26.0	10.6
Redwood Falls	33.5	23.2	31.3	22.5	29.8	21.3	25.2	31.4	24.1	29.4	23.0	27.8	23.7	19.3	28.6	22.2	17.5	27.4	21.2	16.5	26.4	11.5
Rochester	31.1	22.4	29.5	21.8	27.9	20.9	24.2	29.2	23.1	27.7	22.1	26.5	22.7	18.3	27.4	21.6	17.1	26.3	20.5	15.9	24.9	10.9
Saint Cloud	32.5	22.3	30.8	21.7	29.3	20.8	24.3	30.3	23.2	29.1	22.1	27.6	22.4	17.8	28.2	21.3	16.5	26.9	20.2	15.5	25.7	11.9
Tofte	26.1	17.5	24.1	16.6	21.9	16.1	19.0	23.2	18.0	22.2	17.0	21.0	17.8	13.1	20.9	16.1	11.8	20.5	15.0	11.0	19.8	7.2
MISSISSIPPI																						
Biloxi, Keesler AFB	33.6	26.1	32.7	25.7	31.6	25.5	27.4	31.4	26.9	30.9	26.4	30.4	26.2	21.6	29.8	25.7	21.0	29.4	25.3	20.5	29.1	7.2
Columbus, AFB	35.6	24.8	34.5	24.6	33.5	24.2	26.4	32.6	25.8	31.9	25.3	31.3	25.0	20.2	29.3	24.3	19.4	28.5	23.9	18.9	27.9	10.7
Greenwood	35.5	25.6	34.6	25.3	33.7	25.0	27.2	32.7	26.7	32.3	26.1	31.7	25.7	21.1	29.8	25.2	20.4	29.5	24.7	19.8	29.1	10.6
Jackson	35.2	24.8	34.1	24.7	33.2	24.6	26.4	32.4	25.9	31.8	25.6	31.2	25.0	20.3	28.7	24.5	19.7	28.4	24.1	19.2	27.9	10.7
McComb	34.5	24.6	33.6	24.5	32.7	24.4	26.1	31.7	25.7	31.0	25.3	30.4	24.8	20.1	28.3	24.4	19.7	27.8	24.1	19.3	27.3	11.0
Meridian	35.3	24.7	34.2	24.5	33.1	24.3	26.3	32.6	25.7	31.9	25.2	31.3	24.7	19.9	28.9	24.1	19.2	28.6	23.6	18.6	28.1	11.3
Tupelo	35.3	24.5	34.3	24.2	33.4	24.1	26.0	31.9	25.5	31.8	25.1	31.2	24.4	19.6	28.4	24.0	19.1	28.1	23.6	18.7	27.5	10.5
MISSOURI																						
Cape Girardeau	35.4	25.2	34.2	24.8	33.0	24.5	26.6	33.2	25.8	32.1	25.3	31.3	24.8	20.1	30.2	24.2	19.4	29.4	23.7	18.8	28.6	11.0
Columbia	34.8	23.8	33.1	23.7	31.7	23.2	25.6	31.8	24.9	31.0	24.1	30.2	23.9	19.5	29.4	23.1	18.5	28.3	22.4	17.7	27.5	11.3
Joplin	35.6	24.1	34.4	23.9	33.0	23.5	25.7	32.5	25.1	31.7	24.5	31.2	24.0	19.6	29.4	23.4	18.9	29.2	22.5	17.8	28.1	11.1
Kansas City	35.5	24.1	33.8	23.9	32.3	23.4	25.7	32.3	25.1	31.7	24.4	30.8	23.9	19.5	29.7	23.2	18.6	29.1	22.5	17.9	28.1	10.4
Poplar Bluff	34.8	24.9	33.6	24.7	32.0	24.3	26.5	32.1	25.8	31.3	25.2	30.5	25.1	20.6	29.3	24.4	19.7	28.6	23.8	19.0	28.0	11.1
Spickard/Trenton	35.7	23.6	34.0	22.9	31.8	22.5	25.6	31.1	24.6	31.3	23.7	30.1	24.2	19.8	28.6	23.0	18.3	28.2	21.6	16.8	27.2	10.9
Springfield	34.8	23.5	33.3	23.5	31.8	23.1	25.3	31.7	24.6	31.1	24.0	30.2	23.5	19.2	29.1	22.8	18.3	28.2	22.2	17.7	27.4	11.6
St. Louis, Int'l Airport	35.1	24.6	33.6	24.1	32.2	23.6	26.1	32.3	25.3	31.3	24.6	30.4	24.3	19.7	29.3	23.7	18.9	28.5	22.9	18.1	27.8	10.2
Warrensburg, Whiteman AFB	35.6	24.5	34.1	24.5	32.1	24.0	26.1	32.9	25.4	32.2	24.7	31.3	24.3	19.9	30.2	23.7	19.1	29.3	23.0	18.3	28.6	10.7
MONTANA																						
Billings	34.1	16.9	32.3	16.6	30.4	16.2	18.6	30.1	17.7	29.1	16.9	28.2	14.7	11.9	21.8	13.7	11.1	21.4	12.7	10.5	20.8	14.3
Bozeman	33.0	16.0	30.8	15.6	29.2	15.1	17.6	28.4	16.6	27.6	15.9	27.0	14.2	11.9	20.5	13.1	11.2	19.4	11.7	10.1	19.0	17.6
Butte	30.2	13.8	28.8	13.3	26.9	13.0	15.6	24.5	14.6	24.7	13.9	24.3	12.2	10.9	16.2	11.0	10.0	17.0	10.0	9.4	16.5	17.5
Cut Bank	30.7	15.3	28.8	14.8	26.8	14.2	16.8	27.3	15.8	26.3	14.9	25.2	13.3	11.0	19.5	11.9	10.0	18.2	10.8	9.3	17.4	14.5
Glasgow	34.2	17.6	32.2	17.2	30.2	16.7	19.8	29.4	18.6	28.6	17.7	27.5	16.8	13.0	23.2	15.4	11.9	21.4	14.2	11.0	20.7	14.4
Great Falls, Int'l Airport	33.2	16.0	31.3	15.5	29.4	15.1	17.7	28.8	16.8	27.9	15.9	26.9	14.1	11.5	20.6	12.9	10.6	19.6	11.8	9.9	19.1	15.1
Great Falls, Malmstrom AFB	33.7	16.5	31.6	16.1	29.9	15.7	18.4	29.5	17.4	28.1	16.5	27.0	14.8	12.0	21.5	13.7	11.1	20.5	12.3	10.2	20.2	14.6
Havre	34.3	17.1	32.0	16.6	30.2	16.3	19.0	30.4	17.8	28.8	16.9	27.9	15.4	12.0	22.0	14.2	11.1	20.4	13.3	10.5	19.9	15.5
Helena	32.4	15.6	30.7	15.2	28.8	14.8	17.2	27.9	16.3	27.4	15.5	26.6	13.8	11.4	19.9	12.5	10.4	19.1	11.3	9.7	19.1	15.6
Kalispell	31.7	16.7	29.8	16.2	27.9	15.7	18.1	28.3	17.2	27.3	16.3	25.9	14.7	11.7	20.8	13.6	10.9	19.6	12.6	10.2	19.4	16.6
Lewistown	31.9	15.9	29.7	15.6	27.8	15.2	18.0	27.4	16.9	26.6	16.1	25.7	14.7	12.2	21.5	13.5	11.3	20.5	12.4	10.5	19.4	15.7
Miles City	35.9	18.6	34.1	18.2	32.1	17.7	20.7	31.6	19.6	30.2	18.7	29.1	17.3	13.6	24.6	16.1	12.6	23.7	14.9	11.7	22.8	14.4
Missoula	33.0	16.7	31.2	16.2	29.2	15.7	18.1	28.6	17.2	27.9	16.4	27.0	14.7	11.7	20.2	13.5	10.9	20.2	12.6	10.2	18.9	17.4
NEBRASKA																						
Bellevue, Offutt AFB	34.8	24.4	33.0	24.1	31.1	23.2	25.9	31.9	25.1	31.2	24.3	30.0	24.4	20.1	29.6	23.6	19.2	28.6	22.8	18.2	27.7	10.2
Grand Island	35.9	22.3	33.9	21.9	32.1	21.3	24.2	31.7	23.4	31.0	22.6	29.9	22.2	18.1	27.7	21.3	17.1	26.9	20.4	16.1	26.2	12.4

MDB = mean coincident dry-bulb temperature, °C MWS = mean coincident wind speed, km/h StdP = standard deviation HR = humidity ratio, g (water)/kg (dry air)
MWB = mean coincident wet-bulb temperature, °C MWD = mean coincident wind direction, degrees DP = dew-point temperature, °C

Outdoor Design Conditions

Table 5.1B (SI) (Continued)
Cooling and Dehumidification Design Conditions—United States

	Cooling DB/MWB						WB/MDB						DP/MDB and HR							Range
	0.4%		1%		2%		0.4%		1%		2%		0.4%			1%			2%	
	DB	MWB	DB	MWB	DB	MWB	WB	MDB	WB	MDB	WB	MDB	DP	HR	MDB	DP	HR	MDB	DP	HR	MDB	of DB
Lincoln	36.3	23.6	34.6	23.2	33.0	22.8	25.5	32.0	24.7	31.5	24.0	30.6	23.8	19.5	29.1	23.0	18.5	28.4	21.9	17.3	27.7	12.4
Norfolk	35.0	23.4	33.3	22.3	31.7	21.9	24.7	32.1	23.9	31.2	23.0	30.0	22.6	18.4	28.6	21.7	17.3	27.7	20.8	16.4	27.1	11.6
North Platte	35.0	20.5	33.2	20.5	31.4	19.9	22.8	30.8	21.9	30.1	21.2	29.3	20.6	16.9	26.8	19.6	15.9	25.8	18.7	15.0	25.1	14.2
Omaha, Eppley Airfield	35.0	24.0	33.2	23.6	31.6	23.0	25.7	32.3	24.8	31.3	23.9	30.2	23.8	19.4	29.7	22.9	18.3	29.0	22.0	17.3	28.0	11.1
Omaha, Wso	34.2	23.7	32.5	23.9	30.8	22.6	25.2	31.7	24.3	30.5	23.6	29.7	23.5	19.2	28.9	22.4	18.0	28.1	21.6	17.1	27.6	9.8
Scottsbluff	35.2	18.2	33.4	17.9	31.7	17.9	20.6	30.3	19.7	29.5	19.0	28.7	17.6	14.6	24.2	16.7	13.8	23.2	15.8	13.0	22.9	16.1
Sidney	35.0	17.3	33.5	17.1	31.4	17.0	19.6	29.1	18.7	28.9	18.0	28.7	16.6	13.9	22.6	15.6	13.0	22.4	14.7	12.3	21.8	15.5
Valentine	36.1	20.2	34.3	19.7	32.1	19.4	22.3	32.2	21.5	31.7	20.6	30.6	19.5	15.7	26.2	18.5	14.7	25.4	17.1	13.4	24.9	14.7
NEVADA																						
Elko	34.9	15.5	33.5	14.9	32.0	14.4	17.2	29.3	16.3	29.1	15.5	28.6	13.9	12.0	19.9	12.2	10.7	19.1	10.4	9.5	19.4	21.3
Ely	31.8	13.6	30.6	13.3	29.3	12.9	15.7	25.6	15.0	25.6	14.2	25.4	12.8	11.7	17.9	11.5	10.7	17.8	10.1	9.7	18.2	19.2
Las Vegas, Int'l Airport	42.2	18.9	40.9	18.6	39.6	18.2	21.9	34.8	21.2	33.9	20.6	33.7	18.6	14.5	26.2	17.1	13.2	27.4	15.6	12.0	29.4	13.8
Mercury	39.1	18.2	38.0	17.8	36.5	17.2	20.3	31.2	19.6	31.9	18.9	31.8	17.9	14.5	22.2	15.8	12.7	24.8	14.2	11.4	26.5	14.4
North Las Vegas, Nellis AFB	42.1	19.9	41.0	19.5	39.8	19.0	22.4	34.2	21.7	34.6	21.0	34.2	19.4	15.2	26.1	17.9	13.8	27.9	16.1	12.3	29.1	14.6
Reno	34.8	15.8	33.4	15.4	31.9	14.9	17.2	30.7	16.4	30.2	15.7	29.4	13.1	11.0	20.4	11.4	9.9	20.3	10.0	9.0	20.1	20.7
Tonopah	34.4	14.4	33.1	14.1	31.9	13.7	16.8	28.3	16.0	27.9	15.3	27.4	13.4	11.8	19.3	11.9	10.6	20.2	10.2	9.5	20.6	17.3
Winnemucca	36.0	15.8	34.7	15.4	33.2	14.8	17.4	31.1	16.6	30.7	15.7	30.1	13.4	11.3	20.1	11.5	9.9	19.6	9.8	8.8	19.7	20.8
NEW HAMPSHIRE																						
Concord	32.1	21.7	30.3	21.1	28.8	20.2	23.6	29.4	22.6	27.8	21.7	26.3	21.9	16.8	25.9	21.1	15.9	24.9	20.2	15.0	24.3	13.4
Lebanon	31.3	21.4	29.8	20.6	28.5	19.9	23.2	29.1	22.1	27.7	21.2	26.1	21.2	16.2	26.2	20.5	15.5	24.8	19.7	14.7	23.7	12.8
Mount Washington	15.6	13.1	14.5	12.4	13.5	12.0	14.4	15.0	13.5	13.9	12.5	13.3	14.2	12.8	14.7	13.3	12.0	13.8	12.1	11.1	12.6	4.7
Portsmouth, Pease AFB	31.4	22.5	29.7	21.3	28.2	20.9	24.1	29.0	23.0	27.7	22.0	26.3	22.8	17.6	29.5	21.4	16.1	25.2	20.5	15.2	24.4	10.1
NEW JERSEY																						
Atlantic City	32.9	23.4	31.3	23.0	29.8	22.4	25.1	30.3	24.4	28.9	23.7	27.9	23.8	18.7	27.3	23.1	17.9	26.6	22.4	17.2	26.0	10.1
Millville	33.6	23.9	31.9	23.2	30.6	22.8	25.3	30.8	24.7	29.8	24.1	28.6	24.1	19.1	27.4	23.5	18.4	26.8	23.0	17.8	26.5	10.4
Newark	33.9	23.4	32.2	22.6	30.7	21.9	24.8	30.9	24.2	29.6	23.4	28.3	23.3	18.1	27.4	22.6	17.3	26.9	21.8	16.5	26.5	8.8
Teterboro	33.6	24.2	31.7	23.6	30.3	22.7	25.7	31.3	24.8	30.3	24.0	28.6	24.3	19.2	28.7	23.5	18.3	27.5	22.3	17.0	27.1	10.2
Trenton, McGuire AFB	33.8	24.0	32.0	23.5	30.7	22.8	25.5	31.8	24.7	30.4	23.9	28.9	23.9	18.9	28.6	23.2	18.1	27.5	22.1	16.9	26.8	10.5
NEW MEXICO																						
Alamogordo, Holloman AFB	36.5	17.3	35.3	17.3	34.1	17.3	20.2	30.3	19.7	29.7	19.2	29.2	18.1	15.2	22.3	16.8	14.0	22.3	16.0	13.2	22.6	16.8
Albuquerque	35.3	15.7	33.9	15.6	32.5	15.5	18.5	28.6	18.0	28.0	17.5	27.3	16.2	14.0	20.0	15.4	13.3	20.3	14.6	12.7	20.7	14.1
Carlsbad	38.5	18.3	36.7	18.7	35.5	18.9	22.5	31.0	21.9	30.4	21.3	29.5	20.6	17.3	24.4	20.0	16.6	24.4	19.3	15.9	23.7	14.1
Clayton	34.3	16.6	33.0	16.7	31.3	16.8	19.2	28.7	18.6	28.7	18.1	27.9	16.3	14.0	22.0	15.7	13.4	21.5	15.1	12.9	21.0	14.5
Clovis, Cannon AFB	35.3	17.9	34.0	18.0	32.6	18.2	21.1	29.1	20.5	28.6	20.0	28.5	19.1	16.3	24.0	18.4	15.6	23.3	17.8	15.0	22.9	13.6
Farmington	34.3	15.8	33.1	15.7	31.5	15.5	18.3	28.6	17.7	28.1	17.1	27.5	15.5	13.5	20.4	14.7	12.8	20.2	13.9	12.2	20.4	16.0
Gallup	31.9	13.8	30.7	13.6	29.6	13.6	16.7	24.7	16.1	24.6	15.6	24.1	14.8	13.4	18.1	14.1	12.8	17.7	13.4	12.2	17.9	17.0
Roswell	36.8	18.2	35.6	18.1	34.5	18.1	21.2	30.3	20.7	30.1	20.2	29.4	19.1	15.9	23.0	18.6	15.4	22.9	18.0	14.8	22.8	13.8
Truth Or Consequences	36.3	16.3	35.1	16.2	33.9	16.1	18.9	29.5	18.4	29.3	17.9	29.0	15.8	13.5	21.7	15.2	12.9	21.7	14.6	12.4	22.1	13.9
Tucumcari	36.4	17.9	35.1	18.1	33.7	17.9	20.8	30.6	20.2	29.7	19.7	28.8	18.5	15.6	22.7	17.8	14.9	22.6	17.2	14.3	22.4	13.8
NEW YORK																						
Albany	32.0	21.8	30.2	21.1	28.7	20.3	23.6	29.3	22.6	27.8	21.8	26.3	21.9	16.8	25.9	21.1	15.9	24.9	20.2	15.1	24.3	13.2
Binghamton	29.4	21.2	27.9	20.4	26.5	19.6	22.6	27.3	21.7	26.0	20.8	24.8	21.2	16.6	25.2	20.3	15.9	24.1	19.5	15.1	23.2	9.7
Buffalo	30.0	21.2	28.7	20.7	27.4	20.0	23.2	27.6	22.3	26.6	21.6	25.5	21.8	16.9	25.8	21.0	16.1	24.9	20.2	15.2	24.1	9.8
Central Islip	31.1	22.6	29.7	22.1	28.3	21.3	24.4	28.6	23.7	27.3	23.1	26.0	23.5	18.4	26.3	22.9	17.7	25.4	21.9	16.6	24.8	8.4
Elmira/Corning	32.1	22.4	30.5	21.4	29.0	20.5	24.0	29.9	23.0	28.0	22.0	26.8	22.1	17.4	27.3	21.6	16.5	25.6	20.5	15.7	24.3	13.4
Glens Falls	31.2	22.6	29.7	21.5	28.2	20.9	24.4	29.3	23.2	27.7	22.1	26.4	23.1	18.1	27.1	21.6	16.5	25.9	20.7	15.5	24.6	12.3
Massena	30.7	22.4	29.1	21.4	27.6	20.5	23.7	28.9	22.7	27.4	21.7	25.9	22.1	16.9	26.8	21.1	15.9	25.4	20.2	15.0	24.5	12.1
New York, JFK Airport	32.5	23.1	30.9	22.4	29.5	21.7	24.6	29.9	23.8	28.8	23.1	27.6	23.1	17.8	26.8	22.4	17.1	26.5	21.7	16.3	25.9	7.7
New York, La Guardia A	33.5	23.5	31.5	22.8	30.2	22.2	25.0	30.8	24.2	29.3	23.6	28.1	23.6	18.4	27.0	23.0	17.8	26.5	21.9	16.6	26.5	8.1
Newburgh	31.1	23.1	29.7	22.1	28.5	21.2	24.7	29.2	23.6	28.1	22.6	26.9	23.5	18.6	27.6	22.0	17.0	26.6	21.0	15.9	25.3	9.5
Niagara Falls	30.7	22.2	29.4	21.5	28.2	20.6	24.1	29.0	23.1	27.2	22.1	26.0	22.8	17.9	27.2	21.6	16.6	25.4	20.8	15.8	24.5	10.5
Plattsburgh, AFB	30.2	21.7	28.6	20.7	26.6	20.0	23.2	28.0	22.2	26.8	21.2	25.3	21.6	16.4	26.1	20.6	15.4	24.7	19.7	14.5	23.8	10.9
Poughkeepsie	33.1	23.7	31.2	22.4	29.5	21.5	24.7	30.6	23.7	29.3	22.8	27.6	23.1	18.0	27.8	21.8	16.6	26.6	21.1	15.9	25.8	12.8
Rochester	31.4	22.6	29.9	21.7	28.4	20.8	24.1	29.2	23.1	27.7	22.1	26.7	22.5	17.6	27.2	21.6	16.5	25.9	20.7	15.6	24.8	11.2
Rome, Griffiss AFB	31.3	21.9	29.8	21.0	28.4	20.3	23.6	29.0	22.6	27.5	21.6	26.3	21.7	16.7	26.7	20.9	15.9	25.5	20.0	15.0	24.2	12.7
Syracuse	31.2	22.4	29.7	21.5	28.3	20.9	23.8	29.2	22.9	28.0	22.0	26.6	22.3	17.2	26.9	21.3	16.2	25.7	20.4	15.3	24.8	11.3
Watertown	29.5	21.7	28.1	21.2	26.4	20.6	23.4	27.7	22.5	26.4	21.6	25.1	21.9	16.8	25.7	21.1	15.9	25.0	20.3	15.2	24.1	11.4
White Plains	31.9	23.3	30.4	22.5	28.9	21.4	24.6	30.2	23.7	28.4	22.9	26.9	23.2	18.3	26.9	22.2	17.2	26.4	21.4	16.3	25.3	10.0
NORTH CAROLINA																						
Asheville	31.0	22.2	29.6	21.7	28.4	21.3	23.6	28.8	22.9	27.8	22.3	26.8	22.2	18.3	25.8	21.5	17.5	25.3	20.9	16.9	24.6	10.8
Cape Hatteras	30.8	25.6	30.1	25.2	29.3	24.8	26.6	29.7	26.1	28.8	25.6	28.4	25.7	21.0	28.5	25.2	20.3	28.1	24.7	19.7	27.5	6.3
Charlotte	34.2	23.4	32.8	23.2	31.6	22.8	24.9	31.2	24.3	30.6	23.8	29.8	23.2	18.5	27.5	22.7	17.9	26.9	22.2	17.4	26.4	9.9
Cherry Point, Mcas	34.8	26.2	33.6	25.5	32.1	25.1	27.2	33.0	26.5	32.1	25.9	31.0	25.6	20.9	30.5	25.0	20.1	30.0	24.5	19.5	29.2	9.2
Fayetteville, Fort Bragg	35.7	24.9	34.5	24.5	33.1	24.1	26.3	32.8	25.7	31.9	25.1	31.1	24.7	19.9	29.1	24.2	19.3	28.6	23.7	18.7	28.1	10.1

MDB = mean coincident dry-bulb temperature, °C MWS = mean coincident wind speed, km/h StdP = standard deviation HR = humidity ratio, g (water)/kg (dry air)
MWB = mean coincident wet-bulb temperature, °C MWD = mean coincident wind direction, degrees DP = dew-point temperature, °C

Environmental Design Conditions

Table 5.1B (SI) (Continued)
Cooling and Dehumidification Design Conditions—United States

	\multicolumn{6}{c}{Cooling DB/MWB}	\multicolumn{6}{c}{WB/MDB}	\multicolumn{9}{c}{DP/MDB and HR}	
	\multicolumn{2}{c}{0.4%}	\multicolumn{2}{c}{1%}	\multicolumn{2}{c}{2%}	\multicolumn{2}{c}{0.4%}	\multicolumn{2}{c}{1%}	\multicolumn{2}{c}{2%}	\multicolumn{3}{c}{0.4%}	\multicolumn{3}{c}{1%}	\multicolumn{3}{c}{2%}	Range
	DB	MWB	DB	MWB	DB	MWB	WB	MDB	WB	MDB	WB	MDB	DP	HR	MDB	DP	HR	MDB	DP	HR	MDB	of DB
Goldsboro, Johnson AFB	35.6	25.2	34.2	24.5	32.9	24.3	26.4	32.8	25.8	31.7	25.2	30.8	24.7	19.8	29.0	24.3	19.3	28.4	23.9	18.8	27.8	10.2
Greensboro	33.4	23.8	32.2	23.3	30.9	22.8	25.1	30.8	24.4	30.1	23.8	29.4	23.5	18.9	27.6	22.9	18.2	27.0	22.3	17.6	26.4	10.3
Hickory	34.2	22.6	32.8	22.5	31.2	22.5	24.6	30.3	24.0	29.7	23.5	29.0	23.4	19.0	26.7	22.8	18.3	26.6	21.8	17.2	25.5	10.9
Jacksonville, New River Mcaf	34.6	25.9	33.4	25.4	31.8	24.8	27.1	32.4	26.3	31.6	25.7	30.7	25.5	20.7	30.0	24.9	20.0	29.4	24.4	19.4	28.7	9.5
New Bern	34.6	25.6	33.6	25.3	32.0	24.6	27.0	32.7	26.2	31.7	25.6	30.5	25.4	20.6	29.9	24.8	19.9	29.0	24.3	19.2	28.2	9.5
Raleigh/Durham	33.8	24.4	32.4	23.7	31.2	23.2	25.5	31.3	24.9	30.4	24.3	29.5	24.0	19.2	27.9	23.4	18.5	27.3	22.9	17.9	26.7	10.4
Wilmington	33.9	25.8	32.7	25.3	31.5	24.8	26.8	31.9	26.2	31.0	25.7	30.1	25.6	20.8	29.2	25.0	20.1	28.6	24.5	19.5	28.1	8.7
Winston-Salem	33.6	23.4	31.9	23.1	30.8	22.7	24.8	30.0	24.3	29.8	23.7	29.2	23.6	19.1	27.3	23.0	18.4	26.9	22.0	17.3	26.2	9.8
NORTH DAKOTA																						
Bismarck	34.1	19.9	32.1	19.4	30.1	18.8	22.3	29.9	21.1	29.1	20.1	27.8	19.9	15.5	26.3	18.6	14.3	24.8	17.3	13.2	23.7	14.7
Devils Lake	33.0	20.5	30.6	19.4	28.9	18.7	22.3	30.0	21.0	28.3	19.8	26.4	20.0	15.5	25.6	18.7	14.3	25.1	17.0	12.8	24.0	11.7
Fargo	32.9	21.8	31.0	21.2	29.3	20.3	23.9	30.2	22.8	28.7	21.6	27.4	22.1	17.4	27.6	20.8	16.0	26.7	19.6	14.8	24.9	12.4
Grand Forks, AFB	33.0	21.4	30.9	20.6	29.2	19.8	23.7	29.9	22.4	28.6	21.1	26.9	21.7	16.9	27.3	20.4	15.6	25.6	19.2	14.4	24.3	12.7
Minot, AFB	34.7	20.2	32.1	19.5	30.1	18.9	22.5	30.7	21.2	29.7	20.0	28.0	20.0	15.6	26.4	18.6	14.3	25.3	17.0	12.9	23.9	13.7
Minot, Int'l Airport	33.3	19.6	31.1	18.8	29.1	18.2	21.7	29.2	20.5	28.2	19.3	26.4	19.4	15.1	25.4	17.9	13.7	23.9	16.7	12.7	22.7	12.7
Williston	35.4	19.3	33.3	18.7	30.8	18.1	21.6	30.7	20.4	29.9	19.3	28.5	18.9	14.7	25.6	17.1	13.1	24.2	16.0	12.2	23.0	14.3
OHIO																						
Akron/Canton	31.1	22.2	29.6	21.6	28.3	20.9	23.8	29.0	22.9	27.6	22.1	26.6	22.3	17.8	26.7	21.4	16.8	25.7	20.7	16.1	24.9	10.4
Cincinnati, Lunken Field	34.1	23.4	32.2	23.9	31.1	22.6	25.2	31.4	24.6	30.5	24.0	29.1	23.7	18.9	27.8	23.2	18.3	27.1	22.1	17.1	26.9	11.1
Cleveland	31.4	22.9	30.0	22.1	28.6	21.4	24.2	29.7	23.3	28.3	22.4	27.1	22.6	17.8	27.6	21.7	16.9	26.4	20.9	16.0	25.4	10.3
Columbus, Int'l Airport	32.4	23.1	31.1	22.7	29.7	21.9	24.7	30.5	23.9	29.2	23.1	27.8	23.0	18.3	27.8	22.3	17.5	27.1	21.5	16.7	26.2	10.7
Columbus, Rickenbckr AFB	33.6	23.6	31.7	22.9	30.3	22.3	25.0	31.2	24.1	30.0	23.3	28.7	23.3	18.6	28.4	22.1	17.2	27.7	21.3	16.4	26.3	11.0
Dayton, Int'l Airport	32.4	23.2	31.1	22.6	29.8	21.8	24.7	30.4	23.8	29.2	23.1	27.9	22.9	18.4	28.0	22.2	17.5	26.9	21.4	16.7	26.1	11.0
Dayton, Wright-Paterson	33.6	23.6	31.8	23.1	30.6	22.6	25.4	31.3	24.5	30.2	23.6	28.9	23.9	19.4	28.8	22.9	18.2	28.1	21.8	17.0	27.0	11.0
Findlay	32.2	23.2	30.8	22.3	29.4	21.5	24.7	30.0	23.8	28.5	23.0	27.4	23.5	18.9	27.4	22.1	17.3	26.6	21.4	16.5	25.5	10.5
Mansfield	31.0	22.8	29.6	22.2	28.3	21.4	24.2	29.2	23.4	28.1	22.6	26.8	22.7	18.3	27.1	21.9	17.4	26.3	21.2	16.6	25.4	9.9
Toledo	32.4	22.9	30.8	22.2	29.3	21.5	24.7	29.8	23.8	28.7	22.9	27.3	23.2	18.4	28.0	22.3	17.4	26.7	21.3	16.4	25.7	11.6
Youngstown	30.8	22.2	29.4	21.3	28.1	20.6	23.6	28.9	22.7	27.5	21.8	26.2	22.0	17.4	26.4	21.2	16.5	25.4	20.3	15.7	24.6	11.4
Zanesville	32.3	23.5	31.0	22.9	29.8	21.7	24.6	30.6	23.8	29.2	23.1	28.0	23.1	18.5	27.5	22.0	17.2	26.7	21.4	16.6	25.8	11.5
OKLAHOMA																						
Altus, AFB	39.0	22.8	37.8	22.9	36.2	23.0	25.2	34.0	24.6	33.4	24.1	32.8	23.2	18.9	28.7	22.1	17.7	28.6	21.5	17.0	28.0	13.1
Enid, Vance AFB	38.3	23.2	36.4	23.1	35.0	23.0	25.1	33.5	24.4	33.0	23.8	32.4	22.9	18.5	29.4	21.8	17.3	28.5	21.2	16.6	28.0	12.1
Lawton, Fort Sill/Post Field	37.2	22.7	36.0	23.0	34.8	22.8	25.2	32.5	24.6	32.0	24.1	31.4	23.6	19.3	28.3	22.9	18.4	27.7	21.9	17.3	27.0	11.5
McAlester	36.6	24.5	35.3	24.4	34.0	24.3	26.2	33.1	25.7	32.6	25.2	31.8	24.6	20.2	29.5	24.1	19.6	28.6	23.6	19.0	28.2	12.1
Oklahoma City, Tinker AFB	36.9	23.6	35.6	23.9	34.3	23.6	25.8	33.1	25.1	32.6	24.5	31.9	23.9	19.7	30.6	23.2	18.9	29.4	22.1	17.6	28.5	10.8
Oklahoma City, W. Rogers A	37.3	23.2	35.7	23.1	34.2	22.9	24.9	32.8	24.4	32.4	23.9	31.8	22.8	18.4	28.4	22.3	17.8	27.8	21.7	17.2	27.4	11.7
Tulsa	37.6	24.5	35.9	24.3	34.4	24.1	26.2	33.5	25.6	33.1	25.1	32.4	24.2	19.6	30.6	23.6	18.8	29.6	22.9	18.1	29.1	10.8
OREGON																						
Astoria	24.7	17.6	22.2	16.8	20.5	16.0	18.3	23.7	17.2	21.5	16.4	19.9	16.1	11.5	20.6	15.3	10.9	19.1	14.7	10.5	18.2	7.9
Eugene	32.9	19.3	30.6	18.6	28.6	17.9	20.3	30.6	19.3	29.1	18.4	27.4	16.5	11.9	23.3	15.6	11.2	22.5	14.8	10.6	21.4	15.3
Hillsboro	33.5	20.4	30.9	19.4	28.9	18.6	21.4	31.7	20.2	29.8	19.1	27.9	17.8	12.9	26.3	16.3	11.7	23.9	15.5	11.1	22.3	14.8
Klamath Falls	32.9	17.7	30.7	16.9	29.2	16.0	18.7	30.5	17.8	28.9	17.0	27.3	14.7	12.2	23.4	13.8	11.5	22.8	12.8	10.7	21.6	19.0
Meacham	30.3	15.0	28.7	14.4	26.6	13.8	16.0	27.9	15.1	26.9	14.3	25.8	11.1	9.6	19.1	10.2	9.0	18.0	9.2	8.4	17.8	20.6
Medford	36.8	19.3	34.9	18.8	32.9	18.1	20.3	34.5	19.5	32.9	18.6	31.3	15.6	11.6	23.2	14.5	10.8	23.2	13.6	10.2	22.7	18.7
North Bend	21.8	15.8	20.6	15.6	19.6	15.0	16.8	20.3	16.2	19.6	15.6	18.8	15.4	10.9	18.2	14.7	10.4	17.5	14.1	10.0	17.0	7.1
Pendleton	35.9	18.0	33.9	17.3	32.0	16.6	18.8	33.3	17.9	32.0	17.1	30.4	14.0	10.5	21.5	12.7	9.7	20.8	11.5	8.9	21.0	15.1
Portland	32.4	19.5	30.1	18.8	28.1	18.0	20.4	30.8	19.5	28.8	18.6	26.9	16.6	11.8	23.7	15.7	11.2	22.3	15.1	10.7	21.6	12.0
Redmond	33.7	16.5	31.8	15.8	29.9	15.1	17.4	32.1	16.6	30.0	15.7	28.3	12.6	10.2	19.1	11.3	9.3	19.4	10.2	8.6	19.1	19.4
Salem	33.2	19.6	30.8	18.6	28.6	17.9	20.2	31.4	19.3	29.4	18.3	27.4	16.0	11.5	24.1	15.2	10.8	22.9	14.4	10.3	21.6	15.5
Sexton Summit	28.5	15.8	26.4	15.0	24.8	14.2	16.9	26.4	15.9	25.2	15.0	23.3	13.0	10.8	21.3	11.7	9.9	20.2	11.0	9.4	18.9	10.5
PENNSYLVANIA																						
Allentown	32.4	22.6	30.9	22.1	29.6	21.4	24.2	29.9	23.4	28.8	22.7	27.6	22.6	17.5	27.0	21.8	16.7	26.1	21.1	15.9	25.6	10.8
Altoona	31.4	22.2	29.9	21.3	28.6	20.6	23.2	29.2	22.5	28.4	21.7	26.8	21.4	17.0	26.0	20.7	16.2	25.2	20.1	15.6	24.3	10.8
Bradford	28.2	20.4	26.9	19.8	25.6	18.8	22.6	26.3	21.1	25.1	20.2	23.6	20.7	16.6	24.1	19.8	15.8	23.0	19.1	15.0	22.4	11.8
Du Bois	30.0	20.9	28.7	20.3	27.0	19.3	22.5	27.4	21.6	26.3	20.9	25.3	20.9	16.6	24.2	20.3	16.0	23.6	19.7	15.4	22.9	10.8
Erie	29.6	22.0	28.2	21.3	26.9	20.8	23.5	27.7	22.7	26.7	21.8	25.6	22.2	17.4	25.9	21.3	16.4	25.2	20.6	15.6	24.4	8.7
Harrisburg	33.3	23.5	31.7	22.8	30.2	22.2	25.1	30.7	24.2	29.4	23.4	28.2	23.6	18.6	27.8	22.7	17.6	26.8	21.9	16.8	26.1	10.4
Philadelphia, Int'l Airport	33.4	23.9	31.9	23.3	30.6	22.6	25.4	31.1	24.7	29.7	23.9	28.7	23.9	18.8	28.2	23.2	18.0	27.3	22.6	17.3	26.6	9.8
Philadelphia, Northeast A	34.1	24.3	32.2	23.5	31.0	22.9	25.7	31.3	24.9	30.7	24.1	29.1	24.3	19.3	28.6	23.5	18.4	27.7	22.5	17.3	27.5	10.6
Philadelphia, Willow Gr NAS	34.0	23.7	32.2	23.2	30.9	22.3	25.3	31.7	24.5	30.3	23.7	29.2	23.8	18.7	28.5	22.9	17.9	27.7	21.7	16.6	27.3	10.8
Pittsburgh, Allegheny Co. A	32.0	22.2	30.7	21.4	29.6	20.9	23.7	29.6	23.1	28.7	22.3	27.4	21.9	17.4	26.3	21.3	16.7	25.4	20.7	16.1	24.9	10.0
Pittsburgh, Int'l Airport	31.4	22.1	29.9	21.3	28.7	20.6	23.6	29.2	22.7	27.9	21.9	26.8	21.8	17.3	26.4	21.0	16.4	25.7	20.2	15.6	24.8	10.8
Wilkes-Barre/Scranton	31.0	21.7	29.5	21.2	28.1	20.4	23.4	28.6	22.7	27.4	21.9	26.2	21.9	17.1	25.9	21.2	16.4	25.2	20.4	15.6	24.5	10.4
Williamsport	31.9	22.5	30.3	21.8	28.8	21.0	24.2	29.3	23.3	28.1	22.6	26.8	22.7	17.8	26.6	21.9	16.9	25.7	21.2	16.2	24.8	11.3

MDB = mean coincident dry-bulb temperature, °C   MWS = mean coincident wind speed, km/h   StdP = standard deviation   HR = humidity ratio, g (water)/kg (dry air)
MWB = mean coincident wet-bulb temperature, °C   MWD = mean coincident wind direction, degrees   DP = dew-point temperature, °C

Outdoor Design Conditions

Table 5.1B (SI) (Continued)
Cooling and Dehumidification Design Conditions—United States

	Cooling DB/MWB						WB/MDB						DP/MDB and HR								Range
	0.4%		1%		2%		0.4%		1%		2%		0.4%			1%			2%		
	DB	MWB	DB	MWB	DB	MWB	WB	MDB	WB	MDB	WB	MDB	DP	HR	MDB	DP	HR	MDB	DP	HR	MDB	of DB
RHODE ISLAND																						
Providence	31.8	22.8	30.0	21.8	28.4	21.1	24.3	29.5	23.4	27.5	22.6	26.4	22.9	17.7	26.5	22.1	16.8	25.6	21.3	16.0	25.1	9.7
SOUTH CAROLINA																						
Beaufort, Mcas	35.2	25.6	34.1	25.3	33.1	25.0	26.9	32.2	26.4	31.8	25.9	31.1	25.5	20.7	29.4	25.0	20.1	29.2	24.6	19.6	28.7	9.3
Charleston	34.3	25.6	33.1	25.1	32.0	24.7	26.7	31.9	26.1	31.2	25.6	30.5	25.4	20.7	29.0	24.8	19.8	28.6	24.3	19.2	28.1	9.0
Columbia	35.6	24.2	34.3	23.8	33.1	23.6	25.7	32.3	25.2	31.4	24.7	30.6	24.1	19.2	27.8	23.6	18.6	27.3	23.2	18.1	26.9	11.1
Florence	35.8	24.7	34.5	24.7	33.4	24.3	26.5	32.4	25.8	31.8	25.3	31.1	25.1	20.3	29.2	24.4	19.5	28.3	23.9	18.9	27.7	11.0
Greer/Greenville	33.9	23.3	32.6	23.1	31.3	22.8	24.8	31.1	24.2	30.3	23.8	29.4	23.1	18.5	27.3	22.6	18.0	26.8	22.1	17.4	26.4	10.1
Myrtle Beach, AFB	33.8	26.0	32.2	25.8	31.2	25.4	27.4	31.8	26.7	31.1	26.1	30.3	26.0	21.4	30.8	25.4	20.6	29.9	24.9	20.0	29.1	8.0
Sumter, Shaw AFB	35.1	24.2	33.8	24.1	32.1	23.7	25.8	31.7	25.2	31.0	24.7	30.2	24.4	19.5	28.2	23.9	18.9	27.6	23.4	18.4	27.0	10.3
SOUTH DAKOTA																						
Chamberlain	36.5	22.0	34.5	21.6	32.1	20.9	24.5	32.8	23.4	31.7	22.4	30.3	21.9	17.7	29.0	20.9	16.6	27.7	19.9	15.6	26.9	13.2
Huron	35.1	22.3	33.0	21.8	31.1	21.2	24.5	33.2	23.4	30.3	22.4	29.0	22.4	18.0	28.7	21.3	16.7	27.2	20.3	15.7	26.1	13.4
Pierre	37.1	21.1	34.8	20.8	32.7	20.2	23.3	32.4	22.4	31.4	21.6	30.1	20.8	16.5	27.1	19.8	15.5	26.4	18.8	14.5	25.6	14.2
Rapid City	35.1	18.2	32.9	18.1	30.9	17.7	21.0	29.6	20.1	28.8	19.2	27.7	18.4	14.9	24.6	17.4	14.0	23.8	16.3	13.1	22.9	14.1
Sioux Falls	34.4	22.8	32.4	22.2	30.7	21.4	24.6	31.4	23.6	30.5	22.6	29.1	22.5	18.1	28.7	21.4	17.0	27.7	20.5	16.0	26.5	12.3
TENNESSEE																						
Bristol	31.7	22.3	30.4	22.0	29.3	21.6	23.9	29.6	23.3	28.6	22.6	27.8	22.2	17.9	27.1	21.6	17.2	25.8	21.1	16.6	25.2	10.7
Chattanooga	34.5	23.9	33.1	23.7	31.9	23.3	25.4	31.7	24.8	30.9	24.3	30.0	23.8	19.2	27.8	23.2	18.5	27.5	22.7	17.9	26.9	10.8
Crossville	31.7	22.6	30.6	22.4	29.4	22.1	24.3	29.2	23.6	28.5	23.0	27.5	23.1	19.2	26.7	22.0	17.9	26.1	21.5	17.3	25.5	11.0
Jackson	35.1	25.0	34.0	24.7	33.0	24.4	26.4	33.0	25.7	32.0	25.3	31.2	24.7	20.0	29.7	24.1	19.3	29.2	23.7	18.8	28.7	11.0
Knoxville	33.3	23.4	31.9	23.2	30.7	22.8	24.9	31.0	24.3	30.2	23.8	29.2	23.3	18.7	27.8	22.7	18.1	27.2	22.2	17.5	26.5	10.1
Memphis	35.4	25.3	34.2	25.1	33.2	24.7	26.7	33.1	26.2	32.5	25.6	31.6	25.1	20.4	30.3	24.4	19.6	29.8	23.9	19.0	29.0	9.3
Nashville	34.6	24.2	33.2	23.8	32.0	23.4	25.6	31.9	25.0	31.1	24.4	30.2	23.9	19.2	28.3	23.3	18.5	27.7	22.8	18.0	27.2	10.6
TEXAS																						
Abilene	37.2	21.4	36.0	21.5	34.8	21.4	23.9	31.9	23.4	31.6	22.9	31.1	21.8	17.6	27.1	21.2	17.0	26.6	20.7	16.4	26.2	11.4
Amarillo	35.7	19.2	34.3	19.0	33.1	18.8	21.6	30.2	20.9	29.8	20.5	29.4	19.2	16.0	24.2	18.6	15.3	23.8	18.0	14.8	23.3	12.9
Austin	36.8	23.4	35.8	23.4	34.7	23.4	25.6	31.7	25.1	31.1	24.7	30.4	24.2	19.6	26.9	23.8	19.1	26.7	23.4	18.6	26.6	11.2
Beaumont/Port Arthur	34.4	26.0	33.6	25.9	32.7	25.8	27.4	32.0	26.9	31.5	26.6	31.2	26.3	21.7	29.7	25.8	21.2	29.3	25.4	20.7	28.9	8.8
Beeville, Chase Field NAS	38.1	24.9	36.6	25.2	35.7	25.2	27.7	32.7	27.1	32.6	26.6	32.5	26.5	22.2	29.9	25.8	21.2	29.2	25.3	20.6	28.8	12.0
Brownsville	35.1	25.3	34.3	25.2	33.6	25.2	26.7	31.4	26.3	31.3	26.1	31.1	25.6	20.8	28.3	25.2	20.3	28.2	24.9	20.0	28.0	9.2
College Station/Bryan	36.5	23.9	35.6	24.1	34.7	24.1	26.0	31.8	25.6	31.4	25.3	31.1	24.8	20.1	27.6	24.5	19.7	27.4	24.1	19.2	27.0	11.9
Corpus Christi	34.9	25.5	34.2	25.4	33.4	25.4	27.1	31.9	26.7	31.5	26.3	31.0	25.9	21.2	28.9	25.6	20.9	28.6	25.2	20.4	28.3	9.2
Dallas/Fort Worth, Int'l A	37.8	23.6	36.4	23.5	35.3	23.5	25.4	33.2	25.0	32.6	24.6	32.2	23.7	18.9	28.0	23.3	18.5	27.5	22.9	18.0	27.3	11.3
Del Rio, Laughlin AFB	38.3	22.5	36.8	22.6	35.8	22.5	25.4	32.6	24.8	32.1	24.4	31.4	23.8	19.4	27.8	23.2	18.7	27.7	22.3	17.7	27.2	11.6
El Paso	38.1	17.9	36.6	17.8	35.3	17.7	21.1	29.2	20.6	29.1	20.1	29.1	19.3	16.3	22.9	18.5	15.5	22.7	17.7	14.7	23.1	15.6
Fort Worth, Carswell AFB	37.8	23.9	36.3	23.9	35.3	23.9	26.2	33.4	25.7	32.7	25.1	32.3	24.6	20.1	29.3	24.0	19.3	29.0	23.4	18.6	28.7	10.7
Fort Worth, Meacham Field	37.8	23.6	36.6	23.6	35.3	23.6	25.7	32.8	25.2	32.3	24.7	31.9	23.9	19.3	28.4	23.4	18.7	27.9	22.9	18.1	27.6	11.1
Guadalupe Pass	33.5	16.0	31.6	15.8	30.4	15.5	19.1	27.5	18.3	26.6	17.7	26.1	16.7	14.6	21.7	15.7	13.7	21.7	14.9	13.0	21.4	11.6
Houston, Hobby Airport	34.7	25.1	34.0	25.1	33.3	25.0	26.8	31.6	26.4	31.0	26.1	30.8	25.7	21.0	28.7	25.3	20.5	28.2	25.0	20.1	27.9	9.2
Houston, Inter Airport	35.5	24.9	34.4	24.9	33.5	24.9	26.6	32.0	26.2	31.6	25.8	31.1	25.3	20.5	28.4	24.9	20.1	28.3	24.6	19.6	28.2	10.1
Junction	37.5	22.1	36.4	21.7	35.4	21.5	24.2	31.6	23.7	31.3	23.2	30.7	22.6	18.5	26.6	21.6	17.3	26.2	21.2	16.9	26.0	13.8
Killeen, Fort Hood	36.7	23.1	35.8	23.0	34.8	23.1	25.4	32.2	24.9	31.8	24.4	31.1	24.0	19.6	27.2	23.4	18.9	27.1	22.9	18.3	26.7	11.9
Kingsville, NAS	36.2	25.1	35.5	25.4	34.8	25.4	27.2	32.9	26.8	32.6	26.4	32.2	25.9	21.3	29.5	25.4	20.6	29.0	25.0	20.1	28.9	11.0
Laredo	38.9	23.0	38.1	23.3	36.8	23.2	25.9	33.2	25.5	32.6	25.1	31.7	24.4	19.7	27.9	24.1	19.4	27.4	23.7	18.9	27.2	11.8
Lubbock, Int'l Airport	36.3	19.6	34.9	19.7	33.7	19.6	22.5	30.6	21.9	30.1	21.4	29.7	20.5	17.1	25.0	19.8	16.4	24.6	19.2	15.8	24.2	12.3
Lubbock, Reese AFB	36.4	19.4	35.1	19.4	33.9	19.3	22.7	30.3	22.0	30.0	21.4	29.6	20.7	17.4	25.8	19.8	16.4	25.2	19.1	15.7	24.9	13.2
Lufkin	35.8	24.6	34.7	24.7	33.7	24.6	26.3	32.2	26.0	31.9	25.6	31.6	25.1	20.4	28.6	24.6	19.8	28.3	24.1	19.2	28.0	11.6
Marfa	34.4	16.4	33.2	16.3	31.6	16.4	19.9	27.5	19.3	27.0	18.8	26.7	18.2	15.7	22.2	17.1	14.7	21.7	16.4	14.0	21.4	17.4
McAllen	38.0	24.7	36.7	24.5	35.9	24.7	26.9	32.9	26.4	32.4	26.1	31.6	25.6	20.9	28.5	25.2	20.4	28.0	24.9	20.0	27.7	11.5
Midland/Odessa	37.4	19.6	36.1	19.4	34.8	19.5	22.6	30.3	22.0	30.2	21.5	30.0	20.8	17.2	24.5	20.1	16.4	24.0	19.4	15.8	24.0	13.2
San Angelo	37.5	21.2	36.3	21.2	35.1	21.2	23.7	32.0	23.2	31.4	22.8	30.9	21.7	17.5	26.4	21.1	16.9	25.9	20.7	16.5	25.7	12.4
San Antonio, Int'l Airport	36.4	23.0	35.4	23.0	34.4	23.1	25.6	30.7	25.1	30.4	24.7	29.9	24.3	19.9	27.3	23.9	19.3	26.9	23.4	18.8	26.8	10.6
San Antonio, Kelly AFB	37.1	23.2	36.2	23.5	35.3	23.4	26.2	31.5	25.7	31.2	25.2	31.0	25.1	20.7	28.3	24.5	20.0	27.6	24.0	19.4	27.0	11.4
San Antonio, Randolph AFB	36.5	23.6	35.6	23.4	34.7	23.2	25.7	32.4	25.2	31.6	24.7	30.9	24.2	19.7	27.6	23.8	19.2	27.1	23.5	18.8	27.0	12.4
Sanderson	36.2	19.7	35.2	20.0	34.2	20.0	23.2	30.2	22.6	30.0	22.1	30.1	21.2	17.6	26.3	20.0	17.0	25.5	20.0	16.3	25.2	11.5
Victoria	35.2	24.6	34.4	24.7	33.6	24.8	26.4	31.2	26.2	31.1	25.8	30.7	25.4	20.7	28.1	25.1	20.2	27.8	24.7	19.8	27.6	9.7
Waco	38.2	23.9	37.1	23.9	35.9	23.8	25.8	33.7	25.4	33.2	25.0	32.6	24.1	19.3	28.2	23.6	18.7	27.9	23.1	18.2	27.7	12.0
Wichita Falls, Sheppard AFB	39.2	23.1	37.7	23.0	36.4	23.0	25.1	34.0	24.6	33.4	24.1	32.9	22.9	18.4	27.7	22.4	17.7	27.6	21.9	17.2	27.3	13.3
UTAH																						
Cedar City	33.9	14.9	32.6	14.7	31.2	14.3	17.6	26.5	16.8	26.4	16.2	26.3	15.2	13.3	19.7	13.9	12.2	19.8	12.6	11.2	20.2	15.8
Ogden, Hill AFB	33.8	15.9	32.1	15.8	30.7	15.4	18.3	28.4	17.6	27.2	16.8	27.4	15.3	13.0	22.2	14.0	11.9	22.6	12.8	11.0	22.9	12.2
Salt Lake City	35.8	16.7	34.6	16.5	33.2	16.2	18.9	29.6	18.2	29.6	17.5	29.2	15.8	13.1	22.5	14.4	12.0	22.5	13.2	11.0	22.8	15.4
VERMONT																						

MDB = mean coincident dry-bulb temperature, °C   MWS = mean coincident wind speed, km/h   StdP = standard deviation   HR = humidity ratio, g (water)/kg (dry air)
MWB = mean coincident wet-bulb temperature, °C   MWD = mean coincident wind direction, degrees   DP = dew-point temperature, °C

Environmental Design Conditions

Table 5.1B (SI) (Continued)
Cooling and Dehumidification Design Conditions—United States

	Cooling DB/MWB 0.4%		1%		2%		WB/MDB 0.4%		1%		2%		DP/MDB and HR 0.4%			1%			2%			Range
	DB	MWB	DB	MWB	DB	MWB	WB	MDB	WB	MDB	WB	MDB	DP	HR	MDB	DP	HR	MDB	DP	HR	MDB	of DB
Burlington	30.8	21.6	29.1	20.7	27.5	20.0	23.3	28.6	22.2	26.9	21.3	25.8	21.6	16.4	26.2	20.6	15.5	25.1	19.7	14.6	24.0	11.3
Montpelier/Barre	29.6	20.9	28.2	20.1	26.5	19.3	22.5	27.7	21.3	26.5	20.3	25.0	20.6	15.9	25.5	19.7	15.1	24.0	18.8	14.2	22.9	11.7
VIRGINIA																						
Fort Belvoir	35.1	25.3	33.7	24.6	31.9	23.8	26.5	33.2	25.7	31.7	24.9	30.6	24.8	19.9	29.9	24.1	19.0	29.4	23.4	18.2	28.5	11.6
Hampton, Langley AFB	34.4	25.6	33.0	25.1	31.3	24.4	26.6	32.3	25.9	31.5	25.3	30.1	25.1	20.2	29.6	24.5	19.5	28.9	24.0	18.9	28.4	8.3
Lynchburg	33.7	23.6	32.3	23.1	31.1	22.6	24.7	31.2	24.2	30.3	23.6	29.3	23.1	18.4	27.3	22.5	17.8	26.7	21.9	17.2	26.3	10.1
Newport News	34.8	25.3	33.5	24.9	31.8	24.3	26.4	32.8	25.8	31.6	25.2	30.4	24.8	19.9	29.1	24.3	19.3	28.5	23.9	18.8	27.9	10.1
Norfolk	34.0	24.8	32.6	24.2	31.2	23.7	25.8	31.8	25.2	30.8	24.7	29.7	24.3	19.3	28.6	23.8	18.6	27.8	23.2	18.0	27.4	8.5
Oceana, NAS	34.2	25.2	32.9	24.7	31.2	24.0	26.2	31.7	25.6	30.8	25.0	30.1	24.8	19.9	29.2	24.2	19.1	28.5	23.6	18.4	27.9	8.7
Quantico, Mcas	34.4	24.8	33.2	24.4	31.6	23.6	26.2	32.7	25.5	31.7	24.7	30.6	24.4	19.4	30.5	23.7	18.5	29.6	23.0	17.8	28.3	10.3
Richmond	34.5	24.6	33.1	24.1	31.8	23.5	26.0	32.1	25.3	31.1	24.7	30.0	24.4	19.5	28.9	23.8	18.7	28.0	23.2	18.0	27.2	10.6
Roanoke	33.2	22.7	31.8	22.2	30.4	21.6	24.0	30.8	23.4	29.8	22.8	28.7	22.2	17.6	26.7	21.6	16.9	26.1	21.1	16.4	25.6	10.9
Sterling	33.7	23.9	32.2	23.2	30.9	22.6	25.2	31.2	24.5	30.3	23.8	29.2	23.6	18.6	28.2	22.9	17.8	27.4	22.2	17.1	26.6	11.7
Washington, National A	34.8	24.7	33.6	24.2	31.7	23.4	26.0	31.8	25.3	30.9	24.7	30.0	24.6	19.6	28.5	24.0	18.9	28.2	23.4	18.2	27.4	9.2
WASHINGTON																						
Bellingham	26.2	18.5	24.7	17.8	23.1	16.7	19.2	25.8	18.1	23.7	17.1	22.2	16.2	11.6	22.8	15.5	11.1	21.2	14.8	10.6	19.5	9.3
Hanford	37.9	19.4	35.7	18.5	33.9	17.8	20.0	35.7	19.1	34.3	18.3	32.4	14.3	10.4	22.4	13.2	9.7	23.7	11.8	8.8	23.6	14.7
Olympia	30.6	19.3	28.3	18.2	26.3	17.5	19.8	29.5	18.8	27.3	17.8	25.4	16.1	11.5	22.7	15.3	10.9	21.9	14.6	10.4	20.8	14.0
Quillayute	26.4	16.8	23.3	15.9	20.8	15.0	17.7	24.4	16.6	21.9	15.7	19.7	15.3	10.9	18.3	14.7	10.5	17.4	14.1	10.1	16.7	8.6
Seattle, Int'l Airport	29.4	18.3	27.4	17.6	25.4	16.8	19.1	28.3	18.1	26.3	17.2	24.5	15.4	11.1	21.6	14.7	10.6	20.5	14.1	10.2	19.8	10.2
Spokane, Fairchild AFB	33.4	16.8	31.5	16.3	29.6	15.7	18.1	30.1	17.2	28.8	16.3	27.5	14.1	11.0	20.2	12.9	10.1	19.9	11.8	9.5	19.4	14.5
Stampede Pass	25.5	13.9	23.6	13.2	21.4	12.5	15.0	23.1	14.1	21.8	13.2	20.3	11.8	10.0	17.3	10.8	9.3	16.0	10.0	8.8	14.4	8.9
Tacoma, McChord AFB	30.0	18.4	28.0	17.4	25.8	16.9	19.2	28.5	18.3	26.5	17.4	24.7	15.7	11.3	21.8	15.0	10.8	20.9	14.3	10.3	20.2	12.5
Walla Walla	36.9	19.0	34.9	18.4	33.1	17.7	20.2	33.6	19.2	32.7	18.4	31.1	15.7	11.7	23.3	14.6	10.8	22.5	13.7	10.2	22.4	15.0
Wenatchee	35.0	19.2	33.1	18.3	30.9	17.3	19.6	32.7	18.8	31.4	18.0	29.7	14.9	11.1	23.8	13.9	10.4	23.8	12.9	9.7	23.3	14.0
Yakima	35.1	18.6	33.2	17.9	31.2	17.2	19.7	32.4	18.7	31.4	17.8	29.9	15.1	11.2	23.8	13.8	10.2	23.2	12.6	9.5	22.4	17.3
WEST VIRGINIA																						
Bluefield	29.2	20.5	28.1	20.3	26.6	19.7	22.2	27.0	21.5	26.1	20.9	25.2	20.8	17.2	24.1	20.1	16.5	23.7	19.6	15.9	23.0	9.1
Charleston	32.5	22.8	31.2	22.5	30.0	21.8	24.6	30.1	23.8	29.2	23.2	28.0	23.0	18.4	27.3	22.3	17.6	26.6	21.7	16.9	25.8	10.6
Elkins	29.6	21.4	28.4	20.9	27.3	20.3	22.9	27.7	22.2	26.7	21.4	25.8	21.4	17.3	25.7	20.7	16.6	24.8	20.1	15.9	23.8	11.7
Huntington	32.7	23.5	31.4	23.0	30.2	22.3	25.0	30.3	24.3	29.6	23.6	28.4	23.5	18.9	27.9	22.8	18.1	26.9	22.1	17.3	26.3	10.6
Martinsburg	34.5	23.1	33.0	22.6	31.1	22.1	24.8	30.7	24.1	30.0	23.4	29.4	23.4	18.6	27.3	22.2	17.2	26.9	21.5	16.5	26.0	12.1
Morgantown	31.8	22.2	30.5	21.8	29.2	21.1	23.9	29.4	23.2	28.3	22.6	27.5	22.2	17.7	25.9	21.6	17.0	25.4	21.0	16.4	24.6	11.3
Parkersburg	32.9	23.1	31.3	22.5	30.1	22.1	24.7	30.5	24.0	29.2	23.3	28.0	23.4	18.8	27.6	22.2	17.4	26.9	21.7	16.9	25.6	10.9
WISCONSIN																						
Eau Claire	32.2	22.9	30.5	21.7	28.9	20.9	24.3	30.1	23.2	28.5	22.2	27.2	22.5	17.8	27.8	21.4	16.6	26.4	20.4	15.6	25.3	11.4
Green Bay	31.2	22.9	29.5	21.9	27.9	21.1	24.2	29.4	23.1	27.9	22.1	26.6	22.6	17.7	27.5	21.5	16.6	26.3	20.4	15.5	25.1	11.5
La Crosse	32.8	23.6	31.1	22.6	29.5	21.8	25.2	30.4	24.1	29.1	23.1	27.7	23.6	18.9	28.2	22.6	17.8	27.0	21.6	16.7	25.8	11.2
Madison	32.1	22.9	30.5	22.1	28.9	21.3	24.4	30.2	23.3	28.6	22.3	27.5	22.7	18.0	28.1	21.6	16.8	26.7	20.6	15.8	25.6	12.2
Milwaukee	31.9	23.3	29.9	22.3	28.3	21.3	24.6	29.9	23.5	28.5	22.4	27.0	23.0	18.2	28.1	21.9	17.0	26.7	20.8	15.9	25.5	9.2
Wausau	31.0	21.8	29.4	20.9	27.9	20.3	23.4	28.3	22.4	27.6	21.4	25.5	21.7	17.1	25.9	20.8	16.2	25.0	20.0	15.4	23.8	10.9
WYOMING																						
Big Piney	28.5	12.0	26.6	11.5	25.3	11.2	13.4	24.0	12.6	23.4	11.9	23.1	10.0	9.9	15.8	8.8	9.1	15.3	7.0	8.1	14.9	18.2
Casper	33.2	14.8	31.7	14.3	30.2	14.2	16.9	27.3	16.1	26.7	15.4	26.1	14.0	12.2	18.7	12.8	11.2	19.0	11.6	10.4	18.5	16.9
Cheyenne, Warren AFB	30.8	14.2	29.3	13.9	27.8	13.8	16.8	24.9	16.1	24.3	15.3	23.7	14.4	12.9	18.7	13.4	12.1	18.3	12.5	11.4	17.9	14.3
Cody	32.9	14.9	30.6	14.4	29.0	13.8	16.3	28.1	15.4	27.4	14.6	26.5	12.5	10.9	21.0	10.9	9.8	18.7	9.8	9.1	18.4	14.1
Gillette	34.5	16.3	32.9	16.0	30.6	15.5	18.3	28.9	17.4	28.5	16.6	27.9	15.1	12.5	22.6	13.8	11.4	20.7	12.3	10.4	20.1	15.9
Lander	32.3	14.8	30.8	14.3	29.2	14.0	16.7	27.4	15.8	26.8	15.1	26.4	13.1	11.5	20.4	11.8	10.6	19.8	10.7	9.8	19.6	14.8
Rock Springs	30.2	12.4	28.9	12.1	27.6	11.8	14.6	23.7	13.8	23.4	13.1	23.2	11.9	11.2	16.4	10.6	10.2	16.3	9.3	9.4	15.9	14.3
Sheridan	34.1	16.8	32.2	16.2	30.2	16.0	18.7	29.2	17.8	28.3	17.0	27.4	15.3	12.6	21.9	14.2	11.7	21.7	13.2	10.9	20.8	16.2
Worland	35.8	17.2	34.1	17.2	32.1	16.4	19.7	30.9	18.7	30.1	17.7	29.1	16.1	13.4	24.0	14.8	12.3	23.8	13.7	11.5	22.7	17.2

MDB = mean coincident dry-bulb temperature, °C MWS = mean coincident wind speed, km/h StdP = standard deviation HR = humidity ratio, g (water)/kg (dry air)
MWB = mean coincident wet-bulb temperature, °C MWD = mean coincident wind direction, degrees DP = dew-point temperature, °C

Outdoor Design Conditions

Table 5.2A (SI)
Cooling and Dehumidification Design Conditions—Canada

ALBERTA																							
Calgary Intl A	718770	51.12	114.02	1084	88.96	6193	−30	−27	12	11	9	14	−2	12	−3	3	0	5	160	32	−33	1.5	3.1
Cold Lake A	711200	54.42	110.28	544	94.96	6193	−35	−32	10	8	7	10	−8	8	−12	1	270	4	180	31	−40	1.8	3.5
Coronation	718730	52.07	111.45	791	92.18	6193	−33	−30	11	10	8	13	−11	10	−11	4	320	5	160	33	−37	1.7	3.5
Edmonton Intl A	711230	53.30	113.58	723	92.936	6193	−33.4	−30.5	11	9	8	11	−11	9	−12	3	180	4	180	31	−38	1.7	4.5
Fort McMurray A	719320	56.65	111.22	369	96.97	6193	−36	−34	8	7	6	8	−9	7	−12	1	90	4	250	32	−41	2.0	2.7
Grande Prairie A	719400	55.18	118.88	669	93.54	6193	−35	−33	12	10	9	13	0	11	−2	1	320	4	270	31	−41	1.5	3.7
Lethbridge A	718740	49.63	112.80	929	90.65	6193	−30	−27	16	14	12	20	4	18	4	2	250	6	270	35	−34	1.8	3.6
Medicine Hat A	718720	50.02	110.72	716	93.01	6193	−31	−28	12	10	9	13	2	11	0	2	230	5	220	36	−36	2.0	4.0
Peace River A	710680	56.23	117.43	571	94.65	6193	−35.3	−32.9	9	8	7	10	−1	9	−5	2	0	4	270	31	−41	1.6	3.7
Red Deer A	718780	52.18	113.90	905	90.92	6193	−33	−30	10	8	7	12	−11	10	−10	3	200	5	180	31	−37	1.7	3.6
Rocky Mtn. House	719280	52.43	114.92	989	89.99	6193	−32	−29	9	7	6	9	−3	7	−7	1	340	4	160	31	−38	1.5	2.8
Vermilion A		53.35	110.83	618	94.12	6193	−34	−32	10	9	8	10	−11	8	−12	2	270	5	180	32	−42	2.0	3.7
Whitecourt A	719300	54.15	115.78	782	92.28	6193	−34	−31	8	7	6	8	−6	7	−8	2	270	3	90	30	−41	1.1	3.0
BRITISH COLUMBIA																							
Abbotsford A	711080	49.03	122.37	58	100.63	6193	−9	−7	9	8	7	13	1	11	1	6	90	3	220	33	−13	2.2	3.7
Cape St. James	710310	51.93	131.02	92	100.22	6193	−4	−2	22	21	18	27	5	24	6	10	50	5	300	21	−6	1.9	3.1
Castlegar A	718840	49.30	117.63	495	95.52	6693	−15	−13	8	7	6	9	−8	9	−6	4	0	3	180	36	−19	1.6	3.9
Comox A	718930	49.72	124.90	24	101.04	6193	−6	−4	13	11	9	14	6	13	6	3	290	3	340	31	−9	2.1	2.9
Cranbrook A	718800	49.60	115.78	939	90.54	7093	−26	−22	9	8	7	9	1	8	−1	1	200	5	210	34	−30	1.5	3.7
Fort Nelson A	719450	58.83	122.58	382	96.82	6193	−36	−34	7	6	5	7	−14	6	−17	1	220	2	120	31	−41	1.5	3.5
Fort St. John A	719430	56.23	120.73	695	93.25	6193	−34	−32	11	10	8	13	−5	11	−6	3	0	4	230	30	−38	1.6	3.5
Kamloops A	718870	50.70	120.45	346	97.24	6693	−22	−18	10	9	8	11	−4	10	−3	2	90	3	270	37	−26	1.5	4.9
Penticton A	718890	49.47	119.60	344	97.26	6193	−15	−12	10	9	8	13	1	11	1	4	340	4	180	35	−17	1.5	4.0
Port Hardy A	711090	50.68	127.37	22	101.06	6193	−6	−4	13	11	9	15	3	13	4	3	110	4	340	24	−8	1.9	2.7
Prince George A	718960	53.88	122.68	691	93.29	6193	−32	−28	9	8	7	12	0	10	−5	1	0	3	180	29	−38	5.1	3.3
Prince Rupert A	718980	54.30	130.43	34	100.92	6393	−14	−11	12	10	9	13	6	12	6	3	70	4	270	24	−17	2.5	3.8
Quesnel A	711030	53.03	122.52	545	94.95	6193	−30	−26	8	7	6	8	−8	7	−7	0	340	2	340	33	−35	2.2	4.6
Sandspit A	711010	53.25	131.82	6	101.25	6193	−6	−4	17	14	12	19	6	16	6	8	320	4	270	22	−8	1.9	2.8
Smithers A	719500	54.82	127.18	523	95.20	6193	−28	−24	8	7	6	8	−5	7	−7	1	140	3	320	31	−32	2.2	3.9
Spring Island	714790	50.12	127.93	98	100.15	6193	−2	−1	18	16	13	20	8	18	7	3	50	3	320	26	−4	3.4	2.5
Terrace A	719510	54.47	128.58	217	98.75	6193	−19	−17	12	10	9	14	−12	13	−10	9	0	4	270	32	−21	2.2	3.2
Tofino A	711060	49.08	125.77	24	101.04	6193	−4	−2	11	9	8	13	8	11	7	2	70	3	290	27	−6	2.2	3.1
Vancouver Intl A	718920	49.18	123.17	2	101.30	6193	−8	−5	10	8	7	11	5	9	6	3	90	3	290	28	−10	1.6	3.5
Victoria Intl A	717990	48.65	123.43	19	101.10	6193	−5	−3	9	7	6	11	3	9	4	5	50	3	90	30	−8	1.8	3.2
Williams Lake A	711040	52.18	122.05	940	90.53	6193	−29	−26	9	8	7	11	−2	9	−1	1	320	3	140	31	−34	2.2	4.4
MANITOBA																							
Brandon A	711400	49.92	99.95	409	96.51	6193	−34	−31	12	10	9	13	−17	11	−17	4	270	6	160	35	−38	1.7	2.5
Churchill A	719130	58.75	94.07	29	100.98	6193	−38	−36	15	13	12	16	−24	13	−26	7	270	6	230	30	−41	2.5	2.2
Dauphin A	718550	51.10	100.05	305	97.71	6193	−34	−31	13	11	10	14	−17	12	−15	4	250	6	200	34	−38	1.9	2.4
Portage La Prairie A	718510	49.90	98.27	269	98.13	6193	−32	−30	12	10	9	13	−18	11	−17	4	250	5	180	35	−35	1.9	2.3
The Pas A	718670	53.97	101.10	271	98.11	6193	−35	−33	11	9	8	11	−21	10	−19	3	290	5	160	32	−40	1.9	2.3
Thompson A	710790	55.80	97.87	218	98.73	6893	−39	−37	9	8	7	8	−21	7	−22	1	270	5	180	32	−45	2.1	2.4
Winnipeg Int'l A	718520	49.90	97.23	239	98.49	6193	−33	−31	13	11	10	13	−15	12	−15	3	320	6	180	35	−36	1.9	2.6
NEW BRUNSWICK																							
Charlo A	717110	47.98	66.33	38	100.87	6793	−26	−24	11	9	8	12	−16	11	−14	5	250	5	250	32	−29	1.5	2.5
Chatham A	717170	47.00	65.45	31	100.95	6193	−24	−22	11	9	8	12	−9	11	−9	3	270	5	230	34	−29	1.2	2.4
Fredericton A	717000	45.87	66.53	20	101.08	6193	−24	−22	10	9	8	11	−8	10	−8	2	270	5	230	33	−30	1.4	3.0
Moncton A	717050	46.12	64.68	71	100.47	6193	−23	−21	12	10	9	13	−7	12	−7	6	270	6	250	32	−27	1.1	2.5
Saint John A	716090	45.32	65.88	109	100.02	6193	−23	−20	12	10	9	14	−4	13	−5	4	340	5	230	29	−28	2.2	2.6
NEWFOUNDLAND																							
Battle Harbour	718170	52.30	55.83	8	101.23	6193	−25	−23	18	16	14	21	−8	19	−9	8	270	8	230	25	−28	2.6	3.3
Bonavista	711960	48.67	53.12	27	101.00	6193	−16	−14	19	17	15	21	−6	19	−5	11	280	8	230	27	−18	1.5	3.2
Cartwright	718180	53.70	57.03	14	101.16	6493	−28	−26	16	13	12	18	−8	16	−8	6	220	5	210	29	−31	2.3	2.5
Daniels Harbour	718150	50.23	57.58	19	101.10	6693	−22	−19	18	16	14	20	−9	17	−6	5	270	7	230	24	−24	1.8	3.6
Deer Lake A	718090	49.22	57.40	22	101.06	6693	−25	−22	11	10	8	14	−6	10	−7	1	240	6	220	30	−30	1.3	3.7
Gander Intl A	718030	48.95	54.57	151	99.52	6193	−20	−18	14	13	11	16	−7	14	−6	7	270	6	230	29	−22	1.6	3.5
Goose A	718160	53.32	60.37	49	99.03	6193	−31	−29	12	10	9	13	−16	12	−15	5	250	5	250	32	−34	2.2	2.0
Hopedale	719000	55.45	60.23	8	101.23	6493	−29	−28	16	13	12	18	−11	16	−12	7	250	6	250	26	−32	2.5	3.2
St. John's A	718010	47.62	52.73	140	99.65	6193	−16	−14	17	15	13	18	−5	16	−4	8	290	4	250	28	−19	1.4	2.7
Stephenville A	718150	48.53	58.55	26	101.01	6193	−19	−16	15	13	10	16	−6	13	−6	5	50	4	250	26	−21	1.4	3.5
Wabush Lake A	718250	52.93	66.87	551	94.88	6193	−36	−34	10	9	8	11	−21	10	−20	2	270	5	240	28	−42	2.1	2.4
NORTHWEST TERRITORIES																							
Baker Lake A	719260	64.30	96.08	18	101.11	6393	−40	−39	16	14	13	19	−32	16	−32	5	0	4	270	25	−46	2.7	2.4
Cambridge Bay A	719250	69.10	105.12	27	101.00	6193	−39	−37	16	14	12	16	−28	14	−28	4	320	5	140	20	−46	2.7	2.1
Cape Parry A	719480	70.17	124.68	17	101.12	6193	−37	−36	14	12	11	15	−24	13	−25	3	270	4	110	19	−41	2.7	2.4
Chesterfield	719164	63.33	90.72	11	101.19	6393	−37	−37	15	13	12	16	−32	14	−32	6	320	6	320	23	−45	2.7	2.7
Coral Harbour A	719150	64.20	83.37	64	100.56	6193	−40	−39	17	14	12	17	−21	14	−22	4	340	6	270	21	−45	2.1	2.9
Fort Smith A	719340	60.02	111.95	203	98.91	6193	−37	−35	8	7	6	9	−20	8	−21	1	150	4	180	31	−45	1.9	3.1
Hall Beach A	710810	68.78	81.25	8	101.23	6193	−41	−39	15	13	11	15	−29	13	−30	4	320	5	180	18	−47	2.9	3.0
Inuvik UA	719570	68.30	133.48	68	100.51	7393	−41	−40	8	7	6	9	−22	7	−22	1	70	4	180	29	−47	1.4	2.8
Iqaluit A (Frobisher)	719090	63.75	68.55	33	100.95	6193	−32	−30	12	11	10	15	−24	15	−24	2	320	5	320	20	−42	2.4	2.6
Norman Wells A	710430	65.28	126.80	74	100.44	6193	−40	−38	11	9	8	13	−20	11	−22	1	170	4	140	31	−45	1.7	3.0
Resolute A	719240	74.72	94.98	67	100.52	6393	−41	−40	17	15	13	19	−26	17	−28	4	320	6	110	13	−45	2.1	2.7

94 LOAD CALCULATION PRINCIPALS

Environmental Design Conditions

Table 5.2A (SI) (Continued)
Cooling and Dehumidification Design Conditions—Canada

Yellowknife A	719360	62.47	114.45	206	98.87	6193	−40	−38	10	9	8	10	−22	9	−23	2	50	4	160	28	−44	2.0	2.5
NOVA SCOTIA																							
Greenwood A	713970	44.98	64.92	28	100.99	6193	−19	−16	13	11	10	16	−4	13	−5	3	300	7	250	32	−24	1.3	3.0
Halifax Intl A	713950	44.88	63.50	145	99.60	6993	−19	−17	12	10	9	13	−3	12	−4	5	320	5	200	30	−22	1.5	2.4
Sable Island	716000	43.93	60.02	4	101.28	6193	−10	−8	17	15	13	19	−1	17	−2	11	290	6	200	23	−12	1.4	2.2
Shearwater A	716010	44.63	63.50	51	100.71	6193	−17	−15	13	11	10	15	−4	13	−4	5	340	5	230	30	−21	1.8	2.3
Sydney A	717070	46.17	60.05	62	100.58	6193	−18	−16	13	12	10	16	−5	13	−4	6	270	6	230	31	−22	1.4	2.5
Truro	713980	45.37	63.27	40	100.85	6193	−23	−20	11	9	8	13	−4	12	−4	2	0	5	270	30	−27	1.8	3.2
Yarmouth A	716030	43.83	66.08	43	100.81	6193	−14	−12	13	11	10	14	−3	13	−3	5	320	4	190	26	−17	1.5	2.0
ONTARIO																							
Armstrong A	718410	50.30	89.03	351	97.18	6193	−36	−34	10	9	8	9	−19	8	−19	1	270	6	0	31	−45	1.8	2.7
Atikokan	717480	48.75	91.62	393	96.69	6793	−35	−33	7	6	6	7	−14	6	−15	0	270	3	230	32	−41	2.0	2.1
Big Trout Lake	718480	53.83	89.87	224	98.66	6793	−36	−34	10	9	8	11	−18	9	−19	3	290	4	200	30	−41	1.8	2.7
Earlton A	717350	47.70	79.85	243	98.44	6193	−33	−30	10	8	8	11	−10	9	−11	2	320	5	200	33	−39	2.1	2.8
Geraldton A	718340	49.78	86.93	351	97.18	6893	−36	−34	9	8	7	10	−16	9	−16	1	270	5	0	31	−43	2.3	3.7
Gore Bay A	717330	45.88	82.57	193	99.03	6193	−24	−21	12	10	9	13	−5	11	−6	3	0	5	180	30	−30	2.5	3.3
Kapuskasing A	718310	49.42	82.47	227	98.63	6193	−34	−32	9	8	7	10	−15	9	−15	2	270	5	230	32	−39	1.5	2.8
Kenora A	718500	49.78	94.37	411	96.48	6193	−33	−30	9	8	7	9	−14	8	−15	4	320	5	180	32	−36	1.9	2.8
London A	716230	43.03	81.15	278	98.03	6193	−19	−17	11	10	9	13	−6	11	−6	4	250	5	250	32	−24	1.9	3.1
Mount Forest	716310	43.98	80.75	415	96.44	6293	−22	−19	11	10	8	12	−7	11	−8	3	90	4	250	30	−26	1.2	2.5
Muskoka A	716300	44.97	79.30	282	97.98	6193	−27	−24	9	9	8	10	−6	9	−6	3	320	4	270	31	−34	1.2	3.1
North Bay A	717310	46.35	79.43	371	96.95	6193	−28	−25	9	8	7	10	−9	9	−9	3	0	4	230	30	−32	1.8	3.0
Ottawa Int'l A	716280	45.32	75.67	114	99.96	6193	−25	−22	10	9	8	12	−9	10	−9	4	290	5	250	33	−28	1.5	2.8
Sault Ste. Marie A	712600	46.48	84.52	192	99.04	6293	−25	−22	12	10	9	13	−8	11	−8	2	90	4	220	31	−32	3.3	3.3
Simcoe	715270	42.85	80.27	241	98.46	6293	−19	−16	11	9	8	13	−5	11	−4	5	270	5	230	33	−23	1.6	2.6
Sioux Lookout A	718420	50.12	91.90	390	96.73	6193	−35	−32	8	7	6	8	−17	8	−17	2	270	4	200	32	−39	1.8	2.7
Sudbury A	717300	46.62	80.80	348	97.21	6193	−28	−26	13	12	10	13	−11	12	−11	5	0	6	230	32	−33	2.2	2.9
Thunder Bay A	717490	48.37	89.32	199	98.96	6193	−30	−28	11	9	8	11	−13	10	−14	4	250	5	200	32	−35	2.1	2.6
Timmins A	717390	48.57	81.37	295	97.83	6193	−34	−31	9	9	8	10	−14	9	−14	2	180	4	250	33	−39	2.0	2.6
Toronto Int'l A	716240	43.67	79.63	173	99.26	6593	−20	−17	12	10	9	13	−6	11	−5	4	340	5	270	33	−24	1.6	3.1
Trenton A	716210	44.12	77.53	86	100.30	6193	−22	−20	11	10	9	13	−5	12	−5	3	50	6	230	31	−27	1.7	3.1
Wiarton A	716330	44.75	81.10	222	98.69	6193	−20	−18	11	10	9	12	−3	11	−4	3	340	5	230	31	−26	1.3	3.9
Windsor A	715380	42.27	82.97	190	99.06	6193	−17	−15	12	11	9	13	−5	12	−6	5	230	6	250	34	−21	1.5	3.0
PRINCE EDWARD ISLAND																							
Charlottetown A	717060	46.28	63.13	54	100.68	6193	−21	−19	11	10	9	16	−9	13	−8	6	270	5	230	29	−25	1.3	2.6
Summerside A	717020	46.43	63.83	24	101.04	6193	−21	−18	14	12	11	18	−8	16	−8	7	270	6	200	30	−24	1.5	2.3
QUEBEC																							
Bagotville A	717270	48.33	71.00	159	99.43	6193	−31	−28	12	10	9	13	−16	12	−15	3	270	5	270	33	−35	1.4	2.8
Baie Comeau A	711870	49.13	68.20	22	101.06	6593	−28	−26	12	11	9	13	−10	11	−10	5	270	6	230	28	−33	1.8	3.8
Grindstone Island		47.38	61.87	59	100.62	6193	−19	−16	22	19	17	24	−7	22	−6	11	290	8	250	26	−20	1.1	3.1
Kuujjuarapik A	719050	55.28	77.77	12	101.18	6193	−36	−34	13	11	10	12	−18	11	−19	4	120	6	180	29	−41	2.2	2.6
Kuujjuaq A	719060	58.10	68.42	37	100.88	6193	−37	−35	13	11	10	14	−17	12	−19	2	230	5	180	28	−41	1.9	2.0
La Grande Riviere A	718270	53.63	77.70	195	99.00	7793	−36	−34	10	9	8	10	−18	9	−19	3	270	6	240	30	−39	2.0	1.9
Lake Eon A	714210	51.87	63.28	543	94.76	6193	−35	−33	10	9	8	10	−16	9	−18	2	270	4	230	27	−41	1.4	2.2
Mont Joli A	717180	48.60	68.22	52	100.70	6193	−25	−22	13	11	10	16	−13	13	−13	7	290	6	230	31	−28	1.7	2.5
Montreal Intl A	716270	45.47	73.75	36	100.89	6193	−24	−22	10	9	8	13	−7	12	−8	3	250	5	230	32	−28	1.3	2.5
Montreal Mirabel A	716278	45.68	74.03	82	100.34	7693	−27	−24	9	8	7	11	−11	10	−12	3	240	4	240	31	−32	1.0	2.4
Nitchequon		53.20	70.90	536	95.05	6193	−36	−35	11	10	9	13	−21	11	−21	3	270	5	230	26	−43	2.0	2.6
Quebec A	717140	46.80	71.38	73	100.45	6193	−26	−24	11	9	8	13	−10	12	−12	4	250	5	250	32	−30	1.3	2.7
Riviere Du Loup	717150	47.80	69.55	148	99.56	6693	−25	−23	9	8	8	11	−10	9	−11	4	180	5	230	29	−28	1.1	2.6
Roberval A	717280	48.52	72.27	179	99.19	6193	−31	−29	10	9	9	12	−13	10	−12	3	270	5	220	32	−34	1.7	2.4
Schefferville A	718280	54.80	66.82	521	95.22	6193	−36	−35	12	10	9	14	−23	12	−23	3	320	6	270	27	−41	2.2	2.8
Sept-Iles A	718110	50.22	66.27	55	100.67	6893	−29	−26	11	10	9	13	−9	11	−11	4	300	5	220	28	−32	2.4	2.4
Sherbrooke A	716100	45.43	71.68	241	98.46	6393	−29	−26	9	7	7	10	−10	9	−10	2	110	4	250	31	−35	1.2	2.8
St. Hubert A	713710	45.52	73.42	27	101.00	6193	−24	−22	12	10	9	14	−8	12	−7	3	20	6	250	33	−29	1.4	2.7
Ste. Agathe Des Monts	717200	46.05	74.28	395	96.67	6693	−29	−26	9	7	7	10	−11	9	−12	2	290	4	270	30	−33	1.6	2.2
Val d'Or A	717250	48.07	77.78	337	97.34	6193	−33	−30	9	8	7	10	−11	9	−12	2	310	5	230	31	−38	1.6	2.7
SASKATCHEWAN																							
Broadview	718610	50.38	102.68	602	94.30	6693	−34	−32	12	10	9	13	−13	11	−13	3	290	5	160	35	−38	2.0	3.2
Estevan A	718620	49.22	102.97	581	94.54	6193	−32	−29	13	12	10	14	−11	13	−11	5	290	6	180	36	−35	1.8	3.0
Moose Jaw A	718640	50.33	105.55	577	94.58	6193	−32	−30	13	12	10	16	−6	13	−7	4	290	6	180	36	−36	1.8	3.0
North Battleford A	718760	52.77	108.25	548	94.91	6193	−35	−32	11	10	9	12	−13	10	−14	2	320	5	140	34	−39	1.7	3.0
Prince Albert A	718690	53.22	105.68	428	96.29	6193	−37	−34	10	9	8	11	−17	9	−16	1	270	5	180	33	−42	2.1	3.3
Regina A	718630	50.43	104.67	577	94.58	6193	−34	−31	14	12	10	15	−13	13	−13	4	270	6	180	35	−38	2.0	2.8
Saskatoon	718660	52.17	106.68	504	95.42	6193	−35	−32	12	10	9	12	−11	10	−14	3	290	6	180	34	−39	2.1	3.3
Swift Current A	718700	50.28	107.68	818	91.88	6193	−32	−29	15	13	11	16	−8	13	−10	6	210	6	180	35	−36	1.7	3.2
Uranium City A	710760	59.57	108.48	318	97.56	6393	−39	−37	9	8	7	8	−22	7	−23	2	70	3	230	30	−45	2.2	1.9
Wynyard	718650	51.77	104.20	561	94.76	6593	−34	−31	12	10	9	12	−11	11	−12	4	270	6	180	34	−37	1.9	3.4
Yorkton A	711380	51.27	102.47	498	95.48	6193	−35	−32	11	10	9	12	−14	10	−17	3	290	5	180	34	−39	1.8	3.1
YUKON TERRITORY																							
Burwash A	719670	61.37	139.05	806	92.01	6793	−37	−35	12	11	9	13	−1	11	−1	0	290	4	110	26	−48	1.9	3.6
Whitehorse A	719640	60.72	135.07	703	93.16	6193	−37	−35	10	9	8	12	−9	11	−10	1	340	4	140	28	−44	2.2	3.3

LOAD CALCULATION PRINCIPALS

Table 5.2B (SI)

Cooling and Dehumidification Design Conditions—Canada

ALBERTA																					
Calgary Intl A	28.5	15.4	26.4	14.7	24.7	14.1	16.9	25.3	15.9	24.1	15.0	23.0	13.9	11.3	19.6	12.9	10.6	18.4	11.7	9.8	17.8	12.2
Cold Lake A	27.8	17.5	25.8	16.7	24.1	15.7	18.9	25.4	17.8	24.2	16.7	22.4	16.5	12.5	21.9	15.4	11.7	20.5	14.4	10.9	19.2	11.1
Coronation	29.5	16.7	27.5	15.6	25.4	15.2	18.1	26.5	17.1	25.3	16.2	23.9	15.3	12.0	20.7	14.2	11.1	19.5	13.2	10.4	18.7	12.3
Edmonton Intl A	27.6	17.1	25.6	16.5	24.0	15.7	18.9	25.0	17.7	23.9	16.5	22.5	16.4	12.7	22.5	15.2	11.8	20.7	14.1	11.0	19.1	12.1
Fort McMurray A	28.7	17.5	26.5	16.5	24.6	15.5	18.8	26.3	17.7	24.4	16.5	22.6	16.1	12.0	21.5	15.0	11.1	20.1	14.1	10.5	19.0	12.2
Grande Prairie A	27.4	16.4	25.4	15.3	23.6	14.5	17.6	24.8	16.5	23.2	15.4	21.8	15.1	11.6	20.1	14.0	10.8	18.4	13.0	10.1	17.4	11.6
Lethbridge A	30.9	16.3	29.1	15.9	27.1	15.3	18.3	27.3	17.2	26.1	16.2	25.1	15.1	12.0	21.0	14.0	11.2	20.4	12.9	10.4	19.2	13.8
Medicine Hat A	32.2	17.4	30.6	16.9	28.8	16.1	18.7	29.1	17.7	28.1	16.9	26.6	15.4	11.9	21.3	14.3	11.1	20.6	13.2	10.3	20.0	13.9
Peace River A	27.2	16.7	25.3	15.8	23.6	14.9	18.1	24.8	16.8	23.6	15.8	21.8	15.4	11.7	20.8	14.3	10.9	19.4	13.3	10.2	18.3	11.9
Red Deer A	27.9	16.8	25.9	15.9	24.2	15.1	18.2	25.3	17.1	24.1	16.0	22.6	15.4	12.2	21.8	14.3	11.4	20.3	13.3	10.6	19.0	12.7
Rocky Mtn. House	26.9	16.6	25.3	16.0	23.8	15.2	18.0	25.4	17.0	23.8	15.9	22.4	15.5	12.4	20.9	14.4	11.6	19.9	13.5	10.9	18.9	12.5
Vermilion A	28.5	17.6	26.4	16.9	24.7	16.1	19.1	25.6	17.9	24.8	16.9	23.4	16.4	12.6	22.4	15.4	11.8	20.8	14.4	11.0	19.5	12.2
Whitecourt	26.9	16.3	25.1	15.7	23.5	14.9	18.2	24.7	16.9	23.4	15.8	21.6	15.7	12.3	20.7	14.6	11.4	19.3	13.6	10.7	18.0	13.0
BRITISH COLUMBIA																						
Abbotsford A	29.2	19.6	26.9	18.7	25.0	17.7	20.3	28.1	19.1	26.3	18.0	24.4	16.9	12.1	24.7	15.9	11.4	23.0	15.1	10.8	21.0	11.9
Cape St. James	18.0	14.8	16.6	14.2	15.7	13.7	15.5	17.0	14.8	16.0	14.2	15.3	14.8	10.6	15.9	14.2	10.2	15.2	13.7	9.9	14.7	4.2
Castlegar A	33.3	18.0	31.0	17.3	29.0	16.6	19.2	29.6	18.2	28.5	17.2	27.0	15.6	11.8	21.9	14.7	11.1	21.0	13.9	10.5	19.7	15.5
Comox A	26.7	17.2	24.6	16.6	22.9	16.0	18.1	24.6	17.3	23.1	16.5	21.9	15.7	11.2	19.9	15.0	10.7	19.1	14.3	10.2	18.3	9.1
Cranbrook A	31.2	16.2	29.4	15.6	27.3	14.9	17.2	28.1	16.4	26.9	15.6	25.5	13.8	11.0	18.6	12.7	10.3	18.6	11.6	9.5	18.5	13.8
Fort Nelson A	27.6	16.6	25.6	15.7	23.9	14.8	17.9	25.1	16.8	23.5	15.8	22.0	15.4	11.4	19.8	14.3	10.7	18.8	13.3	10.0	18.0	11.7
Fort St. John A	26.3	16.0	24.4	15.0	22.6	14.2	17.2	24.2	16.1	22.4	15.0	20.9	14.7	11.4	19.3	13.7	10.6	18.2	12.5	9.8	17.3	10.4
Kamloops A	33.6	18.1	31.2	17.3	29.2	16.6	19.0	31.3	18.1	29.3	17.2	27.3	15.1	11.2	20.9	14.1	10.5	20.3	13.2	9.9	20.2	13.7
Penticton A	32.1	18.4	30.3	17.7	28.5	17.0	19.4	29.6	18.5	28.4	17.7	27.0	15.7	11.6	22.9	14.7	10.9	22.0	13.8	10.3	21.7	14.7
Port Hardy A	19.9	15.0	18.4	14.3	17.1	13.8	15.8	18.7	15.0	17.5	14.3	16.5	14.5	10.3	16.9	13.9	9.9	16.0	13.3	9.5	15.4	6.9
Prince George A	27.1	15.8	25.4	15.2	23.5	14.2	17.1	25.4	16.0	23.2	15.0	21.7	14.2	11.0	18.6	13.3	10.4	17.8	12.1	9.6	16.9	12.9
Prince Rupert A	18.9	14.4	17.3	13.8	16.3	13.4	15.4	17.9	14.6	16.6	13.9	15.8	14.3	10.2	16.2	13.6	9.8	15.5	13.1	9.4	14.9	5.8
Quesnel A	29.5	16.7	27.2	15.7	25.2	15.1	17.9	26.6	16.8	24.9	15.9	23.4	15.2	11.5	19.2	14.1	10.7	18.4	13.2	10.1	17.3	14.1
Sandspit A	19.7	15.5	18.5	14.8	17.2	14.2	16.2	18.9	15.4	17.7	14.7	16.7	15.1	10.7	16.9	14.4	10.2	16.3	13.8	9.8	15.8	4.8
Smithers A	27.2	16.0	25.0	15.2	22.8	14.3	16.9	25.5	15.9	23.5	14.9	21.4	14.0	10.6	18.3	13.1	10.0	17.6	12.0	9.3	16.8	12.2
Spring Island	20.2	15.3	18.7	14.8	17.2	14.2	16.1	18.8	15.4	17.6	14.8	16.7	15.1	10.8	16.7	14.6	10.5	16.1	14.1	10.2	15.4	4.9
Terrace A	28.2	16.6	25.6	15.8	23.3	14.8	17.5	26.3	16.4	24.2	15.4	22.0	14.3	10.4	18.8	13.4	9.8	17.8	12.6	9.3	17.7	9.5
Tofino A	22.2	16.4	20.1	15.3	18.6	14.5	16.8	21.0	15.8	19.2	15.1	17.6	15.2	10.8	17.3	14.6	10.4	16.6	14.1	10.1	15.8	6.8
Vancouver Intl A	24.6	18.2	23.2	17.6	21.8	16.9	18.8	23.8	18.0	22.4	17.2	21.3	16.6	11.8	21.7	15.9	11.3	20.9	15.3	10.9	19.9	7.8
Victoria Intl A	26.2	17.3	24.1	16.7	22.2	15.9	18.0	25.1	17.1	23.3	16.2	21.6	15.0	10.7	20.3	14.3	10.2	19.3	13.7	9.8	18.3	10.2
Williams Lake A	28.1	14.8	25.9	14.1	23.9	13.4	15.8	25.2	14.9	23.9	14.1	22.3	12.9	10.4	16.9	11.6	9.5	16.2	10.6	8.9	15.8	12.2
MANITOBA																						
Brandon A	30.8	19.6	28.9	19.0	26.8	18.2	21.6	27.7	20.3	26.7	19.1	25.1	19.5	15.0	24.7	18.2	13.8	23.3	16.8	12.6	22.3	13.1
Churchill A	25.0	16.6	22.1	15.3	19.5	14.2	17.5	23.2	16.0	21.2	14.5	18.9	15.1	10.8	20.1	13.5	9.7	18.3	11.8	8.6	16.9	9.3
Dauphin A	30.4	19.6	28.6	18.9	26.6	18.0	21.3	27.6	20.2	26.5	19.0	25.1	19.2	14.5	25.0	18.0	13.4	23.2	16.6	12.3	22.1	12.3
Portage La Prairie A	31.1	20.1	29.2	19.5	27.2	18.4	22.1	28.4	20.8	26.8	19.7	25.6	20.2	15.4	25.6	18.8	14.1	23.8	17.8	13.2	22.8	11.4
The Pas A	28.1	18.6	26.1	17.6	24.5	16.6	19.8	26.1	18.7	24.3	17.7	22.8	17.9	13.3	22.6	16.6	12.2	21.3	15.6	11.4	20.2	10.2
Thompson A	28.1	17.5	26.1	16.6	24.3	15.7	19.1	25.6	17.8	24.1	16.7	22.5	16.6	12.1	21.9	15.3	11.1	20.4	14.2	10.4	19.1	12.8
Winnipeg Int'l A	30.8	19.9	29.0	19.6	27.0	18.7	22.1	28.0	20.9	26.8	19.8	25.3	20.2	15.3	25.4	18.9	14.1	23.9	17.9	13.2	22.9	11.4
NEW BRUNSWICK																						
Charlo A	28.2	19.8	25.9	19.1	24.1	18.1	21.3	25.8	20.2	24.2	19.1	22.8	19.8	14.6	23.3	18.9	13.8	22.2	17.9	12.9	21.1	10.2
Chatham A	29.9	20.3	28.1	19.2	26.1	18.3	21.8	27.1	20.7	25.5	19.8	24.0	20.1	14.8	24.1	19.2	14.0	22.9	18.3	13.2	21.9	11.3
Fredericton A	30.0	20.6	28.2	19.7	26.3	18.8	22.1	27.7	21.0	26.0	20.0	24.5	20.2	14.9	25.0	19.3	14.1	23.6	18.4	13.3	22.3	11.5
Moncton A	28.2	20.1	26.4	19.4	24.9	18.5	21.7	26.1	20.6	24.7	19.7	23.4	20.1	14.9	24.1	19.2	14.1	22.9	18.3	13.3	21.8	10.8
Saint John A	25.6	18.4	24.0	17.6	22.2	16.5	20.0	23.8	18.8	22.1	17.8	20.8	18.7	13.7	21.6	17.6	12.8	20.3	16.6	12.0	19.0	9.4
NEWFOUNDLAND																						
Battle Harbour	18.3	14.2	15.8	13.0	14.3	11.9	14.9	17.1	13.4	15.5	12.1	13.9	13.9	9.9	16.2	12.1	8.8	14.5	11.0	8.2	13.0	5.8
Bonavista	23.5	18.3	21.5	17.3	19.9	16.6	19.3	22.1	18.2	20.6	17.1	19.3	18.2	13.1	21.1	17.0	12.2	19.8	16.0	11.4	18.6	6.5
Cartwright	23.9	16.5	21.3	15.1	19.2	14.3	17.2	22.2	15.9	20.2	14.8	18.7	15.2	10.8	19.2	14.0	10.0	18.2	12.8	9.2	17.0	9.7
Daniels Harbour	20.3	17.4	19.1	16.8	18.2	16.1	18.2	19.6	17.4	18.7	16.4	17.7	17.8	12.8	19.2	16.7	11.9	18.1	15.8	11.2	17.3	5.4
Deer Lake A	27.0	18.6	25.2	17.6	23.5	16.8	20.2	24.8	19.1	23.1	18.1	21.9	18.7	13.6	22.5	17.5	12.6	21.8	16.3	11.6	20.3	11.9
Gander Intl A	25.9	18.4	24.2	17.2	22.3	16.6	19.8	23.9	18.8	22.2	17.8	21.1	18.4	13.5	21.9	17.3	12.6	20.9	16.3	11.8	19.7	9.9
Goose A	27.4	17.0	24.9	16.2	22.6	15.3	18.6	24.9	17.4	22.9	16.3	21.5	16.3	11.7	21.0	15.1	10.8	19.8	14.1	10.1	18.4	10.1
Hopedale	21.0	15.0	18.5	13.8	16.2	12.5	15.7	19.9	14.3	17.9	12.9	15.9	13.9	9.9	17.6	12.2	8.9	16.1	10.9	8.1	14.9	7.0
St. John's A	24.3	18.5	22.8	17.6	21.0	17.1	20.0	22.7	18.9	21.4	17.9	20.2	19.0	14.0	21.7	18.0	13.2	20.6	16.8	12.2	19.5	8.7
Stephenville A	23.1	17.9	21.5	17.5	20.4	17.0	19.4	21.6	18.5	20.6	17.6	19.8	18.6	13.5	20.9	17.6	12.6	20.2	16.5	11.8	19.1	6.9
Wabush Lake A	24.3	15.5	22.0	14.4	20.1	13.7	17.1	21.5	15.9	20.3	14.7	18.7	15.5	11.8	19.0	14.3	10.9	17.4	13.1	10.0	16.4	9.4
NORTHWEST TERRITORIES																						
Baker Lake	20.6	13.9	18.2	12.8	16.0	11.6	14.7	19.3	13.3	17.3	12.0	15.6	12.5	9.0	17.5	11.0	8.2	14.8	9.9	7.6	13.7	9.1
Cambridge Bay A	15.6	11.7	13.8	10.3	11.9	9.1	12.1	15.1	10.6	13.3	9.4	11.6	10.2	7.8	13.5	8.9	7.1	11.9	7.6	6.5	10.7	6.9
Cape Parry A	14.6	11.4	12.1	9.8	10.2	8.4	11.6	14.3	9.9	11.9	8.5	10.0	9.8	7.5	13.1	8.5	6.9	11.2	7.0	6.2	9.7	5.4
Chesterfield	18.9	12.3	15.8	11.0	13.5	9.7	13.0	18.4	11.1	15.3	9.8	13.1	10.0	7.6	15.4	8.7	7.0	12.5	7.6	6.5	11.2	7.6
Coral Harbour A	17.9	11.9	15.5	10.8	13.5	9.7	12.5	17.0	11.1	15.0	9.9	13.2	10.0	7.7	14.5	8.8	7.1	12.5	7.8	6.6	11.2	8.2
Fort Smith A	28.0	17.2	25.8	16.2	24.0	15.5	18.4	25.4	17.3	23.8	16.3	22.3	15.9	11.6	20.6	14.8	10.8	19.5	13.8	10.1	18.7	11.9
Hall Beach A	13.4	9.8	11.1	8.5	9.3	7.0	10.1	13.0	8.6	11.0	7.1	9.2	8.2	6.8	11.7	6.6	6.0	10.0	5.4	5.6	8.5	5.5
Inuvik UA	25.6	15.5	23.7	14.7	21.7	13.8	16.5	23.8	15.4	22.3	14.4	20.8	13.3	9.6	19.5	11.9	8.7	18.3	10.9	8.2	17.6	10.2
Iqualuit A (Frobisher)	15.7	10.1	13.6	8.9	11.5	8.0	10.6	15.2	9.3	12.8	8.2	11.4	7.8	6.6	11.9	6.6	6.1	10.9	5.6	5.7	9.8	6.9
Norman Wells A	26.9	16.5	25.1	15.8	23.4	15.0	17.7	24.9	16.7	23.4	15.8	21.9	14.9	10.7	19.7	14.0	10.1	19.0	13.1	9.5	18.4	10.3
Resolute A	10.2	7.3	8.6	6.1	6.9	5.1	7.5	10.1	6.2	8.3	5.2	6.9	5.4	5.6	8.4	4.4	5.2	7.4	3.5	4.9	6.2	4.7

Environmental Design Conditions

Table 5.2B (SI) (Continued)
Cooling and Dehumidification Design Conditions—Canada

Location																					
Yellowknife A	24.9	15.8	23.2	14.7	21.3	13.9	16.7	23.0	15.7	21.5	14.7	20.1	14.2	10.4	18.9	13.2	9.7	18.1	11.9	8.9	17.3	8.0
NOVA SCOTIA
Greenwood A	28.6	20.5	26.8	19.6	25.4	18.7	22.1	26.2	21.2	24.9	20.3	23.8	20.7	15.4	24.2	19.8	14.6	23.4	18.9	13.7	22.4	11.1
Halifax Intl A	26.9	19.7	25.3	18.8	23.8	17.9	21.2	24.9	20.3	23.3	19.3	22.0	20.1	15.1	22.7	19.2	14.2	21.6	18.4	13.5	20.5	9.3
Sable Island	21.1	19.5	20.3	18.8	19.6	18.1	20.0	20.7	19.3	19.9	18.6	19.3	19.7	14.4	20.5	19.0	13.8	19.7	18.3	13.2	19.1	4.6
Shearwater A	25.5	19.1	23.8	18.0	22.1	17.4	20.6	23.5	19.6	22.1	18.7	20.8	19.7	14.5	21.9	18.8	13.7	20.6	18.1	13.1	19.7	7.3
Sydney A	27.1	20.1	25.4	19.3	23.7	18.4	21.5	25.5	20.4	23.8	19.4	22.3	20.2	15.0	23.5	19.2	14.1	22.2	18.3	13.3	21.1	9.6
Truro	26.3	20.3	25.0	19.3	23.7	18.7	21.7	25.0	20.7	23.6	19.8	22.1	20.5	15.2	23.7	19.7	14.5	22.5	19.0	13.9	21.3	10.7
Yarmouth A	22.9	18.6	21.4	18.0	20.3	17.3	19.9	21.7	18.8	20.6	18.0	19.6	19.2	14.0	20.8	18.3	13.3	19.8	17.2	12.3	18.9	7.3
ONTARIO
Armstrong A	27.2	18.7	25.8	18.4	24.1	17.3	20.7	25.4	19.3	24.1	18.2	22.5	19.2	14.6	22.6	17.9	13.4	21.8	16.3	12.1	20.5	13.7
Atikokan	28.7	19.5	26.8	18.9	25.2	17.9	21.6	26.4	20.4	24.8	19.3	23.5	20.1	15.4	24.1	19.0	14.5	23.0	17.9	13.5	21.8	12.8
Big Trout Lake	26.0	17.5	24.1	16.9	22.2	16.1	19.2	23.9	18.1	22.1	17.1	21.0	17.6	13.0	21.3	16.4	12.0	20.1	15.4	11.2	19.3	9.1
Earlton A	29.3	20.3	27.2	19.4	25.5	18.4	21.9	26.9	20.7	25.2	19.6	24.1	20.3	15.4	24.6	19.2	14.4	23.2	18.2	13.5	22.0	12.0
Geraldton	27.2	18.9	25.7	18.1	24.1	17.0	20.7	25.0	19.5	23.6	18.4	22.5	19.3	14.7	23.1	18.3	13.8	22.1	16.7	12.4	20.6	12.3
Gore Bay A	26.7	20.0	25.3	19.3	24.0	18.4	21.6	25.1	20.6	23.6	19.7	22.6	20.4	15.4	23.3	19.5	14.6	22.3	18.6	13.8	21.6	9.1
Kapuskasing A	29.0	19.3	26.9	18.5	25.2	17.6	21.1	26.1	19.9	24.7	18.8	23.3	19.4	14.5	23.8	18.3	13.6	22.4	16.9	12.4	21.2	12.5
Kenora A	28.9	19.4	27.0	18.5	25.4	17.8	21.3	26.2	20.2	24.8	19.1	23.7	19.7	15.2	24.0	18.6	14.1	22.9	17.4	13.1	22.0	9.1
London A	29.6	21.9	28.2	21.1	26.7	20.4	23.4	28.0	22.4	26.7	21.5	25.2	21.8	17.0	26.1	21.0	16.2	24.9	20.2	15.4	23.8	11.0
Mount Forest	28.2	21.2	26.5	20.2	25.2	19.2	22.4	26.5	21.3	25.1	20.3	23.7	20.9	16.4	24.8	20.0	15.5	23.5	19.2	14.7	22.5	11.3
Muskoka A	28.7	20.8	26.8	19.8	25.5	19.0	22.3	26.6	21.2	24.9	20.2	23.6	20.9	16.1	24.5	20.0	15.2	23.3	19.0	14.3	22.1	11.5
North Bay A	27.2	19.5	25.6	18.8	24.2	18.0	21.2	25.2	20.2	23.7	19.3	22.5	20.0	15.4	23.2	19.1	14.5	22.1	18.2	13.7	21.2	9.5
Ottawa Int'l A	30.1	21.3	28.5	20.5	26.8	19.5	22.8	28.0	21.8	26.4	20.8	25.3	21.1	16.0	25.5	20.2	15.1	24.6	19.2	14.2	23.7	10.3
Sault Ste. Marie A	28.1	20.6	26.1	19.4	24.4	18.3	21.9	26.2	20.7	24.4	19.6	23.2	20.4	15.4	24.3	19.4	14.5	22.9	18.3	13.5	21.6	11.6
Simcoe	29.6	22.0	28.4	21.2	26.7	20.3	23.4	28.1	22.4	26.6	21.5	25.2	21.7	16.8	25.9	20.9	16.0	24.9	20.2	15.3	23.7	10.7
Sioux Lookout A	28.9	19.3	26.9	18.1	25.3	17.4	21.0	26.4	19.8	24.4	18.8	23.1	19.4	14.8	23.2	18.3	13.8	21.9	17.1	12.8	21.1	10.5
Sudbury A	29.0	19.4	27.0	18.6	25.4	17.8	21.2	26.4	20.2	24.8	19.1	23.3	19.7	15.0	23.4	18.7	14.1	22.4	17.7	13.2	21.4	10.6
Thunder Bay A	28.7	19.7	26.5	18.6	24.7	17.6	21.2	26.5	19.8	24.7	18.6	23.0	19.3	14.4	24.4	18.1	13.3	22.2	16.8	12.3	20.9	12.1
Timmins A	29.1	19.2	27.1	18.2	25.3	17.5	21.1	26.4	19.9	24.8	18.8	23.2	19.3	14.6	23.5	18.2	13.6	22.4	17.0	12.6	21.0	12.8
Toronto Int'l A	30.3	21.8	28.7	20.9	27.1	20.1	23.3	28.5	22.2	26.9	21.3	25.5	21.6	16.6	26.1	20.7	15.7	25.0	19.8	14.8	23.8	11.2
Trenton A	28.7	21.6	27.1	20.9	25.8	20.1	23.1	27.1	22.1	25.6	21.3	24.6	21.7	16.5	25.5	20.9	15.7	24.5	20.1	14.9	23.5	10.0
Wiarton A	28.0	21.1	26.4	20.3	25.0	19.5	22.3	26.4	21.3	25.0	20.4	23.8	21.0	16.1	24.8	20.1	15.2	23.6	19.2	14.4	22.6	10.0
Windsor A	31.4	22.7	29.9	21.9	28.5	21.2	24.3	29.5	23.3	28.1	22.5	26.9	22.8	17.9	27.7	21.8	16.8	26.1	21.0	16.0	25.1	9.7
PRINCE EDWARD ISLAND
Charlottetown A	26.3	20.4	24.9	19.4	23.5	18.5	21.5	25.0	20.5	23.5	19.5	22.4	20.2	15.0	23.6	19.4	14.2	22.4	18.5	13.4	21.4	8.4
Summerside A	26.1	19.9	24.7	19.0	23.5	18.2	21.4	24.6	20.4	23.3	19.4	22.0	20.1	14.8	23.4	19.3	14.1	22.2	18.5	13.4	21.1	8.0
QUEBEC
Bagotville A	28.8	19.3	26.7	18.2	24.9	17.4	20.8	26.0	19.7	24.6	18.7	23.2	19.1	14.1	23.1	18.1	13.3	22.1	16.8	12.2	21.0	11.0
Baie Comeau A	23.6	17.1	21.7	16.3	20.3	15.4	18.4	21.8	17.3	20.4	16.3	19.2	16.9	12.1	20.1	15.9	11.3	18.8	15.0	10.7	17.6	9.5
Grindstone Island	22.9	19.1	21.3	18.4	20.2	17.7	20.2	21.9	19.2	20.7	18.3	19.8	19.5	14.3	21.3	18.7	13.6	20.3	17.7	12.8	19.7	4.8
Kuujjuarapik A	24.1	16.1	21.3	14.9	19.0	13.9	17.4	22.1	15.9	20.0	14.4	18.2	15.4	10.9	19.5	13.9	9.9	18.0	12.1	8.8	16.4	8.8
Kuujjuaq A	23.2	15.3	20.5	14.0	18.2	13.0	16.4	20.7	14.9	19.1	13.4	17.6	14.4	10.3	18.4	12.9	9.3	17.1	11.1	8.3	15.4	10.4
La Grande Riviere A	25.8	16.5	23.6	15.3	21.4	14.3	18.1	22.9	16.8	21.0	15.6	20.1	16.4	11.9	19.8	15.2	11.0	18.3	13.7	10.0	17.4	11.8
Lake Eon A	23.2	15.6	21.1	14.6	19.5	13.9	17.0	21.0	16.0	19.5	14.9	17.9	15.5	11.8	18.5	14.6	11.1	17.4	13.7	10.5	16.7	9.1
Mont Joli A	26.4	19.6	24.6	18.5	23.2	17.7	20.7	25.0	19.5	23.7	18.4	22.1	19.0	13.9	23.8	17.9	12.9	22.3	16.6	11.9	21.0	9.1
Montreal Intl A	29.5	21.9	28.1	20.9	26.5	20.1	23.1	27.9	22.0	26.5	21.1	25.2	21.3	16.0	26.1	20.4	15.1	24.9	19.6	14.4	23.8	9.8
Montreal Mirabel A	28.8	21.4	27.2	20.3	25.8	19.5	22.5	27.3	21.4	25.8	20.5	24.4	20.9	15.7	25.3	19.9	14.7	24.0	19.1	14.0	22.8	11.2
Nitchequon	22.1	15.7	20.4	14.5	18.8	13.9	17.0	20.1	16.0	18.5	15.0	17.5	15.9	12.1	18.4	14.9	11.3	17.1	13.9	10.6	16.4	7.8
Quebec A	28.7	20.9	26.9	19.9	25.3	18.8	22.5	26.7	21.2	25.2	20.2	23.8	21.0	15.8	24.9	19.9	14.7	23.6	18.7	13.6	22.5	10.6
Riviere Du Loup	25.9	19.9	24.5	19.3	23.3	18.4	21.3	24.5	20.3	23.2	19.2	22.3	20.2	15.2	23.3	19.2	14.2	22.4	18.2	13.3	21.3	8.6
Roberval A	28.5	20.1	26.3	19.1	24.6	18.3	21.6	26.3	20.5	24.8	19.3	23.5	20.0	15.0	24.3	18.9	14.0	23.1	17.8	13.1	22.0	9.9
Schefferville A	23.1	14.6	20.8	13.7	18.8	12.8	16.2	20.5	14.9	19.0	13.8	17.5	14.4	10.9	17.7	13.2	10.1	16.8	11.7	9.1	15.7	8.9
Sept-Iles A	22.3	15.7	20.6	15.2	19.2	14.6	17.5	20.8	16.5	19.2	15.7	18.1	16.3	11.7	18.6	15.4	11.0	17.7	14.5	10.4	16.9	7.7
Sherbrooke A	28.6	20.9	26.8	19.9	25.4	18.9	22.1	27.0	21.0	25.4	20.1	24.0	20.5	15.6	25.0	19.5	14.7	23.6	18.6	13.8	22.5	12.4
St. Hubert A	30.0	21.8	28.5	20.7	26.8	20.0	23.1	28.1	22.1	26.7	21.2	25.4	21.5	16.2	25.8	20.5	15.2	24.8	19.6	14.4	23.9	10.6
Ste. Agathe Des Monts	27.2	19.9	25.7	19.1	24.2	18.2	21.5	25.1	20.4	23.8	19.5	22.8	20.3	15.7	23.7	19.3	14.7	22.4	18.4	13.9	21.3	10.8
Val d'Or A	28.4	19.2	26.4	18.2	24.7	17.3	20.8	26.0	19.7	24.4	18.6	22.7	19.2	14.6	23.0	18.1	13.6	22.3	16.9	12.6	21.1	11.5
SASKATCHEWAN
Broadview	30.4	18.5	28.4	17.8	26.3	17.0	20.3	27.3	19.1	26.0	18.0	24.6	18.0	13.9	23.5	16.6	12.7	21.9	15.5	11.8	20.9	13.2
Estevan A	32.3	18.7	30.2	18.3	28.3	17.8	21.1	28.4	19.8	27.1	18.7	26.0	18.9	14.7	24.5	17.2	13.2	22.6	16.1	12.3	21.8	13.2
Moose Jaw A	32.2	17.9	30.3	17.5	28.3	16.8	19.9	28.4	18.7	27.1	17.8	26.0	17.1	13.1	22.7	15.9	12.1	21.4	14.8	11.3	20.5	13.2
North Battleford A	29.8	17.7	27.9	17.0	25.8	16.2	19.2	26.5	18.2	25.6	17.2	24.3	16.6	12.6	21.9	15.5	11.8	20.7	14.5	11.0	19.7	11.7
Prince Albert A	29.1	18.2	27.0	17.5	25.2	16.6	19.5	26.5	18.5	25.2	17.5	23.8	17.1	13.1	23.6	16.0	12.0	21.6	14.9	11.1	20.4	12.1
Regina A	31.5	17.9	29.5	17.5	27.6	16.6	19.9	27.6	18.8	26.8	17.8	25.5	17.1	13.1	23.6	15.9	12.1	21.7	14.9	11.3	20.7	13.1
Saskatoon	30.6	17.7	28.6	17.1	26.5	16.5	19.4	27.2	18.3	26.1	17.3	24.9	16.7	12.6	22.5	15.5	11.7	21.2	14.4	10.9	20.2	12.6
Swift Current A	30.9	17.0	29.0	16.6	26.8	15.9	18.9	27.0	17.7	25.9	16.7	25.1	16.1	12.6	21.6	14.9	11.7	19.9	13.9	10.9	19.4	12.8
Uranium City A	26.0	16.4	24.2	15.3	22.2	14.5	17.7	24.2	16.6	22.3	15.5	20.8	15.2	11.2	19.7	14.2	10.5	18.9	13.3	9.9	17.7	9.5
Wynyard	29.6	17.4	27.4	17.0	25.5	16.6	19.8	26.1	18.5	25.1	17.4	23.8	17.5	13.4	23.3	16.1	12.2	21.0	15.1	11.5	19.8	11.5
Yorkton A	30.0	18.5	28.0	17.5	25.9	16.8	20.1	26.9	18.9	25.4	17.9	24.1	18.0	13.7	23.3	16.4	12.4	21.8	15.3	11.5	20.7	12.2
YUKON TERRITORY
Burwash A	23.0	13.6	20.7	12.6	18.8	11.6	14.1	21.5	13.1	19.8	12.1	18.0	10.9	8.9	15.5	9.9	8.3	14.6	9.1	7.9	14.0	11.9
Whitehorse A	25.0	13.8	22.7	12.9	20.6	11.9	14.4	23.0	13.5	21.2	12.6	19.5	11.0	8.9	15.9	10.0	8.3	15.0	9.1	7.8	14.5	11.6

LOAD CALCULATION PRINCIPALS

Outdoor Design Conditions

Table 5.3A (SI)
Heating and Wind Design Conditions—World

Station	WMO#	Lat	Long	Elev m	StdP kPa	dates	99.6% DB	99% DB	1% WS	2.5% WS	5% WS	0.4% WS	MDB	1% WS	MDB	9.6% MWS	PWD	0.4% MWS	PWD	Mean DB Max.	Min.	StdD DB Max.	Min.
ALGERIA																							
Algiers	603900	36.72 N	3.25 E	25	101.03	8293	2.0	3.1	11.0	9.5	8.3	11.8	12.9	9.8	13.0	0.7	200	5.2	60	40.8	-0.1	2.5	1.4
Annaba	603600	36.83 N	7.82 E	4	101.28	8293	4.1	5.1	11.2	9.9	8.9	12.1	12.2	10.0	11.5	2.2	220	4.8	240	41.0	1.3	3.2	1.2
Biskra	605250	34.80 N	5.73 E	87	100.28	8293	5.0	6.2	15.1	13.2	11.6	14.9	13.4	12.9	14.4	3.0	10	4.9	180	44.8	2.3	1.5	1.3
Constantine	604190	36.28 N	6.62 E	694	93.26	8293	-0.6	0.4	10.5	9.0	7.6	11.8	7.6	9.8	8.0	0.8	320	5.2	240	39.7	-2.7	1.4	0.8
El Golea	605900	30.57 N	2.87 E	397	96.65	8293	0.3	1.7	11.7	9.9	8.3	11.6	14.6	9.6	13.8	1.8	320	3.7	180	45.2	-2.2	1.3	1.5
Oran	604900	35.63 N	0.60 W	90	100.25	8293	1.9	3.2	12.8	10.8	9.5	14.6	13.9	11.8	14.2	0.9	200	6.3	240	40.2	-2.1	4.9	6.9
Tebessa	604750	35.48 N	8.13 E	813	91.93	8293	-1.9	-0.5	11.6	9.9	8.4	13.2	6.4	10.3	9.2	0.6	280	5.0	220	39.4	-3.8	1.7	1.1
ARGENTINA																							
Buenos Aires	875760	34.82 S	58.53 W	20	101.08	8293	-0.7	1.0	10.4	9.1	8.1	9.8	11.9	8.5	11.5	2.0	270	4.9	270	36.6	-2.9	1.4	1.1
Comodoro Rivadavia	878600	45.78 S	67.50 W	46	100.77	8293	-1.7	-0.4	19.3	16.5	14.8	19.0	10.4	16.1	10.2	4.7	270	9.8	290	36.0	-3.6	4.0	1.1
Cordoba	873440	31.32 S	64.22 W	474	95.76	8293	-0.4	1.3	12.2	10.5	9.5	12.6	19.0	10.5	15.8	1.4	270	7.2	20	37.8	-3.9	1.7	1.8
Junin Airport	875480	34.55 S	60.95 W	81	100.36	8293	-1.3	0.2	11.5	10.1	8.8	11.7	12.8	10.1	12.9	0.6	270	5.2	360	37.4	-3.6	3.3	1.1
Formosa	871620	26.20 S	58.23 W	60	100.61	8293	4.7	6.6	13.2	11.8	10.2	12.5	19.6	11.7	17.7	2.6	270	7.5	360	39.8	1.2	1.0	1.8
Marcos Juarez	874670	32.70 S	62.15 W	114	99.96	8293	-1.5	0.2	12.6	10.9	9.9	11.9	13.9	10.5	12.9	1.2	50	4.8	360	38.1	-4.7	1.9	2.1
Mendoza	874180	32.83 S	68.78 W	704	93.15	8293	-0.9	0.6	9.8	8.0	6.9	8.3	13.3	6.6	11.7	1.3	230	5.1	50	39.0	-3.5	1.5	1.0
Paso De Los Libres	872890	29.68 S	57.15 W	70	100.49	8293	2.2	4.0	13.7	11.8	10.6	13.7	11.7	12.1	13.9	0.6	180	5.9	360	38.3	0.3	1.1	1.3
Posadas	871780	27.37 S	55.97 W	125	99.83	8293	4.1	5.9	9.9	8.5	7.5	10.4	21.8	9.2	18.9	2.5	180	5.1	360	38.6	1.3	1.2	2.6
Reconquista	872700	29.18 S	59.67 W	53	100.69	8293	2.8	4.4	12.2	9.5	9.1	12.0	15.7	9.4	14.3	0.7	200	5.3	50	39.4	-0.1	2.7	1.4
Resistencia	871550	27.45 S	59.05 W	52	100.70	8293	1.8	3.9	8.8	7.5	6.6	8.3	20.3	7.3	17.8	0.8	50	4.7	20	39.6	-0.7	1.3	1.9
Rio Gallegos	879250	51.62 S	69.28 W	19	101.10	8293	-8.6	-5.8	23.1	20.7	17.7	17.8	2.8	14.9	3.9	2.7	270	9.1	320	32.1	-11.2	6.9	4.4
Rosario	874800	32.92 S	60.78 W	25	101.03	8293	-1.0	0.5	13.5	11.7	10.4	12.7	11.9	11.3	11.7	1.0	180	5.7	360	36.5	-3.3	1.6	1.5
Salta Airport	870470	24.85 N	65.48 E	1216	87.54	8293	-0.9	0.6	8.3	7.1	6.1	9.9	25.5	7.4	17.4	0.9	270	4.6	70	35.9	-3.7	1.7	1.4
San Juan	873110	31.57 S	68.42 W	598	94.34	8293	-2.0	-0.5	14.3	12.4	10.5	12.7	11.3	10.5	11.1	0.3	360	5.0	180	41.5	-5.1	1.4	1.6
San Miguel De Tucuma	871210	26.85 S	65.10 W	450	96.03	8293	2.9	4.3	9.8	8.1	6.4	7.9	14.2	6.1	13.4	2.1	360	5.2	90	38.9	0.3	1.9	1.5
ARMENIA																							
Yerevan	377890	40.13 N	44.47 E	890	91.08	8293	-14.1	-11.7	9.7	7.3	6.2	6.1	4.8	4.4	0.1	0.4	180	2.7	210	38.4	-15.9	3.5	3.8
ASCENSION ISLAND																							
Georgetown	619020	7.97 S	14.40 W	79	100.38	8293	20.8	21.3	11.5	10.6	10.2	11.3	24.6	10.5	24.4	7.3	90	8.6	120	30.6	18.6	1.0	1.6
AUSTRALIA																							
Adelaide	946720	34.93 S	138.52 E	4	101.28	8293																	
Alice Springs	943260	23.80 S	133.90 E	541	94.99	8293	1.0	2.3	8.8	7.8	7.0	7.8	18.0	6.8	16.9	0.9	270	3.7	100	42.2	-1.9	1.0	2.0
Brisbane	945780	27.38 S	153.10 E	5	101.26	8293																	
Cairns	942870	16.88 S	145.75 E	7	101.24	8293	13.2	14.9	8.4	7.5	6.7	7.9	23.0	7.2	22.5	3.4	170	3.6	120	36.2	9.8	1.4	4.9
Canberra	949260	35.30 S	149.18 E	577	94.58	8293	-3.1	-1.8	10.5	9.3	8.2	10.9	7.9	9.8	8.7	0.0	310	5.3	310	36.1	-6.4	2.2	4.5
Darwin	941200	12.40 S	130.87 E	30	100.97	8293	17.9	19.0	8.4	7.6	6.9	8.2	26.5	7.4	26.9	3.1	140	5.2	290	36.8	15.4	1.6	1.4
Kalgoorlie/Boulder	946370	30.77 S	121.45 E	360	97.07	8293																	
Learmouth	943020	22.23 S	114.08 E	6	101.25	8293	9.4	10.8	11.2	10.2	9.4	10.0	19.9	9.0	19.6	2.1	210	6.1	210	44.2	7.0	1.5	1.6
Perth	946100	31.93 S	115.95 E	29	100.98	8293	4.8	6.1	10.6	9.5	8.4	10.1	14.4	8.7	14.4	0.3	50	4.3	270	41.5	2.2	1.9	1.2
Port Hedland	943120	20.37 S	118.62 E	6	101.25	8293	10.7	12.0	10.2	9.1	8.3	10.5	20.2	9.6	21.2	2.3	160	5.4	120	44.0	7.5	1.4	1.2
Sydney Intl Airport	947670	33.95 S	151.18 E	3	101.29	8293																	
Townsville	942940	19.25 S	146.75 E	6	101.25	8293	9.1	11.1	9.2	8.3	7.5	9.0	22.4	8.0	22.1	0.2	190	4.1	50	38.1	5.9	2.1	1.5
AUSTRIA																							
Aigen/Ennstal (Mil)	111570	47.53 N	14.13 E	649	93.77	8293	-16.9	-14.1	8.3	7.1	6.1	9.8	3.2	8.6	0.9	0.3	60	3.1	60	31.7	-21.2	1.5	3.5
Graz	112400	47.00 N	15.43 E	347	97.23	8293	-14.8	-11.2	7.8	6.3	4.9	7.1	1.9	4.9	0.6	0.5	180	3.2	140	32.0	-17.1	1.9	4.5
Innsbruck	111200	47.27 N	11.35 E	593	94.40	8293	-12.2	-10.2	8.3	6.8	5.5	8.2	5.4	6.5	3.9	0.5	260	3.5	70	32.8	-14.9	1.5	3.8
Klagenfurt	112310	46.65 N	14.33 E	452	96.01	8293	-15.8	-13.0	6.0	4.8	3.9	4.3	-0.6	3.2	-3.0	1.3	310	2.6	100	32.2	-18.3	2.1	3.9
Linz	110100	48.23 N	14.20 E	313	97.62	8293	-14.9	-11.2	10.5	9.1	7.7	12.5	3.7	11.1	3.1	2.7	90	3.3	110	33.0	-17.3	2.1	5.5
Salzburg	111500	47.80 N	13.00 E	450	96.03	8293	-14.1	-11.1	7.8	6.7	5.9	8.9	5.5	7.6	3.6	1.4	130	3.0	330	33.2	-16.4	2.3	4.6
Vienna, Hohe Warte	110350	48.25 N	16.37 E	200	98.95	8293	-11.1	-8.6	10.1	8.5	7.5	11.9	6.1	10.4	5.7	2.8	240	4.0	140	33.0	-12.8	1.8	3.7
Vienna, Schwechat	110360	48.12 N	16.57 E	190	99.06	8293	-12.6	-9.9	12.0	10.5	9.4	14.0	6.5	11.9	3.4	2.5	320	5.3	150	33.2	-15.0	1.7	4.0
Zeltweg	111650	47.20 N	14.75 E	682	93.40	8293	-17.7	-14.8	8.2	6.9	5.6	8.6	2.8	7.3	2.4	0.3	250	3.0	190	30.9	-21.1	1.9	4.2
AZORES																							
Lajes	85090	38.77 N	27.10 W	55	100.67	8293	8.0	9.1	12.6	10.4	9.2	13.4	13.6	11.7	13.9	1.3	300	3.7	250	28.5	4.9	1.0	2.1
BAHAMAS																							
Nassau	780730	25.05 N	77.47 W	7	101.24	8293	14.1	15.8	9.3	8.4	7.7	9.5	22.0	8.7	21.9	1.5	300	4.5	130	33.9	10.9	0.7	1.7
BAHRAIN																							
Al-Manamah	411500	26.27 N	50.65 E	2	101.30	8293	11.0	12.2	11.3	10.3	9.4	11.5	13.5	10.7	14.2	5.8	290	5.0	340	42.9	8.1	1.4	3.1
BELARUS																							

Table 5.3A (SI) (Continued)
Heating and Wind Design Conditions—World

							Heating DB		Extreme Wind Speed			Coldest Month				MWS/MWD to DB				Extr. Annual Daily			
				Elev	StdP	dates	99.6%	99%	1%	2.5%	5%	0.4%		1%		9.6%		0.4%		Mean, DB		StdD DB	
Station	WMO#	Lat	Long	m	kPa		DB	DB	WS	WS	WS	WS	MDB	WS	MDB	MWS	PWD	MWS	PWD	Max.	Min.	Max.	Min.
Babruysk (Bobruysk)	269610	53.12 N	29.25 E	165	99.36	8293	-23.0	-19.1	8.9	7.9	7.1	9.0	-2.8	8.1	-1.0	1.6	210	3.6	200	30.4	-26.4	2.2	11.7
Homyel (Gomel')	330410	52.45 N	31.00 E	127	99.81	8293	-21.3	-17.9	7.9	6.9	6.1	7.5	-2.4	6.9	-2.5	1.8	330	3.3	150	30.8	-22.5	2.5	4.4
Hrodna (Grodno)	268250	53.68 N	23.83 E	135	99.71	8293	-20.3	-17.1	11.7	9.8	8.6	11.0	0.8	9.8	0.0	2.2	270	3.9	180	30.7	-20.5	2.1	5.1
Mahilyow (Mogilev)	268630	53.90 N	30.32 E	193	99.03	8293	-22.9	-19.5	10.3	9.2	8.1	10.4	-0.3	9.3	-2.0	3.0	30	4.1	200	29.4	-24.0	1.9	4.2
Minsk	268500	53.87 N	27.53 E	234	98.55	8293	-20.7	-17.6	7.4	6.4	5.9	7.8	-4.8	6.7	-4.4	2.1	300	4.0	70	29.7	-22.2	2.1	4.0
Vitsyebsk (Vitebsk)	266660	55.17 N	30.13 E	176	99.23	8293	-22.3	-18.7	8.7	7.5	6.5	9.3	-3.2	7.7	-2.3	1.5	30	3.4	210	29.1	-23.8	1.9	3.5
BELGIUM/LUXEMBOURG																							
Antwerp	64500	51.20 N	4.47 E	14	101.16	8293	-8.7	-6.0	10.6	9.2	8.2	12.3	8.2	10.5	6.6	3.0	50	3.2	90	31.6	-9.4	2.3	4.0
Brussels	64510	50.90 N	4.53 E	58	100.63	8293	-9.3	-6.2	12.0	10.4	9.2	13.8	7.7	11.8	7.0	3.1	50	3.6	60	31.5	-9.5	2.1	4.8
Charleroi	64490	50.47 N	4.45 E	192	99.04	8293	-9.3	-6.2	11.3	10.0	8.8	12.8	6.3	10.7	6.1	4.4	50	3.5	50	31.8	-9.9	2.1	4.4
Florennes	64560	50.23 N	4.65 E	299	97.78	8293	-10.3	-7.1	10.9	9.4	8.4	12.9	6.4	10.9	4.8	4.1	70	3.6	170	30.7	-10.8	2.0	4.4
Koksijde	64000	51.08 N	2.65 E	9	101.22	8293	-8.4	-5.8	13.3	11.8	10.4	14.9	7.9	13.1	7.2	4.4	90	4.6	100	30.3	-10.1	1.8	4.3
Luxembourg	65900	49.62 N	6.22 E	379	96.85	8293	-10.5	-7.9	10.7	9.3	8.2	11.9	5.1	10.2	1.1	4.9	50	3.8	80	31.2	-11.3	2.0	4.0
Oostende	64070	51.20 N	2.87 E	5	101.26	8293	-7.8	-5.4	15.0	13.2	11.7	18.0	7.8	14.8	7.4	4.9	70	4.6	100	30.0	-9.2	1.8	3.6
Saint Hubert	64760	50.03 N	5.40 E	557	94.81	8293	-11.8	-8.7	10.0	8.8	7.9	11.5	1.8	10.0	-0.5	5.1	90	3.5	30	28.0	-12.0	1.6	4.5
BENIN																							
Cotonou	653440	6.35 N	2.38 E	9	101.22	8293	21.7	22.3	8.4	7.7	7.2	9.0	26.5	8.2	26.6	2.1	20	5.5	200	36.5	18.3	2.2	3.7
Parakou	653300	9.35 N	2.62 E	393	96.69	8293	18.2	19.3	6.4	5.5	4.9	5.5	24.2	5.0	24.4	1.6	40	2.4	40	39.5	12.6	2.8	5.1
BERMUDA																							
Hamilton, Bermuda N:	780160	32.37 N	64.68 W	3	101.29	8293	12.9	13.9	13.0	11.4	10.2	13.4	18.3	12.6	18.0	7.2	310	4.8	190	32.1	8.3	0.7	4.2
BOLIVIA																							
Cochabamba	852230	17.45 S	66.10 W	2531	74.39	8293	1.8	2.9	10.0	8.2	5.8	9.8	18.9	7.6	19.1	0.0	180	2.8	360	31.4	-1.2	1.1	1.3
La Paz	852010	16.52 S	68.18 W	4014	61.53	8293	-4.0	-3.0	8.5	7.7	6.4	9.6	11.1	8.4	11.0	0.9	330	3.4	60	20.8	-6.0	2.6	1.1
BOSNIA-HERZEGOVINA																							
Banja Luka	132420	44.78 N	17.22 E	156	99.46	8293	-12.0	-8.9	5.9	4.3	3.4	6.4	11.1	4.5	9.8	1.1	320	2.0	360	36.6	-14.5	2.2	4.2
BRAZIL																							
Archipelago De Fernan	824000	3.85 S	32.42 W	56	100.65	8293	22.9	23.3	8.2	7.3	6.6	8.5	26.0	7.8	26.2	3.1	130	4.6	150	36.9	17.0	3.6	8.6
Belem	821930	1.38 S	48.48 W	16	101.13	8293	22.4	22.8	7.6	6.4	5.5	6.9	28.6	5.7	28.3	0.7	90	2.9	90	35.7	17.3	1.8	7.8
Brasilia	833780	15.87 S	47.93 W	1061	89.21	8293	9.1	10.8	7.6	6.3	5.4	8.0	21.5	6.5	22.3	0.2	90	3.2	90	34.4	6.7	1.8	3.2
Campinas	837210	23.00 S	47.13 W	661	93.63	8293	8.2	9.9	10.6	10.0	9.2	10.5	18.3	10.1	17.3	3.7	150	3.3	330	35.3	5.4	1.6	2.5
Campo Grande	836120	20.47 S	54.67 W	556	94.82	8293	8.0	10.2	11.0	10.0	9.2	12.1	15.6	10.5	16.9	7.3	180	4.8	360	36.7	4.8	1.8	2.1
Caravelas	834970	17.63 S	39.25 W	4	101.28	8293	16.3	17.3	10.1	8.9	7.9	8.6	23.7	7.8	24.0	0.4	240	5.3	60	35.1	13.7	2.2	1.8
Curitiba	838400	25.52 S	49.17 W	908	90.88	8293	2.4	4.5	8.2	7.0	5.9	8.9	19.8	7.9	18.4	1.1	270	3.8	300	33.6	-3.6	1.9	6.4
Fortaleza	823980	3.78 S	38.53 W	25	101.03	8293	22.5	22.9	8.9	8.2	7.6	8.7	29.0	8.2	29.1	2.1	180	6.0	120	36.2	18.5	2.2	5.4
Goiania	834240	16.63 S	49.22 W	747	92.67	8293	11.5	12.9	8.0	6.6	5.4	7.3	25.2	5.9	25.5	0.3	180	1.8	360	36.8	5.5	0.9	6.0
Maceio	829930	9.52 S	35.78 W	115	99.95	8293	19.2	19.8	8.0	6.8	6.0	7.7	25.7	6.2	25.7	0.2	180	4.5	100	35.1	14.6	2.2	5.9
Manaus, Eduardo Gom	821110	3.03 S	60.05 W	2	101.30	8293	21.1	21.8	5.5	5.0	4.4	5.4	29.2	4.7	29.2	0.3	120	2.0	60	37.8	15.2	0.9	7.8
Manaus, Ponta Pelada	823320	3.15 S	59.98 W	84	100.32	8293	21.9	22.7	6.6	5.9	5.2	6.9	28.5	5.8	28.5	1.6	30	4.3	90	36.6	17.5	1.1	7.3
Natal	825990	5.92 S	35.25 W	52	100.70	8293	21.0	21.6	9.3	8.5	7.9	10.0	28.5	9.1	27.9	2.9	150	5.1	100	35.2	16.4	2.6	5.4
Porto Alegre	839710	30.00 S	51.18 W	3	101.29	8293	4.4	6.1	8.4	7.4	6.4	8.8	11.5	7.5	13.0	0.7	240	3.0	290	37.9	2.8	1.7	2.9
Recife	828990	8.07 S	34.85 W	19	101.10	8293	21.1	21.8	7.7	6.5	5.9	8.3	26.3	7.5	26.2	2.3	240	5.2	120	36.2	19.0	1.7	2.2
Rio De Janeiro, Galeao	837460	22.82 S	43.25 W	6	101.25	8293	14.9	15.9	8.5	7.7	6.8	7.6	23.4	6.6	23.0	1.2	320	3.1	50	41.5	10.0	1.4	5.2
Salvador	832480	12.90 S	38.33 W	6	101.25	8293	20.1	21.0	9.3	8.4	7.6	9.5	24.2	8.8	24.6	0.7	180	5.5	90	34.9	15.0	1.7	7.1
Santarem	822440	2.43 S	54.72 W	72	100.46	8293	22.2	22.9	8.5	8.0	7.1	8.4	27.2	7.7	27.3	2.6	210	5.4	90	35.8	17.9	1.8	8.9
Sao Paulo	837800	23.62 S	46.65 W	803	92.04	8293	8.8	9.9	6.9	5.9	5.2	6.4	19.0	5.4	18.0	2.0	160	2.6	330	34.3	5.9	1.5	2.1
Vitoria	836490	20.27 S	40.28 W	4	101.28	8293	16.3	17.2	9.7	8.4	7.5	8.2	25.0	7.2	24.7	0.6	210	5.1	30	36.9	12.3	1.1	5.7
BULGARIA																							
Botevgrad	156270	42.67 N	24.83 E	2389	75.73	8293	-21.5	-19.0	34.1	27.8	23.7	34.4	-9.2	28.5	-11.9	13.4	320	3.9	270	19.0	-22.4	1.7	3.4
Burgas	156550	42.48 N	27.48 E	28	100.99	8293	-8.3	-6.2	13.8	10.7	9.5	13.9	3.0	11.4	0.5	4.2	270	4.9	110	34.5	-10.7	1.7	2.9
Lom	155110	43.82 N	23.25 E	33	100.93	8293	-10.0	-7.6	12.4	10.3	8.1	13.8	1.5	11.9	4.7	0.8	270	1.9	50	35.5	-12.7	2.6	4.3
Musala	156150	42.18 N	23.58 E	2927	70.76	8293	-23.4	-20.8	28.2	20.2	16.0	34.3	-7.1	28.3	-8.9	7.5	20	3.3	320	18.6	-24.8	3.8	3.2
Plovdiv	156250	42.13 N	24.75 E	185	99.12	8293	-9.9	-7.1	13.2	11.8	10.2	14.1	4.8	12.2	5.0	1.1	40	2.6	90	37.0	-14.2	2.3	4.0
Ruse	155350	43.85 N	25.95 E	45	100.79	8293	-11.3	-8.8	14.1	11.9	9.4	14.2	4.1	12.1	0.5	2.3	50	3.5	270	38.4	-13.9	3.0	2.7
Sofia	156140	42.65 N	23.38 E	595	94.38	8293	-12.1	-9.9	9.3	7.6	6.4	9.8	0.4	8.2	-0.1	1.1	360	2.4	110	34.3	-16.3	2.7	4.7
Varna	155520	43.20 N	27.92 E	43	100.81	8293	-8.5	-6.5	14.4	11.5	9.4	17.8	-1.7	13.6	0.3	6.7	360	4.0	90	33.3	-10.8	2.2	2.7
BRUNEI																							
Brunei Intl Airport	963150	4.93 N	114.93 E	15	101.14	8293	21.4	22.0	7.3	6.3	5.5	8.1	28.0	7.2	27.8	0.0	220	3.7	320	35.4	19.3	1.4	2.6
CANARY ISLANDS																							
Las Palmas	600300	27.93 N	15.38 W	25	101.03	8293	13.0	13.9	14.2	13.3	12.5	11.9	18.6	10.6	18.5	1.8	320	8.7	30	34.4	10.8	2.4	0.5
Santa Cruz De Tenerife	600250	28.05 N	16.57 W	72	100.46	8293	13.8	14.1	13.1	11.9	10.9	12.6	20.1	11.3	19.8	3.4	360	8.5	60	38.4	10.3	3.0	3.6
CAPE VERDE																							
Sal Island	85940	16.73 N	22.95 W	55	100.67	8293	17.1	17.8	12.2	11.3	10.5	12.5	22.2	11.8	22.2	4.6	30	6.5	60	32.7	14.2	1.0	2.4
CHILE																							
Antofagasta	854420	23.43 S	70.43 W	120	99.89	8293	10.2	11.0	9.9	9.1	8.4	10.1	15.3	9.1	15.1	2.7	90	6.7	190	26.7	6.7	1.5	2.0
Arica	854060	18.33 S	70.33 W	59	100.62	8293	11.2	12.6	9.0	8.2	7.3	7.6	17.9	7.0	17.8	2.0	90	6.6	210	29.3	7.8	1.6	2.4
Concepcion	856820	36.77 S	73.05 W	16	101.13	8293	1.8	2.8	13.2	11.5	10.3	16.1	12.2	13.0	11.9	1.8	140	8.5	240	33.2	-1.0	8.6	0.8

LOAD CALCULATION PRINCIPLES

Outdoor Design Conditions

Table 5.3A (SI) (Continued)
Heating and Wind Design Conditions—World

Station	WMO#	Lat	Long	Elev m	StdP kPa	dates	99.6% DB	99% DB	1% WS	2.5% WS	5% WS	0.4% WS	MDB	1% WS	MDB	9.6% MWS	PWD	0.4% MWS	PWD	Max.	Min.	StdD Max.	Min.
Iquique	854180	20.53 S	70.18 W	52	100.70	8293	12.1	12.9	9.7	8.9	8.2	9.0	17.7	8.1	17.1	2.9	160	6.4	210	28.8	10.0	1.4	1.3
La Serena	854880	29.92 S	71.20 W	146	99.58	8293	5.8	6.6	8.1	7.3	6.6	8.4	12.7	6.8	13.6	2.8	120	5.8	270	27.0	1.5	6.4	3.5
Puerto Montt	857990	41.42 S	73.08 W	86	100.30	8293	-2.1	-0.9	12.1	10.2	8.8	13.1	9.4	11.6	8.9	0.7	280	4.4	150	26.9	-4.3	2.1	1.3
Punta Arenas	859340	53.00 S	70.85 W	37	100.88	8293	-5.0	-3.7	19.9	17.2	14.2	18.2	5.9	13.5	3.1	2.9	290	8.2	270	24.4	-8.2	3.6	2.4
Santiago	855740	33.38 S	70.78 W	476	95.74	8293	-1.4	-0.1	8.5	7.3	6.3	7.2	9.7	5.3	10.0	0.9	20	5.4	210	38.6	-3.7	5.1	1.3
Temuco	857430	38.75 S	72.63 W	120	99.89	8293	-1.9	-0.7	10.0	8.3	6.9	13.1	10.4	10.2	11.0	1.0	70	4.5	240	33.0	-4.1	4.7	1.0
CHINA																							
Anda	508540	46.38 N	125.32 E	150	99.54	8293	-28.6	-26.5	10.7	9.2	7.7	8.0	-13.8	6.9	-14.6	1.3	250	5.3	250	33.4	-30.6	1.7	2.4
Andirlangar	518480	37.93 N	83.65 E	1264	87.03	8293	-18.1	-16.4	6.7	5.5	4.9	4.4	0.0	3.7	-1.7	0.6	200	2.5	40	39.5	-20.5	1.3	1.8
Anyang	538980	36.12 N	114.37 E	76	100.42	8293	-7.9	-6.3	7.3	6.2	5.2	6.4	2.2	5.3	1.7	0.5	290	3.2	180	38.0	-10.8	1.2	2.0
Baoding	546020	38.85 N	115.57 E	19	101.10	8293	-10.4	-8.9	6.5	5.5	4.7	6.1	0.1	4.9	-2.1	0.7	220	3.0	200	37.5	-12.8	1.9	2.4
Bayan Mod	524950	40.75 N	104.50 E	1329	86.35	8293	-20.5	-18.5	12.3	10.3	8.8	11.5	-6.5	9.4	-5.4	2.5	270	3.4	180	35.5	-23.1	1.1	2.3
Beijing	545110	39.93 N	116.28 E	55	100.67	8293	-10.4	-9.2	9.2	7.6	6.3	9.4	-1.1	7.9	-2.4	2.0	340	3.1	200	38.1	-13.4	1.9	1.7
Bengbu	582210	32.95 N	117.37 E	22	101.06	8293	-5.6	-4.2	7.3	6.2	5.3	6.9	3.1	5.8	2.6	1.3	20	3.7	180	37.2	-8.9	1.3	2.3
Changchun	541610	43.90 N	125.22 E	238	98.50	8293	-24.7	-22.7	13.0	10.4	8.7	11.4	-7.7	9.5	-7.3	2.6	270	4.2	250	32.5	-27.3	1.4	2.7
Changsha (576790)	576870	28.23 N	112.87 E	68	100.51	8293	-1.5	-0.4	7.7	6.5	5.5	7.6	5.3	6.4	4.5	1.5	320	3.1	200	38.1	-4.1	2.1	3.4
Chengdu	562940	30.67 N	104.02 E	508	95.37	8293	-0.1	1.2	5.1	4.2	3.5	3.8	6.9	3.3	6.6	0.2	20	1.9	200	33.8	-2.6	1.5	1.4
Dalian	546620	38.90 N	121.63 E	97	100.17	8293	-12.5	-10.7	12.6	10.9	9.7	13.0	-10.0	11.5	-7.4	6.5	360	4.1	180	32.8	-14.7	2.2	2.3
Dandong	544970	40.05 N	124.33 E	14	101.16	8293	-17.0	-14.8	9.2	7.8	6.9	10.3	-8.7	8.5	-7.6	2.4	340	2.5	220	31.9	-19.3	1.2	2.9
Datong	534870	40.10 N	113.33 E	1069	89.12	8293	-20.9	-19.2	10.4	8.7	7.4	8.8	-9.5	7.9	-8.1	2.4	360	3.8	160	33.6	-23.9	0.7	1.9
Deqen	564440	28.50 N	98.90 E	3488	65.87	8293	-7.7	-6.6	11.6	9.8	8.4	14.4	-1.6	11.8	-0.4	1.1	320	5.3	180	24.1	-10.2	3.0	2.6
Dinghai	584770	30.03 N	122.12 E	37	100.88	8293	-0.7	0.5	9.2	7.7	6.8	8.9	3.9	7.8	4.9	3.3	340	2.9	140	35.2	-2.7	0.9	1.4
Erenhot	530680	43.65 N	112.00 E	966	90.25	8293	-28.8	-26.9	13.0	11.0	9.4	11.2	-13.3	9.2	-12.8	2.3	70	5.3	140	35.6	-32.3	1.1	2.7
Fuzhou	588470	26.08 N	119.28 E	85	100.31	8293	4.2	5.3	8.2	7.1	6.2	7.7	12.4	6.3	11.0	3.0	320	4.4	140	37.9	1.8	0.9	1.7
Golmud	528180	36.42 N	94.90 E	2809	71.83	8293	-17.6	-15.8	8.8	7.5	6.6	7.5	-6.7	6.4	-7.2	1.4	250	2.8	70	30.1	-21.1	1.2	2.4
Guangzhou	592870	23.13 N	113.32 E	8	101.23	8293	5.3	6.7	6.8	5.7	5.0	6.7	11.7	5.6	11.5	2.7	360	2.3	270	36.4	2.9	0.8	1.5
Guilin	579570	25.33 N	110.30 E	166	99.35	8293	1.3	2.2	9.2	7.9	6.9	9.7	5.9	8.4	6.0	4.9	20	2.5	20	36.2	-1.0	1.9	2.5
Guiyang	578160	26.58 N	106.72 E	1074	89.07	8293	-2.2	-1.0	6.7	5.5	4.8	5.6	9.0	4.8	7.3	2.0	40	3.4	160	33.0	-3.1	1.9	0.9
Hami	522030	42.82 N	93.52 E	739	92.76	8293	-18.0	-16.0	7.3	5.7	4.6	4.2	-6.6	3.5	-8.1	1.2	40	1.1	250	39.1	-20.0	1.7	2.3
Hangzhou	584570	30.23 N	120.17 E	43	100.81	8293	-2.4	-1.1	7.4	6.4	5.5	7.4	4.7	6.3	4.7	1.9	340	3.6	160	37.5	-5.6	1.0	2.1
Harbin	509530	45.75 N	126.77 E	143	99.62	8293	-29.2	-26.8	10.1	8.5	7.3	8.0	-10.4	7.1	-13.3	1.1	200	5.0	180	32.8	-32.7	1.3	2.3
Hefei	583210	31.87 N	117.23 E	36	100.89	8293	-4.4	-2.8	8.3	7.1	6.2	7.4	4.0	6.8	3.7	1.7	340	3.6	180	36.8	-7.4	1.3	3.0
Hohhot	534630	40.82 N	111.68 E	1065	89.17	8293	-20.2	-18.6	8.8	7.4	6.3	7.6	-11.7	6.6	-11.6	0.7	360	3.5	180	33.3	-22.4	1.4	1.7
Jinan	548230	36.68 N	116.98 E	58	100.63	8293	-8.0	-6.4	8.8	7.6	6.7	8.2	0.3	7.1	2.2	2.2	70	4.3	200	36.9	-10.6	1.1	2.3
Jingdezhen	585270	29.30 N	117.20 E	60	100.61	8293	-2.2	-0.7	6.4	5.4	4.6	6.1	6.2	5.2	5.4	1.7	40	3.2	250	38.1	-5.8	2.0	6.1
Jinzhou	543370	41.13 N	121.12 E	70	100.49	8293	-16.4	-14.8	11.0	9.5	8.2	10.3	-7.9	8.8	-6.8	2.5	360	3.9	200	34.2	-18.3	1.7	2.5
Jixi	509780	45.28 N	130.95 E	234	98.55	8293	-25.6	-23.3	10.3	8.9	7.5	10.4	-16.3	9.3	-15.2	2.7	250	3.4	270	33.0	-27.2	1.6	2.3
Kashi	517090	39.47 N	75.98 E	1291	86.75	8293	-13.6	-11.1	6.8	5.0	3.9	3.4	-1.9	2.8	-2.6	0.6	320	1.8	180	35.5	-15.0	1.8	3.5
Korla	516560	41.75 N	86.13 E	933	90.61	8293	-14.4	-12.0	9.3	7.5	6.3	6.4	-4.2	5.3	-4.7	0.5	70	2.0	40	37.8	-16.6	1.4	4.2
Kowloon	450070	22.33 N	114.18 E	24	101.04	8293	9.0	10.8	10.0	8.8	8.0	9.1	16.9	8.3	17.1	3.5	330	4.6	250	35.4	7.1	1.2	1.4
Kunming	567780	25.02 N	102.68 E	1892	80.57	8293	0.1	1.3	8.4	7.2	6.2	8.6	15.4	7.6	15.1	0.7	140	4.9	250	29.8	-2.7	3.3	2.4
Lanzhou	528890	36.05 N	103.88 E	1518	84.37	8293	-12.2	-10.7	4.6	3.7	3.2	2.9	-2.1	2.3	-3.4	0.2	90	2.2	70	34.4	-14.5	1.1	1.9
Lhasa	555910	29.67 N	91.13 E	3650	64.50	8293	-10.3	-9.1	7.3	6.0	5.0	7.2	4.0	6.0	4.6	1.9	90	2.6	290	29.5	-16.9	4.3	10.8
Liuzhou	590460	24.35 N	109.40 E	97	100.17	8293	3.1	4.2	6.1	5.2	4.5	5.5	10.0	4.9	8.8	2.5	340	2.6	200	37.1	1.9	1.0	1.0
Longzhou	594170	22.37 N	106.75 E	129	99.78	8293	6.0	7.3	4.5	3.8	3.3	4.3	16.3	3.5	15.0	0.4	90	2.1	200	37.9	3.6	1.1	1.9
Macau	450110	22.20 N	113.53 E	59	100.62	8293	6.9	8.3	8.7	7.4	6.6	8.3	9.9	7.6	10.6	6.0	360	3.0	200	34.6	5.3	0.9	1.5
Mudanjiang	540940	44.57 N	129.60 E	74	100.44	8293	-26.1	-24.2	9.7	8.1	6.8	8.8	-15.2	7.7	-13.8	1.3	180	3.2	200	32.8	-28.7	1.4	2.4
Nanchang	586060	28.60 N	115.92 E	50	100.73	8293	-1.0	-0.1	7.1	6.1	5.3	7.4	5.4	6.4	4.9	2.7	20	2.8	220	37.7	-3.3	1.2	2.2
Nanjing	582380	32.00 N	118.80 E	12	101.18	8293	-5.2	-3.5	7.9	6.9	6.0	7.5	3.3	6.7	2.7	0.8	340	4.0	220	36.5	-8.0	1.4	2.0
Nanning	594310	22.82 N	108.35 E	73	100.45	8293	5.4	6.4	5.2	4.3	3.5	4.5	16.7	3.9	16.2	0.9	90	1.8	160	37.6	3.6	1.2	1.2
Nenjiang	505570	49.17 N	125.23 E	243	98.44	8293	-35.4	-32.6	12.1	10.1	8.6	8.8	-18.2	7.3	-18.5	0.7	20	5.8	160	33.0	-38.0	2.4	2.9
Qingdao	548570	36.07 N	120.33 E	77	100.40	8293	-7.4	-6.1	13.9	12.0	10.4	15.2	-5.8	12.9	-3.9	7.4	340	4.8	160	32.3	-9.4	1.2	1.7
Qiqihar	507450	47.38 N	123.92 E	148	99.56	8293	-27.9	-25.7	10.2	8.5	7.4	7.9	-15.4	6.6	-15.6	1.7	290	4.3	160	33.4	-29.9	2.1	2.7
Shanghai	583670	31.17 N	121.43 E	7	101.24	8293	-3.1	-1.8	8.7	7.6	6.7	8.7	3.4	7.7	3.8	2.5	290	3.5	200	36.6	-6.0	1.1	1.5
Shantou	593160	23.40 N	116.68 E	3	101.29	8293	6.7	8.1	7.9	6.7	5.9	7.1	13.8	6.3	13.7	3.0	20	3.6	200	34.9	4.2	1.0	1.8
Shaoguan	590820	24.80 N	113.58 E	68	100.51	8293	2.5	3.8	6.3	5.3	4.4	6.0	11.3	5.0	11.1	1.1	360	2.2	180	38.2	0.6	1.2	1.3
Shenyang	543420	41.77 N	123.43 E	43	100.81	8293	-21.0	-18.7	9.7	8.1	6.9	8.3	-5.5	7.0	-6.4	1.5	70	4.2	200	33.2	-24.6	1.3	2.8
Shijiazhuang	536980	38.03 N	114.42 E	81	100.36	8293	-9.8	-8.1	7.3	5.8	4.8	7.2	-1.7	5.1	1.0	1.0	160	2.8	180	38.6	-12.3	1.4	2.4
Taiyuan	537720	37.78 N	112.55 E	779	92.31	8293	-15.4	-13.5	9.5	7.8	6.3	9.1	-2.9	7.0	-1.5	0.8	90	2.9	180	34.6	-19.8	1.1	2.4
Tangshan	545340	39.67 N	118.15 E	29	100.98	8293	-13.8	-12.1	8.9	7.4	6.2	9.1	-2.8	7.4	-2.0	1.1	290	3.1	180	34.5	-16.9	1.0	2.8
Tianjin	545260	39.10 N	117.17 E	5	101.26	8293	-10.0	-8.5	7.9	6.3	5.3	8.5	-3.7	7.1	-3.8	1.9	340	2.7	250	36.5	-13.6	1.3	2.3
Urumqi	514630	43.78 N	87.62 E	919	90.76	8293	-23.4	-20.6	8.0	5.9	5.0	4.5	-7.4	3.5	-9.4	0.8	180	3.6	320	36.4	-23.7	1.7	3.5
Weifang	548430	36.70 N	119.08 E	51	100.71	8293	-11.3	-9.6	10.6	9.4	8.1	10.2	-1.3	9.0	-1.6	2.7	290	4.5	200	37.2	-13.6	1.5	1.4
Wenzhou	586590	28.02 N	120.67 E	7	101.24	8293	0.8	2.0	6.5	5.5	4.9	6.1	7.5	5.3	7.4	1.9	290	3.2	200	36.3	-1.6	1.3	1.0
Wuhan	574940	30.62 N	114.13 E	23	101.05	8293	-2.8	-1.5	6.6	5.4	4.7	6.0	4.3	5.2	4.1	1.0	20	3.5	220	36.9	-6.2	1.4	3.2
Xi'an	570360	34.30 N	108.93 E	398	96.63	8293	-6.4	-4.8	6.4	5.3	4.4	5.5	2.0	4.5	1.7	0.4	40	2.2	40	37.4	-10.0	1.2	2.5

Table 5.3A (SI) (Continued)
Heating and Wind Design Conditions—World

							Heating DB		Extreme Wind Speed			Coldest Month				MWS/MWD to DB				Extr. Annual Daily			
			Elev	StdP	dates	99.6%	99%	1%	2.5%	5%	0.4%			1%			9.6%		0.4%		Mean, DB		StdD DB	
Station	WMO#Lat	Long	m	kPa		DB	DB	WS	WS	WS	WS	MDB		WS	MDB		MWS	PWD	MWS	PWD	Max.	Min.	Max.	Min.
Xiamen	591340 24.48 N	118.08 E	139	99.67	8293	5.9	7.0	9.2	8.1	7.2	8.7	11.3	7.9	11.0		4.4	70	3.7	160	34.9	4.2	0.7	1.4
Xining	528660 36.62 N	101.77 E	2262	76.94	8293	-15.3	-13.7	6.7	5.6	4.8	6.2	-3.9	5.2	-3.7		0.6	290	2.5	140	29.7	-18.4	1.1	1.7
Xuzhou	580270 34.28 N	117.15 E	42	100.82	8293	-7.0	-5.4	7.3	6.3	5.4	6.5	2.3	5.7	2.1		1.1	270	3.7	160	36.3	-9.9	1.1	2.5
Yaxian	599480 18.23 N	109.52 E	7	101.24	8293	15.1	16.5	7.4	6.3	5.5	8.2	20.9	6.9	21.8		2.6	20	3.4	180	35.4	13.1	2.1	1.8
Yichang	574610 30.70 N	111.30 E	134	99.73	8293	-1.2	-0.1	5.1	4.1	3.4	4.4	7.9	3.7	7.3		0.8	110	3.3	140	37.7	-2.5	1.2	1.3
Yichun	507740 47.72 N	128.90 E	232	98.57	8293	-33.3	-30.9	8.4	7.1	6.0	7.0	-17.2	6.0	-17.1		0.6	220	3.2	220	32.2	-36.0	1.7	2.2
Yinchuan	536140 38.48 N	106.22 E	1112	88.66	8293	-18.2	-15.6	8.7	6.5	5.2	8.3	-2.6	5.1	-3.4		1.0	20	2.5	20	33.6	-20.6	1.1	2.8
Yingkou	544710 40.67 N	122.20 E	4	101.28	8293	-17.3	-15.6	11.4	10.0	8.6	10.7	-3.5	8.9	-5.0		2.6	20	4.4	200	32.0	-20.0	0.9	3.4
Yining	514310 43.95 N	81.33 E	663	93.61	8293	-23.1	-19.2	7.3	5.6	4.4	5.4	-3.3	4.2	-4.2		0.3	70	1.3	270	36.1	-25.1	1.6	3.7
Yueyang	575840 29.38 N	113.08 E	52	100.70	8293	-1.2	-0.1	7.4	6.4	5.7	7.2	4.0	6.3	3.8		3.2	20	3.4	250	36.6	-2.7	1.2	1.9
Zhangjiakou	544010 40.78 N	114.88 E	726	92.90	8293	-17.0	-15.4	7.7	6.6	5.6	7.3	-9.5	6.4	-8.9		3.1	340	2.5	140	34.8	-19.5	0.6	2.0
Zhanjiang	596580 21.22 N	110.40 E	28	100.99	8293	7.6	8.9	7.1	5.9	5.2	6.2	12.4	5.4	13.4		3.6	340	3.5	250	36.2	5.7	1.7	2.2
Zhengzhou	570830 34.72 N	113.65 E	111	100.00	8293	-7.4	-5.9	9.3	7.4	6.2	10.5	4.5	8.6	3.6		1.2	180	3.4	160	37.7	-10.6	1.4	2.3
COLOMBIA																							
Bogota	802220 4.70 N	74.13 W	2548	74.23	8293	2.2	3.9	9.4	8.0	6.4	10.3	17.6	8.5	17.4		0.2	320	4.5	90	28.0	-0.9	4.7	1.5
COOK ISLANDS																							
Rarotonga Island	918430 21.20 S	159.82 W	7	101.24	8293	16.8	17.8	11.1	9.8	8.9	11.5	21.9	10.3	22.2		0.5	150	4.9	80	31.5	14.6	1.7	1.4
CROATIA																							
Pula	132090 44.90 N	13.92 E	63	100.57	8293	-4.1	-2.8	11.5	9.4	7.7	11.8	1.8	9.6	3.5		3.3	20	2.8	270	33.5	-6.2	1.1	2.0
Split	133330 43.53 N	16.30 E	21	101.07	8293	-1.9	-0.1	10.6	8.4	7.0	10.4	4.9	8.5	6.6		3.9	340	3.7	230	34.6	-7.1	3.9	9.3
Zagreb	131310 45.73 N	16.07 E	107	100.05	8293	-13.2	-10.0	8.5	7.2	5.9	7.7	4.0	6.3	3.9		1.0	240	2.9	230	33.5	-16.5	3.2	4.6
CUBA																							
Guantanamo	783670 19.90 N	75.15 W	17	101.12	8293	19.2	20.1	10.0	8.9	7.9	9.3	29.2	8.4	29.0		3.5	360	5.2	130	37.6	16.0	2.6	4.6
CYPRUS																							
Akrotiri	176010 34.58 N	32.98 E	23	101.05	8293	4.6	6.0	11.1	10.0	9.0	12.9	11.4	11.5	12.3		2.3	350	4.3	260	35.2	2.4	1.7	2.4
Larnaca	176090 34.88 N	33.63 E	2	101.30	8293	3.0	4.6	11.9	10.2	8.9	12.5	12.2	10.8	12.2		3.2	310	5.5	200	36.9	0.8	1.2	1.9
Paphos	176000 34.72 N	32.48 E	8	101.23	8293	4.0	5.4	10.6	9.2	8.0	13.2	12.9	11.3	13.0		3.9	30	4.0	280	33.5	2.1	1.8	1.9
CZECH REPUBLIC																							
Brno	117230 49.15 N	16.70 E	246	98.40	8293	-14.4	-10.9	10.6	9.2	8.2	11.5	-1.0	9.5	-0.7		3.4	60	4.5	180	32.6	-15.8	1.6	4.0
Cheb	114060 50.08 N	12.40 E	471	95.79	8293	-15.6	-12.4	7.1	6.1	5.3	7.6	2.8	6.4	2.1		1.0	40	2.3	220	32.1	-17.1	2.1	3.5
Ostrava	117820 49.68 N	18.12 E	256	98.29	8293	-17.1	-12.9	10.1	9.1	8.3	11.5	-0.1	10.3	0.6		2.3	20	4.6	190	32.3	-19.6	1.7	5.5
Plzen	114480 49.65 N	13.27 E	364	97.03	8293	-16.7	-12.8	9.4	8.3	7.4	10.7	5.0	9.1	3.5		1.0	20	3.5	120	33.3	-18.2	2.2	5.1
Praded Mountain	117350 50.07 N	17.23 E	1492	84.64	8293	-19.0	-16.4	21.0	18.2	16.1	22.6	-6.9	19.0	-5.4		8.4	20	5.2	180	22.1	-20.2	1.7	4.3
Prague	115180 50.10 N	14.28 E	366	97.00	8293	-16.1	-12.4	12.4	10.4	9.0	13.9	4.0	11.9	2.3		1.9	10	3.5	160	32.8	-18.0	2.0	4.9
Pribyslav	116590 49.58 N	15.77 E	536	95.05	8293	-16.2	-13.0	12.8	11.2	9.8	13.3	1.1	12.1	-0.7		2.1	360	3.9	130	30.4	-18.9	2.7	4.0
DENMARK																							
Alborg	60300 57.10 N	9.87 E	3	101.29	8293	-13.1	-9.2	13.0	11.4	10.2	14.3	7.0	12.5	5.8		2.6	220	4.7	100	28.0	-14.1	2.2	6.9
Copenhagen	61800 55.63 N	12.67 E	5	101.26	8293	-11.1	-8.0	13.0	11.6	10.5	13.2	4.3	12.0	3.1		5.1	360	4.7	160	27.5	-10.3	1.8	4.5
Hammerodde	61930 55.30 N	14.78 E	11	101.19	8293	-6.7	-5.3	19.5	16.7	15.0	20.2	1.5	18.5	1.0		8.9	70	5.2	230	26.7	-5.6	1.9	3.3
Mon Island	61790 54.95 N	12.55 E	15	101.14	8293	-8.0	-5.7	19.1	15.8	14.3	20.4	2.8	18.2	1.9		6.2	320	4.0	70	25.4	-7.2	2.2	4.3
Odense	61200 55.47 N	10.33 E	17	101.12	8293	-10.2	-7.7	13.1	11.5	10.2	13.5	5.5	12.2	4.2		3.4	40	4.9	120	29.0	-12.6	2.3	5.3
Skagen	60410 57.77 N	10.65 E	7	101.24	8293	-9.3	-6.4	18.4	16.0	14.4	18.3	2.0	16.2	3.2		7.4	40	4.6	360	24.5	-8.8	1.9	4.4
Tirstrup	60700 56.30 N	10.62 E	25	101.03	8293	-13.0	-9.1	12.0	10.5	9.4	12.3	4.6	10.9	3.7		2.4	20	4.8	280	27.8	-14.0	1.9	6.1
ECUADOR																							
Guayaquil	842030 2.15 S	79.88 W	9	101.22	8293	19.7	19.9	7.3	6.5	6.0	7.7	23.2	7.1	23.1		3.6	210	3.2	40	34.9	10.5	1.3	6.3
Quito	840710 0.15 S	78.48 W	2812	71.80	8293	7.0	7.9	7.8	6.6	5.9	6.6	17.6	6.0	17.8		0.3	350	4.1	150	28.8	4.7	4.3	1.8
EGYPT																							
Alexandria	623180 31.20 N	29.95 E	7	101.24	8293	6.8	7.8	10.7	9.2	8.1	13.0	13.6	11.3	14.6		2.1	190	4.3	340	39.0	2.9	1.8	2.1
Cairo	623660 30.13 N	31.40 E	74	100.44	8293	7.0	8.0	9.5	8.3	7.3	10.3	14.6	8.7	16.4		2.6	210	5.6	350	42.1	3.1	1.6	2.7
Luxor	624050 25.67 N	32.70 E	88	100.27	8293	4.4	5.7	7.2	6.1	5.2	6.8	17.8	5.8	17.7		0.9	180	2.6	330	46.1	0.9	1.7	1.0
ESTONIA																							
Kopu/Cape Ristna	261150 58.92 N	22.07 E	9	101.22	8293	-15.1	-11.9	13.2	11.1	9.4	12.9	3.2	10.7	2.9		2.3	80	2.7	70	26.4	-14.1	2.3	6.7
Tallinn	260380 59.35 N	24.80 E	44	100.80	8293	-19.8	-16.0	9.2	8.1	7.3	9.8	0.9	8.6	0.0		2.9	140	3.6	40	28.0	-19.6	2.4	4.8
FAEROE ISLANDS																							
Torshavn	60110 62.02 N	6.77 W	39	100.86	8293	-3.2	-2.3	18.2	15.3	13.7	21.5	5.7	19.2	6.2		5.8	320	4.8	210	18.1	-5.4	1.9	1.4
FIJI																							
Nadi	916800 17.75 S	177.45 E	18	101.11	8293	16.0	17.1	8.9	7.8	7.0	8.7	25.8	7.7	26.0		1.6	120	5.8	350	34.9	13.1	2.0	3.3
Nausori	916830 18.05 S	178.57 E	7	101.24	8293	16.9	17.9	9.1	8.2	7.3	8.9	23.8	8.1	23.5		0.3	320	4.7	60	32.9	15.0	1.1	1.0
FINLAND																							
Helsinki	29740 60.32 N	24.97 E	56	100.65	8293	-23.7	-19.5	10.0	8.8	7.9	10.9	1.5	9.7	-0.1		2.4	340	4.8	210	28.4	-24.7	1.7	5.3
Jyvaskyla	29350 62.40 N	25.68 E	145	99.60	8293	-29.2	-24.8	8.9	7.7	6.8	10.2	-2.2	8.4	-3.4		0.7	330	3.8	180	28.5	-30.2	2.4	4.2
Kauhava	29130 63.10 N	23.03 E	44	100.80	8293	-29.0	-25.6	9.4	8.3	7.4	10.4	-0.5	9.3	-0.6		0.8	80	3.8	230	27.6	-29.6	1.3	4.5
Kuopio	29170 63.02 N	27.80 E	102	100.11	8293	-29.7	-25.6	8.4	7.4	6.7	9.3	-1.2	8.3	-2.0		0.6	140	3.3	170	27.5	-29.5	1.4	4.4
Lahti	29650 60.97 N	25.63 E	84	100.32	8293	-26.3	-21.9	6.3	5.4	4.8	6.9	0.8	6.0	-0.3		0.6	350	2.7	150	28.5	-28.1	1.5	4.0
Pello	28440 66.80 N	24.00 E	84	100.32	8293	-31.4	-29.1	6.4	5.6	5.0	6.3	-3.7	5.4	-4.4		0.4	300	3.0	340	27.6	-34.7	2.7	3.0
Pori	29520 61.47 N	21.80 E	17	101.12	8293	-24.3	-20.2	11.1	9.8	8.7	13.2	2.7	11.3	1.7		2.3	90	5.0	140	27.5	-24.8	1.4	4.4

Outdoor Design Conditions

Table 5.3A (SI) (Continued)
Heating and Wind Design Conditions—World

							Heating DB	Extreme Wind Speed			Coldest Month					MWS/MWD to DB				Extr. Annual Daily			
			Elev	StdP	dates	99.6%	99%	1%	2.5%	5%	0.4%		1%		9.6%		0.4%		Mean, DB		StdD DB		
Station	WMO#Lat	Long	m	kPa		DB	DB	WS	WS	WS	WS	MDB	WS	MDB	MWS	PWD	MWS	PWD	Max.	Min.	Max.	Min.
Suomussalmi	28790	64.90 N	29.02 E	224	98.66	8293	-29.7	-27.2	7.4	6.4	5.8	7.9	-1.2	6.9	-3.0	0.5	360	3.1	270	28.2	-32.1	5.6	3.7
Tampere	29440	61.42 N	23.58 E	112	99.99	8293	-26.2	-22.2	8.4	7.5	6.8	9.5	1.2	8.4	0.2	0.8	10	4.0	10	28.8	-27.2	1.4	4.8
Turku	29720	60.52 N	22.27 E	59	100.62	8293	-23.1	-19.6	9.5	8.3	7.4	11.1	0.5	9.4	-0.1	2.7	40	4.0	230	28.4	-23.9	1.2	5.4
FRANCE																							
Bordeaux	75100	44.83 N	0.70 W	61	100.59	8293	-5.8	-3.0	9.9	8.3	7.1	10.6	10.3	9.0	10.4	1.6	40	3.3	80	35.9	-7.4	1.5	4.1
Clermont-Ferrand	74600	45.78 N	3.17 E	330	97.42	8293	-9.1	-6.8	10.7	8.9	7.5	11.4	9.4	9.7	9.2	1.4	360	3.4	20	36.2	-11.8	1.6	3.9
Dijon	72800	47.27 N	5.08 E	227	98.63	8293	-9.8	-6.8	10.2	8.7	7.6	11.0	7.0	9.7	6.0	3.1	20	4.6	170	33.5	-11.3	1.9	4.5
Brest	71100	48.45 N	4.42 W	103	100.09	8293	-2.8	-1.0	11.8	10.4	9.3	12.7	8.7	11.4	8.0	3.4	120	4.0	40	29.5	-4.4	2.2	2.4
Lyon	74810	45.73 N	5.08 E	240	98.47	8293	-8.5	-5.1	11.4	9.6	8.2	11.8	6.6	10.0	7.2	1.4	20	5.2	180	34.8	-9.7	1.5	4.1
Marseille	76500	43.45 N	5.23 E	36	100.89	8293	-3.9	-2.0	16.8	14.4	12.4	17.1	6.7	14.4	6.5	3.8	360	5.6	280	35.1	-5.6	1.8	3.1
Montpellier	76430	43.58 N	3.97 E	6	101.25	8293	-3.8	-1.8	12.7	11.0	9.6	12.2	9.6	10.6	10.2	3.3	340	5.6	180	35.7	-5.9	1.4	3.0
Nancy	71800	48.68 N	6.22 E	217	98.75	8293	-10.2	-8.1	9.4	8.2	7.1	10.3	6.5	9.2	4.1	3.2	60	3.7	220	33.4	-12.2	2.2	3.7
Nantes	72220	47.17 N	1.60 W	27	101.00	8293	-5.2	-2.8	10.7	9.3	8.1	12.2	11.1	10.6	10.1	3.1	60	4.1	60	33.7	-6.5	1.8	3.7
Nice	76900	43.65 N	7.20 E	10	101.20	8293	1.6	2.9	11.2	9.4	7.8	10.5	11.9	8.7	11.0	4.7	340	3.6	160	32.2	-0.4	1.5	2.7
Nimes	76450	43.87 N	4.40 E	62	100.58	8293	-3.3	-1.1	10.4	9.1	7.9	10.1	4.1	8.8	6.3	4.3	20	4.1	40	36.2	-4.7	1.1	3.5
Orleans	72490	47.98 N	1.75 E	125	99.83	8293	-8.4	-5.3	11.8	10.2	9.0	13.2	10.0	11.6	8.9	3.6	60	3.8	80	33.7	-12.0	1.7	11.3
Paris, Charles De Gaull	71570	49.02 N	2.53 E	109	100.02	8293	-7.8	-5.0	12.1	10.3	9.1	14.1	9.7	11.9	7.6	4.6	60	4.1	60	33.1	-9.0	2.2	4.6
Paris, Orly	71490	48.73 N	2.40 E	96	100.18	8293	-7.1	-4.8	11.2	9.7	8.4	12.9	8.8	10.8	8.5	3.7	20	3.4	100	33.4	-8.2	2.0	4.2
St.-Quentin	70610	49.82 N	3.20 E	101	100.12	8293	-8.2	-5.6	11.9	10.3	9.1	14.4	8.0	12.3	7.6	5.0	60	3.8	120	31.3	-10.3	2.3	4.3
Strasbourg	71900	48.55 N	7.63 E	154	99.49	8293	-11.0	-8.2	9.8	8.3	7.2	11.7	8.7	9.5	4.9	2.9	340	3.4	20	34.1	-12.5	1.4	4.5
Toulouse	76300	43.63 N	1.37 E	153	99.50	8293	-5.8	-3.0	9.8	8.5	7.5	10.0	8.9	8.7	9.1	2.2	280	3.3	140	37.0	-7.2	2.0	4.5
FRENCH POLYNESIA																							
Moruroa Island	919520	21.82 S	138.80 W	3	101.29	8293	19.6	20.2	13.0	11.7	10.6	14.0	22.4	12.6	21.9	7.0	140	4.7	60	32.0	18.3	2.1	0.5
Papeete, Tahiti	919380	17.55 S	149.62 W	2	101.30	8293	19.8	20.6	9.7	8.3	7.2	10.0	25.4	8.7	26.1	1.5	120	3.0	260	33.0	18.2	0.4	1.1
GERMANY																							
Aachen	105010	50.78 N	6.10 E	205	98.89	8293	-10.1	-7.2	10.4	9.1	7.9	11.8	7.9	10.3	6.6	1.9	50	2.5	210	32.3	-9.9	1.9	4.7
Ahlhorn (Ger-Afb)	102180	52.88 N	8.23 E	56	100.65	8293	-11.8	-9.0	11.2	9.8	8.7	13.4	7.2	11.2	5.7	3.0	90	4.0	10	32.1	-12.8	2.2	5.3
Berlin	103840	52.47 N	13.40 E	49	100.74	8293	-11.8	-9.2	10.4	9.1	8.1	11.5	6.5	9.5	5.1	3.4	80	3.7	150	33.8	-12.2	2.1	4.9
Bitburg	106100	49.95 N	6.57 E	374	96.91	8293	-10.9	-8.0	10.2	8.9	7.9	12.0	5.4	10.1	3.5	4.7	60	3.1	10	32.5	-11.5	2.0	3.8
Bremen	102240	53.05 N	8.80 E	5	101.26	8293	-11.3	-8.7	11.3	9.9	8.8	12.6	6.4	10.9	5.6	3.7	70	4.5	100	32.2	-12.6	3.4	5.3
Bremerhaven	101290	53.53 N	8.58 E	11	101.19	8293	-9.4	-7.0	13.7	12.2	10.9	15.3	6.3	13.4	5.9	3.6	60	4.3	130	31.1	-9.1	2.2	4.1
Dresden	104880	51.13 N	13.78 E	226	98.64	8293	-13.3	-10.3	9.6	8.3	7.3	10.2	5.3	8.8	4.8	1.9	320	3.0	990	33.6	-14.6	1.6	6.2
Dusseldorf	104000	51.28 N	6.78 E	44	100.80	8293	-9.9	-6.9	10.4	9.2	8.1	11.8	7.0	10.1	6.4	2.8	60	3.8	130	33.4	-10.8	1.5	4.9
Eggebek (Ger-Navy)	100340	54.63 N	9.35 E	22	101.06	8293	-11.9	-8.6	12.7	11.3	10.0	14.1	4.5	12.4	3.6	3.2	30	5.0	90	30.0	-13.8	1.7	5.3
Ehrenberg	105440	50.50 N	9.95 E	925	90.70	8293	-14.8	-12.1	15.3	13.5	12.0	16.7	-2.7	14.7	-4.1	6.9	100	5.1	190	28.2	-15.2	1.7	4.7
Frankfurt Am Main	106370	50.05 N	8.60 E	113	99.97	8293	-11.0	-8.2	10.2	8.8	7.7	11.3	7.2	9.4	5.3	3.3	30	3.9	40	34.1	-12.1	1.7	4.3
Grafenwohr	106870	49.70 N	11.95 E	415	96.44	8293	-18.9	-14.8	6.5	5.5	4.8	7.1	3.8	5.9	2.5	0.6	10	2.1	10	33.5	-21.6	2.3	5.3
Greifswald	101840	54.10 N	13.40 E	6	101.25	8293	-12.8	-9.4	10.4	9.0	7.9	11.3	5.2	9.5	4.5	1.6	250	3.6	50	31.9	-13.3	2.3	6.1
Hamburg	101470	53.63 N	10.00 E	16	101.13	8293	-11.6	-8.9	10.2	9.0	8.1	10.6	5.6	9.5	4.2	2.5	60	4.7	90	31.5	-12.5	2.5	5.0
Hannover	103380	52.47 N	9.70 E	54	100.68	8293	-12.7	-9.8	10.2	8.9	8.0	11.1	6.0	9.6	5.0	2.5	80	4.2	110	32.5	-13.1	2.2	5.6
Heidelberg	107340	49.40 N	8.65 E	109	100.02	8293	-10.0	-7.1	7.5	6.3	5.3	8.1	6.6	6.9	6.3	1.9	170	2.8	10	35.8	-11.2	1.6	4.8
Hof	106850	50.32 N	11.88 E	568	94.69	8293	-16.0	-13.0	9.7	8.5	7.6	10.4	2.1	9.3	1.1	2.5	140	3.3	150	30.8	-18.0	1.6	3.9
Husum (Ger-Afb)	100260	54.52 N	9.15 E	37	100.88	8293	-11.2	-8.2	13.1	11.4	10.1	14.4	6.0	12.8	5.4	3.9	50	4.2	90	29.9	-13.2	2.7	5.0
Kap Arkona	100910	54.68 N	13.43 E	41	100.83	8293	-8.1	-5.9	19.1	17.0	15.2	20.5	2.9	18.6	2.7	6.7	360	5.4	70	27.0	-8.5	2.0	4.6
Kiel/Holtenau (Gnvy)	100460	54.38 N	10.15 E	31	100.95	8293	-9.9	-7.2	11.3	9.9	8.7	12.7	4.8	10.8	3.3	4.0	40	3.8	160	29.7	-12.0	2.7	5.9
Koln	105130	50.87 N	7.17 E	99	100.14	8293	-11.4	-8.1	9.2	8.1	7.2	11.0	7.4	9.2	6.2	1.9	110	3.5	130	33.4	-13.1	1.7	5.9
Lahr	108050	48.37 N	7.83 E	156	99.46	8293	-11.4	-8.2	8.7	7.3	6.2	10.0	8.2	8.9	7.2	1.7	20	2.4	120	34.3	-13.5	1.5	5.6
Landsberg (Ger-Afb)	108570	48.07 N	10.90 E	628	94.00	8293	-14.9	-12.1	11.8	9.9	8.3	13.5	5.2	11.6	2.8	1.5	70	2.9	260	32.0	-17.5	1.8	4.3
Leck (Ger-Afb)	100220	54.80 N	8.95 E	13	101.17	8293	-11.5	-8.2	12.5	11.1	9.9	14.2	5.5	12.6	4.4	2.3	80	4.5	110	29.6	-15.8	2.1	6.1
Leipzig	104690	51.42 N	12.23 E	133	99.74	8293	-13.4	-10.4	12.5	10.8	9.4	13.4	5.5	11.3	4.8	2.8	70	4.0	190	33.6	-14.3	1.8	6.8
Memmingen (Ger-Afb)	109470	47.98 N	10.23 E	644	93.82	8293	-18.4	-12.0	11.2	9.5	8.2	13.1	3.4	11.5	3.4	2.2	50	3.8	220	32.4	-18.2	2.4	4.5
Munich	108660	48.13 N	11.70 E	529	95.13	8293	-15.4	-12.5	11.9	9.6	7.9	12.9	5.3	10.6	4.5	1.6	80	3.6	30	32.5	-18.6	2.0	4.5
Neuburg (Ger-Afb)	108530	48.72 N	11.22 E	387	96.76	8293	-15.9	-12.5	9.4	8.0	6.7	10.2	4.2	9.1	4.3	1.6	60	1.9	200	33.5	-18.5	2.3	6.6
Nordholz (Ger-Navy)	101360	53.77 N	8.67 E	31	100.95	8293	-10.9	-8.2	13.2	11.7	10.4	15.1	5.8	12.8	5.0	3.8	80	5.0	120	31.3	-11.3	2.5	4.6
Ramstein (Usafb)	106140	49.43 N	7.60 E	238	98.50	8293	-11.8	-9.0	8.7	7.5	6.3	9.3	6.6	8.0	6.2	0.9	10	2.4	240	34.0	-13.7	2.1	4.4
Sollingen (Can-Afb)	107220	48.77 N	8.10 E	128	99.80	8293	-10.8	-8.1	10.0	8.7	7.7	11.5	7.3	10.1	6.5	2.6	30	2.5	10	34.5	-12.4	1.8	4.5
Stuttgart	107380	48.68 N	9.22 E	419	96.39	8293	-12.7	-10.0	9.4	7.9	6.8	10.3	5.0	9.0	4.4	1.9	90	3.0	90	33.2	-15.4	2.2	5.7
GEORGIA																							
Batumi	374840	41.65 N	41.63 E	6	101.25	8293	-1.7	-0.2	13.5	12.2	10.6	13.7	9.5	12.7	9.8	6.0	130	4.2	300	32.9	-6.3	5.0	6.8
K'ut'aisi (Kutaisi)	373950	42.27 N	42.63 E	116	99.94	8293	-2.4	-1.1	21.7	18.1	16.0	21.7	7.3	17.8	8.3	3.9	90	9.6	90	36.1	-4.9	1.8	2.3
Sokhumi (Sukhumi)	372600	42.87 N	41.13 E	13	101.17	8293	-1.5	-0.5	7.9	6.5	5.6	8.4	6.7	7.1	5.4	2.7	50	4.0	320	32.3	-3.8	1.8	2.2
Tbilisi	375490	41.68 N	44.95 E	467	95.84	8293	-6.0	-4.7	21.7	18.8	16.6	22.6	2.1	20.1	2.1	2.6	320	4.5	180	36.2	-8.7	1.7	2.2
GIBRALTAR																							
North Front	84950	36.15 N	5.35 W	5	101.26	8293	7.8	8.9	14.6	12.5	11.1	16.0	14.1	14.4	13.9	4.0	270	6.2	200	36.1	4.7	2.6	2.4
GREECE																							
Andravida	166820	37.92 N	21.28 E	12	101.18	8293	-0.2	1.1	10.0	8.5	7.4	12.0	13.2	10.0	12.8	0.9	130	5.3	350	36.2	-2.8	1.5	1.5

Environmental Design Conditions

Table 5.3A (SI) (Continued)
Heating and Wind Design Conditions—World

							Heating DB		Extreme Wind Speed			Coldest Month				MWS/MWD to DB				Extr. Annual Daily			
			Elev	StdP	dates	99.6%	99%	1%	2.5%	5%	0.4%		1%		9.6%		0.4%		Mean, DB		StdD DB	
Station	WMO#Lat	Long	m	kPa		DB	DB	WS	WS	WS	WS	MDB	WS	MDB	MWS	PWD	MWS	PWD	Max.	Min.	Max.	Min.
Athens	167160	37.90 N	23.73 E	15	101.14	8293	1.2	2.9	10.2	9.2	8.4	11.2	8.2	9.8	8.6	3.5	360	6.1	30	37.4	-0.4	2.4	1.7
Elefsis (Hel-Afb)	167180	38.07 N	23.55 E	31	100.95	8293	0.8	2.1	10.2	9.2	8.3	10.5	9.3	9.9	7.8	2.0	360	5.5	10	39.8	-1.0	2.9	1.8
Iraklion	167540	35.33 N	25.18 E	39	100.86	8293	5.0	6.8	14.5	12.9	11.2	18.0	11.5	14.8	10.8	6.2	340	4.7	320	36.2	2.7	2.0	2.0
Larisa	166480	39.63 N	22.42 E	74	100.44	8293	-5.1	-3.5	8.6	7.3	6.0	8.9	7.5	7.6	7.7	0.4	360	3.2	270	40.4	-8.8	2.5	3.0
Preveza	166430	38.95 N	20.77 E	4	101.28	8293	2.3	3.5	11.7	9.9	8.6	13.8	10.8	10.8	10.2	4.3	40	4.3	250	34.9	0.3	2.3	1.5
Rodhos	167490	36.40 N	28.08 E	11	101.19	8293	5.0	6.6	10.6	9.7	9.0	12.5	9.3	10.4	9.5	6.0	360	6.4	270	35.3	3.5	2.0	2.0
Soudha	167460	35.48 N	24.12 E	151	99.52	8293	4.0	5.2	11.7	10.0	8.9	13.4	11.3	11.4	9.2	4.4	20	4.3	300	38.0	2.0	1.5	1.8
Thessaloniki	166220	40.52 N	22.97 E	4	101.28	8293	-3.8	-2.0	13.1	10.6	8.9	14.2	5.6	12.6	6.0	3.6	110	4.4	180	37.4	-7.2	2.5	1.8
GREENLAND																							
Dundas, Thule Ab	42020	76.53 N	68.50 W	59	100.62	8293	-37.1	-35.9	13.5	10.6	8.4	13.3	-19.1	10.8	-18.0	3.0	80	4.0	310	17.2	-38.5	4.2	1.8
Godthab	42500	64.17 N	51.75 W	70	100.49	8293	-24.5	-22.4	20.3	16.1	13.4	18.5	-7.0	14.8	-7.0	5.9	350	4.6	20	17.8	-22.4	2.9	3.4
Kangerlussuaq	42310	67.00 N	50.80 W	53	100.69	8293	-41.0	-39.0	10.0	8.4	7.2	10.3	-5.7	8.4	-6.7	3.8	60	4.9	70	20.5	-40.6	1.4	4.5
Narsarsuaq	42700	61.18 N	45.42 W	26	101.01	8293	-27.8	-24.7	20.9	17.4	13.7	23.6	1.0	20.6	1.7	0.9	60	7.5	70	20.0	-26.1	1.4	6.0
GUAM																							
Andersen Afb (Guam)	912180	13.58 N	144.93 E	185	99.12	8293	23.3	23.7	9.0	7.9	7.2	8.4	25.9	7.9	25.9	3.8	70	3.8	90	32.8	22.0	1.6	0.6
HUNGARY																							
Budapest	128390	47.43 N	19.27 E	185	99.12	8293	-13.2	-10.2	16.1	12.8	10.6	15.6	4.3	12.1	4.2	0.9	170	4.5	200	34.5	-16.5	1.2	4.4
Debrecen	128820	47.48 N	21.63 E	112	99.99	8293	-14.6	-11.6	9.6	8.0	6.7	10.0	1.9	8.3	1.6	1.6	50	2.5	90	33.5	-16.4	1.5	3.7
Nagykanizsa	129250	46.45 N	16.98 E	141	99.64	8293	-13.5	-10.2	8.7	7.3	6.2	8.7	0.3	7.3	1.8	2.1	360	2.7	230	33.0	-17.2	1.5	4.6
Pecs	129420	46.00 N	18.23 E	203	98.91	8293	-11.2	-9.0	9.7	7.9	6.7	10.3	2.1	8.8	0.6	2.6	320	3.2	270	33.8	-13.5	1.3	3.2
Siofok	129350	46.92 N	18.03 E	108	100.03	8293	-11.3	-8.5	13.4	11.4	9.5	13.3	-0.7	11.3	4.0	2.0	320	2.2	270	32.8	-13.8	1.7	4.6
Szombathely	128120	47.27 N	16.63 E	221	98.70	8293	-12.0	-9.5	13.1	10.9	9.0	12.1	-4.0	9.5	-0.2	3.4	270	3.2	180	32.8	-14.1	1.7	3.9
ICELAND																							
Akureyri	40630	65.68 N	18.08 W	27	101.00	8293	-13.4	-11.5	13.4	11.4	9.8	15.3	0.3	13.3	2.9	3.0	160	4.9	180	22.2	-16.5	1.7	1.2
Keflavik	40180	63.97 N	22.60 W	54	100.68	8293	-8.1	-6.9	18.1	15.3	13.5	20.8	0.8	18.5	0.9	6.3	20	5.0	350	18.7	-11.3	3.6	1.1
Raufarhofn	40770	66.45 N	15.95 W	10	101.20	8293	-12.2	-10.4	16.5	14.4	12.7	19.3	-0.6	17.0	-0.3	6.2	230	6.2	320	20.0	-15.8	2.1	1.7
Reykjavik	40300	64.13 N	21.90 W	61	100.59	8293	-9.8	-8.1	18.1	15.4	13.7	21.0	2.5	18.6	2.5	4.3	90	5.5	360	18.4	-12.1	1.9	1.4
INDIA																							
Ahmadabad	426470	23.07 N	72.63 E	55	100.67	8293	11.3	12.8	7.0	5.9	5.1	6.3	23.5	5.3	23.3	1.0	360	3.0	270	43.9	6.3	1.7	3.8
Bangalore	432950	12.97 N	77.58 E	921	90.74	8293	14.9	15.7	6.0	5.2	4.4	5.0	21.7	4.3	22.1	1.4	90	1.7	90	37.0	12.2	1.1	1.9
Bombay	430030	19.12 N	72.85 E	14	101.16	8293	16.5	17.6	6.7	6.0	5.3	5.4	26.2	5.0	26.6	0.2	360	3.1	320	38.5	13.4	1.3	1.6
Calcutta	428090	22.65 N	88.45 E	6	101.25	8293	12.0	13.1	5.6	4.7	3.8	3.3	22.9	3.0	22.6	0.2	360	2.0	180	39.2	10.2	1.1	0.8
Cuddalore	433290	11.77 N	79.77 E	12	101.18	8293	19.9	20.7	6.2	5.4	4.8	5.8	26.0	5.2	26.5	0.7	320	2.6	250	40.4	17.3	1.5	1.7
Goa/Panaji	431920	15.48 N	73.82 E	60	100.61	8293	20.4	20.3	7.5	6.4	5.5	5.2	28.6	4.4	28.6	2.2	50	2.3	320	37.2	16.4	1.5	3.0
Hyderabad	431280	17.45 N	78.47 E	545	94.95	8293	14.5	15.8	9.2	8.3	7.7	5.6	24.5	5.1	25.0	0.4	50	3.7	320	41.6	11.5	1.1	2.0
Jaipur	423480	26.82 N	75.80 E	390	96.73	8293	6.8	8.2	7.1	5.8	5.0	5.3	17.9	4.4	18.0	0.2	90	3.8	320	43.5	3.9	1.2	1.7
Madras	432790	13.00 N	80.18 E	16	101.13	8293	19.9	20.5	7.4	6.4	5.7	5.6	26.8	4.8	26.8	0.9	290	3.7	270	41.2	18.3	1.2	1.0
Nagpur	428670	21.10 N	79.05 E	310	97.66	8293	11.8	13.0	7.6	6.1	5.4	4.9	23.7	3.5	23.3	1.0	360	2.8	320	44.9	9.2	1.3	1.8
New Delhi	421820	28.58 N	77.20 E	216	98.76	8293	6.6	7.6	7.4	6.3	5.4	6.4	18.9	5.7	18.7	0.7	270	3.3	320	43.4	5.0	1.2	1.1
Poona	430630	18.53 N	73.85 E	559	94.79	8293	9.8	10.9	5.3	4.4	3.5	3.4	25.9	2.8	25.6	0.0	70	1.5	270	40.4	7.2	0.7	1.5
Sholapur	431170	17.67 N	75.90 E	479	95.70	8293	16.2	17.2	3.6	3.1	2.5	2.8	23.5	2.4	23.8	0.5	90	0.9	320	42.5	13.1	1.7	1.7
Trivandrum	433710	8.48 N	76.95 E	64	100.56	8293	22.0	22.6	6.4	5.8	5.1	7.5	28.2	6.5	28.1	1.1	360	2.5	320	37.4	18.3	1.7	2.6
INDIAN OCEAN ISLANDS																							
Diego Garcia Isl.	619670	7.30 S	72.40 E	3	101.29	8293	23.0	23.8	9.3	8.4	7.7	9.5	26.5	9.0	26.5	4.8	110	3.1	90	35.2	19.9	2.2	6.0
INDONESIA																							
IRELAND																							
Belmullet	39760	54.23 N	10.00 W	10	101.20	8293	-1.2	0.2	17.6	15.1	13.5	20.1	9.0	17.9	8.6	3.6	90	4.7	180	24.2	-3.1	2.3	2.0
Birr	39650	53.08 N	7.88 W	72	100.46	8293	-4.2	-2.5	10.4	9.1	8.1	12.5	7.4	11.1	7.4	0.6	90	3.0	150	24.9	-6.9	4.5	2.8
Claremorris	39700	53.72 N	8.98 W	69	100.50	8293	-3.6	-2.2	13.1	11.4	9.8	15.2	7.5	13.4	7.2	2.7	70	3.6	90	24.8	-6.1	2.4	2.7
Clones	39740	54.18 N	7.23 W	89	100.26	8293	-3.7	-2.1	12.3	10.5	9.2	13.6	7.2	12.3	7.6	1.8	60	3.1	120	25.3	-6.4	2.3	2.6
Cork	39550	51.85 N	8.48 W	162	99.39	8293	-1.4	-0.2	15.1	13.3	11.9	17.7	6.6	15.2	7.0	5.7	40	4.2	330	24.1	-3.5	2.0	1.9
Dublin	39690	53.43 N	6.25 W	85	100.31	8293	-1.6	-0.4	13.8	12.3	10.9	15.6	6.9	13.5	6.8	4.2	250	4.9	230	24.9	-3.6	1.8	1.8
Kilkenny	39600	52.67 N	7.27 W	64	100.56	8293	-3.7	-2.3	11.9	10.0	8.5	13.1	8.5	11.7	8.4	1.0	360	3.1	180	26.2	-6.6	2.2	2.3
Malin	39800	55.37 N	7.33 W	25	101.03	8293	-0.3	0.8	20.0	18.1	15.9	22.3	6.1	20.2	6.2	6.2	170	7.2	200	22.4	-2.0	1.2	1.7
Mullingar	39710	53.53 N	7.37 W	104	100.08	8293	-3.7	-2.4	11.4	9.9	8.8	13.1	6.2	11.5	7.5	1.4	70	3.9	100	25.2	-6.4	2.1	1.9
Rosslare	39570	52.25 N	6.33 W	25	101.03	8293	0.2	1.2	14.5	13.1	11.8	16.0	5.0	13.9	6.3	6.5	90	5.1	220	22.7	-1.1	1.9	1.3
Shannon	39620	52.70 N	8.92 W	20	101.08	8293	-2.0	-0.6	13.9	12.0	10.4	16.3	7.2	14.0	7.6	2.9	70	4.1	110	25.7	-4.4	2.4	1.7
Valentia Observatory	39530	51.93 N	10.25 W	14	101.16	8293	-0.6	0.8	14.9	13.3	11.8	17.1	8.4	15.1	8.7	3.0	60	4.6	270	25.0	-2.8	2.2	1.5
ISRAEL																							
Jerusalem	401840	31.78 N	35.22 E	754	92.59	8293	0.6	1.6	10.5	9.3	8.3	12.6	5.0	10.5	5.7	2.5	270	4.5	290	36.4	-0.8	3.0	1.3
Lod	401800	32.00 N	34.90 E	49	100.74	8293	4.2	5.6	10.1	8.7	7.7	11.4	13.3	9.8	12.1	1.7	150	4.8	320	39.3	2.0	1.6	1.6
Ovda (Isr-Afb/Civ)	401980	30.00 N	34.83 E	432	96.24	8293	2.3	3.7	10.4	8.7	7.8	11.1	9.5	9.2	12.3	2.2	210	4.3	40	40.6	-0.1	0.7	1.3
Tel Aviv-Yafo	401760	32.10 N	34.78 E	4	101.28	8293	6.4	7.6	12.6	9.9	8.4	13.2	13.4	10.9	13.5	3.1	120	4.1	310	37.2	5.1	3.0	1.4
ITALY																							
Bologna/Borgo (Afb)	161400	44.53 N	11.30 E	42	100.82	8293	-5.5	-3.9	7.2	5.9	4.9	6.3	4.8	4.9	2.8	0.5	220	2.4	80	36.0	-8.0	1.9	3.3
Brindisi	163200	40.65 N	17.95 E	10	101.20	8293	2.1	3.9	11.5	9.8	8.5	13.2	10.4	11.6	10.6	3.9	360	4.5	180	37.1	-0.6	2.4	1.3

Outdoor Design Conditions

Table 5.3A (SI) (Continued)
Heating and Wind Design Conditions—World

Station	WMO#	Lat	Long	Elev m	StdP kPa	dates	Heating DB 99.6% DB	99% DB	Extreme Wind Speed 1% WS	2.5% WS	5% WS	Coldest Month 0.4% WS MDB	1% WS MDB	MWS/MWD to DB 9.6% MWS PWD	0.4% MWS PWD	Extr. Annual Daily Mean, DB Max. Min.	StdD DB Max. Min.
Catania	164600	37.47 N	15.05 E	17	101.12	8293	1.8	3.0	10.1	8.5	7.3	11.4 12.0	9.6 12.6	2.3 230	4.6 90	39.3 -0.6	3.0 1.2
Genova	161200	44.42 N	8.85 E	3	101.29	8293	0.1	2.0	12.1	10.8	9.7	12.6 6.1	11.6 6.7	6.8 40	3.3 50	33.3 -1.6	1.3 2.3
Messina	164200	38.20 N	15.55 E	51	100.71	8293	6.1	7.3	8.5	7.3	6.2	9.1 13.4	7.8 13.8	2.0 310	2.8 60	36.3 3.2	2.7 2.2
Milan, Linate	160800	45.43 N	9.28 E	103	100.09	8293	-6.0	-4.1	7.2	5.4	4.3	8.9 7.8	6.3 7.9	0.4 90	2.2 220	34.8 -7.7	3.3 2.8
Milan, Malpensa	160660	45.62 N	8.73 E	211	98.82	8293	-9.6	-7.9	8.0	5.5	4.2	8.6 6.3	5.1 4.7	0.1 360	1.8 210	34.4 -12.6	1.7 2.6
Naples	162890	40.85 N	14.30 E	72	100.46	8293	0.0	1.2	10.1	8.2	6.9	11.8 9.7	9.2 9.4	1.8 340	3.4 200	36.4 -2.3	2.1 1.6
Palermo	164050	38.18 N	13.10 E	34	100.92	8293	6.9	7.9	13.5	11.6	9.9	14.1 13.8	12.7 13.0	4.8 210	5.1 250	37.9 3.6	2.9 2.6
Perugia	161810	43.08 N	12.50 E	205	98.89	8293	-4.4	-2.9	9.4	8.2	7.1	9.8 7.7	8.6 7.1	0.5 360	2.3 270	35.6 -8.4	1.6 4.0
Pisa	161580	43.68 N	10.38 E	1	101.31	8293	-3.1	-1.9	10.0	8.4	7.1	10.0 9.5	8.6 8.3	1.6 90	4.0 270	35.3 -6.2	1.1 2.8
Rome	162420	41.80 N	12.23 E	3	101.29	8293	-0.9	0.1	12.3	10.5	9.2	12.7 8.7	10.3 10.1	3.8 60	5.2 270	34.4 -3.2	2.9 1.7
Ronchi Legionari Ab	161080	45.82 N	13.48 E	12	101.18	8293	-5.9	-4.1	10.0	8.0	6.2	12.3 3.2	9.1 3.2	1.1 10	2.3 220	35.5 -8.2	1.3 2.3
Torino	160590	45.22 N	7.65 E	287	97.92	8293	-6.6	-5.0	6.0	4.1	3.1	7.1 8.8	4.4 5.1	0.0 260	0.7 70	33.1 -9.0	1.6 2.2
Venice	161050	45.50 N	12.33 E	6	101.25	8293	-4.9	-3.1	9.8	7.5	5.9	12.5 2.2	9.4 0.5	1.8 60	2.7 160	33.6 -7.0	2.4 2.2
JAMAICA																	
Kingston	783970	17.93 N	76.78 W	9	101.22	8293	21.9	22.3	14.9	13.9	12.9	14.8 28.5	13.8 28.7	2.5 330	11.2 110	35.4 20.2	1.3 0.8
Montego Bay	783880	18.50 N	77.92 W	3	101.29	8293	21.3	21.9	12.8	11.5	10.4	12.6 26.6	11.5 26.8	2.3 140	9.5 70	35.2 15.9	2.0 8.4
JAPAN																	
Aomori	475750	40.82 N	140.77 E	3	101.29	8293	-7.5	-6.4	9.4	8.4	7.4	9.7 -0.6	8.4 -0.4	3.7 230	4.6 220	33.1 -9.3	1.1 1.7
Asahikawa	474070	43.77 N	142.37 E	116	99.94	8293	-19.1	-16.4	5.6	5.1	4.4	5.4 -3.0	4.6 -3.7	0.7 80	2.9 270	32.5 -22.5	1.4 2.7
Atsugi	476790	35.45 N	139.45 E	65	100.55	8293	-1.9	-0.9	10.2	9.0	8.0	9.4 8.2	8.4 7.9	2.0 360	4.6 180	34.8 -4.2	1.5 1.1
Fukuoka	478080	33.58 N	130.45 E	12	101.18	8293	-1.0	0.0	9.2	8.2	7.3	9.4 4.2	8.6 5.0	3.4 10	5.0 10	35.3 -3.3	1.1 1.3
Hakodate	474300	41.82 N	140.75 E	36	100.89	8293	-10.3	-8.8	9.1	7.9	6.9	9.3 0.0	7.9 -0.9	2.3 290	3.3 220	29.9 -12.6	1.2 1.5
Hamamatsu	476810	34.75 N	137.70 E	48	100.75	8293	-1.2	-0.2	9.8	8.8	8.0	9.9 6.8	9.1 6.5	3.7 10	5.6 270	34.2 -3.1	1.5 1.0
Hiroshima	477650	34.40 N	132.47 E	53	100.69	8293	-1.9	-0.3	9.4	8.2	7.2	8.8 7.2	7.8 6.1	2.8 20	4.4 220	35.0 -2.8	1.8 1.5
Hyakuri (Jasdf)	477150	36.18 N	140.42 E	35	100.91	8293	-7.0	-5.2	9.7	8.3	7.2	8.5 6.3	7.4 5.5	1.1 250	4.8 130	33.2 -9.8	1.1 1.2
Kadena	479310	26.35 N	127.77 E	45	100.79	8293	10.1	11.2	10.5	9.2	8.2	10.0 15.9	8.9 16.4	4.3 70	5.2 240	34.6 7.3	1.1 1.4
Kagoshima	478270	31.57 N	130.55 E	5	101.26	8293	0.3	1.4	7.5	6.4	5.6	6.5 9.5	5.9 9.2	2.5 300	4.0 270	34.5 -1.7	1.1 1.1
Kumamoto	478190	32.82 N	130.72 E	39	100.86	8293	-2.1	-0.9	6.7	5.6	4.9	6.3 5.5	5.3 6.5	1.4 360	3.6 240	35.6 -4.5	1.2 1.1
Maebashi	476240	36.40 N	139.07 E	113	99.97	8293	-3.4	-2.2	7.9	6.8	5.9	8.1 6.1	7.2 6.4	3.3 330	3.6 110	36.6 -5.7	1.6 1.7
Maizuru	477500	35.45 N	135.32 E	22	101.06	8293	-2.2	-1.3	8.4	7.0	5.9	8.2 5.3	6.8 5.1	1.8 240	3.1 20	34.9 -3.9	1.0 1.5
Matsumoto	476180	36.25 N	137.97 E	611	94.20	8293	-8.9	-7.5	7.9	7.0	6.2	7.4 4.2	7.0 4.6	1.2 30	4.0 170	33.7 -11.6	1.4 1.4
Matsuyama	478870	33.83 N	132.78 E	34	100.92	8293	-0.6	0.4	6.1	5.3	4.6	6.2 5.7	5.4 6.0	2.0 110	3.4 270	34.1 -2.3	0.9 1.2
Miho (Civ/Jasdf)	477430	35.48 N	133.25 E	9	101.22	8293	-1.2	-0.8	10.9	9.5	8.4	11.8 1.8	10.4 2.7	6.2 260	5.9 260	34.0 -3.5	1.6 1.2
Miyako Jima Island	479270	24.78 N	125.28 E	41	100.83	8293	12.3	13.2	11.5	9.9	9.0	10.0 17.9	9.2 17.6	5.6 360	5.8 210	33.3 10.8	0.6 1.2
Morioka	475840	39.70 N	141.17 E	157	99.45	8293	-9.8	-8.0	8.5	7.4	6.6	8.2 -0.5	7.1 0.3	1.9 140	4.2 190	33.1 -12.4	1.0 1.8
Nagasaki	478170	32.73 N	129.87 E	35	100.91	8293	0.4	1.4	7.8	6.5	5.7	7.1 9.6	6.1 9.3	2.4 300	2.9 230	34.6 -1.1	0.9 1.3
Nagoya	476350	35.25 N	136.93 E	17	101.12	8293	-3.0	-1.9	9.6	8.2	7.2	9.7 7.3	8.5 6.7	1.4 350	3.9 10	35.7 -5.1	1.5 1.3
Naha	479300	26.18 N	127.65 E	8	101.23	8293	11.8	12.8	13.0	11.4	10.2	13.4 14.6	12.2 14.9	7.1 10	5.8 200	32.7 10.5	0.6 1.1
Naze	479090	28.38 N	129.50 E	7	101.24	8293	9.2	10.1	7.1	6.1	5.3	7.1 13.1	6.3 13.5	3.1 190	3.3 210	34.6 7.4	2.1 0.7
New Tokyo Intl Arpt	476860	35.77 N	140.38 E	44	100.80	8293	-5.1	-3.9	9.7	8.4	7.3	9.3 7.6	8.1 6.1	2.1 330	4.7 10	33.7 -8.3	1.3 2.2
Niigata	476040	37.92 N	139.05 E	7	101.24	8293	-2.7	-1.7	10.5	9.2	8.1	12.0 3.2	10.2 2.4	5.0 200	4.5 140	35.9 -4.7	2.2 2.1
Nyutabaru (Jasdf)	478540	32.08 N	131.45 E	82	100.34	8293	-2.0	-0.8	9.5	8.1	7.0	9.8 7.8	8.6 8.7	3.0 270	5.5 230	34.8 -4.6	1.2 1.1
Oita	478150	33.23 N	131.62 E	13	101.17	8293	-1.0	0.0	7.4	6.3	5.6	7.3 6.4	6.5 6.2	2.9 170	3.9 10	34.4 -3.5	0.9 1.8
Osaka	477710	34.78 N	135.45 E	15	101.14	8293	-2.0	-1.0	8.4	7.4	6.6	8.0 6.8	7.0 6.8	2.1 10	4.0 10	35.8 -3.6	1.1 1.2
Owase	476630	34.07 N	136.20 E	27	101.00	8293	-1.0	0.1	7.6	6.3	5.4	7.7 8.0	6.6 8.2	1.3 280	4.1 70	35.2 -3.0	1.4 1.5
Sapporo	474120	43.05 N	141.33 E	19	101.10	8293	-11.0	-9.5	7.1	6.2	5.4	6.9 -0.2	5.7 -1.7	1.4 130	3.2 150	31.6 -13.6	1.5 2.0
Sendai	475900	38.27 N	140.90 E	43	100.81	8293	-4.6	-3.5	10.3	8.9	7.7	10.5 2.9	9.2 2.8	2.9 350	3.9 10	32.7 -5.9	2.0 1.3
Shimonoseki	477620	33.95 N	130.93 E	19	101.10	8293	0.8	1.8	10.8	9.0	7.8	9.5 6.4	8.7 6.6	4.6 330	4.1 100	32.9 -1.0	0.8 1.3
Shizuhama (Jasdf)	476580	34.82 N	138.30 E	10	101.20	8293	-1.0	0.0	10.8	9.7	8.7	11.3 8.5	10.4 8.2	4.0 10	5.7 260	34.9 -2.8	1.5 1.1
Tokyo, Intl Airport	476710	35.55 N	139.78 E	8	101.23	8293	-0.8	0.2	12.3	10.8	9.5	11.9 9.9	10.5 7.4	3.3 280	6.4 10	34.4 -2.6	1.4 1.7
Tosashimizu	478980	32.72 N	133.02 E	33	100.93	8293	1.2	2.5	10.3	8.6	7.4	9.3 12.9	7.7 11.1	3.4 350	3.4 250	31.3 -0.4	1.0 1.2
Wakkanai	474010	45.42 N	141.68 E	11	101.19	8293	-11.7	-10.3	12.2	10.4	9.2	12.8 -3.6	11.2 -3.7	4.0 190	4.5 240	27.3 -13.0	2.0 2.2
JORDAN																	
Amman	402700	31.98 N	35.98 E	773	92.38	8293	0.8	1.8	10.3	8.9	7.8	12.1 6.2	9.8 6.0	2.7 90	3.6 290	38.2 -3.3	1.6 6.7
KAZAKHSTAN																	
Almaty (Alma Ata)	368700	43.23 N	76.93 E	847	91.56	8293	-19.5	-16.1	4.5	3.4	2.8	3.5 -1.9	2.9 -3.4	0.6 360	1.4 330	36.4 -20.2	1.7 3.2
Aqmola (Tselinograd)	351880	51.13 N	71.37 E	348	97.21	8293	-29.4	-27.0	10.6	9.3	8.2	11.4 -6.7	9.8 -9.4	2.3 270	2.8 230	36.6 -32.4	3.2 3.2
Aqtobe (Aktyubinsk)	352290	50.30 N	57.23 E	227	98.63	8293	-28.6	-25.6	11.2	9.9	8.3	12.2 -7.1	10.3 -6.9	1.1 190	3.4 60	37.2 -32.0	2.2 2.0
Atyrau (Gur'yev)	357000	47.02 N	51.85 E	-15	101.51	8293	-21.9	-19.3	13.4	11.8	10.0	15.7 -7.5	12.6 -5.5	1.7 90	4.4 140	39.3 -24.6	1.4 2.8
Oral (Ural'sk)	351080	51.25 N	51.40 E	36	100.89	8293	-27.6	-25.1	12.3	10.3	9.3	14.0 -8.4	12.3 -9.1	2.5 360	4.9 140	37.9 -31.3	2.3 2.7
Pavlodar	360030	52.28 N	76.95 E	123	99.86	8293	-31.1	-28.5	9.6	8.5	7.5	10.1 -6.2	9.1 -6.7	2.4 60	3.2 230	36.2 -33.0	1.7 3.6
Qaraghandy (Karagand)	353940	49.80 N	73.13 E	555	94.83	8293	-28.0	-25.2	10.0	8.7	7.8	11.4 -6.9	9.9 -7.2	2.2 120	3.9 20	35.4 -29.9	1.8 3.8
Qostanay (Kustanay)	289520	53.22 N	63.62 E	156	99.46	8293	-29.6	-27.1	11.0	9.5	8.5	11.9 -9.8	10.2 -7.2	2.6 180	4.2 90	36.0 -32.4	1.7 2.9
Semey (Semipalatinsk)	361770	50.35 N	80.25 E	196	98.99	8293	-31.1	-28.8	8.9	7.4	6.4	9.8 -3.0	7.9 -5.2	0.4 90	2.8 90	37.0 -34.3	1.9 3.9
Zhambyl (Dzhambul)	383410	42.85 N	71.38 E	653	93.72	8293	-20.6	-17.0	12.0	9.7	7.1	12.0 2.5	9.6 2.1	0.8 180	3.9 20	38.8 -21.4	1.7 3.9
KENYA																	

Table 5.3A (SI) (Continued)
Heating and Wind Design Conditions—World

Station	WMO#	Lat	Long	Elev m	StdP kPa	dates	Heating DB 99.6%	Heating DB 99%	Extreme Wind Speed 1% WS	2.5% WS	5% WS	Coldest Month 0.4% WS	Coldest Month 0.4% MDB	Coldest Month 1% WS	Coldest Month 1% MDB	MWS/MWD to DB 9.6% MWS	MWS/MWD to DB 9.6% PWD	MWS/MWD to DB 0.4% MWS	MWS/MWD to DB 0.4% PWD	Extr. Annual Daily Mean Max.	Extr. Annual Daily Mean Min.	Extr. Annual Daily StdD Max.	Extr. Annual Daily StdD Min.
Arissa	637230	0.47 S	39.63 E	147	99.57	8293	21.1	21.8	13.1	11.5	10.0	13.3	28.3	12.3	28.1	3.1	180	3.6	180	40.6	14.9	4.2	4.6
Kisumu	637080	0.10 S	34.75 E	1146	88.29	8293	15.8	16.4	9.8	8.4	7.4	8.4	24.7	7.2	26.1	1.6	90	5.7	230	37.8	11.3	6.2	3.9
Lodwar	636120	3.12 N	35.62 E	515	95.29	8293	20.8	21.8	10.4	9.1	8.3	9.3	28.3	8.3	28.2	1.7	270	5.8	90	41.3	14.3	4.4	5.4
Nairobi	637400	1.32 S	36.92 E	1624	83.28	8293	9.5	10.8	10.4	9.3	8.4	7.8	21.2	6.6	20.5	2.6	240	6.3	60	32.1	5.2	2.5	2.7
Nakuru	637140	0.27 S	36.10 E	1901	80.48	8293	8.1	9.0	8.4	7.3	6.0	7.4	21.0	6.3	21.0	0.8	350	3.8	360	34.8	4.6	5.5	2.9
KOREA, NORTH																							
Anju	470500	39.62 N	125.65 E	27	101.00	8293	-18.1	-15.7	8.3	7.1	6.1	7.6	-6.6	6.4	-7.4	1.2	140	2.4	230	32.4	-21.9	1.5	4.1
Ch'ongjin	470080	41.78 N	129.82 E	43	100.81	8293	-14.0	-12.0	6.9	5.4	4.4	6.8	-8.5	5.6	-8.6	2.9	320	1.3	90	31.0	-15.9	1.7	2.8
Changjin	470310	40.37 N	127.25 E	1081	89.00	8293	-28.2	-26.1	8.9	8.1	7.2	9.1	-15.8	8.2	-15.7	0.5	320	2.7	320	29.6	-31.9	2.6	1.9
Haeju	470690	38.03 N	125.70 E	81	100.36	8293	-12.2	-10.7	9.3	8.0	6.7	8.3	-5.4	7.4	-5.1	3.2	320	3.0	180	32.9	-13.8	2.0	2.5
Hamhung	470410	39.93 N	127.55 E	38	100.87	8293	-13.9	-12.1	8.2	6.9	5.8	9.4	-6.8	8.0	-5.5	3.2	360	4.0	230	33.8	-16.9	1.6	2.4
Namp'o	470600	38.72 N	125.37 E	47	100.76	8293	-13.2	-11.5	10.2	8.6	7.4	9.4	-6.1	8.2	-6.0	3.1	320	2.8	270	32.9	-14.7	3.2	2.8
P'yongyang	470580	39.03 N	125.78 E	38	100.87	8293	-16.2	-14.1	6.4	5.4	4.5	6.5	-7.3	5.6	-7.3	1.1	110	1.8	270	32.9	-18.6	1.3	3.6
Sinuiju	470350	40.10 N	124.38 E	7	101.24	8293	-16.0	-14.1	7.8	6.6	5.8	8.6	-7.1	7.2	-7.9	2.6	50	2.4	230	33.5	-19.9	2.1	2.8
Wonsan	470550	39.18 N	127.43 E	36	100.89	8293	-11.0	-9.2	7.0	5.8	5.0	7.1	-3.0	6.2	-3.9	2.8	270	1.6	250	33.7	-13.7	1.6	2.6
KOREA, SOUTH																							
Cheju	471820	33.50 N	126.55 E	27	101.00	8293	-1.1	-0.1	12.2	10.7	9.6	12.4	3.0	11.2	4.6	6.2	40	6.3	230	33.8	-3.2	1.2	1.4
Inch'on	471120	37.48 N	126.63 E	70	100.49	8293	-11.2	-9.5	9.9	8.5	7.3	10.1	-4.6	8.8	-5.3	4.7	320	3.1	230	33.5	-12.8	3.8	2.6
Kangnung	471050	37.75 N	128.90 E	27	101.00	8293	-8.7	-6.9	8.1	7.0	6.1	8.7	-1.5	7.6	-1.5	5.2	250	2.8	90	34.8	-10.9	1.7	2.3
Kwangju	471560	35.13 N	126.92 E	72	100.46	8293	-7.1	-5.8	7.7	6.7	5.8	7.5	0.1	6.8	0.4	1.9	20	3.5	250	34.1	-9.2	1.5	1.8
Osan	471220	37.08 N	127.03 E	12	101.18	8293	-13.9	-11.8	7.7	6.4	5.4	7.3	-2.0	6.2	-1.9	1.3	10	2.6	10	34.8	-16.8	1.2	3.0
Seoul	471100	37.55 N	126.80 E	19	101.10	8293	-14.1	-12.1	8.6	7.5	6.5	8.3	-4.5	7.2	-3.7	1.2	10	4.2	160	33.5	-16.8	0.9	3.4
Taegu	471430	35.88 N	128.62 E	61	100.59	8293	-8.2	-6.7	9.1	7.9	7.0	9.8	-0.5	8.6	0.2	3.6	290	3.9	270	35.6	-11.0	1.4	1.7
Taejon	471330	36.30 N	127.40 E	78	100.39	8293	-11.0	-9.3	6.8	5.8	5.0	5.5	2.6	4.7	1.1	0.3	110	2.8	270	34.9	-13.5	1.9	1.5
Ulsan	471520	35.55 N	129.32 E	33	100.93	8293	-6.8	-5.4	7.1	6.2	5.4	8.0	-0.3	7.0	-0.5	3.0	320	3.6	140	35.0	-9.3	1.7	1.9
KUWAIT																							
Kuwait	405820	29.22 N	47.98 E	55	100.67	8293	3.2	5.0	11.5	10.4	9.5	10.5	16.0	9.3	15.3	1.7	300	6.1	340	49.4	0.7	1.3	1.3
KYRGYZSTAN																							
Bishkek (Frunze)	383530	42.85 N	74.53 E	635	93.93	8293	-22.4	-18.8	9.2	7.7	6.5	8.3	0.0	6.8	0.5	1.2	150	3.4	220	38.4	-24.0	1.2	4.2
Tianshan (Tjan-San)	369820	41.92 N	78.23 E	3614	64.80	8293	-32.6	-30.8	9.7	8.5	7.4	9.0	-15.8	7.7	-17.4	0.3	360	4.7	210	19.8	-35.6	4.3	2.2
LATVIA																							
Liepaja	264060	56.55 N	21.02 E	8	101.23	8293	-17.1	-12.9	12.4	10.6	9.5	12.0	3.8	10.4	3.3	3.3	30	3.8	120	28.1	-16.0	1.6	6.1
Riga	264220	56.97 N	24.07 E	3	101.29	8293	-19.6	-15.5	10.8	9.2	8.2	10.3	2.6	9.2	2.1	2.0	40	4.1	150	29.5	-19.2	2.0	7.3
LIBYA																							
Banghazi	620530	32.08 N	20.27 E	132	99.75	8293	6.7	7.5	13.5	12.2	10.3	13.1	12.8	10.4	13.7	2.3	90	6.6	350	41.1	3.9	1.0	1.6
Tripoli	620100	32.67 N	13.15 E	81	100.36	8293	4.1	5.1	10.3	9.4	8.4	9.6	15.0	8.4	14.6	1.7	240	5.6	60	45.5	1.9	1.7	1.1
LIECHTENSTEIN																							
Vaduz	69900	47.13 N	9.53 E	463	95.89	8293	-11.1	-8.6	10.0	7.6	6.0	9.7	9.9	8.1	9.0	1.2	180	4.5	320	31.7	-13.1	1.1	3.7
LITHUANIA																							
Kaunas	266290	54.88 N	23.88 E	75	100.43	8293	-19.9	-15.9	10.2	9.1	8.1	10.2	-0.3	9.3	0.2	2.5	70	3.7	180	29.9	-18.7	2.0	4.7
Klaipeda	265090	55.70 N	21.15 E	10	101.20	8293	-17.4	-13.3	13.7	11.7	10.0	12.8	4.2	10.9	3.9	3.4	70	3.7	140	28.3	-15.6	1.7	5.7
Vilnius	267300	54.63 N	25.28 E	156	99.46	8293	-20.4	-16.7	11.3	10.1	9.0	11.2	-1.4	10.0	-1.5	2.2	70	4.7	140	30.2	-20.6	1.6	4.3
MACEDONIA																							
Skopje	135860	41.97 N	21.65 E	239	98.49	8293	-12.4	-9.3	9.0	7.7	6.2	8.3	2.2	6.7	1.1	0.4	50	2.0	270	38.0	-15.8	2.5	5.2
MADEIRA ISLANDS																							
Funchal	85210	32.68 N	16.77 W	55	100.67	8293	11.9	12.8	13.5	11.9	10.4	15.0	16.3	12.8	16.5	3.6	310	4.9	30	30.7	10.0	2.9	1.0
MALAYSIA																							
George Town	486010	5.30 N	100.27 E	4	101.28	8293	22.8	22.9	6.5	5.6	5.1	6.0	27.5	5.2	28.4	1.1	350	3.7	270	35.7	21.2	2.2	0.7
Kota Baharu	486150	6.17 N	102.28 E	5	101.26	8293	21.6	22.2	7.7	6.8	6.1	8.1	27.4	7.4	27.2	0.5	190	4.0	90	35.1	20.1	1.6	0.8
Kuala Lumpur	486470	3.12 N	101.55 E	22	101.06	8293	21.2	22.0	7.0	6.1	5.3	5.9	29.5	5.1	29.4	0.5	340	2.7	270	36.6	19.9	1.7	1.9
Kuantan	486570	3.78 N	103.22 E	16	101.13	8293	21.1	21.5	7.1	6.2	5.5	7.3	28.2	6.7	27.9	2.1	350	3.5	230	37.4	14.7	2.9	13.0
Malacca	486650	2.27 N	102.25 E	9	101.22	8293	22.0	22.4	7.0	6.0	5.2	7.6	29.0	6.8	28.8	1.3	10	3.5	20	36.2	18.8	1.9	3.1
Sitiawan	486200	4.22 N	100.70 E	8	101.23	8293	21.8	22.3	6.0	5.2	4.5	5.1	28.9	4.4	29.3	0.6	60	3.3	180	37.3	19.0	3.3	2.7
Kuching	964130	1.48 N	110.33 E	27	101.00	8293	21.8	22.0	5.4	4.7	4.1	5.8	28.0	5.1	27.9	0.9	260	2.2	360	37.3	19.6	2.3	4.1
Miri	964490	4.33 N	113.98 E	18	101.11	8293	22.4	22.8	8.0	6.7	5.7	7.9	28.0	7.0	28.4	1.1	120	3.9	270	37.0	18.9	4.6	5.7
MALI																							
Bamako	612910	12.53 N	7.95 W	381	96.83	8293	15.1	16.8	8.9	7.6	6.7	8.2	25.2	7.3	25.0	3.0	40	4.0	80	43.1	9.8	3.4	3.7
MALTA																							
Luqa	165970	35.85 N	14.48 E	91	100.24	8293	6.8	7.8	11.5	10.2	9.1	12.9	13.2	11.4	13.2	2.6	270	4.1	310	37.3	3.3	2.3	1.7
MARSHALL ISLANDS																							
Kwajalein Atoll	913660	8.73 N	167.73 E	8	101.23	8293	24.4	24.8	11.1	10.3	9.6	12.4	27.3	11.4	27.5	5.5	70	4.9	70	34.9	15.3	3.9	13.1
MAURITANIA																							
Nouadhibou	614150	20.93 N	17.03 W	3	101.29	8293	12.9	13.9	14.4	13.4	12.5	13.4	17.2	12.3	17.4	6.3	360	6.3	20	38.3	8.9	1.6	3.5
Nouakchott	614420	18.10 N	15.95 W	3	101.29	8293	12.8	13.9	10.4	9.5	8.5	11.8	23.7	10.5	23.9	3.8	60	6.3	80	44.8	6.7	0.7	3.7
MEXICO																							
Acapulco	768056	16.77 N	99.75 W	5	101.26	8293	20.0	20.9	10.2	8.3	7.6	7.7	28.9	6.3	29.1	1.0	320	7.4	200	36.2	15.8	1.5	4.8

Outdoor Design Conditions

Table 5.3A (SI) (Continued)
Heating and Wind Design Conditions—World

							Heating DB		Extreme Wind Speed			Coldest Month				MWS/MWD to DB				Extr. Annual Daily			
			Elev	StdP	dates	99.6%	99%	1%	2.5%	5%	0.4%		1%		9.6%		0.4%		Mean, DB		StdD DB		
Station	WMO#Lat	Long	m	kPa		DB	DB	WS	WS	WS	WS	MDB	WS	MDB	MWS	PWD	MWS	PWD	Max.	Min.	Max.	Min.

Station	WMO#Lat	Long	Elev	StdP	dates	99.6% DB	99% DB	1% WS	2.5% WS	5% WS	0.4% WS	MDB	1% WS	MDB	9.6% MWS	PWD	0.4% MWS	PWD	Max.	Min.	Max.	Min.
Merida	766440	20.98 N	89.65 W	10 101.20	8293	13.9	15.8	15.1	10.1	8.5	10.0	25.0	8.4	25.0	2.0	90	6.6	140	39.7	8.1	1.2	1.2
Mexico City	766790	19.43 N	99.08 W	2234 77.21	8293	4.0	5.4	22.6	9.8	8.0	22.8	10.9	9.8	19.1	2.1	90	4.8	360	31.3	0.0	1.2	2.3
Puerto Vallarta (76601	766014	20.68 N	105.25 W	6 101.25	8293	14.8	15.6	7.9	6.2	5.4	5.5	25.9	5.3	25.8	0.2	10	7.5	330	34.5	12.4	0.9	0.8
Tampico (765491)	765494	22.28 N	97.87 W	24 101.04	8293	9.9	11.8	14.5	10.5	9.4	15.1	15.2	12.6	16.6	3.8	270	4.9	90	36.2	6.2	2.4	3.6
Veracruz	766910	19.20 N	96.13 W	14 101.16	8293	14.0	15.2	20.6	15.2	12.9	20.8	20.9	15.5	20.0	2.0	330	9.6	90	38.4	9.8	2.2	2.5
MICRONESIA																						
Truk Intl/Moen Isl	913340	7.47 N	151.85 E	2 101.30	8293	24.0	24.4	9.2	8.2	7.4	9.4	27.1	8.5	27.6	3.9	100	3.9	40	39.0	13.3	4.4	14.3
MIDWAY ISLAND																						
Midway Island Naf	910660	28.22 N	177.37 W	4 101.28	8293	14.8	15.4	10.9	9.9	9.1	13.1	19.2	11.7	19.5	4.6	360	4.2	110	31.7	7.5	1.0	11.2
MOLDOVA																						
Chisinau (Kishinev)	338150	47.02 N	28.87 E	180 99.18	8293	-14.2	-12.0	6.8	5.9	5.2	7.4	-0.3	6.3	-1.9	2.1	300	2.8	200	32.9	-15.4	2.1	3.2
MONGOLIA																						
Ulaanbataar	442920	47.93 N	106.98 E	1316 86.48	8293	-30.3	-28.6	10.4	9.4	7.6	8.3	-17.8	6.6	-17.4	0.8	320	3.7	270	31.4	-32.6	2.9	2.6
Ulaangom	442120	49.97 N	92.08 E	936 90.57	8293	-40.2	-38.4	7.9	6.0	4.9	3.9	-34.0	3.2	-33.8	0.6	180	2.1	50	31.8	-41.6	2.8	2.2
MOROCCO																						
Al Hoceima	601070	35.18 N	3.85 W	14 101.16	8293	6.9	7.8	10.9	9.5	8.1	10.7	14.5	8.4	14.5	1.3	180	5.2	360	36.4	3.9	5.0	2.3
Casablanca	601550	33.57 N	7.67 W	62 100.58	8293	5.7	6.7	9.4	8.0	7.1	10.4	14.4	8.4	14.5	2.3	180	3.4	360	35.2	2.8	3.3	1.3
Casablanca/Nouasser	601560	33.37 N	7.58 W	206 98.87	8293	3.1	4.2	10.2	9.0	8.1	11.5	13.7	9.1	13.7	0.7	160	5.9	340	41.9	1.0	2.2	0.7
Midelt	601950	32.68 N	4.73 W	1515 84.40	8293	-1.7	-0.6	14.3	12.2	10.4	18.5	7.7	12.4	7.1	2.7	260	4.1	200	35.4	-4.1	0.7	1.2
Ouarzazate	602650	30.93 N	6.90 W	1140 88.36	8293	0.4	1.5	14.4	12.0	9.9	13.1	12.2	9.9	10.7	0.8	320	5.4	240	39.1	-1.9	0.6	0.9
Oujda	601150	34.78 N	1.93 W	470 95.80	8293	1.0	2.2	13.3	11.4	9.9	13.7	12.3	12.0	13.0	1.6	240	6.6	360	41.0	-1.5	1.5	1.2
Safi	601850	32.28 N	9.23 W	45 100.79	8293	5.4	6.4	9.4	8.3	7.5	9.0	14.9	7.9	14.4	3.1	60	5.2	20	40.9	3.0	2.9	1.3
Tanger	601010	35.73 N	5.90 W	21 101.07	8293	4.8	5.9	19.3	16.7	14.2	18.5	13.1	15.0	14.0	1.8	100	10.6	80	37.2	2.1	2.1	1.8
NETHERLANDS																						
Amsterdam	62400	52.30 N	4.77 E	-2 101.35	8293	-8.3	-6.0	13.8	12.1	10.7	15.5	8.4	13.7	6.7	5.0	70	4.9	70	30.0	-8.9	1.9	4.6
Beek	63800	50.92 N	5.78 E	116 99.94	8293	-10.0	-7.0	12.1	10.6	9.4	13.3	7.1	11.7	6.1	4.6	60	3.7	40	32.1	-10.6	2.1	4.7
De Bilt	62600	52.10 N	5.18 E	4 101.28	8293	-9.1	-6.5	8.7	7.6	6.8	9.5	6.6	8.4	5.7	3.1	50	3.7	70	30.7	-10.2	2.0	4.5
Eindhoven	63700	51.45 N	5.42 E	22 101.06	8293	-9.0	-6.2	11.0	9.5	8.5	12.2	6.8	10.3	6.7	3.3	40	4.1	50	31.8	-10.3	2.0	4.4
Gilze/Rijen	63500	51.57 N	4.93 E	13 101.17	8293	-9.7	-6.9	10.4	9.1	8.1	12.1	7.8	10.3	5.7	3.8	20	4.3	70	31.4	-10.5	1.8	4.1
Groningen	62800	53.13 N	6.58 E	4 101.28	8293	-10.1	-7.6	12.4	10.9	9.6	13.8	7.1	12.2	6.5	3.0	50	3.9	100	30.8	-11.7	1.8	4.3
Leeuwarden	62700	53.22 N	5.75 E	2 101.30	8293	-8.8	-6.7	13.0	11.4	10.0	14.4	5.9	12.9	6.2	3.4	80	4.7	80	29.3	-10.5	1.3	4.1
Rotterdam	63440	51.95 N	4.45 E	-4 101.37	8293	-8.3	-5.9	13.3	11.9	10.6	14.9	6.8	13.1	6.9	4.1	50	4.4	90	30.2	-9.2	1.9	3.7
NETHERLANDS ANTILLES																						
Willemstad	789880	12.20 N	68.97 W	67 100.52	8293	23.3	23.9	10.4	10.0	9.4	10.4	27.5	9.9	27.4	4.6	100	7.9	80	35.3	21.8	1.8	0.7
NEW CALEDONIA																						
Noumea	915920	22.27 S	166.45 E	72 100.46	8293	16.1	16.7	12.2	10.8	9.9	11.4	20.2	10.3	20.0	2.9	60	5.3	80	34.0	14.5	1.6	1.1
NEW ZEALAND																						
Auckland	931190	37.02 S	174.80 E	6 101.25	8293	1.8	2.8	13.7	12.4	11.2	14.5	11.9	12.7	11.9	4.6	240	5.9	20	29.6	1.7	7.6	1.2
Christchurch	937800	43.48 S	172.55 E	34 100.92	8293	-2.2	-1.2	12.0	10.4	9.4	10.9	8.7	9.4	8.7	0.6	280	7.0	300	33.2	-4.0	6.0	0.7
Taiaroa Head	938960	45.77 S	170.73 E	76 100.42	8293	3.1	3.7	23.1	20.5	17.8	23.2	6.8	20.6	6.5	8.3	240	7.8	320	25.3	1.6	1.8	0.8
Wellington (934340)	934360	41.33 S	174.80 E	7 101.24	8293	1.8	2.0	18.7	16.8	14.9	17.9	9.9	15.3	10.1	6.3	10	7.7	360	28.7	1.9	8.0	1.2
NIGER																						
Agadez	610240	16.97 N	7.98 E	502 95.44	8293	10.3	11.7	14.3	12.2	10.4	15.7	21.5	14.3	21.9	3.1	100	4.8	120	45.2	4.5	2.4	4.4
Niamey	610520	13.48 N	2.17 E	227 98.63	8293	15.5	16.8	10.1	8.7	7.5	10.5	22.8	9.6	23.2	2.8	40	3.7	40	44.4	11.1	1.7	2.5
NORWAY																						
Bergen	13110	60.30 N	5.22 E	50 100.73	8293	-9.0	-6.8	11.7	10.2	8.9	13.3	5.1	12.1	4.3	1.5	60	3.5	240	25.7	-11.1	1.5	4.0
Bodo	11520	67.27 N	14.37 E	13 101.17	8293	-12.8	-10.8	16.9	14.7	13.1	19.8	-0.1	17.6	-2.1	8.6	80	5.0	100	24.2	-13.1	2.2	2.6
Oslo/Fornebu	14880	59.90 N	10.62 E	17 101.12	8293	-18.0	-14.9	8.5	7.4	6.5	9.6	4.6	8.4	3.9	0.7	360	3.3	180	29.5	-18.6	3.1	4.8
Oslo/Gardermoen	13840	60.20 N	11.08 E	204 98.90	8293	-22.0	-18.9	8.9	7.8	6.8	9.9	2.1	8.5	1.3	1.1	30	3.3	180	28.0	-23.5	2.5	5.7
Stavanger	14150	58.88 N	5.63 E	9 101.22	8293	-10.3	-7.9	13.3	11.7	10.4	13.6	3.3	12.1	4.0	1.5	150	5.2	320	26.1	-11.8	1.9	4.1
Svinoy (Lgt-H)	12050	62.33 N	5.27 E	41 100.83	8293	-2.5	-1.4	23.5	21.1	18.9	25.8	7.6	22.3	5.6	6.2	140	5.6	150	21.2	-4.6	2.3	2.7
Tromso	10250	69.68 N	18.92 E	10 101.20	8293	-14.2	-12.5	13.5	11.9	10.3	15.3	2.2	13.5	1.5	1.1	170	3.4	180	24.1	-15.8	1.4	2.0
Trondheim	12710	63.47 N	10.93 E	17 101.12	8293	-18.1	-14.2	12.3	10.4	8.8	14.4	2.4	12.1	3.4	3.8	120	4.4	260	28.4	-19.1	1.8	4.5
Utsira	14030	59.30 N	4.88 E	56 100.65	8293	-4.8	-2.8	21.6	19.4	17.5	21.7	3.8	20.1	2.7	6.1	90	5.0	120	22.2	-8.2	1.9	10.1
OMAN																						
Masqat	412560	23.58 N	58.28 E	15 101.14	8293	16.1	17.0	9.0	7.8	6.8	8.2	23.4	7.2	22.8	2.1	200	5.0	340	46.6	11.0	1.3	4.6
Salalah	413160	17.03 N	54.08 E	20 101.08	8293	17.4	18.3	9.5	8.3	7.3	12.5	21.1	10.4	22.6	4.4	20	5.2	200	38.4	10.9	2.8	5.6
Thamarit	413140	17.67 N	54.03 E	445 96.09	8293	9.0	10.8	14.4	13.3	12.2	9.5	22.0	8.4	21.4	3.1	160	4.8	340	43.9	5.8	1.5	1.5
Tur'at Masirah	412880	20.67 N	58.90 E	19 101.10	8293	17.1	18.4	12.0	10.9	10.1	11.0	19.0	9.6	20.1	6.3	300	5.7	210	41.2	11.8	1.5	5.3
PANAMA																						
Panama	788060	8.92 N	79.60 W	16 101.13	8293	22.8	22.9	7.5	6.5	5.7	6.8	27.0	5.3	27.8	0.8	10	5.2	10	37.0	19.7	2.5	5.4
Tocumen	787920	9.05 N	79.37 W	11 101.19	8293	19.8	20.2	7.2	6.3	5.5	5.9	26.9	5.2	27.4	0.2	300	4.3	30	35.7	14.7	1.8	6.3
PARAGUAY																						
Asuncion	862180	25.27 S	57.63 W	101 100.12	8293	4.9	6.9	10.2	9.0	8.1	11.0	21.4	9.6	20.6	1.0	180	6.2	360	39.6	1.6	2.4	1.5
PERU																						
Arequipa	847520	16.32 S	71.55 W	2520 74.50	8293	5.3	6.1	11.7	9.4	8.0	13.7	12.3	11.8	12.0	2.8	30	6.3	240	26.3	1.3	1.9	1.9

Environmental Design Conditions

Table 5.3A (SI) (Continued)
Heating and Wind Design Conditions—World

Station	WMO#Lat	Long	Elev m	StdP kPa	dates	99.6% DB	99% DB	1% WS	2.5% WS	5% WS	0.4% WS MDB	1% WS MDB	9.6% MWS PWD	0.4% MWS PWD	Mean, DB Max. Min.	StdD DB Max. Min.
Cuzco	846860	13.55 S	71.98 W	3249	67.92	8293	-0.2	0.9	10.8	8.8	6.7	9.9 16.7	7.4 17.1	0.0 90	2.0 330	25.0 -2.5	2.0 1.4
Iquitos	843770	3.75 S	73.25 W	126	99.82	8293	19.0	20.1	8.6	5.9	4.7	7.3 25.0	5.2 25.5	1.1 170	1.7 330	36.8 11.8	1.8 10.1
Lima	846280	12.00 S	77.12 W	13	101.17	8293	13.9	14.5	10.6	9.1	8.0	9.4 16.9	8.2 17.3	1.9 170	5.9 170	30.5 9.9	1.2 3.4
Pisco	846910	13.75 S	76.28 W	7	101.24	8293	11.9	12.8	11.1	9.5	8.3	10.1 18.4	8.4 18.2	0.3 90	5.0 210	31.4 8.3	2.2 3.5
Talara	843900	4.57 S	81.25 W	90	100.25	8293	15.8	16.0	20.6	18.6	14.7	20.7 18.0	18.7 18.5	9.8 150	6.6 190	34.0 12.8	1.8 4.3
PHILLIPPINES																	
Angeles, Clark Afb	983270	15.18 N	120.55 E	196	98.99	8293	19.8	20.8	6.5	5.4	4.8	5.9 28.4	5.3 27.9	2.2 10	3.1 990	37.4 18.2	1.1 1.2
Baguio	983280	16.42 N	120.60 E	1501	84.55	8293	11.3	12.3	9.9	6.8	5.3	6.3 18.5	5.4 18.1	1.3 90	1.6 140	33.9 9.6	3.0 0.9
Cebu/Mandaue	986460	10.30 N	123.97 E	24	101.04	8293	22.9	23.4	8.1	6.8	6.1	8.3 27.5	7.5 27.5	2.3 40	4.0 40	36.6 19.2	1.8 5.7
Olongapo	984260	14.80 N	120.27 E	17	101.12	8293	21.0	21.9	9.2	8.0	7.0	9.2 29.3	8.3 28.7	1.7 70	4.7 70	37.7 19.3	2.4 1.4
Manila, Ninoy Aquino I	984290	14.52 N	121.00 E	21	101.07	8293	20.4	21.5	18.2	16.1	14.1	17.8 28.4	15.9 28.5	0.7 90	9.5 90	37.0 6.2	1.0 7.9
POLAND																	
Bialystok	122950	53.10 N	23.17 E	151	99.52	8293	-20.1	-16.2	8.1	7.1	6.1	8.2 -2.5	7.1 -1.2	0.9 310	2.8 180	30.5 -20.5	2.0 6.2
Gdansk	121500	54.38 N	18.47 E	138	99.68	8293	-17.2	-12.9	13.7	11.7	10.1	14.2 4.9	12.1 2.5	0.8 130	5.1 10	30.2 -18.7	2.9 6.1
Katowice	125600	50.23 N	19.03 E	284	97.96	8293	-15.9	-12.6	8.5	7.6	6.8	9.7 4.4	8.7 3.3	1.1 20	3.4 250	31.5 -18.8	1.6 5.3
Kielce	125700	50.82 N	20.70 E	261	98.23	8293	-18.5	-14.7	9.1	7.9	7.0	9.3 -0.5	8.3 0.7	1.9 60	3.2 190	31.1 -20.6	1.6 5.9
Kolobrzeg	121000	54.18 N	15.58 E	5	101.26	8293	-12.2	-8.7	8.1	7.2	6.4	8.3 3.4	7.4 2.3	2.3 110	2.5 140	32.0 -11.8	2.3 4.5
Krakow	125660	50.08 N	19.80 E	237	98.51	8293	-18.2	-14.4	9.0	8.1	7.3	10.6 4.8	8.9 2.3	1.3 60	2.5 240	31.7 -19.6	1.8 5.2
Lodz	124650	51.73 N	19.40 E	188	99.09	8293	-16.8	-13.0	10.0	8.8	7.8	10.7 3.4	9.1 0.9	2.3 90	3.6 130	33.2 -17.9	2.2 6.2
Lublin	124950	51.22 N	22.40 E	240	98.47	8293	-18.8	-14.9	9.2	8.1	7.3	9.4 -1.7	8.4 -1.0	2.2 180	2.3 220	30.9 -18.9	1.4 5.9
Poznan	123300	52.42 N	16.83 E	92	100.22	8293	-15.9	-11.7	9.8	8.3	7.4	10.4 1.8	8.8 1.4	1.3 90	3.4 220	33.4 -16.3	2.1 6.2
Przemysl	126950	49.80 N	22.77 E	280	98.01	8293	-17.2	-13.8	9.4	7.9	7.2	8.5 12.2	1.2 10.3	0.4 2.4 270	2.7 250	30.2 -19.0	1.0 5.5
Snezka	125100	50.73 N	15.73 E	1613	83.39	8293	-19.5	-16.6	35.6	30.5	27.7	38.1 -6.9	35.0 -6.7	16.1 340	5.6 200	21.2 -19.6	1.9 5.3
Suwalki	121100	54.13 N	22.95 E	186	99.11	8293	-20.7	-16.8	11.7	9.3	8.2	11.9 2.0	9.6 -0.9	1.5 20	3.3 300	30.3 -20.7	2.2 4.9
Szczecin	122050	53.40 N	14.62 E	3	101.29	8293	-13.7	-10.3	9.9	8.6	7.6	10.2 5.3	9.0 3.3	2.0 40	3.9 220	32.4 -14.0	2.4 6.1
Torun	122500	53.03 N	18.58 E	72	100.46	8293	-17.0	-13.0	7.5	6.5	5.8	7.3 2.2	6.6 1.1	1.9 30	3.1 110	32.9 -17.6	1.6 6.4
Warsaw	123750	52.17 N	20.97 E	107	100.05	8293	-17.5	-13.4	10.8	9.4	8.4	11.3 -0.4	10.0 0.9	2.1 90	3.9 150	32.7 -17.8	2.1 6.2
Wroclaw	124240	51.10 N	16.88 E	121	99.88	8293	-16.7	-12.4	9.3	8.1	7.2	10.0 5.7	8.6 3.9	1.8 110	3.5 170	33.3 -17.9	1.9 6.0
PORTUGAL																	
Beja	85620	38.02 N	7.87 W	247	98.39	8293	2.1	3.4	9.7	8.6	7.8	10.1 12.7	8.7 11.6	3.3 90	4.4 180	40.1 0.1	1.2 1.7
Braganca	85750	41.80 N	6.73 W	692	93.28	8293	-3.6	-2.4	10.0	8.4	7.3	10.5 3.1	8.8 5.9	1.1 180	3.5 240	36.0 -5.8	1.4 2.0
Coimbra	85490	40.20 N	8.42 W	140	99.65	8293	1.9	3.2	9.8	7.6	6.4	10.2 12.3	8.3 11.9	1.8 180	2.8 310	38.5 0.0	1.2 1.2
Evora	85570	38.57 N	7.90 W	321	97.53	8293	2.7	4.0	10.2	9.0	8.2	10.4 10.0	9.0 9.1	4.7 320	3.4 300	38.0 0.8	1.4 1.9
Faro	85540	37.02 N	7.97 W	4	101.28	8293	4.8	5.9	10.5	9.3	8.3	11.3 14.0	9.7 13.9	2.3 20	4.8 110	36.1 2.1	1.5 2.1
Lisbon	85360	38.78 N	9.13 W	123	99.86	8293	4.0	5.1	10.2	9.1	8.2	9.9 12.8	8.4 12.9	2.0 50	4.9 330	38.6 1.4	1.7 1.4
Portalegre	85710	39.28 N	7.42 W	590	94.44	8293	1.3	2.7	10.5	9.0	8.1	10.8 9.1	9.6 8.2	4.7 290	3.7 240	36.8 -1.0	1.5 1.8
Porto	85450	41.23 N	8.68 W	73	100.45	8293	1.8	2.9	10.6	9.2	8.1	11.6 12.4	10.0 12.2	3.2 90	4.0 330	35.0 -1.0	1.3 1.4
Viana Do Castelo	85430	41.70 N	8.80 W	18	101.11	8293	0.4	1.5	8.3	7.1	6.0	9.0 12.7	7.6 13.1	0.5 50	2.6 160	36.2 -1.5	1.3 1.0
PUERTO RICO																	
Cieba, Roosevelt Roads	785350	18.25 N	65.63 W	12	101.18	8293	20.2	21.1	7.8	7.1	6.4	8.1 26.1	7.4 26.3	0.8 330	4.8 80	34.4 18.8	2.3 0.6
San Juan	785260	18.43 N	66.00 W	19	101.10	8293	20.3	20.8	8.3	7.6	7.1	8.4 27.0	7.7 27.0	1.3 190	5.4 170	34.7 13.6	1.2 12.4
QATAR																	
Ad Dawhah	411700	25.25 N	51.57 E	10	101.20	8293	10.3	11.6	11.2	9.9	8.8	9.5 18.5	8.5 18.0	3.2 290	6.9 350	46.2 6.1	1.0 3.9
ROMANIA																	
Bucharest	154200	44.50 N	26.13 E	91	100.24	8293	-13.5	-10.2	9.0	7.8	6.9	8.8 -2.3	7.9 -1.7	1.3 250	2.2 230	36.1 -16.8	2.1 3.6
Cluj-Napoca	151200	46.78 N	23.57 E	413	96.46	8293	-15.6	-13.5	9.0	7.5	6.1	8.4 -0.2	6.5 -1.3	0.9 270	2.6 140	32.2 -19.8	1.9 3.3
Constanta	154800	44.22 N	28.63 E	14	101.16	8293	-9.7	-7.1	13.8	11.8	10.3	15.8 -1.6	13.8 1.3	5.2 360	3.7 180	32.8 -11.8	3.0 3.4
Craiova	154500	44.23 N	23.87 E	195	99.00	8293	-12.3	-9.6	14.2	10.3	8.6	13.7 -1.3	10.1 3.1	2.2 270	1.9 180	36.3 -15.2	2.1 4.7
Galati	153100	45.50 N	28.02 E	72	100.46	8293	-13.7	-10.9	12.0	9.5	8.6	12.3 -4.0	10.0 -2.7	3.9 20	3.7 230	34.5 -15.6	2.2 3.0
Omul Mountain	152800	45.45 N	25.45 E	2509	74.60	8293	-25.0	-21.7	39.7	33.6	24.1	40.1 -13.4	39.6 -13.4	14.8 230	2.8 230	22.9 -27.5	7.6 5.8
Satu Mare	150100	47.78 N	22.88 E	124	99.84	8293	-17.8	-14.4	9.6	8.3	7.1	10.2 0.3	8.7 0.6	0.9 90	2.4 230	34.0 -20.2	2.2 4.3
Timisoara	152470	45.77 N	21.25 E	88	100.27	8293	-12.7	-9.9	8.7	7.4	6.3	8.0 0.5	6.9 1.0	1.7 360	2.5 200	36.2 -16.5	1.6 4.3
RUSSIA																	
Abakan	298650	53.75 N	91.40 E	245	98.42	8293	-33.9	-31.1	10.3	9.0	7.6	9.9 -7.6	8.6 -7.9	0.3 350	2.2 50	32.9 -35.4	2.0 3.5
Aldan	310040	58.62 N	125.37 E	682	93.40	8293	-40.6	-38.1	6.3	5.4	4.8	6.3 -18.9	5.4 -18.3	0.7 200	2.3 180	29.8 -42.8	1.0 3.3
Aleksandrovsk-Sahal	320610	50.90 N	142.17 E	31	100.95	8293	-27.2	-25.1	13.9	11.9	10.0	15.8 -14.4	12.9 -7.8	3.0 130	5.5 220	26.9 -29.8	2.5 2.7
Anadyr'	255630	64.78 N	177.57 E	62	100.58	8293	-38.5	-36.7	21.5	18.0	15.0	23.4 -12.0	21.0 -9.8	6.1 320	4.2 140	22.7 -39.1	3.0 2.7
Apuka	259560	60.45 N	169.58 E	8	101.23	8293	-27.7	-25.8	17.3	14.9	13.2	19.7 -11.0	17.6 -12.4	6.5 60	5.4 270	20.1 -31.0	2.1 2.7
Arkhangel'sk	225500	64.53 N	40.47 E	13	101.17	8293	-34.1	-30.3	7.5	6.5	5.8	8.2 -5.4	7.1 -5.2	0.9 130	2.8 140	29.6 -35.7	2.7 4.4
Armavir	370310	44.98 N	41.12 E	160	99.42	8293	-15.3	-12.5	10.2	8.3	6.8	10.5 -0.8	9.4 0.2	1.0 140	2.5 90	35.9 -20.4	2.5 3.2
Astrakhan'	348480	46.27 N	48.03 E	18	101.11	8293	-18.4	-15.7	11.8	9.5	8.5	12.0 -5.7	9.9 -5.6	3.0 270	4.9 90	37.7 -21.6	2.5 5.1
Barnaul	298380	53.40 N	83.70 E	252	98.33	8293	-29.6	-26.7	12.9	10.4	9.1	14.1 -8.2	11.7 -7.2	3.1 170	4.1 60	33.0 -31.7	3.9 5.1
Blagoveshchensk	315100	50.25 N	127.50 E	137	99.69	8293	-32.8	-30.5	8.7	7.5	6.2	7.9 -15.6	6.4 -17.2	0.7 310	3.1 180	32.8 -35.2	2.1 2.8
Borzya	309650	50.38 N	116.52 E	684	93.37	8293	-38.1	-35.7	11.4	9.7	8.3	8.4 -18.3	7.1 -21.2	1.4 80	4.3 150	31.6 -41.0	1.8 2.7
Bratsk	303090	56.07 N	101.83 E	489	95.59	8293	-35.4	-32.9	9.7	7.8	6.7	8.3 -13.7	6.7 -13.9	1.3 280	3.3 130	30.3 -37.5	2.2 4.4
Bryansk	268980	53.33 N	34.23 E	217	98.75	8293	-22.1	-19.3	10.4	9.1	8.2	11.1 -1.5	9.3 -4.3	3.0 110	4.5 220	30.0 -24.4	1.7 3.8

LOAD CALCULATION PRINCIPLES

Table 5.3A (SI) (Continued)
Heating and Wind Design Conditions—World

Station	WMO#	Lat	Long	Elev m	StdP kPa	dates	Heating DB 99.6% DB	Heating DB 99% DB	Extreme Wind Speed 1% WS	Extreme Wind Speed 2.5% WS	Extreme Wind Speed 5% WS	Coldest Month 0.4% WS	Coldest Month 0.4% MDB	Coldest Month 1% WS	Coldest Month 1% MDB	MWS/MWD to DB 99.6% MWS	MWS/MWD to DB 99.6% PWD	MWS/MWD to DB 0.4% MWS	MWS/MWD to DB 0.4% PWD	Extr. Annual Daily Mean, DB Max.	Extr. Annual Daily Mean, DB Min.	Extr. Annual Daily StdD DB Max.	Extr. Annual Daily StdD DB Min.
Chelyabinsk	286420	55.30 N	61.53 E	227	98.63	8293	-28.3	-26.2	12.8	10.8	9.3	12.9	-8.6	11.2	-9.4	3.1	340	5.2	190	32.3	-30.4	2.4	3.3
Cherepovets	271130	59.12 N	37.93 E	131	99.76	8293	-31.5	-27.4	9.8	8.2	6.9	10.1	-3.2	9.0	-4.9	0.9	20	2.9	170	28.8	-35.3	1.7	5.1
Chita	307580	52.02 N	113.33 E	685	93.36	8293	-35.9	-33.7	10.8	9.5	8.3	9.4	-12.3	7.7	-13.0	0.0	310	3.5	210	32.2	-37.9	1.9	1.9
Dudinka	230740	69.40 N	86.17 E	19	101.10	8293	-45.4	-42.5	14.4	12.1	10.3	12.9	-18.1	10.6	-18.8	2.5	100	4.4	60	28.0	-48.2	2.7	2.5
Egvekinot	253780	66.35 N	179.12 W	26	101.01	8293	-36.6	-33.7	15.5	13.4	11.6	18.5	-17.0	16.2	-17.4	0.7	190	3.6	160	24.1	-37.9	5.2	3.7
Groznyy	372350	43.35 N	45.68 E	162	99.39	8293	-14.8	-12.4	10.5	9.2	8.0	11.2	-2.3	9.6	-1.9	1.3	270	4.2	90	35.6	-19.1	2.3	2.6
Habarovsk/Novy	317350	48.52 N	135.17 E	72	100.46	8293	-29.8	-28.0	10.2	8.9	8.1	9.4	-16.8	8.4	-18.1	1.7	200	3.8	250	32.1	-32.5	1.7	1.6
Irkutsk	307100	52.27 N	104.35 E	513	95.31	8293	-33.7	-31.1	10.4	9.3	8.1	9.5	-16.7	8.1	-16.6	1.7	80	3.6	190	30.5	-37.4	1.5	3.8
Izhevsk	284110	56.82 N	53.27 E	158	99.44	8293	-29.7	-26.6	10.5	9.3	8.0	11.4	-7.9	10.1	-7.2	2.2	100	4.8	160	31.4	-32.8	2.6	2.4
Juzno-Kurilsk	321650	44.02 N	145.87 E	40	100.85	8293	-12.1	-10.6	15.3	13.1	11.3	16.1	-6.1	14.2	-5.7	6.0	320	3.5	320	24.2	-13.0	2.6	2.7
Juzno-Sahalinsk	321500	46.92 N	142.73 E	31	100.95	8293	-24.0	-22.2	8.4	7.3	6.3	9.4	-11.4	8.1	-10.8	1.5	360	3.3	180	28.6	-26.9	1.4	2.3
Kaliningrad	267020	54.70 N	20.62 E	27	101.00	8293	-19.2	-14.4	7.2	6.2	5.4	7.3	2.1	6.3	1.1	1.8	350	2.4	120	30.9	-17.0	2.1	5.4
Kaluga	277030	54.57 N	36.37 E	201	98.93	8293	-24.5	-21.6	9.3	7.9	7.0	10.3	-6.8	8.2	-5.9	1.5	340	3.8	130	29.2	-30.5	1.4	9.8
Kazan'	275950	55.78 N	49.18 E	116	99.94	8293	-27.6	-24.7	12.3	10.5	9.3	13.4	-10.1	12.0	-10.2	4.2	330	4.4	170	31.3	-30.4	1.9	3.0
Kirov	271960	58.65 N	49.62 E	147	99.57	8293	-32.7	-27.9	9.9	8.7	7.8	10.1	-5.7	9.1	-7.6	3.0	250	3.9	90	30.5	-35.1	1.9	3.8
Kolpashevo	292310	58.30 N	82.88 E	76	100.42	8293	-38.5	-34.5	8.8	7.4	6.6	8.7	-10.0	7.3	-10.8	1.4	290	3.2	160	30.2	-40.3	1.7	4.6
Krasnodar	349290	45.03 N	39.15 E	33	100.93	8293	-15.9	-13.0	10.3	9.1	7.9	11.3	5.2	9.5	-1.1	3.0	50	3.6	90	34.7	-20.0	1.3	4.6
Krasnoyarsk	295740	56.00 N	92.88 E	277	98.04	8293	-33.8	-31.2	10.2	8.5	7.1	11.8	-10.0	9.7	-7.9	1.5	290	2.9	50	32.3	-35.2	3.5	3.9
Kurgan	286610	55.47 N	65.40 E	79	100.38	8293	-31.6	-28.6	12.5	10.1	8.4	13.4	-7.0	12.1	-6.7	2.4	30	4.3	200	33.6	-34.8	2.1	4.2
Kursk	340090	51.73 N	36.27 E	210	98.83	8293	-22.7	-19.6	12.0	9.8	8.4	12.9	-7.5	11.3	-4.9	2.3	360	4.2	90	31.2	-25.4	1.3	5.6
Kyakhta	309250	50.37 N	106.45 E	801	92.07	8293	-29.4	-27.9	8.3	6.4	5.3	5.3	-14.4	4.1	-14.3	0.1	150	2.5	180	32.6	-31.8	1.8	1.9
Magadan	259130	59.58 N	150.78 E	118	99.92	8293	-28.7	-26.0	10.0	8.8	7.7	10.5	-7.7	9.2	-9.2	0.6	50	3.9	270	23.0	-29.7	3.3	4.5
Magnitogorsk	288380	53.35 N	59.08 E	382	96.82	8293	-28.5	-25.9	10.3	9.4	7.7	11.0	-14.5	10.1	-12.2	0.6	30	4.2	170	33.9	-31.4	3.0	2.0
Markovo	255510	64.68 N	170.42 E	33	100.93	8293	-47.5	-45.2	8.0	6.5	5.5	8.2	-12.0	6.7	-13.4	0.2	200	2.2	180	27.4	-50.3	1.6	3.5
Moscow	276120	55.75 N	37.63 E	156	99.46	8293	-23.1	-20.1	7.8	6.4	5.6	8.3	-3.5	7.3	-5.9	1.5	20	2.0	210	30.1	-25.8	1.8	3.0
Moscow, Vnukovo	275185	55.65 N	37.27 E	203	98.91	8293	-24.0	-21.1	10.3	9.2	8.2	12.2	-2.9	10.3	-2.7	2.6	10	4.1	240	29.8	-26.7	1.9	3.1
Murmansk	221130	68.97 N	33.05 E	51	100.71	8293	-28.7	-24.4	12.1	10.7	9.6	13.3	-2.7	11.9	-3.1	4.6	210	4.3	150	26.9	-28.4	2.0	5.7
Nikolayevsk	313690	53.15 N	140.70 E	68	100.51	8293	-33.1	-30.8	9.8	8.5	7.8	11.9	-8.1	8.4	-16.8	1.6	290	4.7	120	29.3	-35.2	2.1	2.5
Nikolskoe/Beringa	326180	55.20 N	165.98 E	6	101.25	8293	-11.0	-9.4	17.8	15.4	13.7	19.2	-3.0	17.3	-2.3	6.1	360	4.6	170	17.1	-12.6	2.5	2.2
Nizhniy Novgorod (Gor'	275530	56.22 N	43.82 E	82	100.34	8293	-27.2	-23.8	9.3	8.3	7.3	9.9	-7.8	8.6	-4.5	1.8	350	4.1	150	31.6	-30.4	1.8	3.2
Nizhniy Tagil	282400	57.88 N	60.07 E	258	98.26	8293	-32.2	-28.9	7.4	6.7	5.9	8.3	-16.1	7.0	-17.4	2.4	20	3.6	250	30.9	-34.6	1.9	4.2
Novokuznetsk	298460	53.73 N	87.18 E	308	97.68	8293	-30.8	-27.4	13.0	10.5	9.2	14.7	-6.8	12.4	-8.0	1.8	340	3.1	150	31.3	-32.2	1.8	4.3
Novosibirsk	296340	55.03 N	82.90 E	177	99.22	8293	-31.7	-28.4	11.9	10.1	8.7	12.4	-7.1	11.1	-7.7	3.0	220	4.5	180	31.5	-33.7	2.5	4.8
Nyurba	246390	63.28 N	118.33 E	129	99.78	8293	-52.9	-50.1	7.6	6.4	5.4	6.0	-22.7	5.3	-25.2	0.8	20	2.9	20	33.2	-54.2	5.0	3.3
Olekminsk	249440	60.40 N	120.42 E	226	98.64	8293	-47.7	-44.7	7.4	6.3	5.4	6.6	-19.3	5.4	-18.8	1.0	90	2.8	90	32.9	-49.0	2.6	3.7
Omsk	286980	54.93 N	73.40 E	123	99.86	8293	-31.3	-27.9	11.2	9.4	8.2	11.7	-8.5	9.8	-8.8	3.0	210	4.5	120	33.7	-33.4	2.4	3.7
Orel	279060	53.00 N	36.03 E	203	98.91	8293	-23.5	-19.9	11.8	10.0	8.8	12.5	-5.1	10.3	-4.0	3.0	360	4.5	280	30.7	-25.6	1.5	4.1
Orenburg	351210	51.78 N	55.22 E	109	100.02	8293	-27.7	-24.8	12.1	10.4	9.2	13.1	-7.4	11.6	-7.0	2.2	260	4.8	160	36.4	-31.1	2.4	2.5
Ozernaja	325940	51.48 N	156.48 E	29	100.98	8293	-15.3	-13.7	19.7	16.1	13.7	20.3	-2.1	17.1	-3.2	5.0	80	7.1	90	19.2	-18.7	2.8	1.7
Penza	279620	53.13 N	45.02 E	174	99.25	8293	-25.5	-22.8	12.2	10.2	8.9	13.3	-7.5	11.7	-4.9	2.5	220	4.9	130	33.1	-29.2	2.7	3.1
Perm'	282250	58.02 N	56.30 E	172	99.28	8293	-30.9	-27.6	9.2	7.9	7.0	9.6	-8.8	8.2	-8.6	2.5	280	4.5	200	32.0	-33.4	2.3	3.7
Petropavlovsk-Kamca	325400	52.97 N	158.75 E	24	101.04	8293	-14.8	-13.2	13.3	11.3	9.5	13.6	-4.4	12.0	-5.3	3.7	360	3.7	330	24.2	-18.0	2.0	1.7
Petrozavodsk	228200	61.82 N	34.27 E	112	99.99	8293	-28.3	-24.1	7.4	6.5	5.9	7.9	-2.9	7.2	-4.2	1.7	90	2.7	290	28.1	-28.4	1.4	5.8
Pskov	262580	57.80 N	28.42 E	42	100.82	8293	-24.9	-20.1	8.9	7.5	6.5	10.0	-0.7	8.5	-0.9	1.1	150	2.8	130	29.4	-25.5	2.2	5.0
Rostov-Na-Donu	347310	47.25 N	39.82 E	77	100.40	8293	-16.9	-14.9	13.7	11.9	10.2	15.8	-2.2	14.0	-6.6	4.8	80	5.1	110	34.1	-19.5	1.9	2.7
Rubtsovsk	360340	51.50 N	81.22 E	215	98.77	8293	-32.2	-29.1	14.0	12.2	10.3	14.6	-6.5	13.3	-4.8	1.8	360	3.6	30	35.3	-34.0	2.0	4.3
Ryazan'	277310	54.62 N	39.72 E	170	99.30	8293	-23.5	-20.9	9.7	8.0	6.8	10.3	-4.5	9.1	-4.7	2.8	310	3.3	140	31.1	-26.3	1.4	3.4
Rybinsk	272250	58.00 N	38.83 E	114	99.96	8293	-28.4	-24.7	9.1	8.1	7.2	9.5	-6.4	8.5	-4.9	2.3	320	3.5	210	29.4	-31.0	1.6	4.4
Samara (Kuybyshev)	289000	53.25 N	50.45 E	44	100.80	8293	-27.1	-24.7	11.0	9.6	8.1	10.5	-5.9	9.7	-6.5	1.0	320	3.4	110	33.8	-30.4	2.3	2.3
Saratov	341720	51.57 N	46.03 E	156	99.46	8293	-22.4	-20.3	12.2	10.2	9.0	12.9	-2.0	11.1	-6.0	5.8	300	4.7	70	33.0	-25.1	2.1	2.0
Smolensk	267810	54.75 N	32.07 E	241	98.46	8293	-22.7	-19.8	7.9	6.7	5.9	7.5	0.6	6.7	-1.4	2.6	280	2.8	230	28.9	-24.6	1.8	3.5
Sochi	371710	43.45 N	39.90 E	16	101.13	8293	-2.5	-1.2	8.4	7.1	6.3	10.1	6.2	8.3	6.6	3.4	70	3.4	270	30.9	-5.6	1.5	2.1
St Petersburg	260630	59.97 N	30.30 E	4	101.28	8293	-22.6	-18.9	8.3	7.0	6.2	10.3	0.0	8.4	-0.7	1.2	40	2.6	180	29.0	-24.0	2.0	4.7
Svobodnyy	314450	51.45 N	128.12 E	197	98.98	8293	-37.3	-34.7	7.7	6.6	6.0	6.9	-18.6	6.1	-19.5	0.6	290	3.2	180	32.4	-40.8	2.0	2.8
Syktyvkar	238040	61.72 N	50.83 E	119	99.90	8293	-35.5	-31.6	8.6	7.6	6.6	9.0	-7.2	8.0	-7.8	1.6	10	3.0	140	30.3	-37.9	1.8	4.0
Tambov	279470	52.73 N	41.47 E	139	99.67	8293	-25.1	-22.3	11.8	10.1	9.1	12.9	-4.0	10.3	-2.9	2.1	360	4.2	140	33.5	-28.7	2.8	3.9
Tayshet	295940	55.95 N	98.00 E	302	97.75	8293	-36.9	-33.7	8.4	7.3	6.3	8.2	-9.0	6.8	-10.0	0.8	330	3.1	40	31.4	-39.5	1.7	3.8
Ufa	287220	54.75 N	56.00 E	105	100.07	8293	-31.2	-27.7	10.3	9.0	7.9	11.4	-5.2	10.0	-7.3	1.5	140	3.7	50	33.8	-34.2	3.6	3.6
Ulan Ude	308230	51.80 N	107.43 E	510	95.35	8293	-35.9	-33.8	14.5	12.1	10.2	10.3	-15.7	7.4	-14.3	0.1	50	3.6	20	33.0	-38.5	2.2	2.3
Urup Island	321860	46.20 N	150.50 E	70	100.49	8293	-11.1	-10.0	20.4	17.7	15.6	22.5	-4.1	20.2	-4.7	10.5	320	4.8	180	21.5	-11.8	2.1	1.8
Ust'ilimsk	301170	58.03 N	102.73 E	402	96.59	8293	-40.1	-37.4	8.9	7.8	6.9	8.6	-12.4	7.6	-12.4	4.0	300	3.1	170	30.8	-43.2	1.4	6.1
Ust-Kamcatsk	324080	56.22 N	162.47 E	27	101.00	8293	-30.6	-27.7	13.1	11.0	9.7	15.3	-2.7	12.9	-3.7	2.5	360	3.9	180	24.5	-34.4	4.5	2.5
Vladimir	275320	56.13 N	40.38 E	170	99.30	8293	-26.6	-23.3	9.8	8.6	7.8	10.3	-5.9	9.3	-5.9	3.0	10	4.1	210	30.1	-29.5	1.7	4.2
Vladivostok	319600	43.12 N	131.90 E	184	99.13	8293	-22.1	-20.2	15.5	13.7	12.2	14.8	-15.7	13.5	-15.5	9.4	360	4.4	240	29.8	-24.5	1.3	3.1
Volgograd	345600	48.68 N	44.35 E	145	99.60	8293	-21.2	-18.9	14.4	12.7	11.1	15.1	-6.0	13.1	-7.0	4.1	340	6.6	110	35.4	-24.1	2.1	2.8
Vologda	270370	59.23 N	39.87 E	131	99.76	8293	-32.6	-28.0	9.1	7.7	6.8	9.9	-8.2	8.2	-6.0	1.8	330	3.2	190	29.1	-35.5	1.9	4.4

ENVIRONMENTAL DESIGN CONDITIONS

Table 5.3A (SI) (Continued)
Heating and Wind Design Conditions—World

Station	WMO#	Lat	Long	Elev m	StdP kPa	dates	Heating DB 99.6%	99% DB	Extreme Wind Speed 1% WS	2.5% WS	5% WS	Coldest Month 0.4% WS MDB	1% WS MDB	MWS/MWD to DB 9.6% MWS PWD	0.4% MWS PWD	Extr. Annual Daily Mean, DB Max. Min.	StdD DB Max. Min.
Voronezh	341220	51.70 N	39.17 E	154	99.49	8293	-23.0	-20.4	11.2	9.4	7.9	12.7 -4.7	10.7 -4.1	2.6 20	4.3 160	32.1 -25.8	1.9 4.2
Yakutsk	249590	62.08 N	129.75 E	103	100.09	8293	-51.9	-50.1	6.5	5.8	5.2	4.9 -37.3	4.1 -38.2	0.7 340	3.2 110	32.0 -52.5	2.4 2.6
Yekaterinburg (Sverdlo	284400	56.80 N	60.63 E	237	98.51	8293	-29.8	-27.2	8.9	7.7	6.8	8.7 -8.5	7.6 -9.8	2.2 280	4.5 300	31.6 -32.6	2.2 3.6
Yelets	279280	52.63 N	38.52 E	168	99.32	8293	-24.1	-21.2	7.7	6.5	5.8	8.1 -2.8	7.1 -4.1	1.8 10	2.7 140	32.9 -26.4	3.8 4.3
Zyryanka	254000	65.73 N	150.90 E	43	100.81	8293	-49.0	-46.8	8.2	6.9	5.9	6.4 -28.6	5.3 -29.2	0.3 150	2.7 160	31.4 -50.8	1.7 2.3
SAMOA																	
Pago Pago	917650	14.33 S	170.72 W	3	101.29	8293	22.0	23.0	11.3	10.3	9.6	11.4 25.5	10.7 25.8	2.4 310	5.1 80	33.6 14.5	1.8 8.9
SAUDI ARABIA																	
Abha	411120	18.23 N	42.65 E	2084	78.67	8293	5.2	6.8	10.3	9.3	8.4	11.1 15.2	10.0 15.3	0.8 180	5.9 20	33.6 1.5	3.1 1.6
Al Jawf	403610	29.78 N	40.10 E	684	93.37	8293	0.2	1.8	11.4	9.7	8.4	11.8 9.6	9.7 11.2	2.3 50	3.8 320	43.9 -2.3	2.5 2.0
Al Madinah	404300	24.55 N	39.70 E	631	93.97	8293	8.8	9.9	9.1	8.0	7.0	8.7 18.3	7.5 19.3	3.0 60	4.1 300	45.8 5.5	1.2 2.2
Al Wajh	404000	26.20 N	36.47 E	16	101.13	8293	11.7	12.8	12.3	11.1	10.1	11.9 19.8	10.5 20.8	3.0 20	5.7 270	40.3 8.6	1.9 2.6
Ar'ar	403570	30.90 N	41.13 E	552	94.87	8293	-0.1	1.2	9.8	8.5	7.5	9.3 10.5	8.2 10.9	1.9 270	3.2 240	43.7 -2.3	1.1 1.7
At Ta'if	410360	21.48 N	40.55 E	1449	85.09	8293	5.6	7.2	10.4	9.4	8.5	10.6 18.3	9.6 18.8	2.4 90	4.4 50	38.2 1.4	1.8 1.6
Az Zahran	404160	26.27 N	50.15 E	17	101.12	8293	7.0	8.3	11.6	10.1	9.1	9.6 16.1	8.6 15.9	4.1 290	5.9 360	46.7 4.6	1.3 2.1
Ha'il	403940	27.43 N	41.68 E	1013	89.73	8293	-0.8	1.1	10.3	9.0	7.9	10.4 13.9	9.0 15.4	1.8 180	3.6 180	42.2 -4.1	2.0 2.7
Hafar Al Batin	403730	28.33 N	46.17 E	355	97.13	8293	2.4	4.0	12.2	10.4	9.3	10.9 13.4	9.8 13.3	2.9 270	4.4 240	47.1 -0.6	1.3 1.0
Jiddah	410240	21.67 N	39.15 E	12	101.18	8293	14.8	15.9	10.2	9.2	8.3	10.2 25.3	9.3 24.8	2.8 30	5.9 330	45.3 12.0	2.5 1.9
Jizan	411400	16.90 N	42.58 E	3	101.29	8293	20.1	21.2	9.0	8.0	7.2	7.8 27.6	7.0 27.8	2.4 100	4.6 230	41.5 14.2	2.5 5.7
Khamis Mushayt	411140	18.30 N	42.80 E	2054	78.96	8293	4.3	6.1	9.2	8.2	7.2	9.7 16.1	8.9 16.1	0.8 150	4.5 30	36.2 1.8	3.8 2.3
Makkah	410300	21.48 N	39.83 E	310	97.66	8293	15.2	16.8	6.4	5.4	4.8	6.7 25.1	5.6 25.4	1.6 20	3.4 300	47.5 11.7	1.1 2.4
Qasim	404050	26.30 N	43.77 E	650	93.76	8293	2.7	4.0	9.3	8.1	7.0	8.8 15.8	7.4 13.8	0.8 30	3.7 90	45.9 -0.1	2.1 1.8
Rafha	403620	29.63 N	43.48 E	447	96.07	8293	0.4	1.9	11.3	9.9	8.8	10.8 12.1	9.7 13.2	1.8 270	4.0 300	46.3 -2.6	1.5 1.5
Riyadh	404380	24.72 N	46.72 E	612	94.19	8293	5.1	6.8	9.9	8.5	7.5	9.2 15.6	8.0 15.5	1.6 320	4.8 360	46.0 1.9	0.8 1.5
Tabuk	403750	28.37 N	36.63 E	770	92.41	8293	1.1	2.6	11.0	9.1	7.5	11.0 15.5	9.0 15.4	1.1 110	4.5 270	41.8 -1.3	1.2 1.3
Turayf	403560	31.68 N	38.67 E	813	91.93	8293	-1.9	-0.1	11.2	9.9	8.8	11.4 7.7	10.0 7.8	2.8 270	4.2 270	40.9 -4.0	1.3 1.9
Yanbu' al Bahr	404390	24.15 N	38.07 E	1	101.31	8293	10.9	12.1	11.4	10.2	9.2	11.0 22.1	9.8 22.5	1.5 10	7.7 270	45.8 8.6	1.0 1.1
SENEGAL																	
Dakar	616410	14.73 N	17.50 W	24	101.04	8293	16.2	16.8	10.3	9.4	8.5	10.3 20.8	9.4 20.8	4.5 360	4.3 360	37.9 12.3	2.2 4.3
Saint Louis	616000	16.05 N	16.45 W	4	101.28	8293	15.3	16.2	10.1	9.0	8.2	10.2 24.6	8.8 24.7	3.2 40	5.0 80	42.4 11.5	1.6 2.0
Tambacounda	616870	13.77 N	13.68 W	50	100.73	8293	17.0	18.2	7.5	6.5	5.6	7.7 27.9	7.2 27.3	1.5 80	2.8 100	43.1 11.9	1.8 3.8
Ziguinchor	616950	12.55 N	16.27 W	23	101.05	8293	16.2	17.2	6.3	5.2	4.4	6.8 27.5	5.5 27.2	0.6 40	2.8 60	41.3 12.5	0., 4.1
SINGAPORE																	
Singapore	486980	1.37 N	103.98 E	16	101.13	8293	22.8	23.1	8.0	7.2	6.3	8.2 28.5	7.6 28.7	2.0 330	4.7 30	33.9 18.3	1.1 6.7
SLOVAKIA																	
Bratislava	118160	48.20 N	17.20 E	130	99.77	8293	-13.0	-10.0	9.2	8.0	7.1	10.1 1.4	8.6 2.5	1.5 50	3.5 160	34.3 -15.2	1.6 4.9
Chopok Mountain	119160	48.93 N	19.58 E	2012	79.38	8293	-21.1	-19.2	23.4	20.7	18.7	27.4 -14.2	24.7 -14.2	13.1 330	4.7 180	17.1 -22.0	1.1 3.6
Kosice	119680	48.70 N	21.27 E	232	98.57	8293	-13.5	-11.3	12.9	11.0	9.4	13.5 -6.0	11.4 -3.7	3.9 350	3.5 180	31.8 -15.7	1.4 3.7
Lomnicky Stit (Peak)	119300	49.20 N	20.22 E	2635	73.42	8293	-24.3	-22.3	23.1	19.8	17.1	26.5 -18.1	22.9 -16.5	10.4 310	2.5 180	14.7 -24.9	1.4 3.3
Zilina	118410	49.23 N	18.62 E	315	97.60	8293	-16.8	-13.6	7.9	6.7	5.6	8.4 2.8	6.8 -0.6	1.7 70	3.2 250	31.7 -19.7	1.2 3.9
SOLVENIA																	
Ljubljana	130140	46.22 N	14.48 E	385	96.78	8293	-13.0	-10.4	6.2	5.1	4.2	5.5 1.0	4.4 1.4	0.5 290	3.1 130	33.7 -16.2	2.5 3.2
SOUTH AFRICA																	
Bloemfontein	684420	29.10 S	26.30 E	1348	86.15	8293	-3.5	-2.2	10.6	9.3	8.3	9.2 12.7	8.2 14.2	0.5 220	5.4 270	36.6 -5.6	1.4 1.7
Cape Town	688160	33.98 S	18.60 E	42	100.82	8293	3.6	4.9	14.5	13.0	11.8	13.7 14.1	12.4 14.2	0.1 40	5.2 170	34.5 1.3	1.6 0.8
Durban	685880	29.97 S	30.95 E	8	101.23	8293	10.0	11.1	11.9	10.4	9.2	10.6 21.0	9.2 20.5	0.3 340	6.3 30	34.0 7.6	1.2 1.1
Johannesburg	683680	26.13 S	28.23 E	1700	82.50	8293	1.0	2.8	9.6	8.5	7.6	8.7 12.7	7.9 12.3	4.1 210	4.1 300	31.6 -1.6	1.0 1.7
Marion Island	689940	46.88 S	37.87 E	22	101.06	8293	-0.9	-0.1	26.7	23.7	21.1	26.3 3.1	23.0 5.9	7.6 200	9.6 290	20.1 -4.6	5.0 2.4
Port Elizabeth	688420	33.98 S	25.60 E	60	100.61	8293	6.3	7.5	14.6	12.9	11.5	13.7 14.7	12.4 15.5	0.9 270	4.3 290	35.9 3.5	2.1 1.2
Pretoria	682620	25.73 S	28.18 E	1322	86.42	8293	3.9	5.1	6.4	5.4	4.7	5.8 15.9	5.0 15.2	0.5 220	1.9 270	34.7 1.6	1.6 1.1
SPAIN																	
Barcelona	81810	41.28 N	2.07 E	6	101.25	8293	0.1	1.6	9.2	7.8	6.9	9.5 10.0	8.2 9.1	3.7 350	4.0 210	32.0 -2.0	1.6 1.9
Granada	84190	37.18 N	3.78 W	559	94.79	8293	-3.9	-2.4	9.2	8.0	7.0	9.0 9.6	7.4 9.6	0.1 230	5.3 180	39.6 -7.0	0.9 2.8
La Coruna	80010	43.37 N	8.42 W	67	100.52	8293	3.9	5.2	12.2	10.3	9.1	13.1 11.8	11.5 11.7	2.7 140	3.2 60	30.1 1.6	1.7 1.5
Madrid	82210	40.45 N	3.55 W	582	94.53	8293	-4.5	-3.1	10.0	8.7	7.5	10.1 8.1	8.4 8.2	0.2 360	3.4 240	38.0 -6.8	1.0 1.7
Malaga	84820	36.67 N	4.48 W	7	101.24	8293	3.8	4.9	12.1	10.3	9.0	14.4 12.9	12.6 13.1	4.4 320	5.6 320	39.5 0.7	1.8 1.7
Palma	83060	39.55 N	2.73 E	8	101.23	8293	-0.5	0.8	10.2	9.1	8.1	10.6 12.1	9.3 12.3	0.2 60	4.6 60	37.2 -3.3	1.8 1.2
Salamanca	82020	40.95 N	5.50 W	795	92.13	8293	-5.2	-4.0	11.9	10.0	8.6	12.6 7.9	10.6 7.2	0.6 80	3.3 300	36.4 -7.9	1.2 2.5
Santander	80230	43.47 N	3.82 W	65	100.55	8293	2.3	4.0	10.6	8.4	7.0	12.3 10.6	10.2 10.6	2.1 110	3.1 40	33.0 1.2	2.2 1.4
Santiago De Compostel	80420	42.90 N	8.43 W	367	96.99	8293	-1.2	0.1	9.6	8.3	7.3	10.4 10.3	9.3 9.7	1.4 90	2.9 280	36.2 -4.2	2.3 2.2
Sevilla	83910	37.42 N	5.90 W	31	100.95	8293	1.2	2.8	9.0	7.9	6.8	9.1 12.9	7.9 12.6	1.1 30	3.4 240	42.9 -1.2	1.5 1.7
Valencia	82840	39.50 N	0.47 W	62	100.58	8293	0.9	2.2	12.2	10.1	8.4	14.6 14.1	12.0 13.5	1.9 280	5.3 120	37.6 -1.5	2.2 1.5
Zaragoza	81605	41.67 N	1.05 W	263	98.21	8293	-2.2	-0.9	12.5	10.8	9.6	13.0 7.6	11.4 9.2	2.3 10	3.1 90	38.3 -4.0	5.7 2.6
SWEDEN																	
Goteborg, Landvetter	25260	57.67 N	12.30 E	169	99.31	8293	-16.2	-12.1	11.4	10.1	9.1	12.2 3.6	10.9 2.7	4.0 40	4.0 310	28.5 -16.4	2.3 5.4
Goteborg, Save	25120	57.78 N	11.88 E	53	100.69	8293	-16.1	-12.2	12.1	10.7	9.5	12.6 4.8	11.1 3.9	2.1 50	4.1 290	27.9 -16.2	1.7 5.1

Outdoor Design Conditions

Table 5.3A (SI) (Continued)
Heating and Wind Design Conditions—World

						Heating DB		Extreme Wind Speed			Coldest Month				MWS/MWD to DB				Extr. Annual Daily			
			Elev	StdP	dates	99.6%	99%	1%	2.5%	5%	0.4%			1%		9.6%		0.4%		Mean, DB		StdD DB
Station	WMO#Lat	Long	m	kPa		DB	DB	WS	WS	WS	WS	MDB		WS	MDB	MWS	PWD	MWS	PWD	Max. Min.		Max. Min.
Jonkoping	25500	57.77 N	14.08 E	232	98.57	8293	-20.0	-15.1	11.2	9.9	8.9	12.0	5.1	10.5	3.6	3.1	30	4.5	50	28.5 -21.9	2.6	5.7
Kalmar	26720	56.73 N	16.30 E	16	101.13	8293	-15.0	-12.0	12.2	10.4	9.5	12.3	5.1	11.4	5.1	2.6	270	4.9	270	29.1 -15.9	2.5	3.9
Karlsborg	25440	58.52 N	14.53 E	102	100.11	8293	-16.5	-12.9	12.0	10.4	9.1	13.3	3.4	11.5	3.1	4.7	50	2.9	190	27.1 -16.0	2.1	5.6
Karlstad	24180	59.37 N	13.47 E	55	100.67	8293	-20.6	-17.3	10.0	8.8	8.0	11.6	3.4	10.3	3.4	1.8	350	3.8	200	27.2 -20.5	2.0	5.5
Kiruna	20440	67.82 N	20.33 E	452	96.01	8293	-30.2	-27.0	11.8	10.2	8.9	13.3	-1.9	11.6	-2.4	2.0	210	4.3	190	24.2 -32.3	1.3	3.0
Malmo	26360	55.55 N	13.37 E	106	100.06	8293	-13.9	-10.1	13.4	12.0	10.8	14.0	2.8	12.6	2.3	3.8	340	5.2	140	27.8 -13.3	1.9	5.4
Ostersund/Froso	22260	63.18 N	14.50 E	370	96.96	8293	-25.8	-21.6	11.9	10.2	8.8	15.6	1.0	12.3	0.1	1.2	320	3.0	280	26.5 -27.4	1.7	5.2
Soderhamn	23760	61.27 N	17.10 E	36	100.89	8293	-21.4	-17.8	9.8	8.4	7.5	10.6	1.2	9.4	-1.4	2.7	290	4.6	130	28.8 -21.4	1.6	4.2
Stockholm, Arlanda	24600	59.65 N	17.95 E	61	100.59	8293	-18.9	-15.2	10.5	9.3	8.2	12.4	2.6	10.5	2.2	2.0	350	3.7	180	29.1 -18.5	1.9	5.7
Stockholm, Bromma	24640	59.35 N	17.95 E	11	101.19	8293	-18.3	-15.0	9.4	8.3	7.4	9.1	2.6	8.2	2.5	1.8	320	3.9	200	28.7 -18.4	2.1	5.4
Sundsvall	23660	62.53 N	17.45 E	10	101.20	8293	-25.5	-22.1	10.5	9.0	7.8	12.7	4.0	10.4	0.0	1.3	310	4.6	140	27.7 -25.5	1.7	5.2
Ungskar	26660	56.03 N	15.80 E	3	101.29	8293	-11.9	-8.9	18.5	16.6	15.0	19.0	1.3	17.3	2.7	5.1	20	5.4	250	23.2 -10.7	2.4	5.2
Uppsala	24580	59.88 N	17.60 E	41	100.83	8293	-19.9	-16.2	10.6	9.3	8.3	12.6	1.7	11.0	2.7	2.6	330	4.2	230	28.0 -19.9	1.5	6.6
Visby	25900	57.67 N	18.35 E	47	100.76	8293	-11.2	-8.9	13.9	12.4	11.2	14.7	0.7	13.5	0.9	5.4	20	5.3	210	27.4 -13.6	2.1	4.7
SWITZERLAND																						
Geneva	67000	46.25 N	6.13 E	416	96.43	8293	-8.0	-5.2	9.0	7.8	6.7	9.2	3.6	8.2	3.5	2.9	230	3.4	210	33.4 -10.0	1.1	3.8
Interlaken	67340	46.67 N	7.88 E	580	94.55	8293	-9.7	-7.3	7.1	6.0	5.1	6.5	1.8	5.4	0.2	2.6	190	3.4	280	31.0 -11.6	1.9	4.1
Jungfrau Mountain	67300	46.55 N	7.98 E	3576	65.12	8293	-26.3	-23.9	21.6	18.1	14.9	21.6	-16.1	19.2	-14.2	7.2	310	5.1	140	9.0 -28.6	3.6	3.8
La Chaux-De-Fonds	66120	47.08 N	6.80 E	1019	89.67	8293	-14.4	-11.3	8.8	7.6	6.6	9.9	1.8	8.5	0.8	1.2	230	3.2	250	30.0 -18.4	1.8	6.1
Locarno	67620	46.17 N	8.88 E	198	98.97	8293	-6.3	-4.7	7.2	5.9	4.9	7.0	6.2	5.7	5.3	1.8	90	2.7	240	31.6 -9.1	2.0	2.9
Lugano	67700	46.00 N	8.97 E	276	98.05	8293	-3.7	-2.0	7.9	6.3	5.0	7.5	7.4	5.7	7.4	1.5	360	2.8	190	32.2 -8.1	1.7	5.5
Payerne	66100	46.82 N	6.95 E	491	95.56	8293	-10.2	-7.2	8.1	6.8	5.8	9.1	8.2	7.9	5.8	1.7	40	3.2	230	32.1 -11.6	1.7	4.2
Saentis (Aut)	66800	47.25 N	9.35 E	2500	74.68	8293	-19.5	-17.1	18.5	16.0	14.2	19.8	-8.8	18.0	-8.6	6.1	260	2.9	210	17.1 -22.0	1.8	4.6
San Bernardino	67830	46.47 N	9.18 E	1638	83.13	8293	-14.4	-12.2	10.4	9.3	8.4	11.4	-5.4	10.4	-5.5	1.7	310	3.2	120	23.0 -17.3	1.4	4.7
Zurich	66600	47.38 N	8.57 E	569	94.67	8293	-10.4	-7.8	8.8	7.2	5.8	10.2	6.6	8.8	5.6	2.6	0	2.2	230	31.7 -11.5	1.5	4.4
SYRIA																						
Damascus	400800	33.42 N	36.52 E	605	94.27	8293	-4.1	-2.2	11.4	10.1	8.9	11.3	10.2	9.6	9.3	1.3	30	3.3	210	40.8 -7.2	1.6	2.1
TAIWAN																						
Hsinchu	467570	24.83 N	120.00 E	27	101.00	8293	8.6	9.8	9.7	8.1	7.0	8.4	13.8	7.4	13.0	4.1	40	3.9	270	37.3 6.8	2.4	1.7
Hualien	466990	23.98 N	121.60 E	19	101.10	8293	11.7	12.8	8.4	6.9	5.8	8.7	17.3	7.2	16.8	2.8	250	3.5	140	35.7 9.0	3.4	1.4
Kaohsiung	467400	22.58 N	120.35 E	9	101.22	8293	11.2	12.6	9.3	7.8	6.7	8.4	18.9	7.4	18.3	3.4	360	5.8	280	36.3 8.9	2.0	1.4
T'aichung	467510	24.18 N	120.65 E	112	99.99	8293	7.5	8.9	8.4	7.7	7.1	8.8	16.5	8.1	16.1	2.4	30	4.3	240	36.8 2.8	0.9	2.3
T'ainan (593580)	467410	23.00 N	120.22 E	14	101.16	8293	10.4	11.6	8.8	7.6	6.8	8.6	16.5	8.0	15.9	4.7	20	4.9	200	36.5 8.2	2.9	1.6
Taipei	466960	25.07 N	121.55 E	6	101.25	8293	8.8	10.0	9.0	8.0	7.3	8.5	17.2	7.9	17.2	1.8	110	5.1	290	36.7 5.7	1.5	2.1
Taipei Intl Airport (Chi	466860	25.08 N	121.22 E	33	100.93	8293	8.8	9.8	13.1	11.9	11.0	12.4	13.2	11.7	13.7	7.3	40	7.1	260	36.0 6.3	0.8	1.8
TAJIKISTAN																						
Dushanbe	388360	38.55 N	68.78 E	803	92.04	8293	-7.3	-5.1	5.6	4.4	3.5	5.7	5.2	4.2	5.7	1.1	60	1.5	270	40.7 -10.6	3.5	3.2
Khujand (Leninabad)	385990	40.22 N	69.73 E	428	96.29	8293	-8.4	-6.3	12.9	11.8	10.4	13.6	-0.4	12.2	0.6	6.1	240	5.0	240	40.7 -12.5	3.2	4.8
THAILAND																						
Bangkok	484560	13.92 N	100.60 E	12	101.18	8293	18.4	19.9	8.3	7.3	6.4	6.2	27.7	5.3	27.4	1.9	40	4.8	180	38.8 16.3	1.7	1.5
Chiang Mai	483270	18.78 N	98.98 E	314	97.61	8293	11.9	13.1	7.4	5.9	4.9	5.7	22.3	4.3	23.8	0.4	360	3.1	190	39.5 9.0	0.9	1.0
Chiang Rai	483030	19.92 N	99.83 E	395	96.67	8293	9.6	11.0	4.3	3.5	3.2	3.9	20.6	3.3	21.8	0.0	20	2.1	180	39.0 6.8	0.9	1.4
Chumphon	485170	10.48 N	99.18 E	5	101.26	8293	19.1	20.2	7.9	6.8	5.9	8.5	28.1	7.7	28.1	0.0	30	4.0	120	37.7 17.2	1.1	1.3
Hat Yai	485690	6.92 N	100.43 E	35	100.91	8293	20.9	21.8	8.1	7.1	6.2	8.3	28.5	7.3	28.5	0.2	330	3.3	240	37.7 19.6	1.1	0.8
Phetchabun	483790	16.43 N	101.15 E	116	99.94	8293	13.6	15.2	4.4	3.9	3.4	4.6	26.1	4.1	26.1	0.1	360	2.6	180	40.2 7.9	0.7	10.6
Phrae	483300	18.17 N	100.17 E	162	99.39	8293	12.9	14.3	4.3	3.5	3.2	3.3	24.7	3.0	26.3	0.2	30	2.2	240	40.6 9.1	1.1	3.2
Tak	483760	16.88 N	99.15 E	124	99.84	8293	14.0	15.5	8.1	6.3	5.2	3.6	26.8	3.1	26.8	0.0	270	2.1	270	40.9 11.3	1.1	1.6
TRINIDAD																						
Port Of Spain	789700	10.62 N	61.35 W	15	101.14	8293	20.1	20.9	8.4	7.8	7.2	9.0	28.9	8.2	28.8	0.1	90	5.2	90	34.4 15.8	1.1	6.5
TUNISIA																						
Bizerte	607140	37.25 N	9.80 E	3	101.29	8293	3.3	4.6	12.9	11.2	10.0	14.4	12.5	12.2	12.1	0.4	320	5.3	100	41.0 0.8	2.7	0.5
Gabes	607650	33.88 N	10.10 E	5	101.26	8293	5.8	6.8	9.1	7.4	6.6	10.0	15.1	8.3	14.1	1.9	230	4.6	250	41.9 2.5	2.8	1.9
Gafsa	607450	34.42 N	8.82 E	314	97.61	8293	2.1	3.5	11.8	10.3	8.8	11.5	11.2	9.5	11.4	2.4	60	3.8	240	42.6 -0.5	1.5	0.9
Kelibia	607200	36.85 N	11.08 E	30	100.97	8293	5.7	6.6	10.1	8.6	7.5	11.2	13.0	9.6	12.8	2.4	300	3.8	300	35.9 3.4	3.5	1.1
Qairouan (Kairouan)	607350	35.67 N	10.10 E	68	100.51	8293	4.4	5.5	7.4	6.3	5.5	7.2	12.4	6.0	13.7	1.0	240	3.0	180	44.0 1.4	1.7	1.6
Tunis	607150	36.83 N	10.23 E	4	101.28	8293	4.9	5.9	11.8	10.4	9.2	12.4	12.6	10.6	13.1	2.8	240	4.9	180	41.7 1.7	2.9	0.7
TURKEY																						
Adana	173500	37.00 N	35.42 E	66	100.53	8293	-0.2	1.1	8.7	7.5	6.4	9.5	8.9	8.3	9.3	2.5	30	3.5	210	39.4 -3.1	1.0	1.9
Ankara	171280	40.12 N	32.98 E	949	90.43	8293	-16.9	-13.1	9.2	7.9	6.9	8.7	0.6	7.3	0.8	0.4	20	3.5	270	35.0 -19.0	2.7	5.3
Erzurum	170960	39.92 N	41.27 E	1758	81.91	8293	-30.7	-27.4	10.5	9.8	8.8	11.7	-4.4	10.0	-5.5	0.0	310	4.3	90	31.1 -33.4	1.8	3.9
Eskisehir	171240	39.78 N	30.57 E	785	92.24	8293	-11.2	-9.1	8.7	7.8	6.9	8.4	-0.2	7.3	-0.5	1.4	120	3.9	320	35.3 -14.7	1.4	3.5
Istanbul	170600	40.97 N	28.82 E	37	100.88	8293	-3.2	-1.0	10.4	9.5	9.0	11.8	-0.1	10.1	0.1	2.8	6.2	360	5.9	60	34.9 -6.0	2.3	3.5
Izmir/Cigli(Cw/Afb)	172180	38.50 N	27.02 E	5	101.26	8293	-2.0	-0.8	11.6	10.0	9.2	13.7	4.0	11.7	4.7	2.7	360	4.3	350	38.3 -4.3	2.2	1.0
Malatya	172000	38.43 N	38.08 E	849	91.53	8293	-12.1	-9.1	10.3	9.2	7.9	11.1	-0.4	9.4	0.2	1.6	210	3.2	60	39.1 -16.1	1.4	3.6
Van	171700	38.45 N	43.32 E	1661	82.90	8293	-14.7	-13.0	7.2	5.6	5.0	6.9	-0.2	5.5	-0.4	1.9	90	1.4	300	32.0 -16.9	2.6	3.2
TURKMENISTAN																						

ENVIRONMENTAL DESIGN CONDITIONS

Table 5.3A (SI) (Continued)
Heating and Wind Design Conditions—World

Station	WMO#	Lat	Long	Elev m	StdP kPa	dates	99.6% DB	99% DB	1% WS	2.5% WS	5% WS	0.4% WS	0.4% MDB	1% WS	1% MDB	9.6% MWS	9.6% PWD	0.4% MWS	0.4% PWD	Max. Mean DB	Min. Mean DB	Max. StdD DB	Min. StdD DB
Ashgabat (Ashkhabad)	388800	37.97 N	58.33 E	210	98.83	8293	-6.9	-5.0	9.7	8.4	7.4	8.4	5.7	7.3	4.0	1.8	110	4.3	90	43.1	-9.7	1.4	2.2
Dashhowuz (Tashauz)	383920	41.83 N	59.98 E	88	100.27	8293	-14.9	-12.1	9.9	8.7	8.0	9.2	0.8	8.3	0.7	2.7	200	4.5	360	42.3	-18.2	1.0	3.3
UK & N. IRE.																							
Aberdeen/Dyce	30910	57.20 N	2.22 W	65	100.55	8293	-5.7	-3.0	12.8	11.1	9.9	14.8	4.8	13.0	5.4	1.4	360	4.7	170	25.1	-10.3	1.6	4.8
Aberporth	35020	52.13 N	4.57 W	134	99.73	8293	-3.1	-1.5	18.3	15.9	14.4	20.8	6.7	18.6	7.5	6.4	90	5.6	130	26.6	-4.6	2.7	2.3
Aughton	33220	53.55 N	2.92 W	56	100.65	8293	-3.5	-2.1	11.8	10.3	9.2	13.1	6.6	11.2	6.4	3.7	130	3.9	130	27.6	-4.7	2.2	2.3
Aviemore	30630	57.20 N	3.83 W	220	98.71	8293	-9.4	-6.3	12.8	11.1	9.7	14.6	4.7	13.2	5.0	0.5	360	4.0	200	25.1	-12.9	5.3	4.8
Belfast	39170	54.65 N	6.22 W	81	100.36	8293	-2.8	-1.4	12.7	11.0	9.9	14.5	5.9	12.8	6.9	1.8	180	3.9	110	25.0	-5.7	2.1	1.9
Birmingham	35340	52.45 N	1.73 W	99	100.14	8293	-6.2	-4.2	10.2	9.0	8.1	11.7	6.5	10.3	6.1	1.9	70	3.9	100	28.9	-9.2	2.5	4.3
Bournemouth	38620	50.78 N	1.83 W	11	101.19	8293	-5.4	-3.8	12.0	10.4	9.3	13.3	9.4	11.6	8.6	1.9	20	4.4	20	28.7	-8.0	2.3	2.2
Bristol	37260	51.47 N	2.60 W	11	101.19	8293	-3.5	-1.7	10.5	9.2	8.0	11.9	8.4	10.2	8.3	3.4	70	3.9	90	29.2	-5.2	2.2	3.0
Camborne	38080	50.37 N	5.53 W	88	100.27	8293	-1.3	0.2	15.2	13.5	12.3	16.3	6.7	15.1	7.4	5.6	50	5.8	100	24.4	-2.9	2.1	3.0
Cardiff	37150	51.40 N	3.35 W	67	100.52	8293	-4.0	-2.2	14.0	12.3	10.9	16.9	6.9	14.6	6.6	6.2	60	4.0	60	28.5	-5.6	2.2	2.5
Edinburgh	31600	55.95 N	3.35 W	41	100.83	8293	-5.9	-3.8	12.5	11.0	9.8	14.7	8.3	13.2	6.8	0.7	250	4.2	250	25.9	-9.1	2.1	3.3
Exeter	38390	50.73 N	3.42 W	30	100.97	8293	-4.3	-2.7	12.2	10.5	9.3	14.7	8.3	12.7	7.5	3.0	40	4.4	150	27.9	-5.8	2.5	1.9
Finningley	33600	53.48 N	1.00 W	17	101.12	8293	-5.1	-3.3	12.4	10.7	9.6	13.9	7.3	12.2	8.1	1.8	170	4.4	150	28.9	-7.5	2.4	2.1
Glasgow	31400	55.87 N	4.43 W	8	101.23	8293	-6.2	-4.2	13.4	11.8	10.3	17.6	7.8	15.0	7.0	1.1	270	4.2	230	26.8	-9.6	1.9	3.1
Hemsby	34960	52.68 N	1.68 E	14	101.16	8293	-3.0	-1.6	13.3	11.8	10.4	15.3	5.3	13.7	4.4	6.5	70	5.4	230	27.2	-5.2	1.9	2.9
Herstmonceux	38840	50.87 N	0.33 E	52	101.28	8293	-4.5	-2.1	13.7	12.0	10.4	15.2	8.5	13.3	8.5	3.9	40	4.0	130	26.8	-7.8	5.4	5.0
Jersey/Channel Islands	38950	49.22 N	2.20 W	84	100.32	8293	-2.5	-0.7	14.7	12.9	11.4	17.6	8.1	14.9	8.0	5.6	100	4.6	70	28.3	-4.2	2.2	3.3
Kirkwall	30170	58.95 N	2.90 W	21	101.07	8293	-1.7	-0.5	18.2	15.2	13.6	18.4	5.0	16.0	4.0	5.1	270	5.0	120	21.1	-3.6	1.5	1.1
Lerwick	30050	60.13 N	1.18 W	84	100.32	8293	-2.2	-1.2	19.2	16.9	15.1	20.1	5.5	18.1	5.7	6.3	350	5.3	180	18.7	-4.4	1.9	1.1
Leuchars	31710	56.38 N	2.87 W	12	101.18	8293	-4.7	-2.9	14.1	12.4	10.9	16.9	6.4	14.7	6.1	2.2	250	5.8	240	25.6	-7.2	2.6	2.7
London, Gatwick Arpt	37760	51.15 N	0.18 E	62	100.58	8293	-5.6	-3.7	10.2	8.9	7.9	11.5	7.0	10.1	6.3	1.5	80	3.7	70	29.4	-8.7	2.5	3.4
London, Heathrow	37720	51.48 N	0.45 W	24	101.04	8293	-4.0	-2.3	10.0	8.8	7.9	11.4	8.2	10.0	8.0	2.7	20	4.5	90	30.5	-6.3	2.3	2.3
Lyneham	37400	51.50 N	1.98 W	156	99.46	8293	-5.6	-3.6	11.7	10.2	9.1	13.1	6.3	11.5	5.0	5.1	30	4.4	70	28.5	-8.0	2.3	3.5
Lynemouth	32620	55.02 N	1.42 W	30	100.97	8293	-2.3	-0.7	20.2	16.9	14.7	21.2	5.8	19.6	5.0	7.1	190	6.5	260	24.6	-4.4	2.8	2.4
Manchester	33340	53.35 N	2.27 W	78	100.39	8293	-4.2	-2.7	11.2	10.0	8.9	12.7	5.5	11.2	6.3	2.5	90	3.9	130	28.3	-6.4	2.4	2.1
Nottingham	33540	53.00 N	1.25 W	117	99.93	8293	-4.9	-3.2	10.7	9.5	8.4	12.4	5.0	11.0	6.2	3.5	20	3.6	210	29.1	-7.1	2.6	3.2
Oban	31140	56.42 N	5.47 W	4	101.28	8293	-3.2	-1.5	13.2	10.6	9.2	15.2	5.8	13.2	6.4	1.4	180	2.9	180	25.5	-5.5	1.8	2.2
Plymouth	38270	50.35 N	4.12 W	27	101.00	8293	-1.7	-0.3	15.2	13.4	11.8	17.6	9.5	14.9	8.8	3.7	80	4.5	80	27.0	-3.3	2.2	2.1
Stansted Airport	36830	51.88 N	0.23 E	106	100.06	8293	-5.2	-3.5	11.1	9.7	8.5	12.5	6.9	10.7	6.2	3.2	30	4.5	130	28.6	-7.5	2.3	3.5
Stornoway	30260	58.22 N	6.32 W	13	101.17	8293	-1.8	-0.4	16.7	14.5	13.0	18.8	7.2	16.4	6.1	2.8	300	4.4	160	21.3	-4.2	1.8	1.7
Valley	33020	53.25 N	4.53 W	11	101.19	8293	-2.7	-1.1	17.9	15.3	13.7	18.7	7.9	16.5	8.2	4.5	80	4.2	50	26.7	-4.0	2.3	2.1
Wyton Raf	35660	52.35 N	0.12 W	41	100.83	8293	-5.3	-3.6	11.9	10.4	9.3	13.2	6.6	11.7	6.4	3.4	40	4.4	100	29.2	-8.0	2.4	4.1
UKRANIAN																							
Chernihiv (Chernigov)	331350	51.48 N	31.28 E	137	99.69	8293	-21.6	-18.3	9.6	8.5	7.7	9.9	-4.0	8.8	-5.0	2.4	110	4.1	160	31.8	-23.1	2.4	5.2
Chernivtsi (Chernovtsk)	336580	48.27 N	25.97 E	240	98.47	8293	-16.6	-14.1	12.0	9.7	8.4	12.4	-3.5	10.5	-3.4	3.7	320	3.7	110	31.7	-19.1	1.9	3.4
Dnipropetrovs'k (Dnep)	345040	48.37 N	35.08 E	142	99.63	8293	-17.6	-15.3	12.1	10.2	9.2	12.9	-2.8	11.1	-2.1	4.1	50	4.9	90	34.1	-19.3	1.4	3.5
Donets'k	345190	48.07 N	37.77 E	226	96.84	8293	-18.6	-16.3	13.2	11.7	9.7	16.4	-6.0	14.1	-5.0	2.9	70	4.8	100	32.7	-20.8	2.1	3.0
Kerch	339830	45.40 N	36.42 E	49	100.74	8293	-11.6	-9.5	12.6	10.9	9.6	15.1	-3.6	12.3	-3.6	5.1	30	5.0	40	32.5	-12.9	2.1	3.1
Kharkiv (Khar'kov)	343000	49.87 N	36.13 E	152	99.51	8293	-19.2	-16.8	10.2	9.0	8.2	12.2	-2.4	10.1	-5.8	2.8	30	4.8	110	32.3	-20.8	1.5	4.3
Kherson	339020	46.67 N	32.62 E	48	100.75	8293	-15.8	-13.2	10.4	9.0	8.0	12.3	-3.0	10.5	-3.2	3.3	270	3.4	80	34.0	-16.9	1.2	2.9
Kirovohrad (Kirovograd)	337110	48.48 N	32.25 E	172	99.28	8293	-19.0	-16.5	9.8	8.6	7.8	10.4	-2.4	9.3	-1.9	2.1	310	4.0	100	32.3	-20.4	1.4	2.9
Kryvyy Rih (Krivoy Rog)	337910	47.93 N	33.33 E	125	99.83	8293	-18.0	-15.6	12.2	10.2	9.0	14.1	-4.3	11.8	-4.2	5.0	40	4.3	90	33.4	-19.6	1.3	3.5
Kyyiv (Kiev)	333450	50.40 N	30.45 E	168	99.32	8293	-19.0	-15.9	9.6	8.2	7.1	9.6	-8.5	8.2	-7.2	3.0	270	2.9	180	30.6	-19.4	1.9	5.1
Luhans'k (Voroshilovgr)	345230	48.60 N	39.27 E	62	100.58	8293	-20.1	-17.7	13.3	11.2	9.4	14.3	-8.2	12.6	-5.8	2.9	90	4.5	90	34.0	-22.9	1.9	3.2
Mariupol' (Zdanov)	347120	47.07 N	37.50 E	70	100.49	8293	-15.5	-13.4	15.6	13.9	12.2	17.1	-3.3	15.9	-5.0	5.3	70	4.4	90	31.4	-17.1	1.3	2.4
Odesa	338370	46.48 N	30.63 E	35	100.91	8293	-14.1	-11.2	12.2	10.3	9.2	13.2	-2.9	11.4	-2.6	5.0	360	4.4	180	33.2	-15.8	1.7	3.5
Poltava	335060	49.60 N	34.55 E	159	99.43	8293	-19.4	-16.6	10.8	9.3	7.9	12.4	-6.6	10.4	-7.0	2.9	360	3.1	70	31.8	-21.2	1.6	4.6
Rivne (Rovno)	333010	50.58 N	26.13 E	234	98.55	8293	-19.5	-16.0	10.1	8.5	7.4	12.1	-2.4	10.5	-1.5	2.8	270	4.2	130	30.5	-20.7	1.5	5.6
Simferopol'	339460	45.02 N	33.98 E	181	99.17	8293	-13.1	-10.6	12.2	10.3	9.0	12.4	-1.0	11.1	-2.4	3.8	50	4.7	50	33.6	-15.2	1.6	3.2
Sumy	332750	50.88 N	34.78 E	174	99.25	8293	-21.8	-18.5	10.3	9.3	8.1	10.4	-1.9	9.5	-2.5	2.5	330	3.4	130	31.8	-23.3	2.2	5.2
Uzhhorod (Uzhgorod)	336310	48.63 N	22.27 E	118	99.92	8293	-14.7	-12.0	8.4	7.2	6.2	9.2	-1.1	7.3	-0.1	1.3	100	3.0	170	32.5	-17.8	1.8	3.8
Vinnytsya (Vinnitsa)	335620	49.23 N	28.47 E	298	97.80	8293	-19.1	-16.3	12.4	10.3	8.9	12.3	-4.0	11.1	-4.2	3.5	340	4.2	180	30.4	-20.7	1.6	4.5
Zaporizhzhya (Zaporoz)	346010	47.80 N	35.25 E	86	100.30	8293	-17.7	-15.1	10.8	9.3	7.8	12.5	-2.3	10.5	-1.9	3.7	360	4.2	220	33.6	-18.8	1.2	3.0
Zhytomyr (Zhitomir)	333250	50.27 N	28.63 E	227	98.63	8293	-19.8	-16.4	10.8	9.3	8.0	10.8	0.3	9.4	-1.3	2.9	90	3.8	190	30.5	-20.4	1.7	4.8
UNITED ARAB EMIRATES																							
Abu Dhabi	412170	24.43 N	54.65 E	27	101.00	8293	10.9	12.0	9.6	8.5	7.7	9.3	20.7	8.2	20.7	2.0	200	4.2	320	46.5	7.7	0.5	1.4
Dubai	411940	25.25 N	55.33 E	5	101.26	8293	12.0	13.0	9.4	8.3	7.4	9.8	18.8	8.5	19.9	1.8	170	4.9	270	45.5	9.7	1.4	1.0
Ra's Al Khaymah	411840	25.62 N	55.93 E	31	100.95	8293	9.7	11.0	8.1	6.9	6.1	7.7	20.3	6.5	21.5	1.0	210	4.6	320	45.9	6.3	0.8	1.3
Sharjah	411960	25.33 N	55.52 E	33	100.93	8293	9.2	10.7	8.6	7.5	6.7	8.9	19.8	7.5	20.4	2.1	120	4.5	270	46.2	5.3	1.2	2.3
URUGUAY																							
Colonia Del Sacrament	865600	34.45 S	57.83 W	23	101.05	8293	3.8	5.0	14.1	11.9	10.3	13.5	10.4	11.6	9.4	4.0	50	3.9	360	35.1	1.3	3.3	1.7
Montevideo	865800	34.83 S	56.00 W	32	100.94	8293	1.8	3.1	14.5	12.5	10.7	13.5	11.4	12.0	12.8	3.5	330	6.4	360	36.1	-0.4	1.7	1.2
Paso De Los Toros	864600	32.80 S	56.52 W	75	100.43	8293	1.1	2.5	11.5	10.2	8.6	11.0	12.9	9.9	12.9	1.0	280	4.3	330	37.5	-1.1	1.3	1.2

Outdoor Design Conditions

Table 5.3A (SI) (Continued)
Heating and Wind Design Conditions—World

Station	WMO#	Lat	Long	Elev m	StdP kPa	dates	Heating DB 99.6% DB	99% DB	Extreme Wind Speed 1% WS	2.5% WS	5% WS	Coldest Month 0.4% WS MDB		1% WS MDB		MWS/MWD to DB 9.6% MWS PWD		0.4% MWS PWD		Extr. Annual Daily Mean, DB Max. Min.		StdD DB Max. Min.	
Rocha	865650	34.48 S	54.30 W	18	101.11	8293	0.9	2.3	10.6	9.1	8.1	10.4	11.8	9.1	11.5	0.6	310	4.1	360	35.6	-1.5	2.4	1.4
Salto	863600	31.38 S	57.95 W	34	100.92	8293	1.3	2.9	8.6	7.7	6.4	8.5	14.1	7.6	15.1	0.6	120	3.9	20	39.2	-0.9	1.4	1.5
Treinta Y Tres	865000	33.22 N	54.38 E	46	100.77	8293	0.4	1.8	8.3	6.5	5.5	9.8	11.0	7.5	11.4	0.9	270	2.7	290	37.2	-1.7	1.3	1.0
UZBEKISTAN																							
Samarqamd (Samarka	386960	39.70 N	67.00 E	724	92.92	8293	-11.1	-8.2	11.8	9.8	8.3	9.7	3.2	8.3	2.1	3.6	140	4.5	50	38.5	-13.0	1.3	3.5
Tashkent	384570	41.27 N	69.27 E	489	95.59	8293	-10.3	-7.8	6.0	5.1	4.4	6.1	7.0	5.1	5.7	0.9	90	1.7	300	40.7	-12.2	1.2	3.0
VANUATU																							
Luganville	915540	15.52 S	167.22 E	44	100.80	8293	18.8	19.9	8.3	7.4	6.4	8.0	24.8	7.3	25.1	0.7	290	4.0	100	31.6	16.5	0.9	1.7
VENEZUELA																							
Caracas	804150	10.60 N	66.98 W	48	100.75	8293	20.9	21.6	5.5	4.7	4.1	5.4	27.2	4.8	27.4	0.3	140	2.7	340	36.1	15.2	1.2	7.8
VIETNAM																							
HO CHI MINH CITY (Sa	489000	10.82 N	106.67 E	19	101.10	8293	20.0	21.0	17.2	11.4	7.7	11.2	28.2	7.3	27.5	1.9	360	4.1	160	38.5	13.1	2.8	11.4
WAKE ISLAND																							
Wake Island	912450	19.28 N	166.65 E	4	101.28	8293	21.8	22.4	12.8	11.5	10.5	13.5	23.6	12.4	24.1	6.5	40	6.2	80	34.4	19.7	1.7	1.4
WALLIS & FUTUNA ISLAND																							
Wallis Islands	917530	13.23 S	176.17 W	27	101.00	8293	22.1	22.8	9.2	8.2	7.5	9.3	26.7	8.5	26.5	1.1	160	4.2	100	32.6	19.8	1.7	1.3
YUGOSLAVIA																							
Belgrade	132720	44.82 N	20.28 E	99	100.14	8293	-11.5	-8.9	11.1	9.1	7.8	10.2	-0.4	8.9	0.1	2.5	10	2.7	120	36.2	-14.6	2.2	4.6
Palic	130670	46.10 N	19.77 E	105	100.07	8293	-12.5	-9.6	7.6	6.6	5.5	7.7	3.2	6.7	2.5	1.9	50	2.4	180	35.0	-15.8	2.9	4.2
Podgorica (Titograd)	134620	42.37 N	19.25 E	33	100.93	8293	-4.1	-2.8	10.9	9.2	7.8	10.5	6.1	9.3	5.6	3.1	360	3.3	180	37.1	-6.8	1.2	2.4
ZIMBABWE																							
Harare	677750	17.92 S	31.13 E	1503	84.52	8293	7.0	8.0	8.9	7.9	7.1	8.4	15.6	7.4	15.8	2.5	120	4.5	60	32.4	4.3	1.8	1.7

Environmental Design Conditions

Table 5.3B (SI)
Heating and Wind Design Conditions—World

		Cooling DB/MWB					WB/MCDB					DP/MCDB and HR							
		0.4%		1%		2%		0.4%		1%		2%		0.4%			1%		2%		Range
Station	WMO#	DB	MWB	DB	MWB	DB	MWB	WB	MDB	WB	MDB	WB	MDB	DP	HR	MDB	DP	HR	MDB	DP	HR	MDB	of DB
ALGERIA																							
Algiers	603900	35.2	21.7	33.2	21.8	31.7	22.0	25.0	30.3	24.4	29.4	23.8	28.6	23.5	18.4	27.5	23.0	17.8	27.1	22.2	16.9	26.6	11.6
Annaba	603600	34.5	21.8	32.1	22.1	30.5	22.7	25.5	29.1	24.8	28.5	24.2	28.1	24.3	19.2	27.8	23.7	18.5	27.2	23.0	17.8	26.8	9.5
Biskra	605250	42.3	20.4	40.9	20.4	39.6	20.3	22.5	36.3	21.9	36.2	21.5	35.7	18.2	13.2	28.4	17.1	12.3	27.8	16.3	11.7	28.4	11.1
Constantine	604190	37.5	18.9	35.8	19.3	34.0	19.1	21.8	31.3	21.0	30.6	20.3	29.8	19.1	15.1	24.7	18.2	14.3	24.4	17.2	13.4	23.8	15.0
El Golea	605900	42.7	20.4	41.4	20.0	40.1	19.8	22.2	38.6	21.5	38.1	20.8	37.2	16.6	12.4	28.0	15.5	11.5	29.0	14.5	10.8	29.2	14.3
Oran	604900	33.2	20.3	31.4	20.8	30.0	20.8	24.1	29.1	23.5	28.1	23.0	27.3	22.6	17.5	26.4	22.1	17.0	26.3	21.6	16.4	26.0	10.2
Tebessa	604750	37.2	18.2	35.9	18.0	34.4	17.9	20.5	31.6	19.8	30.7	19.2	30.0	17.5	13.8	23.0	16.8	13.2	22.3	16.0	12.6	22.3	15.1
ARGENTINA																							
Buenos Aires	875760	33.9	22.8	32.1	22.3	30.7	21.6	24.7	30.1	23.8	28.9	23.1	28.2	23.2	18.0	26.9	22.4	17.1	26.2	21.7	16.4	25.3	12.0
Comodoro Rivada	878600	30.6	16.1	28.7	15.4	26.9	14.7	17.3	27.7	16.4	25.7	15.6	24.7	14.0	10.0	18.9	12.9	9.3	17.8	11.7	8.6	18.5	10.4
Cordoba	873440	34.5	22.6	33.0	22.0	31.7	21.7	25.2	31.1	24.2	30.0	23.3	29.0	23.5	19.4	28.8	22.5	18.2	27.5	21.6	17.2	26.5	11.7
Junin Airport	875480	33.5	22.2	31.9	21.9	30.4	21.5	24.3	29.6	23.4	28.7	22.7	28.1	22.9	17.8	26.5	22.0	16.8	25.8	21.1	15.9	24.9	12.0
Formosa	871620	36.6	24.7	35.4	24.6	34.2	24.4	26.8	32.6	26.4	32.4	25.9	31.7	25.4	20.7	29.7	24.9	20.1	29.0	24.4	19.5	28.4	10.3
Marcos Juarez	874670	35.0	23.2	33.4	23.1	32.0	23.0	25.8	31.3	24.9	30.4	24.1	29.4	24.3	19.5	29.2	23.4	18.4	27.7	22.6	17.6	26.7	12.3
Mendoza	874180	35.4	20.0	34.0	19.4	32.8	19.5	22.7	31.5	21.8	30.3	21.1	29.5	20.0	16.0	27.0	19.1	15.1	26.5	18.2	14.3	26.0	12.3
Paso De Los Libre	872890	35.8	23.6	34.5	23.8	33.1	23.0	26.1	31.7	25.3	30.9	24.7	30.2	24.5	19.6	28.8	23.8	18.8	28.3	23.1	18.0	27.5	11.2
Posadas	871780	35.9	24.5	34.8	24.3	33.8	24.1	26.6	33.0	26.0	32.4	25.5	31.6	24.9	20.3	30.6	24.2	19.4	29.7	23.8	18.9	29.1	10.6
Reconquista	872700	35.5	25.5	34.2	25.2	32.9	24.7	27.3	32.8	26.6	31.9	25.9	30.8	25.9	21.4	30.5	25.2	20.5	29.8	24.6	19.7	28.8	9.9
Resistencia	871550	36.6	24.2	35.2	24.2	34.0	24.2	26.8	32.8	26.2	32.1	25.7	31.1	25.2	20.5	29.9	24.8	20.0	29.3	24.2	19.2	28.5	11.2
Rio Gallegos	879250	24.5	14.1	22.4	13.0	20.9	12.1	15.1	22.8	14.0	21.0	13.0	19.4	11.6	8.5	17.0	10.7	8.0	16.0	9.7	7.5	15.4	10.8
Rosario	874800	34.0	23.1	32.4	22.7	31.1	22.4	25.4	30.4	24.6	29.4	23.8	28.6	24.0	18.9	28.2	23.1	17.9	27.4	22.3	17.0	26.3	11.4
Salta Airport	870470	31.9	18.3	30.4	18.8	29.1	18.7	22.1	27.8	21.5	26.9	21.0	26.2	20.5	17.6	24.5	19.9	17.0	24.2	19.4	16.4	23.5	10.6
San Juan	873110	37.6	20.8	36.1	20.1	34.7	19.9	23.0	33.8	22.2	32.6	21.5	31.7	19.9	15.7	27.9	18.8	14.6	27.5	18.0	13.9	27.0	13.2
San Miguel De Tu	871210	35.7	23.6	34.1	23.5	32.8	23.1	26.1	32.3	25.4	31.3	24.7	30.4	24.5	20.6	29.7	23.8	19.7	28.9	23.1	18.9	28.2	9.7
ARMENIA																							
Yerevan	377890	35.6	20.5	34.2	20.4	32.8	19.6	22.2	33.0	21.1	32.5	20.3	31.3	18.4	14.8	29.5	17.1	13.6	27.6	16.1	12.8	27.0	13.6
ASCENSION ISLAND																							
Georgetown	619020	30.0	24.1	29.6	23.9	29.2	23.7	25.0	28.7	24.6	28.4	24.3	28.0	23.9	18.9	27.3	23.5	18.5	26.9	23.1	18.0	26.9	4.3
AUSTRALIA																							
Adelaide	946720																						
Alice Springs	943260	40.0	18.1	38.9	17.7	37.5	17.8	23.0	28.5	22.2	28.2	21.5	28.6	21.8	17.6	25.1	20.7	16.4	24.9	19.2	14.9	25.1	13.7
Brisbane	945780																						
Cairns	942870	33.0	25.3	32.1	25.1	31.2	24.9	27.1	30.8	26.6	30.5	26.1	29.8	26.1	21.5	29.3	25.6	20.9	28.9	25.1	20.2	28.4	7.3
Canberra	949260	32.5	17.1	30.3	17.1	28.3	16.6	19.7	26.2	18.8	25.6	18.1	24.9	17.8	13.7	21.7	16.7	12.8	21.2	15.8	12.0	20.0	13.3
Darwin	941200	34.0	23.8	33.2	24.2	33.0	24.4	27.7	31.4	27.3	31.0	27.0	30.8	27.0	22.8	30.2	26.2	21.7	29.4	26.1	21.6	29.2	7.2
Kalgoorlie/Boulde	946370																						
Learmouth	943020	40.4	21.3	38.8	21.1	37.3	21.2	26.1	31.1	25.6	30.8	25.0	30.4	24.9	20.0	28.7	24.2	19.1	28.3	23.4	18.2	28.6	13.1
Perth	946100	37.2	19.2	35.1	19.0	32.9	18.6	22.0	30.5	21.2	29.7	20.5	28.2	19.6	14.4	24.1	18.7	13.6	23.4	18.0	13.0	23.1	12.5
Port Hedland	943120	40.3	21.4	38.9	21.6	37.6	21.8	27.9	33.1	27.4	32.6	27.0	32.0	26.7	22.3	30.5	26.2	21.6	30.1	25.7	21.0	29.8	10.7
Sydney Intl Airpor	947670																						
Townsville	942940	33.6	24.2	32.8	24.7	31.9	24.7	27.1	31.0	26.6	30.4	26.2	29.7	26.1	21.5	29.1	25.7	21.0	28.9	25.1	20.2	28.5	6.5
AUSTRIA																							
Aigen/Ennstal (Mi	111570	27.8	18.7	26.0	17.8	24.3	17.1	19.7	26.3	18.7	24.7	17.7	23.2	17.2	13.3	23.4	16.3	12.5	22.1	15.4	11.8	20.7	11.1
Graz	112400	29.2	20.3	27.9	19.8	26.2	18.6	21.4	27.0	20.5	25.6	19.7	24.9	19.7	15.0	23.8	18.8	14.2	22.7	17.9	13.4	21.8	11.4
Innsbruck	111200	29.2	18.1	27.8	17.5	26.1	16.6	19.1	27.1	18.3	25.5	17.6	23.6	16.9	13.0	20.3	16.1	12.3	19.5	15.2	11.6	19.4	11.4
Klagenfurt	112310	29.4	18.7	27.9	18.4	26.1	17.6	20.1	27.4	19.1	26.3	18.3	24.6	17.5	13.2	22.0	16.8	12.6	21.6	16.0	12.0	20.2	12.8
Linz	110100	29.7	19.1	27.9	18.2	26.1	17.3	20.3	27.4	19.3	25.1	18.5	23.1	18.2	13.6	21.1	17.4	12.9	20.8	16.9	12.5	20.2	10.9
Salzburg	111500	29.8	19.3	27.9	18.5	26.1	17.5	19.9	28.0	19.1	26.9	18.2	24.8	17.2	13.0	22.4	16.2	12.2	21.4	15.8	11.8	21.3	10.5
Vienna, Hohe Wa	110350	30.1	20.1	28.5	19.3	26.8	18.7	21.1	28.4	20.3	26.8	19.6	25.0	18.9	14.0	23.3	18.2	13.4	23.0	17.5	12.8	22.4	9.3
Vienna, Schwecha	110360	30.1	19.4	28.4	18.7	26.9	18.1	20.5	28.6	19.6	26.3	18.9	25.5	18.0	13.2	22.7	17.2	12.6	22.0	16.4	11.9	21.8	10.6
Zeltweg	111650	27.7	19.0	25.9	18.1	24.4	17.3	19.7	26.6	18.8	24.7	17.9	23.4	17.2	13.4	23.3	16.4	12.7	22.0	15.7	12.1	20.8	11.7
AZORES																							
Lajes	85090	26.5	21.9	25.8	21.4	24.9	20.8	22.5	25.4	22.0	24.9	21.5	23.7	21.6	16.4	24.0	21.0	15.8	23.7	20.3	15.1	23.3	6.3
BAHAMAS																							
Nassau	780730	33.0	25.9	32.2	25.7	31.9	25.6	27.2	30.6	26.7	30.4	26.4	30.3	26.2	21.6	28.6	26.0	21.4	28.5	25.4	20.6	28.3	6.9
BAHRAIN																							
Al-Manamah	411500	39.2	25.1	38.2	25.5	37.2	26.2	30.7	34.7	30.2	34.2	29.7	33.8	29.9	27.0	33.7	29.1	25.8	33.4	28.7	25.2	33.4	6.9
BELARUS																							
Babrujsk (Bobrui	269610	27.8	18.6	26.1	18.4	24.5	17.2	20.1	25.8	19.2	24.4	18.2	23.1	18.3	13.5	23.0	17.2	12.5	21.4	16.3	11.8	20.4	11.5

LOAD CALCULATION PRINCIPLES 113

Outdoor Design Conditions

Table 5.3B (SI) (Continued)
Heating and Wind Design Conditions—World

		Cooling DB/MWB						WB/MCDB						DP/MCDB and HR						
		0.4%		1%		2%		0.4%		1%		2%		0.4%			1%		2%		Range
Station	WMO#	DB	MWB	DB	MWB	DB	MWB	WB	MDB	WB	MDB	WB	MDB	DP	HR	MDB	DP	HR	MDB	DP	HR	MDB	of DB
Homyel (Gomel')	330410	28.3	18.8	26.7	18.3	25.2	17.6	20.3	25.5	19.4	24.7	18.6	23.5	18.5	13.6	22.5	17.5	12.7	21.8	16.6	12.0	21.2	9.0
Hrodna (Grodno)	268250	27.6	18.7	25.8	18.0	24.1	17.1	20.1	25.9	19.0	23.9	18.0	22.6	18.1	13.2	22.5	17.1	12.4	21.4	16.1	11.6	20.3	10.8
Mahilyow (Mogile	268630	26.8	19.0	25.2	18.0	23.7	17.2	19.9	24.8	19.0	24.0	18.0	22.3	18.2	13.4	22.4	17.2	12.6	21.2	16.2	11.8	20.2	9.4
Minsk	268500	27.3	18.3	25.8	18.0	24.1	16.9	19.6	25.4	18.7	24.1	17.8	22.8	17.6	13.0	21.7	16.7	12.2	20.7	15.8	11.5	20.4	9.6
Vitsyebsk (Vitebsk	266660	26.5	18.5	25.0	17.8	23.5	17.1	19.8	24.8	18.9	23.3	17.9	22.2	18.2	13.8	22.2	17.2	12.6	21.1	16.2	11.8	20.0	8.4
BELGIUM/LUXEMBOURG																						
Antwerp	64500	28.0	20.2	26.3	19.1	24.6	18.4	21.1	26.5	20.1	25.2	19.0	23.4	19.1	13.9	24.0	18.1	13.0	22.6	17.1	12.2	21.4	9.0
Brussels	64510	27.9	19.6	26.2	18.9	24.5	18.2	20.7	26.5	19.8	24.9	18.7	23.3	18.7	13.6	23.2	17.8	12.9	22.2	16.9	12.1	21.4	9.4
Charleroi	64490	28.0	19.2	26.2	18.6	24.5	17.7	20.4	26.0	19.4	24.7	18.4	23.0	18.3	13.5	23.1	17.4	12.7	21.8	16.6	12.1	20.6	9.3
Florennes	64560	26.9	18.9	25.2	18.3	23.5	17.4	20.2	25.4	19.1	23.9	18.1	22.5	18.4	13.8	22.8	17.3	12.8	21.3	16.4	12.1	20.1	9.0
Koksijde	64000	25.9	19.2	23.9	18.4	22.2	17.6	20.0	24.3	19.0	23.0	18.1	21.4	18.4	13.3	22.5	17.5	12.5	20.9	16.7	11.9	19.9	8.4
Luxembourg	65900	28.0	18.1	26.1	17.4	24.5	16.6	19.5	25.4	18.5	24.2	17.6	22.5	17.5	13.1	21.8	16.6	12.4	20.2	15.7	11.7	19.7	9.5
Oostende	64070	25.2	18.9	23.0	18.2	21.3	17.4	19.7	23.6	18.8	22.2	18.0	20.9	18.2	13.1	21.4	17.5	12.5	20.7	16.7	11.9	19.6	7.8
Saint Hubert	64760	25.2	17.5	23.6	16.9	22.0	15.9	18.7	23.3	17.6	22.0	16.7	20.8	17.0	13.0	20.4	16.0	12.2	19.2	15.2	11.5	18.5	8.1
BENIN																						
Cotonou	653440	32.1	26.3	31.7	26.5	31.4	26.5	27.6	31.1	27.4	30.9	27.2	30.6	26.7	22.3	29.6	26.4	21.9	29.6	26.2	21.6	29.5	4.8
Parakou	653300	36.8	21.6	36.0	21.4	35.2	21.4	25.7	32.8	25.3	32.1	25.0	31.5	23.9	19.7	29.1	23.6	19.3	28.8	23.2	18.9	28.4	11.5
BERMUDA																						
Hamilton, Bermu	780160	31.2	25.5	30.9	25.4	30.1	25.0	26.8	29.7	26.4	29.3	26.0	29.0	26.1	21.5	28.9	25.4	20.6	28.5	25.0	20.1	28.1	4.6
BOLIVIA																						
Cochabamba	852230	29.1	13.6	28.1	13.5	27.2	13.3	16.2	24.5	15.7	24.4	15.2	23.6	14.1	13.8	18.0	13.2	13.0	16.7	13.0	12.8	16.6	15.0
La Paz	852010	17.3	6.6	16.7	6.4	15.9	6.1	9.2	14.2	8.7	13.8	8.2	13.1	7.2	10.4	10.6	6.8	10.2	10.0	6.2	9.7	9.4	12.6
BOSNIA-HERZEGOVINA																						
Banja Luka	132420	33.1	20.4	31.0	20.3	29.2	19.6	22.3	29.2	21.4	28.4	20.4	27.4	20.1	15.1	26.1	19.0	14.1	24.3	18.2	13.4	23.0	12.7
BRAZIL																						
Archipelago De F	824000	31.0	25.6	30.3	25.3	30.1	25.2	26.5	29.7	26.2	29.5	26.0	29.3	25.6	21.0	28.7	25.2	20.5	28.5	25.0	20.2	28.4	4.5
Belem	821930	33.1	25.5	32.5	25.3	32.1	25.4	27.0	30.8	26.6	30.7	26.4	30.4	26.1	21.5	28.8	25.9	21.3	28.7	25.2	20.4	28.1	8.2
Brasilia	833780	31.8	18.3	30.9	18.2	30.0	18.5	21.7	26.6	21.3	26.1	21.0	26.1	20.4	17.2	22.6	20.1	16.9	22.3	19.9	16.6	22.1	13.0
Campinas	837210	33.2	22.8	32.2	21.9	31.2	22.0	24.6	29.6	24.0	28.9	23.6	28.3	23.2	19.5	26.0	22.9	19.1	25.6	22.2	18.3	25.0	9.9
Campo Grande	836120	35.0	21.9	34.1	21.9	33.2	21.9	25.1	30.5	24.6	30.2	24.2	29.8	23.9	20.1	26.8	23.2	19.2	26.4	22.8	18.8	26.3	10.2
Caravelas	834970	31.8	25.1	31.2	25.0	30.8	24.9	26.1	30.3	25.8	29.6	25.6	29.2	25.2	20.3	27.4	24.9	20.0	27.2	24.6	19.6	26.9	7.6
Curitiba	838400	30.8	20.3	29.6	20.1	28.5	20.1	22.7	27.2	22.1	26.5	21.6	25.8	21.7	18.3	24.0	21.0	17.5	23.3	20.5	17.0	23.3	9.7
Fortaleza	823980	32.2	25.4	32.1	25.3	31.9	25.3	26.7	30.4	26.5	30.5	26.2	29.9	26.1	21.6	27.3	25.9	21.3	27.4	25.2	20.4	27.4	6.2
Goiania	834240	34.1	19.6	33.2	19.9	32.6	20.0	23.7	29.6	23.2	29.1	22.8	28.7	22.1	18.4	25.5	21.7	17.9	25.0	21.3	17.5	24.5	12.8
Maceio	829930	32.2	24.0	31.8	23.9	31.2	23.8	25.7	29.3	25.3	29.1	25.0	29.0	24.9	20.2	27.2	24.2	19.4	26.6	24.0	19.1	26.4	7.9
Manaus, Eduardo	821110	35.9	25.4	35.1	25.6	34.6	25.5	28.2	32.1	27.6	31.9	27.1	31.0	27.2	23.0	29.8	26.9	22.6	29.5	26.2	21.6	28.6	11.3
Manaus, Ponta P	823320	34.2	25.2	33.9	25.4	33.1	25.4	27.2	31.4	26.8	31.3	26.6	31.1	26.2	21.8	29.1	26.0	21.6	28.9	25.4	20.8	28.5	7.9
Natal	825990	32.4	25.4	32.1	25.1	31.7	25.0	26.4	30.4	26.1	30.1	25.9	29.9	25.7	21.1	27.8	25.1	20.3	27.6	24.9	20.1	27.5	6.8
Porto Alegre	839710	35.0	24.5	33.5	24.0	32.0	23.3	26.0	31.8	25.2	30.8	24.7	29.8	24.5	19.5	28.5	23.9	18.8	27.6	23.2	18.0	26.8	9.5
Recife	828990	33.1	25.7	32.7	25.6	32.1	25.4	26.6	31.7	26.3	31.2	26.1	30.9	25.2	20.4	28.6	25.1	20.3	28.6	24.9	20.0	28.4	6.3
Rio De Janeiro, G	837460	38.9	26.1	37.1	25.2	35.9	24.9	27.7	35.2	27.0	34.2	26.4	32.6	26.1	21.5	30.1	25.2	20.3	28.9	25.0	20.1	28.9	10.7
Salvador	832480	32.0	25.8	31.2	25.5	31.0	25.4	26.9	30.5	26.5	30.2	26.1	29.7	26.1	21.5	29.3	25.2	20.3	28.9	25.1	20.2	28.7	6.0
Santarem	822440	34.0	25.2	33.2	25.1	33.0	25.3	26.6	31.5	26.4	31.3	26.2	31.0	25.5	20.9	28.1	25.2	20.5	28.0	25.1	20.4	28.0	7.8
Sao Paulo	837800	31.9	20.3	30.9	20.3	29.9	20.4	22.9	27.4	22.3	27.1	21.9	26.8	21.8	18.2	24.9	21.1	17.4	24.1	20.8	17.1	23.8	8.3
Vitoria	836490	34.1	25.2	33.2	25.0	32.4	24.9	26.5	31.2	26.0	30.5	25.7	30.1	25.8	21.1	28.3	25.0	20.1	27.2	24.6	19.6	27.6	8.1
BULGARIA																						
Botevgrad	156270	15.6	9.6	14.1	8.9	12.7	8.1	11.1	14.0	10.2	12.5	9.5	11.7	10.1	10.3	11.8	9.2	9.7	11.0	8.4	9.2	10.2	4.3
Burgas	156550	30.8	22.1	29.1	21.5	28.0	20.6	23.5	27.7	22.6	27.3	21.8	26.3	22.1	16.8	26.2	21.1	15.8	25.2	20.2	14.9	24.4	11.1
Lom	155110	32.3	23.2	30.6	22.2	29.2	21.5	23.9	30.9	23.0	29.7	22.1	28.3	21.6	16.3	28.5	20.7	15.4	27.3	19.8	14.6	26.1	10.6
Musala	156150	13.1	6.9	11.6	6.2	10.3	5.8	8.2	11.4	7.4	10.5	6.6	9.4	6.8	8.8	9.0	5.9	8.3	8.2	5.2	7.9	7.6	5.1
Plovdiv	156250	33.7	21.3	32.1	21.0	30.6	20.5	23.0	31.4	22.0	30.4	21.1	29.0	20.0	15.0	28.3	19.1	14.2	26.8	18.3	13.5	25.3	11.9
Ruse	155350	34.5	22.7	32.6	21.5	31.0	21.0	23.6	32.2	22.5	31.1	21.6	29.8	20.6	15.3	29.2	19.5	14.3	26.9	18.7	13.6	25.6	11.5
Sofia	156140	31.3	18.7	29.5	18.4	27.9	17.7	20.1	28.2	19.2	27.6	18.5	26.4	17.1	13.1	23.5	16.2	12.4	22.5	15.5	11.8	22.0	12.1
Varna	155520	29.6	22.3	28.2	21.9	27.1	20.9	23.6	27.6	22.7	26.8	21.9	25.9	22.3	17.1	26.5	21.3	16.0	25.6	20.4	15.2	24.8	9.6
BRUNEI																						
Brunei Intl Airpor	963150	33.6	26.1	33.1	26.3	32.6	26.3	27.7	31.4	27.5	31.2	27.2	30.9	26.9	22.6	30.0	26.5	22.1	29.7	26.2	21.7	29.4	7.8
CANARY ISLANDS																						
Las Palmas	600300	30.2	19.9	28.8	20.1	27.2	20.4	24.7	26.6	23.7	25.8	23.0	25.5	24.0	18.9	25.9	23.0	17.8	25.2	22.1	16.8	24.6	5.5
Santa Cruz De Te	600250	32.9	20.1	30.5	20.1	28.9	20.4	23.8	27.9	23.2	27.2	22.6	26.7	22.2	17.0	26.4	21.9	16.7	26.2	21.1	15.9	25.4	6.9
CAPE VERDE																						
Sal Island	85940	30.1	23.9	29.6	24.0	29.0	23.7	25.7	28.0	25.2	27.6	24.8	27.3	25.0	20.2	27.0	24.4	19.5	26.7	24.0	19.0	26.5	4.9
CHILE																						
Antofagasta	854420	25.0	20.2	24.1	19.2	23.2	18.6	20.7	24.1	20.1	23.2	19.4	22.7	19.3	14.3	22.9	18.9	13.9	22.6	18.1	13.2	21.6	5.8
Arica	854060	28.1	21.6	27.1	20.6	26.2	20.2	22.9	26.3	22.1	25.8	21.1	25.5	21.5	16.3	25.8	20.5	15.3	25.5	19.5	14.3	24.4	6.6
Concepcion	856820	24.3	17.3	23.2	16.7	22.2	16.3	18.5	22.5	17.7	21.7	17.1	21.0	17.0	12.2	19.7	16.1	11.5	18.9	15.7	11.2	18.6	11.2
Iquique	854180	26.8	20.1	26.1	19.7	25.5	19.4	20.7	25.8	20.2	25.4	19.7	24.8	18.7	13.6	24.0	18.1	13.1	23.7	17.6	12.7	23.3	6.5

ENVIRONMENTAL DESIGN CONDITIONS

Table 5.3B (SI) (Continued)
Heating and Wind Design Conditions—World

		Cooling DB/MWB						WB/MCDB						DP/MCDB and HR							
		0.4%		1%		2%		0.4%		1%		2%		0.4%			1%			2%		Range
Station	WMO#	DB	MWB	DB	MWB	DB	MWB	WB	MDB	WB	MDB	WB	MDB	DP	HR	MDB	DP	HR	MDB	DP	HR	MDB	of DB
La Serena	854880	22.4	17.4	21.8	17.1	21.0	16.6	18.0	21.7	17.5	20.9	17.0	20.5	16.5	12.0	19.7	16.0	11.6	19.4	15.5	11.2	18.7	6.6
Puerto Montt	857990	22.7	16.9	21.1	16.1	20.0	15.4	17.7	21.4	16.8	20.1	16.0	19.3	16.2	11.6	19.1	15.3	11.0	18.4	14.4	10.3	17.6	9.8
Punta Arenas	859340	17.8	12.5	16.3	11.4	15.2	10.8	13.2	16.8	12.3	15.3	11.4	14.4	11.3	8.4	14.1	10.5	7.9	13.6	9.7	7.5	12.9	7.2
Santiago	855740	31.9	18.4	30.9	18.2	29.9	18.0	19.9	29.3	19.2	28.8	18.7	28.0	16.1	12.1	24.3	15.4	11.6	23.8	14.9	11.2	23.2	17.5
Temuco	857430	27.4	17.7	25.5	17.1	23.9	16.2	18.7	25.0	17.7	24.3	16.9	23.0	16.2	11.7	21.9	15.1	10.9	20.9	14.2	10.3	19.7	13.7
CHINA																							
Anda	508540	30.8	20.4	29.3	20.2	28.0	19.3	23.7	27.8	22.7	26.4	21.7	25.3	22.4	17.4	26.2	21.4	16.4	25.2	20.6	15.5	23.9	8.3
Andirlangar	518480	36.8	17.2	35.4	16.6	34.0	16.1	18.9	31.4	18.1	31.0	17.4	30.1	15.4	12.8	21.6	14.2	11.8	21.9	13.0	10.9	22.1	14.8
Anyang	538980	34.6	22.6	33.4	23.2	32.2	23.3	27.1	31.1	26.5	30.1	25.6	29.1	26.0	21.6	29.8	25.3	20.6	28.7	24.5	19.7	28.4	8.0
Baoding	546020	34.4	22.0	33.0	22.5	31.7	22.7	26.6	30.3	25.8	29.5	25.0	28.8	25.6	20.9	28.7	24.7	19.8	28.1	23.9	18.8	27.7	8.2
Bayan Mod	524950	32.8	14.9	31.5	14.4	30.0	13.8	17.7	26.7	16.7	25.9	15.8	25.6	14.9	12.5	20.7	13.6	11.4	19.8	12.4	10.5	20.4	11.5
Beijing	545110	34.2	21.9	32.9	21.8	31.5	21.9	26.2	30.5	25.4	29.0	24.7	28.3	25.1	20.3	28.4	24.2	19.2	27.6	23.6	18.5	27.1	8.7
Bengbu	582210	35.2	26.5	33.7	26.0	32.3	25.2	28.0	33.1	27.5	32.1	26.9	31.2	26.7	22.3	30.8	26.2	21.7	30.4	25.7	21.0	29.8	6.6
Changchun	541610	30.1	21.3	28.9	21.0	27.6	20.4	24.4	28.1	23.4	26.7	22.5	25.4	23.3	18.6	27.0	22.4	17.6	25.8	21.4	16.5	24.6	7.5
Changsha (57679	576870	35.6	26.7	34.6	26.6	33.6	26.2	27.8	32.8	27.4	32.5	27.0	32.0	26.7	22.5	30.3	26.2	21.8	29.8	25.7	21.1	29.6	7.0
Chengdu	562940	31.5	24.7	30.6	24.3	29.6	23.9	26.5	30.0	25.7	28.9	25.1	28.1	25.6	22.2	29.0	24.9	21.2	27.8	24.3	20.5	27.2	6.8
Dalian	546620	30.0	23.1	28.7	22.4	27.6	22.0	25.0	28.0	24.4	26.6	23.7	25.8	24.2	19.3	26.6	23.7	18.8	25.8	23.0	18.0	25.5	5.5
Dandong	544970	29.3	23.9	28.0	22.8	26.9	22.1	25.1	27.8	24.4	26.4	23.7	25.5	24.3	19.3	26.4	23.8	18.7	25.6	23.2	18.0	25.0	6.8
Datong	534870	30.7	17.0	29.2	16.7	27.9	16.5	20.7	26.1	19.8	25.1	19.0	24.2	19.2	15.9	22.9	18.2	14.9	22.2	17.2	14.0	22.2	10.7
Deqen	564440	19.4	11.2	18.2	11.2	17.2	10.9	13.0	16.8	12.5	16.3	12.0	15.8	11.7	13.3	14.3	11.2	12.8	13.7	10.7	12.4	13.2	6.7
Dinghai	584770	32.2	27.2	31.1	26.7	30.1	26.2	27.6	31.5	27.1	30.6	26.6	29.6	26.6	22.3	30.4	26.1	21.6	29.5	25.7	21.1	28.7	5.4
Erenhot	530680	32.7	16.0	31.0	15.5	29.3	15.1	18.8	26.3	18.0	25.6	17.2	24.9	16.7	13.4	21.1	15.6	12.5	20.3	14.5	11.6	20.4	11.7
Fuzhou	588470	35.4	27.0	34.4	26.8	33.3	26.5	27.9	33.9	27.4	33.1	26.9	32.3	26.3	22.0	31.7	25.9	21.4	30.9	25.6	21.1	30.0	7.7
Golmud	528180	26.9	11.5	25.3	10.3	23.8	9.8	12.6	23.8	11.7	22.3	10.8	21.5	8.6	9.8	15.8	7.2	8.9	15.7	6.0	8.2	14.6	10.5
Guangzhou	592870	34.6	26.4	33.9	26.3	33.0	26.2	27.7	31.9	27.4	31.5	27.1	31.1	26.7	22.3	29.5	26.4	21.9	29.1	26.1	21.5	29.0	6.9
Guilin	579570	34.5	25.5	33.5	25.5	32.6	25.3	27.1	31.2	26.7	30.8	26.6	30.5	26.2	22.1	29.0	25.7	21.4	28.5	25.4	21.0	28.3	7.4
Guiyang	578160	30.5	21.3	29.5	21.3	28.6	21.0	22.9	28.0	22.5	27.4	22.1	26.7	21.6	18.6	25.2	21.1	18.0	24.9	20.7	17.5	24.5	7.0
Hami	522030	36.1	19.0	34.6	18.1	33.2	17.8	21.0	32.3	19.9	31.8	19.0	30.5	17.4	13.6	26.4	15.9	12.4	25.1	14.7	11.4	24.1	13.3
Hangzhou	584570	35.8	27.2	34.4	26.6	33.1	26.6	28.2	33.4	27.6	32.8	27.0	31.9	27.0	22.8	31.4	26.2	21.7	30.0	25.9	21.3	29.7	7.5
Harbin	509530	30.4	20.8	29.0	20.0	27.7	20.1	24.1	27.8	23.1	26.3	22.1	25.4	23.0	18.1	26.7	22.0	17.0	25.6	21.0	15.9	24.4	8.5
Hefei	583210	34.8	27.1	33.5	26.8	32.2	26.0	28.0	33.1	27.5	32.5	27.0	31.4	26.7	22.4	30.9	26.2	21.7	30.5	25.7	21.1	29.9	6.1
Hohhot	534630	30.9	17.7	29.4	17.3	28.0	16.7	21.1	26.7	20.0	25.2	19.1	24.4	19.4	16.1	23.9	18.4	15.1	23.0	17.3	14.1	22.1	10.5
Jinan	548230	34.8	22.9	33.5	23.1	32.3	22.9	26.7	31.5	26.1	30.8	25.4	29.6	25.4	20.7	29.5	24.7	19.9	29.0	24.1	19.1	28.3	7.3
Jingdezhen	585270	36.0	26.6	34.7	26.1	33.7	26.0	27.5	33.2	27.1	32.6	26.7	31.9	26.2	21.8	29.7	25.8	21.3	29.5	25.4	20.7	29.3	8.3
Jinzhou	543370	31.1	22.1	29.7	21.4	28.5	21.2	25.2	28.2	24.4	27.2	23.7	26.2	24.3	19.4	27.0	23.5	18.5	26.1	22.8	17.7	25.6	7.5
Jixi	509780	30.3	21.1	28.5	20.3	27.1	19.8	23.5	28.2	22.5	25.9	21.4	25.0	22.1	17.3	26.0	21.1	16.2	25.2	20.1	15.2	24.3	8.4
Kashi	517090	33.5	18.8	32.2	18.1	31.0	17.7	20.8	29.2	19.9	28.9	19.0	28.4	18.2	15.4	25.6	16.9	14.1	24.4	15.8	13.1	24.1	12.3
Korla	516560	34.9	19.2	33.7	18.6	32.4	18.1	21.0	32.0	19.8	30.8	19.0	30.0	17.3	13.9	27.2	16.0	12.7	25.4	14.9	11.9	24.7	10.6
Kowloon	450070	33.2	26.1	32.8	26.1	32.0	26.1	27.6	31.1	27.3	30.7	27.0	30.6	27.0	22.8	29.7	26.2	21.7	29.3	26.1	21.5	29.3	4.5
Kunming	567780	26.6	17.0	25.8	17.2	25.0	17.1	20.1	24.6	19.6	23.8	19.2	23.1	18.7	17.1	22.3	18.4	16.8	21.9	18.1	16.5	21.4	8.5
Lanzhou	528890	31.5	17.7	30.2	17.0	28.8	16.6	19.7	27.4	18.9	26.6	18.1	25.5	17.5	15.1	23.3	16.4	14.1	22.5	15.4	13.2	22.0	11.1
Lhasa	555910	24.8	10.7	23.6	10.8	22.5	10.4	13.1	20.6	12.6	20.0	12.2	19.4	10.7	12.7	15.1	10.2	12.2	14.6	9.8	11.9	14.5	11.7
Liuzhou	590460	35.2	25.5	34.3	25.6	33.6	25.5	27.2	32.2	26.8	31.8	26.5	31.5	26.0	21.6	29.6	25.6	21.1	29.3	25.3	20.7	29.1	7.0
Longzhou	594170	35.8	26.5	34.8	26.4	33.9	26.2	27.9	33.4	27.5	32.7	27.2	32.1	26.7	22.6	30.2	26.3	22.1	29.8	26.0	21.7	29.6	7.6
Macau	450110	33.1	27.3	32.4	27.2	31.7	26.9	28.1	32.0	27.7	31.3	27.4	30.9	27.1	23.0	30.4	26.7	22.4	30.0	26.6	22.3	29.8	4.2
Mudanjiang	540940	30.7	21.5	28.8	20.3	27.4	19.8	23.6	28.2	22.5	26.5	21.5	25.4	22.0	17.2	26.8	21.1	16.2	25.8	20.1	15.2	24.4	8.9
Nanchang	586060	35.7	26.8	34.6	26.7	33.5	26.5	28.1	32.6	27.7	32.2	27.2	31.8	27.0	22.8	30.6	26.5	22.2	30.4	26.1	21.6	30.1	6.9
Nanjing	582380	34.6	27.1	33.2	26.8	31.9	26.0	28.1	32.4	27.6	31.9	27.1	31.1	27.1	22.9	30.8	26.5	22.0	30.3	26.0	21.4	29.8	6.2
Nanning	594310	34.9	26.2	34.1	26.3	33.3	26.1	27.8	32.2	27.4	31.6	27.1	31.2	26.7	22.5	29.9	26.4	22.1	29.6	26.1	21.7	29.3	6.6
Nenjiang	505570	29.8	19.4	28.0	18.7	26.5	18.8	22.4	26.3	21.3	25.2	20.5	24.1	21.1	16.2	24.7	20.1	15.2	23.3	19.1	14.3	22.6	9.5
Qingdao	548570	29.2	23.6	28.2	23.6	27.3	23.4	25.8	27.5	25.3	26.9	24.8	26.4	25.3	20.7	27.0	24.8	20.0	26.5	24.3	19.4	26.0	4.5
Qiqihar	507450	30.7	20.8	29.1	20.3	27.7	20.0	23.7	27.6	22.6	26.8	21.7	25.7	22.5	17.5	26.4	21.3	16.2	25.0	20.3	15.2	24.0	7.9
Shanghai	583670	34.4	27.4	33.1	27.4	31.8	26.7	28.4	33.0	27.7	31.9	27.2	31.0	27.2	23.0	31.0	26.8	22.4	30.6	26.1	21.5	29.6	6.4
Shantou	593160	32.8	26.8	32.0	26.6	31.4	26.4	27.6	31.5	27.2	30.8	27.0	30.3	26.7	22.3	29.6	26.3	21.8	29.2	26.1	21.5	28.9	5.2
Shaoguan	590820	35.7	25.8	34.8	25.8	33.9	25.7	27.1	32.8	26.7	32.2	26.5	31.8	25.8	21.3	29.3	25.5	20.9	29.1	25.2	20.5	28.8	7.6
Shenyang	543420	31.1	23.2	29.9	22.7	28.8	22.0	25.3	29.6	24.5	28.3	23.8	27.1	24.0	19.0	27.9	23.4	18.3	27.1	22.6	17.4	26.3	8.0
Shijiazhuang	536980	34.9	22.5	33.5	22.0	32.1	22.7	26.8	30.8	25.9	29.7	25.1	29.0	25.8	21.3	29.3	24.9	20.2	28.4	24.0	19.1	27.6	8.6
Taiyuan	537720	31.7	20.7	30.3	20.1	29.2	19.9	23.8	28.4	22.8	27.4	22.0	26.5	22.5	18.9	26.3	21.5	17.8	25.6	20.5	16.7	24.9	10.9
Tangshan	545340	32.1	23.2	30.9	22.7	29.9	22.5	26.1	29.6	25.3	28.5	24.6	27.6	25.1	20.3	28.4	24.4	19.4	27.7	23.6	18.5	26.6	7.7
Tianjin	545270	33.5	23.1	32.2	23.0	31.1	22.8	26.6	30.1	25.8	29.5	25.2	28.7	25.5	20.7	29.0	24.8	19.8	28.2	24.1	19.0	27.7	7.2
Urumqi	514630	33.0	16.2	31.4	15.8	30.1	15.4	17.6	28.6	17.0	28.0	16.4	27.2	14.2	11.3	19.1	13.2	10.6	19.5	12.4	10.0	19.9	10.2
Weifang	548430	34.0	23.0	32.5	22.9	31.2	23.0	27.0	31.0	26.1	29.7	25.3	28.5	25.9	21.4	29.3	25.1	20.3	28.3	24.4	19.5	27.5	8.3
Wenzhou	586590	33.8	27.6	32.7	27.2	31.8	26.9	28.3	32.7	27.7	31.8	27.3	30.9	27.1	22.9	31.2	26.7	22.3	30.6	26.3	21.8	29.6	6.5
Wuhan	574940	35.1	27.3	34.0	26.9	32.9	26.5	28.3	32.9	27.9	32.5	27.4	31.8	27.2	23.0	30.8	26.7	22.3	30.7	26.2	21.7	30.4	6.1
Xi'an	570360	34.8	22.7	33.4	22.8	32.0	22.5	25.7	31.4	25.0	30.4	24.2	29.3	24.2	20.1	28.8	23.5	19.2	28.4	22.7	18.3	27.4	8.9
Xiamen	591340	32.7	26.3	32.0	26.1	31.2	26.0	27.2	31.4	26.8	30.7	26.5	30.2	26.1	21.9	29.5	25.8	21.5	28.9	25.6	21.2	28.5	5.9

LOAD CALCULATION PRINCIPLES

OUTDOOR DESIGN CONDITIONS

Table 5.3B (SI) (Continued)
Heating and Wind Design Conditions—World

		Cooling DB/MWB						WB/MCDB						DP/MCDB and HR						
		0.4%		1%		2%		0.4%		1%		2%		0.4%			1%			2%		Range
Station	WMO#	DB	MWB	DB	MWB	DB	MWB	WB	MDB	WB	MDB	WB	MDB	DP	HR	MDB	DP	HR	MDB	DP	HR	MDB	of DB
Xining	528660	27.0	14.0	25.5	13.5	24.1	12.8	15.9	22.3	15.1	22.2	14.4	21.2	13.8	13.0	18.4	12.9	12.3	17.2	12.1	11.6	16.9	10.9
Xuzhou	580270	34.2	25.0	32.8	24.6	31.5	24.1	27.6	32.0	26.9	30.9	26.2	29.8	26.5	22.1	30.1	25.8	21.2	29.3	25.2	20.4	28.8	6.8
Yaxian	599480	32.7	26.9	32.3	26.8	31.9	26.7	28.1	31.7	27.7	31.1	27.5	30.8	27.1	22.9	30.3	26.8	22.4	30.0	26.6	22.2	29.9	5.3
Yichang	574610	35.3	26.2	33.9	25.9	32.6	25.3	27.8	33.1	27.2	32.1	26.7	31.0	26.6	22.5	30.9	26.0	21.7	30.3	25.5	21.1	29.6	7.2
Yichun	507740	29.8	20.5	28.2	19.7	26.7	19.2	22.6	27.1	21.6	25.9	20.7	24.7	21.1	16.2	25.4	20.1	15.2	24.1	19.2	14.4	23.0	10.1
Yinchuan	536140	31.2	19.4	30.0	18.9	28.8	18.3	21.9	28.0	20.9	27.1	20.1	26.1	20.0	16.9	25.4	19.0	15.8	24.4	18.0	14.8	23.7	10.6
Yingkou	544710	30.1	24.2	29.1	23.3	28.2	22.7	25.4	28.7	24.7	27.9	24.1	27.2	24.4	19.4	27.7	23.7	18.5	26.9	23.1	17.9	26.4	6.7
Yining	514310	33.0	19.4	31.6	18.8	30.2	18.3	20.6	30.4	19.8	29.5	19.1	28.3	17.4	13.5	24.6	16.5	12.7	23.2	15.7	12.1	22.8	12.8
Yueyang	575840	34.3	27.3	33.5	26.9	32.7	26.6	28.3	33.0	27.7	32.2	27.2	31.5	27.1	23.0	31.8	26.5	22.2	31.1	26.0	21.5	30.1	5.0
Zhangjiakou	544010	31.9	18.4	30.5	18.2	29.1	18.0	22.4	27.4	21.5	26.8	20.7	25.9	20.9	17.0	25.3	19.7	15.8	24.6	18.8	14.9	24.1	9.5
Zhanjiang	596580	33.9	26.5	33.1	26.6	32.3	26.6	28.0	31.4	27.7	30.9	27.4	30.6	27.2	23.1	29.8	26.9	22.6	29.5	26.6	22.2	29.4	4.7
Zhengzhou	570830	34.7	23.6	33.4	23.5	32.1	23.5	27.4	31.5	26.6	30.4	25.8	29.4	26.3	22.0	30.1	25.5	21.0	28.9	24.8	20.1	28.4	8.1
COLOMBIA																							
Bogota	802220	21.1	13.3	20.2	13.5	20.0	13.5	15.3	18.9	14.9	18.6	14.6	18.2	14.1	13.8	17.5	13.8	13.5	17.0	13.1	12.9	16.5	11.5
COOK ISLANDS																							
Rarotonga Island	918430	29.7	25.5	29.3	25.3	28.9	25.1	26.5	28.7	26.2	28.4	25.9	28.1	25.9	21.2	28.0	25.6	20.9	27.8	25.2	20.3	27.6	4.6
CROATIA																							
Pula	132090	31.8	21.4	30.2	20.6	29.1	20.2	23.3	27.9	22.5	27.8	21.5	27.1	21.9	16.7	26.0	20.8	15.6	25.1	19.9	14.7	24.1	10.6
Split	133330	32.8	21.2	31.7	20.4	30.2	20.0	22.5	29.9	21.7	29.3	21.1	28.7	20.1	14.8	25.9	19.1	13.9	25.3	18.2	13.1	24.7	10.3
Zagreb	131310	31.1	21.3	29.5	21.0	28.1	20.1	22.5	29.4	21.6	28.1	20.8	26.9	20.2	15.1	25.6	19.2	14.2	24.9	18.5	13.5	23.6	12.3
CUBA																							
Guantanamo	783670	34.2	25.8	34.0	25.7	33.2	25.4	27.6	32.8	27.1	32.6	26.7	32.3	26.1	21.5	31.5	25.6	20.9	31.3	25.1	20.2	30.8	8.5
CYPRUS																							
Akrotiri	176010	32.7	21.7	31.4	22.2	30.3	22.6	25.6	29.2	25.1	28.7	24.6	28.1	24.6	19.6	27.7	24.0	18.9	27.6	23.4	18.2	27.3	7.2
Larnaca	176090	33.8	21.7	32.7	22.1	31.6	22.4	25.7	29.9	25.1	29.5	24.6	29.1	24.2	19.1	28.5	23.8	18.7	28.2	23.1	17.9	27.7	9.9
Paphos	176000	30.9	24.7	30.1	24.6	29.2	24.3	26.2	29.8	25.7	29.2	25.1	28.5	25.1	20.2	29.2	24.6	19.6	28.8	24.0	18.9	28.2	8.6
CZECH REPUBLIC																							
Brno	117230	29.5	19.1	27.7	18.5	26.1	17.6	20.2	27.5	19.3	26.2	18.5	24.3	17.7	13.1	23.2	17.0	12.5	21.9	16.2	11.9	21.3	10.8
Cheb	114060	28.4	18.5	26.6	17.5	24.8	16.7	19.3	26.6	18.3	24.7	17.4	23.2	16.8	12.7	21.8	16.0	12.0	20.2	15.2	11.4	19.5	10.8
Ostrava	117820	29.5	19.3	27.6	18.3	25.8	17.7	20.3	27.6	19.4	26.1	18.5	24.2	17.9	13.3	22.6	17.1	12.6	21.5	16.3	12.0	21.2	11.5
Plzen	114480	29.0	19.4	27.1	18.5	25.3	17.7	20.3	27.5	19.3	25.5	18.4	24.0	17.9	13.4	23.6	17.0	12.7	22.6	16.1	12.0	20.8	11.3
Praded Mountain	117350	18.6	13.0	17.0	12.3	15.6	11.7	14.1	17.3	13.2	15.8	12.3	14.7	13.1	11.3	15.0	12.1	10.6	14.1	11.3	10.0	13.3	5.4
Prague	115180	28.8	18.4	26.8	17.8	25.0	17.1	19.7	26.2	18.7	24.7	17.8	23.4	17.3	12.9	22.1	16.4	12.2	20.6	15.8	11.7	20.3	11.1
Pribyslav	116590	27.0	18.1	25.2	17.5	23.5	16.7	19.1	25.4	18.1	23.5	17.2	22.4	16.8	12.8	21.7	16.0	12.1	20.6	15.2	11.5	19.7	10.3
DENMARK																							
Alborg	60300	25.0	17.1	23.1	16.3	21.5	15.5	18.1	23.7	17.2	21.8	16.2	20.3	16.0	11.4	20.2	15.1	10.7	19.3	14.2	10.1	18.1	8.4
Copenhagen	61800	25.0	17.2	23.2	16.4	21.9	15.8	18.2	23.2	17.4	21.7	16.5	20.4	16.2	11.5	20.0	15.5	11.0	19.4	14.8	10.5	18.9	8.1
Hammerodde	61930	22.8	17.8	21.3	17.4	20.1	16.8	18.8	21.3	18.0	20.5	17.2	19.5	17.9	12.9	20.2	17.0	12.1	19.2	16.2	11.5	18.7	3.9
Mon Island	61790	23.1	18.2	21.6	17.4	20.4	16.7	19.0	21.9	18.1	20.9	17.2	19.7	17.8	12.8	20.8	16.8	12.0	20.0	16.0	11.4	19.1	5.6
Odense	61200	25.8	17.8	24.1	17.0	22.3	16.2	18.8	23.7	17.8	22.9	16.9	21.2	16.9	12.1	21.1	15.9	11.3	20.1	15.0	10.7	19.1	9.6
Skagen	60410	22.1	18.9	20.7	17.9	19.4	17.1	19.5	21.3	18.4	20.3	17.5	18.9	18.7	13.5	20.7	17.6	12.6	19.4	16.8	12.0	18.5	5.3
Tirstrup	60700	25.2	17.5	23.7	16.8	22.0	15.9	18.6	23.5	17.6	21.8	16.6	20.5	17.0	12.2	19.8	16.0	11.4	19.0	15.0	10.7	18.2	9.9
ECUADOR																							
Guayaquil	842030	33.2	24.5	32.9	24.6	32.1	24.4	26.7	31.2	26.2	30.4	25.9	29.6	25.8	21.1	29.3	25.2	20.4	28.2	25.0	20.1	27.9	7.4
Quito	840710	22.0	12.5	21.2	12.3	20.8	12.1	14.6	19.4	14.1	19.0	13.7	18.4	13.0	13.3	16.1	12.2	12.6	15.1	12.1	12.5	14.8	10.2
EGYPT																							
Alexandria	623180	32.5	21.6	30.9	22.9	29.9	23.1	25.0	29.7	24.4	28.8	24.0	28.5	23.5	18.3	27.9	23.0	17.8	27.5	22.5	17.2	27.4	6.3
Cairo	623660	38.0	20.3	36.2	20.5	35.1	20.8	24.1	31.5	23.6	30.4	23.1	30.1	22.2	17.0	26.0	21.9	16.7	25.8	21.2	16.0	25.6	13.3
Luxor	624050	43.1	22.2	42.0	21.9	40.9	21.7	24.0	39.4	23.3	38.7	22.7	38.2	18.9	13.8	33.4	17.8	12.9	32.6	16.9	12.2	32.5	17.0
ESTONIA																							
Kopu/Cape Ristna	261150	22.6	17.5	21.1	17.0	19.8	16.3	18.7	21.6	17.7	20.1	16.9	19.2	17.6	12.6	20.4	16.7	11.9	19.4	15.8	11.2	18.4	4.8
Tallinn	260380	24.9	17.6	23.3	16.9	21.6	16.0	19.0	23.0	17.9	21.9	16.9	20.6	17.4	12.5	20.8	16.3	11.7	20.0	15.2	10.8	18.7	8.2
FAEROE ISLANDS																							
Torshavn	60110	14.3	12.4	13.5	11.8	12.7	11.5	13.0	13.9	12.4	13.1	11.9	12.5	12.6	9.1	13.3	12.0	8.8	12.7	11.5	8.5	12.2	3.0
FIJI																							
Nadi	916800	32.3	25.0	31.7	25.0	31.2	24.8	26.6	30.4	26.2	30.0	25.9	29.7	25.6	20.9	28.5	25.2	20.4	28.2	24.9	20.0	28.0	7.9
Nausori	916830	31.2	25.8	30.6	25.7	30.0	25.4	26.7	29.8	26.3	29.3	26.0	28.9	25.9	21.2	28.2	25.6	20.9	28.0	25.2	20.3	27.7	6.1
FINLAND																							
Helsinki	29740	25.9	17.6	24.1	16.3	22.7	15.9	18.7	23.6	17.6	22.4	16.7	20.8	17.0	12.2	19.6	15.9	11.4	19.2	14.9	10.7	18.4	9.8
Jyvaskyla	29350	25.4	16.8	23.8	16.2	21.9	15.3	18.4	23.0	17.2	22.0	16.1	20.3	16.5	12.0	20.5	15.3	11.1	18.5	14.3	10.3	17.6	9.8
Kauhava	29130	25.0	16.7	23.2	16.1	21.2	15.1	18.2	22.9	17.0	21.3	16.0	20.1	16.1	11.8	20.2	15.3	10.9	18.5	14.3	10.2	17.7	10.0
Kuopio	29170	25.4	16.9	23.7	16.2	21.9	15.7	18.6	23.3	17.4	21.7	16.4	20.5	16.7	12.0	20.7	15.7	11.3	19.1	14.6	10.5	18.1	7.1
Lahti	29650	26.1	17.8	24.5	17.0	22.8	16.2	19.1	24.2	17.9	23.2	16.9	21.6	17.0	12.3	21.2	15.8	11.3	20.0	14.9	10.7	18.8	10.6
Pello	28440	24.2	16.0	22.2	15.4	20.3	14.3	17.4	22.0	16.2	20.4	15.1	18.8	15.5	11.1	19.1	14.4	10.3	17.9	13.3	9.6	16.8	8.8
Pori	29520	24.8	16.9	23.2	15.9	21.5	15.1	18.2	22.8	17.1	21.6	16.1	20.0	16.6	11.8	19.7	15.3	10.9	18.5	14.4	10.3	17.5	9.0
Suomussalmi	28790	24.3	16.1	22.3	15.4	20.4	14.3	17.4	22.6	16.2	20.9	15.2	19.1	15.3	11.2	19.0	14.3	10.4	17.7	13.4	9.8	16.8	8.4

Table 5.3B (SI) (Continued)
Heating and Wind Design Conditions—World

		Cooling DB/MWB						WB/MCDB						DP/MCDB and HR						
		0.4%		1%		2%		0.4%		1%		2%		0.4%			1%		2%	Range
Station	WMO#	DB	MWB	DB	MWB	DB	MWB	WB	MDB	WB	MDB	WB	MDB	DP	HR	MDB	DP	HR	MDB	DP	HR	MDB	of DB
Tampere	29440	26.1	16.8	24.4	16.3	22.8	15.4	18.5	23.7	17.3	22.4	16.2	21.1	16.4	11.8	19.6	15.2	10.9	18.9	14.2	10.2	17.6	10.4
Turku	29720	25.9	17.5	24.1	15.9	22.5	15.3	18.4	23.6	17.4	22.2	16.3	20.4	16.7	12.0	20.6	15.4	11.0	19.0	14.6	10.4	18.1	9.1
FRANCE																							
Bordeaux	75100	32.1	21.2	30.0	20.8	28.1	20.0	23.0	29.6	21.8	27.5	20.9	26.1	21.1	15.9	25.9	20.0	14.8	24.0	19.1	14.0	23.1	11.3
Clermont-Ferran(	74600	31.9	20.9	29.8	20.0	27.9	19.6	22.0	29.5	21.0	28.1	20.0	26.5	19.5	14.8	25.0	18.6	14.0	24.3	17.8	13.3	23.2	12.6
Dijon	72800	30.4	20.2	28.8	19.8	27.0	19.2	21.9	27.6	20.9	26.8	19.9	25.5	20.0	15.1	25.1	18.9	14.1	23.3	18.0	13.3	22.2	11.6
Brest	71100	25.8	18.5	23.5	18.3	21.7	17.2	19.7	24.4	18.6	22.1	17.7	20.1	18.2	13.3	20.6	17.5	12.7	19.5	16.9	12.2	18.9	7.6
Lyon	74810	32.0	20.7	30.0	20.3	28.1	19.6	22.2	29.1	21.1	27.9	20.2	26.5	19.9	15.0	25.7	18.9	14.1	24.1	18.0	13.3	22.9	11.9
Marseille	76500	32.0	21.6	30.7	21.2	29.2	20.6	23.7	28.7	22.8	27.9	21.9	27.0	22.1	16.8	26.2	21.1	15.8	25.8	20.1	14.9	24.9	10.4
Montpellier	76430	32.1	21.7	30.3	21.1	29.0	20.5	24.6	27.8	23.7	27.0	22.8	26.4	23.8	18.7	26.0	22.8	17.5	25.3	21.8	16.5	24.7	10.3
Nancy	71800	29.9	20.4	28.0	19.6	26.2	18.6	21.4	27.9	20.3	26.2	19.4	24.7	19.2	14.3	24.6	18.2	13.5	22.9	17.4	12.8	21.4	11.6
Nantes	72220	30.2	20.2	28.2	20.0	26.2	18.8	22.0	27.5	20.9	26.2	19.9	24.6	20.1	14.8	24.4	19.1	13.9	22.9	18.2	13.1	21.3	10.1
Nice	76900	29.1	23.2	28.1	22.8	27.2	22.5	25.3	27.7	24.5	26.9	23.7	26.2	24.4	19.4	27.0	23.8	18.7	26.6	22.8	17.5	25.9	6.8
Nimes	76450	33.2	20.7	31.7	20.4	30.3	20.2	23.0	28.8	22.1	28.1	21.4	27.3	21.4	16.2	24.9	20.5	15.3	24.6	19.5	14.3	23.8	10.9
Orleans	72490	30.1	19.9	28.2	19.1	26.7	18.5	21.7	28.0	20.3	25.9	19.4	24.7	19.6	14.5	25.6	18.2	13.3	22.7	17.3	12.6	21.8	11.8
Paris, Charles De	71570	29.8	20.8	27.7	19.9	25.9	19.0	21.9	27.1	20.7	25.9	19.7	24.3	20.0	14.9	24.6	18.9	13.9	23.3	17.9	13.0	22.2	10.4
Paris, Orly	71490	29.9	20.3	28.0	19.4	26.1	18.6	21.4	27.9	20.3	25.9	19.5	24.4	19.2	14.1	23.7	18.2	13.3	22.9	17.4	12.6	21.9	10.2
St.-Quentin	70610	27.9	20.1	26.0	19.4	24.3	18.4	21.3	26.0	20.0	24.8	19.0	23.3	19.7	14.6	23.9	18.1	13.4	22.1	17.4	12.6	21.2	10.5
Strasbourg	71900	30.5	20.9	28.8	20.0	27.0	19.2	21.9	27.9	20.9	26.8	20.0	25.5	19.9	14.9	24.7	18.9	14.0	23.8	18.0	13.2	22.5	11.5
Toulouse	76300	33.0	21.1	31.0	20.7	29.1	20.0	23.0	30.2	21.9	28.0	21.0	27.2	20.9	15.8	26.3	19.9	14.9	25.2	19.0	14.0	23.8	11.9
FRENCH POLYNESIA																							
Moruroa Island	919520	30.5	25.9	30.0	25.6	29.5	25.4	26.8	29.2	26.5	28.9	26.1	28.5	26.2	21.6	28.2	25.7	21.0	27.9	25.4	20.6	27.8	3.8
Papeete, Tahiti	919380	31.8	26.3	31.4	26.0	31.0	25.8	27.0	30.9	26.6	30.5	26.3	30.2	25.8	21.1	30.0	25.5	20.7	29.6	25.1	20.2	29.3	6.1
GERMANY																							
Aachen	105010	28.6	18.9	26.9	18.6	25.2	17.8	20.2	26.8	19.4	25.4	18.5	24.0	18.0	13.3	22.6	17.2	12.6	21.7	16.3	11.9	20.9	8.6
Ahlhorn (Ger-Afb)	102180	28.8	18.5	26.9	18.1	24.9	17.5	20.0	26.8	19.0	25.5	18.0	23.6	17.8	12.9	21.9	16.9	12.1	21.0	16.0	11.4	20.4	10.1
Berlin	103840	29.9	18.8	27.9	18.1	26.1	17.5	20.1	27.0	19.2	25.9	18.3	24.1	17.9	12.9	22.3	16.9	12.1	21.2	15.9	11.4	20.8	9.3
Bitburg	106100	28.8	19.0	26.9	18.6	25.0	17.6	20.0	26.6	19.2	25.4	18.2	24.0	18.0	13.5	22.5	17.0	12.7	21.9	16.0	11.9	21.0	10.3
Bremen	102240	27.9	19.1	26.1	18.1	24.2	17.3	20.0	25.8	19.1	24.6	18.1	22.7	18.1	13.0	21.8	17.1	12.2	21.4	16.1	11.4	20.2	10.0
Bremerhaven	101290	27.1	18.7	25.0	17.9	23.0	17.2	20.1	25.1	19.1	23.1	18.2	22.0	18.5	13.4	21.6	17.5	12.5	21.3	16.8	11.8	20.3	6.5
Dresden	104880	29.7	18.8	27.5	18.2	25.8	17.4	20.1	27.4	19.1	25.3	18.2	24.2	17.6	13.0	22.4	16.8	12.3	21.6	15.9	11.6	20.5	9.8
Dusseldorf	104000	29.6	19.6	27.8	18.6	26.0	17.8	20.5	27.4	19.6	26.0	18.7	24.3	18.2	13.2	22.9	17.4	12.5	22.0	16.5	11.8	21.4	9.7
Eggebek (Ger-Na)	100340	26.8	18.4	24.8	17.2	22.9	16.5	19.1	25.1	18.1	23.6	17.2	21.7	17.0	12.2	21.3	16.0	11.4	20.2	15.1	10.7	19.3	9.6
Ehrenberg	105440	24.0	16.5	22.2	15.7	20.6	14.9	17.5	22.3	16.5	21.1	15.5	19.5	15.6	12.4	20.0	14.6	11.6	18.3	13.8	11.0	17.1	7.5
Frankfurt Am Mai	106370	30.3	19.4	28.5	18.8	26.7	17.9	20.5	27.8	19.6	26.6	18.7	24.8	18.2	13.3	22.6	17.4	12.6	21.5	16.5	11.9	20.9	11.0
Grafenwohr	106870	29.2	18.8	27.8	18.7	25.9	17.7	20.0	27.1	19.1	26.2	18.1	24.7	17.2	12.9	20.3	16.8	12.6	21.4	15.9	11.9	20.7	13.9
Greifswald	101840	27.2	19.0	25.0	18.1	23.2	17.2	19.9	25.4	18.9	23.7	17.9	22.2	18.1	13.0	22.1	17.0	12.1	20.9	16.0	11.4	20.0	9.1
Hamburg	101470	27.8	18.9	25.9	18.0	24.0	17.1	19.9	25.7	18.8	24.3	17.9	22.6	17.8	12.8	22.1	16.9	12.1	21.0	16.0	11.4	20.1	9.3
Hannover	103380	28.8	19.3	26.9	18.4	25.1	17.6	20.3	26.5	19.3	25.3	18.4	23.4	18.3	13.3	22.5	17.3	12.4	21.4	16.3	11.7	20.8	10.4
Heidelberg	107340	32.1	20.3	30.1	19.6	28.2	19.0	21.4	30.0	20.6	28.7	19.7	26.9	19.0	14.0	25.0	18.0	13.1	23.8	17.1	12.4	21.9	11.1
Hof	106850	27.0	17.5	25.0	16.9	23.3	16.1	18.8	25.0	17.8	23.2	16.8	21.9	16.6	12.7	21.3	15.7	11.9	19.7	14.9	11.3	18.7	10.3
Husum (Ger-Afb)	100260	26.1	18.0	24.2	17.6	22.2	16.4	19.5	24.2	18.4	22.9	17.4	21.0	17.8	12.8	21.3	16.8	12.0	19.8	15.9	11.3	19.0	8.6
Kap Arkona	100910	23.1	18.2	21.7	17.7	20.5	16.9	19.1	22.2	18.2	21.1	17.4	20.0	17.7	12.8	20.9	16.9	12.1	19.9	16.1	11.5	19.2	5.1
Kiel/Holtenau(Gn	100460	25.8	18.0	24.0	17.0	22.2	16.4	18.7	24.2	17.8	22.9	16.9	21.3	16.8	12.0	21.5	15.9	11.3	20.2	15.0	10.7	19.2	8.6
Koln	105130	29.6	19.2	27.7	18.3	25.9	17.5	20.3	27.4	19.4	25.9	18.6	24.4	18.1	13.2	22.7	17.2	12.4	21.5	16.4	11.8	20.8	11.0
Lahr	108050	30.2	20.7	28.8	20.0	26.9	19.0	21.7	28.5	20.7	27.4	19.8	25.4	19.2	14.2	25.1	18.3	13.4	23.3	17.8	13.0	22.9	11.5
Landsberg (Ger-A	108570	28.2	19.1	26.2	17.7	24.9	17.2	19.4	27.3	18.5	25.2	17.6	23.4	16.8	12.9	22.0	15.9	12.2	21.3	15.0	11.5	20.6	11.2
Leck (Ger-Afb)	100220	26.2	18.2	24.2	17.0	22.2	16.4	19.2	25.0	18.0	23.8	17.0	21.4	17.0	12.1	21.8	16.0	11.4	20.2	15.0	10.7	19.3	9.1
Leipzig	104690	29.7	19.0	27.6	18.4	25.8	17.6	20.2	27.0	19.2	25.7	18.4	24.3	17.8	13.0	22.9	17.0	12.3	21.7	16.1	11.6	21.1	10.3
Memmingen (Ger	109470	28.2	19.0	26.8	18.1	25.0	17.0	19.2	27.1	18.4	25.4	17.5	23.6	16.2	12.5	22.9	15.2	11.7	20.9	14.8	11.4	20.7	11.1
Munich	108660	29.0	18.7	27.1	18.0	25.5	17.4	19.6	26.7	18.8	25.6	18.1	24.3	17.1	13.0	22.2	16.4	12.4	21.4	15.7	11.9	20.7	11.2
Neuburg (Ger-Afb	108530	29.2	19.0	27.2	18.1	25.9	17.6	20.0	27.5	19.1	26.5	18.1	24.7	17.1	12.8	22.9	16.2	12.1	21.8	15.2	11.3	20.7	12.6
Nordholz (Ger-Na	101360	27.2	18.3	25.1	17.5	23.1	16.8	19.6	24.8	18.5	23.5	17.6	21.9	17.5	12.6	21.0	16.6	11.9	20.3	15.8	11.3	19.5	8.2
Ramstein (Usafb)	106140	30.2	19.8	28.2	18.8	26.8	18.2	20.9	28.2	19.7	26.3	18.8	25.4	18.2	13.5	22.1	17.2	12.6	22.4	16.2	11.9	21.6	12.4
Sollingen (Can-Af	107220	30.8	20.6	28.8	19.9	27.0	18.9	21.7	28.4	20.8	27.0	19.9	25.3	19.2	14.2	23.9	18.8	13.8	23.4	17.9	13.1	22.5	11.0
Stuttgart	107380	29.1	18.9	27.3	18.3	25.6	17.4	19.9	27.3	19.0	25.7	18.2	24.3	17.3	13.0	23.1	16.5	12.4	21.9	15.8	11.8	21.1	10.8
GEORGIA																							
Batumi	374840	27.7	22.8	26.9	22.2	26.1	21.7	23.8	26.8	23.1	26.0	22.4	25.2	22.8	17.5	26.1	22.1	16.8	25.3	21.4	16.1	24.5	5.8
K'ut'aisi (Kutaisi)	373950	32.1	21.4	30.3	21.2	28.9	21.1	24.2	28.6	23.4	27.2	22.7	26.3	22.9	17.9	26.3	22.2	17.1	25.4	21.6	16.5	25.0	8.3
Sokhumi (Sukhu)	372600	28.9	22.8	27.8	22.6	26.9	22.2	24.4	27.4	23.7	26.6	23.1	25.9	23.4	18.2	26.2	22.7	17.4	25.5	22.2	16.9	25.0	7.3
Tbilisi	375490	33.5	21.2	31.9	21.2	30.4	20.7	22.9	31.3	22.1	30.2	21.3	28.8	20.2	15.8	27.2	19.4	15.0	26.2	18.6	14.2	25.6	10.2
GIBRALTAR																							
North Front	84950	31.1	20.4	29.2	20.1	27.9	20.1	23.4	26.2	22.9	25.6	22.3	25.0	22.5	17.2	24.6	22.0	16.7	24.6	21.4	16.1	23.7	7.0
GREECE																							
Andravida	166820	32.9	20.9	31.6	21.5	30.3	21.4	24.1	28.9	23.5	28.2	22.8	27.9	22.9	17.7	26.4	22.0	16.7	26.2	21.1	15.8	25.5	11.8
Athens	167160	34.1	20.6	33.0	20.1	31.8	20.1	23.8	29.7	22.9	29.2	22.1	28.5	21.9	16.6	28.2	20.8	15.5	27.5	19.8	14.5	26.7	9.4

Outdoor Design Conditions

Table 5.3B (SI) (Continued)
Heating and Wind Design Conditions—World

		Cooling DB/MWB						WB/MCDB						DP/MCDB and HR						
		0.4%		1%		2%		0.4%		1%		2%		0.4%			1%			2%			Range
Station	WMO#	DB	MWB	DB	MWB	DB	MWB	WB	MDB	WB	MDB	WB	MDB	DP	HR	MDB	DP	HR	MDB	DP	HR	MDB	of DB
Elefsis (Hel-Afb)	167180	36.1	21.1	34.9	20.1	33.2	19.8	23.6	31.5	22.6	30.9	21.6	30.1	21.0	15.7	28.6	19.9	14.7	27.6	18.8	13.7	26.7	10.1
Iraklion	167540	31.2	18.9	29.9	19.5	28.8	19.9	23.2	27.5	22.6	27.3	22.0	26.5	21.8	16.5	26.7	21.0	15.7	26.3	20.1	14.9	25.9	5.9
Larisa	166480	36.0	20.3	34.1	20.1	32.8	19.8	21.9	32.6	21.1	30.9	20.5	30.1	19.1	14.0	23.6	18.2	13.2	23.3	17.6	12.7	23.1	14.0
Preveza	166430	31.2	21.6	29.9	21.6	28.8	22.1	24.4	28.1	23.8	27.6	23.3	27.0	23.2	18.0	26.6	22.7	17.4	26.1	22.1	16.8	25.9	8.0
Rodhos	167490	32.0	21.5	30.8	21.4	29.8	21.3	24.3	27.7	23.8	27.6	23.3	27.3	23.2	18.0	26.1	22.7	17.4	26.1	22.0	16.7	25.9	5.6
Soudha	167460	34.0	19.1	32.2	19.2	30.9	19.0	22.3	27.8	21.6	27.2	21.1	26.8	20.9	15.8	24.1	20.0	15.0	24.0	19.2	14.2	23.9	8.5
Thessaloniki	166220	33.2	21.2	32.1	20.7	30.9	20.5	22.9	30.4	22.2	29.0	21.5	28.9	20.8	15.5	27.0	19.9	14.6	26.3	19.0	13.8	25.4	11.6
GREENLAND																							
Dundas, Thule Al	42020	12.2	6.6	10.4	6.1	9.1	5.2	7.1	11.4	6.2	10.2	5.4	8.9	4.0	5.1	8.1	3.0	4.7	7.1	2.2	4.5	6.4	4.6
Godthab	42500	14.0	9.4	12.1	8.4	10.5	8.0	10.1	13.0	9.1	11.5	8.2	10.1	8.7	7.0	10.2	7.6	6.5	9.3	6.8	6.2	8.6	5.8
Kangerlussuaq	42310	18.2	10.7	17.1	10.2	15.8	9.5	11.1	17.6	10.4	16.6	9.7	15.1	7.4	6.4	11.3	6.6	6.1	11.3	5.9	5.8	11.1	10.1
Narsarsuaq	42700	18.1	9.9	16.7	9.4	15.3	8.6	11.2	15.5	10.4	14.3	9.8	13.7	9.6	7.4	10.6	8.7	7.0	10.1	7.9	6.6	9.7	6.8
GUAM																							
Andersen Afb (Gu	912180	31.2	26.0	30.7	26.0	30.3	25.8	27.3	29.8	26.9	29.4	26.6	29.2	26.5	22.5	29.0	26.1	22.0	28.5	25.7	21.4	28.2	4.2
HUNGARY																							
Budapest	128390	32.1	20.4	30.2	19.9	28.8	19.0	21.4	30.5	20.6	29.2	19.7	26.9	18.2	13.4	21.6	17.9	13.1	23.4	17.0	12.4	23.5	12.2
Debrecen	128820	31.2	21.7	29.5	21.1	27.9	20.1	22.4	30.1	21.5	28.6	20.6	27.2	19.7	14.6	26.5	18.8	13.8	25.5	18.0	13.1	24.2	11.3
Nagykanizsa	129250	30.6	21.0	29.0	20.6	27.4	19.8	22.0	28.8	21.2	27.5	20.3	26.5	19.9	14.9	25.3	18.9	13.9	23.9	18.1	13.2	23.0	12.6
Pecs	129420	31.3	21.3	29.8	20.8	28.1	20.0	22.2	29.9	21.3	28.9	20.4	27.1	19.4	14.5	26.9	18.5	13.7	26.3	17.6	12.9	24.7	10.5
Siofok	129350	29.8	21.9	28.2	21.3	26.9	20.5	22.9	28.6	21.9	27.3	20.9	26.3	20.8	15.7	27.4	19.8	14.7	26.0	18.8	13.8	24.7	8.1
Szombathely	128120	30.2	20.6	28.4	20.0	26.8	19.4	21.7	28.1	20.8	26.8	19.9	25.7	19.6	14.7	24.7	18.6	13.8	23.7	17.8	13.1	22.5	11.0
ICELAND																							
Akureyri	40630	19.0	13.4	17.4	12.4	15.9	11.5	14.1	18.1	12.8	16.6	11.8	15.4	12.0	8.8	16.0	10.8	8.1	14.7	9.7	7.5	13.3	5.3
Keflavik	40180	14.9	11.1	13.7	10.5	12.8	10.3	12.0	13.6	11.3	12.7	10.8	12.1	11.2	8.3	12.3	10.8	8.1	11.8	10.0	7.7	11.3	4.2
Raufarhofn	40770	15.4	11.5	13.6	10.5	12.3	9.9	12.1	14.7	11.0	13.3	10.1	11.9	10.5	7.9	13.9	9.6	7.4	12.0	8.9	7.1	10.9	4.1
Reykjavik	40300	15.6	11.5	14.2	10.9	13.3	10.4	12.5	14.5	11.7	13.6	11.0	12.9	11.4	8.4	13.4	10.6	8.0	12.5	10.0	7.7	11.7	4.7
INDIA																							
Ahmadabad	426470	42.1	23.5	41.0	23.4	39.7	23.7	28.7	34.6	28.2	33.6	27.8	32.9	27.6	23.7	31.1	27.1	23.0	30.5	26.7	22.4	30.1	12.7
Bangalore	432950	34.4	19.5	33.6	19.4	32.8	19.5	23.4	28.8	22.8	28.0	22.4	27.4	22.2	18.9	25.1	21.6	18.2	24.6	21.2	17.8	24.3	10.7
Bombay	430030	35.0	22.8	34.0	23.3	33.2	24.0	27.7	31.6	27.4	31.3	27.1	30.9	26.7	22.3	30.2	26.4	21.9	29.9	26.1	21.5	29.6	5.2
Calcutta	428090	37.0	25.7	35.9	26.0	35.0	26.3	29.3	34.2	28.9	33.3	28.5	32.7	28.3	24.4	32.2	27.8	23.8	31.6	27.5	23.4	31.1	10.0
Cuddalore	433290	37.4	25.4	36.4	25.5	35.5	25.6	28.7	32.8	28.3	32.4	28.0	32.0	27.7	23.7	31.3	27.3	23.1	31.0	27.0	22.7	30.8	8.2
Goa/Panaji	431920	33.7	25.1	33.2	25.2	32.7	25.1	28.2	31.3	27.6	31.1	27.2	30.6	27.3	23.3	30.5	26.7	22.5	29.8	26.3	21.9	29.5	5.8
Hyderabad	431280	40.3	21.6	39.2	21.5	38.1	21.5	25.2	32.0	24.7	31.2	24.4	30.5	23.7	19.8	27.3	23.3	19.3	26.8	23.0	19.0	26.4	10.5
Jaipur	423480	42.2	20.7	40.8	20.5	39.5	20.8	26.9	31.3	26.5	30.7	26.1	30.3	26.0	22.4	28.7	25.6	21.9	28.3	25.2	21.3	28.0	12.4
Madras	432790	38.1	25.1	37.0	25.2	36.0	25.2	28.5	32.6	27.9	32.0	27.5	31.4	27.3	23.2	30.6	27.0	22.7	30.2	26.6	22.2	29.8	8.1
Nagpur	428670	43.5	21.8	42.2	21.5	41.0	21.3	26.7	32.3	26.2	31.3	25.9	30.6	25.6	21.6	28.6	25.2	21.1	28.2	24.9	20.7	27.9	12.7
New Delhi	421820	41.7	22.0	40.5	22.4	39.2	22.6	28.0	33.2	27.6	32.6	27.2	32.0	26.5	22.6	30.0	26.1	22.1	29.8	25.9	21.9	29.5	12.0
Poona	430630	38.0	19.3	37.0	19.4	36.0	19.2	24.5	29.9	23.9	29.1	23.5	28.3	23.1	19.1	26.6	22.7	18.7	25.9	22.3	18.2	25.5	16.1
Sholapur	431170	40.8	21.9	39.8	21.9	38.8	21.8	26.6	34.0	25.8	33.1	25.1	32.5	24.9	21.2	30.0	24.1	20.2	28.6	23.5	19.4	28.0	11.7
Trivandrum	433710	33.5	25.6	33.0	25.5	32.5	25.4	27.2	31.3	27.0	30.9	26.7	30.6	26.2	21.8	29.2	26.0	21.5	29.0	25.7	21.1	28.8	6.5
INDIAN OCEAN ISLANDS																							
Diego Garcia Isl.	619670	32.1	26.6	31.6	26.1	31.1	26.0	28.0	30.3	27.4	30.2	26.9	29.8	27.2	23.0	29.2	26.8	22.4	29.1	26.2	21.6	28.8	5.2
INDONESIA																							
IRELAND																							
Belmullet	39760	21.0	16.9	19.1	16.2	17.7	15.5	17.7	20.0	16.7	18.4	15.9	17.4	16.7	11.9	18.6	15.9	11.3	17.8	15.2	10.8	16.9	4.9
Birr	39650	24.2	17.6	22.2	17.0	20.5	16.2	18.6	22.5	17.6	21.1	16.8	19.7	17.2	12.4	20.3	16.2	11.6	18.8	15.5	11.1	18.6	8.3
Claremorris	39700	22.7	17.8	20.9	16.8	19.2	16.0	18.4	21.4	17.4	20.1	16.5	18.6	17.1	12.3	19.6	16.3	11.7	18.5	15.5	11.1	17.9	7.7
Clones	39740	23.3	17.6	21.4	16.8	19.9	16.0	18.3	22.2	17.4	20.6	16.5	19.2	16.9	12.2	19.7	16.0	11.5	18.8	15.2	10.9	18.3	7.6
Cork	39550	21.7	16.8	20.2	16.2	19.0	15.7	17.7	20.3	17.0	19.2	16.3	18.1	16.9	12.3	18.4	16.1	11.7	17.8	15.5	11.2	17.1	6.7
Dublin	39690	22.0	17.0	20.6	16.3	19.4	15.6	17.9	20.5	17.1	19.7	16.3	18.8	16.8	12.1	19.5	15.9	11.4	18.5	15.1	10.8	17.6	7.0
Kilkenny	39600	24.3	17.7	22.5	16.8	20.9	16.3	18.6	22.5	17.7	21.2	16.9	20.0	17.2	12.4	20.2	16.3	11.7	19.1	15.5	11.1	18.3	8.8
Malin	39800	19.3	15.9	18.1	15.5	17.0	14.8	16.7	18.5	15.9	17.6	15.2	16.7	15.8	11.3	17.5	15.1	10.8	16.8	14.5	10.3	16.2	4.2
Mullingar	39710	23.2	17.5	21.3	16.8	19.7	16.1	18.3	21.7	17.4	20.4	16.6	19.1	17.0	12.3	19.6	16.1	11.6	18.7	15.4	11.1	18.0	8.0
Rosslare	39570	20.0	16.6	18.9	15.9	18.0	15.4	17.3	19.1	16.6	18.2	16.0	17.5	16.5	11.8	18.3	15.9	11.3	17.5	15.2	10.8	16.8	4.9
Shannon	39620	23.8	17.9	21.9	17.0	20.2	16.1	18.6	22.2	17.7	20.9	16.9	19.6	17.1	12.2	20.0	16.3	11.6	19.4	15.6	11.1	18.6	6.7
Valentia Observat-	39530	21.7	17.3	20.1	16.8	18.7	16.1	18.2	20.5	17.5	19.2	16.7	18.2	17.4	12.5	18.9	16.7	11.9	18.5	16.0	11.4	17.8	5.2
ISRAEL																							
Jerusalem	401840	31.6	18.1	30.2	17.7	29.1	17.4	21.3	27.4	20.5	26.3	19.8	25.6	19.6	15.7	23.6	18.7	14.8	22.4	18.1	14.3	21.9	10.2
Lod	401800	34.2	20.5	32.2	22.0	31.2	22.5	25.3	30.3	24.7	29.6	24.2	29.2	23.9	18.9	28.6	23.1	18.0	28.0	22.6	17.4	27.5	9.5
Ovda (Isr-Afb/Civ)	401980	37.6	18.5	36.2	18.2	35.2	18.1	22.8	31.8	21.7	30.7	20.8	29.7	20.1	15.6	26.8	19.0	14.5	25.8	18.0	13.6	24.5	13.9
Tel Aviv-Yafo	401760	31.2	20.6	30.0	23.6	29.3	23.5	25.7	29.1	25.1	28.5	24.6	28.2	24.6	19.6	28.2	24.0	18.9	27.9	23.4	18.2	27.6	5.5
ITALY																							
Bologna/Borgo (A	161400	33.8	23.7	32.2	22.9	31.0	22.4	24.9	31.6	24.1	30.3	23.2	29.4	23.0	17.8	28.2	22.1	16.9	27.4	21.2	15.9	27.0	11.3
Brindisi	163200	32.0	23.0	30.2	23.5	29.1	23.9	26.5	29.9	25.9	28.4	25.1	27.9	25.9	21.3	28.6	25.0	20.1	28.0	24.1	19.0	27.2	7.2
Catania	164600	34.9	22.1	33.0	22.6	31.8	22.5	26.0	29.4	25.3	29.1	24.6	28.5	25.1	20.2	27.9	24.1	19.0	27.3	23.2	18.0	26.9	11.6

ENVIRONMENTAL DESIGN CONDITIONS

Table 5.3B (SI) (Continued)
Heating and Wind Design Conditions—World

		Cooling DB/MWB						WB/MCDB						DP/MCDB and HR						
		0.4%		1%		2%		0.4%		1%		2%		0.4%			1%			2%		Range
Station	WMO#	DB	MWB	DB	MWB	DB	MWB	WB	MDB	WB	MDB	WB	MDB	DP	HR	MDB	DP	HR	MDB	DP	HR MDB	of DB
Genova	161200	29.8	22.4	28.8	22.4	27.8	22.2	24.7	28.1	24.0	27.3	23.2	26.7	23.6	18.4	27.6	22.9	17.6	27.0	22.0	16.7 26.3	5.8
Messina	164200	31.9	22.5	30.9	22.8	30.0	23.1	26.0	28.9	25.5	28.6	24.9	28.2	25.1	20.3	28.1	24.4	19.5	28.1	23.8	18.8 27.6	5.2
Milan, Linate	160800	31.6	22.8	30.3	22.3	29.2	21.7	24.2	29.7	23.5	28.7	22.6	27.7	22.7	17.6	27.4	21.8	16.7	26.4	21.0	15.9 25.8	10.1
Milan, Malpensa	160660	32.0	23.4	30.8	23.0	29.4	22.5	25.1	30.0	24.1	29.3	23.1	28.3	23.4	18.7	28.6	22.2	17.3	27.1	21.3	16.4 26.3	12.8
Naples	162890	33.2	22.8	31.9	22.6	30.8	22.8	26.0	29.5	25.1	29.1	24.3	28.1	25.0	20.3	28.6	24.0	19.0	27.5	23.0	17.9 26.7	11.0
Palermo	164050	33.2	21.8	31.1	22.8	30.0	23.9	26.6	29.5	26.1	28.9	25.5	28.5	25.9	21.3	29.2	25.1	20.3	28.5	24.5	19.6 27.9	5.3
Perugia	161810	33.2	21.0	32.0	20.7	30.2	20.4	22.9	30.4	22.0	29.1	21.2	28.2	20.6	15.7	26.0	19.8	14.9	25.1	19.0	14.1 24.3	13.9
Pisa	161580	31.9	22.4	30.4	21.8	29.2	21.5	24.5	28.3	23.7	28.1	23.0	27.7	23.1	17.9	26.7	22.2	16.9	26.2	21.4	16.1 25.5	11.8
Rome	162420	30.8	23.3	29.8	23.2	28.9	23.4	26.1	28.6	25.4	27.9	24.6	27.2	25.2	20.3	28.1	24.5	19.5	27.3	23.8	18.7 26.8	9.9
Ronchi Legionari	161080	32.7	22.4	31.1	21.9	29.9	21.4	24.4	28.6	23.5	28.4	22.5	27.9	23.1	17.9	26.9	21.9	16.6	26.0	20.9	15.6 25.6	11.8
Torino	160590	30.8	22.4	29.5	21.9	28.2	21.2	24.0	28.8	23.1	27.7	22.3	26.4	22.5	17.8	25.6	21.8	17.1	25.9	20.9	16.1 25.2	10.5
Venice	161050	30.8	23.3	29.5	22.6	28.2	21.8	25.1	28.4	24.1	27.8	23.1	27.0	24.0	18.9	27.4	22.9	17.6	26.8	21.9	16.6 25.8	9.1
JAMAICA																						
Kingston	783970	33.2	25.6	32.9	25.6	32.2	25.4	27.1	31.5	26.6	31.4	26.2	30.9	26.0	21.4	29.5	25.2	20.4	29.3	25.0	20.1 29.2	6.5
Montego Bay	783880	32.2	25.9	32.1	25.9	31.8	25.8	26.9	31.1	26.6	31.1	26.2	30.8	25.8	21.1	29.8	25.2	20.5	29.7	25.0	20.1 29.8	6.3
JAPAN																						
Aomori	475750	29.8	23.5	28.2	22.8	26.6	21.9	24.4	28.8	23.6	27.4	22.8	26.0	23.1	17.9	26.6	22.4	17.1	26.4	21.7	16.4 25.5	7.2
Asahikawa	474070	29.9	22.7	28.0	21.3	26.4	20.2	23.6	28.7	22.7	27.0	21.6	25.1	22.0	16.9	27.5	21.1	16.0	25.6	20.2	15.1 24.6	8.7
Atsugi	476790	32.2	25.0	31.1	24.6	30.0	24.2	26.0	30.7	25.5	28.9	25.0	29.0	25.0	20.2	27.8	24.2	19.3	28.1	23.9	18.9 27.4	6.5
Fukuoka	478080	33.8	24.9	32.7	25.6	31.2	24.9	26.3	31.5	25.9	30.6	25.5	29.8	25.3	20.2	28.5	24.9	19.1	27.6	24.1	19.0 27.9	7.3
Hakodate	474300	27.9	23.0	26.5	22.1	25.1	21.4	23.8	27.0	23.0	25.7	22.1	24.5	22.8	17.6	25.9	22.0	16.7	24.9	21.1	15.8 24.3	6.1
Hamamatsu	476810	32.0	24.7	30.9	24.6	29.9	24.4	26.3	29.8	25.9	28.7	25.5	27.9	25.8	21.2	27.4	25.1	20.3	27.0	24.8	20.0 27.1	6.6
Hiroshima	477650	32.6	25.3	31.6	25.1	30.6	24.8	26.3	30.9	25.8	30.3	25.4	29.5	25.1	20.3	29.0	24.6	19.7	28.3	24.2	19.2 27.9	6.5
Hyakuri (Jasdf)	477150	31.8	25.4	30.1	25.1	28.9	24.6	26.2	30.5	25.7	29.1	25.1	28.2	25.1	20.3	28.1	24.8	19.9	27.9	24.1	19.1 27.0	7.4
Kadena	479310	33.2	27.2	32.9	27.0	32.1	26.8	28.3	32.1	28.0	31.4	27.6	31.1	27.2	25.1	30.7	27.1	23.0	30.4	26.9	22.7 30.1	5.4
Kagoshima	478270	32.7	25.6	32.0	25.4	31.2	25.2	26.6	30.7	26.2	30.1	25.9	29.7	25.6	20.9	28.7	25.2	20.3	28.5	24.9	20.0 28.4	6.2
Kumamoto	478190	33.6	25.4	32.7	25.1	31.6	25.0	26.6	31.0	26.2	30.5	25.7	29.7	25.6	20.9	28.5	25.1	20.3	28.0	24.7	19.8 27.8	7.8
Maebashi	476240	33.5	24.8	32.1	24.2	30.7	23.7	25.6	31.8	25.0	30.7	24.5	29.3	24.0	19.1	28.0	23.5	18.6	28.1	22.9	17.9 27.6	7.5
Maizuru	477500	33.0	25.1	31.8	24.9	30.5	24.5	25.9	31.1	25.4	30.5	24.9	29.5	24.6	19.6	28.5	24.0	18.9	27.8	23.6	18.5 27.4	7.6
Matsumoto	476180	31.9	22.4	30.5	22.0	29.1	21.4	23.3	29.6	22.7	28.6	22.1	27.7	21.7	17.6	26.0	21.0	16.9	25.4	20.4	16.2 25.1	9.4
Matsuyama	478870	32.6	24.8	31.7	24.6	30.8	24.3	25.7	30.8	25.3	30.0	24.9	29.4	24.4	19.4	27.8	24.0	19.0	27.6	23.5	18.4 27.5	6.7
Miho (Civ/Jasdf)	477430	32.2	25.6	31.1	25.2	30.0	24.6	26.1	30.4	25.7	29.5	25.1	28.9	25.1	20.2	28.7	24.2	19.1	27.9	24.0	18.9 27.4	6.4
Miyako Jima Islan	479270	32.1	26.8	31.6	26.7	31.1	26.5	27.7	30.7	27.3	30.4	27.1	30.0	27.0	22.8	29.5	26.6	22.3	28.9	26.2	21.7 28.8	4.7
Morioka	475840	30.5	23.8	28.9	23.0	27.5	21.9	24.6	29.0	23.9	27.8	23.2	26.3	23.4	18.5	26.6	22.8	17.9	26.2	22.1	17.1 25.7	7.7
Nagasaki	478170	32.1	25.2	31.1	25.3	30.2	25.2	26.7	29.6	26.2	29.1	25.8	28.8	26.0	21.4	28.8	25.5	20.8	28.1	25.0	20.2 27.7	5.6
Nagoya	476350	33.8	25.2	32.2	24.5	31.1	24.0	26.1	31.0	25.6	30.0	25.1	29.7	25.0	20.1	28.0	24.1	19.0	27.4	23.8	18.7 27.5	7.8
Naha	479300	32.1	26.6	31.2	26.4	31.0	26.4	27.7	30.6	27.3	30.3	27.0	30.2	27.0	22.7	29.9	26.2	21.6	29.3	26.2	21.6 29.2	3.8
Naze	479090	32.5	26.3	31.9	26.2	31.3	26.1	27.2	31.1	26.8	30.7	26.6	30.3	26.1	21.5	29.6	25.7	21.0	29.4	25.5	20.7 29.1	5.4
New Tokyo Intl Ar	476860	31.9	25.5	30.8	25.4	29.2	24.7	26.2	30.5	25.8	29.3	25.2	28.4	25.2	20.4	28.0	24.9	20.1	27.8	24.1	19.1 27.2	7.5
Niigata	476040	32.3	24.8	30.9	24.3	29.7	24.0	25.7	30.6	25.1	29.7	24.5	28.9	24.3	19.3	28.5	23.7	18.5	27.8	23.1	17.9 27.6	6.0
Nyutabaru (Jasdf)	478540	32.1	25.3	30.9	25.3	29.8	25.0	26.3	29.9	26.0	29.2	25.6	28.4	25.8	21.3	27.7	25.1	20.4	27.5	24.9	20.2 27.5	6.1
Oita	478150	32.6	25.4	31.5	25.2	30.4	24.8	26.2	30.1	25.3	29.3	25.0	29.3	25.0	20.1	28.4	24.5	19.5	28.4	24.1	19.0 27.7	6.8
Osaka	477710	34.0	24.8	32.9	24.7	31.8	24.0	26.2	31.3	25.7	30.5	25.3	29.8	25.0	20.1	28.3	24.2	19.2	27.3	24.0	18.9 28.0	8.0
Owase	476630	32.2	24.5	30.7	24.4	29.6	24.3	25.8	29.9	25.3	29.3	24.9	28.7	24.7	19.8	28.1	24.2	19.2	27.6	23.7	18.6 27.1	6.1
Sapporo	474120	29.1	22.7	27.5	21.9	25.7	20.5	23.6	28.0	22.6	26.5	21.6	25.0	22.1	16.8	26.6	21.2	15.9	25.8	20.3	15.0 24.5	6.5
Sendai	475900	30.2	24.1	28.7	23.3	27.4	22.8	25.1	28.6	24.5	27.5	23.8	26.4	24.1	19.1	27.1	23.5	18.4	26.4	22.9	17.7 25.8	5.3
Shimonoseki	477620	31.2	25.2	30.4	24.9	29.6	24.7	26.0	29.9	25.6	29.4	25.2	28.8	24.8	19.9	28.3	24.4	19.4	28.0	24.1	19.0 27.7	4.4
Shizuhama (Jasdf	476580	32.9	26.1	31.8	25.5	30.2	25.1	26.7	30.9	26.2	30.1	25.9	29.1	26.0	21.4	28.5	25.2	20.4	28.1	24.9	20.0 28.0	6.6
Tokyo, Intl Airpor	476710	32.8	25.6	31.2	25.1	30.2	24.8	26.6	31.3	26.1	30.1	25.7	29.1	25.2	20.4	28.6	25.0	20.1	28.6	24.2	19.1 27.8	6.2
Tosashimizu	478980	29.9	25.8	29.2	25.7	28.6	25.5	26.7	29.0	26.4	28.6	26.0	28.1	26.1	21.6	28.4	25.7	21.0	28.1	25.4	20.7 27.8	3.3
Wakkanai	474010	24.8	21.6	23.5	20.8	22.5	20.1	22.2	24.4	21.3	23.2	20.3	22.2	21.4	16.1	23.9	20.5	15.2	22.9	19.6	14.3 22.0	4.2
JORDAN																						
Amman	402700	34.9	18.6	33.2	18.1	31.9	17.8	21.9	28.5	20.9	28.0	20.2	27.4	20.2	16.4	24.4	19.0	15.2	23.2	18.1	14.3 22.5	11.3
KAZAKHSTAN																						
Almaty (Alma Ata	368700	32.9	18.1	31.4	17.8	29.9	17.2	19.7	29.2	18.9	28.7	18.1	28.1	16.6	13.1	24.7	15.3	12.0	23.0	14.3	11.3 22.9	11.0
Aqmola (Tselinog	351880	31.7	17.5	29.6	16.8	27.9	16.4	19.3	27.0	18.4	26.0	17.7	25.6	17.0	12.7	21.5	16.1	11.9	20.5	14.9	11.0 20.4	10.8
Aqtobe (Aktyubin:	352290	34.1	19.4	32.0	18.6	30.0	17.7	20.5	30.5	19.7	29.2	18.9	27.6	17.5	12.9	22.9	16.7	12.2	22.5	15.7	11.5 22.3	12.8
Atyrau (Gur'yev)	357000	36.3	20.0	34.5	19.2	32.7	18.9	22.4	30.5	21.3	29.4	20.5	29.0	20.1	14.8	25.7	18.9	13.7	24.2	17.7	12.7 24.2	11.2
Oral (Ural'sk)	351080	33.8	19.5	31.7	18.8	29.8	18.3	21.1	29.9	20.2	28.9	19.5	27.6	18.5	13.4	23.7	17.5	12.6	23.2	16.6	11.9 22.1	12.5
Pavlodar	360030	32.2	18.6	30.4	18.1	28.7	17.2	20.2	27.9	19.5	26.8	18.7	26.2	18.1	13.2	22.5	17.0	12.3	21.8	16.0	11.5 21.5	11.2
Qaraghandy (Kar:	353940	31.5	16.1	29.4	15.9	27.7	15.4	18.2	26.1	17.4	25.4	16.7	24.8	16.0	12.2	20.0	14.8	11.2	19.5	13.7	10.5 19.1	11.3
Qostanay (Kustan	289520	32.2	18.7	30.2	18.4	28.3	17.8	20.5	28.2	19.7	27.3	18.9	26.1	18.1	13.3	22.9	17.1	12.4	22.5	16.3	11.8 21.9	10.4
Semey (Semipala:	361770	32.8	18.7	30.7	17.9	29.0	17.5	20.2	29.0	19.1	27.8	18.7	26.6	17.6	12.9	22.5	16.8	12.3	21.5	15.9	11.6 21.7	12.3
Zhambyl (Dzham	383410	35.6	17.6	33.9	17.5	32.5	17.0	19.3	31.4	18.6	31.0	17.9	29.9	15.4	11.8	22.2	14.4	11.1	22.2	13.5	10.4 21.3	13.9
KENYA																						
Arissa	637230	37.2	23.3	36.6	23.2	35.9	23.3	26.0	32.1	25.4	31.7	25.1	31.0	24.5	19.8	28.1	24.1	19.3	27.3	23.7	18.9 26.9	10.6

LOAD CALCULATION PRINCIPLES

119

Outdoor Design Conditions

Table 5.3B (SI) (Continued)
Heating and Wind Design Conditions—World

		Cooling DB/MWB						WB/MCDB						DP/MCDB and HR						
		0.4%		1%		2%		0.4%		1%		2%		0.4%		1%		2%		Range
Station	WMO#	DB	MWB	DB	MWB	DB	MWB	WB	MDB	WB	MDB	WB	MDB	DP	HR	MDB	DP	HR	MDB	DP	HR	MDB	of DB
Kisumu	637080	32.5	18.7	31.5	19.0	30.7	19.2	22.2	28.0	21.7	27.6	21.4	27.2	20.5	17.5	24.7	20.1	17.0	24.2	19.7	16.6	23.8	11.0
Lodwar	636120	37.6	20.6	37.0	20.8	36.5	20.8	24.1	30.4	23.6	30.2	23.2	30.4	22.6	18.4	26.3	22.0	17.8	26.1	21.5	17.2	26.1	11.0
Nairobi	637400	29.0	15.8	28.2	15.8	27.3	15.8	18.7	23.9	18.2	23.2	17.9	22.7	17.4	15.2	19.6	17.1	14.9	19.0	16.8	14.6	18.7	13.5
Nakuru	637140	29.1	14.0	28.2	14.0	27.5	14.0	17.7	23.8	17.2	23.0	16.8	22.5	16.0	14.4	18.9	15.5	13.9	18.6	15.1	13.6	18.3	15.3
KOREA, NORTH																							
Anju	470500	29.9	23.8	28.6	23.2	27.6	22.6	25.2	28.3	24.5	27.1	23.8	26.4	24.4	19.4	26.9	23.7	18.6	26.2	23.0	17.8	25.7	7.5
Ch'ongjin	470080	27.4	21.9	25.7	21.0	24.5	20.8	23.5	26.1	22.6	24.6	21.7	23.6	22.7	17.5	25.2	21.8	16.5	24.1	21.0	15.7	23.2	5.2
Changjin	470310	25.1	18.5	23.6	17.4	22.2	16.8	20.5	23.6	19.5	21.9	18.6	21.0	19.6	16.4	21.9	18.7	15.5	20.9	17.8	14.6	20.1	9.0
Haeju	470690	30.2	24.0	28.9	22.9	27.7	22.3	25.3	28.7	24.6	27.2	24.0	26.1	24.4	19.5	26.7	23.8	18.8	26.2	23.3	18.3	25.3	6.0
Hamhung	470410	30.7	22.8	29.0	22.0	27.4	21.4	24.8	29.1	24.0	27.6	23.1	25.8	23.6	18.5	27.2	22.9	17.7	26.1	22.2	17.0	25.2	6.7
Namp'o	470600	29.7	24.2	28.6	23.7	27.5	23.0	25.5	28.6	24.8	27.3	24.3	26.4	24.7	19.8	26.9	24.1	19.1	26.3	23.6	18.5	25.8	6.3
P'yongyang	470580	30.7	23.7	29.5	23.1	28.4	22.5	25.3	29.0	24.6	27.9	24.0	26.7	24.3	19.3	27.0	23.7	18.6	26.5	23.1	17.9	26.0	7.6
Sinuiju	470350	30.4	23.7	28.9	22.9	27.7	22.3	25.1	28.3	24.4	27.0	23.8	26.0	24.3	19.3	26.7	23.7	18.5	25.8	23.1	17.9	25.3	7.1
Wonsan	470550	31.0	23.7	29.4	22.4	27.8	21.8	25.3	29.4	24.3	28.0	23.4	26.4	24.1	19.1	27.5	23.2	18.0	26.7	22.5	17.1	26.1	5.2
KOREA, SOUTH																							
Cheju	471820	31.8	25.8	30.2	25.9	29.2	25.7	27.5	30.0	26.8	29.3	26.2	28.8	27.0	22.8	29.1	26.1	21.6	28.4	25.8	21.2	28.2	5.4
Inch'on	471120	30.5	24.4	29.1	23.4	27.8	22.8	25.2	28.8	24.6	27.6	24.0	26.6	24.3	19.4	27.2	23.7	18.7	26.4	23.2	18.1	26.0	5.8
Kangnung	471050	32.5	24.1	30.7	23.3	29.2	22.3	25.3	30.4	24.7	29.4	23.9	27.9	23.9	18.8	27.9	23.2	18.0	27.6	22.6	17.4	26.7	5.8
Kwangju	471560	32.1	25.4	30.9	24.7	29.7	24.0	26.4	30.4	25.7	29.3	25.2	28.5	25.3	20.6	28.4	24.7	19.9	27.7	24.2	19.3	27.4	7.0
Osan	471220	32.2	25.4	31.0	24.7	29.8	24.1	26.6	31.1	25.8	29.7	25.1	28.5	25.8	21.1	29.8	24.8	19.9	28.4	24.0	18.9	27.6	8.0
Seoul	471100	31.8	24.8	30.1	24.0	29.1	23.1	26.5	30.2	25.8	28.1	25.0	26.7	26.0	21.4	28.0	25.1	20.3	27.1	24.2	19.2	26.3	8.0
Taegu	471430	33.6	25.3	32.0	24.3	30.7	23.5	26.3	31.6	25.6	30.6	25.0	29.3	24.9	20.1	29.3	24.2	19.3	28.3	23.6	18.6	27.9	7.3
Taejon	471330	32.5	24.5	31.2	24.0	29.9	23.1	25.9	29.7	25.2	29.0	24.7	28.4	24.9	20.2	27.7	24.3	19.4	27.1	23.7	18.7	26.7	8.0
Ulsan	471520	32.9	25.5	31.4	25.2	29.9	24.3	26.4	31.4	25.8	30.1	25.3	29.0	25.1	20.3	28.8	24.6	19.7	28.4	24.2	19.2	27.9	6.4
KUWAIT																							
Kuwait	405820	47.2	20.6	46.2	20.4	45.2	19.8	28.0	34.7	25.8	33.0	24.1	33.4	26.2	21.8	33.3	23.8	18.8	30.5	21.2	16.0	29.3	15.4
KYRGYZSTAN																							
Bishkek (Frunze)	383530	35.1	19.3	33.7	18.6	32.2	18.1	20.7	32.2	19.9	30.8	19.1	29.6	17.1	13.2	25.1	16.2	12.4	23.4	15.4	11.8	23.1	14.2
Tianshan (Tjan-S)	369820	13.9	5.5	12.5	4.8	10.8	3.9	6.7	12.1	5.6	10.5	4.8	9.2	4.5	8.2	7.6	3.4	7.6	6.6	2.5	7.1	5.9	11.6
LATVIA																							
Liepaja	264060	24.6	17.9	22.9	16.5	21.2	16.5	19.2	22.4	18.2	21.3	17.2	20.1	18.0	12.9	21.1	16.9	12.1	19.8	16.0	11.4	18.8	5.7
Riga	264220	26.1	18.2	24.3	17.6	22.7	16.6	19.6	23.7	18.7	22.7	17.7	21.4	18.1	13.0	21.8	17.1	12.2	20.5	16.0	11.4	19.9	7.9
LIBYA																							
Banghazi	620530	37.2	22.1	35.2	21.6	33.6	21.3	25.5	31.7	24.6	30.2	24.0	29.2	24.0	19.2	28.1	23.1	18.1	27.0	22.5	17.5	26.5	9.3
Tripoli	620100	41.4	24.3	39.6	23.6	37.7	23.0	27.0	37.2	25.7	34.2	24.7	32.5	24.7	19.9	30.9	23.6	18.6	29.1	22.7	17.6	28.3	13.8
LIECHTENSTEIN																							
Vaduz	69900	28.3	19.2	26.8	18.3	25.3	17.7	20.1	26.8	19.3	25.5	18.5	24.0	17.7	13.4	23.4	17.0	12.8	22.2	16.2	12.2	21.4	9.2
LITHUANIA																							
Kaunas	266290	26.9	19.2	25.2	18.2	23.6	17.1	20.3	25.3	19.2	23.7	18.1	22.1	18.4	13.4	23.0	17.4	12.6	21.9	16.4	11.8	20.2	9.2
Klaipeda	265090	24.9	18.6	23.0	17.5	21.2	16.9	19.6	23.3	18.4	21.7	17.5	20.4	18.1	13.0	21.8	17.1	12.2	20.3	16.2	11.5	19.3	5.4
Vilnius	267300	27.1	18.1	25.3	17.7	23.8	16.7	19.8	25.3	18.7	23.6	17.7	22.2	17.8	13.0	21.9	16.8	12.2	21.0	15.9	11.5	19.9	9.0
MACEDONIA																							
Skopje	135860	35.2	20.2	33.3	19.8	31.8	19.4	21.7	32.3	21.0	31.1	20.1	30.0	18.1	13.4	25.5	17.2	12.6	24.4	16.8	12.3	24.0	15.2
MADEIRA ISLANDS																							
Funchal	85210	27.1	20.3	26.1	20.3	25.2	20.1	22.1	25.4	21.5	24.6	21.0	24.4	21.0	15.8	24.2	20.2	15.0	23.8	19.8	14.6	23.6	4.7
MALAYSIA																							
George Town	486010	32.9	26.0	32.2	25.8	32.0	25.8	27.6	31.3	27.2	30.8	27.0	30.5	26.9	22.6	29.6	26.2	21.6	29.1	26.1	21.5	28.9	7.4
Kota Baharu	486150	32.9	26.2	32.4	26.1	32.0	26.0	27.2	31.2	26.9	31.0	26.6	30.8	26.1	21.5	29.3	25.7	21.0	29.1	25.5	20.7	28.9	7.1
Kuala Lumpur	486470	34.2	25.4	33.8	25.5	33.2	25.5	27.3	32.1	26.9	31.9	26.7	31.5	26.2	21.7	29.4	25.9	21.5	29.0	25.5	20.8	28.7	9.0
Kuantan	486570	33.5	26.0	33.0	25.9	32.5	25.9	27.2	31.7	26.9	31.3	26.6	30.9	26.1	21.5	29.2	25.7	21.0	28.9	25.6	20.9	28.7	8.5
Malacca	486650	33.5	25.3	32.9	25.4	32.4	25.4	27.2	31.1	27.0	30.9	26.7	30.6	26.2	21.6	28.9	26.0	21.4	28.8	25.7	21.0	28.6	8.5
Sitiawan	486200	33.3	26.2	32.9	26.1	32.5	26.1	27.4	32.1	27.1	31.7	26.9	31.3	26.2	21.6	29.7	26.0	21.4	29.6	25.7	21.0	29.2	8.2
Kuching	964130	34.0	26.0	33.2	25.8	32.9	25.8	27.3	32.0	26.8	31.6	26.5	31.3	26.1	21.6	30.0	25.8	21.2	29.4	25.2	20.4	28.5	8.8
Miri	964490	32.2	26.3	31.8	26.3	31.4	26.2	27.6	31.0	27.2	30.6	27.0	30.4	26.6	22.2	29.8	26.2	21.7	29.3	26.1	21.5	29.1	6.6
MALI																							
Bamako	612910	40.0	20.3	39.2	20.3	38.3	20.3	26.2	32.6	25.7	31.9	25.4	31.2	25.0	21.0	28.6	24.2	20.0	27.9	24.0	19.8	27.7	12.3
MALTA																							
Luqa	165970	33.2	21.7	31.3	22.4	30.1	22.2	25.1	28.8	24.5	27.9	24.0	27.7	24.1	19.2	26.8	23.2	18.2	26.4	22.9	17.8	26.2	8.0
MARSHALL ISLANDS																							
Kwajalein Atoll	913660	31.4	26.1	31.2	26.0	30.9	26.0	27.2	30.6	26.9	30.4	26.7	30.2	26.0	21.4	29.8	25.7	21.0	29.5	25.6	20.9	29.3	4.2
MAURITANIA																							
Nouadhibou	614150	33.1	20.6	31.2	20.5	29.8	20.3	24.4	28.4	23.5	27.2	22.7	27.0	23.2	18.0	26.1	22.1	16.8	25.8	21.3	16.0	24.8	8.8
Nouakchott	614420	41.4	21.2	39.7	20.6	37.8	20.4	27.1	31.2	26.6	30.4	26.2	29.9	26.1	21.5	29.1	25.8	21.1	28.8	25.1	20.2	28.5	12.8
MEXICO																							
Acapulco	768056	33.2	26.5	33.1	26.5	32.9	26.5	27.7	32.2	27.3	31.9	27.0	31.7	26.2	21.6	30.4	26.1	21.5	30.2	26.0	21.4	29.8	7.2
Merida	766440	37.8	24.4	36.4	24.5	35.2	24.5	27.0	32.6	26.6	32.3	26.2	31.7	25.7	21.0	29.9	25.2	20.4	28.9	25.0	20.1	28.3	12.5

Environmental Design Conditions

Table 5.3B (SI) (Continued)
Heating and Wind Design Conditions—World

		Cooling DB/MWB						WB/MCDB						DP/MCDB and HR						
		0.4%		1%		2%		0.4%		1%		2%		0.4%			1%			2%	
Station	WMO#	DB	MWB	DB	MWB	DB	MWB	WB	MDB	WB	MDB	WB	MDB	DP	HR	MDB	DP	HR	MDB	DP	HR	MDB	Range of DB
Mexico City	766790	29.0	13.8	27.9	13.7	26.9	13.5	16.6	23.2	16.1	23.0	15.7	22.0	14.9	14.0	18.4	14.1	13.2	17.8	13.9	13.1	17.3	13.8
Puerto Vallarta (7	766014	33.2	27.2	32.9	27.0	32.2	26.7	28.1	32.0	27.6	32.0	27.2	31.4	27.1	22.9	30.9	26.3	21.8	30.3	26.1	21.5	30.1	7.9
Tampico (765491	765494	33.1	26.9	32.2	26.5	32.0	26.4	28.5	31.5	27.6	31.1	27.1	30.7	27.9	24.0	30.9	26.9	22.6	30.1	26.2	21.7	29.1	6.3
Veracruz	766910	34.2	26.6	33.2	26.7	32.8	26.6	27.7	32.8	27.2	32.1	26.8	31.7	26.2	21.7	29.7	26.1	21.5	29.6	25.8	21.1	29.4	8.3
MICRONESIA																							
Truk Intl/Moen Is	913340	31.2	26.5	31.0	26.4	30.7	26.3	27.2	30.5	27.0	30.3	26.7	30.0	26.2	21.6	29.8	25.9	21.2	29.5	25.7	21.0	29.3	4.1
MIDWAY ISLAND																							
Midway Island Na.	910660	30.7	24.1	30.2	24.0	29.8	23.8	25.1	29.0	24.7	28.9	24.4	28.8	24.0	18.9	27.7	23.6	18.4	27.5	23.2	18.0	27.5	4.5
MOLDOVA																							
Chisinau (Kishine	338150	30.2	19.6	28.7	19.1	27.3	18.4	21.1	27.4	20.1	26.6	19.3	25.6	18.9	14.0	24.2	17.9	13.1	23.1	17.0	12.4	22.1	9.1
MONGOLIA																							
Ulaanbataar	442920	27.6	15.4	25.5	14.8	23.7	14.2	17.0	24.0	16.1	23.0	15.2	21.8	14.7	12.3	19.2	13.6	11.4	18.8	12.6	10.7	17.9	9.8
Ulaangom	442120	27.9	16.1	26.3	15.5	24.8	14.9	17.3	25.5	16.4	24.4	15.7	23.0	14.4	11.5	20.2	13.3	10.7	20.2	12.4	10.0	19.1	10.7
MOROCCO																							
Al Hoceima	601070	30.5	22.8	29.1	22.5	27.9	22.5	25.0	27.8	24.4	27.1	23.9	26.6	24.2	19.1	26.9	23.6	18.5	26.3	23.0	17.8	25.6	6.2
Casablanca	601550	29.6	22.0	27.3	22.0	26.0	22.0	24.0	26.7	23.3	25.9	22.8	25.2	23.1	18.0	25.3	22.6	17.4	24.8	22.0	16.8	24.3	5.1
Casablanca/Noua:	601560	35.5	22.0	32.9	21.4	30.5	21.3	23.7	32.1	22.7	30.1	22.0	28.7	21.2	16.3	26.6	20.4	15.5	25.0	20.0	15.1	24.8	11.0
Midelt	601950	33.5	14.6	32.5	14.5	31.4	14.4	16.9	28.2	16.2	27.3	15.7	26.9	13.5	11.6	19.1	12.6	10.9	19.7	11.7	10.3	19.3	13.6
Ouarzazate	602650	37.5	16.7	36.7	16.2	35.9	16.0	18.7	32.2	17.9	31.7	17.2	30.7	14.7	12.0	22.1	13.4	11.0	21.5	12.1	10.1	21.8	13.7
Oujda	601150	36.6	20.9	34.5	20.3	32.6	20.3	23.3	32.2	22.5	30.6	21.8	29.2	21.0	16.6	26.5	20.2	15.8	25.6	19.6	15.2	24.9	13.7
Safi	601850	34.7	21.4	31.6	21.3	29.3	21.0	23.5	30.2	22.7	28.4	22.1	27.0	21.8	16.6	25.8	21.2	15.9	24.8	20.6	15.3	24.1	8.2
Tanger	601010	33.1	21.4	31.5	21.5	30.0	21.2	23.4	29.9	22.7	28.8	22.2	27.4	21.6	16.3	26.1	21.0	15.7	25.3	20.2	14.9	24.9	9.3
NETHERLANDS																							
Amsterdam	62400	26.6	19.0	24.8	18.1	23.1	17.7	20.3	24.8	19.2	23.5	18.3	22.0	18.7	13.5	22.2	17.8	12.8	20.8	17.0	12.1	19.8	8.2
Beek	63800	28.1	19.3	26.3	18.6	24.6	17.9	20.7	26.0	19.7	24.4	18.8	23.1	18.9	13.9	23.2	18.0	13.1	21.8	17.1	12.4	20.9	9.1
De Bilt	62600	27.7	19.0	25.9	18.5	24.0	17.6	20.4	25.9	19.3	24.1	18.3	22.8	18.3	13.2	22.8	17.5	12.5	21.3	16.7	11.9	20.6	8.9
Eindhoven	63700	28.3	19.2	26.6	18.3	24.8	17.7	20.3	26.5	19.3	25.0	18.4	23.4	18.2	13.1	22.7	17.3	12.4	21.0	16.5	11.8	20.3	9.9
Gilze/Rijen	63500	28.0	19.0	26.3	18.2	24.4	17.3	20.2	26.2	19.2	24.3	18.2	22.7	18.2	13.1	22.4	17.3	12.4	20.8	16.5	11.8	20.2	9.6
Groningen	62800	27.1	19.3	25.0	18.3	23.1	17.6	20.6	25.2	19.4	23.3	18.3	21.8	18.8	13.6	23.1	17.9	12.9	21.1	17.0	12.1	20.0	9.7
Leeuwarden	62700	25.9	18.8	23.7	17.8	21.8	17.0	19.7	24.2	18.6	22.3	17.7	20.9	18.0	12.9	21.3	17.1	12.2	20.1	16.3	11.6	19.3	7.6
Rotterdam	63440	26.9	19.6	25.1	18.5	23.4	17.9	20.6	25.4	19.5	23.8	18.6	22.3	18.9	13.7	22.7	18.0	12.9	21.5	17.1	12.2	20.2	8.1
NETHERLANDS ANTILLES																							
Willemstad	789880	32.9	26.4	32.2	26.4	32.0	26.3	27.6	31.6	27.2	31.1	27.0	30.7	26.3	21.9	30.1	26.2	21.8	30.0	26.0	21.5	29.9	5.3
NEW CALEDONIA																							
Noumea	915920	31.1	24.7	30.2	24.5	29.3	24.1	26.0	29.7	25.5	28.8	25.0	28.0	25.1	20.4	28.1	24.6	19.8	27.3	24.1	19.2	26.9	5.2
NEW ZEALAND																							
Auckland	931190	25.2	19.1	24.2	19.1	23.3	18.8	21.2	23.9	20.4	22.9	19.7	22.3	20.2	14.9	22.3	19.4	14.2	21.8	18.7	13.5	21.1	6.3
Christchurch	937800	28.1	16.9	26.1	16.2	24.2	15.5	18.5	25.1	17.6	23.6	16.8	21.6	16.5	11.8	19.4	15.7	11.2	19.3	14.9	10.6	18.4	9.7
Taiaroa Head	938960	20.7	14.1	18.9	13.8	17.7	13.6	16.1	18.3	15.4	17.4	14.9	16.6	15.2	10.9	16.7	14.6	10.5	16.2	14.1	10.1	15.8	4.8
Wellington (9343-	934360	23.1	17.6	21.9	17.4	20.9	16.7	19.0	21.7	18.3	20.7	17.6	19.9	18.0	12.9	20.3	17.2	12.3	19.7	16.5	11.8	19.3	5.4
NIGER																							
Agadez	610240	42.1	19.4	41.4	19.4	40.7	19.1	24.0	33.3	23.5	33.2	23.0	32.9	21.7	17.4	27.4	21.0	16.6	27.5	20.2	15.8	27.9	12.5
Niamey	610520	42.1	21.6	41.2	21.5	40.5	21.2	26.6	35.1	26.1	34.4	25.7	33.8	24.7	20.3	29.3	24.2	19.7	28.9	23.9	19.5	28.9	13.2
NORWAY																							
Bergen	13110	22.6	14.8	20.2	13.8	18.2	12.9	15.9	19.8	15.1	17.9	14.3	17.0	14.9	10.6	16.0	14.0	10.0	15.4	13.1	9.5	14.8	6.4
Bodo	11520	20.9	14.9	18.9	13.7	17.1	12.8	15.4	19.3	14.3	17.5	13.5	16.4	13.9	9.9	16.0	13.0	9.3	15.2	12.1	8.8	14.2	5.0
Oslo/Fornebu	14880	26.5	17.4	24.8	16.4	22.9	15.3	18.4	24.1	17.4	21.9	16.5	20.8	16.6	11.8	19.5	15.8	11.2	18.8	14.8	10.5	18.1	8.8
Oslo/Gardermoer	13840	25.5	15.6	23.7	14.7	21.8	13.7	16.6	22.7	15.6	20.9	14.8	19.7	14.8	10.8	17.1	15.8	10.1	16.8	12.8	9.4	15.9	10.0
Stavanger	14150	22.9	15.2	20.9	14.7	18.9	14.1	16.8	20.6	15.7	18.9	15.1	17.5	15.5	11.0	17.5	14.7	10.5	16.8	13.9	9.9	16.0	6.3
Svinoy (Lgt-H)	12050	17.6	13.7	16.3	13.5	15.3	13.1	14.9	16.8	14.6	15.5	13.5	14.9	14.2	10.2	15.6	13.5	9.7	15.0	12.8	9.3	14.4	2.3
Tromso	10250	20.0	13.8	18.0	13.0	16.2	12.0	14.8	18.6	13.6	17.0	12.7	15.5	13.1	9.4	16.0	12.1	8.8	14.8	11.1	8.2	13.8	6.0
Trondheim	12710	24.0	15.6	21.9	15.2	20.0	14.3	17.4	21.3	16.3	19.9	15.4	18.6	16.0	11.4	18.7	15.0	10.7	17.5	14.0	10.0	16.3	6.9
Utsira	14030	19.2	14.5	17.5	14.2	16.2	13.9	15.7	17.5	15.1	16.6	14.5	15.8	15.1	10.8	16.5	14.5	10.4	15.6	13.9	10.0	14.9	2.9
OMAN																							
Masqat	412560	43.0	22.8	41.8	22.8	40.5	22.8	30.1	34.0	29.5	33.8	29.1	33.6	29.1	25.8	32.8	28.5	24.9	32.6	28.0	24.2	32.4	8.3
Salalah	413160	33.4	21.9	32.7	24.2	32.0	24.7	28.0	31.1	27.6	30.6	27.2	30.4	27.1	22.9	30.1	26.8	22.5	29.9	26.2	21.7	29.5	5.4
Thamarit	413140	42.0	20.4	41.0	20.2	39.9	20.2	26.3	34.2	25.3	32.9	24.6	32.5	24.3	20.3	29.8	23.4	19.2	28.8	22.9	18.6	28.0	14.0
Tur'at Masirah	412880	37.2	23.6	35.7	24.2	34.3	24.9	28.7	32.3	28.0	31.7	27.5	31.1	27.9	24.0	31.0	27.1	22.9	30.1	26.7	22.3	29.8	8.6
PANAMA																							
Panama	788060	34.8	24.7	34.0	25.0	33.2	24.8	27.7	31.8	27.3	31.4	27.0	31.0	26.9	22.6	30.1	26.2	21.7	29.4	26.1	21.5	29.6	8.8
Tocumen	787920	33.8	25.3	33.1	25.2	32.8	25.2	27.2	26.7	31.5	31.1	26.5	31.1	26.1	21.5	29.6	25.8	21.1	29.5	25.2	20.4	28.8	9.7
PARAGUAY																							
Asuncion	862180	36.5	23.9	35.2	24.1	34.2	24.1	26.6	32.9	26.1	32.3	25.7	31.6	25.1	20.3	30.0	24.2	19.4	28.6	24.1	19.2	28.5	10.3
PERU																							
Arequipa	847520	23.9	12.7	23.2	12.0	22.8	11.8	15.2	21.4	14.6	20.7	14.1	20.5	13.0	12.8	17.6	12.2	12.1	16.8	11.8	11.8	16.2	13.0
Cuzco	846860	22.2	11.3	21.8	11.0	20.9	10.8	12.8	19.6	12.2	19.2	11.9	19.0	10.1	11.5	16.1	9.3	10.9	15.3	8.9	10.6	15.2	13.3

LOAD CALCULATION PRINCIPLES 121

Outdoor Design Conditions

Table 5.3B (SI) (Continued)
Heating and Wind Design Conditions—World

		Cooling DB/MWB						WB/MCDB						DP/MCDB and HR						
		0.4%		1%		2%		0.4%		1%		2%		0.4%			1%			2%		Range
Station	WMO#	DB	MWB	DB	MWB	DB	MWB	WB	MDB	WB	MDB	WB	MDB	DP	HR	MDB	DP	HR	MDB	DP	HR	MDB	of DB
Iquitos	843770	34.0	26.9	33.2	26.8	32.9	26.7	27.5	32.6	27.2	32.4	27.0	32.2	26.1	21.8	30.5	25.9	21.6	30.5	25.5	21.0	30.4	9.5
Lima	846280	29.9	24.1	28.8	23.2	27.8	22.6	24.6	28.6	24.0	27.4	23.4	26.6	23.2	18.0	26.8	22.9	17.7	26.8	22.1	16.8	26.3	6.4
Pisco	846910	29.8	24.1	28.3	22.9	27.6	22.4	24.3	28.9	23.6	28.0	22.7	26.7	22.8	17.5	28.2	22.0	16.7	27.0	21.2	15.9	26.1	6.9
Talara	843900	32.0	24.3	31.1	24.0	30.5	23.5	26.0	30.0	25.6	28.7	25.1	28.4	25.1	20.4	28.0	24.7	19.9	27.5	24.1	19.2	27.2	7.9
PHILLIPPINES																							
Angeles, Clark Aft	983270	36.0	25.3	34.9	25.0	34.0	25.0	28.0	31.8	27.5	31.6	27.0	30.8	27.1	23.4	30.2	26.8	23.0	30.0	26.1	22.0	29.3	9.8
Baguio	983280	27.7	21.6	26.2	21.1	25.2	20.7	23.2	25.8	22.2	24.8	21.6	24.2	22.5	20.7	25.1	21.4	19.3	24.1	20.7	18.5	23.6	8.2
Cebu/Mandaue	986460	33.8	27.1	33.1	27.0	32.8	26.9	27.8	32.4	27.6	32.3	27.3	31.8	26.4	21.9	30.6	26.2	21.7	30.5	26.1	21.5	30.4	6.9
Olongapo	984260	36.4	25.0	35.7	25.1	34.9	25.3	28.1	32.7	27.6	32.0	27.1	31.9	27.1	22.9	30.9	26.2	21.7	30.0	26.1	21.5	29.8	9.5
Manila, Ninoy Aqt	984290	35.0	27.0	34.1	26.5	33.4	26.3	28.4	32.8	27.9	32.3	27.5	31.9	27.2	23.0	31.5	26.8	22.5	31.1	26.2	21.7	30.4	8.8
POLAND																							
Bialystok	122950	27.2	19.0	25.5	18.5	23.9	17.5	20.6	25.5	19.3	23.9	18.4	22.8	18.8	13.9	23.3	17.7	12.9	21.6	16.6	12.0	20.4	10.6
Gdansk	121500	26.8	18.6	24.8	17.4	22.9	16.5	19.5	24.9	18.3	23.8	17.2	21.6	17.8	13.0	21.0	16.2	11.7	20.1	15.2	11.0	19.3	9.7
Katowice	125600	28.5	19.5	26.7	18.1	25.0	17.5	20.2	26.8	19.2	25.1	18.3	23.4	18.0	13.4	22.1	17.1	12.6	21.4	16.4	12.1	20.8	10.2
Kielce	125700	28.2	19.2	26.4	18.4	24.6	17.5	20.2	26.3	19.2	24.7	18.4	23.3	18.1	13.4	22.7	17.3	12.8	21.5	16.4	12.0	20.6	11.2
Kolobrzeg	121000	26.4	18.3	23.8	17.3	21.8	17.1	19.4	23.3	18.6	22.5	17.7	21.1	18.0	12.9	21.1	17.1	12.2	20.1	16.2	11.5	19.5	6.7
Krakow	125660	29.2	20.4	27.2	19.3	25.2	18.2	21.2	27.9	20.1	26.0	19.2	24.4	18.9	14.1	24.2	18.0	13.3	22.8	17.1	12.6	21.6	10.9
Lodz	124650	28.7	19.0	26.7	18.2	25.1	17.4	20.1	26.7	19.1	25.2	18.2	23.6	17.9	13.1	22.1	16.9	12.3	21.8	16.1	11.7	20.9	10.4
Lublin	124950	27.6	19.6	25.9	18.9	24.2	17.8	20.5	26.5	19.5	24.8	18.5	23.2	18.4	13.7	23.5	17.5	12.9	22.0	16.7	12.2	21.1	10.0
Poznan	123300	29.2	18.8	27.2	18.0	25.7	17.4	20.0	26.9	19.2	25.5	18.2	23.7	18.0	13.1	22.1	17.0	12.3	21.6	16.0	11.5	20.3	10.9
Przemysl	126950	27.5	19.6	25.9	18.8	24.4	18.0	20.7	26.0	19.7	24.7	18.7	23.2	18.7	14.0	23.6	17.8	13.2	22.0	17.0	12.5	21.2	8.3
Snezka	125100	17.5	12.9	15.7	12.1	14.3	11.3	13.9	16.3	12.7	14.7	11.8	13.9	12.9	11.3	14.7	11.8	10.5	13.7	10.9	9.9	12.8	4.4
Suwalki	121950	26.8	18.7	24.9	18.2	23.3	17.2	20.1	25.1	19.1	23.6	17.9	22.3	18.3	13.5	23.0	17.2	12.6	21.3	16.2	11.8	20.2	10.3
Szczecin	122050	28.5	19.5	26.6	18.8	24.8	18.0	20.8	26.5	19.7	25.0	18.7	23.6	18.9	13.7	23.6	17.8	12.8	22.2	16.8	12.0	21.1	9.4
Torun	122500	28.8	19.3	26.9	18.2	25.2	17.5	20.3	26.4	19.3	25.2	18.4	23.9	18.2	13.2	22.0	17.1	12.3	21.4	16.1	11.5	20.9	10.2
Warsaw	123750	29.0	19.7	27.0	19.0	25.2	17.9	21.0	27.6	19.9	25.3	18.9	24.3	18.9	13.9	24.2	17.9	13.0	22.5	17.0	12.3	21.4	11.0
Wroclaw	124240	29.0	19.5	27.2	18.8	25.5	17.9	20.6	27.2	19.6	25.6	18.7	24.2	18.3	13.4	22.9	17.3	12.5	21.8	16.5	11.9	21.5	10.6
PORTUGAL																							
Beja	85620	37.0	20.9	35.1	20.2	33.3	19.6	21.6	34.6	21.0	33.1	20.3	31.4	18.1	13.4	23.2	17.2	12.7	23.1	16.6	12.2	22.7	16.4
Braganca	85750	33.3	18.4	31.3	17.9	29.6	17.4	19.5	31.1	18.7	29.6	18.0	28.1	15.8	12.2	22.2	15.0	11.6	21.1	14.3	11.1	20.8	13.5
Coimbra	85490	33.9	21.2	31.5	20.6	29.3	20.0	22.3	31.3	21.4	29.7	20.6	28.2	19.3	14.3	26.3	18.6	13.7	24.4	18.0	13.2	23.3	11.9
Evora	85570	35.7	19.9	33.7	19.1	31.8	18.7	20.7	32.5	20.1	30.9	19.4	29.7	17.8	13.3	21.3	17.1	12.7	21.6	16.4	12.1	20.8	13.1
Faro	85540	31.9	20.3	30.1	20.2	29.0	20.3	22.9	27.6	22.2	26.8	21.6	26.4	21.4	16.1	25.1	20.8	15.5	24.8	20.0	14.7	24.2	9.5
Lisbon	85360	34.1	20.7	32.0	20.2	29.9	19.8	22.7	30.8	21.7	28.4	20.9	27.4	20.2	15.1	24.4	19.7	14.7	24.5	18.9	13.9	23.7	10.5
Portalegre	85710	34.6	19.1	32.7	18.5	31.0	17.8	19.9	31.7	19.3	30.5	18.7	29.4	16.7	12.8	20.8	15.9	12.1	20.8	15.2	11.6	20.4	10.8
Porto	85450	30.1	19.4	28.0	19.1	25.9	18.3	20.8	27.2	20.1	25.6	19.4	23.8	19.1	14.0	22.0	18.3	13.3	20.9	18.0	13.1	20.6	9.6
Viana Do Castelo	85430	32.0	21.3	30.0	20.5	27.9	19.7	22.0	30.4	21.2	28.4	20.4	26.5	19.5	14.3	24.6	18.9	13.7	23.1	18.3	13.2	22.3	10.4
PUERTO RICO																							
Cieba, Roosevelt I	785350	32.2	25.4	31.9	25.3	31.2	25.0	26.9	30.5	26.5	30.4	26.1	30.1	26.1	21.5	29.4	25.2	20.4	28.9	25.0	20.1	28.9	5.6
San Juan	785260	33.2	25.0	32.2	25.4	31.7	25.4	27.0	30.9	26.6	30.5	26.3	30.3	25.7	21.0	29.3	25.5	20.8	29.1	25.2	20.4	28.8	6.8
QATAR																							
Ad Dawhah	411700	43.0	21.9	41.9	22.1	40.8	22.3	30.5	34.7	29.9	34.1	29.4	33.8	29.4	26.3	33.2	29.0	25.7	33.0	28.2	24.4	33.1	10.8
ROMANIA																							
Bucharest	154200	33.0	22.0	31.2	21.2	29.9	20.7	23.6	30.5	22.6	29.4	21.7	28.3	21.9	16.8	25.7	20.8	15.6	24.8	19.9	14.8	23.7	13.3
Cluj-Napoca	151200	29.2	20.2	27.5	19.5	26.0	18.6	21.4	26.8	20.3	25.5	19.4	24.5	19.8	15.3	24.1	18.6	14.1	22.6	17.7	13.3	21.5	11.4
Constanta	154800	28.5	22.0	27.3	22.0	26.2	21.4	24.0	26.4	23.1	25.9	22.3	25.3	23.2	18.0	25.6	22.2	16.9	25.0	21.4	16.1	24.2	6.8
Craiova	154500	33.2	23.5	31.5	22.6	29.9	21.8	24.8	31.4	23.6	29.9	22.6	28.5	22.9	18.1	28.6	21.7	16.8	26.8	20.7	15.7	25.9	12.2
Galati	153100	31.6	22.0	30.1	21.3	28.7	20.7	23.4	29.1	22.4	28.3	21.5	26.7	21.7	16.5	26.6	20.6	15.4	24.9	19.7	14.5	24.0	11.2
Omul Mountain	152800	14.2	10.1	12.5	9.1	11.1	8.3	11.2	13.3	10.0	11.7	9.0	10.5	10.2	10.6	12.0	9.2	9.9	11.0	8.2	9.2	9.7	6.2
Satu Mare	150100	31.2	21.4	29.5	20.8	27.9	20.0	22.5	29.6	21.5	28.2	20.6	26.7	20.2	15.1	25.6	19.3	14.3	24.6	18.4	13.5	23.4	12.9
Timisoara	152470	33.1	21.0	31.2	20.3	29.5	19.7	21.9	30.4	21.1	29.2	20.4	27.9	19.4	14.3	23.8	18.7	13.7	23.2	17.9	13.0	22.7	12.8
RUSSIA																							
Abakan	298650	29.6	18.0	27.7	17.4	25.8	16.7	19.7	27.1	18.8	25.1	18.0	23.9	17.4	12.8	21.6	16.5	12.1	21.0	15.6	11.4	20.4	10.5
Aldan	310040	27.2	16.3	25.2	15.5	23.3	14.9	17.6	24.9	16.7	23.1	15.8	21.5	15.3	11.8	19.7	14.3	11.0	18.9	13.3	10.3	18.6	10.2
Aleksandrovsk-Sa	320610	23.2	17.7	21.6	17.2	20.2	16.3	19.2	22.0	18.1	20.5	17.1	19.3	18.1	13.1	20.8	17.0	12.2	19.5	16.1	11.5	18.4	6.3
Anadyr'	255630	18.5	13.6	16.6	12.7	14.9	11.4	14.1	17.6	13.0	16.0	11.8	14.4	12.2	8.9	15.8	11.2	8.3	14.7	10.2	7.8	13.3	5.4
Apuka	259560	16.0	12.6	14.6	11.9	13.4	11.3	13.3	15.3	12.4	14.0	11.6	13.0	12.2	8.9	13.9	11.5	8.5	13.3	10.7	8.0	12.5	4.7
Arkhangel'sk	225650	26.0	18.5	24.1	17.4	22.2	16.7	19.6	24.2	18.5	23.0	17.3	21.1	17.9	12.9	22.3	16.7	11.9	20.5	15.5	11.0	19.6	9.4
Armavir	370310	32.3	20.8	30.5	20.3	29.0	19.8	22.8	28.6	21.8	27.8	21.0	27.0	20.9	15.9	26.3	19.8	14.8	24.8	18.9	14.0	23.8	12.1
Astrakhan'	348800	34.3	21.4	32.7	20.8	31.3	20.2	23.4	30.4	22.3	29.2	21.5	28.5	21.4	16.1	26.1	20.3	15.0	25.4	19.3	14.1	24.5	10.8
Barnaul	298380	29.2	18.8	27.4	17.9	25.8	17.4	20.2	26.8	19.3	25.3	18.4	24.1	18.0	13.3	22.7	17.1	12.6	22.0	16.2	11.9	21.0	9.4
Blagoveshchensk	315100	29.9	20.8	28.3	20.3	26.7	19.7	23.0	27.2	22.0	25.7	21.1	24.9	21.7	16.6	25.1	20.7	15.6	24.2	19.8	14.8	23.2	9.2
Borzya	309650	28.5	17.0	26.5	16.8	24.9	15.9	19.7	24.7	18.7	23.8	17.8	22.7	17.3	12.9	22.4	16.9	13.1	21.3	16.0	12.0	20.3	10.6
Bratsk	303090	27.1	17.3	25.2	16.4	23.6	16.1	18.9	24.3	17.9	23.3	17.0	21.9	16.9	12.8	21.1	15.9	12.0	20.4	14.9	11.2	19.7	9.2
Bryansk	268980	27.1	18.9	25.4	18.2	23.9	17.6	20.2	24.7	19.3	23.3	18.4	23.0	18.6	13.8	22.4	17.6	12.9	21.6	16.7	12.2	20.4	8.1
Chelyabinsk	286420	29.4	19.1	27.6	18.5	25.9	17.7	20.4	26.9	19.5	25.7	18.7	24.2	18.2	13.5	23.1	17.4	12.8	22.0	16.5	12.1	21.3	9.2

ENVIRONMENTAL DESIGN CONDITIONS

Table 5.3B (SI) (Continued)
Heating and Wind Design Conditions—World

		Cooling DB/MWB						WB/MCDB						DP/MCDB and HR									
		0.4%		1%		2%		0.4%		1%		2%		0.4%			1%			2%			
Station	WMO#	DB	MWB	DB	MWB	DB	MWB	WB	MDB	WB	MDB	WB	MDB	DP	HR	MDB	DP	HR	MDB	DP	HR	MDB	Range of DB
Cherepovets	271130	26.2	19.4	24.6	18.3	23.0	17.2	20.5	25.0	19.1	23.1	18.1	22.0	18.9	13.9	23.1	17.7	12.9	21.2	16.5	11.9	20.0	10.1
Chita	307580	28.8	18.5	26.8	17.3	25.0	16.3	20.0	26.2	18.7	24.6	17.8	22.9	17.9	14.0	23.1	16.8	13.0	21.2	15.8	12.2	19.8	11.4
Dudinka	230740	24.7	16.5	22.2	15.6	19.7	14.2	17.7	22.6	16.2	20.9	14.8	19.3	15.5	11.0	20.6	13.9	9.9	19.1	12.6	9.1	17.0	8.0
Egvekinot	253780	18.0	11.9	15.8	11.0	14.1	10.1	12.8	16.4	11.5	15.3	10.6	13.4	10.7	8.0	13.9	9.8	7.6	12.2	9.0	7.2	11.2	5.1
Groznyy	372350	32.9	21.4	31.3	20.7	29.8	20.1	22.7	30.6	21.9	28.9	21.1	27.7	20.4	15.4	25.9	19.6	14.6	25.0	19.0	14.1	24.1	10.3
Habarovsk/Novy	317350	30.1	21.2	28.3	20.8	26.7	19.9	22.9	27.2	22.0	26.2	21.1	25.4	21.6	16.4	24.7	20.7	15.5	24.2	19.7	14.5	23.0	9.0
Irkutsk	307100	27.0	17.3	25.3	16.8	23.6	16.1	19.0	24.3	18.1	23.6	17.2	22.0	17.2	13.1	21.1	16.2	12.3	19.9	15.2	11.5	19.2	11.1
Izhevsk	284110	29.3	19.0	27.3	18.5	25.5	17.5	20.6	26.8	19.6	25.5	18.6	23.8	18.4	13.5	23.6	17.4	12.7	22.1	16.6	12.0	21.3	9.6
Juzno-Kurilsk	321650	20.2	18.1	19.1	17.5	18.1	17.0	18.9	19.6	18.1	18.8	17.3	17.9	18.6	13.5	19.3	17.8	12.8	18.4	17.1	12.3	17.7	3.1
Juzno-Sahalinsk	321500	25.3	20.0	23.7	19.2	22.0	18.2	21.3	23.9	20.1	22.3	18.9	21.3	20.4	15.1	22.9	19.3	14.1	21.5	18.0	13.0	20.4	7.8
Kaliningrad	267020	26.9	18.9	25.0	17.7	23.3	16.8	19.9	25.4	18.7	23.4	17.7	22.0	18.0	13.0	22.4	16.9	12.1	21.2	15.9	11.3	20.0	8.5
Kaluga	277030	26.8	19.4	25.2	18.7	23.6	17.4	20.4	25.3	19.4	23.8	18.4	22.6	18.6	13.8	23.6	17.7	13.0	22.1	16.7	12.2	20.6	9.2
Kazan'	275950	29.3	19.2	27.3	18.8	25.5	17.9	21.0	27.0	19.9	25.0	19.0	24.1	19.0	14.0	23.8	17.9	13.0	22.9	16.9	12.2	21.6	9.2
Kirov	271960	28.0	19.7	25.9	18.4	24.0	17.6	20.8	26.3	19.6	24.5	18.5	22.8	18.8	13.9	24.0	17.7	12.9	22.2	16.7	12.1	21.0	9.6
Kolpashevo	292310	27.9	18.9	26.3	18.1	24.5	17.2	20.7	25.7	19.5	24.3	18.5	22.9	18.9	13.8	23.0	17.8	12.9	22.0	16.7	12.0	20.8	10.0
Krasnodar	349290	32.0	21.7	30.4	21.1	29.0	20.4	23.2	29.4	22.3	28.1	21.5	27.3	21.2	15.9	26.2	20.4	15.1	25.4	19.5	14.3	24.8	11.7
Krasnoyarsk	295740	28.4	18.1	26.6	17.3	24.8	16.6	19.9	26.0	18.8	24.3	17.9	22.9	17.9	13.3	22.1	16.9	12.5	21.1	15.9	11.7	20.3	10.6
Kurgan	286610	30.5	19.3	28.5	19.1	26.7	18.3	21.0	28.0	20.2	26.7	19.3	25.1	18.7	13.7	23.8	17.8	12.9	22.8	17.0	12.2	22.1	10.4
Kursk	340090	28.6	19.2	26.9	18.7	25.3	18.2	20.7	25.8	19.8	25.1	18.9	23.8	18.9	14.1	23.4	17.8	13.1	22.4	16.9	12.4	21.4	9.5
Kyakhta	309250	28.2	16.8	26.4	16.2	24.7	15.5	18.5	25.3	17.5	24.2	16.6	22.7	16.2	12.7	20.7	15.1	11.8	20.0	14.1	11.1	19.2	10.0
Magadan	259130	18.2	12.7	16.3	11.9	15.0	11.1	13.7	16.5	12.8	15.1	12.1	14.0	12.4	9.1	14.2	11.8	8.7	13.4	11.1	8.3	13.0	5.4
Magnitogorsk	288380	29.7	18.5	27.7	17.7	26.0	16.9	20.0	26.8	18.9	25.5	18.0	24.5	17.6	13.2	23.0	16.5	12.3	22.0	15.5	11.5	21.0	10.5
Markovo	255510	24.5	15.9	22.4	15.1	20.3	14.0	16.8	22.9	15.6	21.3	14.5	19.3	14.2	10.1	19.2	13.0	9.4	17.4	12.0	8.8	16.5	10.2
Moscow	276120	27.6	19.3	26.0	18.6	24.5	17.8	20.5	25.6	19.5	24.6	18.6	22.9	18.6	13.7	22.9	17.7	12.9	22.1	16.8	12.2	21.2	8.2
Moscow, Vnukovc	275185	27.1	18.8	25.2	18.5	24.0	17.2	20.1	25.2	19.2	24.2	18.2	23.0	18.2	13.4	23.2	17.2	12.6	20.6	16.2	11.8	20.2	9.1
Murmansk	221130	23.6	15.1	21.1	14.0	18.9	13.2	16.2	21.4	15.0	19.9	13.9	18.3	13.9	10.0	18.0	12.6	9.1	17.1	11.6	8.6	15.7	6.8
Nikolayevsk	313690	25.7	19.3	24.1	18.5	22.6	17.6	20.3	24.4	19.2	22.7	18.2	21.9	18.7	13.6	22.6	17.8	12.9	21.5	16.8	12.1	20.2	8.6
Nikolskoe/Bering	326180	14.0	12.4	12.9	11.8	12.1	11.1	12.7	13.5	11.9	12.7	11.2	12.1	12.2	8.9	13.3	11.5	8.4	12.3	10.7	8.0	11.8	2.5
Nizhniy Novgorod	275530	28.5	19.5	26.8	18.8	25.1	17.8	21.0	26.7	19.9	25.0	18.9	23.6	19.1	14.0	23.8	18.0	13.1	22.2	17.0	12.2	21.6	9.7
Nizhniy Tagil	282400	28.4	18.5	26.6	17.9	24.7	17.2	20.0	25.8	19.0	24.4	18.0	23.1	18.0	13.3	22.2	17.1	12.6	21.4	16.1	11.8	20.0	10.2
Novokuznetsk	298460	28.3	18.0	26.7	17.9	25.0	17.3	20.0	26.2	19.0	24.9	18.1	23.3	17.9	13.3	22.5	16.9	12.5	21.7	16.0	11.8	20.9	9.9
Novosibirsk	296340	28.6	19.0	26.8	18.0	25.2	17.4	20.5	26.0	19.6	24.8	18.6	23.2	18.8	13.9	22.3	17.8	13.0	21.4	16.8	12.2	21.0	9.4
Nyurba	246390	29.0	18.7	26.8	17.8	24.5	16.3	20.2	26.9	18.8	24.8	17.4	22.8	18.0	13.1	22.8	16.6	12.0	21.4	15.1	10.9	19.9	12.7
Olekminsk	249440	29.7	18.5	27.4	17.6	25.1	16.6	19.7	27.2	18.6	25.3	17.5	23.3	17.1	12.5	21.8	16.0	11.7	22.1	15.0	10.9	20.2	11.2
Omsk	286980	30.7	18.9	28.9	18.0	27.2	17.5	20.3	27.7	19.4	26.8	18.5	25.3	17.7	12.9	23.1	16.8	12.2	22.3	15.9	11.5	21.3	10.7
Orel	279060	28.0	18.9	26.4	18.8	24.9	17.8	20.4	25.9	19.5	24.7	18.6	23.6	18.5	13.7	22.8	17.5	12.8	22.1	16.6	12.1	21.2	9.2
Orenburg	351210	33.2	18.9	31.1	18.3	29.3	17.7	20.3	29.4	19.6	28.2	18.9	26.8	17.7	12.9	22.5	16.8	12.1	22.0	15.9	11.4	21.5	11.6
Ozernaja	325940	15.6	13.4	14.2	12.5	13.1	11.5	13.9	15.4	12.8	13.9	12.0	12.8	13.2	9.5	14.7	12.2	8.9	13.4	11.4	8.4	12.7	3.3
Penza	279620	29.7	18.6	27.9	18.0	26.2	17.4	20.6	27.2	19.6	25.4	18.6	24.1	18.3	13.5	23.3	17.5	12.8	22.1	16.6	12.1	21.1	10.4
Perm'	282250	29.0	19.4	27.1	18.5	25.0	17.9	20.6	26.7	19.6	25.7	18.6	23.8	18.4	13.6	24.1	17.4	12.7	22.4	16.5	12.0	21.0	8.9
Petropavlovsk-Ka	325400	20.7	15.4	18.9	14.2	17.3	13.2	16.0	20.0	14.7	18.3	13.7	16.7	14.2	10.1	18.0	12.9	9.3	15.9	12.1	8.8	14.8	5.3
Petrozavodsk	228200	24.8	17.9	23.0	16.9	21.3	15.8	19.1	23.2	17.9	21.5	16.7	20.3	17.6	12.8	21.1	16.3	11.7	19.7	15.2	10.9	18.6	7.6
Pskov	262580	26.7	19.1	25.2	17.9	23.6	17.3	20.3	24.7	19.1	23.6	18.1	22.4	18.6	13.5	22.6	17.4	12.5	21.0	16.3	11.6	20.4	9.1
Rostov-Na-Donu	347310	31.4	20.8	29.9	20.2	28.5	19.7	22.3	29.2	21.5	27.6	20.7	26.4	20.1	14.9	25.3	19.3	14.2	24.4	18.6	13.6	24.0	10.3
Rubtsovsk	360340	30.6	19.2	28.9	18.7	27.3	17.9	20.7	27.0	19.9	26.2	19.1	25.0	18.8	14.0	22.7	17.9	13.2	21.8	16.9	12.4	21.4	11.2
Ryazan'	277310	28.4	19.6	26.6	18.7	25.0	17.8	20.8	26.4	19.8	25.2	18.8	23.6	18.8	13.9	23.6	17.9	13.1	22.2	17.0	12.4	21.5	8.3
Rybinsk	272250	26.6	19.9	24.8	18.6	23.1	17.7	20.6	25.6	19.5	23.4	18.5	22.2	18.7	13.7	23.0	17.8	12.9	22.0	17.0	12.3	20.8	7.2
Samara (Kuybysh	289000	31.3	19.8	29.3	19.3	27.6	18.7	22.0	28.8	20.9	27.3	19.8	25.6	19.6	14.4	25.0	18.5	13.4	24.5	17.4	12.5	22.9	11.4
Saratov	341720	30.5	18.7	28.9	18.5	27.4	17.8	20.7	27.7	19.8	26.5	19.0	25.4	18.2	13.4	23.6	17.4	12.7	22.9	16.6	12.0	22.5	8.4
Smolensk	267810	26.0	19.1	24.6	18.1	23.1	17.0	20.0	24.6	19.0	23.3	18.1	22.0	18.3	13.6	22.5	17.4	12.8	21.4	16.4	12.0	20.3	8.4
Sochi	371710	28.1	22.9	27.3	22.7	26.5	22.2	24.1	27.0	23.5	26.5	22.9	25.8	23.2	18.0	26.4	22.5	17.2	25.6	21.8	16.5	25.2	7.5
St Petersburg	260630	26.3	18.4	24.6	17.6	23.0	16.7	19.7	24.4	18.7	23.1	17.7	21.8	17.9	12.9	22.1	16.8	12.0	20.8	15.9	11.3	19.8	7.5
Svobodnyy	314450	29.4	19.6	27.9	19.4	26.2	18.7	22.0	26.4	21.0	25.1	20.1	24.3	20.6	15.6	24.1	19.6	14.7	23.0	18.7	13.9	22.3	10.4
Syktyvkar	238040	28.1	19.1	25.9	18.4	23.8	16.8	20.4	26.4	19.3	24.6	18.1	22.7	18.3	13.4	23.5	17.2	12.5	21.9	16.2	11.7	20.2	9.5
Tambov	279470	29.9	19.5	28.2	18.8	26.5	18.0	21.1	27.7	20.0	25.5	19.1	24.9	18.7	13.8	23.9	17.9	13.1	22.6	17.0	12.3	21.6	10.3
Tayshet	295940	28.2	17.5	26.3	17.4	24.6	16.9	19.6	25.5	18.7	24.2	17.8	22.8	17.6	13.1	22.4	16.7	12.3	21.0	15.7	11.6	20.2	10.7
Ufa	287220	30.3	19.2	28.4	19.0	26.6	18.4	21.2	27.5	20.2	26.6	19.3	25.3	19.0	14.0	24.5	17.9	13.0	22.9	17.0	12.3	22.0	10.6
Ulan Ude	308230	29.3	17.3	27.5	16.9	25.6	16.2	19.3	25.7	18.2	24.7	17.2	23.6	16.9	12.8	22.1	15.9	12.0	21.2	14.9	11.3	19.8	11.5
Urup Island	321860	17.3	15.1	15.5	14.1	14.1	13.1	15.8	16.7	14.4	15.2	13.2	13.9	15.5	11.1	16.2	14.1	10.1	14.6	12.8	9.3	13.4	5.1
Ust'ilimsk	301170	28.0	17.2	25.8	16.5	24.0	15.9	19.0	24.2	18.0	23.4	16.9	22.6	17.2	12.9	21.1	15.9	11.9	20.3	14.7	11.0	19.2	11.2
Ust-Kamcatsk	324080	19.3	14.1	17.2	13.2	15.6	12.3	14.8	17.9	13.7	16.4	12.9	15.0	13.2	9.5	15.8	12.4	9.0	14.8	11.7	8.6	13.9	5.9
Vladimir	275320	27.7	19.5	25.8	18.7	24.1	17.5	20.6	25.9	19.6	24.6	18.6	23.0	18.7	13.8	23.5	17.7	13.0	21.8	16.8	12.2	21.0	8.5
Vladivostok	319600	25.8	20.4	24.0	19.4	22.4	19.0	22.2	24.0	21.2	22.6	20.3	21.5	21.6	16.6	23.0	20.7	15.7	22.0	19.8	14.8	21.0	4.8
Volgograd	345600	32.5	18.6	30.9	18.4	29.3	18.0	20.7	29.1	19.9	27.5	19.1	26.4	18.1	13.3	23.0	17.4	12.7	22.5	16.5	12.0	22.5	10.5
Vologda	270370	26.4	19.1	24.7	18.0	23.1	17.3	20.4	25.3	19.2	23.0	18.1	21.9	18.6	13.7	23.2	17.6	12.8	21.7	16.5	11.9	20.2	9.4
Voronezh	341220	29.4	19.1	27.7	18.2	26.0	17.4	20.5	26.5	19.6	25.6	18.8	24.1	18.4	13.5	23.0	17.5	12.8	22.0	16.7	12.1	21.4	9.7

LOAD CALCULATION PRINCIPLES 123

Outdoor Design Conditions

Table 5.3B (SI) (Continued)
Heating and Wind Design Conditions—World

		Cooling DB/MWB						WB/MCDB						DP/MCDB and HR							
		0.4%		1%		2%		0.4%		1%		2%		0.4%			1%			2%		Range
Station	WMO#	DB	MWB	DB	MWB	DB	MWB	WB	MDB	WB	MDB	WB	MDB	DP	HR	MDB	DP	HR	MDB	DP	HR	MDB	of DB
Yakutsk	249590	29.4	18.7	27.4	18.0	25.4	16.8	20.1	27.5	18.9	25.5	17.8	24.1	17.5	12.7	23.3	16.2	11.7	21.9	15.0	10.8	22.0	11.8
Yekaterinburg (Sv	284400	28.7	19.0	27.0	18.3	25.1	17.5	20.5	26.7	19.5	24.9	18.5	23.6	18.4	13.7	23.7	17.5	12.9	21.9	16.5	12.1	21.2	9.5
Yelets	279280	29.1	19.2	27.4	18.7	25.8	17.9	20.7	26.7	19.9	25.2	19.0	24.2	18.7	13.8	23.1	17.9	13.1	22.2	17.1	12.5	21.3	9.5
Zyryanka	254000	28.1	17.4	25.9	16.7	23.4	15.6	18.7	25.9	17.5	24.3	16.3	22.4	15.8	11.3	22.1	14.5	10.4	20.9	13.2	9.5	20.0	9.6
SAMOA																							
Pago Pago	917650	31.3	26.7	31.0	26.7	30.7	26.5	27.6	30.5	27.2	30.2	27.1	30.1	26.6	22.2	29.8	26.3	21.8	29.5	26.1	21.5	29.3	5.2
SAUDI ARABIA																							
Abha	411120	30.5	13.2	29.9	13.4	29.1	13.5	19.6	24.3	19.0	23.9	18.3	23.1	18.2	17.0	22.0	17.2	15.9	21.6	16.7	15.4	21.5	11.9
Al Jawf	403610	40.6	17.0	39.7	16.7	38.6	16.3	18.5	36.5	17.7	35.1	17.3	35.4	14.0	10.8	19.4	12.8	10.0	19.1	11.2	9.0	19.7	14.6
Al Madinah	404300	44.8	18.5	43.2	18.2	42.9	18.0	20.7	36.0	19.9	36.2	19.4	36.4	16.9	13.0	23.1	15.3	11.7	23.7	14.1	10.8	24.3	13.2
Al Wajh	404000	35.0	22.4	33.8	24.3	33.0	25.5	28.6	32.4	28.0	31.6	27.5	31.5	27.8	23.9	31.3	27.0	22.7	31.0	26.2	21.7	30.6	7.3
Ar'ar	403570	41.8	20.2	40.6	19.4	39.5	19.4	23.0	39.2	21.8	37.6	20.7	36.8	16.8	12.8	33.3	15.3	11.6	32.2	14.1	10.7	30.0	14.2
At Ta'if	410360	36.0	18.6	35.2	18.5	34.6	18.5	22.0	31.7	21.2	30.6	20.4	30.4	19.2	16.7	26.8	18.1	15.6	26.8	17.1	14.6	26.3	11.6
Az Zahran	404160	44.0	21.8	42.9	21.7	41.8	22.1	29.9	34.4	29.0	34.3	28.1	33.5	29.0	25.7	32.8	27.9	24.0	32.4	26.9	22.6	32.4	13.3
Ha'il	403940	40.6	18.3	39.8	17.9	38.9	17.6	20.1	36.5	19.2	36.0	18.6	36.0	15.2	12.2	21.5	14.1	11.4	22.3	13.0	10.6	21.6	15.7
Hafar Al Batin	403730	45.2	19.3	44.2	19.0	43.1	18.7	21.4	37.2	20.3	38.0	19.7	37.7	18.0	13.5	23.1	16.3	12.1	22.3	15.1	11.2	21.6	15.3
Jiddah	410240	40.2	22.0	39.0	22.9	38.0	23.6	28.2	34.7	27.7	34.2	27.3	33.5	27.0	22.7	31.5	26.2	21.6	30.5	26.0	21.4	31.2	5.2
Jizan	411400	38.8	28.6	38.0	28.6	37.3	28.4	30.4	36.4	30.0	36.9	29.6	36.2	28.9	25.5	35.8	28.2	24.4	35.3	27.9	24.0	35.0	7.0
Khamis Mushayt	411140	31.1	13.8	30.6	13.7	30.0	13.4	19.0	24.1	18.2	23.3	17.6	23.1	17.2	15.9	21.8	16.6	15.2	21.5	15.9	14.6	21.0	12.3
Makkah	410300	44.8	24.5	43.8	24.3	42.8	24.0	28.0	39.8	27.2	38.9	26.6	38.3	25.1	21.0	33.9	24.2	19.9	34.3	23.5	19.0	34.3	15.1
Qasim	404050	43.5	19.4	42.8	18.5	41.8	18.0	23.6	35.9	21.2	35.5	19.9	36.8	19.9	15.8	29.1	17.0	13.1	26.4	15.1	11.6	23.7	16.3
Rafha	403620	43.9	20.5	42.8	20.0	41.5	19.4	22.0	40.2	21.2	39.8	20.5	39.5	17.0	12.8	24.1	15.9	11.9	22.3	14.2	10.7	25.8	16.5
Riyadh	404380	44.0	18.0	43.1	17.8	42.2	17.7	20.6	35.0	19.7	36.3	19.0	35.6	16.9	13.0	22.9	15.6	11.9	22.1	14.1	10.8	22.2	14.0
Tabuk	403750	40.1	17.8	39.0	17.4	38.0	17.1	20.0	35.2	19.2	34.9	18.5	34.6	14.8	11.5	24.9	13.4	10.5	24.8	12.8	10.1	24.4	14.8
Turayf	403560	38.9	17.7	37.3	17.0	36.1	16.9	20.2	33.6	19.1	32.8	18.3	32.4	15.8	12.4	25.6	14.2	11.2	24.0	13.2	10.4	23.1	15.2
Yanbu'al Bahr	404390	42.7	24.2	41.2	24.1	39.9	24.2	28.6	35.7	27.8	35.1	27.2	34.6	27.0	22.7	32.2	26.1	21.5	31.4	25.2	20.3	31.1	14.3
SENEGAL																							
Dakar	616410	31.8	23.4	31.0	24.9	30.2	25.1	27.0	30.2	26.6	29.5	26.2	29.0	26.2	21.7	28.8	26.0	21.4	28.6	25.5	20.8	28.4	5.4
Saint Louis	616000	38.1	20.6	36.3	20.3	34.6	20.7	27.9	31.1	27.5	30.6	27.1	30.1	27.1	22.8	29.7	26.7	22.3	29.4	26.3	21.8	29.1	9.0
Tambacounda	616870	40.9	21.3	40.2	21.1	39.3	21.0	27.1	32.5	26.7	31.8	26.3	31.3	25.9	21.4	29.2	25.5	20.8	28.8	25.1	20.3	28.6	12.6
Ziguinchor	616950	38.2	22.4	36.9	21.8	35.7	22.4	28.3	32.5	27.9	32.0	27.5	31.6	27.2	23.0	31.3	26.7	22.3	30.6	26.4	21.9	30.0	15.4
SINGAPORE																							
Singapore	486980	33.0	25.9	32.2	25.9	32.0	25.9	27.2	30.9	27.1	30.7	26.8	30.3	26.2	21.7	28.9	26.2	21.7	28.8	26.1	21.5	28.7	6.3
SLOVAKIA																							
Bratislava	118160	31.8	20.4	30.0	20.0	28.2	19.3	21.6	29.5	20.8	28.6	19.9	26.7	19.0	14.0	25.2	18.1	13.2	24.1	17.2	12.5	23.2	12.3
Chopok Mountain	119160	15.0	11.0	13.6	10.5	12.4	9.8	12.0	13.9	11.3	12.9	10.4	11.9	11.3	10.7	12.4	10.5	10.1	11.9	9.7	9.6	11.1	4.4
Kosice	119680	29.6	20.1	27.9	19.4	26.2	18.6	20.9	28.3	20.1	26.7	19.2	25.1	18.3	13.6	24.5	17.3	13.0	23.2	16.8	12.3	22.4	10.7
Lomnicky Stit (Pe:	119300	11.9	8.1	10.5	7.2	9.3	6.2	9.2	10.9	8.1	9.8	7.2	8.7	8.4	9.5	10.1	7.3	8.8	8.9	6.3	8.2	8.0	4.7
Zilina	118410	29.2	19.5	27.5	18.6	25.7	17.6	20.2	27.6	19.4	26.0	18.4	24.3	17.7	13.2	22.9	16.9	12.5	21.8	16.2	12.0	21.1	12.1
SLOVENIA																							
Ljubljana	130140	30.1	20.0	28.3	19.2	26.9	18.5	20.9	28.4	20.0	26.8	19.2	25.8	18.2	13.7	23.2	17.7	13.2	22.5	16.9	12.6	22.3	12.4
SOUTH AFRICA																							
Bloemfontein	684420	34.0	15.6	32.8	15.4	31.5	15.4	19.2	26.0	18.7	25.9	18.2	25.5	17.5	14.8	20.7	16.9	14.2	20.4	16.1	13.5	20.1	14.6
Cape Town	688160	30.3	19.7	28.6	19.3	27.0	18.6	21.2	27.7	20.5	26.4	19.9	24.9	19.3	14.1	22.7	18.6	13.5	22.4	18.1	13.1	22.2	8.8
Durban	685880	30.3	23.7	29.3	23.7	28.5	23.4	25.5	28.7	24.9	28.1	24.5	27.4	24.5	19.5	27.4	24.0	18.9	27.1	23.5	18.3	26.7	5.5
Johannesburg	683680	29.0	15.6	27.9	15.6	26.9	15.5	18.6	24.9	18.1	24.2	17.6	23.7	16.8	14.8	20.4	16.2	14.2	19.9	15.7	13.7	19.6	10.4
Marion Island	689940	14.0	12.0	12.7	11.3	11.8	10.6	12.6	13.5	11.7	12.4	11.0	11.5	12.2	8.9	13.0	11.4	8.4	12.0	10.7	8.0	11.3	4.5
Port Elizabeth	688420	29.2	18.7	27.3	19.8	26.1	20.0	22.7	25.8	22.1	25.0	21.6	24.3	21.9	16.7	24.2	21.2	16.0	23.6	20.6	15.4	23.3	6.7
Pretoria	682620	31.9	17.6	30.9	17.1	30.0	17.1	20.5	26.8	19.9	26.6	19.4	26.2	18.7	15.9	22.8	18.0	15.2	22.5	17.4	14.6	22.2	9.8
SPAIN																							
Barcelona	81810	29.3	23.4	28.8	23.5	27.9	22.9	25.2	28.1	24.4	27.5	23.6	26.8	24.1	19.0	27.5	23.2	18.0	26.7	22.6	17.3	26.3	8.4
Granada	84190	37.0	19.6	35.3	19.3	34.0	18.9	21.2	32.9	20.5	31.7	19.9	31.2	18.0	13.8	24.7	17.1	13.1	23.8	16.1	12.2	23.5	18.7
La Coruna	80010	25.2	18.6	23.6	18.2	22.3	17.6	19.6	23.8	19.0	22.4	18.4	21.4	18.2	13.2	21.0	17.7	12.8	20.3	17.2	12.4	20.0	5.2
Madrid	82210	36.0	20.7	34.7	20.0	33.1	19.6	21.9	34.4	21.0	33.0	20.1	31.7	17.8	13.7	27.5	16.8	12.9	26.6	15.8	12.0	26.0	16.2
Malaga	84820	34.1	20.2	32.0	19.8	30.1	19.8	23.9	29.5	23.4	27.5	22.7	26.7	22.9	17.6	26.1	22.1	16.8	25.8	21.3	16.0	25.1	9.1
Palma	83060	33.0	23.1	31.4	22.9	30.2	22.9	25.8	29.2	25.0	28.9	24.3	28.5	24.8	19.9	28.4	23.9	18.8	27.6	23.0	17.8	27.0	12.4
Salamanca	82020	33.7	18.5	32.0	17.8	30.2	17.2	19.5	30.9	18.6	29.8	17.8	28.3	15.9	12.4	22.7	15.0	11.7	20.7	14.1	11.1	20.2	15.9
Santander	80230	26.5	19.5	24.7	19.4	23.7	19.0	21.5	24.4	20.7	23.3	20.1	22.8	20.5	15.3	22.7	19.7	14.5	22.4	19.0	13.9	21.9	5.2
Santiago De Com	80420	31.2	20.4	29.0	19.5	26.9	18.7	21.5	29.7	20.4	27.6	19.4	25.2	19.0	14.4	24.6	18.1	13.6	22.8	17.2	12.8	21.3	11.8
Sevilla	83910	39.8	23.7	38.0	22.2	36.1	21.7	24.6	36.4	23.3	35.3	22.4	33.3	21.0	15.7	29.1	20.0	14.8	26.7	19.1	13.9	25.5	16.7
Valencia	82840	32.2	21.9	31.2	22.1	30.0	22.1	24.7	29.2	24.1	28.5	23.6	27.8	23.2	18.1	27.1	22.9	17.8	26.9	22.1	16.9	26.4	9.2
Zaragoza	81605	36.0	20.7	34.0	20.3	32.1	19.9	22.4	31.9	21.6	31.5	21.0	29.7	19.2	14.9	24.9	18.8	14.1	24.3	17.9	13.3	25.4	13.4
SWEDEN																							
Goteborg, Landve	25260	25.8	16.6	23.9	15.8	22.0	14.8	17.7	23.5	16.7	21.6	15.8	19.9	15.9	11.5	18.7	15.0	10.9	17.7	14.1	10.2	16.7	8.3
Goteborg, Save	25120	25.3	16.8	23.4	16.1	21.6	15.6	18.6	23.0	17.5	21.2	16.6	20.0	17.0	12.2	19.8	16.0	11.4	19.1	15.1	10.8	18.1	7.6
Jonkoping	25500	26.1	16.2	23.9	15.4	22.0	14.6	17.5	23.4	16.6	21.6	15.7	20.2	15.9	11.6	18.3	14.9	10.9	17.5	14.0	10.3	16.7	10.9

ENVIRONMENTAL DESIGN CONDITIONS

Table 5.3B (SI) (Continued)
Heating and Wind Design Conditions—World

		Cooling DB/MWB						WB/MCDB						DP/MCDB and HR							
		0.4%		1%		2%		0.4%		1%		2%		0.4%			1%			2%		Range
Station	WMO#	DB	MWB	DB	MWB	DB	MWB	WB	MDB	WB	MDB	WB	MDB	DP	HR	MDB	DP	HR	MDB	DP	HR	MDB	of DB
Kalmar	26720	26.0	17.4	24.0	16.8	22.4	15.7	18.8	24.0	17.7	22.3	16.7	20.9	17.0	12.2	20.7	15.9	11.3	19.6	14.9	10.6	18.6	10.4
Karlsborg	25440	24.7	17.0	22.8	16.1	21.1	15.4	18.1	23.2	17.1	21.2	16.2	20.1	16.2	11.7	20.1	15.3	11.0	19.1	14.4	10.4	18.2	7.9
Karlstad	24180	25.1	17.1	23.2	16.4	21.5	15.5	18.4	22.6	17.5	21.3	16.6	20.1	17.0	12.2	19.4	16.0	11.4	18.5	15.1	10.8	17.9	8.7
Kiruna	20440	21.0	13.5	19.0	12.4	17.0	11.3	14.2	18.8	13.3	17.4	12.3	16.2	12.4	9.5	15.3	11.3	8.8	14.8	10.2	8.2	13.8	7.6
Malmo	26360	25.0	16.9	23.1	16.3	21.8	15.7	18.7	22.0	17.7	20.9	16.9	19.9	17.7	12.9	20.1	16.8	12.1	18.9	15.8	11.4	18.2	7.9
Ostersund/Froso	22260	23.2	14.6	21.2	13.9	19.3	13.0	15.9	21.7	14.7	19.7	13.7	18.2	13.4	10.0	17.1	12.4	9.4	16.0	11.5	8.8	15.4	7.5
Soderhamn	23760	24.9	16.7	22.9	15.6	21.1	14.9	17.9	22.9	16.8	21.5	15.8	20.0	16.0	11.4	19.4	14.7	10.5	18.6	13.9	9.9	17.6	9.0
Stockholm, Arlan	24600	26.8	17.1	24.8	16.1	22.8	15.2	18.4	23.6	17.4	21.9	16.4	20.8	17.0	12.2	19.2	15.9	11.4	18.3	14.9	10.7	17.6	9.0
Stockholm, Brom	24640	26.1	17.1	24.2	16.2	22.5	15.4	18.7	23.2	17.7	22.0	16.7	20.7	17.2	12.3	19.8	16.1	11.5	19.0	15.1	10.7	18.1	8.8
Sundsvall	23660	24.0	16.9	22.1	15.2	20.4	14.6	17.7	21.4	16.5	20.0	15.6	19.0	16.5	11.8	18.8	15.2	10.8	17.5	14.2	10.1	16.6	8.8
Ungskar	26660	21.5	18.3	20.2	17.4	19.2	16.6	18.8	20.8	17.9	19.8	17.1	18.9	18.0	12.9	20.3	17.0	12.1	19.2	16.1	11.4	18.5	3.8
Uppsala	24580	25.3	16.8	23.7	16.2	21.8	15.2	18.3	23.0	17.2	21.8	16.2	20.6	16.4	11.7	20.4	15.2	10.8	19.2	14.2	10.2	18.2	9.3
Visby	25900	24.1	17.1	22.2	16.7	21.0	16.0	18.8	21.8	17.9	21.0	17.0	19.8	17.8	12.8	19.8	16.8	12.0	19.0	16.0	11.4	18.3	7.3
SWITZERLAND																							
Geneva	67000	30.1	19.1	28.5	18.4	26.9	18.0	20.0	27.8	19.4	26.6	18.6	25.2	17.6	13.3	22.2	16.9	12.7	21.6	16.1	12.0	21.1	12.3
Interlaken	67340	27.6	18.6	25.9	18.1	24.3	17.3	19.4	26.4	18.6	24.9	17.7	23.3	17.0	13.0	22.2	16.2	12.4	20.9	15.5	11.8	20.3	9.9
Jungfrau Mountai	67300	6.1	0.7	4.9	0.2	4.0	-0.2	2.7	4.7	1.9	3.6	1.2	2.9	1.7	6.7	3.1	0.8	6.2	2.4	0.1	5.9	1.9	3.8
La Chaux-De-Fon	66120	25.5	16.4	23.5	16.0	21.9	15.1	17.3	23.7	16.5	22.2	15.7	21.0	15.1	12.1	19.5	14.3	11.5	18.9	13.5	10.9	18.1	9.8
Locarno	67620	29.0	20.9	28.0	20.4	26.9	19.6	22.2	27.6	21.4	26.7	20.6	25.5	20.4	15.4	25.4	19.5	14.6	24.6	18.7	13.9	23.5	9.9
Lugano	67700	29.7	21.4	28.2	20.8	27.0	20.0	22.6	27.9	21.7	26.9	20.9	26.0	20.8	16.0	25.9	19.9	15.1	25.2	19.0	14.3	24.3	9.8
Payerne	66100	28.7	19.4	27.0	18.7	25.4	18.0	20.3	27.0	19.3	25.4	18.5	24.3	17.8	13.6	23.5	17.1	13.0	22.6	16.3	12.3	21.3	11.0
Saentis (Aut)	66800	14.1	8.5	12.6	8.0	11.5	6.8	9.8	12.4	8.9	11.2	8.1	10.4	8.8	9.6	10.5	7.9	9.0	9.6	7.0	8.5	9.0	4.3
San Bernardino	67830	20.7	12.7	19.2	12.4	17.9	11.7	14.7	18.1	13.8	17.5	12.8	16.4	13.3	11.6	16.5	12.3	10.9	15.6	11.3	10.2	14.5	8.3
Zurich	66600	28.1	18.8	26.4	18.1	24.8	17.3	19.7	26.5	18.9	25.0	18.1	23.3	17.5	13.4	21.8	16.8	12.8	21.1	16.1	12.3	20.5	8.9
SYRIA																							
Damascus	400800	38.1	17.9	36.9	17.8	35.8	17.6	20.6	29.6	20.0	29.4	19.4	28.9	18.8	14.7	22.3	17.9	13.8	22.0	16.9	13.0	21.6	18.8
TAIWAN																							
Hsinchu	467570	34.0	27.3	33.3	27.2	32.7	27.0	28.1	32.8	27.7	32.4	27.3	32.0	26.8	22.5	31.6	26.4	22.0	31.2	26.0	21.4	30.7	6.9
Hualien	466990	32.0	26.7	31.5	26.8	31.0	26.6	27.7	31.0	27.3	30.7	27.0	30.5	26.7	22.3	30.4	26.3	21.8	30.2	25.9	21.3	30.0	5.4
Kaohsiung	467400	33.1	26.3	32.4	26.1	32.1	26.1	27.5	31.0	27.2	30.7	26.8	30.5	26.9	22.6	29.3	26.2	21.6	29.1	26.0	21.4	29.1	6.4
T'aichung	467510	34.2	27.7	33.8	27.6	33.0	27.4	28.9	33.1	28.4	32.5	27.9	32.3	27.8	24.2	32.4	27.1	23.2	31.9	26.8	22.7	31.5	8.4
T'ainan (593580)	467410	33.2	27.1	32.7	27.0	32.3	26.8	28.1	31.6	27.7	31.3	27.3	31.1	27.3	23.2	30.0	26.9	22.6	29.7	26.5	22.1	29.6	5.5
Taipei	466960	34.6	26.8	33.9	26.7	33.1	26.6	27.7	32.9	27.4	32.4	27.0	32.0	26.4	21.9	30.1	26.1	21.5	29.9	25.9	21.2	29.8	7.4
Taipei Intl Airport	466860	34.1	26.8	33.2	26.7	32.9	26.6	27.9	32.5	27.5	32.1	27.0	31.7	26.9	22.7	30.9	26.2	21.7	30.1	25.9	21.3	30.0	7.3
TAJIKISTAN																							
Dushanbe	388360	37.1	19.6	36.0	19.3	34.8	19.0	21.7	33.7	20.7	32.8	20.0	32.0	17.7	14.0	28.6	16.5	13.0	27.4	15.5	12.1	26.5	14.2
Khujand (Leninal	385990	37.1	19.2	35.8	19.1	34.5	18.8	21.3	33.6	20.5	32.6	19.7	32.2	17.0	12.8	26.2	16.0	12.0	26.2	15.1	11.3	25.5	12.8
THAILAND																							
Bangkok	484560	37.1	26.5	36.1	26.1	35.2	25.7	28.8	34.3	28.1	32.7	27.6	31.9	27.5	23.4	31.5	27.1	22.9	30.6	26.7	22.3	30.3	9.3
Chiang Mai	483270	37.8	22.5	36.8	22.4	35.5	22.6	26.1	31.7	25.7	31.2	25.4	30.8	25.0	20.9	28.1	24.2	19.9	27.8	24.1	19.7	27.4	13.6
Chiang Rai	483030	36.8	22.0	35.6	22.0	34.3	22.6	26.2	31.5	25.9	31.1	25.6	30.7	24.9	21.0	28.7	24.6	20.6	28.4	24.3	20.2	28.0	13.9
Chumphon	485170	35.2	26.2	34.2	26.3	33.5	26.2	27.6	33.2	27.2	32.6	26.9	32.1	26.1	21.5	30.8	25.7	21.0	30.3	25.5	20.7	30.1	9.3
Hat Yai	485690	35.0	24.9	34.2	24.9	33.9	24.9	26.7	31.6	26.6	31.5	26.2	30.9	25.9	21.3	28.5	25.3	20.5	27.9	25.2	20.4	27.8	10.0
Phetchabun	483790	38.3	25.5	37.3	25.4	36.2	25.3	27.7	33.5	27.2	32.9	27.0	32.5	26.2	21.9	30.8	25.9	21.5	30.3	25.6	21.1	29.9	11.6
Phrae	483300	38.6	24.6	37.4	24.8	36.3	24.5	27.3	33.1	27.0	32.5	26.7	32.2	26.0	21.8	30.0	25.6	21.3	29.7	25.3	20.9	29.4	12.3
Tak	483760	39.1	23.2	38.1	23.5	37.1	23.3	26.7	32.2	26.3	31.7	26.1	31.3	25.4	20.9	28.6	25.1	20.5	28.5	24.7	20.0	28.2	10.4
TRINIDAD																							
Port Of Spain	789700	33.0	25.1	32.2	25.0	32.0	24.9	26.6	30.6	26.3	30.3	26.1	30.1	25.7	21.0	28.5	25.2	20.4	27.9	25.1	20.2	27.8	7.9
TUNISIA																							
Bizerte	607140	36.0	22.0	33.6	22.2	31.8	22.0	24.9	29.9	24.3	29.0	23.7	28.6	23.6	18.4	27.1	22.9	17.6	27.0	22.2	16.9	26.4	10.1
Gabes	607650	35.6	21.9	33.1	22.8	31.6	23.0	26.4	30.4	25.8	30.0	25.2	29.6	25.2	20.3	29.5	24.5	19.5	29.2	23.7	18.5	28.7	6.5
Gafsa	607450	40.3	20.0	38.5	20.4	36.8	20.2	22.9	33.2	22.3	32.1	21.7	31.5	20.4	15.7	26.0	19.5	14.8	25.7	18.8	14.1	25.4	13.2
Kelibia	607200	31.5	22.6	30.1	23.0	29.2	23.0	25.5	28.5	24.9	27.8	24.3	27.4	24.6	19.7	27.3	24.0	19.0	27.1	23.3	18.1	26.5	7.3
Qairouan (Kairou	607350	40.4	21.8	38.0	21.7	36.2	21.4	24.7	32.5	24.0	31.3	23.3	31.0	23.0	17.9	27.1	22.0	16.8	26.7	21.2	16.0	26.5	14.1
Tunis	607150	36.7	22.6	34.2	23.0	32.9	22.6	25.8	31.0	25.0	30.1	24.2	29.4	24.2	19.1	28.0	23.5	18.3	27.5	22.8	17.5	27.2	12.1
TURKEY																							
Adana	173500	36.1	21.6	34.6	21.8	33.2	22.3	26.0	31.7	25.4	30.5	24.9	29.9	24.5	19.6	27.9	24.0	19.0	28.0	23.4	18.3	27.7	11.0
Ankara	171280	32.0	17.3	30.2	17.1	28.8	16.4	18.6	29.0	17.8	28.1	17.0	27.4	14.8	11.3	23.0	13.9	11.1	22.0	13.0	10.5	21.3	15.8
Erzurum	170960	28.9	16.3	27.5	15.6	26.1	15.1	17.8	26.6	16.8	25.7	15.9	24.7	14.2	12.5	23.4	13.1	11.7	22.4	12.1	10.9	21.2	16.6
Eskisehir	171240	32.2	19.8	30.8	19.4	29.2	18.9	21.4	29.2	20.4	28.5	19.7	28.1	18.8	15.0	26.7	17.9	13.9	25.3	16.7	13.1	24.1	14.4
Istanbul	170600	30.2	21.0	29.1	20.8	28.1	20.3	23.2	27.6	22.5	26.7	21.8	25.8	22.0	16.7	25.3	21.1	15.8	24.7	20.2	15.0	24.4	8.5
Izmir/Cigli (Cv/Aft	172180	35.8	22.1	34.1	21.6	33.0	21.2	23.3	33.1	22.7	32.1	22.0	31.6	20.1	14.8	28.3	19.2	14.0	27.5	18.8	13.6	27.0	12.8
Malatya	172000	36.3	20.0	35.1	19.6	33.9	19.1	21.1	34.6	20.2	33.7	19.5	33.0	15.9	12.5	30.7	14.8	11.7	29.3	13.9	11.0	28.1	15.2
Van	171700	28.8	19.1	27.6	18.7	26.6	18.2	21.0	27.2	20.0	26.4	19.1	25.7	18.7	16.6	26.6	17.6	15.5	25.8	16.5	14.4	25.1	10.8
TURKMENISTAN																							
Ashgabat (Ashkha	388800	40.1	19.7	38.7	19.6	37.4	19.6	22.9	34.7	22.1	33.5	21.3	32.8	18.9	14.1	29.7	17.9	13.2	29.3	17.0	12.4	28.9	13.4

Outdoor Design Conditions

Table 5.3B (SI) (Continued)
Heating and Wind Design Conditions—World

		Cooling DB/MWB						WB/MCDB						DP/MCDB and HR						
		0.4%		1%		2%		0.4%		1%		2%		0.4%			1%			2%	
Station	WMO#	DB	MWB	DB	MWB	DB	MWB	WB	MDB	WB	MDB	WB	MDB	DP	HR	MDB	DP	HR	MDB	DP	HR	MDB	Range of DB
Dashhowuz (Tash	383920	39.2	23.3	37.4	22.6	35.8	21.9	25.1	36.4	24.1	35.1	23.1	33.9	21.2	16.0	33.5	20.2	15.0	32.3	19.1	14.0	31.1	13.5
UK & N. IRE.																							
Aberdeen/Dyce	30910	21.7	16.8	20.0	15.8	18.5	14.7	17.5	21.0	16.3	19.4	15.3	17.9	15.8	11.3	19.6	14.9	10.7	18.0	14.0	10.0	16.9	7.2
Aberporth	35020	22.3	16.9	20.2	16.0	18.5	15.4	17.7	20.8	16.8	19.0	16.0	17.9	16.6	12.0	18.6	15.9	11.5	17.8	15.2	11.0	16.9	5.2
Aughton	33220	23.9	17.6	22.0	16.6	20.3	15.8	18.3	22.7	17.4	20.8	16.5	19.5	16.7	12.0	19.8	16.0	11.4	18.9	15.2	10.9	17.9	6.0
Aviemore	30630	23.8	16.2	21.4	15.3	19.4	14.3	17.0	22.1	16.0	20.4	14.9	18.4	14.9	10.9	18.6	14.0	10.2	18.1	13.1	9.6	16.9	8.6
Belfast	39170	22.5	16.7	20.7	15.9	19.2	15.3	17.7	21.1	16.8	19.7	16.0	18.4	16.3	11.7	19.0	15.5	11.1	18.1	14.7	10.5	17.5	7.1
Birmingham	35340	25.7	17.5	23.9	16.5	22.3	16.1	18.5	23.8	17.6	22.4	16.7	20.9	16.7	12.0	20.1	15.9	11.4	19.3	15.0	10.8	18.5	9.4
Bournemouth	38620	25.7	18.2	23.8	17.2	22.3	16.5	19.1	24.3	18.1	22.2	17.3	20.7	17.2	12.3	20.5	16.6	11.8	19.4	16.0	11.4	18.9	10.0
Bristol	37260	26.3	18.2	24.5	17.4	22.8	16.6	19.2	24.6	18.2	22.8	17.3	21.2	17.1	12.2	21.4	16.4	11.7	20.0	15.7	11.2	19.1	7.1
Camborne	38080	21.5	16.6	20.0	16.1	18.5	15.7	17.7	19.7	17.0	18.8	16.5	18.1	17.0	12.3	18.4	16.4	11.8	17.7	15.8	11.3	17.1	4.9
Cardiff	37150	25.0	17.8	23.1	17.2	21.4	16.4	18.8	23.3	17.8	21.5	17.0	20.2	17.2	12.4	20.3	16.5	11.8	19.1	15.8	11.3	18.4	8.2
Edinburgh	31600	22.1	16.3	20.4	15.6	19.0	14.8	17.2	20.8	16.3	19.5	15.5	18.2	15.7	11.2	18.8	14.9	10.6	17.6	14.1	10.1	17.1	8.1
Exeter	38390	25.5	18.2	23.7	17.7	22.2	16.8	19.4	24.3	18.4	22.7	17.6	20.9	17.5	12.6	21.2	16.8	12.0	20.0	16.2	11.6	19.3	8.8
Finningley	33600	25.5	17.7	23.7	17.0	22.0	16.1	18.6	23.9	17.7	22.4	16.8	20.9	16.6	11.8	20.4	15.8	11.2	19.5	15.0	10.7	18.5	9.6
Glasgow	31400	23.7	17.0	21.6	16.0	19.6	15.0	17.7	22.4	16.7	20.5	15.7	18.7	15.9	11.3	19.5	15.0	10.7	18.4	14.2	10.1	17.3	8.1
Hemsby	34960	23.5	18.1	21.8	17.1	20.4	16.5	18.7	22.0	17.8	20.9	17.1	19.6	17.3	12.4	20.3	16.5	11.8	19.5	15.9	11.3	18.4	7.7
Herstmonceux	38840	24.7	18.3	23.1	17.4	21.7	16.7	19.1	23.9	18.2	22.0	17.4	20.5	17.4	12.5	20.9	16.7	11.9	19.5	16.1	11.5	19.0	8.5
Jersey/Channel Is	38950	24.7	18.1	22.8	17.0	21.1	16.5	18.7	23.4	17.8	21.4	17.2	19.9	17.2	12.4	19.5	16.6	11.9	18.6	16.1	11.6	18.2	6.1
Kirkwall	30170	18.0	14.8	16.5	14.0	15.4	13.3	15.5	17.4	14.5	16.0	13.8	14.9	14.6	10.4	16.4	13.7	9.8	15.2	13.1	9.4	14.3	5.1
Lerwick	30050	15.8	13.5	14.7	12.8	13.9	12.4	14.1	15.1	13.4	14.2	12.8	13.5	13.6	9.8	14.5	13.0	9.4	13.8	12.4	9.1	13.1	3.8
Leuchars	31710	22.1	16.0	20.4	15.2	18.9	14.4	16.9	20.6	16.0	19.2	15.2	17.9	15.4	10.9	18.3	14.6	10.4	17.2	13.9	9.9	16.6	7.8
London, Gatwick	37760	26.4	18.4	24.7	17.4	23.1	16.8	19.3	25.0	18.3	23.0	17.5	21.5	17.3	12.5	21.0	16.5	11.8	19.9	15.8	11.3	19.2	9.8
London, Heathro	37720	27.4	18.7	25.7	17.7	24.1	17.2	19.6	26.0	18.7	23.8	17.8	22.4	17.4	12.5	21.3	16.7	11.9	20.7	16.0	11.4	20.0	9.2
Lyneham	37400	25.6	18.0	23.7	16.8	22.0	16.0	18.7	24.1	17.6	22.0	16.7	20.6	16.7	12.1	20.2	16.0	11.6	18.7	15.2	11.0	18.3	8.8
Lynemouth	32620	20.6	16.0	19.3	15.3	18.2	14.7	16.9	19.2	16.2	18.3	15.5	17.5	16.0	11.4	17.8	15.2	10.8	17.1	14.6	10.4	16.7	4.9
Manchester	33340	25.2	17.3	23.1	16.4	21.5	15.6	18.3	23.2	17.4	21.7	16.6	20.3	16.5	11.9	20.0	15.7	11.3	19.2	14.8	10.6	18.3	7.6
Nottingham	33540	25.5	18.0	23.6	17.2	21.9	16.3	19.0	24.0	17.9	22.3	16.9	20.8	17.1	12.4	21.3	16.1	11.6	19.8	15.3	11.0	18.6	8.9
Oban	31140	22.7	16.2	20.7	15.3	18.9	14.6	17.1	21.4	16.1	19.4	15.3	17.9	15.5	11.0	18.3	14.7	10.4	17.5	14.0	10.0	16.8	5.8
Plymouth	38270	23.8	17.3	22.1	16.6	20.6	16.1	18.4	22.3	17.6	20.4	17.0	19.4	17.1	12.2	19.5	16.6	11.9	18.7	16.0	11.4	18.0	6.1
Stansted Airport	36830	25.9	17.7	24.2	17.1	22.7	16.4	19.0	24.4	18.0	22.4	17.1	21.0	17.2	12.4	21.0	16.3	11.7	19.5	15.5	11.1	18.8	9.3
Stornoway	30260	18.3	15.1	16.8	14.2	15.7	13.4	15.7	17.6	14.7	16.1	14.0	15.3	14.7	10.5	16.4	14.1	10.1	15.5	13.4	9.6	14.8	4.8
Valley	33020	23.4	17.3	21.2	16.3	19.4	15.4	17.8	22.1	16.9	20.0	16.1	18.5	16.4	11.7	18.9	15.7	11.2	17.8	15.1	10.7	17.1	5.9
Wyton Raf	35660	26.3	18.0	24.5	17.3	22.8	16.6	19.2	24.5	18.1	22.6	17.2	21.4	17.3	12.4	21.2	16.4	11.7	19.8	15.6	11.1	18.9	9.3
UKRANIAN																							
Chernihiv (Chern	331350	28.7	19.8	27.2	19.2	25.6	18.2	21.1	26.8	20.2	25.7	19.2	23.9	19.1	14.1	23.9	18.2	13.3	22.8	17.4	12.7	21.9	10.1
Chernivtsi (Chern	336580	28.4	19.8	26.8	18.8	25.4	18.3	20.7	26.4	19.0	25.4	19.0	24.2	18.8	14.0	23.6	17.8	13.1	22.6	17.0	12.5	22.0	9.0
Dnipropetrovs'k (	345040	30.7	19.6	29.2	19.1	27.7	18.6	21.3	27.7	20.4	26.6	19.6	25.6	19.2	14.2	23.8	18.3	13.4	23.1	17.4	12.7	22.3	10.4
Donets'k	345190	29.8	19.0	28.4	18.9	26.9	18.1	21.0	27.9	20.1	26.4	19.0	24.6	18.6	13.8	23.6	17.9	13.2	22.8	17.1	12.5	22.1	10.9
Kerch	339830	29.6	20.7	28.4	20.6	27.3	20.1	22.8	27.3	21.9	26.8	21.1	25.8	21.2	15.9	25.7	20.2	15.0	24.8	19.4	14.2	24.0	8.1
Kharkiv (Khar'kov	343000	29.6	19.2	28.1	18.6	26.6	18.2	20.9	26.7	20.0	25.5	19.2	24.5	18.9	14.0	23.1	18.1	13.3	22.8	17.3	12.6	21.8	9.1
Kherson	339020	31.5	20.1	29.9	19.8	28.5	19.1	21.9	28.6	20.9	27.0	20.2	26.1	19.8	14.6	23.9	18.9	13.8	23.7	18.1	13.1	22.6	11.8
Kirovohrad (Kiros	337110	29.9	18.4	28.4	18.1	26.8	17.6	20.5	26.3	19.5	25.3	18.7	24.4	18.6	13.7	22.8	17.6	12.9	22.0	16.7	12.1	20.9	11.4
Kryvyy Rih (Krivoy	337910	30.7	19.4	29.3	18.8	27.7	18.3	21.1	27.6	20.2	26.1	19.4	25.7	19.0	14.0	23.1	18.1	13.0	23.0	17.1	12.4	22.0	11.7
Kyyiv (Kiev)	333450	28.2	19.7	26.7	18.9	25.2	18.1	20.8	26.3	19.9	25.0	19.1	23.9	19.0	14.1	23.5	18.1	13.3	22.6	17.2	12.5	21.6	9.2
Luhans'k (Vorosh	345230	31.2	19.2	29.5	18.8	27.9	18.0	21.1	28.2	20.2	27.0	19.4	25.6	18.8	13.7	24.3	17.9	12.9	22.5	17.1	12.3	22.1	10.6
Mariupol' (Zdano	347120	29.0	21.6	27.9	20.9	26.7	20.6	23.2	27.1	22.3	26.3	21.4	25.5	22.0	16.8	25.4	20.8	15.6	24.8	19.9	14.7	24.0	8.4
Odesa	338370	29.9	19.6	28.8	19.4	27.2	19.0	22.2	26.1	21.2	26.0	20.3	25.1	20.9	15.6	24.5	19.7	14.5	23.6	18.8	13.7	22.6	10.2
Poltava	335060	29.4	19.0	27.8	18.7	26.4	18.1	20.8	26.3	19.9	25.6	19.1	24.6	18.9	14.0	23.7	17.9	13.1	22.6	17.0	12.4	21.7	9.8
Rivne (Rovno)	333010	27.8	19.5	26.2	18.7	24.7	17.9	20.6	26.0	19.6	24.9	18.7	23.4	18.7	13.9	23.7	17.7	13.1	22.0	16.8	12.3	20.9	10.3
Simferopol'	339460	30.6	19.3	29.2	18.9	27.8	18.5	21.0	27.2	20.3	26.3	19.6	25.6	19.2	14.3	23.2	18.3	13.5	22.8	17.4	12.7	22.1	11.3
Sumy	332750	28.8	19.2	27.2	18.8	25.6	18.0	20.9	26.3	19.9	25.0	19.0	23.8	19.0	14.1	23.4	18.0	13.2	22.1	17.2	12.5	21.5	9.5
Uzhhorod (Uzhgo	336310	30.1	20.5	28.6	19.8	27.1	19.0	21.4	28.2	20.5	27.4	19.7	25.9	18.9	13.9	25.2	18.0	13.1	24.0	17.2	12.5	22.9	10.4
Vinnytsya (Vinnits	335620	27.8	19.0	26.3	18.4	24.9	17.8	20.2	25.9	19.4	24.4	18.5	23.4	18.4	13.8	22.9	17.5	13.0	21.9	16.7	12.3	20.9	10.1
Zaporizhzhya (Za	346010	30.9	19.7	29.5	19.0	28.0	18.5	21.4	27.5	20.5	26.8	19.7	25.7	19.4	14.3	24.3	18.4	13.4	23.4	17.6	12.7	22.2	11.2
Zhytomyr (Zhiton	333250	27.8	19.4	26.3	18.5	24.8	17.8	20.4	25.9	19.5	24.8	18.6	23.4	18.5	13.7	23.2	17.6	13.0	21.9	16.8	12.3	20.9	10.5
UNITED ARAB EMIRATES																							
Abu Dhabi	412170	43.8	23.6	42.5	23.4	41.1	23.8	30.3	35.0	29.7	34.3	29.2	34.1	29.2	26.0	32.9	28.8	25.4	32.8	28.0	24.2	32.5	12.8
Dubai	411940	41.9	23.8	40.7	24.0	39.3	24.5	30.2	34.6	29.7	34.2	29.2	34.1	29.2	25.9	33.0	28.8	25.3	32.8	28.0	24.1	32.7	9.7
Ra's Al Khaymah	411840	43.7	24.6	42.7	25.0	41.7	25.1	30.1	37.6	29.5	37.1	29.0	36.5	28.4	24.8	34.2	27.9	24.1	34.0	27.1	22.9	33.6	12.6
Sharjah	411960	43.1	24.9	41.9	25.2	40.9	25.2	30.1	37.1	29.4	36.1	28.8	35.6	28.8	25.4	33.5	28.0	24.2	33.0	27.1	22.9	32.7	13.3
URUGUAY																							
Colonia Del Sacra	865600	31.2	23.4	29.9	22.7	28.7	22.2	24.7	29.2	24.0	28.1	23.2	27.2	23.4	18.2	27.7	22.6	17.4	26.7	22.0	16.7	25.9	8.3
Montevideo	865800	31.9	22.1	30.0	21.6	28.2	21.1	24.2	28.6	23.5	27.1	22.7	26.3	23.1	17.9	26.2	22.2	16.9	25.0	21.8	16.5	24.7	9.3
Paso De Los Toro	864600	34.8	22.5	33.0	22.3	31.3	21.8	24.8	30.8	24.1	29.4	23.3	28.4	23.2	18.1	27.5	22.5	17.4	26.7	21.9	16.7	25.8	11.3
Rocha	865650	31.5	22.6	29.8	22.3	28.3	21.9	24.7	28.8	23.9	27.7	23.1	26.5	23.6	18.5	26.8	22.8	17.6	25.8	22.1	16.8	24.9	10.6

Environmental Design Conditions

Table 5.3B (SI) (Continued)
Heating and Wind Design Conditions—World

		Cooling DB/MWB						WB/MCDB						DP/MCDB and HR							
		0.4%		1%		2%		0.4%		1%		2%		0.4%			1%			2%		Range
Station	WMO#	DB	MWB	DB	MWB	DB	MWB	WB	MDB	WB	MDB	WB	MDB	DP	HR	MDB	DP	HR	MDB	DP	HR	MDB	of DB
Salto	863600	36.4	23.6	34.8	23.4	33.3	23.1	26.1	32.6	25.2	31.7	24.5	30.8	24.2	19.2	29.7	23.5	18.4	28.1	22.8	17.6	27.3	12.2
Treinta Y Tres	865000	33.4	22.6	31.8	22.2	30.1	21.9	24.9	29.9	24.1	28.9	23.4	27.4	23.6	18.5	26.9	22.8	17.6	26.2	22.1	16.9	25.5	11.6
UZBEKISTAN																							
Samarqamd (Sarr	386960	35.7	19.7	34.5	19.1	33.3	18.7	21.0	33.4	20.0	31.8	19.2	31.5	16.7	13.0	27.1	15.7	12.2	25.0	14.7	11.4	24.6	13.8
Tashkent	384570	38.0	21.4	36.7	20.1	35.2	20.1	24.0	35.0	22.5	33.5	21.2	32.2	20.2	15.8	31.5	18.5	14.2	28.7	17.1	13.0	28.0	14.9
VANUATU																							
Luganville	915540	30.3	25.3	30.0	25.3	29.6	25.2	26.6	29.2	26.2	28.9	26.0	28.7	25.7	21.1	28.3	25.5	20.8	28.0	25.2	20.4	27.7	5.8
VENEZUELA																							
Caracas	804150	33.2	28.7	32.7	28.5	32.0	28.2	30.2	32.0	29.6	31.6	29.1	31.0	29.9	27.2	31.7	29.1	25.9	31.1	28.7	25.3	30.6	7.0
VIETNAM																							
HO CHI MINH CIT	489000	35.1	25.2	34.2	25.2	33.9	25.2	27.2	32.2	26.9	31.9	26.6	31.6	26.1	21.5	29.8	25.7	21.0	29.3	25.2	20.4	28.7	8.2
WAKE ISLAND																							
Wake Island	912450	31.8	26.0	31.4	26.0	31.1	25.8	27.4	30.1	26.9	29.8	26.5	29.7	26.6	22.2	29.2	26.0	21.4	28.9	25.6	20.8	28.7	4.5
WALLIS & FUTUNA ISLAND																							
Wallis Islands	917530	31.1	26.9	30.7	26.7	30.4	26.5	27.5	30.3	27.2	30.0	27.0	29.8	26.7	22.4	29.5	26.3	21.8	29.3	26.1	21.6	29.0	4.7
YUGOSLAVIA																							
Belgrade	132720	33.4	21.8	31.8	21.1	29.9	20.5	22.7	30.3	21.8	29.6	21.1	28.6	20.1	15.0	26.8	19.2	14.1	25.4	18.4	13.4	24.4	12.3
Palic	130670	32.2	20.9	30.5	20.5	29.0	19.6	21.9	30.3	21.1	29.0	20.4	27.7	19.2	14.1	25.2	18.4	13.4	24.3	17.6	12.8	23.8	11.3
Podgorica (Titogr	134620	35.1	21.8	33.8	21.6	32.2	20.9	23.0	32.5	22.4	31.6	21.7	30.5	20.2	14.9	25.9	19.4	14.2	26.4	18.8	13.7	25.8	11.7
ZIMBABWE																							
Harare	677750	30.1	16.6	29.1	16.3	28.3	16.2	20.0	24.7	19.6	24.2	19.2	23.6	18.9	16.5	21.0	18.4	16.0	20.6	18.1	15.7	20.5	11.7

Outdoor Design Conditions

Table 5.4
Cooling Design Dry-Bulb and Wet-Bulb Temperatures for October Through May*,†

City	Latitude Deg.	Latitude Min.	Longitude Deg.	Longitude Min.	Elev. Feet	Oct.	Nov.	Dec.	Jan.	Feb.	March	April	May*
Albuquerque, NM	35	03	106	37	5311	79(54)	70(47)	55(42)	54(39)	65(48)	69(44)	82(50)	85(53)
Amarillo, TX	35	14	101	42	3604	80(58)	70(49)	65(45)	60(43)	70(51)	75(50)	89(58)	90(64)
Atlanta, GA	33	39	84	26	1010	80(71)	70(60)	70(60)	65(58)	69(54)	74(54)	80(63)	87(70)
Birmingham, AL	33	34	86	45	620	80(67)	70(61)	69(55)	65(58)	70(64)	75(67)	84(63)	89(71)
Bismarck, ND	46	46	100	45	1647	82(57)	55(42)	40(36)	44(37)	42(38)	56(46)	72(57)	84(63)
Boise, ID	43	34	116	13	2838	80(58)	62(50)	50(45)	55(47)	50(44)	59(45)	74(55)	85(58)
Boston, MA	44	22	71	02	15	70(57)	67(62)	50(48)	50(46)	54(43)	59(53)	69(54)	84(67)
Brownsville, TX	25	54	97	26	19	90(76)	84(74)	80(70)	78(67)	79(68)	85(60)	89(72)	90(76)
Charleston, SC	32	54	80	02	45	85(73)	80(66)	69(61)	69(59)	74(60)	75(64)	89(68)	89(72)
Cheyenne, WY.	41	09	104	49	6126	74(48)	57(39)	55(43)	54(38)	59(40)	65(46)	65(44)	79(54)
Chicago, IL	41	47	87	45	607	77(64)	60(52)	50(44)	40(35)	52(48)	60(50)	85(63)	84(62)
Cleveland, OH	41	24	81	51	777	75(63)	59(51)	56(52)	50(47)	50(49)	50(50)	75(64)	80(66)
Dallas/Ft. Worth	32	50	97	03	537	84(69)	75(59)	67(55)	62(50)	75(60)	79(59)	85(67)	90(70)
Dayton, OH	39	54	84	13	1002	79(61)	66(61)	55(52)	52(49)	55(47)	65(50)	75(59)	80(66)
Denver, CO	49	45	104	52	5283	80(52)	65(44)	65(48)	55(43)	55(41)	70(47)	75(47)	80(52)
Des Moines, IA	41	32	93	39	938	75(64)	60(50)	55(54)	45(41)	44(37)	54(41)	75(59)	80(64)
Detroit, MI	42	25	83	01	619	75(62)	65(62)	50(52)	55(56)	50(48)	60(50)	70(58)	80(63)
Dodge City, KS	37	46	99	58	2582	80(61)	66(50)	56(45)	54(46)	60(47)	72(49)	80(60)	80(62)
El Paso, TX	31	48	106	24	3918	85(57)	74(51)	69(50)	65(46)	70(47)	79(52)	85(55)	95(58)
Great Falls, MT	47	29	111	22	3662	77(53)	60(45)	58(43)	54(40)	50(39)	67(47)	65(53)	81(56)
Indianapolis, IN	39	44	86	17	792	79(62)	65(59)	55(50)	50(51)	55(53)	69(57)	75(58)	80(69)
Kan. City, MO	39	07	94	35	791	80(67)	65(60)	60(54)	55(52)	55(44)	70(56)	84(61)	89(70)
LakeCharles, LA	30	07	93	13	9	90(80)	80(62)	75(70)	75(69)	75(67)	77(66)	84(72)	90(74)
Las Vegas, NV	36	05	115	10	2162	95(62)	77(54)	65(49)	70(52)	65(50)	75(51)	90(57)	94(57)
Little Rock, AR	34	55	92	09	311	89(70)	75(67)	70(64)	67(61)	70(61)	74(67)	85(65)	90(73)
LosAngeles, CA	33	56	118	24	97	90(66)	75(58)	74(54)	70(56)	69(51)	70(53)	75(57)	75(65)
Madison, WI.	43	08	89	20	858	75(64)	50(44)	50(49)	45(40)	37(33)	52(44)	67(54)	80(68)
Medford, OR	42	22	122	52	1298	87(62)	62(54)	57(50)	54(45)	59(49)	67(52)	76(55)	84(61)
Miami, FL	25	48	80	16	7	89(75)	84(73)	84(72)	80(74)	83(73)	85(74)	89(73)	89(72)
Minneapolis, MN	44	53	93	13	834	75(66)	55(45)	36(33)	38(33)	39(33)	46(38)	80(65)	85(68)

* Dry-bulb temperatures are those equaled or exceeded approximately 2.5% of the hours for each month.
† Derived from WYEC Bin Data (Degelman 1984).

Environmental Design Conditions

Table 5.4 (Continued)
Cooling Design Dry-Bulb and Wet-Bulb Temperatures for October Through May*,†

City	Latitude Deg.	Latitude Min.	Longitude Deg.	Longitude Min.	Elev. Feet	Oct.	Nov.	Dec.	Jan.	Feb.	March	April	May*
Nashville, TN	36	07	86	41	590	80(65)	70(66)	65(57)	60(50)	65(61)	70(62)	84(67)	89(69)
New York, NY	40	46	73	54	11	75(65)	69(63)	50(45)	54(48)	50(44)	65(53)	80(61)	80(63)
Okla. City, OK	35	24	97	36	1285	85(72)	70(57)	65(53)	65(54)	70(52)	75(56)	85(70)	87(70)
Omaha, NE	41	18	95	54	977	77(64)	65(56)	55(45)	40(36)	50(44)	55(45)	82(64)	85(69)
Phoenix, AZ	33	26	112	01	1112	95(64)	79(56)	75(56)	75(52)	75(56)	85(58)	95(62)	99(63)
Pittsburgh, PA	40	30	80	13	1137	75(59)	59(46)	55(54)	(50)(46)	50(51)	65(49)	74(54)	80(64)
Portland, ME	43	39	70	19	43	70(61)	60(56)	45(44)	45(46)	40(35)	50(45)	65(52)	75(60)
Portland, OR	45	36	122	36	21	72(58)	62(58)	57(52)	57(49)	58(48)	65(51)	72(58)	87(60)
Raleigh/Durham	35	52	78	47	434	80(69)	70(57)	65(57)	65(58)	70(64)	75(61)	85(67)	85(69)
Salt Lake, UT	40	46	111	58	4220	79(55)	62(46)	50(38)	50(44)	55(46)	64(47)	75(50)	85(57)
SanAntonio, TX	29	32	98	28	788	90(73)	80(61)	80(60)	70(53)	75(59)	80(63)	85(67)	94(72)
Seattle, WA	47	27	122	18	400	65(54)	55(48)	55(49)	54(48)	55(45)	62(52)	67(55)	70(57)
St. Louis, MO	38	54	90	23	535	75(66)	67(60)	51(47)	60(55)	50(42)	67(51)	75(61)	85(69(
Tallahassee, FL	30	23	84	22	55	89(72)	79(67)	74(63)	74(64)	75(65)	79(62)	84(67)	90(73)
Tampa, FL	27	58	82	32	19	90(75)	85(74)	80(68)	79(66)	79(65)	84(69)	89(71)	90(70)
Wash., DC	38	51	77	02	14	80(65)	70(61)	60(54)	65(59)	55(47)	70(50)	85(63)	85(70)
Edmonton, Alb.	53	40	113	28	2256	65(53)	45(39)	32(29)	35(32)	39(33)	40(36)	55(43)	72(52)
Montreal, Que.	45	28	73	45	98	67(56)	60(56)	40(39)	40(39)	40(37)	54(45)	72(59)	75(65)
Toronto, Ont.	43	41	79	38	578	67(58)	57(54)	44(42)	49(39)	41(40)	59(52)	67(54)	85(66)
Vancover, BC	49	11	123	10	16	65(58)	60(55)	52(47)	54(48)	50(45)	55(49)	60(55)	67(55)
Winnipeg, Man.	49	54	97	14	786	65(53)	55(47)	34(30)	34(30)	35(32)	37(35)	67(51)	79(65)

* Dry-bulb temperatures are those equaled or exceeded approximately 2.5% of the hours for each month.
† Derived from WYEC Bin Data (Degelman 1984).

Chapter Six
Infiltration

It is practically impossible to accurately predict infiltration on theoretical grounds. However, it is possible to develop relationships to describe the general nature of the problem. With experience and some experimental data, it is possible to put these relations in convenient table and graphical form, useful in estimating infiltration rates. Much of the following material describes how the graphs herein were made and the restrictions placed upon them.

Infiltration is caused by a greater air pressure on the outside of the building than on the inside. The amount of infiltrated air depends on this pressure difference; the number, the size, and the shape of the cracks involved; the number, the length, and the width of the perimeter gaps of windows and doors; and the nature of the flow in the crack or gap (laminar or turbulent). The relation connecting these quantities is

$$Q = C(\Delta p)^n. \qquad (6.1)$$

Q = flow rate of leaking air, cfm.

Δp = pressure difference between the inside and the outside surfaces of the building, in. of water gauge. When the outside pressure is greater than the inside pressure, Q, a positive value, is the flow rate of air leaking into the building. If the inside pressure exceeds the outside pressure, Q is the flow rate of exfiltrating air.

n = flow exponent. If the flow in the crack is laminar, $n = 1.00$; if turbulent, $n = 0.50$. Usually, the flow will be transitional, thus n will be between 0.5 and 1.0. Small hairline cracks tend to have values of n of 0.8 to 0.9, whereas cracks or openings of 1/8 in. or greater will have complete turbulent flow, thus n will be 0.5.

C = flow coefficient. C is determined experimentally and includes the crack or opening size (area).

The pressure difference, Δp, is given by:

$$\Delta p = \Delta p_s + \Delta p_w + \Delta p_p \qquad (6.2)$$

Δp_s = pressure difference caused by the stack effect,

Δp_w = pressure difference caused by wind,

Δp_p = pressure difference caused by pressurizing the building.

The pressure differences Δp_s, Δp_w, and Δp_p are positive when, acting separately, each would cause infiltration, $(p_{out} - p_{in}) > 1$.

Experienced engineers and designers often estimate infiltration by the Air Change Method. This method simply requires an assumption of the number of air

Infiltration and Outdoor Ventilation Air Loads

changes per hour (ACH) that a space will experience based on their appraisal of the building type, construction, and use. The infiltration rate is related to ACH and space volume as follows:

$$Q = \text{ACH} \times \text{VOL}/60 \qquad (6.3)$$

where
Q = infiltration rate, cfm
VOL = gross space volume, ft^3

6.1 Infiltration and Outdoor Ventilation Air Loads

Infiltration is the uncontrolled flow of air through unintentional openings such as cracks in the walls and ceilings and through the perimeter gaps of windows and doors driven by wind, temperature difference, and internally induced pressures. The flow of the air into a building through doorways resulting from normal opening and closing also is generally considered infiltration. The flow of air leaving the building by these means is called exfiltration. There are situations where outdoor air is intentionally supplied directly to the space for ventilation purposes. In this case, the outdoor air produces a heating or cooling load on the space in the same way as infiltration air.

In most cases of modern systems, however, outdoor air is introduced through the air heating and cooling system where it is mixed with recirculated air, conditioned and then supplied to the space. Confusion often results when both the air from outdoors and the air supplied to the space are referred to as ventilation air. It is becoming more common to associate ventilation with indoor air quality and this usage, which is compatible with *ANSI/ASHRAE Standard 62, Ventilation for Acceptable Indoor Air Quality* will be used herein. As defined earlier ventilation is the intentional distribution of air throughout a building and is generally a mixture of filtered outdoor and recirculated air. Infiltration air produces a load on the space while the outdoor air introduced through the air heating and cooling system and is a load on the heating or cooling coil. Therefore, the load due to outdoor air introduced through the system, should be considered during the psychrometric analysis when supply air quantities, coil sizes, etc. are computed. This procedure is discussed in Chapter 10 and Appendix 10.

For summer conditions the infiltrating air has to be cooled to the desired space temperature. This represents a cooling load and must be included in the room cooling load. Assuming standard air, the equation for the sensible load is

$$q_s = 1.10(t_{out} - t_{in})\text{cfm} \qquad (6.4)$$

A more complete explanation of this equation which accounts for local pressure and temperature is given in Appendix 10. By a similar analysis Equation 6.4 can be used to determine the heating load caused by infiltrating air. For low humidity winter weather at standard conditions, the value of 1.10 is usually replaced by 1.08.

For summer conditions some of the water vapor in the infiltrating air is ultimately condensed on the cooling system coils and thus constitutes a part of the space cooling load. The equation for this latent load assuming standard air is

$$q_l = 4840(W_{out} - W_{in})\text{cfm} \qquad (6.5)$$

A complete explanation of Equation 6.5 also is given in Appendix D.

If humidification of a space is required such as in the heating season or to maintain higher humidities, heat must be supplied to a humidifier to vaporize the amount of water that is deficient in the infiltrating air. Equation 6.5 gives this required latent heating load for humidification, a negative number with respect to the cooling case.

INFILTRATION

6.2 PRESSURE DIFFERENCE DUE TO STACK EFFECT

The stack effect occurs when the air densities are different on the inside and outside of a building. The air density decreases with increasing temperature and decreases slightly with increasing humidity. Because the pressure of the air is due to the weight of a column of air, on winter days the air pressure at ground level will be less inside the building due to warm inside air and the cold air outside the building. As a result of this pressure difference air will infiltrate into a building at ground level and flow upward inside the building. Under summer conditions when the air is cooler in the building, outside air enters the top of the building and flows downward on the inside.

Under the influence of the stack effect there will be a vertical location in the building where the inside pressure equals the outside pressure. This location is defined as the neutral pressure level of the building. In theory, if cracks and other openings are uniformly distributed vertically, the neutral pressure level will be exactly at the mid-height of the building. If larger openings predominate in the upper portions of the building this will tend to raise the neutral pressure level and likewise large openings in the lower part will lower the neutral pressure level. Unless there is information to the contrary it is assumed that the neutral pressure will be at the building mid-height when under the influence of the stack effect acting alone.

The theoretical pressure difference resulting from the stack effect can be found using:

$$\Delta p_{st} = 0.52 p_b h \left[\frac{1}{T_o} - \frac{1}{T_i} \right] \quad (6.6)$$

where

Δp_{st} = theoretical pressure difference between the inside and outside air due to the stack effect, in. of water

p_b = outside absolute pressure (barometric), lb/in.^{2}

h = vertical distance from neutral pressure level, ft

T_o = outside absolute temperature, °R

T_i = inside absolute temperature, °R

Figure 6.1 shows the stack effect pressure variations for cold outside air. When the outside pressure is greater than the inside pressure, as in the lower half of the building, Δp_{st} is positive and the airflow is into the building. When the outside temperature is greater than the inside air then the situation is reversed and Δp_{st} is positive for the upper half of the building.

The Δp_{st} given by Equation 6.6 is valid only for buildings with no vertical separations, that is, no floors as, for example, with an atrium, auditorium, or fire stair towers. Floors in conventional buildings offer a resistance to the vertical flow of air caused by the stack effect. There are pressure drops from one story to the next. If these resistances such as doors can be assumed uniform for every floor, then a single correction, called the thermal draft coefficient, C_d, can be used to relate Δp_{st} and Δp_s, the actual pressure difference.

$$C_d = \frac{\Delta p_s}{\Delta p_{st}} \quad (6.7)$$

Figure 6.2 shows the effect of the pressure differences between floors for winter conditions. The flow of air upward through the building causes the pressure to decrease at each floor. For this reason Δp_s is less than Δp_{st} and thus C_d will be a num-

Pressure Difference Due to Stack Effect

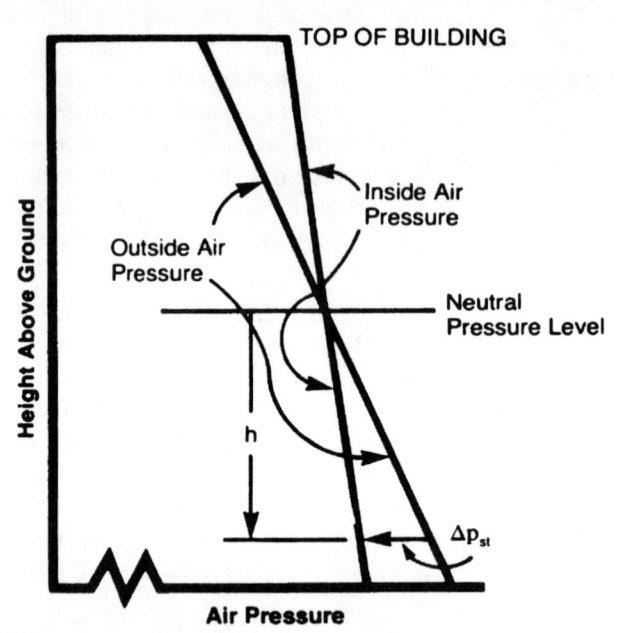

Figure 6.1 Winter stack effect showing theoretical pressure difference vs. height.

ber less than 1.0. Note that the slope of the actual inside pressure curve within each floor is the same as the theoretical curve.

Equations 6.6 and 6.7 are combined to yield:

$$\frac{\Delta p_s}{C_d} = 0.52 p_b h \left[\frac{1}{T_o} - \frac{1}{T_i} \right] \tag{6.8}$$

Equation 6.8 is plotted in Figure 6.3 with an inside temperature of 75°F and p_b = 14.7 psia (sea level pressure). The values of Δt were obtained by using decreasing val-

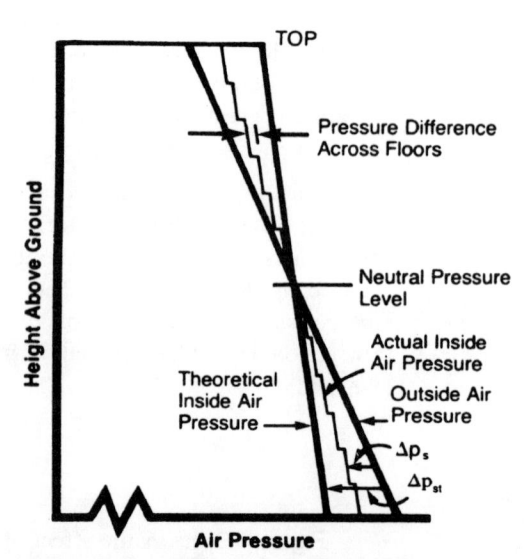

Figure 6.2 Winter stack effect showing actual pressure difference vs. height for 12-story building.

INFILTRATION

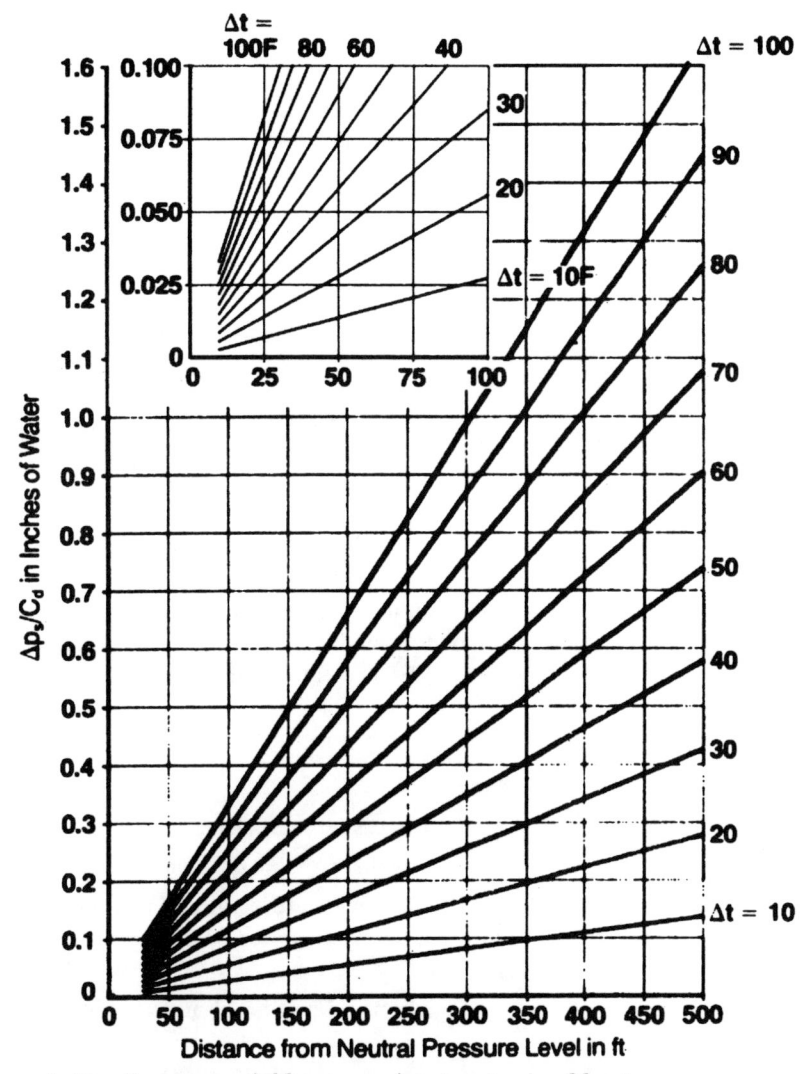

Figure 6.3 Pressure difference due to stack effect.

ues of T_o for winter conditions. Figure 6.3 can, however, be used for the summer stack effect with little loss in accuracy.

The value of the thermal draft coefficient, C_d, depends on the resistance to the vertical flow of air, that is, the tightness of stair doors, etc., and to the quantity of vertical airflow. In this last regard, the larger the vertical flow, the larger the pressure drop per floor and thus the smaller the value of C_d (see Figure 6.2). For this reason, loose-fitting exterior walls that produce large amounts of infiltration, and thus vertical flow, tend to lower the values of C_d, whereas loose-fitting stair floors, etc., tend to raise the value of C_d by reducing pressure drops. With no doors in the stairwells C_d has a value of 1.0. Values of C_d determined experimentally for a few modern office buildings ranged from 0.63 to 0.82 (Tamura and Wilson 1967). Values of C_d for apartment buildings are not available. However, because of fewer elevator shafts, which means a tighter vertical resistance, looser fitting exterior walls with, and with operable windows, the values of C_d probably will be lower than those for office buildings.

Pressure Difference Due to Wind Effect

6.3 Pressure Difference Due to Wind Effect

The pressure associated with the wind velocity, called velocity pressure, is

$$p_v = 0.5\rho V_w^2. \tag{6.9}$$

Assuming that all the velocity pressure is converted to static pressure, the pressure caused by the wind is given by

$$\Delta p_{wt} = 0.5\rho V_w^2 \tag{6.9a}$$

where

Δp_{wt} = maximum theoretical pressure difference caused by the wind,
ρ = density of the air,
V_w = wind velocity.

For sea level air density, Δp_{wt} in in. of water and V_w in mph, Equation 6.9a, becomes

$$\Delta p_{wt} = 0.000482 V_w^2. \tag{6.10}$$

It is impossible for the wind velocity to become zero as it strikes a building, and even on the windward side the air maintains some velocity in order to pass around the building. To account for this, the wind pressure coefficient is defined as

$$C_p = \Delta p_w / \Delta p_{wt} \tag{6.11}$$

where

C_p = pressure coefficient,
Δp_w = actual pressure difference caused by the wind.

The pressure coefficient will always have a value less than 1.0 and can be negative when the wind causes outdoor pressures below atmospheric on some surfaces of a building.

Equations 6.10 and 6.11 are combined to obtain

$$\Delta p_w / C_p = 0.000482 V_w^2. \tag{6.12}$$

This equation is plotted in Figure 6.4. Note that Equation 6.12 and Figure 6.4 are for sea level. Finally, it should be noted that exceptionally high winds may occur during short periods in the winter. This must be taken into account to avoid uncomfortable conditions due to high infiltration.

6.4 Pressure Difference Due to Building Pressurization

The pressure inside a building p_p and the corresponding pressure difference Δp_p depend on the air distribution and ventilation system design and are not a result of natural phenomena. A building can be pressurized by bringing in more outdoor air through the air-handling system than is allowed to exhaust. This results in a negative pressure difference Δp_p and a reduction in infiltration from wind and stack effect. On the other hand, adjustment or design of the air-handling system may be such that more air is exhausted than supplied from outdoors. This generally will result in a lower pressure inside the building, a positive pressure difference Δp_p, and increased infiltration from wind and stack effect. This latter case is usually undesirable.

While building pressurization often is desired and assumed to occur, it is emphasized that the air circulation system must be carefully designed and adjusted in the field to achieve this effect. For purposes of design calculations, the designer must

INFILTRATION

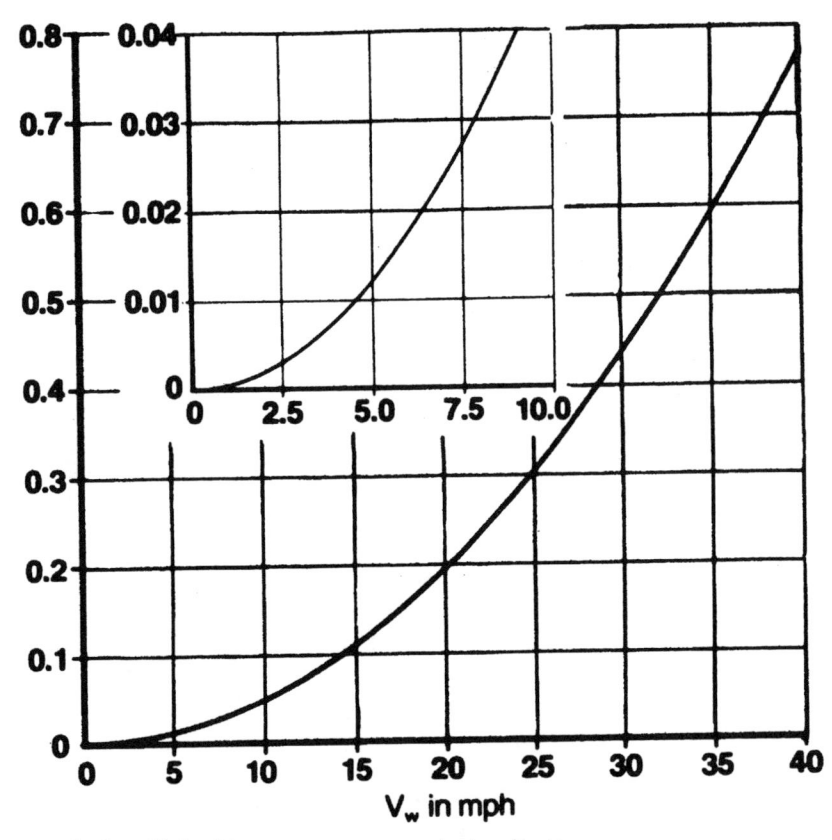

Figure 6.4 Velocity pressure vs. wind velocity.

assume a value for Δp_p. Care must be taken to assume a realistic value that can actually be achieved by the system.

6.5 Curtain Wall Infiltration Per Floor or Room

For purposes of design load calculations, it is desirable to have the infiltration rate for each room or floor of the building. Depending on the location of the room with respect to the wind direction and the neutral pressure level, air may be infiltrating or exfiltrating. By estimating the pressure differential between inside and outside, the direction of the air leakage may be determined. It is possible that air leaking into the building on one floor may leave the building on a different floor. In order for the space to be comfortable, it must be assumed that the load due to infiltration is absorbed in the space where the air enters. Therefore, exfiltration does not directly cause a load and only infiltration is of interest in this regard. It is possible that some exfiltrated air entered the space by way of the air-conditioning system but the load was absorbed by the heating or cooling coil. Calculation aids and procedures are described below. It is assumed that curtain walls are used in high-rise construction.

Calculation Aids

The flow coefficient C in Equation 6.1 has a particular value for each crack and each window and door perimeter gap. Although values of C are determined experimentally for window and door gaps, this same procedure will not work for cracks. Cracks occur at random in fractures of building materials and at the interface of similar or dissimilar materials. The number and size of the cracks depend on the type of construction, the workmanship during construction, and the maintenance of the building after construction. To determine a value of C for each crack would be impractical;

Curtain Wall Infiltration Per Floor or Room

however, an overall leakage coefficient can be used by changing Equation 6.1 into the following form:

$$Q = KA(\Delta p)^n \tag{6.13}$$

where

A = wall area,

K = leakage coefficient ($C = KA$).

When Equation 6.13 is applied to a wall area having cracks, the leakage coefficient K can then be determined experimentally. If very large wall areas are used in the test, the averaging effect of a very large number of cracks is taken advantage of. Tests have been made on entire buildings by pressurizing them with fans. Measurements are made of the flow through the fans, which is equal to the exfiltration, and the pressure difference due to pressurization (Shaw et al. 1973; Tamura et al. 1976). Air leakage through doors and other openings is not included in the wall leakage. Seven tall office-type buildings tested were of curtain wall construction of metal or precast concrete panels and had non-operable windows. The results of these tests are contained in Table 6.1 and Figure 6.5. The equation of the three curves in Figure 6.5 is $Q/A = K(\Delta p)^{0.65}$ for K = 0.22, 0.66, and 1.30. One masonry building was tested and was found to obey the relation $Q/A = 4.0(\Delta p)^{0.65}$, which is for a very loose-fitting wall. Because only one such building was tested, this equation was not plotted in Figure 6.5.

The pressure difference Δp needed in order to use Figure 6.5 is found using Equation 6.5. The explanation for Δp_s, Δp_w, and Δp_p is given in Section 6.1. The wind pressure coefficient C_p needed in Equation 6.12 depends on the wind direction, the building height, the building shape, and the location of other buildings. Buildings are classified as low-rise or high-rise, where high-rise is defined as those with a height greater than three times the cross-wind width (H > 3W).

Figure 6.6 gives average wall pressure coefficients for low-rise buildings (Swami and Chandra 1987). Note that the windward side corresponds to an angle of zero and the leeward side corresponds to an angle of 180 degrees. The average roof pressure coefficient for a low-rise building with roof inclined less than 20 degrees is approximately 0.5 (Holmes 1986).

Table 6.1
Curtain Wall Classification

Leakage Coefficient	Description	Curtain Wall Construction
$K = 0.22$	Tight-fitting wall	Constructed under close supervision of workmanship on wall joints. When joints seals appear inadequate, they must be redone.
$K = 0.66$	Average-fitting wall	Conventional construction procedures are used.
$K = 1.30$	Loose-fitting wall	Poor construction quality control or an older building having separated joints.

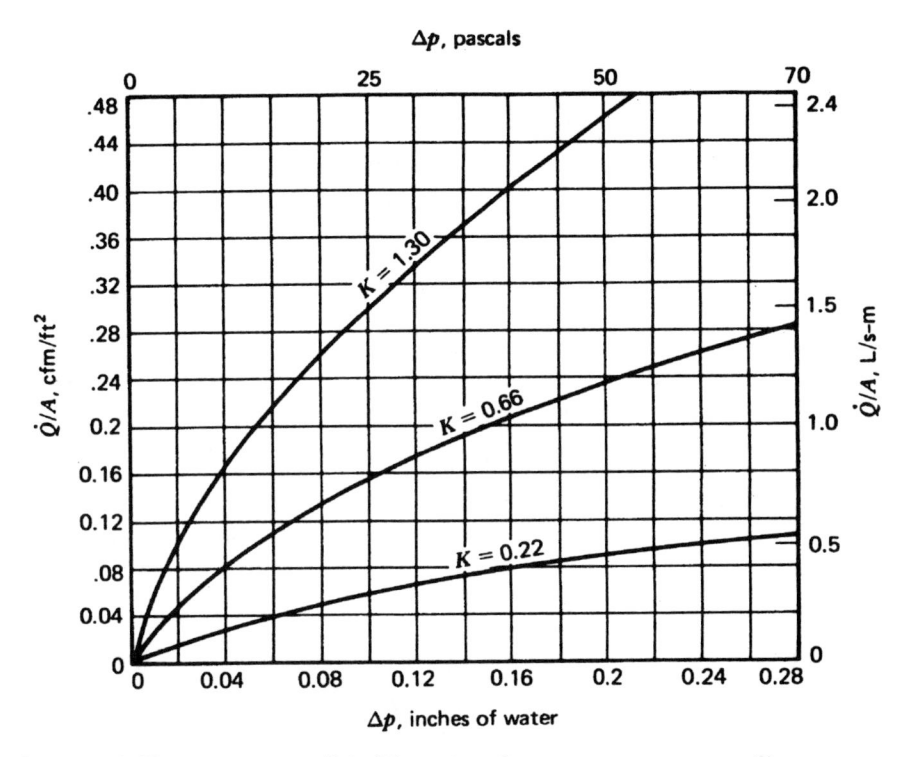

Figure 6.5 Curtain wall infiltration for one room or one floor.

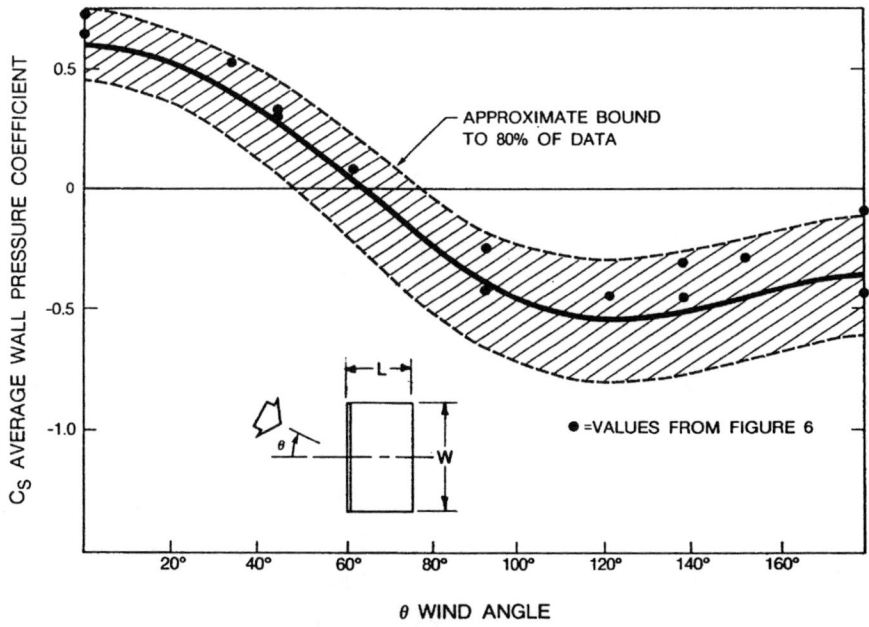

Figure 6.6 Variation of wall averaged pressure coefficients for low-rise building.

Figures 6.7 and 6.8 give average pressure coefficients for tall buildings (Akins et al. 1979). There is a general increase in pressure coefficient with height; however, the variation is well within the approximations of the data in general.

Curtain Wall Infiltration Per Floor or Room

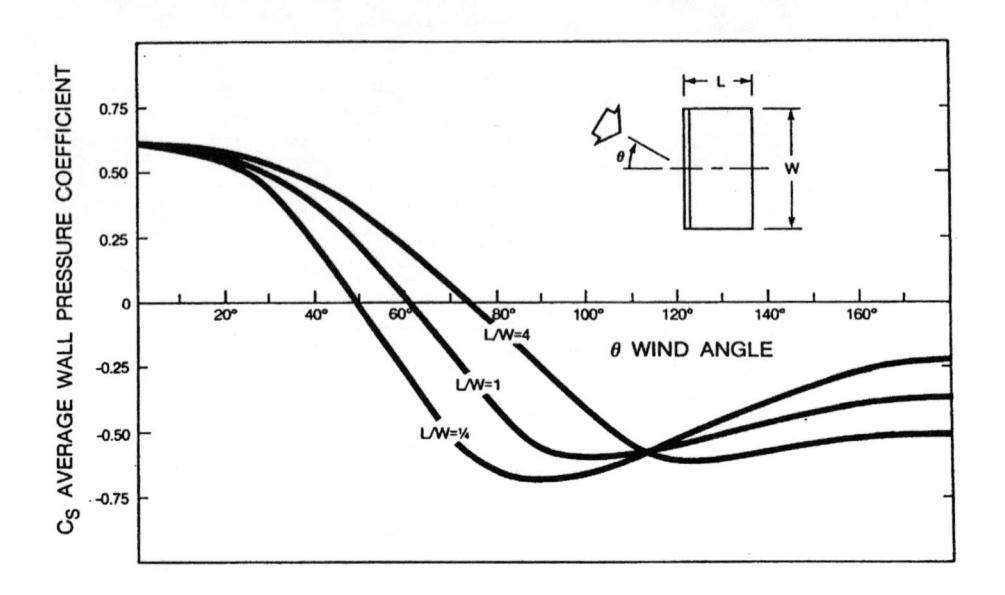

Figure 6.7 Wall averaged pressure coefficients for tall building.

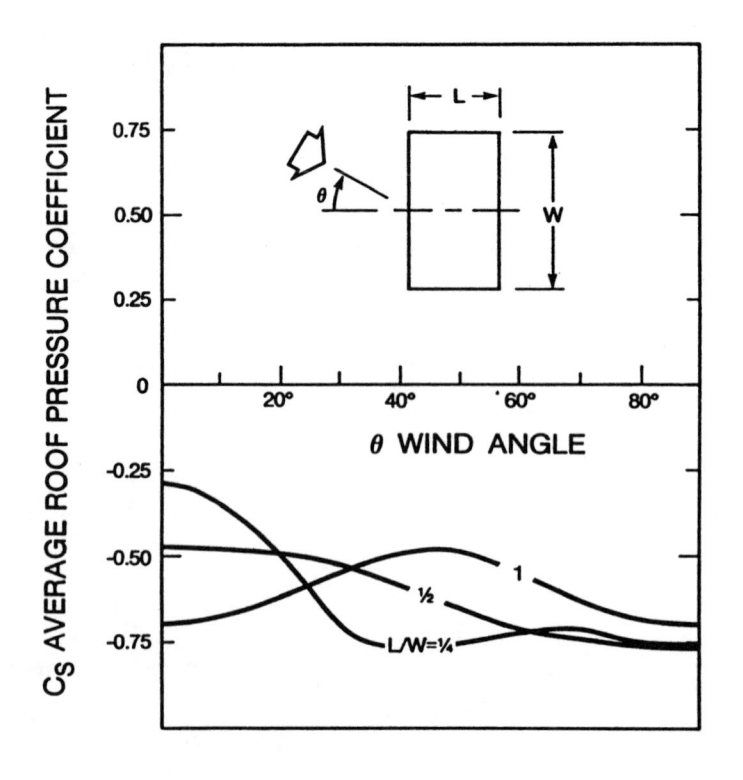

Figure 6.8 Average roof pressure coefficients for tall building.

INFILTRATION

Example 6.1 Estimating Building Pressure Differences

Estimate the indoor-outdoor pressure differences for the first and twelfth floors of a 12-story office building with plan dimensions of 120 ft × 30 ft and 10 ft floor height. The structure has fixed windows and is of conventional curtain wall construction. There are double vestibule-type doors on all four sides. Under winter conditions a 15 mph wind blows normal to one of the long dimensions. Consider only wind and stack effect. The indoor-outdoor temperature difference is 70°F.

Item	Figure/Equation	Explanation
Pressure difference	Equation 6.2	$\Delta p = \Delta p_s + \Delta p_w + \Delta p_p$
Building pressure		$\Delta p_p = 0$
Wind effect	Figure 6.4	For 15 mph $\Delta p_w/C_p = 0.11$ in. wg
Pressure coefficients	Figure 6.7	$L/W = 30/120 = 0.25$ Windward, $\theta = 0$ $C_{pw} = 0.60$ Sides, $\theta = 90°$ $C_{ps} = -0.66$ Leeward, $\theta = 180°$ $C_{pl} = -0.25$
Pressure difference, wind		Assumed constant over full height of building Windward: $\Delta p_{ww} = (\Delta p_w/C_p)C_{pw}$ $= 0.11 \times 0.6 = 0.066$ in. wg Sides $\Delta p_{ws} = (\Delta p_w/C_p)C_{ps}$ $= 0.11 \times (-0.66)$ $= -0.073$ in. wg Leeward: $\Delta p_{wl} = (\Delta p_w/C_p)C_{pl}$ $= 0.11 \times (-0.25)$ $= -0.028$ in. wg
Stack effect		Large openings on first floor
Neutral pressure level		Assume $\Delta p_s = 0$ on 5th floor instead of 6th floor
Pressure difference, stack	Figure 6.3	First floor, h = 5 × 10 = 50 ft. $\Delta t = 70°F$ $\Delta p_{s1}/C_d = 0.11$ in. wg
Draft coefficient		Assume $C_d = 0.8$ $\Delta p_{s1} = (\Delta p_{s1}/C_d)C_d$ $= 0.11 \times 0.8 = 0.088$ in. wg

LOAD CALCULATION PRINCIPLES

Curtain Wall Infiltration Per Floor or Room

Item	Figure/Equation	Explanation
		Twelfth Floor, $h = 7 \times 10 = 70$ ft. $\Delta t = 70°F$ $\Delta p_{s12}/C_d = -0.12$ in. wg Negative for floors above neutral pressure level in winter $C_d = 0.8$ $\Delta p_{s12} = (\Delta p_{s12}/C_d)C_d$ $= -0.12 \times 0.8$ $= -0.096$ in. wg
Pressure difference total	Equation 6.2	$\Delta p = \Delta p_w + \Delta p_s$ for each side and floor
Windward		First Floor: $\Delta p_1 = \Delta p_{ww} + \Delta p_{s1}$ $\Delta p_1 = 0.066 + 0.088$ $= 0.154$ in. wg Twelfth Floor: $\Delta p_{12} = \Delta p_{ww} + \Delta p_{s12}$ $= 0.066 - 0.096$ $= -0.03$ in. wg
Sides		First Floor: $\Delta p_1 = \Delta p_{ws} + \Delta p_{s1}$ $= -.073 + 0.088 = 0.015$ in. wg Twelfth Floor: $\Delta p_{12} = \Delta p_{ws} + \Delta p_{s12}$ $= -0.073 - 0.096$ $= -0.169$ in. wg
Leeward		First Floor: $\Delta p_1 = \Delta p_{wl} + \Delta p_{s1}$ $= -0.028 + 0.088 = 0.060$ in. wg Twelfth Floor: $\Delta p_{12} = \Delta p_{wl} + \Delta p_{s12}$ $= -0.028 - 0.096$ $= -0.124$ in. wg
Summary		Δp 	Orientation	1st Floor	12th Floor	 |---|---|---| | Windward | 0.154 | −0.030 | | Sides | 0.015 | −0.169 | | Leeward | 0.060 | −0.124 | Results show that air will tend to infiltrate on the first eleven floors on the windward side. The first floor will have infiltration on all sides and the twelfth floor will have exfiltration on all sides. Recall that these calculations are based on normal wind velocity. A higher wind velocity would cause infiltration on the top floor.

INFILTRATION

Example 6.2   Infiltration Through Curtain Wall—High Rise

Estimate the curtain wall infiltration rate for the first and twelfth floors of the building described in Example 6.1.

Item	Figure/Equation	Explanation
Infiltration rate	Figure 6.5	$Q = (Q/A)A$ A = wall surface area
First floor		From Example 6.1, Δp_1 indicates air will infiltrate on all sides
	Figure 6.5	Windward: Δp_1 = 0.154 in. wg Conventional construction, K = 0.66 $(Q/A)_w$ = 0.20 cfm/ft^2; A = 120 × 10 = 1200 ft^2 Q_w = 0.2 × 1200 = 240 cfm Sides: Δp_1 = 0.015 in. wg, K = 0.66 $(Q/A)_s$ = 0.04 cfm/ft^2; A = 2 × 30 × 10 = 600 ft Q_s = 0.04 × 600 = 24 cfm^2 Leeward: Δp_1 = 0.06 in. wg, K = 0.66 $(Q/A)_l$ = 0.11 cfm/ft^2 A = 1200 ft^2 Q_l = 0.11 × 1200 = 132 cfm
Total, first floor		$Q_1 = Q_w + Q_s + Q_l$ Q_1 = 240 + 24 + 132 = 396 cfm
Twelfth floor		From Example 6.1, all pressure differences are negative, indicating exfiltration on all sides, $Q_{12} = 0$

6.6 Crack Infiltration for Doors and Movable Windows

Infiltration through windows and all types of doors can be determined by altering Equation 6.1 to the form

$$Q = kP(\Delta p)^n \qquad (6.14)$$

where

P = perimeter of the window or door, in ft;

k = perimeter leakage coefficient ($C = kP$).

Experiments may be carried out on windows and residential-type doors and the values of the leakage coefficient k and the exponent n are determined using Equation 6.14. The results of some tests are contained in Tables 6.2 and 6.3 and Figure 6.9 (Sabine and Lacher 1975; Sasaki and Wilson 1965). The equation of the three curves in Figure 6.9 is $Q/P = k(\Delta p)^{0.65}$ for k = 1.0, 2.0, and 6.0. In using Tables 6.2 and 6.3 to select the proper category, one should remember that movable sash and doors will develop larger cracks over the life of the unit. Therefore, care should be taken to select a category representative of the period over which the unit will be used.

INFILTRATION THROUGH COMMERCIAL-TYPE DOORS

Table 6.2
Window Classification

	Wood Double-Hung (Locked)	**Other Types**
Tight-Fitting Window $k = 1.0$	Weatherstripped Average gap (1/64 in. crack)	Wood casement and awning windows; weatherstripped. Metal casement windows; weatherstripped
Average-Fitting Window $k = 2.0$	Non-weatherstripped Average gap (1/64 in. crack) or Weatherstripped Large gap (3/32 in. crack)	All types of vertical and horizontal sliding windows; weatherstripped. Note: If average gap (1/64 in. crack) this could be tight-fitting window. Metal casement windows; non-weatherstripped. Note: If large gap (3/32 in. crack) this could be a loose-fitting window.
Loose-Fitting Window $k = 6.0$	Non-weatherstripped Large gap (3/32 in. crack)	Vertical and horizontal sliding windows, nonweatherstripped.

Table 6.3
Residential-Type Door Classification

Tight-Fitting Door $k = 1.0$	Very small perimeter gap and perfect fit weatherstripping—often characteristic of new doors.
Average-Fitting Door $k = 2.0$	Small perimeter gap having stop trim fitting properly around door and weatherstripped.
Loose-Fitting Door $k = 6.0$	Large perimeter gap having poor fitting stop trim and weatherstripped or Small perimeter gap with no weatherstripping.

6.7 Infiltration Through Commercial-Type Doors

Commercial-type doors differ from those described in Section 6.3 in that they have larger cracks and they are used more often. Therefore, different data are required.

Swinging Doors

Data for swinging doors are given in Figure 6.10 where $Q/P = k(\Delta p)^{0.50}$ for $k = 20, 40, 80,$ and 160. The corresponding crack width is given opposite each value of k. Note also that for these large cracks the exponent n is 0.50.

Commercial buildings often have a rather large number of people entering and leaving, which can increase infiltration significantly. Figures 6.11 and 6.12 have been developed to estimate this kind of infiltration for swinging doors. The infiltration rate per door is given in Figure 6.11 as a function of the pressure difference and a traffic coefficient that depends on the traffic rate and the door arrangement. Figure 6.12 gives the traffic coefficients as a function of the traffic rate and two door types. Single-bank doors open directly into the space; however, there may be two or more doors

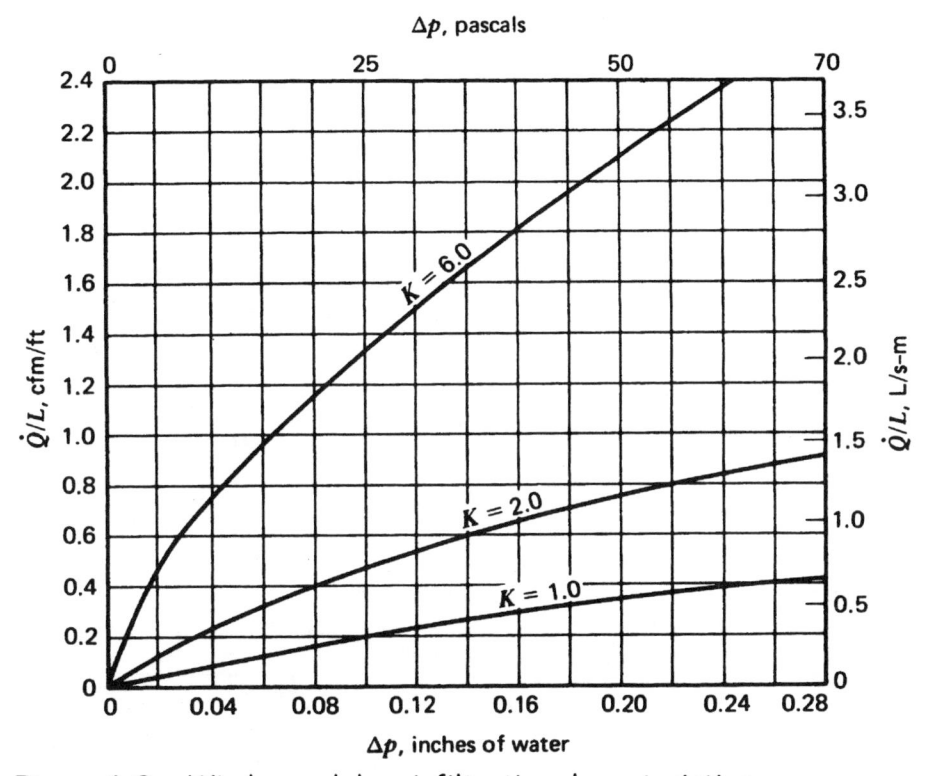

Figure 6.9 Window and door infiltration characteristics.

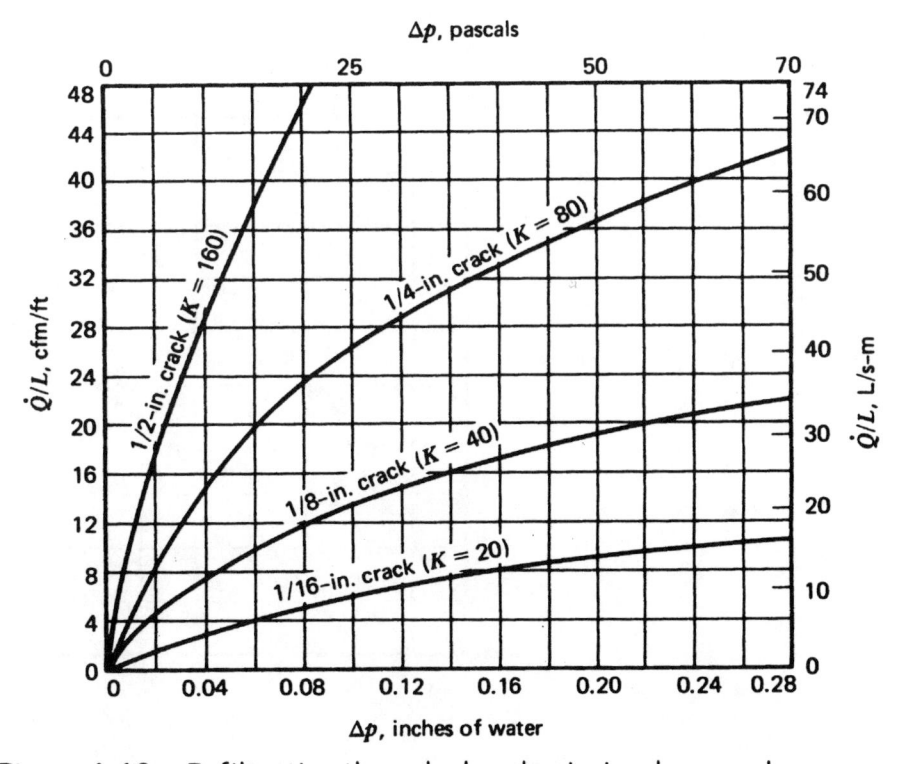

Figure 6.10 Infiltration through closed swinging door cracks.

Infiltration Through Commercial-Type Doors

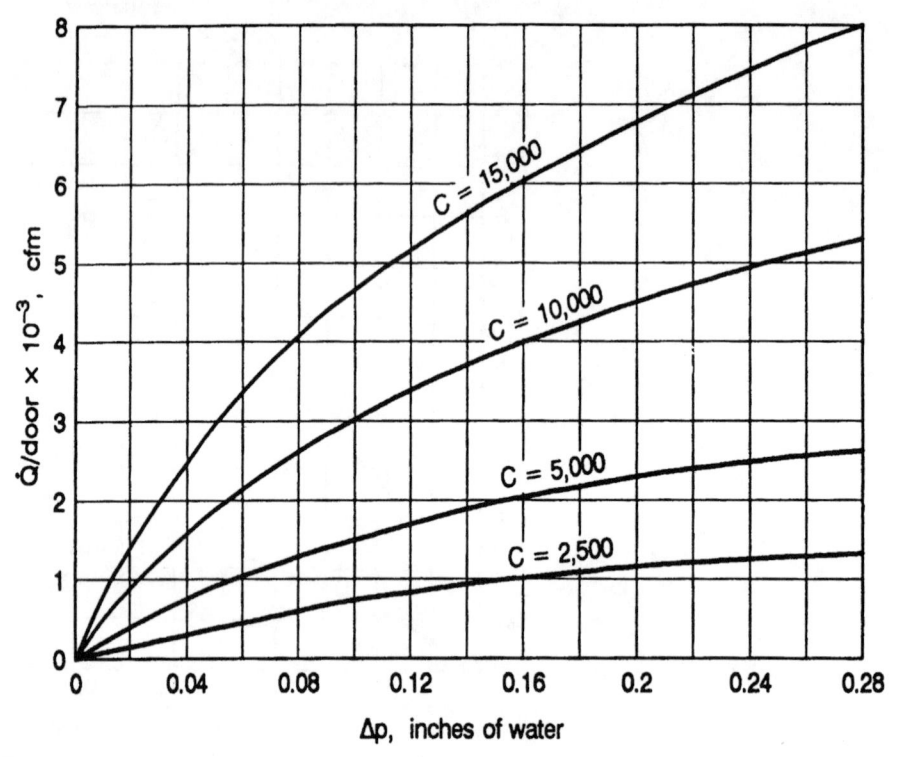

Figure 6.11 Swinging door infiltration characteristics with traffic.

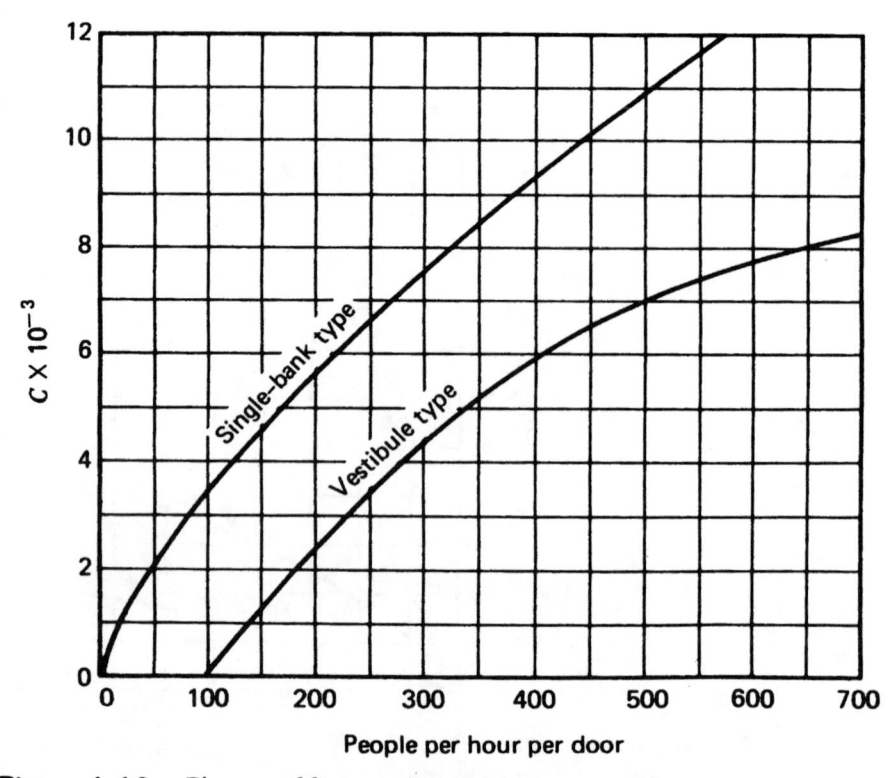

Figure 6.12 Flow coefficient dependence on traffic rate.

at one location. Vestibule-type doors are best characterized as two doors in series so as to form an air lock between them. These doors often appear as two pairs of doors in series, which amounts to two vestibule-type doors.

The equation for the four curves in Figure 6.11 is $Q = C(\Delta p)^{0.50}$ for flow coefficients $C = 2,500, 5,000, 10,000,$ and $15,000$. This is the same equation as would be used for flow through a sharp-edged orifice. These values of C in Figure 6.11 and 6.12 were obtained from model tests and observing traffic under actual conditions (Min 1958). The values of C obtained from Figure 6.12 are based on a standard sized (3 × 7 ft) door. Care must be taken to not overestimate the traffic rate. The traffic rate may be extremely high for short periods of time and not representative of most of the day.

There is no published information on automatically operated doors, but automatic doors do stay open two to four times longer than manually operated doors. A reasonable estimate would be to multiply the infiltration from traffic for the single bank doors by a factor based on the increased time the automatic doors will be open. Under such conditions as might occur with automatic doors, the benefits of a vestibule arrangement are negated.

The total infiltration is the infiltration through the cracks when the door is closed added to the infiltration due to traffic.

Revolving Doors

Figure 6.13 shows the infiltration due to a pressure difference across the door seals of a standard sized revolving door (Schutrum et al. 1961). The results are for seals that are typically worn but have good contact with adjacent surfaces.

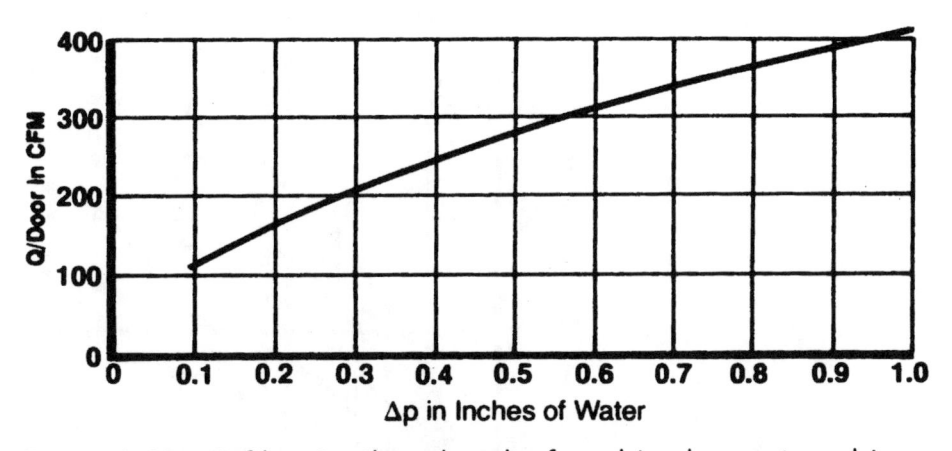

Figure 6.13 Infiltration through seals of revolving doors not revolving.

Figures 6.14 and 6.15 account for infiltration due to a mechanical interchange of air caused by the rotation of the standard sized door (Schutrum et al. 1961). The amount of air interchanged depends on the inside-outside temperature difference and the rotational speed of the door.

The total infiltration is the infiltration due to leakage through the door seals plus the infiltration due to the mechanical interchange of air due to the rotation of the door.

Infiltration Through Commercial-Type Doors

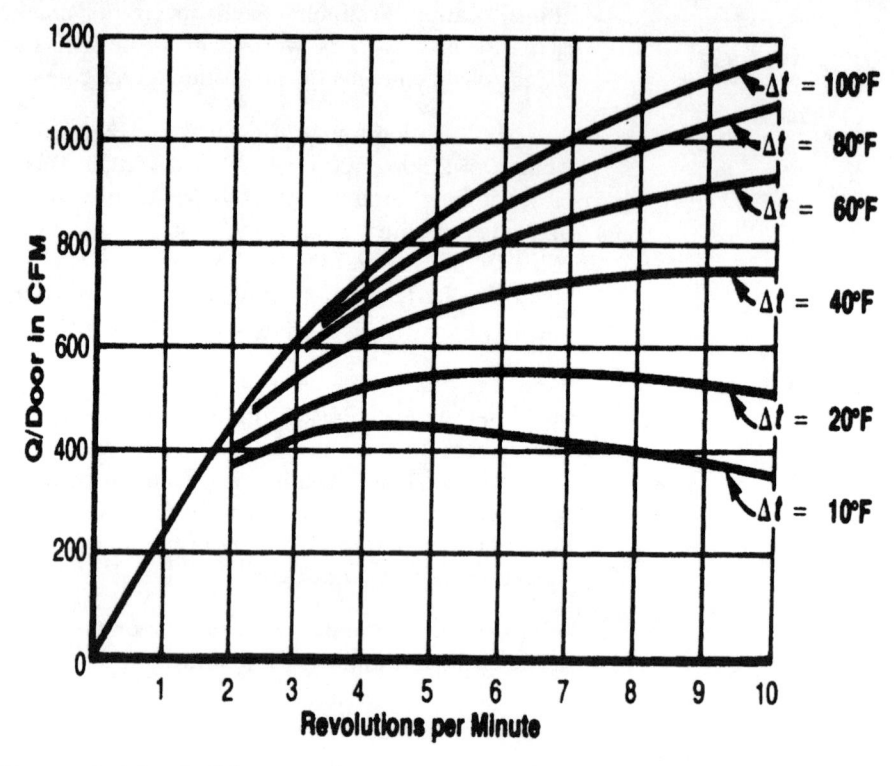

Figure 6.14 Infiltration for motor-operated revolving door.

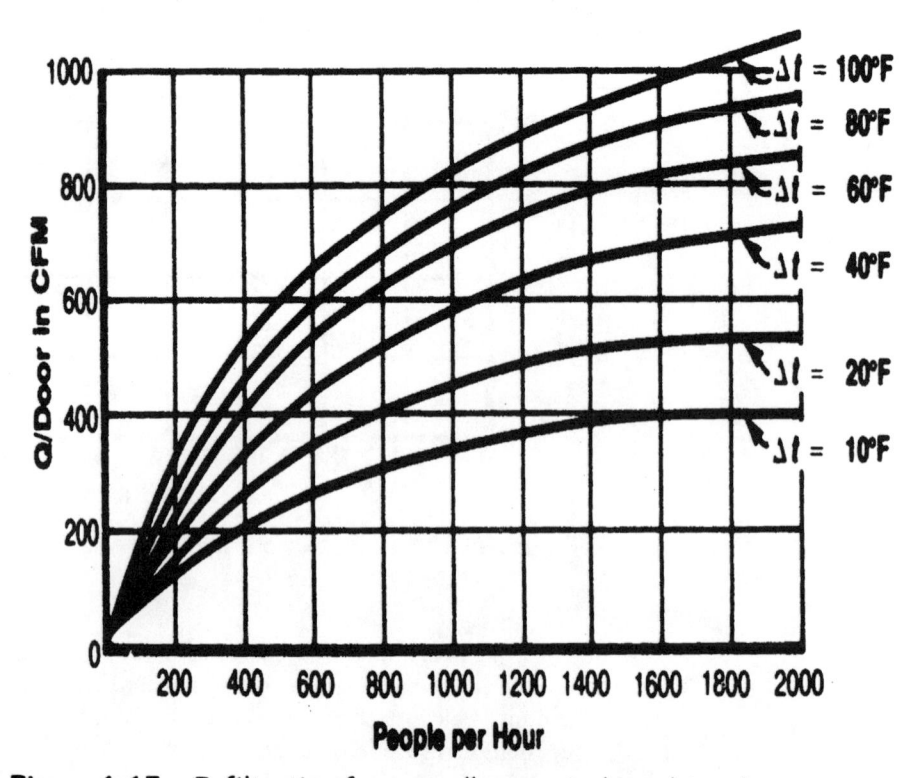

Figure 6.15 Infiltration for manually operated revolving door.

INFILTRATION

Example 6.3 Infiltration Through Swinging Residential-Type Door

Determine the infiltration through a 3 ft × 7 ft, average-fitting wood door in a light commercial building that is opened infrequently. Assume a 15 mph wind.

Item	Figure/Table	Explanation
Infiltration rate	Figure 6.9, Equation (6.14), Table 6.13	Average fitting door, $K = 2.0$ $Q = (Q/L)L$
Theoretical pressure difference	Figure 6.4	Assume windward side $\Delta p_w/C_p = 0.11$ in. wg
Pressure coefficient	Figure 6.6	Low-rise building $Cp = 0.7$
Actual pressure difference		$\Delta p_w = (\Delta p_w/C_p)C_p$ $= 0.11 \times 0.7 = 0.077$ in. wg
Infiltration per foot of crack	Table 6.9	$Q/L = 0.4$ cfm/ft
Crack length		$L = 2(3 + 7) = 20$ ft²
Infiltration Rate		$Q = (Q/L)L$ $Q = 0.4 \times 20 = 8$ cfm

Example 6.4 Infiltration Through Swinging Commercial-Type Door

The 12-story office building described in Example 6.1 has a two-door vestibule-type entrance on the windward side of the building. The two doors handle 500 people per hour during afternoon hours. There is a 1/8 in. perimeter air gap around each door. The doors have dimensions of 3 ft × 7 ft. Estimate the infiltration rate for the entrance.

Item	Figure/Example	Explanation
Crack infiltration	Figure 6.10	$Q = (Q/L)L$
Pressure difference	Example 6.1 Figure 6.10	$\Delta p = 0.154$ in. wg $Q/L = 17.5$ cfm/ft
Crack length		$L = 2(7 + 3) \times 2 = 40$ ft
Crack infiltration		$Q_c = 17.5 \times 40 = 700$ cfm Note: Since doors are vestibule-type, crack infiltration will be reduced Assume 30% reduction, then $Q_c = 0.7 \times 700 = 490$ cfm.
Infiltration due to traffic	Figure 6.12	250 people per door, vestibule-type. $C = 2,700$
Infiltration per door	Figure 6.11	$\Delta p = 0.154$ in. wg, $C = 2,700$ Q/door $= 1,200$ cfm For 2 doors $Q_t = 1,200 \times 2 = 2,400$ cfm
Total infiltration		$Q = Q_c + Q_t$ $Q = 490 + 2,400$ $Q = 2,890$ cfm

LOAD CALCULATION PRINCIPLES

Infiltration for Low-Rise Buildings

Example 6.5 Infiltration Through Revolving Doors

Assume the door system of Example 6.4 is replaced by a manually operated revolving door and estimate the infiltration rate.

Item	Figure/Example	Explanation
Crack infiltration	Figure 6.13 Example. 6.1	$Q_c = (Q/\text{door}) \times 1$ $\Delta p = 0.154$ in. wg $Q_c = 140$ cfm
Infiltration due to traffic	Figure 6.15	500 people per hour $\Delta t = 70°F$ $Q/\text{door} = 500$ cfm $Q_t = 500$ cfm
Total infiltration		$Q = Q_c + Q_t = 140 + 500$ $Q = 640$ cfm

6.8 Infiltration for Low-Rise Buildings

Low-rise buildings do not often utilize curtain wall construction. This is especially true of light commercial structures where frame or masonry construction is prevalent. These structures often have movable windows, have cracks or other openings in the ceiling, and generally resemble residential construction. Stack effect, although present, is much less important than the wind in producing infiltration. Therefore, stack effect can be neglected in most cases. The air distribution systems used in light commercial buildings usually will not pressurize the space. Therefore, infiltration must be considered.

It is common practice to use the air change method, previously discussed, where a reasonable estimate of the air changes per hour (ACH) is made based on experience. The range is usually from about 0.5 ACH to 1.5 ACH.

A method similar to that described for curtain walls can be applied to this class of buildings where the infiltration rate is related to crack length and size. Considerable data are available for the cracks associated with windows and doors (Figure 6.9), but other cracks, such as those around electrical outlets, between floor and wall, etc., are very difficult to identify and describe.

A suggested approach to estimating infiltration in low-rise, light commercial buildings by the crack method is as follows: Assume that air infiltrates on all sides and exfiltrates through ceiling openings and cracks near the ceiling. Base the crack length on double the identifiable cracks around windows and doors to account for other obscure cracks. Compute the pressure difference based on wind alone for the windward side, but use the same value on all sides because the wind direction will vary randomly. Compute the infiltration for each room as $Q = (Q/P)P$ where Q/P is obtained from data given in Section 6.3 and P is crack length. Finally, check the results to see if the ACH are between about 0.5 and 2.0 to be sure of a reasonable result.

For cases where the air-moving system does have provisions for makeup and exhaust, it is good practice to consider the effect on infiltration. Obviously, if the system does pressurize the space, infiltration will be greatly reduced or eliminated. On the other hand, separate exhaust fans in restrooms, kitchens, or other spaces, without suitable makeup air, may reduce the space pressure and increase infiltration significantly. Such situations must be evaluated individually.

INFILTRATION

Example 6.6 Infiltration for Single-Story Light Commercial Building

Estimate the design infiltration rate for a 10 ft × 20 ft room, 8 ft ceiling, in a light commercial building. The room has four 4 ft × 6 ft movable sash windows of high quality with weather strip. Consider effect of building pressure.

Item	Figure/Table	Explanation
Infiltration data	Figure 6.9, Table 6.2	Assume: Tight-fitting windows, $k = 1.0$; total crack length equal twice window cracks
Pressure difference		Assume: Only wind effect; acts on all sides same as windward side
	Figure 6.4	$\Delta p = 0.05$ in. wg
Infiltration per foot of crack	Figure 6.9	$Q/L = 0.12$ cfm/ft
Crack length per window		$L = 2H + 3W$ $= (2 \times 6) + (3 \times 4) = 24$ ft
Total crack length		$L_t = 4L = 96$ ft
Infiltration rate		$Q = (Q/L)L_t = 0.12 \times 192$ $Q = 11.5$ cfm
Air changes per hour		$ACH = Q/(\text{Volume}/60)$ $= 23.0 \times 60/(10 \times 20 \times 8) = 0.86$ Since $0.5 < ACH < 0.2$ accept result as reasonable. $Q = 0.86(\text{Volume}/60)$ $= 0.86 (10 \times 20 \times 8/60)$ $Q = 22.9$, say 25 cfm
Space pressurized by makeup air without exhaust capability		Assume infiltration is zero and add load due to makeup air to coil load.
Space pressure below atmospheric due to exhaust without makeup air		Assuming the pressure difference would double, the infiltration rate would increase to about 0.2 cfm/ft $Q = 0.2 \times 192 = 38$ cfm and $ACH = 38 \times 60 (10 \times 20 \times 8)$ $ACH = 1.43$

REFERENCES

Akins, R.E., J.A. Peterka, and J.E. Cermak. 1979. Averaged pressure coefficients for rectangular buildings. *Wind Engineering, Proceedings of the Fifth International Conference, Fort Collins, CO*, 7: 369-80.

Hill, J.E., and T. Kusuda. 1975. Dynamic characteristics of air infiltration. *ASHRAE Transactions* 81(1): 168.

Holmes, J.D. 1986. Wind loads on low-rise buildings: The structural and environmental effects of wind on buildings and structures. Faculty of Engineering, Monash University, Melbourne, Australia.

Min, T.C. 1958. Winter infiltration through swinging-door entrances in multi-story building. *ASHRAE Transactions* 64: 421.

Sabine, H.J., and M.B. Lacher. 1975. Acoustical and thermal performance of exterior residential walls, doors, and windows. U.S. Dept. of Commerce, November.

Sasaki, J.R., and A.G. Wilson. 1965. Air leakage values for residential windows. *ASHRAE Transactions* 71(2).

Schutrum, L.F., N. Ozisik, C.M. Humphrey, and J.T. Baker. 1961. Air infiltration through revolving doors. *ASHRAE Transactions* 67: 488.

Shaw, C.Y., D.M. Sander, and G.T. Tamura. 1973. Air leakage measurements of the exterior walls of tall buildings. *ASHRAE Transactions* 79(2): 40-48.

Shaw, C.Y., and G.T. Tamura. 1977. The calculation of air infiltration rates caused by wind and stack action for tall buildings. *ASHRAE Transactions* 77(2).

Swami, H.V., and S.Chandra. 1987. Procedures for calculating natural ventilation airflow rates in buildings. Florida Solar Energy Center, Cape Canaveral, Florida, Final Report FSEC-CR-163-86.

Tamura, G.T., and A.G. Wilson. 1967. Pressure differences caused by chimney effect in three high buildings. *ASHRAE Transactions* 73(2).

Tamura, G.T., and C.Y. Shaw. 1976. Studies on exterior wall air tightness and air infiltration of tall buildings. *ASHRAE Transactions* 82(1).

Chapter Seven
Internal Heat Gain

Internal sources of heat energy may contribute significantly to the total heat gain for a space. In the case of a completely isolated interior room, the total heat gain is due entirely to internal sources. These internal sources fall into the general categories of people, lights, and equipment such as cooking appliances, hospital equipment, office equipment, and powered machinery.

Failure to identify all internal heat sources can lead to gross undersizing, while an overly conservative approach may lead to significant oversizing. Both cases are undesirable.

The most serious problem in making accurate estimates of internal heat gain is lack of information on the exact schedule of occupancy, light usage, and equipment operation. For example, it may not be reasonable to assume that all the occupants are present, all lights on, and all equipment operating in a large office building. However, for a particular room in the building, the total occupancy, light, and equipment load usually should be used to compute the room's heat gain. In brief, it is probable that any particular room will be fully loaded but the complete building will never experience a full internal load. The assumption here is that the air cooling and delivery systems would be sized to accommodate the space loads, but the central cooling plant would be sized for a lower capacity based on the diversified load. Every building must be examined using available information, experience, and judgment to determine the internal load diversity and schedule.

7.1 PEOPLE

The heat gain from human beings has two components, sensible and latent. The total and relative amounts of sensible and latent heat vary depending on the level of activity and, in general, the relative amount of latent heat gain increases with the level of activity. Table 7.1 gives heat gain data from occupants in conditioned spaces. The latent heat gain is assumed to instantly become cooling load, while the sensible heat gain is partially delayed depending on the nature of the conditioned space.

7.2 LIGHTING

Since lighting is often the major internal load component, an accurate estimate of the space heat gain it imposes is needed. The rate of heat gain at any given moment can be quite different from the heat equivalent of power supplied instantaneously to those lights.

The primary source of heat from lighting comes from the light-emitting elements, or lamps, although significant additional heat may be generated from associated components in the light fixtures housing such lamps. Generally, the instantaneous rate of heat gain from electric lighting may be calculated from:

LIGHTING

Table 7.1
Rates of Heat Gain from Occupants of Conditioned Spaces

Degree of Activity		Total Heat, Btu/h Adult Male	Total Heat, Btu/h Adjusted, M/F[a]	Sensible Heat, Btu/h	Latent Heat, Btu/h	% Sensible Heat that is Radiant[b] Low V	% Sensible Heat that is Radiant[b] High V
Seated at theater	Theater, matinee	390	330	225	105		
Seated at theater, night	Theater, night	390	350	245	105	60	27
Seated, very light work	Offices, hotels, apartments	450	400	245	155		
Moderately active office work	Offices, hotels, apartments	475	450	250	200		
Standing, light work; walking	Department store; retail store	550	450	250	200	58	38
Walking, standing	Drug store, bank	550	500	250	250		
Sedentary work	Restaurant[c]	490	550	275	275		
Light bench work	Factory	800	750	275	475		
Moderate dancing	Dance hall	900	850	305	545	49	35
Walking 3 mph; light machine work	Factory	1000	1000	375	625		
Bowling[d]	Bowling alley	1500	1450	580	870		
Heavy work	Factory	1500	1450	580	870	54	19
Heavy machine work; lifting	Factory	1600	1600	635	965		
Athletics	Gymnasium	2000	1800	710	1090		

Notes:
1. Tabulated values are based on 75°F room dry-bulb temperature. For 80°F room dry bulb, the total heat remains the same, but the sensible heat values should be decreased by approximately 20%, and the latent heat values increased accordingly.
2. Also refer to Table 4, Chapter 8, for additional rates of metabolic heat generation.
3. All values are rounded to nearest 5 Btu/h.

[a] Adjusted heat gain is based on normal percentage of men, women, and children for the application listed, with the postulate that the gain from an adult female is 85% of that for an adult male, and that the gain from a child is 75% of that for an adult male.

[b] Values approximated from data in Table 6, Chapter 8, where is air velocity with limits shown in that table.

[c] Adjusted heat gain includes 60 Btu/h for food per individual (30 Btu/h sensible and 30 Btu/h latent).

[d] Figure one person per alley actually bowling, and all others as sitting (400 Btu/h) or standing or walking slowly (550 Btu/h).

$$q = 3.41 W F_u F_s \quad (7.1)$$

where

W = total installed light wattage;

F_u = use factor, ratio of wattage in use to total installed wattage;

F_s = special allowance factor (ballast factor in the case of fluorescent and metal halide fixtures).

The *total light wattage* is obtained from the ratings of all lamps installed, both for general illumination and for display use.

The *use factor* is the ratio of the wattage in use, for the conditions under which the load estimate is being made, to the total installed wattage. For commercial applications such as stores, the use factor would generally be unity.

The *special allowance factor* is for fluorescent and metal halide fixtures or for fixtures that are ventilated or installed so that only part of their heat goes to the conditioned space. For fluorescent fixtures, the special allowance factor accounts primarily for ballast losses and can be as high as 2.19 for 32 W single-lamp high-output fixtures on 277 V circuits. Rapid-start, 40 W lamp fixtures have special allowance factors varying from a low of 1.18 for two lamps at 277 V to a high of 1.30 for one lamp at 118 V, with a recommended value of 1.20 for general applications. Industrial fixtures other than fluorescent, such as sodium lamps, may have special allowance factors varying from 1.04 to 1.37, depending on the manufacturer, and should be dealt with individually.

For ventilated or recessed fixtures, manufacturers' or other data must be sought to establish the fraction of the total wattage expected to enter the conditioned space

INTERNAL HEAT GAIN

directly (and subject to time lag effect) vs. that which must be picked up by return air or in some other appropriate manner.

For ordinary design load estimation, the heat gain for each component may simply be calculated as a fraction of the total lighting load, by using judgement to estimate heat-to-space and heat-to-return percentages.

7.2.1 Return Air Light Fixtures

Two generic types of light fixtures include those that allow and those that do not allow return air to flow through the lamp chamber. The first type is sometimes called a heat-of-light fixture. The percent of light heat released through the plenum side of various ventilated fixtures can be obtained from lighting fixture manufacturers. Even unventilated fixtures lose some heat to plenum spaces; however, most of the heat ultimately enters the conditioned space from a dead-air plenum or is picked up by return air via ceiling return air openings. The percentage of heat from fixtures ranges from 40% to 60% heat-to-return for ventilated fixtures or 15% to 25% for unventilated fixtures.

The heat gain to the space from fluorescent fixtures often is assumed to be divided 59% radiative and 41% convective (Sowell 1988). The heat gain from incandescent fixtures is typically assumed to be divided 80% radiative and 20% convective (ASHRAE 1989).

7.3 Miscellaneous Equipment

Estimates of heat gain in this category tend to be even more subjective than for people and lights. However, considerable data are available that, when used judiciously, will yield reliable results. Careful evaluation of the operating schedule and the load factor for each piece of equipment is essential.

7.3.1 Power

When equipment is operated by electric motor within a conditioned space, the heat equivalent is calculated as

$$q_m = 2545(HP/E_m)F_l F_u \quad (7.2)$$

where

q_m = heat equivalent of equipment operation, Btu/h;
HP = motor horsepower rating (shaft);
E_m = motor efficiency, as decimal fraction < 1.0;
F_l = motor-load factor;
F_u = motor-use factor.

The motor-use factor may be applied when motor use is known to be intermittent with significant nonuse during all hours of operation (i.e., overhead door operator, etc.). For conventional applications, its value is 1.0.

The motor-load factor is the fraction of the rated load delivered under the conditions of the cooling-load estimate. In Equation 7.2, both the motor and the driven equipment are assumed to be within the conditioned space. If the motor is outside the space or airstream, with the driven equipment within the conditioned space,

$$q_m = 2545(HP)F_l F_u. \quad (7.3)$$

When the motor is inside the conditioned space or airstream but the driven machine is outside,

$$q_m = 2545(HP)[(1.0 - E_m)/E_m]F_l F_u. \quad (7.4)$$

Equation 7.4 also applies to a fan or pump in the conditioned space that exhausts air or pumps fluid outside that space.

Miscellaneous Equipment

Tables 7.2 and 7.3 give heat gains, average efficiencies, and related data representative of typical electric motors, generally derived from the lower efficiencies reported by several manufacturers of open, drip-proof motors. For speeds lower or higher than those listed, efficiencies may be 1% to 3% lower or higher depending on the manufacturer. Should actual voltages at motors be appreciably higher or lower than rated nameplate voltage, efficiencies in either case will be lower. If electric-motor load is an appreciable portion of cooling load, the motor efficiency should be obtained from the manufacturer. Also, depending on design, the maximum efficiency might occur anywhere between 75% and 110% of full load; if underloaded or overloaded, the efficiency could vary from the manufacturer's listing.

Table 7.2
Heat Gain from Typical Electric Motors

				Location of Motor and Driven Equipment with Respect to Conditioned Space or Airstream		
				A	B	C
Motor Nameplate or Rated Horsepower	Motor Type	Nominal rpm	Full Load Motor Efficiency, %	Motor in, Driven Equipment in, Btu/h	Motor out, Driven Equipment in, Btu/h	Motor in, Driven Equipment out, Btu/h
0.05	Shaded pole	1500	35	360	130	240
0.08	Shaded pole	1500	35	580	200	380
0.125	Shaded pole	1500	35	900	320	590
0.16	Shaded pole	1500	35	1160	400	760
0.25	Split phase	1750	54	1180	640	540
0.33	Split phase	1750	56	1500	840	660
0.50	Split phase	1750	60	2120	1270	850
0.75	3-Phase	1750	72	2650	1900	740
1	3-Phase	1750	75	3390	2550	850
1.5	3-Phase	1750	77	4960	3820	1140
2	3-Phase	1750	79	6440	5090	1350
3	3-Phase	1750	81	9430	7640	1790
5	3-Phase	1750	82	15,500	12,700	2790
7.5	3-Phase	1750	84	22,700	19,100	3640
10	3-Phase	1750	85	29,900	24,500	4490
15	3-Phase	1750	86	44,400	38,200	6210
20	3-Phase	1750	87	58,500	50,900	7610
25	3-Phase	1750	88	72,300	63,600	8680
30	3-Phase	1750	89	85,700	76,300	9440
40	3-Phase	1750	89	114,000	102,000	12,600
50	3-Phase	1750	89	143,000	127,000	15,700
60	3-Phase	1750	89	172,000	153,000	18,900
75	3-Phase	1750	90	212,000	191,000	21,200
100	3-Phase	1750	90	283,000	255,000	28,300
125	3-Phase	1750	90	353,000	318,000	35,300
150	3-Phase	1750	91	420,000	382,000	37,800
200	3-Phase	1750	91	569,000	509,000	50,300
250	3-Phase	1750	91	699,000	636,000	62,900

Typical Overload limits with Standard Motors

Horsepower	0.05-0.25	0.16-0.33	0.67-0.75	1 and up
AC open	1.4	1.35	1.25	1.15
AC TEFC[a] and DC	—	1.0	1.0	1.0

Note: Some shaded pole, capacitor start, and special purpose motors have a service factor varying from 1.0 up to 1.75.

[a] Some totally enclosed fan-cooled (TEFC) motors have a service factor above 1.0.

INTERNAL HEAT GAIN

Heat output of a motor generally is proportional to the motor load, within the overload limits. Because of typically high no-load motor current, fixed losses, and other reasons, F_l is assumed to be unity, and no adjustment should be made for underloading or overloading unless the situation is fixed, can be accurately established, and the reduced load efficiency data can be obtained from the motor manufacturer.

Unless the manufacturer's technical literature indicates otherwise, the heat gain should be divided about 70% radiant and 30% convective for subsequent cooling load calculations (Sowell 1988).

7.3.2 Food Preparation Appliances

In a cooling-load estimate, heat gain from all appliances—electric, gas, or steam—should be taken into account. The tremendous variety of appliances, applications, usage schedules, and installations makes estimates very subjective.

To establish a heat gain value, actual input data values and various factors, efficiencies, or other judgmental modifiers are preferred. However, where specific rating data are not available, recommended heat gains tabulated in this chapter may be used as an alternative approach. In estimating the appliance load, probabilities of simultaneous use and operation of different appliances located in the same space must be considered.

Where no data at all are available, the maximum hourly heat gain can be estimated as 50% of the total nameplate or catalog input ratings because of the diversity of appliance use and the effect of thermostatic controls, giving a usage factor of 0.50. Radiation contributes up to 32% of the heat gain for hooded appliances. The convective heat gain is assumed to be removed by the hood. Therefore, the heat gain may be estimated for hooded, steam, and electric appliances to be

$$q_a = 0.5(0.32)q_i = 0.16q_i \qquad (7.5)$$

where q_i is the catalog input rating.

Direct fuel-fired cooking appliances require more heat input than electric or steam equipment of the same type and size. In the case of gas fuel, the AGA (1948, 1950) established an overall figure of approximately 60% more. Marn (1962) confirmed that where appliances are installed under an effective hood, only radiant heat adds to the cooling load; convected and latent heat from the cooking process and combustion products is exhausted and does not enter the kitchen. It is, therefore, necessary to adjust Equation 7.5 for use with hooded fuel-fired appliances to compensate for the 60% higher input ratings, since the appliance surface temperatures are the same and the extra heat input from combustion products is exhausted to outdoors. This correction is made by the introduction of a flue loss factor of 1.60. Then, for hooded fuel-fired appliances,

$$q_s = (0.16/1.6)q_i = 0.10q_i. \qquad (7.6)$$

Table 7.3 and 7.4 give recommended rates of heat gain for restaurant equipment, both hooded and unhooded (Alereza and Breen 1984). These data resulted from a comprehensive study taking into account use factors, load factors, etc. These data are recommended where specific heat gain data and use schedules are not available. For unhooded appliances, the sensible heat gain is often divided 70% radiant and 30% convective for cooling load estimates (Sowell 1988). In the case of hooded appliances, all the heat gain to the space is assumed to be radiant for cooling load calculation.

Miscellaneous Equipment

7.3.3 Hospital and Laboratory Equipment

As with large kitchen installations, hospital and laboratory equipment is a major source of heat gain in conditioned spaces. Care must be taken in evaluating the probability and duration of simultaneous usage when many components are concentrated in one area, as in a laboratory, operating room, etc. The chapters related to health facilities and laboratories in the *ASHRAE Handbook—Systems and Applications* should be consulted for further information.

Table 7.3 gives recommended rates of heat gain for hospital equipment (Alereza and Breen 1984). These data are recommended where specific heat gain data and use schedules are not available. The sensible heat gain is approximately 70% radiant and 30% convective (Sowell 1988).

Table 7.3
Heat Gain Factors of Typical Electric Appliances Under Hood

Appliance	Usage Factor F_U	Radiation Factor F_R	Load Factor $F_L = F_U F_R$ Elec/Steam
Griddle	0.16	0.45	0.07
Fryer	0.06	0.43	0.03
Convection oven	0.42	0.17	0.07
Charbroiler	0.83	0.29	0.24
Open-top range without oven	0.34	0.46	0.16
Hot-top range without oven	0.79	0.47	0.37
with oven	0.59	0.48	0.28
Steam cooker	0.13	0.30	0.04

Heat Gain Factors of Typical Gas Appliances Under Hood

Appliance	Usage Factor F_U	Radiation Factor F_R	Load Factor $F_L = F_U F_R$ Gas
Griddle	0.25	0.25	0.06
Fryer	0.07	0.35	0.02
Convection oven	0.42	0.20	0.08
Charbroiler	0.62	0.18	0.11
Open-top range without oven	0.34	0.17	0.06

7.3.4 Office Appliances

Generally, offices, with computer display terminals at most desks and other typical equipment, such as personal computers, printers, and copiers, have heat gains ranging up to 15 Btu/(h·ft^2).

Computer rooms housing mainframe or minicomputer equipment must be considered individually. Computer manufacturers have data pertaining to various individual components. In addition, computer usage schedules, etc., also should be considered. Heat gains from operating digital computer equipment ranges from 75 Btu/(h·ft^2) to 175 Btu/(h·ft^2). While the trend in hardware development is toward less heat release on a component basis, the increased utilization of computers tends to offset such reductions. The chapter related to data processing systems in the *ASHRAE Handbook—Systems and Applications* should be consulted for further information about design of large computer rooms and facilities. Conformity of environmental conditions to manufacturers' specifications should be verified due to warranties, etc.

Table 7.4 gives recommended rates of heat gain for office equipment (from *1997 ASHRAE Handbook—Fundamentals*).

Internal Heat Gain

Table 7.4
Recommended Rate of Heat Gain from Restaurant Equipment Located in Air-Conditioned Areas

Appliance	Size	Energy Rate, Btu/h Rated	Standby	Without Hood Sensible	Latent	Total	With Hood Sensible
Electric, No Hood Required							
Barbeque (pit), per pound of food capacity	80 to 300 lb	136	—	86	50	136	42
Barbeque (pressurized), per pound of food capacity	44 lb	327	—	109	54	163	50
Blender, per quart of capacity	1 to 4 qt	1550	—	1000	520	1520	480
Braising pan, per quart of capacity	108 to 140 qt	360	—	180	95	275	132
Cabinet (large hot holding)	16.2 to 17.3 ft^3	7100	—	610	340	960	290
Cabinet (large hot serving)	37.4 to 406 ft^3	6820	—	610	310	920	280
Cabinet (large proofing)	16 to 17 ft^3	693	—	610	310	920	280
Cabinet (small hot holding)	3.2 to 6.4 ft^3	3070	—	270	140	410	130
Cabinet (very hot holding)	17.3 ft^3	21000	—	1880	960	2830	850
Can opener		580	—	580	—	580	0
Coffee brewer	12 cup/2 brnrs	5660	—	3750	1910	5660	1810
Coffee heater, per boiling burner	1 to 2 brnrs	2290	—	1500	790	2290	720
Coffee heater, per warming burner	1 to 2 brnrs	340	—	230	110	340	110
Coffee/hot water boiling urn, per quart of capacity	11.6 qt	390	—	256	132	388	123
Coffee brewing urn (large), per quart of capacity	23 to 40 qt	2130	—	1420	710	2130	680
Coffee brewing urn (small), per quart of capacity	10.6 qt	1350	—	908	445	1353	416
Cutter (large)	18 in. bowl	2560	—	2560	—	2560	0
Cutter (small)	14 in. bowl	1260	—	1260	—	1260	0
Cutter and mixer (large)	30 to 48 qt	12730	—	12730	—	12730	0
Dishwasher (hood type, chemical sanitizing), per 100 dishes/h	950 to 2000 dishes/h	1300	—	170	370	540	170
Dishwasher (hood type, water sanitizing), per 100 dishes/h	950 to 2000 dishes/h	1300	—	190	420	610	190
Dishwasher (conveyor type, chemical sanitizing), per 100 dishes/h	5000 to 9000 dishes/h	1160	—	140	330	470	150
Dishwasher (conveyor type, water sanitizing), per 100 dishes/h	5000 to 9000 dishes/h	1160	—	150	370	520	170
Display case (refrigerated), per 10 ft^3 of interior	6 to 67 ft^3	1540	—	617	0	617	0
Dough roller (large)	2 rollers	5490	—	5490	—	5490	0
Dough roller (small)	1 roller	1570	—	140	—	140	0
Egg cooker	12 eggs	6140	—	2900	1940	4850	1570
Food processor	2.4 qt	1770	—	1770	—	1770	0
Food warmer (infrared bulb), per lamp	1 to 6 bulbs	850	—	850	—	850	850
Food warmer (shelf type), per square foot of surface	3 to 9 ft^2	930	—	740	190	930	260
Food warmer (infrared tube), per foot of length	39 to 53 in.	990	—	990	—	990	990
Food warmer (well type), per cubic foot of well	0.7 to 2.5 ft^3	3620	—	1200	610	1810	580
Freezer (large)	73	4570	—	1840	—	1840	0
Freezer (small)	18	2760	—	1090	—	1090	0
Griddle/grill (large), per square foot of cooking surface	4.6 to 11.8 ft^2	9200	—	615	343	958	343
Griddle/grill (small), per square foot of cooking surface	2.2 to 4.5 ft^2	8300	—	545	308	853	298
Hot dog broiler	48 to 56 hot dogs	3960	—	340	170	510	160
Hot plate (double burner, high speed)		16720	—	7810	5430	13240	6240
Hot plate (double burner, stockpot)		13650	—	6380	4440	10820	5080
Hot plate (single burner, high speed)		9550	—	4470	3110	7580	3550
Hot water urn (large), per quart of capacity	56 qt	416	—	161	52	213	68
Hot water urn (small), per quart of capacity	8 qt	738	—	285	95	380	123
Ice maker (large)	220 lb/day	3720	—	9320	—	9320	0
Ice maker (small)	110 lb/day	2560	—	6410	—	6410	0
Microwave oven (heavy duty, commercial)	0.7 ft^3	8970	—	8970	—	8970	0
Microwave oven (residential type)	1 ft^3	2050 to 4780	—	2050 to 4780	—	2050 to 4780	0
Mixer (large), per quart of capacity	81 qt	94	—	94	—	94	0
Mixer (small), per quart of capacity	12 to 76 qt	48	—	48	—	48	0
Press cooker (hamburger)	300 patties/h	7510	—	4950	2560	7510	2390
Refrigerator (large), per 10 ft^3 of interior space	25 to 74 ft^3	753	—	300	—	300	0
Refrigerator (small), per 10 ft^3 of interior space	6 to 25 ft^3	1670	—	665	—	665	0
Rotisserie	300 hamburgers/h	10920	—	7200	3720	10920	3480
Serving cart (hot), per cubic foot of well	1.8 to 3.2 ft^3	2050	—	680	340	1020	328
Serving drawer (large)	252 to 336 dinner rolls	3750	—	480	34	510	150
Serving drawer (small)	84 to 168 dinner rolls	2730	—	340	34	380	110
Skillet (tilting), per quart of capacity	48 to 132 qt	580	—	293	161	454	218

LOAD CALCULATION PRINCIPLES

Miscellaneous Equipment

Table 7.4 (Continued)
Recommended Rate of Heat Gain from Restaurant Equipment Located in Air-Conditioned Areas

Appliance	Size	Energy Rate, Btu/h Rated	Standby	Without Hood Sensible	Latent	Total	With Hood Sensible
Slicer, per square foot of slicing carriage	0.65 to 0.97 ft^2	680	—	682	—	682	216
Soup cooker, per quart of well	7.4 to 11.6 qt	416	—	142	78	220	68
Steam cooker, per cubic foot of compartment	32 to 64 qt	20700	—	1640	1050	2690	784
Steam kettle (large), per quart of capacity	80 to 320 qt	300	—	23	16	39	13
Steam kettle (small), per quart of capacity	24 to 48 qt	840	—	68	45	113	32
Syrup warmer, per quart of capacity	11.6 qt	284	—	94	52	146	45
Toaster (bun toasts on one side only)	1400 buns/h	5120	—	2730	2420	5150	1640
Toaster (large conveyor)	720 slices/h	10920	—	2900	2560	5460	1740
Toaster (small conveyor)	360 slices/h	7170	—	1910	1670	3580	1160
Toaster (large pop-up)	10 slice	18080	—	9590	8500	18080	5800
Toaster (small pop-up)	4 slice	8430	—	4470	3960	8430	2700
Waffle iron	75 in^2	5600	—	2390	3210	5600	1770
Electric, Exhaust Hood Required							
Broiler (conveyor infrared), per square foot of cooking area/minute	2 to 102 ft^2	19230	—	—	—	—	3840
Broiler (single deck infrared), per square foot of broiling area	2.6 to 9.8 ft^2	10870	—	—	—	—	2150
Charbroiler, per linear foot of cooking surface	2 to 8 linear ft	11,000	9300	—	—	—	2800
Fryer (deep fat)	35 - 50 lb oil	48,000	2900	—	—	—	1200
Fryer (pressurized), per pound of fat capacity	13 to 33 lb	1565	—	—	—	—	59
Oven (full-size convection)		41,000	4600	—	—	—	2900
Oven (large deck baking with 537 ft^3 decks), per cubic foot of oven space	15 to 46 ft^3	1670	—	—	—	—	69
Oven (roasting), per cubic foot of oven space	7.8 to 23 ft^3	27350	—	—	—	—	113
Oven (small convection), per cubic foot of oven space	1.4 to 5.3 ft^3	10340	—	—	—	—	147
Oven (small deck baking with 272 ft^3 decks), per cubic foot of oven space	7.8 to 23 ft^3	2760	—	—	—	—	113
Open range top, per 2 element section	2 to 6 elements	14,000	4600	—	—	—	2100
Range (hot top/fry top), per square foot of cooking surface	4 to 8 ft^2	7260	—	—	—	—	2690
Range (oven section), per cubic foot of oven space	4.2 to 11.3 ft^3	3940	—	—	—	—	160
Griddle, per linear foot of cooking surface	2 to 8 linear feet	19,500	3100	—	—	—	1400
Gas, No Hood Required							
Broiler, per square foot of broiling area	2.7 ft^2	14800	660[b]	5310	2860	8170	1220
Cheese melter, per square foot of cooking surface	2.5 to 5.1 ft^2	10300	660[b]	3690	1980	5670	850
Dishwasher (hood type, chemical sanitizing), per 100 dishes/h	950 to 2000 dishes/h	1740	660[b]	510	200	710	230
Dishwasher (hood type, water sanitizing), per 100 dishes/h	950 to 2000 dishes/h	1740	660[b]	570	220	790	250
Dishwasher (conveyor type, chemical sanitizing), per 100 dishes/h	5000 to 9000 dishes/h	1370	660[b]	330	70	400	130
Dishwasher (conveyor type, water sanitizing), per 100 dishes/h	5000 to 9000 dishes/h	1370	660[b]	370	80	450	140
Griddle/grill (large), per square foot of cooking surface	4.6 to 11.8 ft^2	17000	330	1140	610	1750	460
Griddle/grill (small), per square foot of cooking surface	2.5 to 4.5 ft^2	14400	330	970	510	1480	400
Hot plate	2 burners	19200	1325[b]	11700	3470	15200	3410
Oven (pizza), per square foot of hearth	6.4 to 12.9 ft^2	4740	660[b]	623	220	843	85
Gas, Exhaust Hood Required							
Braising pan, per quart of capacity	105 to 140 qt	9840	660[b]	—	—	—	2430
Broiler, per square foot of broiling area	3.7 to 3.9 ft^2	21800	530	—	—	—	1800
Broiler (large conveyor, infrared), per square foot of cooking area/minute	2 to 102 ft^2	51300	1990	—	—	—	5340
Broiler (standard infrared), per square foot of broiling area	2.4 to 9.4 ft^2	1940	530	—	—	—	1600
Charbroiler (large), per linear foot of cooking area	2 to 8 linear feet	36,000	22,000	—	—	—	3800
Fryer (deep fat)	35 to 50 oil cap.	80,000	5600	—	—	—	1900
Oven (bake deck), per cubic foot of oven space	5.3 to 16.2 ft^3	7670	660[b]	—	—	—	140
Oven (convection), full size		70,000	29,400	—	—	—	5700
Oven (pizza), per square foot of oven hearth	9.3 to 25.8 ft^2	7240	660[b]	—	—	—	130
Oven (roasting), per cubic foot of oven space	9 to 28 ft^3	4300	660[b]	—	—	—	77
Oven (twin bake deck), per cubic foot of oven space	11 to 22 ft^3	4390	660[b]	—	—	—	78
Range (burners), per 2 burner section	2 to 10 brnrs	33600	1325	—	—	—	6590
Range (hot top or fry top), per square foot of cooking surface	3 to 8 ft^2	11800	330	—	—	—	3390
Range (large stock pot)	3 burners	100000	1990	—	—	—	19600

INTERNAL HEAT GAIN

Table 7.4 (Continued)
Recommended Rate of Heat Gain from Restaurant Equipment Located in Air-Conditioned Areas

Appliance	Size	Energy Rate, Btu/h Rated	Energy Rate, Btu/h Standby	Recommended Rate of Heat Gain,[a] Btu/h Without Hood Sensible	Without Hood Latent	Without Hood Total	With Hood Sensible
Range (small stock pot)	2 burners	40000	1330	—	—	—	7830
Griddle, per linear foot of cooking surface	2 to 8 linear feet	25,000	6300				1600
Range top, open burner (per 2 burner section)	2 to 6 elements	40,000	13,600				2200
Steam							
Compartment steamer, per pound of food capacity/h	46 to 450 lb	280	—	22	14	36	11
Dishwasher (hood type, chemical sanitizing), per 100 dishes/h	950 to 2000 dishes/h	3150	—	880	380	1260	410
Dishwasher (hood type, water sanitizing), per 100 dishes/h	950 to 2000 dishes/h	3150	—	980	420	1400	450
Dishwasher (conveyor, chemical sanitizing), per 100 dishes/h	5000 to 9000 dishes/h	1180	—	140	330	470	150
Dishwasher (conveyor, water sanitizing), per 100 dishes/h	5000 to 9000 dishes/h	1180	—	150	370	520	170
Steam kettle, per quart of capacity	13 to 32 qt	500	—	39	25	64	19

[a] In some cases, heat gain data are given per unit of capacity. In those cases, the heat gain is calculated by: q = (recommended heat gain per unit of capacity) * (capacity)

[b] Standby input rating is given for entire appliance regardless of size.

The heat gain from office equipment is assumed to be split approximately 70% radiative and 30% convective for cooling load calculation.

7.4 EXAMPLES

Example 7.1 Heat Gain from Occupants

Determine the heat gain from eight people in a space where the activity requires standing, light work, and some walking. Divide the heat gain into components for cooling load calculation.

Item	Table/Equations	Explanation
Heat Gain per Person	7.1	Use category for "Sensible" and "Latent," standing, light work, walking for adjusted group. q'_s = 250 Btu/h per person q'_l = 200 Btu/h per person
Use Factor		F_u = 1.0 for a single room
Total Latent Heat Gain		$q_l = Nq'_l = 8 \times 200 = 1{,}600$ Btu/h
Total Sensible Heat Gain		$q_s = Nq'_s = 8 \times 250 = 2{,}000$ Btu/h
Radiant Component of Sensible Heat Gain		$q_r = 0.70q_s = 0.7 \times 2000 = 1{,}400$ Btu/h
Convective Component of Sensible Heat Gain		$q_c = 0.3q_s = 0.3 \times 2000 = 600$ Btu/h

Example 7.2 Heat Gain from Lights for a Single Room

Estimate the heat gain from 1,000 watts of installed lights in a room. The four-bulb fixtures with 40 W lamps are recessed in a suspended ceiling. The ceiling airspace is a return air plenum. Divide the heat gain into the various components for cooling load calculation.

Item	Table/Equations	Explanation
Heat Gain	7.1	Basic equation
Use Factor, F_u		Assume F_u = 1 for a single room

Examples

Item	Table/Equations	Explanation
Special Allowance		There are two factors in this case.
Factor, F_s, for Heat Gain to the Room		First, assume a ballast factor of 1.2 for 40 W bulbs. Second, assume that 20% of heat gain is picked up by return air in the plenum. Then $F_s = 1.2 \times 0.8 = 0.96$.
Heat Gain to Space (sensible)	7.1	$q_s = 3.41 \times 1000 \times (1) \times 0.9$ $q_s = 3,274$ Btu/h
Radiant Component of Heat Gain to the Space		Assuming a radiant/convective split of 59/41 $q_r = 0.59 \times 3274 = 1,932$ Btu/h
Convective Component of Heat Gain to the Space		$q_c = 0.41 \times 3274 = 1,342$ Btu/h
Special Allowance Factor for Heat Gain to Return Air		In this case $F_s = 1.2 \times 0.2 = 0.24$
Heat Gain to the Return Air	7.1	$q_{ra} = 3.41 \times 1000 \times 1 \times 0.24$ $q_{ra} = 818$ Btu/h q_{ra} is assumed to be all convective and an immediate load on the coil.
Motor-Use Factor		$F_u = 1.0$
Heat Gain	7.3	$q_m = 2545 \times 5.0 \times 1.0 \times 1.0$ $q_m = 12,725$ Btu/h
Instantaneous Heat Gain (Convective)		Heat gain is all convective as discussed above $q_{im} = q_m = 12,715$ Btu/h

References

AGA. 1948. *A comparison of gas and electric usage for commercial cooking.* Cleveland, Ohio: American Gas Association.

AGA. 1950. *Gas and electric consumption in two college cafeterias.* Cleveland, Ohio: American Gas Association.

Alereza, T., and J.P. Breen, III. 1984. Estimates of recommended heat gains due to commercial appliances and equipment. *ASHRAE Transactions* 90(2A): 25-58.

ASHRAE. 1989. *1989 ASHRAE Handbook—Fundamentals.* Atlanta: American Society of Heating, Refrigerating and Air-Conditioning Engineers, Inc.

Marn, W.L. 1962. *Commercial gas kitchen ventilation studies.* Research Bulletin No. 90 (March), Gas Association Laboratories.

Sowell, E.F. 1988. Cross-check and modification of the DOE-2 program for calculation of zone weighting factors. *ASHRAE Transactions* 94(2): 737-753.

Chapter Eight
Air Systems, Loads, IAQ, and Psychrometrics

Following calculation of the cooling and heating loads, an analysis must be carried out to specify the various parameters for selection of equipment and design of the air distribution system. The psychrometric processes involved are rigorously discussed in Appendix D, where it is shown that the psychrometric chart is a useful tool in visualizing and solving problems.

The complete air-conditioning system may involve two or more of the processes considered in Appendix D. For example, in the conditioning of a space during the summer, the air supplied must have a sufficiently low temperature and moisture content to absorb the total cooling load of the space. Therefore, as the air flows through the space, it is heated and humidified. If the system is a closed loop, the air is then returned to the conditioning equipment, where it is cooled and dehumidified and supplied to the space again. Fresh outdoor air usually is required in the space; therefore, outdoor air (makeup air) must be mixed with the return air (recirculated air) before it goes to the cooling and dehumidifying equipment. During the winter months, the same general processes occur but in reverse. Notice that the psychrometric analysis generally requires consideration of the outdoor air required, the recirculated air, and the space load. Various systems will be considered that carry out these conditioning processes with some variations.

8.1 Classical Design Procedures

The most common design problem involves a system where outdoor air is mixed with recirculated air; the mixture is cooled and dehumidified and then delivered to the space where it absorbs the load in the space and is returned to complete the cycle.

Figure 8.1 is a schematic of such a system with typical operating conditions shown. The sensible and latent cooling loads were calculated according to procedures previously discussed and the outdoor air quantity was derived from indoor air quality considerations. The system as shown is generic and represents several different types of systems when they are operating under full design load. Partial load conditions will be considered later. The primary objective of the analysis of the system is to determine the amount of air to be supplied to the space, its state, and the capacity and operating conditions for the coil. These results can then be used in designing the complete air distribution system.

Example 8.1. Analyze the system of Figure 8.1 to determine the quantity and state of the air supplied to the space and the required capacity and operating

CLASSICAL DESIGN PROCEDURES

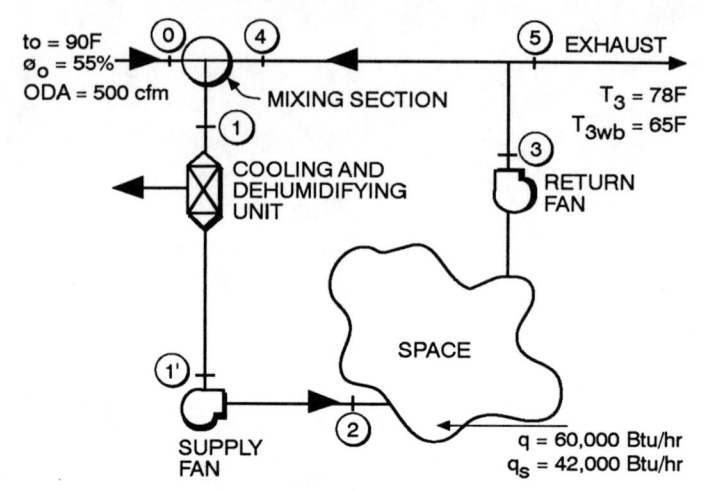

Figure 8.1 Cooling and dehumidifying system.

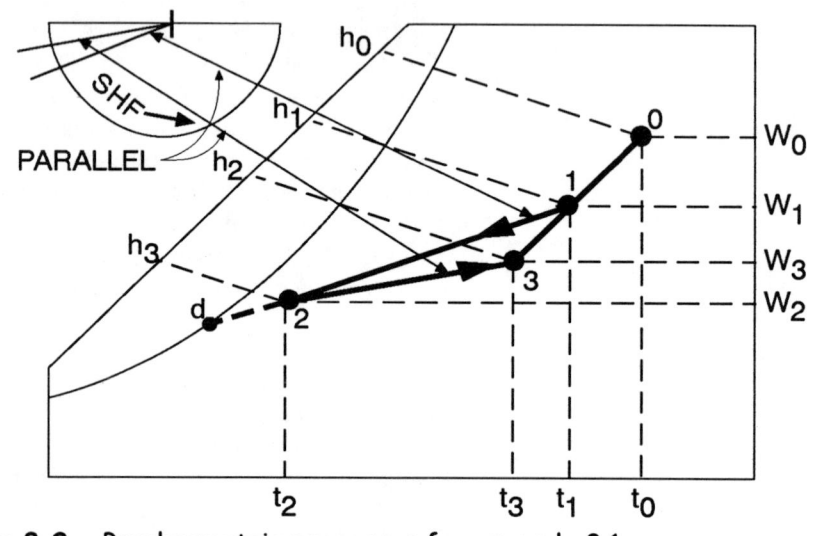

Figure 8.2 Psychrometric processes for example 8.1

conditions for the cooling and dehumidifying equipment. Assume sea level elevation.

Solution. Rigorous solutions to the various processes are covered in Appendix D. A more common approach will be shown here. The given quantities are shown and states are numbered for reference on psychrometric Chart 1 and shown schematically in Figure 8.2.

Losses in connecting ducts and fan power will be neglected. First consider the steady flow process for the conditioned space. The room sensible heat factor is

$$\text{RSHF} = \frac{42,000}{60,000} = 0.7.$$

The state of the air entering the space lies on the line defined by the RSHF on psychrometric Chart 1. Therefore, State 3 is located as shown on Figure 8.2 and a line drawn through the point parallel to the SHF = 0.7 line on the protractor. State 2 may be any point on the line and is determined by the operating characteristics of the equipment, desired indoor air quality, and by what will be comfortable for the occupants. Therefore, a typical leaving condition for the coil would be at a relative humidity of 85% to 90%. The temperature, t_2 is assumed to be 55°F and State 2 is determined. The air quantity required may now be found by considering process 2-3, Figure 8.2. Using Equation 8.6a,

$$q_s = 60(\text{cfm})c_p(t_3 - t_2)/v_2. \tag{8.6a}$$

With c_p assumed constant at 0.244 Btu/(lba–°F) from Appendix D, Equation 8.6a becomes

$$q_s = 14.64(\text{cfm})(t_3 - t_2)/v_2 \tag{8.6b}$$

and further, when standard sea level conditions are assumed, $v_2 = 13.278$ ft^3/lba.

$$q_s = 1.1(\text{cfm})(t_3 - t_2) \tag{8.6c}$$

Equation 8.6c is used extensively to compute air quantities and sensible heat transfer even though v_2 usually is not equal to the standard value, even at sea level.

However, the assumption of sea level pressure and elevation is reasonable up to about 2,500 feet elevation. At that point the error in the computed volume flow rate (cfm) or sensible heat transfer will be about 10%. The cfm will be about 10% low and sensible heat transfer about 10% high. The data for specific volume v from a proper psychrometric chart or from Table 8.2 should be used for elevations above 2,500 ft. To continue, $v_2 = 13.15$ ft^3/lba from psychrometric Chart 1. Using Equation 8.6b,

$$\text{cfm}_2 = \frac{13.15\,(42,000)}{14.64(78-55)} = 1,640$$

Using Equation 8.6c, cfm$_2$ = 1,660.

Attention is now directed to the cooling and dehumidifying unit. However, State 1 must be determined before continuing. A mass balance on the mixing section yields:

$$m_{a0} + m_{a4} = m_{a1} = m_{a2},$$

but it is approximately true that

$$\text{cfm}_0 + \text{cfm}_4 = \text{cfm}_1 = \text{cfm}_2$$

$$\text{cfm}_4 = \text{cfm}_1 - \text{cfm}_0 = 1640 - 500 = 1140$$

and based on an energy balance, t_1, is given approximately by

$$t_1 = t_0(\text{cfm}_0/\text{cfm}_1) + t_4(\text{cfm}_4/\text{cfm}_1)$$

$$t_1 = 90(500/1640) + 78(1140/1640) = 82°F$$

State 1 may now be located on line 3-0 of Figure 8.2 and psychrometric Chart 1.

By using the graphical technique discussed in Appendix D, referring to Figure 8.2 and using cfm in place of mass flow rate, State 1 also may be found graphically.

$$\frac{\overline{31}}{\overline{30}} = \frac{\text{cfm}_o}{\text{cfm}_i} = \frac{500}{1640} = 0.30$$

$$\overline{31} = 0.30(\overline{30})$$

Classical Design Procedures

State 1 is located at approximately 82°F DB and 68°F WB. A line constructed from State 1 to State 2 on psychrometric Chart 1 then represents the process taking place in the conditioning equipment.

The coil may be specified in different ways, but the true volume flow rate entering the coil, cfm_1 should be given. The mass flow rates m_{a1} and m_{a2} are the same; therefore, using Equation 8.4:

$$m_{a1} = m_{a2} = 60(cfm_1)/v_1 = 60(cfm_2)/v_2$$

or

$$cfm_1 = cfm_2(v_1/v_2)$$

$$cfm_1 = 1640(13.95/13.15) = 1,740$$

where v_2 is obtained from psychrometric Chart 1, Figure 8.2.

Then the coil entering and leaving air conditions may be given as

$$t_1 = 82°F \text{ db and } 68°F \text{ wb,}$$

$$t_2 = 55°F \text{ db and } 53°F \text{ wb,}$$

and the coil capacity may be left as an exercise for the application engineer. However, it is recommended that the coil capacity also be determined from

$$q_c = m_{ai}(h_1 - h_2) = 60(cfm_1)(h_1 - h_2)v_1 \qquad (8.7b)$$

$$q_c = 60(1740)(32.2 - 22.0)/13.95 \text{ ooooo}$$

$$q_c = 76,336 \text{ Btu/h}.$$

The sensible heat factor for the cooling coil is found to be 0.64 using the protractor of psychrometric Chart 1. Then

$$q_{cs} = 0.64(76,336) = 48,855 \text{ Btu/h}$$

and

$$q_{cl} = 76,336 - 48,855 = 27,481 \text{ Btu/h}.$$

Alternately, the sensible load on the coil could be computed from

$$q_{cs} = 14.64(cfm_1)(t_1 - t_2)/v_1 \qquad (8.6b)$$

$$q_{cs} = 14.64(1740)(82 - 55)/13.95$$

$$q_{cs} = 49,304 \text{ Btu/h}$$

and with this approach

$$q_{cl} = 76,336 - 49,304 = 27,032 \text{ Btu/h}.$$

The sum of q_{cs} and q_{cl} or q_c is known as the coil refrigeration load in contrast to the space cooling load. It is difficult to compute the coil latent load directly without the aid of a psychrometric chart or a computer routine. This problem is discussed further in Appendix D.

8.1.1 Fan Power

In an actual system fans are required to move the air and some energy is gained from this. In addition, some heat may be lost or gained in the duct system. Referring to Figure 8.1, the supply fan is located just downstream of the cooling unit and the

AIR SYSTEMS, LOADS, IAQ, AND PSYCHROMETRICS

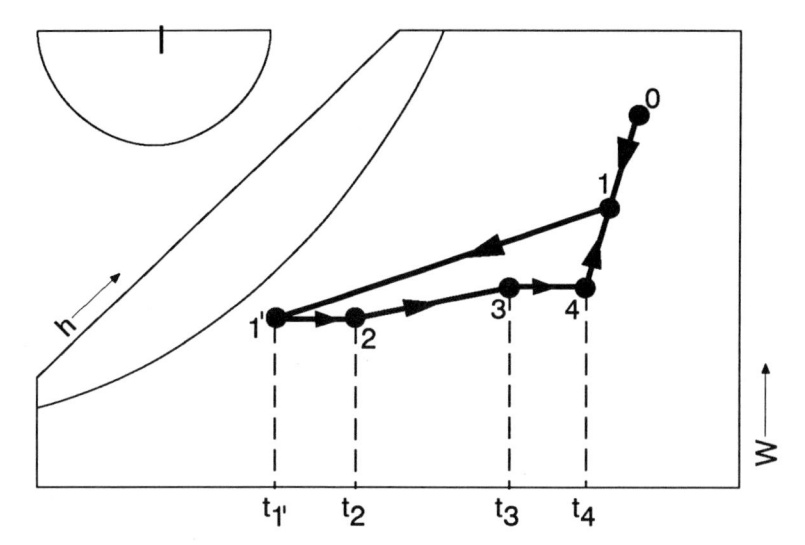

Figure 8.3 Psychrometric processes showing effect of fans and heat gain.

return fan is upstream of the exhaust and mixing box. The temperature rise due to a fan is discussed in Appendix D, and data are given as a function of fan total efficiency and total pressure. At this point in the analysis, characteristics of the fan are unknown. However, an estimate can be made and checked later. Heat also may be gained in the supply and return ducts. The effect of the supply air fan and the heat gain to the supply air duct may be summed as shown on psychrometric Chart 1, Figure 8.3, as process 1'-2. Likewise, heat is gained in the return duct from Point 3 to Point 4, and the return fan temperature rise occurs between 3 and 4 as shown in Figure 8.3. The condition line for the space, 2-3, is the same as it was before, when the fans and heat gain were neglected. However, the requirements of the cooling coil have changed. Process 1-1' now shows that the capacity of the coil must be greater to offset the fan power input and duct heat gain.

Example 8.2. Calculate the temperature rise of the air in a system like the one in Figure 8.1 and the effect on the system when the fan is (a) a draw-through fan on the leaving side of the coil and (b) a blow-through fan behind the coil.

Solution. Assume the design total pressure difference across the fan is 2 in. of water, the fan efficiency is 75%, and the motor efficiency is 85%. For these conditions Table 8.3 shows a temperature rise of the air of 1.0°F, if the motor is outside the airstream. When the motor is in the airstream, the combined efficiency is 0.75 × 0.85 = 0.64. The temperature rise is then 1.1°F. These temperature differences apply to both Case a and Case b. For Case a, draw-through, State 1' is located 1°F or 1.1°F to the left of State 2 in Figure 8.3. For Case b, blow-through, the state of the air entering the coil is located 1°F or 1.1°F to the right of State 1 in Figure 8.3. Based on the solution of Example 8.1, the fan capacity is about 1600 cfm. The shaft power input would then be about 0.67 horsepower (hp). First considering the draw-through fan configuration (a), the process from the fan inlet to the point where the air has entered the space appears as process 1'-2 in Figure 8.3. All of the power input to the fan has been transformed into stored energy, which is manifested in the temperature rise. All of the energy input is a load on the space. With the motor outside the airstream, the additional load on the space is

$$q_f = 0.67(2545) = 1705 \text{ Btu/h}.$$

Classical Design Procedures

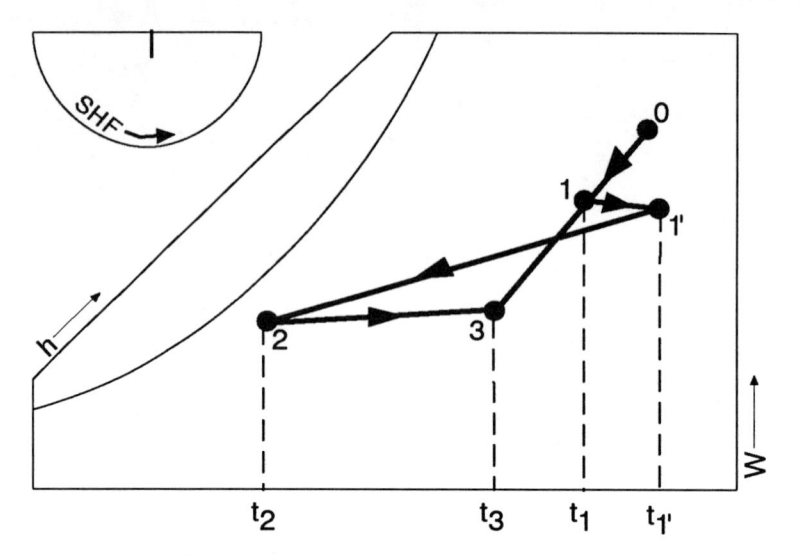

Figure 8.3a Fan effect with blow-through fan configuration.

With the motor in the airstream,

$$q_f = 0.67(2545)/0.85 = 2000 \text{ Btu/h}$$

where 1 hp = 2545 Btu/h.

In the case of the blow-through fan configuration (b), the fan power is the same; however, the effect on the system is different. Most of the power results in a load on the coil, while a smaller part is a load on the space. It is customary to assign all of the load to the coil for simplicity. Figure 8.3a shows the fan effect in this case as process 1-1'. The additional loads assigned to the coil are the same values computed above. It is apparent in both cases the fan energy eventually appears as a coil load.

8.1.2 Ventilation for Indoor Air Quality

Indoor air quality is closely related to the psychrometric analysis leading to system design because air quality is largely dependent on the amount of outdoor air brought into the conditioned space, usually through the cooling and heating system. This is the purpose of the outdoor air shown in Example 8.1 above. For typical occupied spaces, the amount of clean outdoor air is proportional to the number of people in the space. *ANSI/ASHRAE Standard 62-1989, Ventilation for Acceptable Indoor Air Quality* covers this subject and is the recognized source of data for purposes of system design. For full details Standard 62 should be consulted. The most common approach, known as the ventilation rate procedure, will be described here. In summary, this procedure states that indoor air quality shall be considered acceptable if the required rates of acceptable outdoor air are provided for the occupied space (Table 8.2). Acceptable outdoor air is defined in Table 8.1. When the outdoor air contaminant levels exceed the values given in Table 8.1, the air must be treated to control the offending contaminants. While the quantities given in Table 8.2 are for 100% outdoor air, they also set the amount of air required to dilute contaminants to acceptable levels. Therefore, it is necessary that at least this amount of air be delivered to the conditioned space at all times the conditioned space is in use. Properly cleaned air may be recirculated, but the outdoor airflow rates may not be reduced below the requirements of Table 8.2. The amount of outdoor air may be reduced when there is intermittent or variable occupancy or when the indoor air quality procedure is used. Refer to Standard 62 for details in these cases. Another important consideration is the ventilation effectiveness, defined as the fraction of the outdoor air delivered to the space that actually reaches the occupied space. The values given in Table 8.2 assume 100% ventilation effectiveness.

Table 8.2 lists the required ventilation rates in cfm per person or cfm/ft^2 for a variety of indoor spaces. When appropriate, the table lists the estimated density of people for design purposes. When the occupancy is known, this should be used instead of the estimated density.

Example 8.3. An auditorium is designed for a maximum occupancy of 300 people, has a floor area of 2400 ft^2, and the outdoor air requirement is 15 cfm per person. From Table 8.2 the estimated occupancy is

$$P = 150 \times 2400/1000 = 360 \text{ people.}$$

However, the actual design occupancy is known to be 300 people and this value should be used.

Standard 62 requires that the minimum ventilation rate, the air delivered to the space, be 15 cfm per person. Then,

$$\text{cfm}_v = 300 \times 15 = 4500.$$

Standard 62 requires that the minimum amount of outdoor air be 15 cfm per person. Then,

$$\text{cfm}_m = 300 \times 15 = 4500,$$

which is the same as the ventilation air. This seems somewhat simplistic, but recall that the ventilation air also must be in an amount sufficient to offset the cooling or heating load, which may be greater than 4500 cfm.

When the amount of air required to absorb the cooling load exceeds the minimum required ventilation air, it is generally desirable to recirculate and filter some of the air. Standard 62 gives full details for various conditions, and a typical, somewhat idealized system will be presented here. A simple recirculating system is shown in Figure 8.4.

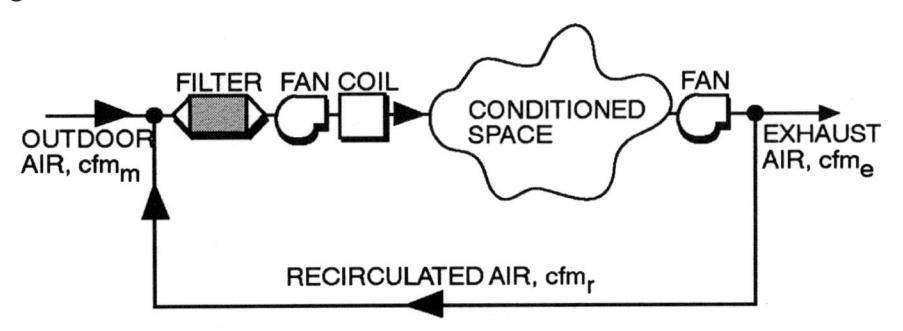

Figure 8.4 Schematic of recirculating system.

It is assumed that the ventilation system is a constant flow type, the outdoor air is acceptable by Table 8.1 standards, and ventilation effectiveness is 100%. The recirculating rate is

$$\text{cfm}_r = \text{cfm}_v - \text{cfm}_m$$

where cfm_v is the ventilation rate required by the cooling load or some factor other than air quality. It is assumed that the minimum amount of outdoor air based on occupancy will supply the needed oxygen and dilute the concentration of carbon dioxide. The filter system is necessary to remove any offending contaminants.

Classical Design Procedures

There also could be a case where the required outdoor air exceeds the amount of air needed to absorb the load. In this case, the condition of the air entering the space must be located on the space condition line (Appendix D) to satisfy both requirements.

8.1.3 Cooling and Heating Coils

The heat transfer surfaces, usually referred to as coils and mentioned in Example 8.1 above, are of primary importance in an air-conditioning system. These surfaces are usually of a finned tube geometry, where moist air flows over the finned surface and a liquid or two-phase refrigerant flows through the tubes. The coil generally will have several rows of tubes in the airflow direction, and each row will be many tubes high, perpendicular to the airflow. Coil geometry will vary considerably depending on application. Steam and hot water heating coils usually will have fewer rows of tubes (1-4), less dense fins (6-8 fins per in.), and the number of circuits for fluid flow will be less. Chilled water and direct expansion coils generally have more rows of tubes (4-8), more fins (8-14 fins per in.), and more circuits for fluid flow on the tube side. It will be shown later that the coil must match the characteristics of the space and outdoor air loads, and selection of the proper coil is fundamental to good system design. Catalogs from manufacturers, computer simulation programs, and databases are very useful in this regard.

Although the design engineer may seek help from an application engineer in selecting a coil, it is important that the nature of coil behavior and the control necessary for off-design conditions be understood.

Heating Coils. Heating coils are much easier to design and specify than cooling coils because only sensible heat transfer is involved. The steam or water supplied to the coil usually must be controlled for partial load conditions; thus, oversizing a coil generally is undesirable. Hot water coils usually are preferable to steam coils, particularly when the load varies over a wide range. Steam and hot water control is difficult when the flow rate must be reduced significantly.

Cooling and Dehumidifying Coils. The design of this type of coil is much more difficult due to the transfer of both sensible and latent heat. Further, the sensible and latent load on a coil usually does not vary in a predictable way during off-design operation. It is entirely possible that a coil that performs perfectly under design conditions will be unsatisfactory under partial load. An understanding of the coil behavior may prevent such an occurrence.

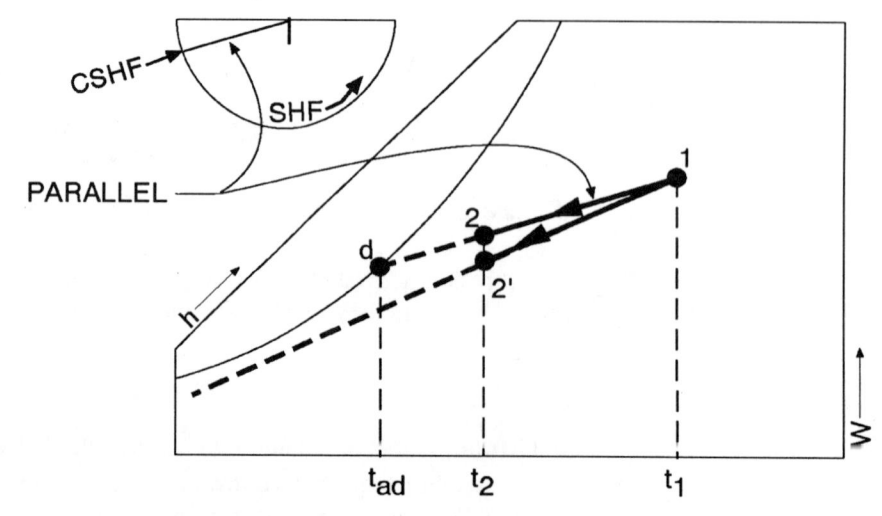

Figure 8.5 Comparison of coil processes.

AIR SYSTEMS, LOADS, IAQ, AND PSYCHROMETRICS

Figure 8.5 shows cooling and dehumidification processes for a coil. The process is not actually a straight line, but when only the end points are of interest, a straight line is an adequate representation. The intersection of the process line with the saturation curve defines the apparatus dew point, t_{ad}. This temperature is the approximate dew point of the surface where the cooling fluid is entering the coil and where the air is leaving, assuming counterflow of the fluids.

The apparatus dew point is useful in analyzing coil operation. For example, if the slope of process 1-2 is so great that the extension of the process line does not intersect the saturation curve, the process probably is impossible to achieve with a coil in a single process and another approach will be necessary.

Process 1-2' in Figure 8.5 is an example of such a process. The relative humidity of the air leaving a chilled water coil is typically about 90% and, based on experience, it is approximately true that

$$t_{ad} = (t_w + t_{wb})/2 \tag{8.1}$$

where t_w is the entering water temperature and t_{wb} is the wet-bulb temperature of the air leaving the coil. This approximation can be used to estimate the required water temperature for a cooling process.

$$t_w \approx 2t_{ad} - t_{wb} \tag{8.1a}$$

In so doing a designer might avoid specifying a coil for an impossible situation or one that requires an abnormally low water temperature.

To maintain control of space conditions at partial load conditions, the flow rate of the air or cooling fluid (water or brine solution) in the coil must be regulated. In a well-designed system, both probably are under control. It is interesting to note how the leaving air condition changes in each case. The processes shown in Figure 8.6 are for a typical chilled water coil in an air-conditioning system. Process 1-2 is typical of the performance with full flow of air but greatly reduced flow of water, while process 1-3 is typical of performance with full flow of water but greatly reduced airflow. To generalize, as water flow is reduced, the leaving air condition moves toward Point 2, and as airflow is reduced, the leaving air condition moves toward Point 3. The conclu-

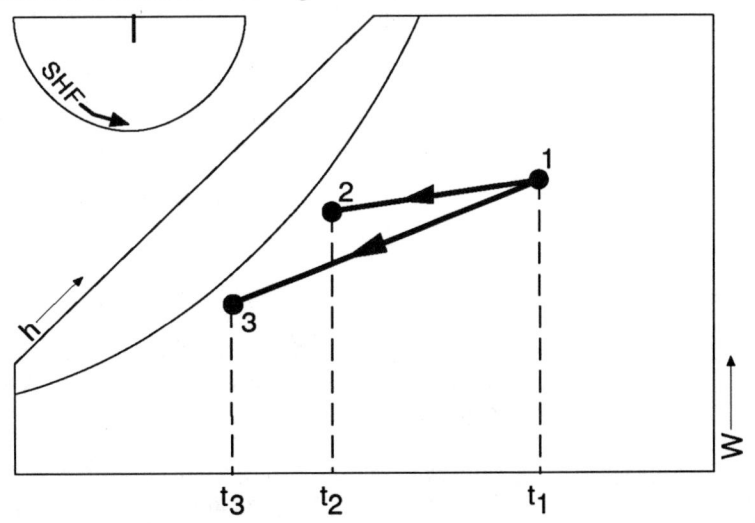

Figure 8.6 *Comparison of coil processes with variable flow rates.*

CLASSICAL DESIGN PROCEDURES

sion is that by proper control of the flow rate of both fluids, a satisfactory air condition can be maintained under partial load conditions.

8.1.4 Bypass Factor

An alternate approach to the analysis of the cooling coil in Example 8.1 uses the so-called coil bypass factor. Note that when line 1-2 of Figure 8.5 is extended, it intersects the saturation curve at Point d. This point represents the apparatus dew-point temperature of the cooling coil. The coil cannot cool all of the air passing through it to the coil surface temperature. This fact makes the coil perform in a manner similar to what would happen if a portion of the air were brought to the coil temperature and the remainder bypassed the coil entirely. A dehumidifying coil thus produces unsaturated air at a higher temperature than the coil temperature. Again referring to Figure 8.5, notice that in terms of the length of the line d-1, the length d-2 is proportional to the mass of air bypassed and the length 1-2 is proportional to the mass of air not bypassed. Because line d-1 is inclined, it is approximately true that the fraction of air bypassed, expressed as a decimal, is

$$b = (t_2 - t_d)/(t_1 - t_d) \tag{8.2}$$

and

$$1 - b = (t_1 - t_2)/(t_1 - t_d). \tag{8.3}$$

The temperatures are dry-bulb values. Now the coil sensible load is

$$q_{cs} = m_{a1} c_p (t_1 - t_2) = 14.64(\text{cfm}_1)(t_1 - t_2)/v_1 \tag{8.6b}$$

or

$$q_{cs} = 14.64(\text{cfm}_1)(t_1 - t_d)(1 - b)/v_1. \tag{8.4}$$

Example 8.4. Find the bypass factor for the coil of Example 8.1 and compute the sensible and latent heat transfer rates.

Solution. The apparatus dew-point temperature obtained from psychrometric Chart 1 as indicated in Figure 8.2 is 46°F. Then from Equation 8.2 the bypass factor is

$$b = \text{\\lf}(55 - 46, 82 - 46) = 0.25 \text{ and } 1 - b = 0.75.$$

Equation 8.4 expresses the sensible heat transfer rate as

$$q_{cs} = 14.64(1740)(82 - 46)(0.75)/13.95 = 49{,}304 \text{ Btu/h}.$$

The coil sensible heat factor is used to compute the latent heat transfer rate. From Example 8.2, the SHF is 0.64; then the total heat transfer rate is

$$q_t = q_{cs}/\text{SHF} = 49{,}304/0.64 = 77{,}038 \text{ Btu/h}$$

and

$$q_{cl} = q_t - q_{cs} = 77{,}038 - 49{,}304 = 27{,}734 \text{ Btu/h}.$$

It should be noted that the bypass factor approach often results in errors compared to the approach of Example 8.1. Accurate data for bypass factors are not generally available.

8.1.5 Hot and Dry Environment

In Example 8.1 the outdoor air was hot and humid. This is not always the case, and State 0 can be almost anywhere on psychrometric Chart 1. For example, the southwestern part of the United States is hot and dry during the summer, and evaporative cooling often can be used to advantage under these conditions. A simple system of this type is shown schematically in Figure 8.7.

AIR SYSTEMS, LOADS, IAQ, AND PSYCHROMETRICS

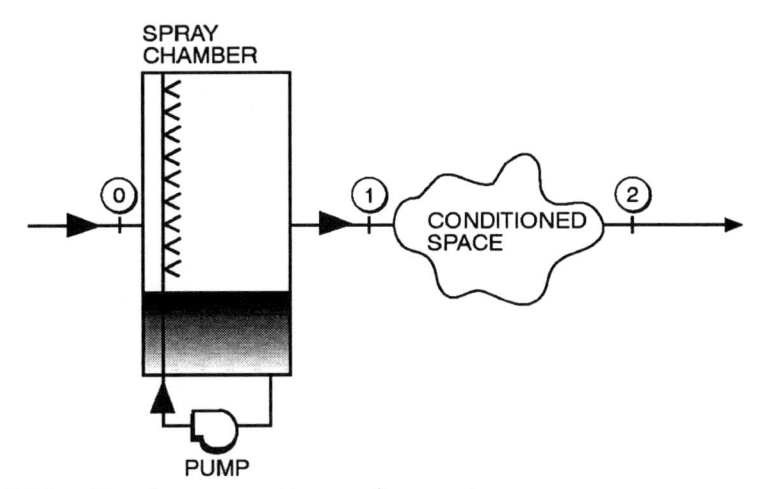

Figure 8.7 Simple evaporative cooling system.

The dry outdoor air flows through an adiabatic spray chamber and is cooled and humidified. An energy balance on the spray chamber will show that the enthalpies h_o and h_1 are equal (Appendix D); therefore, the process, 0-1, is as shown in Figure 8.8.

Ideally, the cooling process terminates at the space condition line, 1-2. The air then flows through the space and is exhausted. Large quantities of air are required, and this system is not satisfactory where the outdoor relative humidity is high. If the humidity ratio W_o is too high, the process 0-1 cannot intersect the condition line.

For comfort air conditioning, evaporative cooling can be combined with a conventional system as shown in Figure 8.9.

When outdoor makeup air is mixed with recirculated air without evaporative cooling, the ideal result would be State 1 in Figure 8.10. The air would require only sensible cooling to State 2 on the condition line. Second, outdoor air could be cooled by evaporation to State 0', Figure 8.10, and then mixed with return air resulting in State 1'. Sensible cooling would then be required from State 1' to State 2. Finally, the outdoor air could

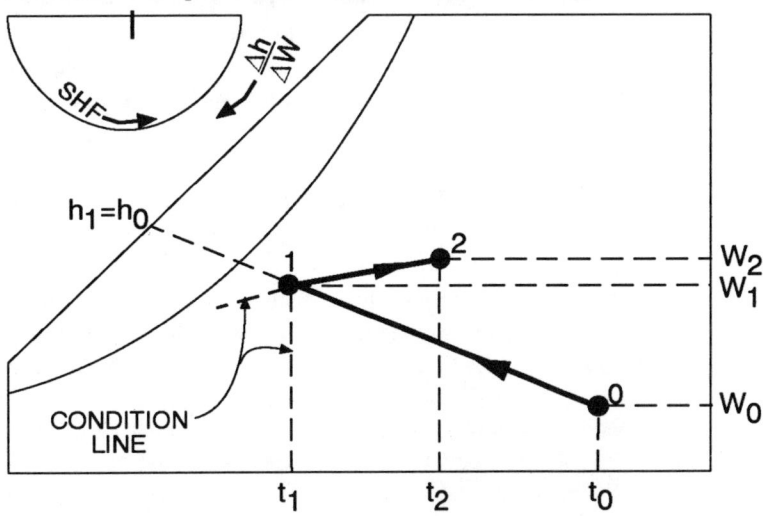

Figure 8.8 Psychrometric diagram for evaporative cooling system of Figure 8.7.

LOAD CALCULATION PRINCIPLES 173

Classical Design Procedures

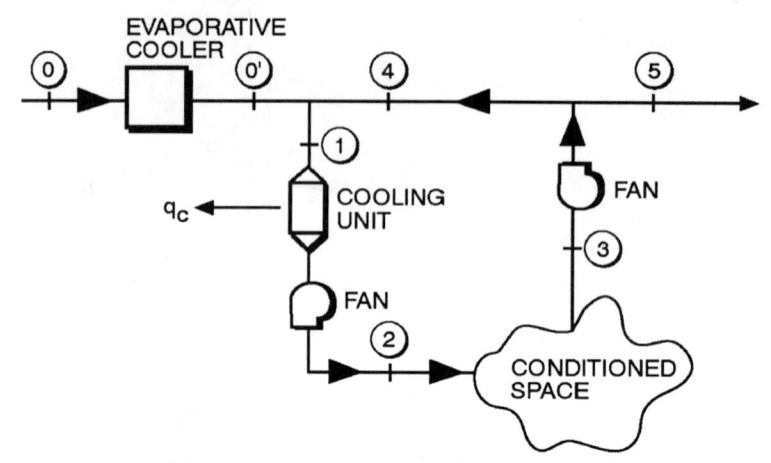

Figure 8.9 Combination evaporative and regular cooling system.

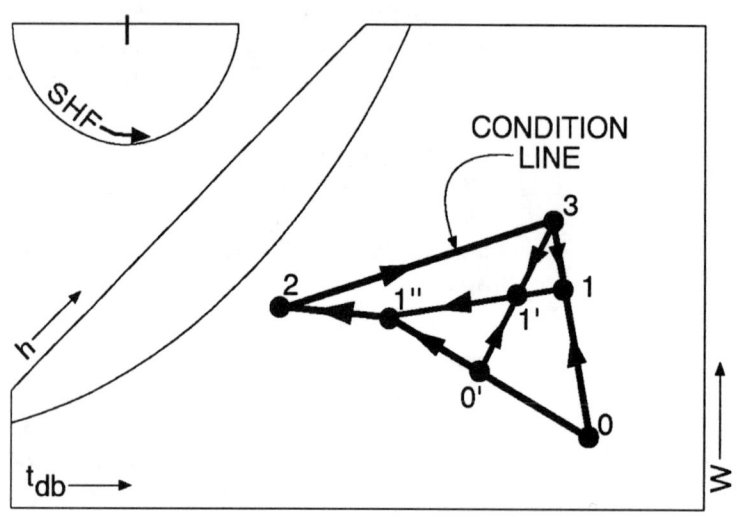

Figure 8.10 Psychrometric diagram of Figure 8.9.

ideally be evaporatively cooled all the way to State 1". This would require the least power for sensible cooling, but the air supplied to the space would be 100% outdoor air. It must be recognized that controlling the various processes above to achieve the desired results is difficult.

8.1.6 Space Heating

The contrasting problem of space air conditioning during the winter months may be solved in a manner similar to Example 8.1. Figure 8.11 is a schematic of a heating system.

It usually is necessary to use a preheat coil to heat the outdoor air to a temperature above the dew point of the air in the equipment room so that condensation will not form on the air ducts upstream of the regular heating coil. Figure 8.12 shows the psychrometric processes involved. The heating and humidification process 1-1'-2, where the air is first heated from 1 to 1' followed by an adiabatic humidification process from 1' to 2, is discussed in Appendix D.

8.1.7 All Outside Air

There are situations where acceptable indoor air quality will require that all the ventilation air be outdoor air. Such a system would resemble Figure 8.13. The psychrometric diagram could appear as shown in Figure 8.14. Outdoor air is cooled and

Air Systems, Loads, IAQ, and Psychrometrics

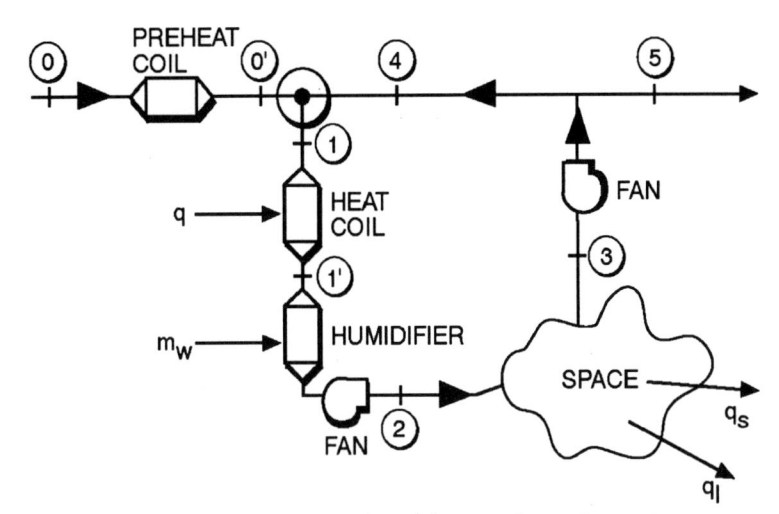

Figure 8.11 Heating system with preheat of outdoor air.

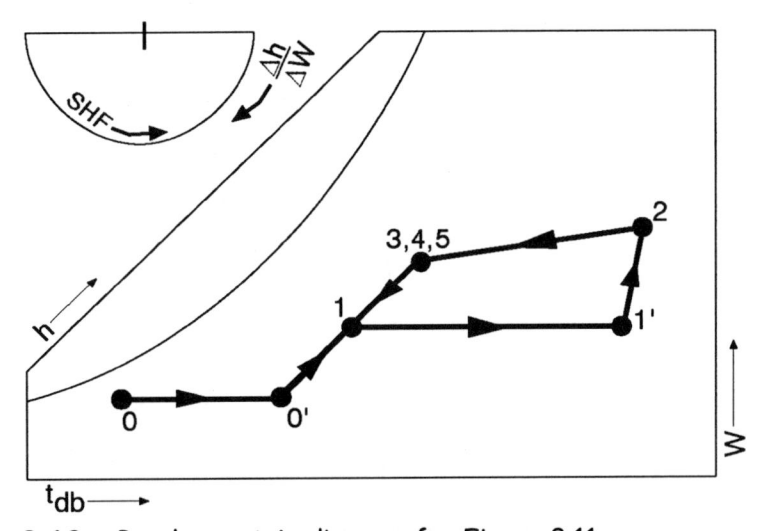

Figure 8.12 Psychrometric diagram for Figure 8.11.

dehumidified to State 1 when it enters the space, absorbs the cooling load, and is exhausted to the atmosphere. This system is analyzed in the same manner as Example 8.2 except there is no mixing of recirculated and outdoor air.

Example 8.5. A space has a total cooling load of 250,000 But/h. The sensible portion of the load is 200,000 But/h. The space condition is 78 °F db and 50% relative humidity, and outdoor conditions are 95 °F db and 75 °F wb with standard sea level pressure. Indoor air quality considerations require 12,000 cfm of outdoor air. Determine the amount of air to be supplied to the space, the condition of the supply air, and the coil specification.

Solution. The condition line is first constructed on ASHRAE psychrometric Chart 1 using the RSHF.

$$\text{RSHF} = \frac{200,000}{250,000} = 0.8$$

The condition line appears as process 1-2 in Figure 8.14 and the extension of the line to the left. Point 1 is not known yet. Point 2 is the given space condition. The quantity of outdoor air required is large and may be more than that required by the

LOAD CALCULATION PRINCIPLES

Classical Design Procedures

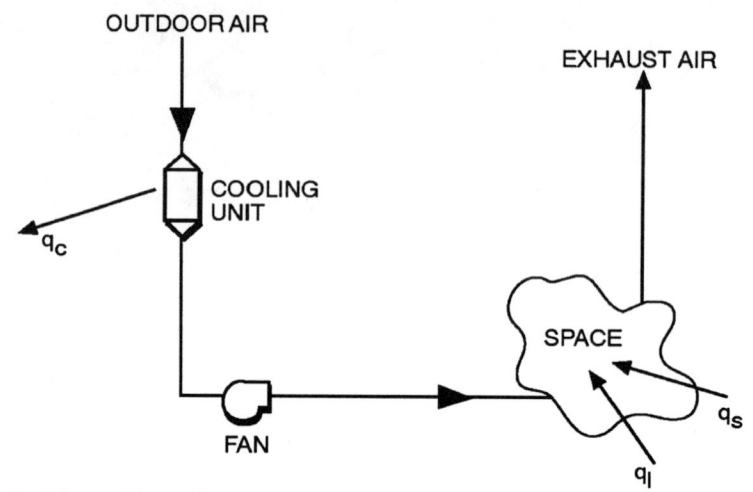

Figure 8.13 All outdoor air system.

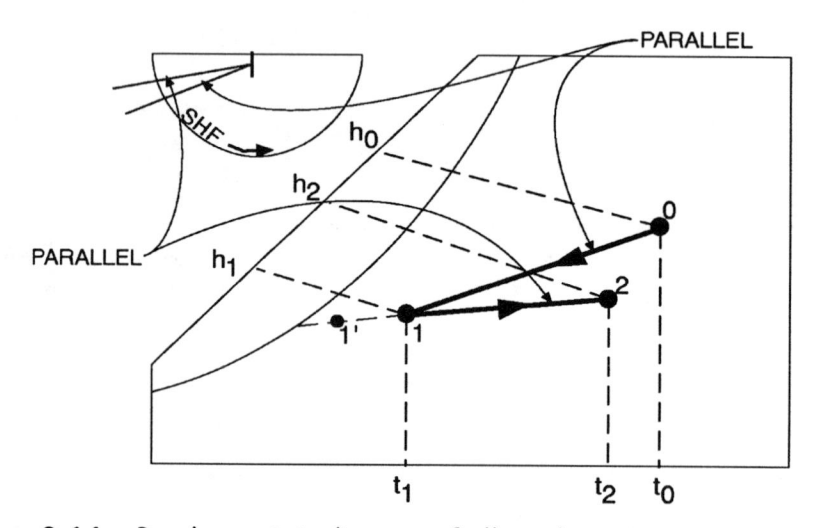

Figure 8.14 Psychrometric diagram of all outdoor air system.

cooling load. Therefore, check to see what minimum amount of supply air will satisfy the cooling load. Assuming that a practical coil will cool air to about 90% relative humidity, this is given by

$$q_s = 14.64(\text{cfm})(t_2 - t_1)/v_1' \tag{8.6b}$$

or

$$\text{cfm}_{min} = \frac{q_s v_1}{14.64(t_2 - t_{1'})} = \frac{200{,}000(13.2)}{14.64(78 - 57)} = 8{,}587$$

where the various properties are read from psychrometric Chart 1. Obviously, the required outdoor air is greater than that required by the load. Therefore, Point 1 in Figure 8.14 must be located to accommodate 12,000 cfm of outdoor air. Reconsider Equation 8.6b and solve for t_1.

$$t_1 = t_2 - \frac{q_s v_o}{14.64(\text{cfm})}$$

Air Systems, Loads, IAQ, and Psychrometrics

The specific volume v_o must be used because the amount of air to be supplied is based on 12,000 cfm at outdoor conditions, $v_o = 14.3$ ft^3/lba. Then,

$$t_1 = 78 - \frac{200{,}000(14.3)}{14.64(12{,}000)} = 61.7\ °F.$$

Now Point 1 can be located on psychrometric Chart 1 and the entering air condition noted as about 62°F db and 58°F wb. The volume flow rate of air at State 1 will be

$$\text{cfm}_1 = \text{cfm}_0(v_1/v_o) = 12{,}000(13.3/14.3) = 11{,}160.$$

A line is now drawn from the outdoor condition at Point 0 to Point 1, the entering air state. This line represents the coil cooling process and

$$q_c = 60(\text{cfm}_o)(h_o - h_1)/v_o \tag{8.7b}$$

$$q_c = \frac{60(12{,}000)}{14.3}(38.7 - 25.0) = 689{,}790\ \text{Btu/h}.$$

The use of all outdoor air more than doubles the refrigeration load compared to no outdoor air at all. Referring to psychrometric Chart 1, the CSHF = 0.58, and other operating parameters are:

Entering Air: 12,000 cfm
Standard sea level pressure
95°F db
75°F wb
Leaving Air: 62°F db
58°F wb

The coil sensible load could have been computed using Equation 8.6b and the total coil load then obtained using the CSHF.

8.2 Off-Design Conditions

The previous section treated the common space air-conditioning problem assuming that the system was operating steadily at the design condition. Actually, the space requires only a part of the designed capacity of the conditioning equipment most of the time. A control system functions to match the required cooling or heating of the space to the conditioning equipment by varying one or more system parameters. For example, the quantity of air circulated through the coil and to the space may be varied in proportion to the space load, as in the variable-air-volume (VAV) system. Another approach is to circulate a constant amount of air to the space, but some of the return air is diverted around the coil and mixed with air coming off the coil to obtain a supply air temperature that is proportional to the space load. This is known as a face and bypass system. Another possibility is to vary the coil surface temperature with respect to the required load by changing the amount of heating or cooling fluid entering the coil. This technique usually is used in conjunction with VAV and face and bypass systems.

Figure 8.15a illustrates what might occur when the load on a VAV system decreases. The solid lines represent a full-load design condition, whereas the broken lines illustrate a part-load condition where the amount of air circulated to the space and across the coil has decreased. Note that the state of the outdoor air 0' has changed and could be almost anyplace on the chart under part-load conditions. Due to the lower airflow rate through the coil, the air is cooled to a lower temperature and humidity. The room thermostat maintains the space temperature, but the humidity in

OFF-DESIGN CONDITIONS

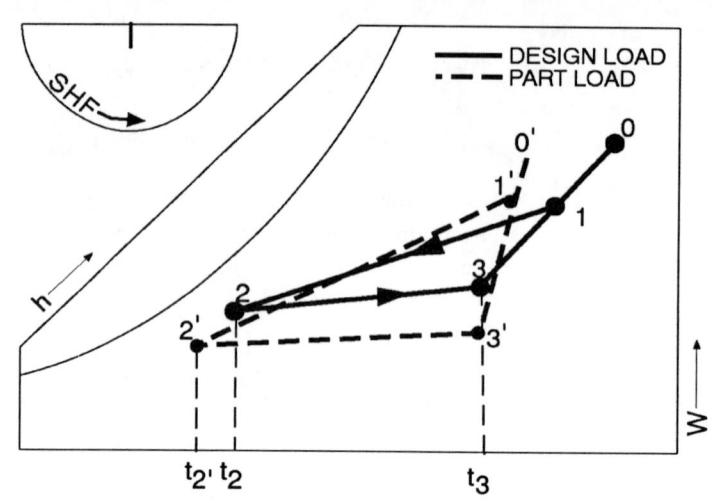

Figure 8.15a Processes for off-design VAV system operation.

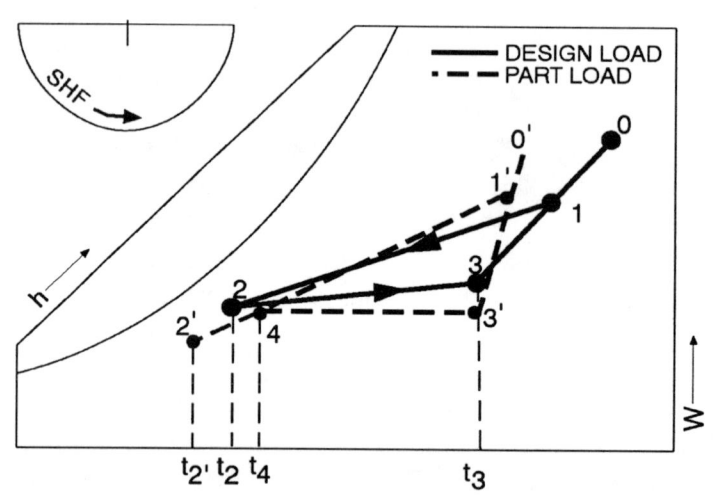

Figure 8.15b Processes for off-design face and bypass system operation.

the space may decrease. However, the process 2'-3' depends on the RSHF for the partial load. This explains why control of the water temperature or flow rate is desirable. Decreasing the water flow rate will cause Point 2' to move upward and to the right to a position where the room process curve may terminate nearer Point 3.

The behavior of a constant air volume, face and bypass system is shown in Figure 8.15b. The total design airflow rate is flowing at State 2, 3, and 3' but a lower flow rate occurs at State 2', leaving the coil. Air at States 2' and 1' is mixed downstream of the coil to obtain State 4. The total design flow rate and the enthalpy difference, $h_3' - h_4$, then match the space load. Note that the humidity at State 4 may be higher or lower than necessary, which makes State 3' vary from the design value. At very small space loads, Point 4 may be located very near State 1' on the condition line. In this case the humidity in the space may become high. This is a disadvantage of a multizone face and bypass system. Control of the coil water flow rate can help to correct this problem.

A constant air volume system with water flow rate control is shown in Figure 8.15c. In this case, both the temperature and humidity of the air leaving the coil usually increase and the room process curve 2'-3' may not terminate at State 3. In most

AIR SYSTEMS, LOADS, IAQ, AND PSYCHROMETRICS

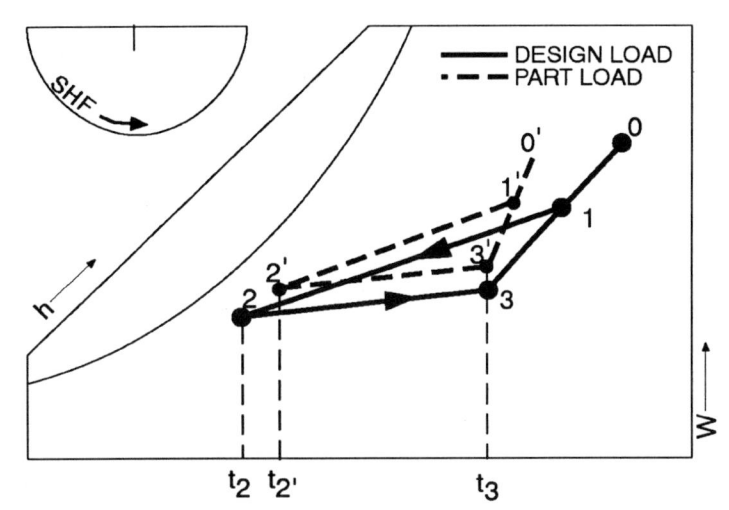

Figure 8.15c Processes for off-design variable water flow system operation.

cases State 3' will lie above State 3, causing an uncomfortable condition in the space. For this reason, water control alone usually is not used in commercial applications but is used in conjunction with VAV and face and bypass systems as discussed earlier. In fact, all water coils should have control of the water flow rate. This also is important to the operation of the water chiller and piping system. The following example illustrates the analysis of a VAV system with variable water flow.

Example 8.6 Variable-Air-Volume System. A variable-air-volume system operates as shown in Figure 8.16. The solid lines show the full-load design condition of 100 tons with a room SHF of 0.75. At the estimated minimum load of 15 tons with SHF of 0.9, the airflow rate is decreased to 20% of the design value and all outdoor air is shut off. Estimate the supply air and apparatus dew-point temperatures of the cooling coil for minimum load, assuming that State 3 does not change.

Solution. The solution is best carried out using psychrometric Chart 1, as shown in Figure 8.16. Because the outdoor air is off during the minimum load condition, the space condition and coil process lines will coincide as shown by line 3-2'-d'. This line

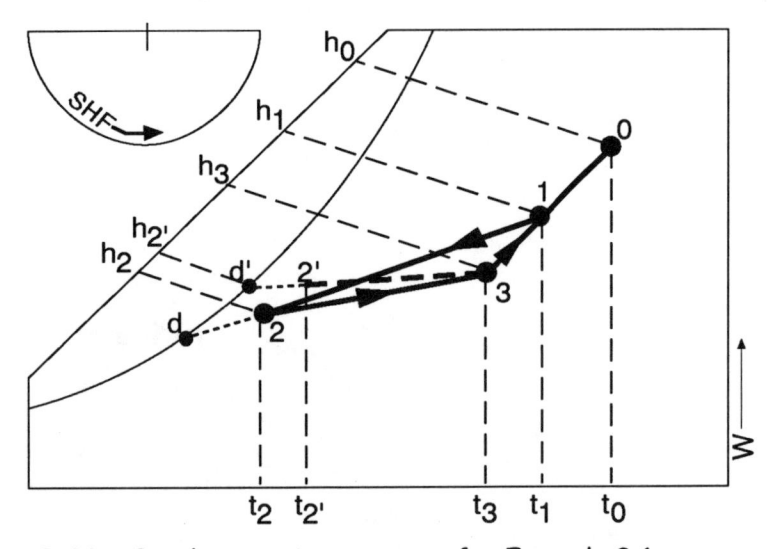

Figure 8.16 Psychrometric processes for Example 8.6.

LOAD CALCULATION PRINCIPLES

Off-Design Conditions

is constructed by using the protractor of psychrometric Chart 1 with an SHF of 0.9. The apparatus dew point is seen to be 56°F, compared with 51°F for the design condition. The airflow rate for the design condition is given by Equation 8.6b:

$$\text{cfm}_2 = \frac{q_s v_2}{14.64(t_3 - t_2)}$$

$$\text{cfm}_2 = \frac{100(12,000)(0.75)13.20}{14.64(78-56)} = 36,885$$

Then, the minimum volume flow rate is:

$$\text{cfm}_{min} = 0.2(36,885) = 7,377.$$

State Point 2' may then be determined by computing $t_{2'}$.

$$t_{2'} = t_3 - \frac{q_{s,min} v_{2'}}{14.64(\text{cfm}_{min})} = 78 - \frac{15(12,000)0.9(13.3)}{14.64(7,377)} = 58°F$$

where $v_{2'}$ is an estimated value.

Then from psychrometric Chart 1, at 62°F db and an SHF of 0.9, Point 2' is located. The coil water temperatures may be estimated from Equation 8.1a. The entering water temperature would be increased from about 48°F to about 55°F from the design to the minimum load condition.

8.2.1 Reheat System

Reheat was mentioned as a variation on the simple constant flow and VAV systems to obtain control under part-load conditions. As noted earlier, when the latent load is high, it may be impossible for a coil to cool the air to the desired condition. Figure 8.17 shows the psychrometric processes for a reheat system. After the air leaves the cooling coil at State 2, it is then heated to State 2' and enters the zone at State 2' to accommodate the load condition. A VAV reheat system operates similarly.

Example 8.7. Suppose a space is to be maintained at 78°F db and 65°F wb and requires air supplied at 60°F db and 55°F wb. The air entering the coil is at 85°F db and 70°F wb. Determine the quantity of air supplied to the space and the coil capacity and characteristics for a total space cooling load of 100,000 Btu/h.

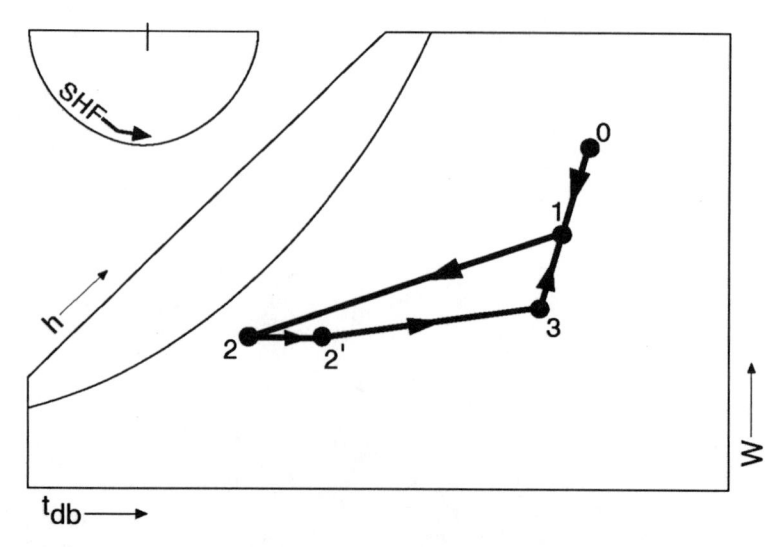

Figure 8.17 Simple constant flow system with reheat.

AIR SYSTEMS, LOADS, IAQ, AND PSYCHROMETRICS

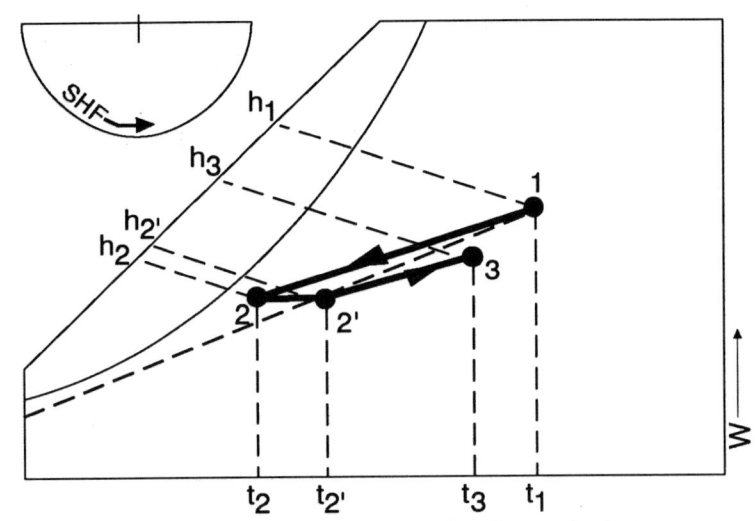

Figure 8.18 Psychrometric processes for Example 8.7.

Solution. The coil entering air condition State 1 and the room conditioning process 2'-3 are located on psychrometric Chart 1, Figure 8.18. Normally, a line would be drawn from Point 1 to Point 2' for the coil process; however, note that when this is done as shown by the dashed line, the line does not intersect the saturation curve. This indicates that the process 1-2' is either impossible or would require very cold water for the coil. Therefore, reheat is required. It would be reasonable for a coil to cool the air from Point 1 to Point 2 where $W_2' = W_2$ and $W_2 = 90\%$. The air could then be heated (reheat) to Point 2', the necessary supply condition. The coil would require water at about 45 °F to 46 °F. The required supply air to the space is given by

$$q_s = 14.64(\text{cfm})(t_3 - t_{2'})/v'_2. \tag{8.6b}$$

From psychrometric Chart 1, the RSHF is 0.64; then

$$\text{cfm}_2' = \frac{qv_{2'}(\text{RSHF})}{14.64(t_3 - t_{2'})} = \frac{100{,}000(13.25)0.64}{14.64(78 - 60)} = 3{,}218.$$

The coil capacity is

$$q_c = 60(\text{cfm}_1)(h_1 - h_2)/v_1 \tag{8.7b}$$

where $\text{cfm}_1 = \text{cfm}_2'(v_1/v_2')$.

$$q_c = 60(3{,}218)(34 - 21.6)/13.25 = 180{,}694 \, \text{Btu/h}$$

The volume flow rate of air entering the coil is from above,

$$\text{cfm}_1 = 3{,}218(14.0/13.25) = 3{,}400$$

with air entering at 85 °F db and 70 °F wb and air leaving at 54 °F db and 52 °F wb. The reheat coil has a capacity of

$$q_r = 14.64(\text{cfm}_2')(t_2' - t_2)/v_2'$$

$$= 14.64(3{,}218)(60 - 54)/13.25 = 21{,}334 \, \text{Btu/h}.$$

LOAD CALCULATION PRINCIPLES

OFF-DESIGN CONDITIONS

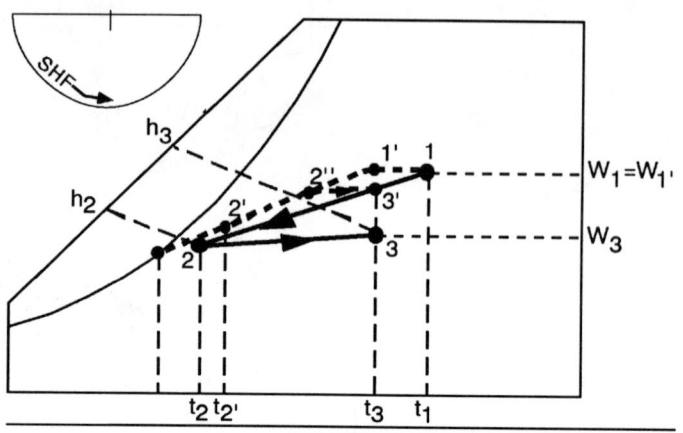

Figure 8.19 Psychrometric processes for Example 8.8.

8.2.2 COIL BYPASS SYSTEM

The following example relates to coil bypass control.

Example 8.8. A space is conditioned by a multizone unit using bypass control. The design operating condition for the space is shown in Figure 8.19 by processes 2-3 where t_3 is thermostatically controlled at 75°F db.

Consider a partial load condition where the space cooling load is one-third the design value with a RSHF of 0.9. Assume that the coil will operate with the same apparatus dew point as the design condition and the air will enter the coil at 75°F db with the same humidity ratio as the design condition. The air leaving the coil will have a relative humidity of about 90%. Find the space condition and the coil bypass ratio.

Solution. The design operating condition is shown in Figure 8.19. These processes and the partial load coil process 1'-2' are then drawn on ASHRAE psychrometric Chart 1. The partial load condition line 2" - 3' is not known at this point, but point 3' will lie on the 75°F db temperature line and Point 2" will lie on process line 1'-2'. The design load is given by

$$q = m_2(h_3 - h_2)$$

and the partial load is

$$q_o = m_2(h_3 - h_2)/3.$$

Also, the partial sensible load is given by

$$q_{so} = (\text{RSHF})q_o = m_2 c_p (t_{3'} - t_{2''}).$$

Then substituting for q_o and noting that $t_{3'} = t_3$,

$$t_{2''} = t_3 - \frac{(\text{RSHF})(h_3 - h_2)}{3c_p}$$

$$t_{2''} = 75 - \frac{0.9(28 - 21.8)}{3(0.244)} = 67.4°F \text{ db}$$

Process 2"-3' can now be drawn on psychrometric Chart 1. The space condition is given by Point 3' as 75°F db and 65°F wb with a relative humidity of 59%. Note that this may be an uncomfortable condition for occupants; however, there is no practical way to avoid this with bypass control. The bypass ratio is

Air Systems, Loads, IAQ, and Psychrometrics

$$BR = \frac{\text{Amount of air bypassed at State 1'}}{\text{Amount of air cooled to State 2'}}.$$

Because adiabatic mixing is occurring, the ratio is given by the length of the line segments from psychrometric Chart 1:

$$BR = \frac{\overline{2'-2''}}{\overline{2'-1'}} = 0.6$$

8.2.3 Dual-Duct System

The purpose of a dual-duct system is to adjust to highly variable conditions from zone to zone and to give accurate control. Figure 8.20 is a schematic of such a system showing one typical zone and Figure 8.21 shows the processes on psychrometric Chart 1. Part of the air is cooled to State 2 and part of the air is heated to State 3. A thermostat controls dampers in the terminal unit to mix the air at States 2 and 3 in the correct proportion, State 4, for supply to the zone. Process 4-5 is the condition line for the zone. The flow rates of the two airstreams also may vary as with regular VAV.

8.2.4 Economizer Cycle

The economizer cycle is a system used during part-load conditions when outdoor temperature and humidity are favorable to saving operating energy. One must be cautious in the application of such a system, however, if the desired space conditions are to be maintained. Once the cooling equipment, especially the coil, has been selected, there are limitations on the quantity and State of the outdoor air. The coil apparatus dew point can

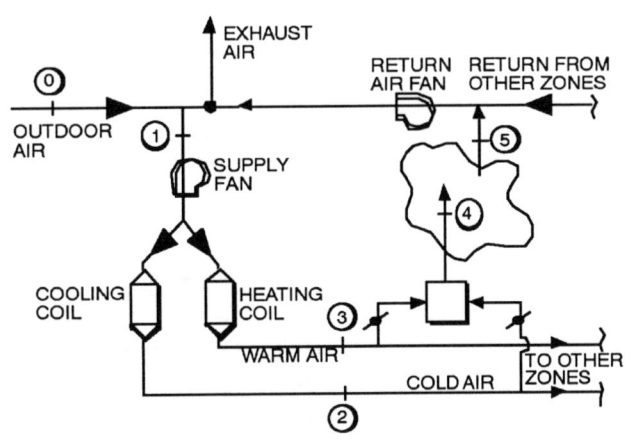

Figure 8.20 Schematic of dual-duct system.

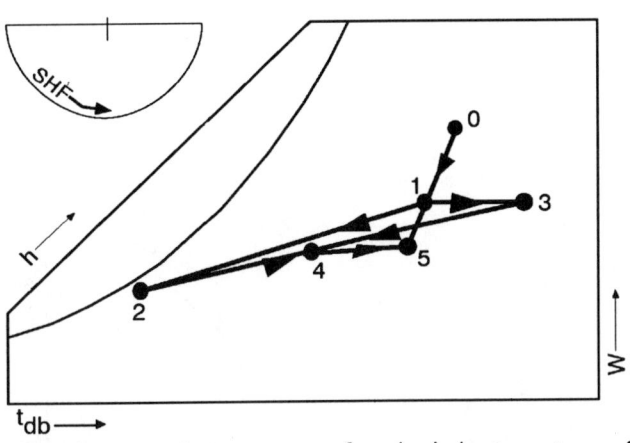

Figure 8.21 Psychrometric processes for dual-duct system of Figure 8.20.

OFF-DESIGN CONDITIONS

be used as a guide to avoid impossible situations. For example, a system is designed to operate as shown by the solid process lines in Figure 8.22. Assume that the condition line 2-3 does not change, but State 0 changes to State 0'. Theoretically a mixed State 1' located anyplace on the line 0'-3 could occur, but the air must be cooled and dehumidified to State 2. To do this the coil apparatus dew point must be reasonable. Values below about 48 °F are not economical to attain. Therefore, State 1' must be controlled to accommodate the coil. It can be seen in Figure 8.22 that moving State 1' closer to State 0' lowers the coil apparatus dew point rapidly and soon reaches the condition where the coil process line will not intersect the saturation curve, indicating an impossible condition. It is obvious in Figure 8.22 that less energy is required to cool the air from State 1' to 2 than from State 1 to 2. There are many other possibilities that must be analyzed on their own merits. Some may require more or less outdoor air, humidification, or reheat to reach State 2.

Table 8.1
National Primary Ambient Air Quality Standards for Outdoor Air as set by the U.S. Environmental Protection Agency

Contaminant	Long Term Concentration Averaging			Short Term Concentration Averaging		
	$\mu g/m^3$	ppm		$\mu g/m^3$	ppm	
Sulfur dioxide	80	0.03	1 year	365	0.14	24 h
Total particulate	75[a]	—	1 year	260	—	24 h
Carbon monoxide				40,000	35	1 h
Carbon monoxide				10,000	9	8 h
Oxidants (ozone)				235[b]	0.12[b]	1 h
Nitrogen dioxide	100	0.055	1 year			
Lead	1.5	—	3 months[c]			

[a] Arithmetic mean

[b] Standard is attained when expected number of days per calendar year with maximal hourly average concentrations above 0.12 ppm (235 $\mu g/m^3$) is equal to or less than 1. Refer to ASHRAE Standard 62.

[c] Three-month period is a calendar quarter.

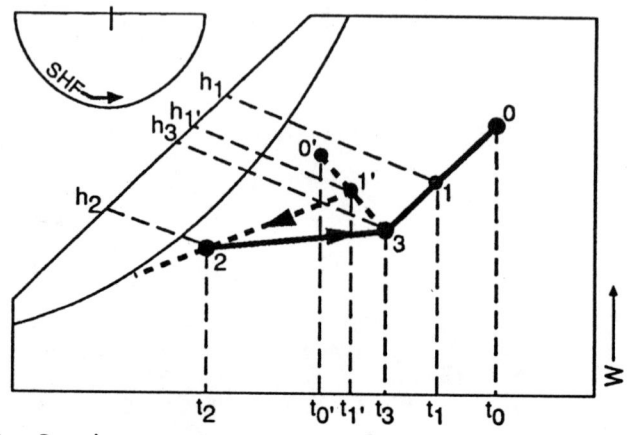

Figure 8.22 Psychrometric processes for economizer cycle.

AIR SYSTEMS, LOADS, IAQ, AND PSYCHROMETRICS

Table 8.2
Outdoor Air Requirements For Ventilation*
Commercial Facilities (offices, stores, shops, hotels, sports facilities)

Application	Estimated Maximum** Occupancy P/1000 ft² or 100 m²	Outdoor Air Requirements cfm/person	L/s·person	cfm/ft²	L/s·m²	Comments
Dry Cleaners, Laundries						Dry-cleaning processes may require more air.
Commercial laundry	10	25	13			
Commercial dry cleaner	30	30	15			
Storage, pick up	30	35	18			
Coin-operated laundries	20	15	8			
Coin-operated dry cleaner	20	15	8			
Food and Beverage Service						
Dining rooms	70	20	10			
Cafeteria, fast food	100	20	10			
Bars, cocktail lounges	100	30	15			Supplementary smoke-removal equipment may be required.
Kitchens (cooking)	20	15	8			Makeup air for hood exhaust may require more ventilating air. The sum of the outdoor air and transfer air of acceptable quality from adjacent spaces shall be sufficient to provide an exhaust rate of not less than 1.5 cfm/ft² (7.5 L/s·m²).
Garages, Repair, Service Stations						
Enclosed parking garage				1.50	7.5	Distribution among people must consider worker location and concentration of running engines; stands where engines are run must incorporate systems for positive engines exhaust withdrawal. Contaminant sensors may be used to control ventilation.
Auto repair rooms				1.50	7.5	
Hotels, Motels, Resorts, Dormitories				cfm/room	L/s·room	Independent of room size.
Bedrooms				30	15	
Living rooms				30	15	
Baths				35	18	Installed capacity for intermittent use.
Lobbies	30	15	8			
Conference rooms	50	20	10			
Assembly rooms	120	15	8			
Dormitory sleeping areas	20	15	8			See also food and beverage services, merchandising, barber and beauty shops, garages.
Gambling casinos	120	30	15			Supplementary smoke-removal equipment may be required.
Offices						
Office space	7	20	10			Some office equipment may require local exhaust.
Reception areas	60	15	8			
Telecommunication centers and data entry areas	60	20	10			
Conference rooms	50	20	10			Supplementary smoke-removal equipment may be required.
Public Spaces				cfm/ft²	L/s·m²	
Corridors and utilities				0.05	0.25	
Public restrooms, cfm/wc or cfm/urinal		50	25			Normally supplied by transfer air.
Locker and dressing rooms				0.5	2.5	Local mechanical exhaust with no recirculation recommended.
Smoking lounge	70	60	30			
Elevators				1.00	5.0	Normally supplied by transfer air.
Retail Stores, Sales Floors, and Show Room Floors						
Basement and street	30			0.30	1.50	
Upper floors	20			0.20	1.00	
Storage rooms	15			0.15	0.75	
Dressing rooms				0.20	1.00	
Malls and arcades	20			0.20	1.00	
Shipping and receiving	10			0.15	0.75	
Warehouses	5			0.05	0.25	
Smoking lounge	70	60	30			Normally supplied by transfer air, local mechanical exhaust; exhaust with no recirculation recommended.
Specialty Shops						
Barber	25	15	8			
Beauty	25	25	13			
Reducing salons	20	15	8			
Florists	8	15	8			Ventilation to optimize plant growth may dictate requirements.
Clothiers, furniture				0.30	1.50	

LOAD CALCULATION PRINCIPLES

OFF-DESIGN CONDITIONS

Table 8.2 (Continued)
Outdoor Air Requirements For Ventilation*
Commercial Facilities (offices, stores, shops, hotels, sports facilities)

Application	Estimated Maximum** Occupancy P/1000 ft² or 100 m²	cfm/ person	L/s· person	cfm/ft²	L/s·m²	Comments
Hardware, drugs, fabric	8	15	8			
Supermarkets	8	15	8			
Pet shops				1.00	5.00	
Sports and Amusement						
Spectator areas	150	15	8			When internal combustion engines are operated for maintenance of playing surfaces, increased ventilation rates may be required.
Game rooms	70	25	13			
Ice arenas (playing areas)				0.50	2.50	
Swimming pools (pool and deck area)				0.50	2.50	Higher values may be required for humidity control.
Playing floors (gymnasium)	30	20	10			
Ballrooms and discos	100	25	13			
Bowling alleys (seating areas)	70	25	13			
Theaters						Special ventilation will be needed to eliminate special stage effects (e.g., dry ice vapors, mists, etc.)
Ticket booths	60	20	10			
Lobbies	150	20	10			
Auditorium	150	15	8			
Stages, studios	70	15	8			
Transportation						Ventilation within vehicles may require special considerations.
Waiting rooms	100	15	8			
Platforms	100	15	8			
Vehicles	150	15	8			
Workrooms						
Meat processing	10	15	8			Spaces maintained at low temperatures (−10°F to +50°F, or −23°C to +10°C) are not covered by these requirements unless the occupancy is continuous. Ventilation from adjoining spaces is permissible. When the occupancy is intermittent, infiltration will normally exceed the ventilation requirement. (See Reference 18).
Photo studios	10	15	8			
Darkrooms	10			0.50	2.50	
Pharmacy	20	15	8			
Bank vaults	5	15	8			
Duplicating, printing				0.50	2.50	Installed equipment must incorporate positive exhaust and control (as required) of undesirable contaminants (toxic or otherwise).
2.2 INSTITUTIONAL FACILITIES						
Education						
Classroom	50	15	8			
Laboratories	30	20	10			Special contaminant control systems may be required for processes or functions including laboratory animal occupancy.
Training shop	30	20	10			
Music rooms	50	15	8			
Libraries	20	15	8			
Locker rooms				0.50	2.50	
Corridors				0.10	0.50	
Auditoriums	150	15	8			
Smoking lounges	70	60	30			Normally supplied by transfer air. Local mechanical exhaust with no recirculation recommended.
Hospitals, Nursing and Convalescent Homes						
Patient rooms	10	25	13			Special requirements or codes and pressure relationships may determine minimum ventilation rates and filter efficiency. Procedures generating contaminants may require higher rates.
Medical procedure	20	15	8			
Operating rooms	20	30	15			
Recovery and ICU	20	15	8			
Autopsy rooms				0.50	2.50	Air shall not be recirculated into other spaces.
Physical therapy	20	15	8			
Correctional Facilities						
Cells	20	20	10			
Dining halls	100	15	8			
Guard stations	40	15	8			

* Table 8.2 prescribes supply rates of acceptable outdoor air required for acceptable indoor air quality. These values have been chosen to control CO_2 and other contaminants with an adequate margin of safety and to account for health variations among people, varied activity levels, and a moderate amount of smoking. Rationale of CO_2 control is presented in Appendix D.
** Net occupiable space.

Chapter Nine
Heating Load Calculations

9.1 HEATING LOAD USING THE HB PROCEDURE

The heat balance procedure software supplied with this manual can be used to calculate the heating load, as well as the cooling load. The usual assumptions applied to a heating load calculation are:
1. No solar input.
2. No internal gains.
3. Constant indoor and outdoor temperatures.

With the software, the solar input can be shut off by specifying a zero clearness on the zone data form as shown in Table 9.1.1. Only the first seven hours are shown since the values are constant.

Table 9.1.1
Zone Data Form

Zone Data	Units	
Latitude	Degrees	40.0
Longitude	Degrees	88.0
Time zone	Numeric	6
Month	Numeric	7
Day	Numeric	21
Zone north axis	Degrees	0.0
Zone height (for Vol.)	ft	10.00
Wind speed	ft/s	11
wind direction	Degrees from N	0.0
Barometric pressure	psi	14.50
Terrain	1 - 5	2
Clearness		0
Rain flag		0
Snow flag		0
Ground reflectivity		0.2
Building altitude	ft	0

The inside and outside conditions are specified as shown in Table 9.1.2. Note that the infiltration should be specified so that it is included as a heat loss in this case. The system calculations are meaningless for the heating case, so system input is immaterial.

The heating calculation is shown as the HB Sensible Cooling Load in the last line of Table 9.2.1. All hours are the same, so only the left-hand side of the form is pictured here. Note that since the main purpose of the heat balance procedure is to calculate cooling loads, the heating load is negative. The sur-

Classical Heat Loss Calculations

Table 9.1.2
HB Temperature and Control Sheet with Heating Load Conditions

Local Time		100	200	300	400	500	600	700
Outside Conditions								
Outside Air Dry-Bulb Temperature	°F	−20.0	−20.0	−20.0	−20.0	−20.0	−20.0	−20.0
Outside Air Wet-Bulb Temperature	°F	−20.0	−20.0	−20.0	−20.0	−20.0	−20.0	−20.0
Ground (bottom of floor)	°F	32.0	32.0	32.0	32.0	32.0	32.0	32.0
Special Outside Boundary Temperature	°F	45.0	45.0	45.0	45.0	45.0	45.0	45.0
Inside Conditions								
Zone Air Temperature	°F	70.	70.	70.	70.	70.	70.	70.
People	Number	.00	.00	.00	.00	.00	.00	.00
Lights	W/ft^2	.00	.00	.00	.00	.00	.00	.00
Electrical Equipment	W/ft^2	.00	.00	.00	.00	.00	.00	.00
Infiltration	ACH	.25	.25	.25	.25	.25	.25	.25
System Conditions								
Deck Temperature	°F	110.	110.	110.	110.	110.	110.	110.
Ventilation Air	ACH	1.00	1.00	1.00	1.00	1.00	1.00	1.00

Table 9.2.1
Heating Calculations Results

Hour ->	100	200	300	400
Solar Time	102	202	302	402
HB Sensible Cool Load (Btu/h)	−1.86E+04	−1.86E+04	−1.86E+04	−1.86E+04

face saving shortcuts of Section 3.9 also can be used for the heating calculation to make extra surfaces available.

9.2 Classical Heat Loss Calculations

Prior to the design of the heating system an estimate must be made of the maximum probable heat loss from each room or space to be heated. There are three kinds of heat losses: (1) the heat transmitted through the walls, ceiling, floor, glass, or other surfaces, (2) the heat required to warm outdoor air entering the space, and (3) heat needed to warm or thaw significant quantities of materials brought into the space.

The actual heat loss problem is transient because the outdoor temperature, wind velocity, and sunlight are constantly changing. During the coldest months, however, sustained periods of very cold, cloudy, and stormy weather with relatively small variation in outdoor temperature may occur. In this situation heat loss from the space will be relatively constant and, in the absence of internal heat gains, will peak during the early morning hours. Therefore, for design purposes, the heat loss usually is estimated based on steady-state heat transfer for some reasonable design temperature. Transient analyses often are used to study the actual energy requirements of a structure in simulation studies. In such cases, solar effects and internal heat gains are taken into account.

Heating Load Calculations

The practice of temperature setback has become relatively common to save on heating energy costs. This control strategy causes a transient that may have an effect on the peak heating load and comfort of the occupants. Such calculation should be done using the heat balance procedure of Section 9.1.

The general procedure for calculation of design heat losses of a structure follows:

1. Select the outdoor design conditions: temperature, humidity, and wind direction and speed (Chapter 5).
2. Select the indoor design conditions to be maintained (Chapter 5).
3. Estimate the temperature in any adjacent unheated spaces.
4. Select the transmission coefficients (Chapter 4) and compute the heat losses for walls, floors, ceilings, windows, doors, and floor slabs.
5. Compute the heat load due to infiltration and any other outdoor air introduced directly to the space (Chapter 6).
6. Sum the losses due to transmission and infiltration.

9.2.1 Outdoor Design Conditions

The ideal heating system would provide enough heat to match the heat loss from the structure. However, weather conditions vary considerably from year to year, and heating systems designed for the worst weather conditions on record would have a great excess of capacity most of the time. The failure of a system to maintain design conditions during brief periods of severe weather usually is not critical. However, close regulation of indoor temperature may be critical for some occupancies or industrial processes. Design temperature data are given in Chapter 5 with discussion of the application of these data. Generally, it is recommended that the 99% temperature values given in column five of Tables 5.1, 5.2, and 5.3 be used. However, caution should be exercised and local conditions always investigated. In some locations, outdoor temperatures are commonly much lower and wind velocities higher than tabulated in Chapter 5.

9.2.3 Indoor Design Conditions

The main purpose of the heating system is to maintain indoor conditions that make most of the occupants comfortable. It should be kept in mind, however, that the purpose of heating load calculations is to obtain data for sizing the heating system components. In many cases, the system will rarely be called upon to operate at the design conditions. Therefore, the use and occupancy of the space is a general consideration from the design temperature point of view. Later, when the energy requirements of the building are computed, the actual conditions in the space and outdoor environment, including internal heat gains, must be considered.

The indoor design temperature should be selected at the lower end of the acceptable temperature range so that the heating equipment will not be oversized. Even properly sized equipment operates under partial load, at reduced efficiency, most of the time; therefore, any oversizing aggravates this condition and lowers the overall system efficiency. A maximum design dry-bulb temperature of 70°F is recommended for most occupancies. The indoor design value of relative humidity should be compatible with a healthful environment and the thermal and moisture integrity of the building envelope. A maximum relative humidity of 30% is recommended for most situations.

9.2.4 Calculation of Heat Losses

Transmission

The heat transferred through walls, ceiling, roof, window glass, floors, and doors is all sensible heat transfer, referred to as *transmission heat loss* and computed from

$$q = UA(t_i - t_o) \tag{9.1}$$

Classical Heat Loss Calculations

where

U = overall heat transfer coefficient or U-factor, Btu/(h·ft²·°F);
A = surface area, normal to heat flow, ft²;
t_i = inside design temperature, °F;
t_o = outdoor design temperature, °F.

A separate calculation is made for each different surface in all rooms of the structure.

The heat loss through below-grade walls and floors is given by

$$q = UA(t_i - t_g) \qquad (9.2)$$

where

t_g = ground surface temperature.

The heat loss from floor slabs and walls less than 3 ft below grade, requires a slightly different relation:

$$q = U'P(t_i - t_o) \qquad (9.3)$$

where

U' = overall transfer coefficient based on slab perimeter, Btu/(h·ft·°F);
P = slab perimeter, ft;

and the temperatures are as defined in Equation 9.1.

9.2.5 Infiltration

All structures have some air leakage or infiltration. This means a heat loss because the cold, dry outdoor air must be heated to the inside design temperature and moisture must be added to increase the humidity to the design value.

Procedures for estimating the infiltration rate are discussed in Chapter 6. The sensible heating load is given by

$$q_s = 60(\text{cfm}/v)c_p(t_i - t_o) \qquad (9.4)$$

where

cfm = volume flow rate of the infiltrating air, ft³/min;
c_p = specific heat capacity of the air, Btu/(lbm·°F);
v = specific volume of the infiltrating air, ft³/lbm.

Assuming standard air conditions, Equation 9.4 may be written as

$$q_s = 1.08(\text{cfm})(t_i - t_o) . \qquad (9.4a)$$

The specific volume in Equation 9.4 depends on local conditions. It may be approximated from

$$v = (RT)/P \qquad (9.4b)$$

where

R = gas constant, ft·lb$_f$/(lb$_m$·R);
T = absolute temperature (t_i + 460), R;
P = local barometric pressure, lb$_f$/ft².

The infiltrating air also introduces a latent heating load given by

$$q_l = 60(\text{cfm}/v)(W_i - W_o)Dh \qquad (9.5)$$

Heating Load Calculations

where

W_i = humidity ratio for the inside space air, lb_w/lb_a;

W_o = humidity ratio for the outdoor air, lb_w/lb_a;

D_h = change in enthalpy to convert 1 lb_w from vapor to liquid, Btu/lb_w.

For standard air and nominal indoor comfort conditions, the latent load may be expressed as

$$q_l = 4840(\text{cfm})(W_i - W_o). \tag{9.5a}$$

The specific volume in Equation 9.5 may be computed for different local conditions as discussed above.

9.2.6 Heat Losses in the Air Distribution System

The losses of a duct system must be considered when the ducts are not in the conditioned space. Proper insulation will reduce these losses but cannot completely eliminate them. The loss may be estimated using the following relation:

$$q = UA_s Dt_m \tag{9.6}$$

where

U = overall heat transfer coefficient, $Btu/(h \cdot ft^2 \cdot {}^\circ F)$;

A_s = outside surface area of the duct, ft^2;

Dt_m = mean temperature difference between the air in the duct and the environment, $°F$.

When the duct is covered with 1 in. or 2 in. of insulation having a reflective covering, the heat loss usually will be reduced sufficiently to assume that the mean temperature difference is equal to the difference in temperature between the supply air temperature and the environmental temperature. Unusually long ducts should not be treated in this manner, and a mean air temperature should be used instead.

It is common practice to estimate heat loss or gain to air ducts by simply assuming a small percentage of the sensible load. For well-insulated ducts, a 2% to 5% loss would be reasonable.

It should be noted that heat loss from the supply air ducts represents a load on the space, while heat loss from the return air ducts represents a load on the heating equipment.

9.2.7 Auxiliary Heat Sources

The heat energy supplied by people, lights, motors, and machinery should always be estimated, but any actual allowance for these heat sources requires careful consideration. People may not occupy certain spaces in the evenings, on weekends, and during other periods, and these spaces generally must be heated to a reasonably comfortable temperature prior to occupancy. Therefore, it is customary to ignore internal heat gain in the heating load calculation. Heat sources in industrial plants, if available during occupancy, should be substituted for part of the heating requirement. In fact, there are situations where so much heat energy is available that outdoor air must be used to prevent overheating of the space. However, sufficient heating equipment must still be provided to prevent freezing or other damage during periods when a facility is shut down.

Chapter Ten
Mathematical Description of the Methods

10.1 A Framework for the Heat Balance Procedures

In order to apply the heat balance procedures to calculating cooling loads, it is necessary to develop a suitable framework for the heat transfer processes involved. This takes the form of a general thermal zone to whose surfaces and air mass the heat balance can be applied. A thermal zone is defined as an air volume at a uniform temperature plus all the heat transfer and heat storage surfaces bounding or inside of that air volume. It is primarily a thermal, not a geometric concept, and can consist of a single room, a number of rooms, or even an entire building. Generally, it parallels the HVAC system concept of the region, which is controlled by a single thermostat. Note particularly, however, that such things as furniture are considered part of the thermal zone.

The heat balance procedure for load calculations needs to be flexible enough to accommodate a variety of geometric arrangements, but the procedure also requires that a complete thermal zone be described. Because of the interactions between elements, it is not possible to build up the zone behavior from a component-by-component analysis. To provide the necessary flexibility, a generalized 12-surface zone can be used as a basis. This zone consists of four walls, a roof or ceiling, a floor, a thermal mass surface. Each of the walls and the roof can include a window (or skylight in the case of the roof). This makes a total of 12 surfaces, any of which may have zero area if it is not present in the zone to be modeled. Such a zone is shown schematically in Figure 10.1.

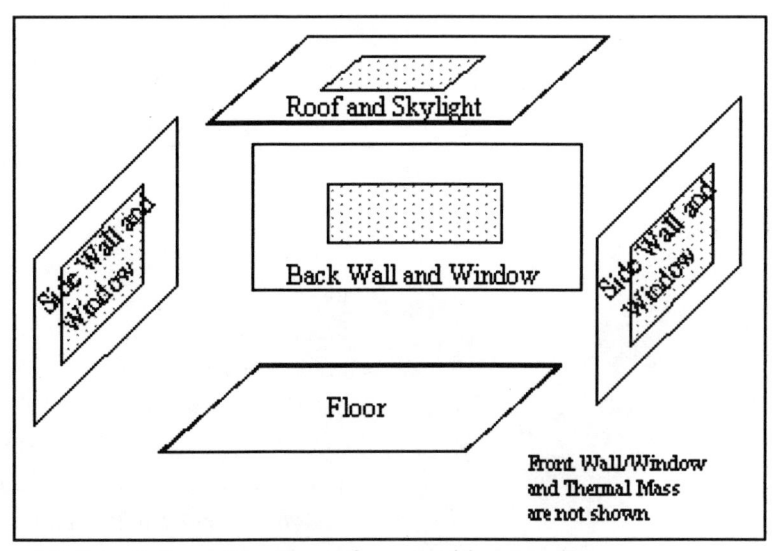

Figure 10.1 Schematic view of general heat balance zone.

IMPLEMENTING THE HEAT BALANCE PROCEDURE

The 12-surface thermal zone model used in cooling load calculations requires that complex geometries be reduced to their essential thermal characteristics. These are:

1. The equivalent area and approximate orientation of each surface.
2. The construction of each surface.
3. The environmental conditions on both sides of each surface.

The 12-surface model captures these essentials without needlessly complicating the procedure. These surfaces provide the connections between the outside, inside, and zone air heat balances and constitute the minimum general set of surfaces that will accommodate a full heat balance calculation.

When using heat-balance-based procedures to calculate cooling loads for various building configurations and conditions, it is helpful to think in terms of the basic zone model and the three zone heat balances. The examples in the following sections show how the basic 12-surface zone model can be applied to a wide range of circumstances.

10.2 Implementing the Heat Balance Procedure

10.2.1 The Heat Balance Equations

The heat balance processes for the general thermal zone are formulated for a 24-hour steady periodic condition. The primary variables in the heat balance for the general zone are the 12 inside face temperatures and the 12 outside face temperatures at each of the 24 hours as described in Chapter 2. The first subscript, i, is assigned as the surface index and the second subscript, j, as the hour index, or, in the case of conductive transfer functions (CTFs), the sequence index. Then, the primary variables are:

$T_{so,i,j}$ = outside face temperature, $i = 1,2,...12; j = 1,2,...24$.

$T_{si,i,j}$ = inside face temperature, $i = 1,2,...12; j = 1,2,...24$.

In addition, we have the variable q_{sysj} = Cooling load, $j = 1,2...24$.

Equations 2.1 and 2.3 are combined and solved for T_{so} to produce 12 equations applicable in each time step:

$$T_{so_{i,j}} = \frac{\sum_{k=1}^{nz} T_{si_{i,j-k}} Y_{i,k} - \sum_{k=1}^{nz} T_{so_{i,j-k}} X_{i,k} - \sum_{k=1}^{nq} \Phi_{i,k} q''_{ko_{i,j-k}}}{X_{i,0} + h_{co_{i,j}}} + \frac{q''_{asol_{i,j}} + q''_{LWR_{i,j}} + T_{si_{i,j}} Y_{i,0} + T_{o_j} h_{co_{i,j}}}{X_{i,0} + h_{co_{i,j}}} \quad (10.1)$$

where

$Y_{i,k}$ = cross CTF, $k = 0,1,...nz$,
$X_{i,k}$ = inside CTF, $k = 0,1,...nz$,
$F_{i,k}$ = flux CTF, $k = 1,2,...nq$,
T_{si} = inside face temperature,
T_{so} = outside face temperature,
q''_{ko} = conductive heat flux (q/A) into the wall,
q''_{asol} = absorbed direct and diffuse solar (short wavelength) radiant heat flux,
q''_{lwr} = net long wavelength (thermal) radiant flux exchange with the air and surroundings,
q''_{conv} = convective flux exchange with outside air.

MATHEMATICAL DESCRIPTION OF THE METHODS

Also, h_{co} is the outside convection coefficient, introduced by using Equation 2.5.

This equation shows the need for separating the first term of the CTF series, $Z_{i,0}$, since in that way the contribution of the current surface temperature to the conduction flux can be collected with the other terms involving that temperature. McClellan (1997) presents alternative equations for the outside temperature depending on the outside heat transfer model that is chosen.

Equations 2.2 and 2.4 are combined and solved for T_{si} to produce the next 12 equations for the inside surface temperatures:

$$T_{si_{i,j}} = \frac{T_{so_{i,j}} Y_{i,0} - \sum_{k=1}^{nz} T_{so_{i,j-k}} Y_{i,k} - \sum_{k=1}^{nq} T_{si_{i,j-k}} Z_{ik} + \sum_{k=1}^{nq} \Phi_{i,k} q''_{ki_{i,j-k}}}{Z_{i,0} + h_{ci_{i,j}}} + \frac{T_{a_j} h_{ci_j} + q''_{LWS} + q''_{LWX} + q''_{SW} + q''_{sol}}{Z_{i,0} + h_{ci_{i,j}}} \quad (10.2)$$

where

$Y_{i,k}$ = cross CTF for surface i, $k = 0,1,...nz$,
$Z_{i,k}$ = inside CTF for surface i, $k = 0,1,...nz$,
$F_{i,k}$ = flux CTF for surface i, $k = 1,2,...nq$,
T_{si} = inside face temperature,
T_{so} = outside face temperature,
T_a = zone air temperature,
h_{ci} = convective heat transfer coefficient on the inside, obtained from Equation 2.5.

Other heat flux terms are defined in section 2.3.

Note that in Equations 10.1 and 10.2, the opposite surface temperature at the current time appears on the right-hand side. The two equations could be solved simultaneously to eliminate those variables. Depending on the order of updating the other terms in the equations, this can have a beneficial effect on the solution stability.

The remaining equation comes from the air heat balance, Equation 10.3. This provides the cooling load q_{sys} at each time step:

$$q_{sys} = q_{ce} + q_{IV} + q_{conv} \quad (10.3)$$

where

q_{CE} = convective part of internal loads,
q_{IV} = sensible load due to infiltration and ventilation air,
q_{sys} = heat transfer to/from the HVAC system,
q_{conv} = convected heat transfer from zone surfaces = $\sum_{i=1}^{12} A_i h_{c,i}(T_{s,i} - T_a)$

10.2.2 Overall HB Iterative Solution Procedure

The iterative heat balance procedure is quite simple. It consists of a series of initial calculations that proceed sequentially followed by a double iteration loop. This is shown in the following procedure:

1. Initialize areas, properties, and face temperatures for all surfaces, 24 hours.
2. Calculate incident and transmitted solar flux for all surfaces and hours.
3. Distribute transmitted solar energy to all inside faces, 24 hours.
4. Calculate internal load quantities for all 24 hours.
5. Distribute longwave (LW), shortwave (SW), and convective energy from internal loads to all surfaces for all hours.

Fundamentals of The RTS Method

6. Calculate infiltration and ventilation loads for all hours.
7. Iterate the heat balance according to the following pseudo-code scheme:

   For Day = 1 to Maxdays {Repeat day for convergence}
     For j = 1 to 24 {hours of the day}
       For SurfaceIter = 1 to MaxSurfIter
         For i = 1 to 12 {surfaces}
           Evaluate Equations 10.1 and 10.2
         Next i
       Next SurfaceIter
       Evaluate Equation 10.3
     Next j
     If not converged, Next Day

8. Display results

It has been found that about four surface iterations (MaxSurfIter) are sufficient to provide convergence. The convergence check on the day iteration is based on the difference between the inside and the outside conductive heat flux terms, q_k.

10.3 Fundamentals of The RTS Method

The fundamentals of the radiant time series method (RTS) method are, in fact, provided by the heat balance. The RTS method is "married" to the heat balance in the sense that the heat balance is required to produce the coefficients of the radiant time series for a given zone construction, internal load distribution, and set of inside sur-

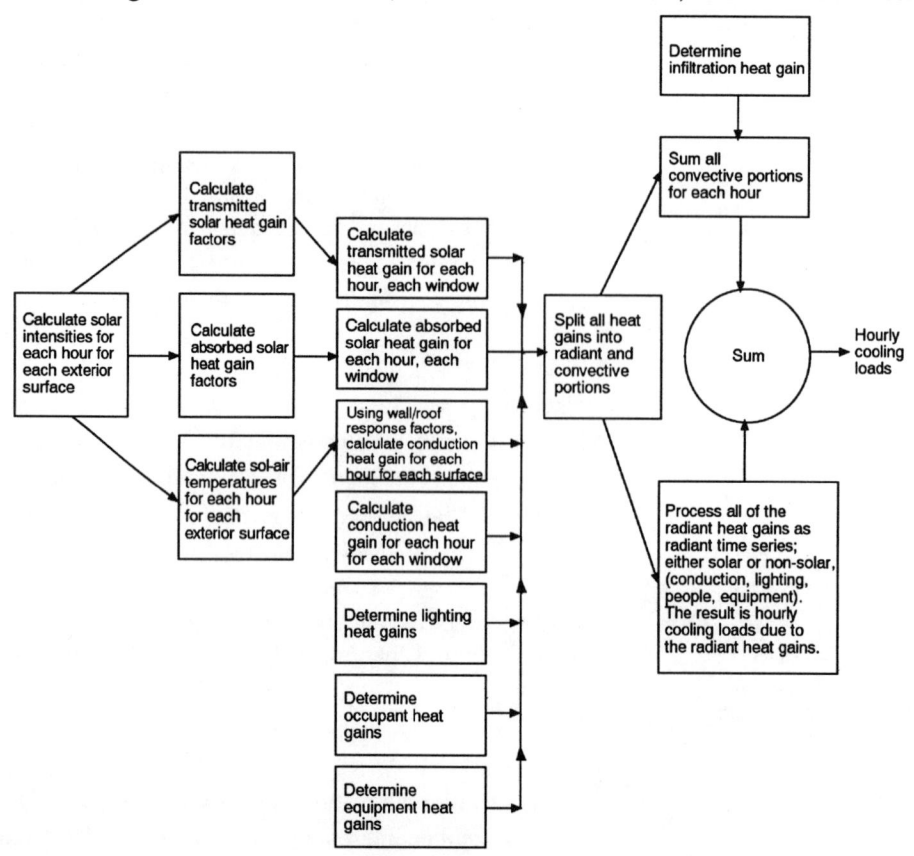

Figure 10.2   Overview of the radiant time series method.

face film coefficients. The method is shown schematically in Figure 10.2 and the details of method are described in the following sections.

10.3.1 Computation of Conductive Heat Gains

Conductive heat gain is calculated for each wall and roof type with the use of 24 response factors. The response factor formulation gives a time series solution to the transient, one-dimensional conductive heat transfer problem. For any hour, q, the conductive heat gain for the surface, q_q, is given by the summation of the response factors multiplied by the temperature difference across the surface, as shown in Equation 10.4.

$$q_\theta = A \sum_{j=0}^{23} Y_{Pj}(t_{e,\theta-j\delta} - t_{rc}) \tag{10.4}$$

where

q_q = hourly conductive heat gain, Btu/h (W), for the surface;
A = surface area, ft² (m²);
Y_{Pj} = jth response factor;
$t_{e,q\text{-}jd}$ = sol-air temperature, °F (°C), j hours ago;
t_{rc} = presumed constant room air temperature, °F (°C).

10.3.2 Computation of Convective Heat Gains

The instantaneous cooling load is defined as the rate at which heat energy is convected to the zone air at a given point in time. The computation of convective heat gains is complicated by the radiant exchange between surfaces, furniture, partitions, and other mass in the zone. Radiative heat transfer introduces to the process a time dependency that is not easily quantified. Heat balance procedures calculate the radiant exchange between surfaces based on their surface temperatures and emissivities but typically rely on estimated "radiative-convective splits" to determine the contribution of internal heat sinks and sources to the radiant exchange. The radiant time series procedure simplifies the heat balance procedure by arbitrarily splitting the conductive heat gain into radiative and convective portions (along with lights, occupants, and equipment) instead of simultaneously solving for the instantaneous convection and radiative heat transfer from each surface. Table 10.1 contains provisional recommendations for splitting each of the heat gain components.

According to the radiant time series procedure, once each heat gain is split into radiative and convective portions, the heat gains can be converted to cooling loads. The radiative portion is absorbed by the thermal mass in the zone and then convected into the space. This process creates a time lag and dampening effect. The convective portion, on the other hand, is assumed to instantly become cooling load and, therefore, only needs to be summed to find its contribution to the hourly cooling load. The method for converting the radiative portion to cooling loads is discussed in the next sections.

10.3.3 Conversion of Radiative Heat Gains into Cooling Loads

The radiant time series method converts the radiant portion of hourly heat gains to hourly cooling loads using radiant time factors, the coefficients of the radiant time series. Like response factors, radiant time factors calculate the cooling load for the current hour on the basis of current and past heat gains. The radiant time series for a particular zone gives the time-dependent response of the zone to a single steady periodic pulse of radiant energy. The series shows the portion of the radiant pulse that is convected to the zone air for each hour. Thus, r_0 represents the fraction of the radiant pulse convected to the zone air in the current hour, r_1 in the last hour, and so on. The

Fundamentals of the RTS Method

Table 10.1
Recommended Radiative-Convective Splits for Heat Gains

Heat Gain Type	Recommended Radiative Fraction	Recommended Convective Fraction	Comments
Occupants	0.7	0.3	Rudoy and Duran (1975)
Lighting			York and Cappielo (1981) pp. II.83-84
Suspended fluorescent-unvented	0.67	0.33	
Recessed fluorescent, vented to return air	0.59	0.41	
Recessed fluorescent, vented to supply and return air	0.19	0.81	
Incandescent	0.71	0.29	
Equipment	0.2-0.8	0.8-0.2	ASHRAE TC 4.1 has ongoing research aimed at evaluating the radiative/convective split for various types of equipment typically found in offices, hospitals, etc. In the meantime, use higher values of radiative fraction for equipment with higher surface temperatures. Use lower values of radiative fraction for fan-cooled equipment, e.g., computers.
Conductive heat gain through walls	0.63	0.37	The values presented here are based on standard ASHRAE surface conductances for vertical walls with horizontal heat flow and $\varepsilon=0.9$ and for ceilings with heat flow downward and $\varepsilon=0.9$. The computer program used to generate radiant time factors may also be used to generate better estimates of the radiative/convective split for walls and roofs.
Conductive heat gain through roofs	0.84	0.16	
Transmitted solar radiation	1	0	
Absorbed (by fenestration) solar radiation	0.63	0.37	Same approximation as for conductive heat gain through walls.

radiant time series thus generated is used to convert the radiant portion of hourly heat gains to hourly cooling loads according to Equation 10.5.

$$Q_\theta = r_0 q_\theta + r_1 q_{\theta-\delta} + r_2 q_{\theta-2\delta} + r_3 q_{\theta-3\delta} + \cdots r_{23} q_{\theta-23\delta} \tag{10.5}$$

where

Q_q = cooling load (Q) for the current hour (q),

q_q = heat gain for the current hour,

$q_{q\text{-}n\delta}$ = heat gain n hours ago,

$r_0, r_1,$ etc. = radiant time factors.

Radiant time factors are most conveniently generated by a heat balance-based procedure. A separate series of radiant time factors is required for each unique zone and for each unique radiant energy distribution function. Two different series of radi-

Mathematical Description of the Methods

ant time factors are utilized—one for transmitted solar heat gain (radiant energy assumed to be distributed to the floor only) and one for all other types of heat gains (assumed to be uniformly distributed on all internal surfaces). Section 10.5 discusses the procedure for generating radiant time factors.

Because the heat gains are all known at this stage of the analysis, the cooling loads can all be calculated explicitly, eliminating the need for an iterative solution.

10.4 Procedure for Generating Wall and Roof Response Factors

In order to use the methodology described above to compute conductive heat gain for walls and roofs, a set of response factors is needed for each wall and roof that is used in the building of interest. Like the radiant time series, it is most convenient to calculate response factors directly from the heat balance. There are a number of ways to generate the response factors; the method described here uses a conventional method (Hittle and Bishop 1983) to calculate a set of 120 response factors for a single pulse. (The large set of response factors originally were developed for energy analysis, where, using a weather tape, each day is different from the one before.) The response factor set for a single pulse can be reduced to a set of 24 response factors that are appropriate for a steady periodic input. These will be called periodic response factors. The starting point for developing the periodic response factors for the conduction component of heat gain is the traditional response factor representation for the heat conduction through a wall:

$$q''_\theta = -\sum_{j=0}^{n} Z_j T_{i,t-j\delta} + \sum_{j=0}^{n} Y_j T_{o,t-j\delta} \tag{10.6}$$

where

q''_θ = heat flux at the inside surface of the wall at the current hour,

n = large number dependent on the construction of the wall,

Z_i, Y_j = response factors,

$T_{i,t-j\delta}$ = inside surface temperature j hours ago,

$T_{o,t-j\delta}$ = outside surface temperature j hours ago.

If the boundary conditions are steady periodic with a 24-hour period, it is useful to rearrange the summations as follows:

$$q''_\theta = -\sum_{j=0}^{23} Z_j T_{i,t-j\delta} + \sum_{j=0}^{23} Y_j T_{o,t-j\delta} - \sum_{j=24}^{47} Z_j T_{i,t-j\delta} + \sum_{j=24}^{47} Y_j T_{o,t-j\delta}$$
$$- \sum_{j=48}^{63} Z_j T_{i,t-j\delta} + \sum_{j=48}^{63} Y_j T_{o,i-j\delta} + \cdots \tag{10.7}$$

If the first term of the Z summations is separated from the rest, one obtains

$$q''_\theta = -Z_0 T_{i,t} - \sum_{j=1}^{23} Z_j T_{i,t-j\delta} + \sum_{j=0}^{23} Y_j T_{o,t-j\delta} - Z_{24} T_{i,t-24} - \sum_{j=25}^{47} Z_j T_{i,t-j\delta}$$
$$+ \sum_{j=24}^{47} Y_j T_{o,t-j\delta}. \tag{10.8}$$

Procedure for Generating Radiant Time Factors from Heat Balance

For a steady periodic forcing function, the temperatures $T_{i,t}$, $T_{i,t-24}$, $T_{i,t-48}$, etc., are all the same. The coefficients of these temperatures can be combined to give a new set of periodic response factors (Z_{pj} and Y_{pj}):

$$Y_{p1} = Y_0 + Y_{24} + Y_{48} + \ldots \tag{10.9}$$

Similarly,

$$Y_{p2} = Y_1 + Y_{25} + Y_{49} + \ldots \tag{10.10}$$

and so on.

Thus, for the special case of a steady periodic forcing function, the generally large number of response factors can be replaced by 24 periodic response factors, and the heat flux can be expressed in terms of periodic response factors as

$$q''_\theta = -\sum_{j=0}^{23} Z_{Pj} T_{i,t-j\delta} + \sum_{j=0}^{23} Y_{Pj} T_{o,t-j\delta} \tag{10.11}$$

where the wall heat gain coefficients are designated to be either inside coefficients (z) or cross-coefficients (y) depending on the temperature by which they are multiplied.

Furthermore, the inside temperature usually is assumed constant for calculating design loads, and the sum of the Y_{Pj} coefficients is equal to the sum of the Z_{Pj} coefficients, so that Equation 10.11 can be rewritten as

$$q_\theta = A \sum_{j=0}^{23} Y_{Pj}(t_{e,\theta-j\delta} - t_{rc}). \tag{10.12}$$

By way of example, consider a specific wall, in this case made up of outside surface resistance, 4 in. (100 mm) face brick, 1 in. (25 mm) insulation, 4 in. (100 mm) lightweight concrete block, drywall (20 mm), and inside surface resistance. This wall is the Type 10 wall, described in Table 18, Chapter 28, of the *1997 ASHRAE Handbook—Fundamentals* (ASHRAE 1997).

A large set of response factors are computed using the method described by Hittle and Bishop (1983) and are given in Table 10.2.

Using the procedure described above, a set of 24 periodic response factors are developed and given in Table 10.3 and shown graphically in Figure 10.3.

10.5 Procedure for Generating Radiant Time Factors from Heat Balance

One of the goals of this research project was to develop a simplified method that was based directly on the heat balance procedure. A procedure analogous to the periodic response factor development demonstrates that a series of 24 radiant time factors completely describes the zone response to a steady periodic input. The 24 RTS coefficients can be generated by subjecting the thermal zone to a radiant pulse and capturing the resultant cooling load.

In order to use the heat balance procedure to generate radiant time factors, the following procedure is used.

1. A zone description consisting of geometric information, construction information, etc., is provided by the user.
2. The walls are specified as "partitions," heat storage surfaces that do not interact with the outside environment.
3. The model is pulsed with a 100% radiant unit periodic heat gain pulse at

MATHEMATICAL DESCRIPTION OF THE METHODS

Table 10.2
Traditional Response Factors for Wall Type 10

j	Y_j	j	Y_j	j	Y_j	j	Y_j	j	Y_j
0	7.0561E-06	24	2.2210E-04	48	9.8843E-07	72	4.2703E-09	96	1.8437E-11
1	1.3174E-04	25	1.7784E-04	49	7.8787E-07	73	3.4035E-09	97	1.4695E-11
2	1.4033E-03	26	1.4230E-04	50	6.2800E-07	74	2.7127E-09	98	1.1712E-11
3	3.7668E-03	27	1.1380E-04	51	5.0056E-07	75	2.1620E-09	99	9.3348E-12
4	5.5041E-03	28	9.0955E-05	52	3.9898E-07	76	1.7232E-09	100	7.4400E-12
5	6.2266E-03	29	7.2668E-05	53	3.1801E-07	77	1.3734E-09	101	5.9298E-12
6	6.2340E-03	30	5.8037E-05	54	2.5347E-07	78	1.0946E-09	102	4.7262E-12
7	5.8354E-03	31	4.6337E-05	55	2.0203E-07	79	8.7245E-10	103	3.7668E-12
8	5.2401E-03	32	3.6986E-05	56	1.6103E-07	80	6.9536E-10	104	3.0022E-12
9	4.5768E-03	33	2.9516E-05	57	1.2834E-07	81	5.5421E-10	105	2.3928E-12
10	3.9197E-03	34	2.3550E-05	58	1.0229E-07	82	4.4172E-10	106	1.9071E-12
11	3.3088E-03	35	1.8787E-05	59	8.1533E-08	83	3.5206E-10	107	1.5200E-12
12	2.7626E-03	36	1.4985E-05	60	6.4984E-08	84	2.8060E-10	108	1.2115E-12
13	2.2871E-03	37	1.1951E-05	61	5.1794E-08	85	2.2364E-10	109	9.6557E-13
14	1.8807E-03	38	9.5309E-06	62	4.1281E-08	86	1.7825E-10	110	7.6958E-13
15	1.5383E-03	39	7.6000E-06	63	3.2902E-08	87	1.4206E-10	111	6.1337E-13
16	1.2528E-03	40	6.0598E-06	64	2.6224E-08	88	1.1323E-10	112	4.8887E-13
17	1.0166E-03	41	4.8315E-06	65	2.0901E-08	89	9.0245E-11	113	3.8963E-13
18	8.2259E-04	42	3.8519E-06	66	1.6659E-08	90	7.1927E-11	114	3.1055E-13
19	6.6399E-04	43	3.0708E-06	67	1.3277E-08	91	5.7327E-11	115	2.4751E-13
20	5.3490E-04	44	2.4480E-06	68	1.0582E-08	92	4.5691E-11	116	1.9727E-13
21	4.3019E-04	45	1.9515E-06	69	8.4343E-09	93	3.6416E-11	117	1.5723E-13
22	3.4549E-04	46	1.5556E-06	70	6.7223E-09	94	2.9024E-11	118	1.2531E-13
23	2.7715E-04	47	1.2400E-06	71	5.3578E-09	95	2.3133E-11	119	9.9877E-14

hour 1. The pulse is distributed over all the interior surfaces uniformly, that is, the radiant flux is treated as uniform over the interior. The resulting cooling loads are the radiant time factors that will be applied to the radiative portions of all internal heat gains, except transmitted solar heat gain. This is equivalent to assuming that all the radiation from these internal heat gains is absorbed uniformly by all interior surfaces, This is, of course, an approximation, but one that is difficult to improve upon.

4. The model is again pulsed with a 100% radiant unit periodic heat gain pulse at hour 1. This pulse represents transmitted solar heat gain. In this case, it is distributed nonuniformly. At present, it is all distributed onto the floor, but this assumption may be refined later. The resulting cooling loads are the radiant time factors that will be applied to the transmitted solar heat gain.

IMPLEMENTING THE RTS METHOD

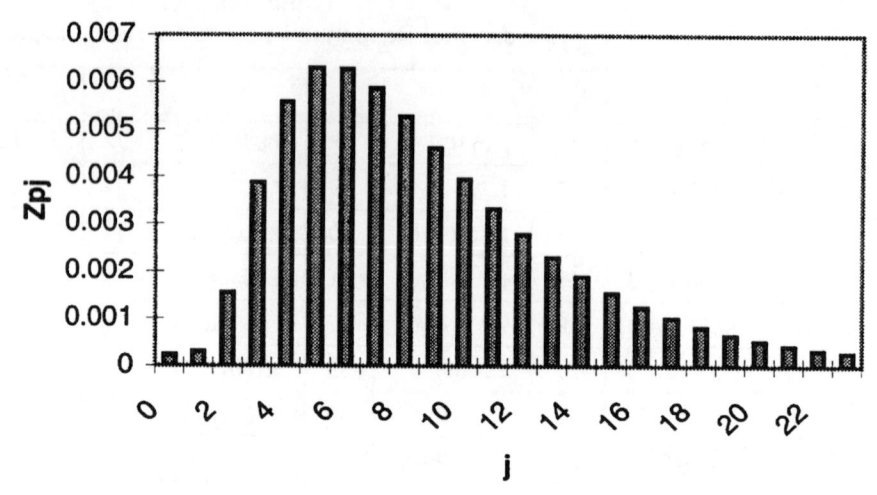

Figure 10.3 Periodic response factors for Type 10 wall.

10.6 IMPLEMENTING THE RTS METHOD

Prior to implementing the RTS method two sets of response factors (walls and roofs), two sets of radiant time series (internal loads and solar), sol-air temperatures, and solar heat gains must be calculated. This information is used in the computational procedure described in the following section. Assumptions and refinements to the procedure are discussed below.

Table 10.3
Periodic Response Factors for Type 10 Wall

j	Y_{Pj}	j	Y_{Pj}
0	2.3015E-04	12	2.7777E-03
1	3.1037E-04	13	2.2991E-03
2	1.5463E-03	14	1.8903E-03
3	3.8811E-03	15	1.5459E-03
4	5.5954E-03	16	1.2589E-03
5	6.2995E-03	17	1.0215E-03
6	6.2923E-03	18	8.2646E-04
7	5.8819E-03	19	6.6708E-04
8	5.2773E-03	20	5.3736E-04
9	4.6064E-03	21	4.3215E-04
10	3.9433E-03	22	3.4705E-04
11	3.3276E-03	23	2.7839E-04

10.6.1 COMPUTATIONAL PROCEDURE

The computational procedure that was described in Section 3 can be summarized as follows:

1. Calculate hourly conductive heat gains using response factors.
2. Split hourly conductive heat gains into radiative and convective portions.
3. Calculate hourly solar heat gains using the standard ASHRAE procedure (McQuiston and Spitler 1992).

Mathematical Description of the Methods

For each exterior wall
   For each hour in the day
      For each of the 24 wall response factors
     Calculate fractional heat gains:
         (Wall Area) * (ResponseFactor)*(Sol-air Temp – Zone Temp)
     Next Response Factor with previous Sol-air Temp
   Sum fractional heat gains to obtain hourly heat gain for wall
Sum wall heat gains to obtain total heat gain from walls
Split total wall heat gain into convective and radiative portions

Illustration 10.1 Calculating hourly exterior wall heat gain.

---

4. Sum hourly internal heat gains into radiative and convective portions
5. Convert radiative portion of internal heat gains to hourly cooling loads using radiant time factors.
6. Convert solar heat gains to hourly cooling loads using radiant time factors.
7. Sum convective portion of conductive and internal heat gains with hourly cooling load from radiative portions and solar heat gains.

10.6.2 Calculate and Split Hourly Conductive Heat Gains

Hourly conductive heat gains are calculated for each exterior wall and roof according to Equation 1. Wall and roof response factors are used in conjunction with hourly sol-air temperatures. Illustration 10.1 shows the algorithm in pseudo-code.

Each response factor multiplied by the appropriate sol-air-zone temperature difference represents a fractional conductive heat gain for the hour. The total hourly heat gain for the surface is obtained by summing the fractional heat gains.

The total conductive heat gain is split into radiative and convective portions according to Table 10.1. The radiative portion of the conductive heat gain is included with the internal heat gains and converted to hourly cooling loads by the radiant time series. The convective portion is added directly to the cooling load.

10.6.3 Convert Internal and Solar Heat Gains to Hourly Cooling Loads

Hourly solar heat gains and heat gains from internal sources are calculated according to established procedures. The radiant time series (internal gains and solar) account for the distribution function used to apply the radiant energy to the zone surfaces. The internal heat gain radiant time series is based on a uniform distribution; the solar radiant time series is based on distribution to the floor only. Diffuse solar energy should, therefore, be included with internal heat gains and the radiative portion of conductive heat gain. The solar radiant time series should be applied to absorbed beam energy only.

Heat gains are converted to cooling loads according to Equation 10.2. Illustrations 10.2 and 10.3 show each of the 24 radiant time factors multiplied by the appropriate hourly heat gain to give a fractional cooling load for each hour. The fractional cooling loads are summed to give a total hourly cooling load due to solar and internal heat gains.

10.6.4 Sum Hourly Cooling Load Components

The final step in the procedure is the summation of all convective portions of the hourly heat gains with the radiative portions converted by means of the radiant time series to hourly cooling loads. Illustration 10.4 shows the final calculation in the procedure.

Implementing the RTS Method

For each hour in the day
   For each of the 24 Radiant Time Factors
   Calculate fractional cooling load:
      Solar Radiant Time Factor * (Hourly Solar Heat Gain)
   Next Radiant Time Factor with previous solar heat gain
      Sum fractional cooling load to obtain hourly cooling load due to internal heat gains and the radiative portion of conduction

Illustration 10.2 Applying radiant time series to solar heat gains.

For each hour in the day
   For each of the 24 Radiant Time Factors
   Calculate fractional cooling load:
      Radiant Time Factor * (Radiant Portion of Internal and Conductive Heat Gains + Diffuse Solar Heat gain)
   Next Radiant Time Factor with previous heat gain

      Sum fractional cooling load to obtain hourly cooling load due to internal heat gains and the radiative portion of conduction

Illustration 10.3 Applying radiant time series to internal heat gains.

For each hour in the day
   Sum all contributions to cooling load
      Convective portion of internal heat gains
      + Convective portion of conductive heat gains
      + Beam solar heat gains converted to cooling load
      + Internal, Radiative, Conductive, and Diffuse Solar heat gains converted to cooling load

      Sum fractional cooling load to obtain hourly cooling load due to internal heat gains and the radiative portion of conduction

Illustration 10.4 Summation of all cooling load contributions.

10.6.5 Modeling Considerations

The full implementation of the radiant time series method can vary significantly depending upon the models selected for the calculation of sol air temperatures, solar heat gains, and internal heat gain distribution. Both detailed and simplified models are available for calculation of sol-air temperatures and solar heat gains. Ongoing ASHRAE-sponsored research (RP-822) will provide improved data for determining convective/radiative splits from internal sources.

10.6.6 Calculating Sol-Air Temperatures

Sol-air temperatures may either be calculated directly from a heat balance procedure or calculated using the simplified equation presented in the *1997 Handbook—Fundamentals* (ASHRAE 1997). The simplified formulation includes an estimated longwave correction term that is solved for directly in the heat balance procedure.

Mathematical Description of the Methods

Sol-air temperature formulations are strongly dependent on the selection of exterior convective heat transfer coefficients. Available outside convection models are described in detail by McClellan and Pedersen (1997).

10.6.7 Solar and Fenestration Models

Solar and fenestration models also vary widely both in complexity and required inputs. Modern window systems with suspended films and reflective coatings require detailed models such as those provided in the *Window 4.1* program (Aresteh et al. 1993).

10.6.8 Splitting Heat Gains

Currently, conductive and internal heat gains are arbitrarily split into convective and radiative portions. The heat balance procedure can be used to approximate the radiative portion of conductive heat gains for various surface constructions and interior convection models. As previously stated, the radiative portion of internal heat gains must be empirically determined.

References

Arasteh, D., E.U. Finlayson, and C. Huizenga. 1993. *Window 4.1: A PC program for analyzing window thermal performance in accordance with standard NFRC procedures.* LBL Report 35298, Lawrence Berkeley National Laboratory, Berkeley, Calif.

ASHRAE. 1997. *ASHRAE Handbook—Fundamentals.* Atlanta: American Society of Heating, Refrigerating and Air-Conditioning Engineers, Inc.

ASHRAE. 1992. *Cooling and Heating Load Calculation Manual,* 2d ed.

Hittle, D.C. 1979. Calculating building heating and cooling loads using the frequency response of multilayered slabs. Ph.D. thesis, University of Illinois at Urbana-Champaign.

Hittle, D.C., and R. Bishop. 1983. An improved roof-finding procedure for use in calculating transient best flow through multilayered slabs. *Int. J of heat and Mass Transfer* 26(11): 1685-1693.

Liesen, R.J., and C.O. Pedersen. 1997. An evaluation of inside surface heat balance models for cooling load calculations. *ASHRAE Transactions* 103(2): 485-502.

McClellan, T.M., and C.O. Pedersen. 1997. Investigation of outside heat balance models for use in a heat balance cooling load calculation procedure. *ASHRAE Transactions* 103(2): 469-484.

Pedersen, C.O., D.E. Fisher, R.J. Liesen. 1997. Development of a heat balance based procedure for calculating cooling loads. *ASHRAE Transactions* 103(2): 459-468.

Pedersen, C.O., D.E. Fisher, and J.D. Spitler. 1997. The radiant time series cooling load calculation procedure. *ASHRAE Transactions* 103(2): 503-515.

Wilkins, C.K., and N. McGaffin. 1994. Measuring computer equipment loads in office buildings. *ASHRAE Journal* 36(8): 21-24.

Appendix A
Using the Load Calculation Software

HBCalcIP.exe is an interface to the calculation engine that was developed to allow relatively easy trials of the new heat balance procedure and the new radiant time series (RTS) procedure. It provides a subset of the possible input to the FORTRAN program (HBFORT) that performs the procedures. The interface consists of a series of data input/output forms that transfer the data and call the FORTRAN program. The forms are explained in the following paragraphs.

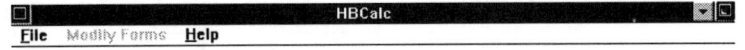

Figure A1a Initial screen.

A.1 First Sheet

When HBCalc.exe starts, the screen shown in Figure A1a appears. The menu line has two items darkened. The first step is to open an existing input file using the file menu.

A.2 Modify Forms Menu

When an input file has been read into the interface, the Modify Forms menu item will darken, and if it is selected, the image as shown in Figure A2 will appear. Each of the lines in the window represents an interface form. As the forms are accessed, a check mark appears next to the name in the window. Each of the forms will be discussed in the sections that follow.

A.3 Outside Conditions Form

The Outside Conditions Form is shown in Figure A3. This form allows the specification of the outside dry-bulb and wet-bulb temperatures, the ground temperature, and the special outside boundary condition for each of the 24 hours of

OUTSIDE CONDITIONS FORM

Figure A1b   Initial screen with file menu displayed.

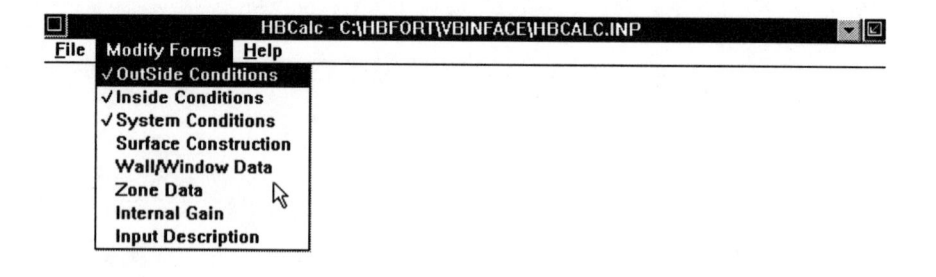

Figure A2   Modify Forms menu.

the design day. The values can be changed by selecting boxes individually and typing in new values. It also is possible to extend the same value over several boxes by double clicking on a box (a vertical arrow will appear) and dragging across adjacent boxes.

The "restore" button is used to reset the values on the form to those it contained when the form was initially opened. The "done" button is used to write changed values to the input file.

USING THE LOAD CALCULATION SOFTWARE

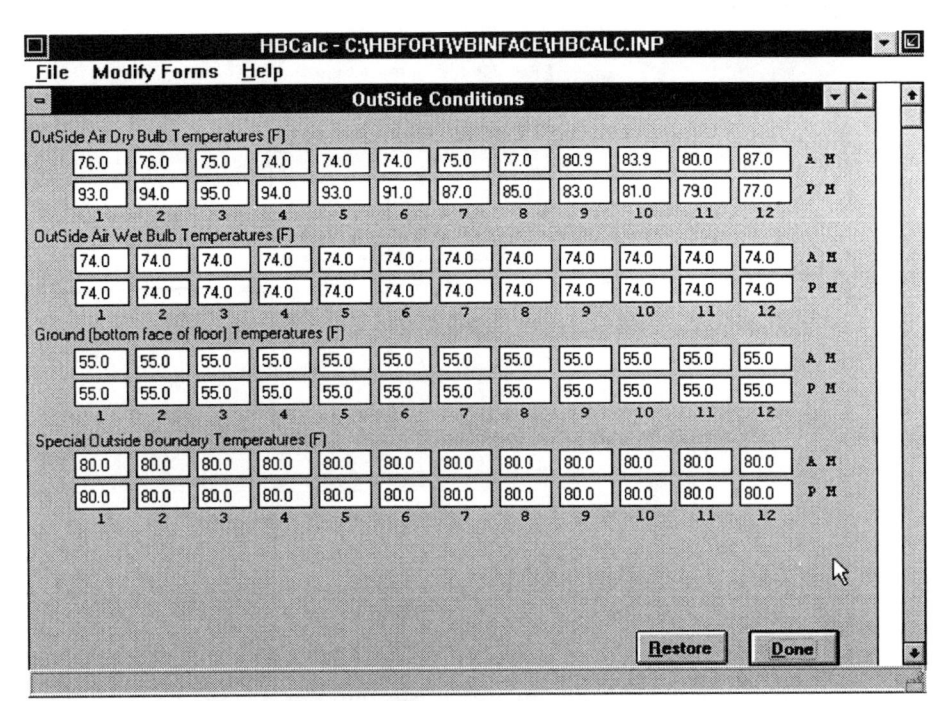

Figure A3 Outside Conditions Form.

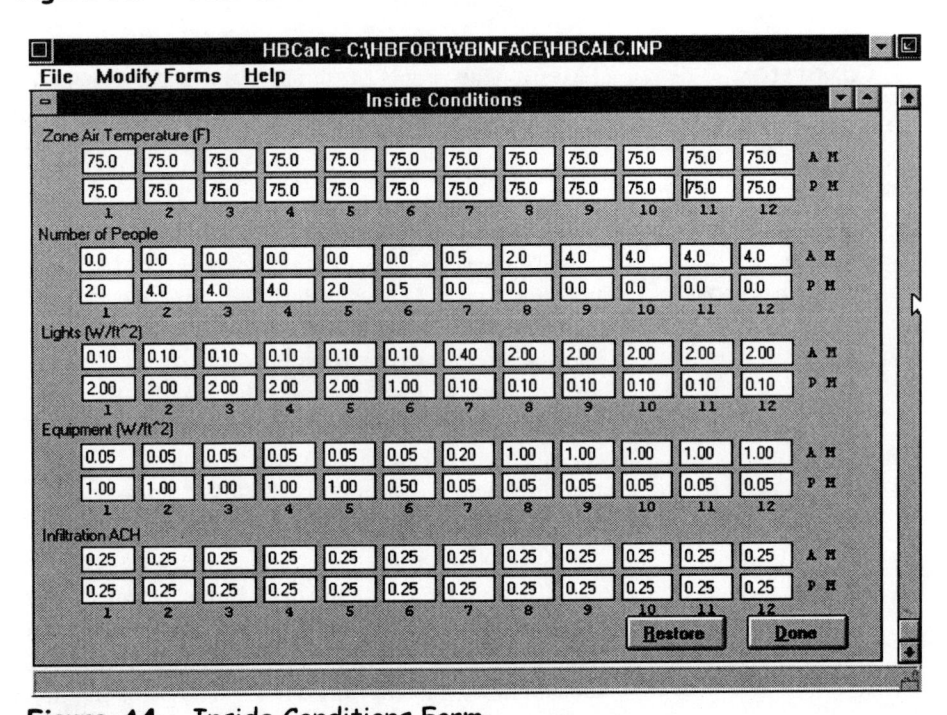

Figure A4 Inside Conditions Form.

A.4 INSIDE CONDITIONS FORM

The Inside Conditions Form is shown in Figure A4. It permits the specification of inside conditions for the zone. Inside conditions include the zone air temperature, the number of people in the zone, and the internal gains from lights, equipment, and people. Each category is specified for all 24 hours. The copy and drag feature works on this form, and the buttons perform the same function as on the outside conditions form.

SYSTEM CONDITIONS FORM

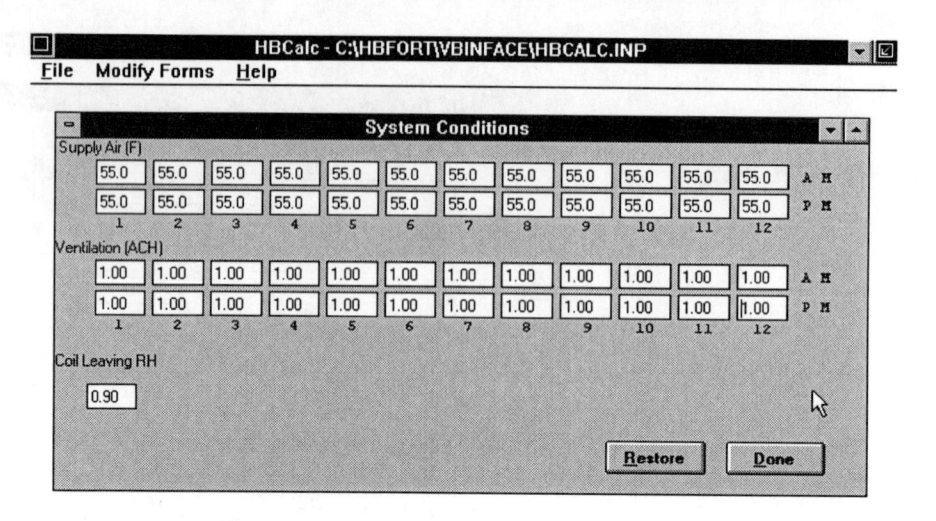

Figure A5 System Conditions Form.

A.5 SYSTEM CONDITIONS FORM

The system conditions are specified on the form shown in Figure A5. It contains boxes for the supply air temperature and the ventilation airflow rate. The ventilation air goes directly into the system and affects the coil loads but not the zone loads. The form also contains a box for the coil leaving relative humidity. In more humid climates this generally is assumed to be about 90%, but in dryer climates it can be set to a value appropriate to the climate.

A.6 SURFACE CONSTRUCTION FORM

The Surface Construction Form is show in Figures A6a and A6b. This form supplies the detailed layer-by-layer construction information for the walls and windows. The density, specific heat, thermal conductivity, and layer thickness are supplied for each layer of a surface, from outside to inside. There must be one blank row following the last layer of each surface. The FORTRAN program uses this construction information to generate conduction transfer functions (CTF) and SP response factors for the conductive heat gain processes. The part of the form shown in Figure A7b shows how the same information is supplied for a window.

Note the layers that are purely thermal resistance are specified using k and L ($R = L/k$). The other properties in those rows are specified as zero.

The "insert row" and "delete row" buttons are used to add or delete layers of the wall construction. To insert a new layer, select a layer and click the insert layer button. A blank layer will appear above the selected layer. The boxes in this layer can then be filled. Layers can be deleted by selecting them and clicking the delete button. There must be one blank row following the last layer of each surface.

A.7 WALL AND WINDOW DATA FORM

Figure A7 shows the form that is used to specify the dimensions and properties of the walls, roof, and floor, as well as the thermal mass (internal furnishings).

The top part of the form is for opaque surfaces. For these surfaces:

- The second column gives the wall facing angle in degrees from north.
- The third column gives the tilt of the normal to the surface in degrees from vertical.

USING THE LOAD CALCULATION SOFTWARE

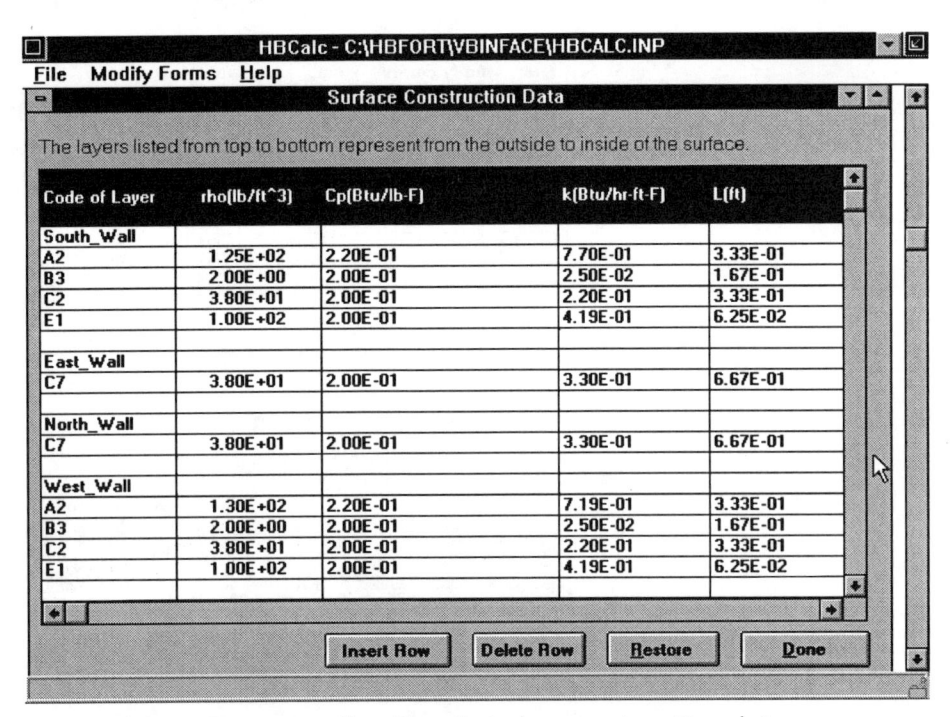

Figure A6a Top part of wall and window construction data.

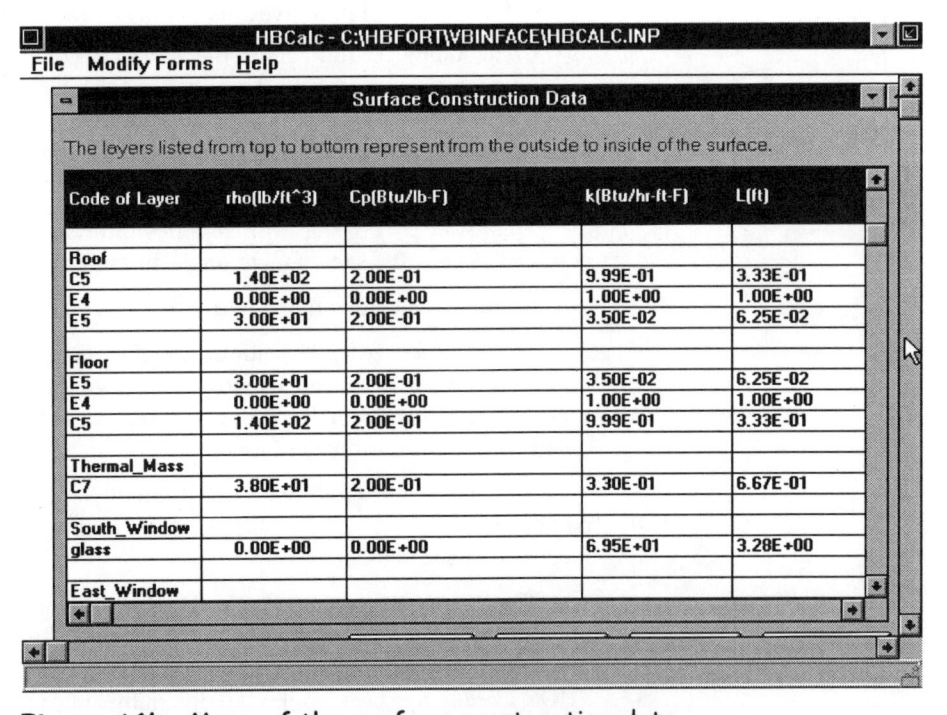

Code of Layer	rho(lb/ft^3)	Cp(Btu/lb-F)	k(Btu/hr-ft-F)	L(ft)
South_Wall				
A2	1.25E+02	2.20E-01	7.70E-01	3.33E-01
B3	2.00E+00	2.00E-01	2.50E-02	1.67E-01
C2	3.80E+01	2.00E-01	2.20E-01	3.33E-01
E1	1.00E+02	2.00E-01	4.19E-01	6.25E-02
East_Wall				
C7	3.80E+01	2.00E-01	3.30E-01	6.67E-01
North_Wall				
C7	3.80E+01	2.00E-01	3.30E-01	6.67E-01
West_Wall				
A2	1.30E+02	2.20E-01	7.19E-01	3.33E-01
B3	2.00E+00	2.00E-01	2.50E-02	1.67E-01
C2	3.80E+01	2.00E-01	2.20E-01	3.33E-01
E1	1.00E+02	2.00E-01	4.19E-01	6.25E-02

Figure A6b More of the surface construction data.

Code of Layer	rho(lb/ft^3)	Cp(Btu/lb-F)	k(Btu/hr-ft-F)	L(ft)
Roof				
C5	1.40E+02	2.00E-01	9.99E-01	3.33E-01
E4	0.00E+00	0.00E+00	1.00E+00	1.00E+00
E5	3.00E+01	2.00E-01	3.50E-02	6.25E-02
Floor				
E5	3.00E+01	2.00E-01	3.50E-02	6.25E-02
E4	0.00E+00	0.00E+00	1.00E+00	1.00E+00
C5	1.40E+02	2.00E-01	9.99E-01	3.33E-01
Thermal_Mass				
C7	3.80E+01	2.00E-01	3.30E-01	6.67E-01
South_Window				
glass	0.00E+00	0.00E+00	6.95E+01	3.28E+00
East_Window				

- The fourth column gives the area of the surface in square feet.
- The fifth column gives the outside solar absorptance of the surface.
- The sixth column gives the absorptance for short wavelength radiation (solar and lights) inside.
- The seventh column gives the emittance for long wavelength radiation outside.

WALL AND WINDOW DATA FORM

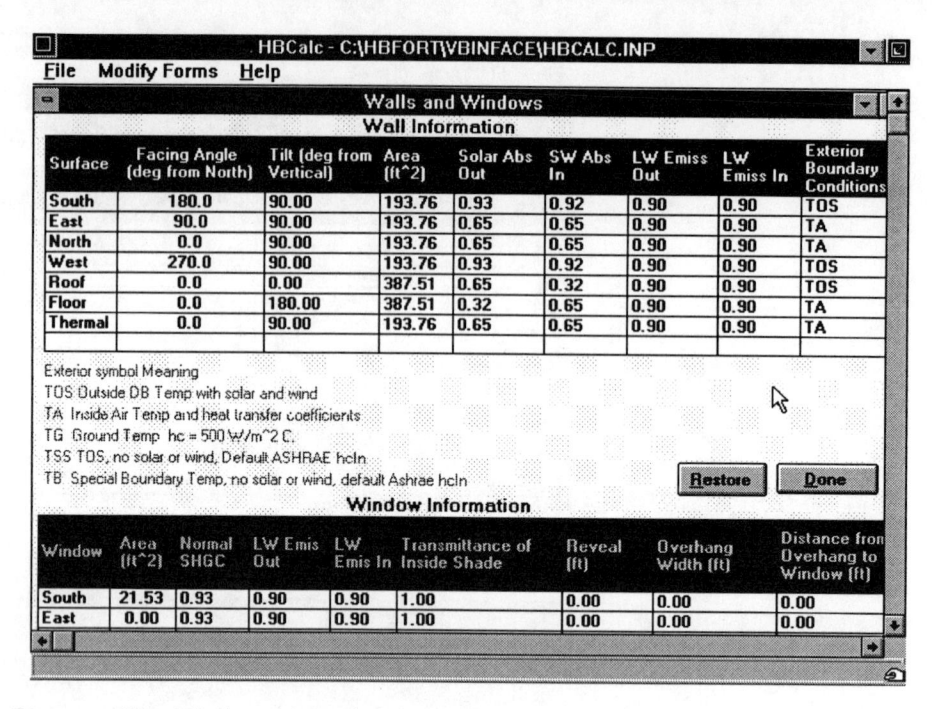

Figure A7 Wall and Window Data Form.

- The eighth column gives the emittance for long wavelength radiation inside.
- The ninth column gives the external boundary condition and temperature, which are imposed on the outside of the surface. The key is shown in the middle of the form. Two codes may require some explanation: TSS corresponds to a shaded unconditioned space boundary condition, and TA corresponds to having a conditioned space on the other side, making the surface a partition.

The lower part of the form supplies information for the windows. Windows are assumed to have the same facing angle and direction as the walls that contain them.

Column 2 specifies the window area in square feet.

The "Normal SHGC" column specifies the solar heat gain coefficient (SHGC) normal to the glass for the window. If the window has internal shading, the SHGC must change to account for reflection back to the outside. This information can be obtained from the component manufacturer.

The "LW Emit Out" and "LW Emit In" columns specify the long wavelength emittances for the inside and outside of the window. These values are used for the surface heat balance calculation.

The "Transmittance of Inside Shade" column is used to specify the fraction of the transmitted solar radiation, which goes through the shade/drapery into the room. The remainder is transferred directly to the zone air by convection. Note that the SHGC already has been applied to obtain the transmitted energy.

The "Reveal" column specifies the distance the outside surface of the window is set back from the outside surface of the wall. This can produce a shadow on the window that must be taken into account when calculating the solar gain.

The "Overhang Width" column gives the width of the overhang. That is the distance the overhang protrudes out from the face of the wall. The overhang is assumed to extend far enough from side to side to shade the entire width of the window.

USING THE LOAD CALCULATION SOFTWARE

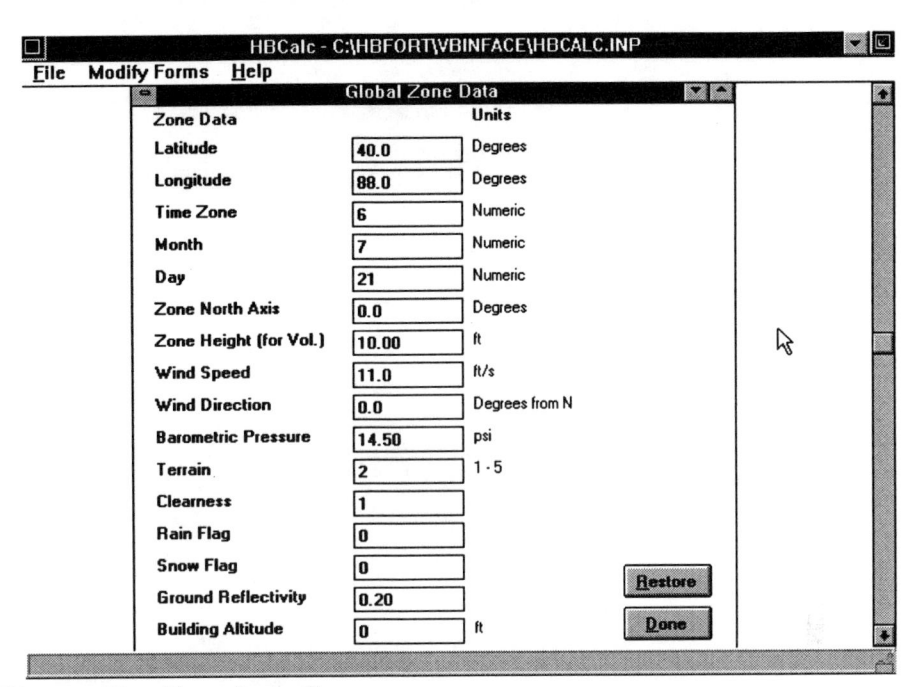

Figure A8 Zone Data Form.

The "Distance from Overhang to Window" column specifies how far above the top edge of the window the overhang is attached to the wall.

A.8 ZONE DATA FORM

The Zone Data Form is shown in Figure A8. This form contains the global information for the zone. Most of the entries are self-explanatory, but a few require some explanation.

The "Time Zone" entry is the time zone relative to Greenwich Mean Time.

The "Zone North Axis" entry can be used to rotate all the surfaces that make up the zone. The angle specified represents a clockwise rotation of the zone plan view relative to solar north, or a counterclockwise rotation of solar north relative to the plan view of the zone.

The terrain entry is used for one of the outside heat transfer coefficient routines but usually should not be changed.

The "Clearness" value can be used to shut off the sun for winter heating load calculations. Under those conditions, the clearness should be set to 0.0.

A.9 INTERNAL GAIN DETAILS FORM

The internal gain details are specified using the form shown in Figure A9. The sensible/latent fraction for each type of gain is specified, and then the radiative/convective split of the sensible fraction is specified. In the case of lights, the radiant fraction is further split into two parts, the long wavelength (thermal) part and the short wavelength (visible) part. Also, in the case of lights, the fraction of the total gain that goes directly to the return air can be specified.

A.10 INPUT FILE DESCRIPTION FORM

The Input File Description Form simply displays a box that can be used to provide a description of the zone being modeled. This text appears as the first line of the input file HBCalc.inp. An example is shown in Figure A10.

A.11 OUTPUT DISPLAY

After the load calculation has been performed using the "Execute entry" of the file menu, some of the results from the output file are displayed. The display is shown

OUTPUT DISPLAY

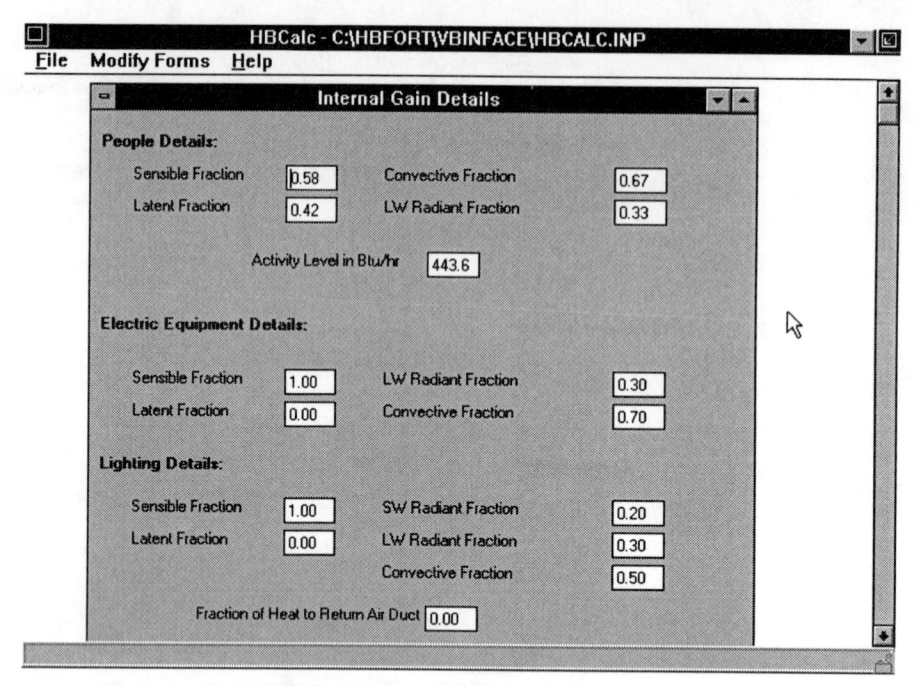

Figure A9 Internal Gain Details Form.

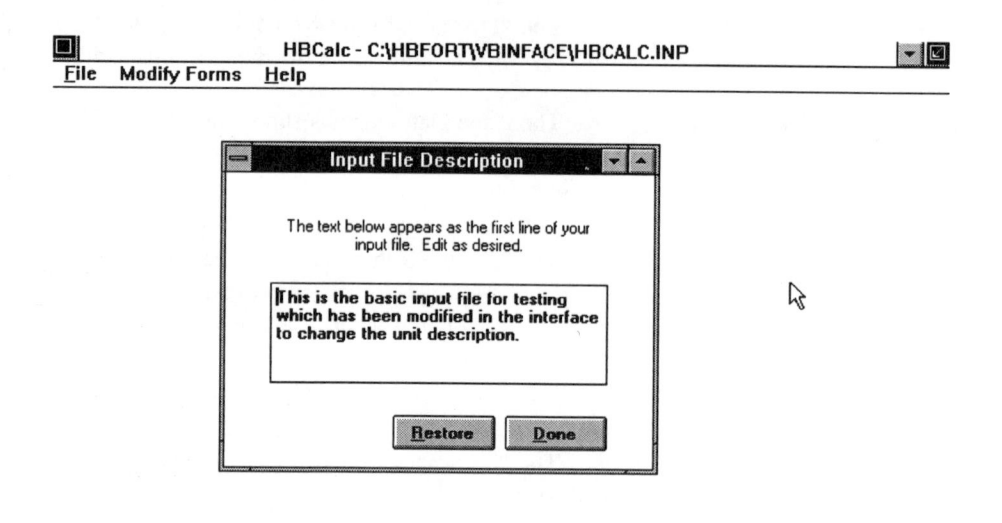

Figure A10 Input file description form.

partially in Figures A11a and A11b. This form displays the results of the heat balance calculation, the RTS coefficients, and also the results of applying those RTS coefficients to the zone.

The displays on the form are organized in double lines of 12 values representing the morning and afternoon hours. Only the first nine hours are shown in Figure A11. The remaining hours can be seen by using the horizontal scroll bar.

USING THE LOAD CALCULATION SOFTWARE

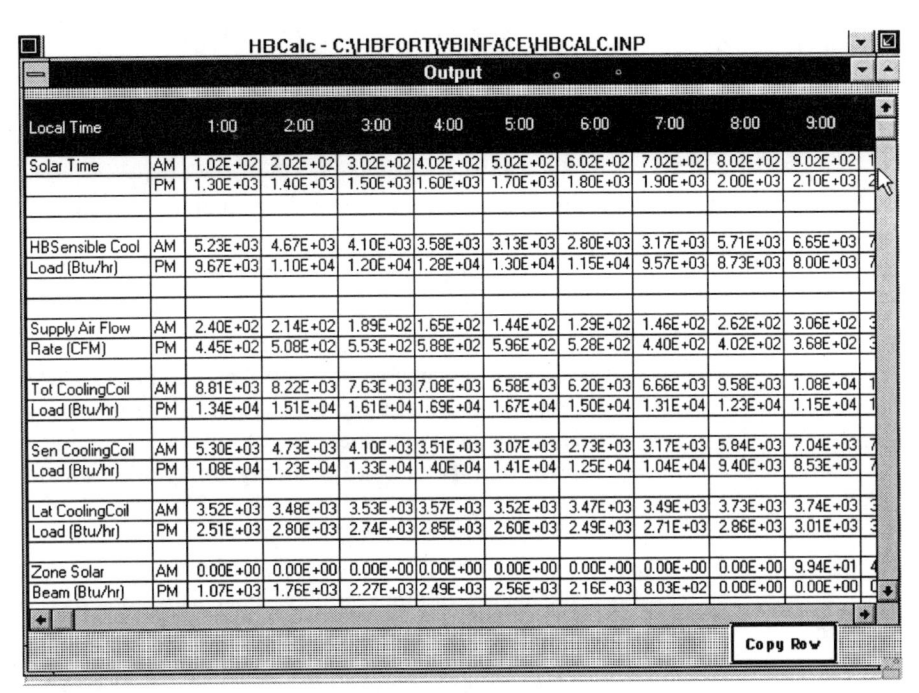

Figure A11a Top part of output sheet.

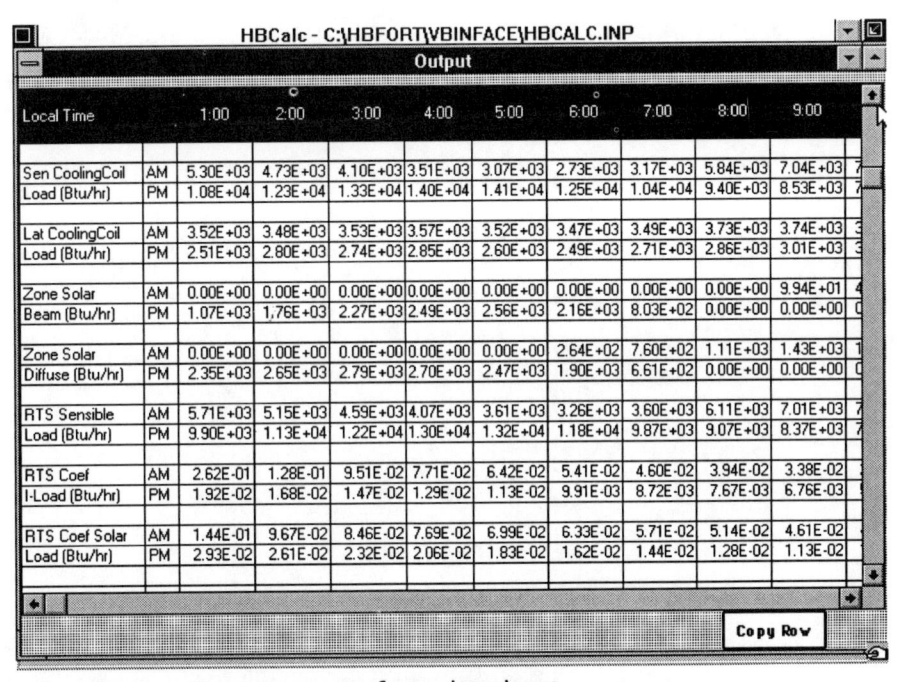

Figure A11b Bottom part of results sheet.

The first block gives solar time corresponding to the clock time.

The second block gives the sensible cooling load as determined by the heat balance procedure

The third block gives the required supply airflow in cfm corresponding to the heat balance sensible load and the input supply air temperature and zone temperature.

LOAD CALCULATION PRINCIPLES

Output Display

The next three blocks give the cooling coil loads. These are obtained with a simple system simulation assuming a deep coil that produces air at the supply air temperature and outlet RH, which were specified.

Psychrometric calculations are done to obtain the latent load.

The next two blocks (Figure A11b) give the beam and diffuse solar gain quantities that result from the solar calculation in the heat balance procedure. They are for reference or use in the RTS procedure.

The next block gives the cooling load that results from applying the complete RTS procedure (the internal and solar parts and the conduction part).

The last two blocks on Figure A11b give the 24 RTS coefficients that apply to internal loads and solar loads. These are the coefficients that must be applied to those hourly heat gain quantities to produce the internal and solar parts of the cooling load. They are shown on the output form for information only since it is much easier to get them from the output file if they are to be used in a calculation.

Selecting Blocks

Each block of 24 values can be transferred to the clipboard for pasting into a spreadsheet or other application. This is done by selecting (clicking on) the upper left cell of the block and then clicking on the "Copy Row" button in the lower right-hand corner. The clipboard will contain the 24 values in a single line.

Appendix B
HB Fort Input File

The interface supplied with this manual's software is satisfactory for performing most load calculations. However, the software has greater capability than the interface shows. In cases where more advanced calculations are desired, or for developers who want to incorporate the calculation program into their own interface, it is necessary to describe the input and output files that are used with the FORTRAN calculation engine. The arrangement of the interface forms, the input files, and the program is shown in Figure B1. The two text files, HBCalc.inp and HBCalc.out, can be used directly to calculate loads using HBFORT.EXE. This appendix will explain HBSS.INP and the following appendix will explain HBSS.OUT.

B.1 Description of the Input File

The structure of the input file, HBCalc.inp, is designed to make it simple but readable. It consists of alternating description lines and numerical input values.

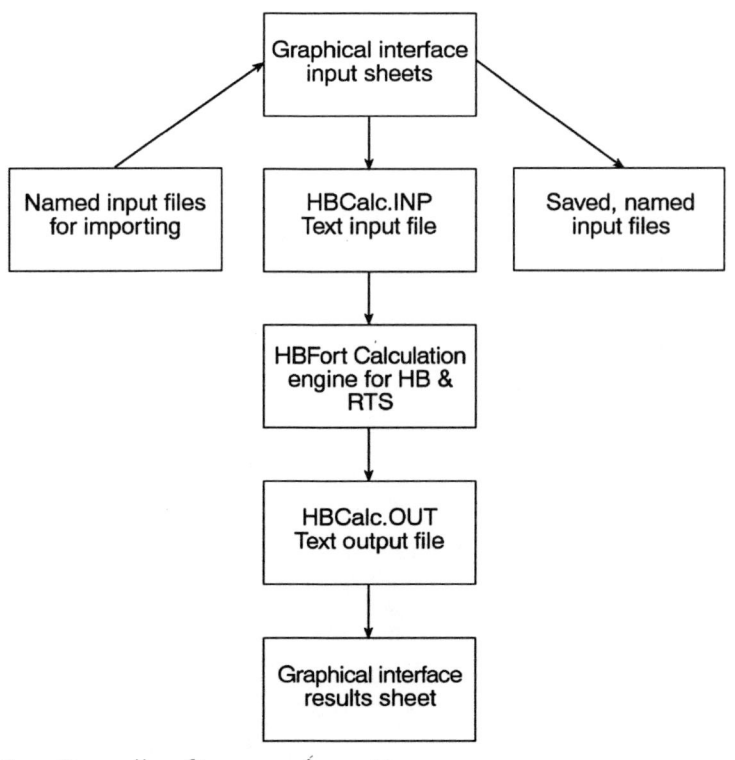

Figure B1 Overall software schematic.

Description of the Input File

Where it is appropriate, the default value is indicated in the description line. Most of the descriptions are complete enough to be understandable, but some require additional explanation.

The first two inputs, *Max Number of Days and Max Number of Sub-Iterations*, control the number of iterations in the 24-hour day loop and the hourly surface loop, respectively. The significance of these variables is explained in Chapter 10.

The next two inputs are not used presently but must be in the input file to preserve the sequence.

The next eight inputs select various options for the calculations. In all cases where there is a user-specified choice, the required values will be specified farther down in the input file. The inputs that refer to a BLAST algorithm or an ASHRAE default are explained in Chapter 10.

Note that where units are required, the input file is in SI units. The interface converts the values to IP for display purposes and then back to SI again before the calculations are done.

Most of the remaining input values are obvious from the explanatory line or from the interface. In the case of the wall construction inputs, again it should be noted that the surface heat transfer coefficients are not included. The constructions are described from face to face, and the heat transfer coefficients are applied by the procedures.

Finally, note near the end of the input file that the distribution of short wavelength (solar and lights) and long wavelength (thermal) radiation can be different for the heat balance calculation and the RTS calculation.

A sample of HBCalc.INP is shown below.

HB Fort Input File

DEFAULT 10: Max Number of Days
10
DEFAULT 8: Max Number of Sub-Iterations
8
NOT USED:
999
NOT USED:
999
DEFAULT 2: Shortwave Distribution————> 1 for user-specified, 2 for BLAST algorithm
2
DEFAULT 2: Longwave Distribution————> 1 for user-specified, 2 for BLAST algorithm
2
DEFAULT 1: People Sensible/Latent Split————> 1 for user-specified, 2 for BLAST algorithm
1
DEFAULT 0: Inside Convection Model————> 0 for ASHRAE default values, 1 for BLASTDetailed
0
DEFAULT 7: Outside Convection Model————> , 0 for ASHRAE default values, 1 for BLAST simple, 2 for ASHRAE/DOE2, 3 for Tarps, 4 for BLASTDetailed, 5 for KimuraSixth,, 6 for KimuraFourth,, 7 for MoWiTT, 8 for DOE2
7
DEFAULT 1: Sky Temperature Model————> 1 for BLASTDD, 2 for TARPS, 3 for BLASTAnnual, 4 for Brown
1
DEFAULT 2: Ground Surface Temperature————> 1 for Tgndsrf = Troof (approximate), 2 for Tgndsrf = TOS (like BLAST)
2
DEFAULT 1: Surface to Sky View Factor Model————> 1 for BLASTSolar, 2 for ASHRAESolar, 3 for DOE2Solar
1
DEFAULT 0: Daylight Savings Flag————> 0 for standard time, 1 for daylight savings time
0
DEFAULT O: Simplified Sol-Air Calculation————> 0 for no, 1 for yes (if yes, the exterior heat balance is not used)
0
DEFAULT 0.90: Relative humidity of air leaving cooling coil in system calculation.
0.90
DEFAULT 1: Call Radiant Time Series Calculation.————> 0 for no, 1 for yes
1
Interior Temperature, C
.8888888888889,23.
Outside Air Dry Bulb Temperatures, C
24.4444444444444,24.4444444444444,23.8888888888889,23.3333333333333,23.3333333333333,23.8888888888889,23.8888888888889,25,27.19,28.84,26.6666666666667,30.5555555555556,33.888888888888,34.4444444444444,35,34.4444444444444,33.8888888888889,32.7777777777778,30.5555555555556,29.4444444444444,28.3333333333333,27.2222222222222,26.1111111111111,25
Outside Air Wet Bulb Temperatures, C
23.3333333333333,
Ground (bottom face of floor) Temperatures, C
12.7777777777778,
Special Outside Boundary Temperatures, C
26.6666666666667,
Deck Temperatures, C
12.2222222222222,
Surface, Facing angle, Tilt, Area, Solar Abs Out, SW Abs In, LW Emiss Out, LW Emiss In, Exterior Temperature Flag (TOS = Outside DB Temp with solar and wind; TA = Inside Air Temp and heat transfer coe
TG = Ground Temp with hc = 500 W/m^2 C.; TSS = TOS, no solar or wind, Default ASHRAE hcIn; TB = Special Boundary Temp, no solar or wind, default Ashrae hcIn), Ext Roughness (1 = rough, ..., 6 = smooth
South_Wall, 180.0, 90.0,18.58, .93, .92, .90, .90,TOS,2
East_Wall, 90.0, 90.0,18.58, .65, .65, .90, .90, TA,2
North_Wall, .0, 90.0,18.58, .65, .65, .90, .90, TA,2
West_Wall, 270.0, 90.0,18.58, .93, .92, .90, .90,TOS,2
Roof, .0, .0,37.16, .65, .32, .90, .90, TOS,3
Floor, .0,180.0,37.16, .32, .65, .90, .90, TA,4
Thermal_Mass, .0, 90.0,0, .65, .65, .90, .90, TA,5
Window, Area, Normal Solar Trans, Normal SHGC, Normal Total Abs., LW Emis Out, LW Emis In, Surface to Surface Thermal Conductance, Reveal (m), Overhang width (m), Distance from overhang to window (m)
South_Window, 7.432, 0.0,0.9277, 0.0, 0.9, 0.9, 1.0,0,0,0
East_Window, 0, 0.0,0.9277, 0.0, 0.9, 0.9, 1.0,0,0,0
North_Window, 0, 0.0,0.9277, 0.0, 0.9, 0.9, 1.0,0,0,0
West_Window, 7.432, 0.0,0.9277, 0.0, 0.9, 0.9, 1.0,0,0,0
Skylight, 0, 0.0,0.9277, 0.0, 0.9, 0.9, 1.0,0,0,0
Data for CTFs for Walls and Windows (Wall or Window, Number of Layers//Thermal properties as described on next line)
code of layer, rho (Kg/m^3), Cp (Kj/(Kg*C)), k(W/(m*C)), L (m), common name (not used for anything)
South_Wall, 4
A2, 2002.3125, 0.92092, 1.33287, 0.1014984
B3, 32.037, 0.836999999999999, 0.043275, 0.0509016

Description of the Input File

```
C2, 608.7, 0.836999999999999, 0.38082, 0.1014984
E1, 1601.8, 0.836999999999999, 0.726, 0.01905
East_Wall, 1
C7, 608.7, 0.836999999999999, 0.570999999999999, 0.2033
North_Wall, 1
C7, 608.7, 0.836999999999999, 0.570999999999999, 0.2033
West_Wall, 4
A2, 2082.4, 0.920000000000001, 1.245, 0.1014984
B3, 32.037, 0.836999999999999, 0.043275, 0.0509016
C2, 608.7, 0.836999999999999, 0.38082, 0.1014984
E1, 1601.8, 0.836999999999999, 0.726, 0.01905
Roof, 3
C5, 2242.59999999999, 0.836999999999999, 1.73, 0.1014984
E4, 0, 0, 1.731, 0.3048
E5, 480.499999999999, 0.836999999999999, 0.060585, 0.01905
Floor, 3
E5, 480.499999999999, 0.836999999999999, 0.060585, 0.01905
E4, 0, 0, 1.731, 0.3048
C5, 2242.59999999999, 0.836999999999999, 1.73, 0.1014984
Thermal_Mass, 1
C7, 608.7, 0.836999999999999, 0.570999999999999, 0.2033
South_Window, 1
glass, 0, 0, 120.2217255, 0.999999999999999
East_Window, 1
glass, 0, 0, 120.2217255, 0.999999999999999
North_Window, 1
glass, 0, 0, 120.2217255, 0.999999999999999
West_Window, 1
glass, 0, 0, 120.2217255, 0.999999999999999
Skylight, 1
glass, 0, 0, 120.2217255, 0.999999999999999
Latitude , Degrees
40.0
Longitude , Degrees
88.0
Time Zone, integer
6
month, integer
7
day, integer
21
Zone north axis,degrees
0.
Zone Height (for Vol.),meters
 3.048
wind speed, m / s
 0
wind direction,degrees from N
0.0
barometric pressure, kPa
 99.9999999999
terrain , 1 - 5
2
clearness
1
rain flag
0
snow flag
0
ground reflectivity
0.2
building altitude, meters
0
Solar Radiation Distribution Function (South Wall and Window, East Wall and Window, North Wall and Window, West Wall and Window, Ceiling or Roof, Floor, Thermal Mass)
0.0, 0.0, 0.0, 0.0, 0.0, 1.0, 0.0
People Details (Sensible Fraction, Latent Fraction, LW Radiant Fraction, Convective Fraction, Activity Level in Watts)
0.58, 0.42, 0.33, 0.67, 130
Electric Equipment Details (Sensible Fraction, Latent Fraction, LW Radiant Fraction, Convective Fraction)
1.0, 0.0, 0.3, 0.7
Lighting Details (Sensible Fraction, Latent Fraction, SW Radiant Fraction, LW Radiant Fraction, Convective Fraction, Fraction of Heat to Return Air Duct)
1.0, 0.0, 0.2, 0.3, 0.5, 0.0
 People (total number, hourly values)
 .00, .00, .00, .00, .00, .00,.5,2.,4.,4.,4.,4.,2.,4.,4.,4.,2.,.5, .00, .00, .00, .00, .00,.00
 Lights (in W/m^2, hourly values)
1.08,1.08,1.08,1.08,1.08,1.08,4.31,21.53,21.53,21.53,21.53,21.53,21.53,21.53,21.53,21.53,21.53,10.76,1.08,1.08,1.08,1.08,1.08,1.08
 Equipment (in W/m^2, hourly values)
0.54,0.54,0.54,0.54,0.54,0.54,2.15,10.76,10.76,10.76,10.76,10.76,10.76,10.76,10.76,10.76,10.76,5.38,0.54,0.54,0.54,0.54,0.54,0.54
HB LW Radiation Distribution Function (South Wall and Window, East Wall and Window, North Wall and Window, West Wall and Window, Ceiling or Roof, Floor, Thermal Mass)
0.125, 0.125, 0.125, 0.125, 0.25, 0.25, 0.0
HB SW Radiation Distribution Function (South Wall and Window, East Wall and Window, North Wall and Window, West Wall and Window, Ceiling or Roof, Floor, Thermal Mass)
0.0, 0.0, 0.0, 0.0, 0.0, 1.0, 0.0
```

HB Fort Input File

Infiltration (in Air Changes per HourÑACH, hourly values)
.25,.25,.25,.25,.25,.25,.25,.25,.25,.25,.25,.25,.25,.25,.25,.25,.25,.25,.25,.25,.25,.25,.25,.25
Ventilation (in Air Changes per HourÑACH, hourly values)
 1.00,1.00
RTS OVERALL LW Radiation Distribution Function (South Wall and Window, East Wall and Window, North Wall and Window, West Wall and Window, Ceiling or Roof, Floor, Thermal Mass)
0.125, 0.125, 0.125, 0.125, 0.25, 0.25, 0.0
RTS OVERALL SW Radiation Distribution Function (South Wall and Window, East Wall and Window, North Wall and Window, West Wall and Window, Ceiling or Roof, Floor, Thermal Mass)

Appendix C
Output Files

The output file, HBCalc.out is significantly longer than the input file and will not be reproduced here. However, each section of the file will be explained. The output file consists of a series of descriptors at the left margin followed by data values. In some cases, the data values are for each hour for all 12 surfaces, and in other cases they are 24-hour values only. The table below explains the data values that appear in each section of the output file.

Text Heading from HBCalc.out	Explanation (All SI units where applicable)
HBSensible Cool Load,	The sensible cooling load for the zone as determined by the heat balance method (W)
Supply Air Flow Rate,	Supply airflow rate for zone (m^3/s)
Tot CoolingCoil Load,	Cooling coil load at given supply air temp and coil outlet RH (W)
Sen CoolingCoil Load,	Sensible load on cooling coil (W)
Lat CoolingCoil Load,	Latent load on cooling coil (W)
RTS coef I-Load,	RTS coefficients for processing internal gains
RTS coef Solar Load,	RTS coefficients for processing solar gains
RTS Sensible Load,	Sensible cooling load as determined by the RTS method (W)
Solar Time,	Shows solar time corresponding to the clock time
TbcOutside	A listing of 24 hourly outside boundary condition temperatures for each of the 12 surfaces.
Incident solar	A listing of 24 hourly values of incident solar heat flux for each of the 12 surfaces.
SHGC	The solar heat gain coefficient used each hour for all windows
SolarTransmissivity	The solar transmissivity used each hour for all windows
SolarAbsorptivity	The solar absorptivity used each hour for all windows
AbsorbedSolar-All Windows	The absorbed solar heat each hour for all windows
InwardFlowingSolar	The inward flowing fraction of the absorbed solar heat each hour for all windows
Distributed solar flux	Solar heat gain flux distributed to the inside face of each hour, all 12 surfaces.
IntSourceConvecGain,	The heat gain from all internal sources for each hour
LW Radiation Flux (Distributed, All Surfaces)	The long wavelength (thermal) radiation from internal sources as distributed to all surfaces, all hours
SW Radiation Flux (Distributed, All Surfaces)	The short wavelength (light) radiation from internal sources as distributed to all surfaces, all hours
Solar Radiation Flux (Distributed, All Surfaces	The solar radiation as distributed to all surfaces, all hours
Total People Gain,	Total zone heat gain from people, each hour
Total Lights Gain,	Total zone heat gain from lights, each hour
Total Equip Gain,	Total zone heat gain from equipment, each hour
Total Infil Gain,	Total zone heat gain from infiltration, each hour
CTFs for S Wall	Conduction Transfer Coefficients for the South Wall
CTFs forE Wall	Conduction Transfer Coefficients for the East Wall
CTFs forN Wall	Conduction Transfer Coefficients for the North Wall
CTFs forW Wall	Conduction Transfer Coefficients for the West Wall
CTFs forRoof/Ceiling	Conduction Transfer Coefficients for the Roof/Ceiling
CTFs forFloor	Conduction Transfer Coefficients for the floor
CTFs forT Mass	Conduction Transfer Coefficients for the internal furnishings
CTFs forS Window	Conduction Transfer Coefficients for the south window
CTFs forE Window	Conduction Transfer Coefficients for the East window
CTFs forN Window	Conduction Transfer Coefficients for the North window
CTFs forW Window	Conduction Transfer Coefficients for the West window
CTFs forSkylight	Conduction Transfer Coefficients for the skylight
Qk Inside	Conductive heat flux to inside face, each hour, all surfaces
Qk Outside	Conductive heat flux to outside face, each hour, all surfaces
TsIn	Inside face temperatures, each hour, all surfaces
TsOut	Outside face temperatures, each hour, all surfaces
Tmrt	Mean radiant temperature for inside radiant exchange, each hour, all surfaces
hcIn	The heat transfer coefficient on the inside face used at each hour, all surfaces
hcOut	The heat transfer coefficient on the outside face used at each hour, all surfaces

TSolAir	The exact SolAir temperature at each hour for all surfaces.
SP RspFact	Steady Periodic Response Factors for RTS calculation, all surfaces
ZoneSolarBeamGain,	The zone heat gain due to transmitted solar beam radiation, all hours
ZoneSolarDiffuseGain,	The zone heat gain due to transmitted solar diffuse radiation, all hours
HBconverged = T RTSconverged = F	Two flags indicating if the convergence was successful for the HB and RTS calculations.

A second output file is produced by HBFort. This file is named **hbcsum.out**. This file contains a brief summary of the results. It should be useful to include in load calculation reports. The file is shown below. The load is reported for the peak hour and one hour on each side of the peak hour. A brief summary of the conditions imposed on the zone surfaces also is included. The information is reported in both IP and SI units.

Heat Balance Loads Calculation Summary Output, IP Units

Title: This is a test.

	Hour		
	16	17	18
Sensible Cooling Load, (Btu/h)	12785.1	12957.0	11486.5
System Airflow (CFM)	589.003	596.924	529.179
Heat Gain, People (Btu/h)	1774.74	887.372	221.843
Heat Gain, Lights (Btu/h)	2645.30	2645.30	1322.04
Heat Gain, Equipment (Btu/h)	1322.04	1322.04	664.018
Heat Gain, Infiltration (Btu/h)	308.270	294.048	262.609
Heat Gain, Solar (Btu/h)	5184.80	5030.26	4063.27

Zone Details

Surface	Area (ft^2)	Boundary Conditions
S Wall	193.8	TOS
E Wall	193.8	TA
N Wall	193.8	TA
W Wall	193.8	TOS
Roof/Ceiling	387.5	TOS
Floor	387.5	TA
T Mass	193.8	TA
S Window	21.53	TOS
E Window	0.0000	TA
N Window	0.0000	TA
W Window	21.53	TOS
Skylight	0.0000	TOS

Output Files

Heat Balance Loads Calculation Summary Output, SI Units

Title: This is a test.

	Hour		
	16	17	18
Sensible Cooling Load (W)	0.375E+04	0.380E+04	0.337E+04
System Airflow (m^3/s)	0.278	0.282	0.250
Heat Gain, People (W)	520.	260.	65.0
Heat Gain, Lights (W)	775.	775.	387.
Heat Gain, Equipment (W)	387.	387.	194.
Heat Gain, Infiltration (W)	90.3	86.2	76.9
Heat Gain, Solar (W)	0.152E+04	0.147E+04	0.119E+04

Zone Details

Surface	Area (m^2)	Boundary Conditions
S Wall	18.00	TOS
E Wall	18.00	TA
N Wall	18.00	TA
W Wall	18.00	TOS
Roof/Ceiling	36.00	TOS
Floor	36.00	TA
T Mass	18.00	TA
S Window	2.000	TOS
E Window	0.0000	TA
N Window	0.0000	TA
W Window	2.000	TOS
Skylight	0.0000	TOS

Load Calculation Principles

Appendix D
Psychrometric Processes—Basic Principles

Psychrometrics and psychrometric processes are used in the conversion of the cooling and heating loads into equipment loads for system design and optimization. The use of psychrometrics enables the designer to determine air quantities and air conditions that can be used for equipment selection and duct and piping design. This section deals with the fundamental properties of moist air and the basic processes used in HVAC systems. More detailed information is available in the *ASHRAE Handbook*, particularly *Fundamentals* and *Systems*.

There are two methods used to determine the properties of moist air. The calculations can be made using the perfect gas relations or the various properties can be determined from a psychrometric chart, which is based on a somewhat more rigorous analysis. For all practical purposes, properties computed from the perfect gas relations agree very well with those read from a psychrometric chart. Many computer programs are available to compute the properties of moist air, and these programs may display a chart as well.

The psychrometric chart is a valuable visual aid in displaying the processes in the HVAC system. Figure D1 is the abridged ASHRAE Psychrometric Chart for the normal temperatures of air-conditioning applications and for a standard barometric pressure of 29.921 in. of mercury. Charts for other temperature ranges and other altitudes are also available. For example, ASHRAE Psychrometric Chart 4 is for an elevation of 5000 ft. The various properties may be identified on the chart where dry-bulb temperature is plotted on the horizontal axis and humidity ratio is plotted on the vertical axis. Chapter 6 of *ASHRAE Fundamentals* defines the various parameters and gives the various relations from which the properties may be computed. Local atmospheric pressure is an important fundamental property that depends on local elevation. This property will be discussed extensively in later sections. Other properties shown on the psychrometric chart are as follows.

Enthalpy. Enthalpy is given on the left-hand inclined scale with lines sloping downward to the right with units of Btu per pound mass of dry air, Btu/lb_a.

Relative Humidity. Relative humidity is shown by lines curving upward from the lower left to upper right and given in percent. The 100% line representing saturated air is the uppermost line.

Wet-bulb Temperatures. Wet-bulb temperatures are shown along the 100% relative humidity line in degrees Fahrenheit. Note that the wet-bulb temperature lines are nearly parallel with the enthalpy lines, indicating that enthalpy is mainly a function of wet-bulb temperature. Also note that dry-bulb temperature equals wet-bulb temperature when the air is saturated, 100% relative humidity.

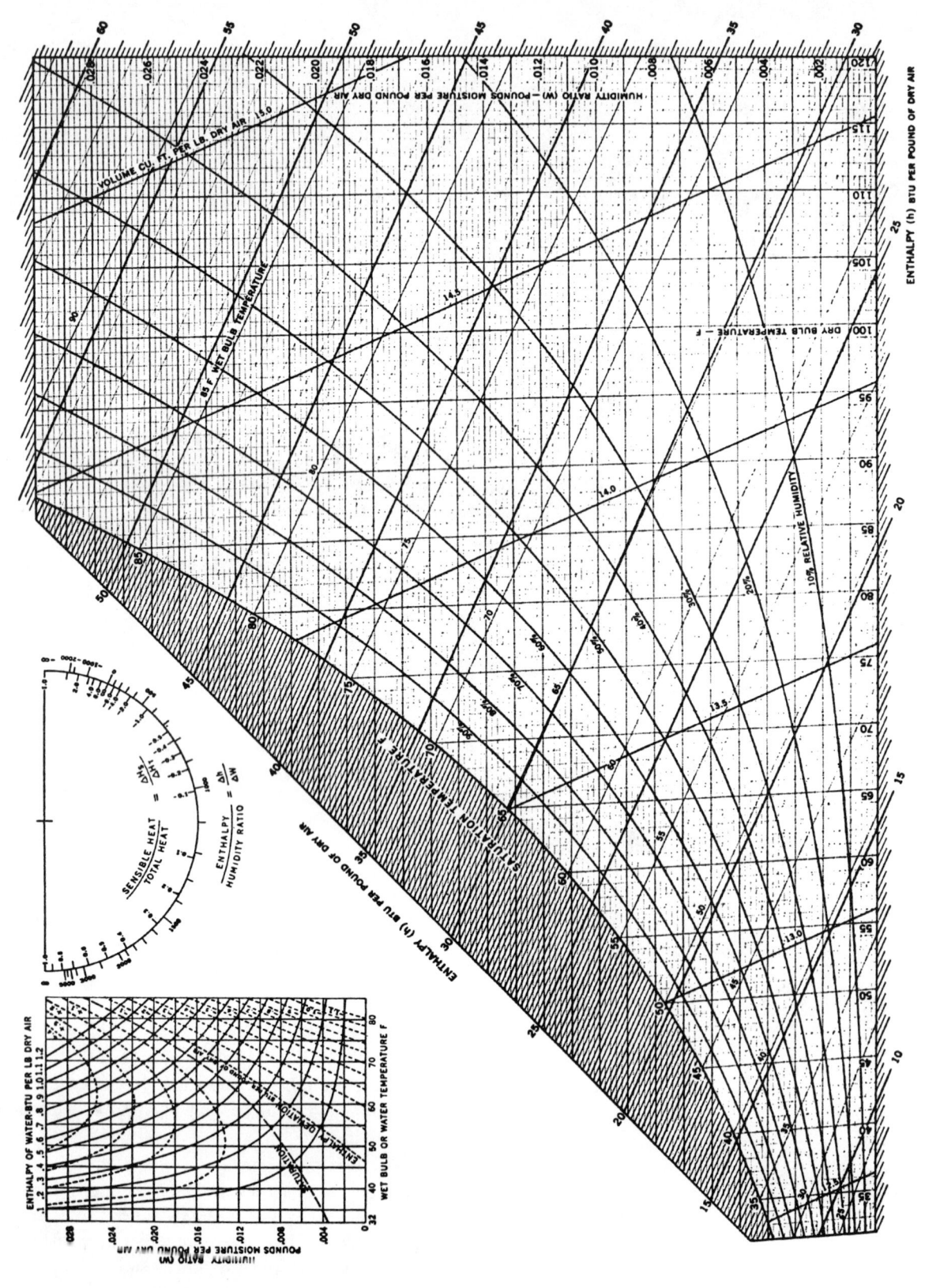

Figure D1 Psychrometric chart number 1.

PSYCHROMETRIC PROCESSES—BASIC PRINCIPLES

Specific Volume. Specific volume is shown by straight lines inclined downward from upper left to lower right. The lines are widely spaced; however, the change in volume is small across the chart and visual interpolation is adequate. Units are cubic feet per pound mass of dry air, ft^3/lb_a.

Dew-point Temperature. Dew-point temperature is not shown directly on the chart but can be easily determined at any state point by moving horizontally to the left to the 100% relative humidity line. The wet-bulb temperature at that point is the dew-point temperature in degrees Fahrenheit.

D.1 Basic Data and Standard Conditions

The approximate composition of dry air by volume is:

nitrogen	= 0.78084
oxygen	= 0.20948
argon	= 0.00934
carbon dioxide	= 0.00031
neon, helium, methane, sulfur dioxide, hydrogen, and other gases	= 0.00003

When the last group, considered to be inert, is included with the nitrogen, the resulting molecular weight is 28.965 and the gas constant is 53.352 ft·lb_f/(lb_a·R). This value of the gas constant is used with the perfect gas relations.

The U. S. standard atmosphere is defined as follows:

- Acceleration due to gravity is constant at 32.174 ft/s^2.
- Temperature at sea level is 59.0°F.
- Pressure at sea level is 29.921 in. of mercury.
- The atmosphere consists of dry air, which behaves as a perfect gas.

Moist air is a two-component mixture of dry air and water vapor. The amount of water vapor may vary from zero to a maximum amount depending on pressure and temperature. The latter condition is referred to as saturated air. The molecular weight of water is 18.015 and the gas constant is 85.78 ft·lb_f/(lb_v·R), which is used with the perfect gas relations.

Local atmospheric pressure and temperature vary with altitude or elevation. Table D1, taken from *ASHRAE Fundamentals* gives pressure and temperature as a function of altitude. The pressures are typical of local barometric pressure on the earth's surface at the elevations shown; however, the local temperatures on the earth's surface are influenced to a great extent by climatic conditions, and other data should be used. For system design and load calculations, it is suggested that local weather data or the design temperatures from Chapter 3 be used. These same data give the elevation for the various cities from which the local atmospheric pressure can be estimated. For elevations less than or equal to 4,000 ft:

$$P = 29.921 - 0.001025\ H \tag{D.1}$$

and for elevations greater than 4,000 ft and less than 10,000 ft:

$$P = 29.42 - 0.00090\ H \tag{D.1a}$$

where

P = local atmospheric pressure, in. mercury abs.,

H = local elevation, feet above sea level.

The use of the proper local atmospheric pressure in calculations is very important to ensure accurate results.

BASIC MOIST AIR PROCESSES

Table D1
Standard Atmospheric Data for Altitudes to 60,000 ft[a]

Altitude, ft	Temperature, °F	Pressure in. Hg	Pressure psia
−1000	62.6	31.02	15.236
−500	60.8	30.47	14.966
0	59.0	29.921	14.696
500	57.2	29.38	14.430
1000	55.4	28.86	14.175
2000	51.9	27.82	13.664
3000	48.3	26.82	13.173
4000	44.7	25.82	12.682
5000	41.2	24.90	12.230
6000	37.6	23.98	11.778
7000	34.0	23.09	11.341
8000	30.5	22.22	10.914
9000	26.9	21.39	10.506
10,000	23.4	20.58	10.108
15,000	5.5	16.89	8.296
20,000	−12.3	13.76	6.758
30,000	−47.8	8.90	4.371
40,000	−69.7	5.56	2.731
50,000	−69.7	3.44	1.690
60,000	−69.7	2.14	1.051

a. Data adapted from NACA *Report* 1235 (1955).

D.2 BASIC MOIST AIR PROCESSES

The most powerful analytical tools of the air-conditioning design engineer are the conservation of energy (first law of thermodynamics), or energy balance, and the conservation of mass or mass balance. These conservation laws are the basis for the analysis of moist air processes. It is customary to analyze these processes by using the bulk average properties at the inlet and outlet of the device being studied. In actual practice the properties may not be uniform across the flow area, especially at the outlet, and a considerable length may be necessary for complete mixing.

In this section we will consider the basic processes that are a part of the analysis of most systems. The psychrometric chart will be used extensively to illustrate the processes.

Heat Transfer Processes in General

In almost all cases of design or analysis of heat transfer processes, the fluids such as moist air are flowing at a steady rate, often called *steady flow*. Therefore, the energy balance for a moist air cooling process can be written as

Psychrometric Processes—Basic Principles

$$m_a h_1 = m_a h_2 + q + m_w h_w \quad \text{(D.2)}$$

or

$$q = m_a(h_1 - h_2) - m_w h_w \quad \text{(D.2a)}$$

where

q = heat transfer rate, Btu/h;
m_a = mass flow rate of dry air, lb_a/h;
m_w = mass flow rate of water, lb_w/h;
h = enthalpy, Btu/lb_a or Btu/lb_w;

and the subscripts 1 and 2 refer to the entering and leaving air. Equation D.2 assumes that the system does not do any work, and kinetic and potential energy changes are zero. Work will be considered later. It should be noted that the mass flow rate m_a is for dry air and enthalpy h_a is based on one pound mass of dry air. The term $m_w h_w$, the energy of the liquid water, is often very small and can be neglected. It will be assumed zero for the following discussion and reintroduced later. As Equation D.2 is written using an energy balance approach, the heat transfer rate does not have a sign associated with it. If heating and humidification were being considered, the terms q and $m_w h_w$ would be on the opposite side of the equation and

$$q = m_a(h_2 - h_1) - m_w h_w. \quad \text{(D.2b)}$$

In practice, the direction of the heat transferred is obvious by the nature of the problem. Equations D.2 are valid for any steady flow heat transfer process, with the assumptions noted. The enthalpy difference, $h_2 - h_1$ is made up of two parts:

$$h_2 - h_1 = c_p(t_2 - t_1) + \Delta h(W_2 - W_1) \quad \text{(D.3)}$$

where

c_p = specific heat of moist air, Btu/($lb_a \cdot$°F);
t = dry-bulb temperature, °F;
W = humidity ratio, lb_v/lb_a;
Δh = change in enthalpy required to vaporize or condense one pound of water, Btu/lb_v.

The first term on the right-hand side of Equation D.3 represents the heat transferred to change the air temperature from t_1 to t_2. This is referred to as *sensible heat transfer*. The other term in Equation D.3 represents the heat transferred to change the humidity ratio from W_1 to W_2. This is referred to as *latent heat transfer*. Then, $h_2 - h_1$ is proportional to the total heat transfer and Equation D.3 may be substituted into Equations D.2b to obtain

$$q = m_a(h_2 - h_1) = m_a[c_p(t_2 - t_1) + \Delta h(W_2 - W_1)] \quad \text{(D.2c)}$$

where the term $m_w h_w$ has been neglected.

It is customary to use the volume flow rate of the moist air in cubic feet per minute (cfm) in design calculations rather than mass flow rate, m_a. These two quantities are related by the specific volume v, another property shown on the psychrometric chart.

$$m_a = 60(cfm)/v_a \quad \text{(D.4)}$$

where m_a is in lb_a/h. The specific volume in ft³/lb_a, computed or read from the psy-

Basic Moist Air Processes

chrometric chart, is a very useful parameter. It is important that the volume flow rate (cfm) and specific volume v be specified at the same state or point on the psychrometric chart. The specific volume v_a may also be computed as follows using the ideal gas law:

$$v_a = (RT)/P_a \quad (D.5)$$

where

R = gas constant for dry air, 53.352 ft·lb$_f$/(lb$_m$·R);
T = absolute air temperature, $(t + 460)$, Rankine;
P_a = partial pressure of the dry air, lb$_f$/ft^2.

The partial pressure of the air depends on the local barometric pressure and the humidity ratio of the moist air. For design purposes, partial pressure may be assumed equal to the local barometric pressure, which is proportional to the elevation above sea level (Table D1). Table D2 gives values of v_a for different elevations and temperatures, covering the range of usual design conditions. These data are useful in practical calculations.

Table D2
Specific Volume of Moist Air, ft^2/lb$_a$

Elevation, ft	Dry-Bulb/Wet-Bulb Temperatures, °F					
	50/50	60/55	68/60	78/65	85/60	95/79
0	13.015	13.278	13.508	13.786	14.012	14.390
1000	13.482	13.758	13.996	14.286	14.520	14.919
2500	14.252	14.543	14.797	15.109	15.361	15.790
5000	15.666	15.991	16.278	16.623	16.908	17.399
7500	17.245	17.608	17.930	18.318	18.641	19.203
10,000	19.180	19.593	19.957	20.403	20.775	21.430

The specific heat c_p in Equation D.2c is for the moist air but is based on one pound mass of dry air.

$$c_p = c_{pa} + W c_{pv} \quad (D.2d)$$

where

c_{pa} = specific heat of dry air, 0.24 Btu/(lb$_a$·°F);
c_{pv} = specific heat of water vapor, 0.44 Btu/(lb$_v$·°F);
W = humidity ratio, lb$_v$/lb$_a$.

The humidity ratio depends on the air temperature and pressure; however, for typical HVAC calculations, a value of 0.01 lb$_v$/lb$_a$ is often used. Then

$$c_p = 0.24 + 0.01(0.44) = 0.244 \text{ Btu}/(\text{lb}_a - °F).$$

This value will be used extensively in Chapter 10 where practical psychrometrics are discussed.

The enthalpy change, Δh_w in Equations D.2c and A.10.3, is relatively constant in the range of air-conditioning processes, and a value of 1076 Btu/lb$_v$ is often assumed.

Psychrometric Processes—Basic Principles

This value is representative of the enthalpy change for one pound of water changing from saturated vapor in the moist air to a saturated liquid when condensed.

Sensible Heating or Cooling of Moist Air

When air is heated or cooled without the loss or gain of moisture, the process yields a straight horizontal line on the psychrometric chart because the humidity ratio is constant. This process is referred to as sensible heating or cooling. Such processes can occur when moist air flows through a heat exchanger. Process 1-2 in Figure D2 represents sensible heating, while the process 2-1 would be for sensible cooling. The heat transfer rate for such a process is given by Equations D.2a or D.2b for heating.

$$q = m_a(h_2 - h_1) = m_a[c_p(t_2 - t_1) + \Delta h(W_2 - W_1)] \tag{D.2b}$$

Since there is no transfer of moisture, $(W_2 - W_1) = 0$ and

$$q_s = m_a(h_2 - h_1) = m_a c_p(t_2 - t_1) \tag{D.6}$$

where q_s denotes a sensible heat transfer process. Note that the heat transfer rate q_s is still proportional to the enthalpy change $h_2 - h_1$. Substituting Equation D.4 for m_a yields

$$q_s = 60 \text{ (cfm) } c_p(t_2 - t_1)/v. \tag{D.6a}$$

When a constant value of 0.244 Btu/(lb$_a$·°F) is substituted for c_p in Equation D.6a,

$$q_s = 14.64 (\text{cfm})(t_2 - t_1)/v. \tag{D.6b}$$

Further, when the standard value of 13.28 ft³/lb$_a$ is substituted for v in Equation D.6b,

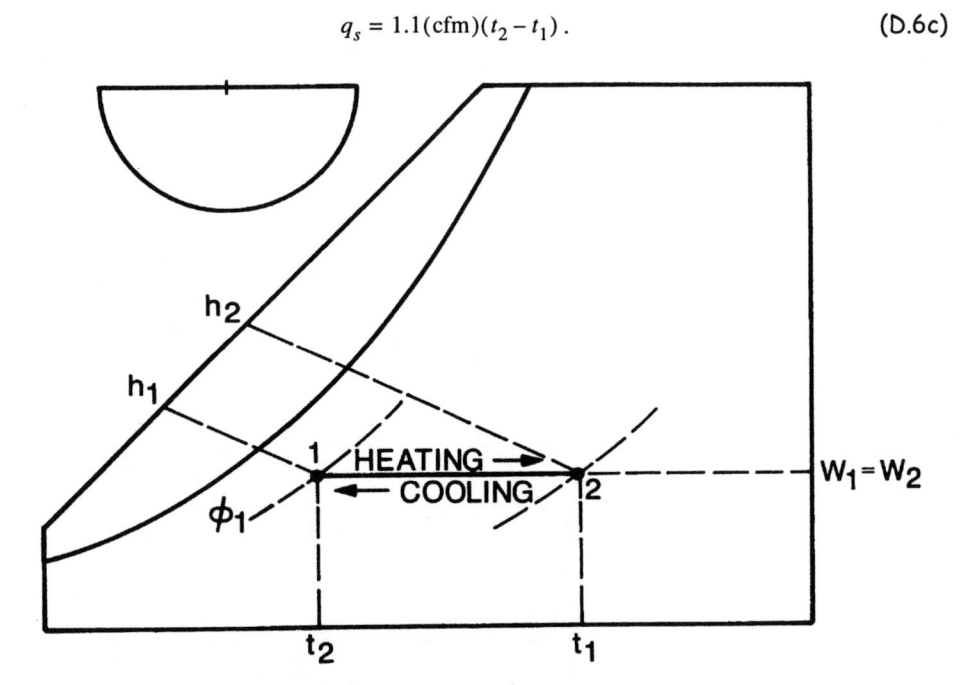

$$q_s = 1.1 (\text{cfm})(t_2 - t_1). \tag{D.6c}$$

Figure D2 Sensible heating and cooling process.

Basic Moist Air Processes

This is a commonly used relationship, but its limitations must be kept in mind. The constant may be easily adjusted using Table D2 and Equation A.10.6b. A slightly smaller constant of 1.08 is often used for heating conditions, rather than 1.10; however, the difference is not significant. It is far more important to recognize that local atmospheric pressure or elevation has a greater effect. For example, the specific volume v of air at 5,000 ft elevation and 59°F is about 16.0 ft³/lb$_a$ and the constant in Equation D.6c would be 0.90, a significant difference of about 20%.

Example D.1. Find the heat transfer required to heat 1500 cfm of atmospheric air at 60°F and 90% relative humidity to 120°F without transfer of moisture to or from the air. Assume standard sea level pressure.

Solution: Since this is a sensible heat transfer process, Equation D.6a or D.6b may be used to compute the heat transfer rate. Using D.6a,

$$q_s = 60(\text{cfm})c_p(t_2 - t_1)/v = 60 \times 0.244 \times 1500 \,(120-60)/13.278$$
$$= 99{,}232 \text{ Btu/h}$$

where v is from Table 10.2 at zero elevation and 60/55°F. Suppose this process took place at a location where the elevation above sea level was 5,000 ft. Using Table 10.2, the specific volume v would be 15.991 ft³/lb$_a$. Then for 1500 cfm at this high altitude using Equation D.6b,

$$q_s = 14.64(1500)(120 - 60)/15.991 = 82{,}396 \text{ Btu/h}.$$

The specific volumes above could have been read from an appropriate psychrometric chart.

Cooling and Dehumidifying of Moist Air

When moist air is cooled to a temperature below its dew point, some of the water vapor will condense and leave the airstream. This process usually occurs with cooling coils and is one of the most important in HVAC design. Figure D3 shows the process on the psychrometric chart. Although the actual process path will vary depending on

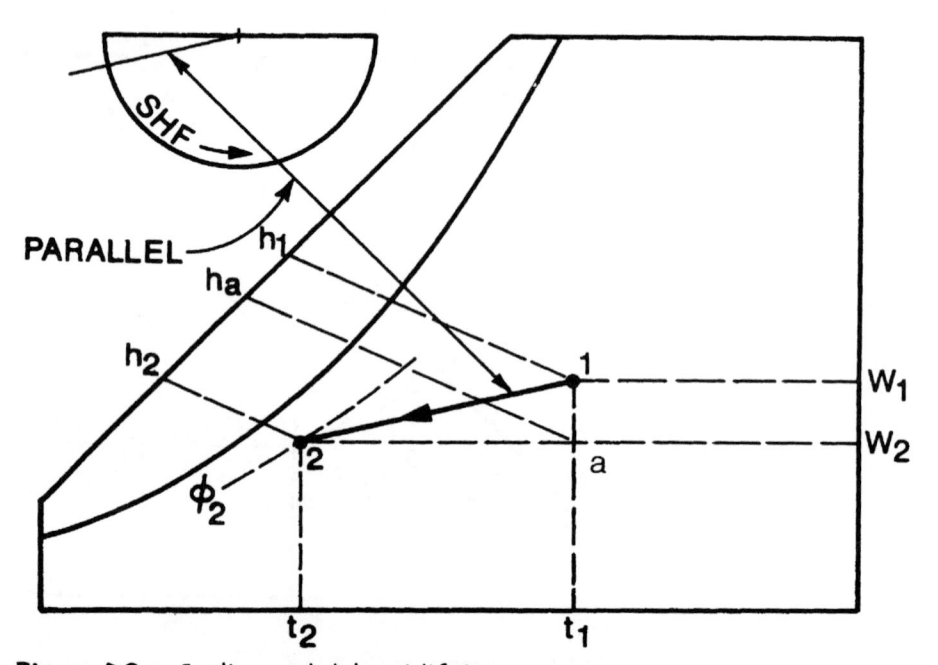

Figure D3 Cooling and dehumidifying process.

PSYCHROMETRIC PROCESSES—BASIC PRINCIPLES

the type of surface, surface temperature, and flow conditions, the heat and moisture transfer can be expressed in terms of the initial and final states. In the section above where heat transfer was discussed in general, the fact that some liquid water leaves the system as condensate was neglected. The condensate has some energy, although small. The energy balance from Equation D.2a becomes

$$q = m_a(h_1 - h_2) - (m_w h_w) \tag{D.7}$$

or

$$q = m_a[c_p(t_1 - t_2) + \Delta h(W_1 - W_2)] - m_w h_w \tag{D.7a}$$

For cooling, the last term on the right-hand side of Equation D.7 and D.7a is quite small compared to the other terms and can usually be neglected, as previously discussed. Then Equation D.7a is the same as Equation D.2c. However, it is much more convenient in this case to use Equation D.7, neglect the last term, and read the enthalpies from a psychrometric chart.

It was noted earlier that the change in enthalpy $(h_1 - h_2)$ is made up of two parts, sensible and latent. This can be shown conveniently on Figure D3. Imagine that the process follows the path 1-a-2 instead of path 1-2 as shown. The result is the same because

$$h_2 - h_1 = (h_a - h_1) + (h_2 - h_a). \tag{D.8}$$

Path 1-a represents a latent heat transfer process and path a-2 represents a sensible heat transfer process and both taken together represent the total heat transfer process. Therefore, this is a convenient way of determining the two quantities rather than using Equation D.7a to determine the separate quantities. When Equation D.7 is converted to the volume flow form, using Equation D.4, it becomes

$$q = 60(\text{cfm})(h_1 - h_2)/v \tag{D.7b}$$

where the term $m_w h_w$ has again been neglected and v may be obtained from a psychrometric chart, computed, or read from Table D2. When a standard value of 13.28 ft³/lb$_a$ is used for v in Equation D.7b, it becomes

$$q = 4.5(\text{cfm})(h_1 - h_2). \tag{D.7c}$$

The sensible heat factor (SHF) sometimes called the sensible heat ratio (SHR) is defined as

$$\text{SHF} = q_s/q = \frac{(h_a - h_2)}{(h_1 - h_2)} \tag{D.9}$$

where the enthalpy values are from Figure D3. The SHF is also shown on the semicircular scale of Figure D3. Use of this feature will be explained in an example.

Example D.2. Moist air at 80°F db and 67°F wb is cooled to 58°F db and 80% relative humidity. The volume flow rate of the entering air is 2000 cfm and the condensate leaves at 60°F. Find the heat transfer rate. Assume standard sea level pressure.

Solution. Equation (D.7) applies to this process, which is similar to Figure D3. The term for the condensate will be retained to demonstrate how small it is. The following properties are read from ASHRAE Psychrometric Chart 1: $v_1 = 13.85$ ft³/lb$_a$, $h_1 = 31.6$ Btu/lb$_a$, $W_1 = 0.0112$ lb$_v$/lb$_a$, $h_2 = 22.9$ Btu/lb$_a$, $W_2 = 0.0082$ lb$_v$/lb$_a$. The enthalpy of the condensate is obtained from the thermodynamic properties of water,

Basic Moist Air Processes

$h_w = 28.08$ Btu/lb$_w$. The enthalpy of liquid water, the condensate, may also be closely estimated by

$$h_w = t_w - 32.$$

Using Equation D.7b and retaining the condensate term,

$$q = 60(\text{cfm})(h_1 - h_2)/v_1 - m_w h_w.$$

The flow rate of the condensate m_w may be found from a mass balance on the water.

$$m_{v,in} = m_{v,out} + m_w$$

or

$$m_a W_1 = m_a W_2 + m_w$$

and

$$m_w = m_a(W_1 - W_2) = 60(\text{cfm})(W_1 - W_2)/v. \tag{D.10}$$

Then

$$q = 60(\text{cfm})\,[(h_1 - h_2) - (W_1 - W_2)h_w]/v_1$$

$$q = 60(2000)\,[(31.6 - 22.9 - (0.0112 - 0.0082)\,28.08]/13.85$$

$$q = 8664\,[(8.7) - (0.084)].$$

The last term, which represents the energy of the condensate, is quite insignificant. For most cooling and dehumidifying processes, this will be true. Finally, neglect the condensate term, $q = 75{,}380$ Btu/h. A ton of refrigeration is 12,000 Btu/h. Then $q = 6.28$ tons.

It should be noted that the solution to Example D.2 is very difficult without a psychrometric chart or some other aid such as a computer program. The sensible heat transfer is easily computed using Equation D.6 but the latent heat transfer calculation requires the use of enthalpy or humidity ratio, Equation D.12 or D.11. These can be calculated from basic principles but is a tedious task. Therefore, Equations D.7 are recommended. Note that the total heat transfer rate could be computed by $q = q_s/\text{SHF}$ where q_s is obtained from Equation D.6 and the SHF is obtained from a psychrometric chart. Psychrometric computer programs are very useful for problems of this type, particularly for elevations where charts are not available.

As discussed earlier, the cooling and dehumidifying process involves both sensible and latent heat transfer, where sensible heat transfer is associated with the decrease in dry-bulb temperature and the latent heat transfer is associated with the decrease in humidity ratio. These quantities may be expressed as

$$q_s = m_a c_p (t_1 - t_2) \tag{D.6}$$

and

$$q_l = m_a (W_1 - W_2)\Delta h. \tag{D.11}$$

By referring to Figure D3, we may also express the latent heat transfer as

$$q_l = m_a(h_1 - h_a) \tag{D.12}$$

and the sensible heat transfer is given by

Psychrometric Processes—Basic Principles

$$q_s = m_a(h_a - h_2). \qquad (D.13)$$

The energy of the condensate has been neglected. Recall that $m_a = 60(\text{cfm})/v$. Obviously,

$$q = q_s + q_1. \qquad (D.14)$$

The sensible heat factor SHF, defined as q_s/q, is shown on the semicircular scale of Figure D3. The SHF is given on the circular scale by a line parallel to line 1-2 as shown and has a value of 0.62 in Example D.2.

Heating and Humidifying Moist Air

This type of process usually occurs during the heating season when it is necessary to add moisture to conditioned air to maintain a healthful relative humidity.

Moist air may be heated and humidified in one continuous process; however, this is not very practical because the physical process would require spraying of water on a heating element, resulting in a buildup of scale and dirt and consequent maintenance problems. There is an important exception to this that will be discussed separately later. Warm air is also easier to humidify and can hold more moisture than cool air. Therefore, the air is usually heated followed by an adiabatic humidification process. Sensible heating was previously discussed and adiabatic humidification will now be considered.

Adiabatic Humidification

When moisture is added to moist air without the addition of heat, the energy equation becomes

$$(h_2 - h_1)/(W_2 - W_1) = h_w = \Delta h/\Delta w. \qquad (D.15)$$

It is important to note in Equation D.15 that h_1 and h_2 are the enthalpies of the moist air in Btu/lb$_a$, while h_w is the enthalpy of the water, liquid or vapor, used to humidify the air. The direction of the process on the psychrometric chart can vary considerably. If the injected water is saturated vapor at the dry-bulb temperature, the process will proceed at a constant dry-bulb temperature. If the water enthalpy is greater than the enthalpy of saturated vapor at the dry-bulb temperature, the air will be heated and humidified. If the water enthalpy is less than the enthalpy of saturated vapor at the dry-bulb temperature, the air will be cooled and humidified. Figure D4 shows these processes. One other situation is important. When liquid water at the wet-bulb temperature is injected, the process follows a line of constant wet-bulb temperature, as shown by Figure D4. The quantity, $\Delta h/\Delta W$ is also given on the semi-circular scale of the psychrometric chart and is a great aid in solving humidification problems. This is demonstrated in the following example.

Example D.3. Moist air at 60°F db and 20% relative humidity enters a heater and humidifier at the rate of 1600 cfm. It is necessary to heat the air followed by adiabatic humidification so that it leaves at a temperature of 115°F and a relative humidity of 30%. Saturated water vapor at 212°F is injected. Determine the required heat transfer rate and mass flow rate of the vapor. Assume standard sea level pressure.

Solution. It is first necessary to locate the states, as shown in Figure D5, from the given information and Equation D.15 using the protractor feature of the psychrometric chart. Process 1-a is sensible heating; therefore, a horizontal line to the right of state 1 is constructed. The $\Delta h/\Delta W$ scale on the protractor of ASHRAE psychrometric charts is designed so that the path of a humidification process can be determined when $\Delta h/\Delta W$ is known, or, if the process path is known, $\Delta h/\Delta W$ may be determined.

Basic Moist Air Processes

For example, referring to Figure D5, the complete process may be visualized as going from point 1 to point 2. When these two states are connected by a straight line and a parallel line is transferred to the protractor as shown, $\Delta h/\Delta W$ may be read and used in calculations as required. Also note that in the case of process a-2, an adiabatic process, $\Delta h/\Delta W$ equals h_w, from Equation D.15. Therefore, since h_w is known, 1150 Btu/lb, a parallel line can be transferred from the protractor to the chart to pass through point 2 and intersect the horizontal line from point 1, which represents the

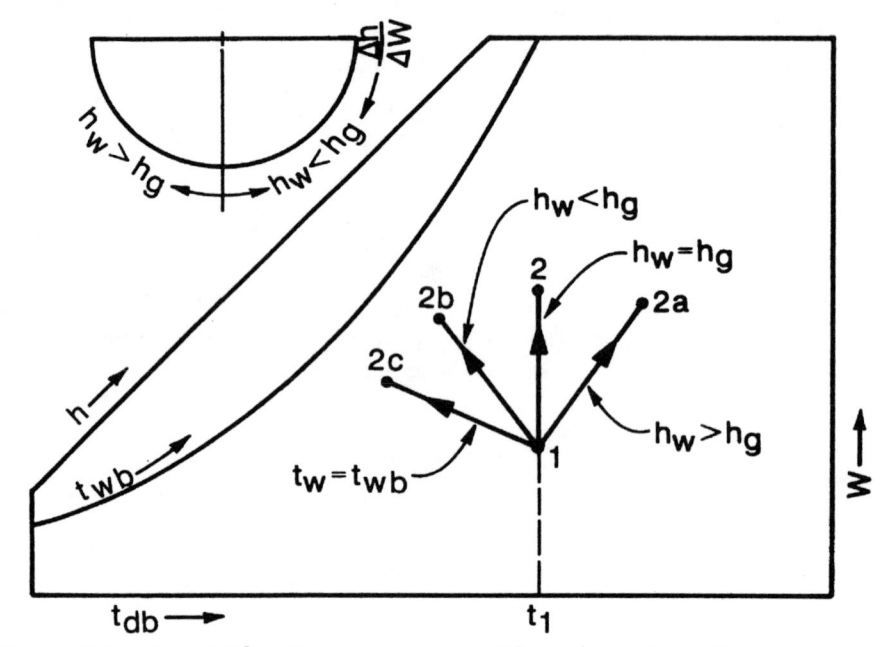

Figure D4 Humidification processes without heat transfer.

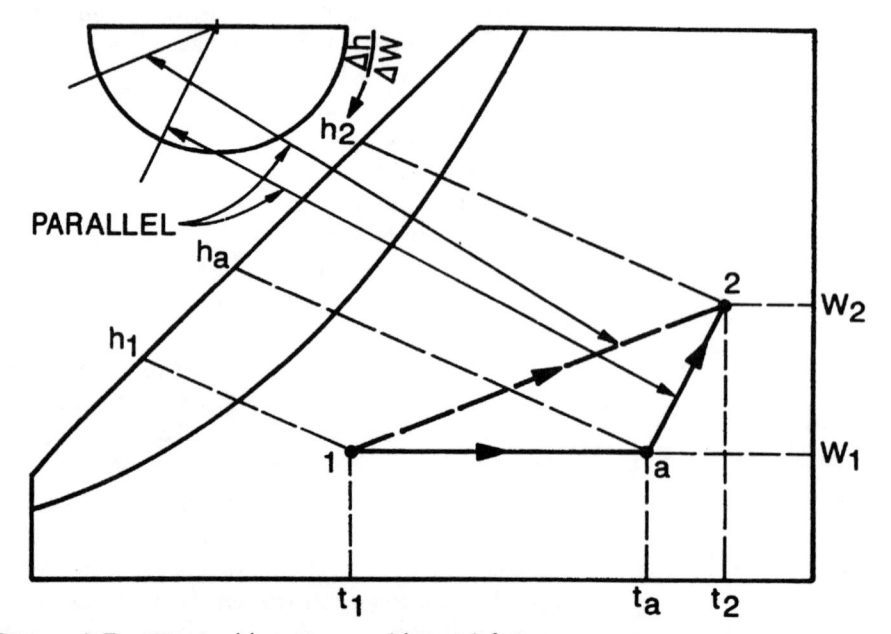

Figure D5 Typical heating and humidifying process.

Psychrometric Processes—Basic Principles

sensible heating process. Point a is thus determined, $t_a = 111.5°F$. The heat transfer rate is then given by

$$q = m_a(h_a - h_1) = 60(\text{cfm})c_p(t_a - t_1)/v_1 \tag{D.6}$$

where

$$m_a = \text{cfm}(60)/v_1 \tag{D.4}$$

and h_1 and h_a are read from ASHRAE Chart 1 as 16.7 and 29.2 Btu/lb$_a$, respectively. Then

$$q = 60(1600)(29.2 - 16.7)/13.15 = 91{,}255 \text{ Btu/h}$$

or

$$q = 60(1600)0.244(111.5 - 60)/13.15 = 91{,}737 \text{ Btu/h}.$$

The mass flow rate of the vapor is given by a mass balance on the water;

$$m_{v1} + m_w = m_{v2}$$

$$m_a W_1 + m_w = m_a W_2$$

and

$$m_w = m_a(W_2 - W_1) \tag{D.10a}$$

where W_2 and W_1 are read from Chart 1 as 0.0194 and 0.0022 lb$_v$/lb$_a$, respectively. Then

$$m_w = 7300(0.0194 - 0.0022) = 125.6 \text{ lb}_w/\text{h}$$

which is saturated water vapor at 212°F.

Adiabatic Mixing of Two Streams of Moist Air

The mixing of airstreams is quite common in air-conditioning systems. The mixing process usually occurs under adiabatic conditions and with steady flow. An energy balance gives

$$m_{a1}h_1 + m_{a2}h_2 = m_{a3}h_3 \tag{D.16}$$

where the subscripts 1 and 2 refer to the airstreams being mixed and 3 refers to the mixed airstream.

The mass balance on the dry air is

$$m_{a1} + m_{a2} = m_{a3} \tag{D.17}$$

and the mass balance on the water vapor is

$$m_{a1}W_1 + m_{a2}W_2 = m_{a3}W_3. \tag{D.18}$$

Combining Equations D.16 through D.18 gives the following result:

$$\frac{h_2 - h_3}{h_3 - h_1} = \frac{W_2 - W_3}{W_3 - W_1} = \frac{m_{a1}}{m_{a2}}. \tag{D.19}$$

The state of the mixed streams must lie on a straight line between states 1 and 2 as shown in Figure D6. It may be further inferred from Equation D.19 that the length of the various line segments is proportional to the masses of dry air mixed.

Basic Moist Air Processes

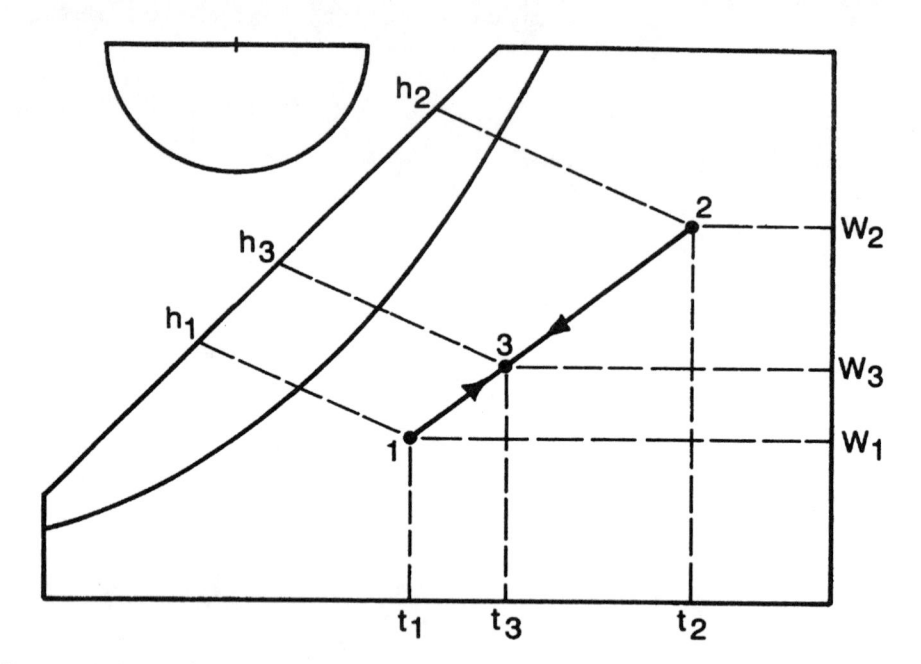

Figure D6 Adiabatic mixing process.

$$\frac{m_{a1}}{m_{a2}} = \frac{\overline{32}}{\overline{13}}; \frac{m_{a1}}{m_{a3}} = \frac{\overline{32}}{\overline{12}}; \frac{m_{a2}}{m_{a3}} = \frac{\overline{13}}{\overline{12}} \tag{D.20}$$

This fact provides a very convenient graphical procedure for solving mixing problems in contrast to the use of Equations D.16 through D.18.

It should be noted that the mass flow rate is used in the procedure; however, the volume flow rates may be used to obtain approximate results.

Example D.4. In this example, 2000 ft^3 per minute (cfm) of air at 100°F db and 75°F wb are mixed with 1000 cfm of air at 60°F db and 50°F wb. The process is adiabatic, at a steady flow rate, and at standard sea level pressure. Find the condition of the mixed stream.

Solution. A combination graphical and analytical solution is first obtained. The initial states are first located on Chart 1, as illustrated in Figure D6, and connected with a straight line. Equations D.17 and D.18 are combined to obtain

$$W_3 = W_1 + \frac{m_{a2}}{m_{a3}}(W_2 - W_1). \tag{D.21}$$

By using the property values from Chart 1 and Equation D.4, we obtain

$$m_{a1} = \frac{1000(60)}{13.21} = 4542 \text{ lb}_a/\text{h}$$

$$m_{a2} = \frac{2000(60)}{14.4} = 8332 \text{ lb}_a/\text{h}$$

$$W_3 = 0.0053 + \frac{8332}{(4542 + 8332)}(0.013 - 0.0053) = 0.0103 \text{ lb}_v/\text{lb}_a$$

PSYCHROMETRIC PROCESSES—BASIC PRINCIPLES

The intersection of W_3 with the line connecting states 1 and 2 gives the mixture state 3. The resulting dry-bulb temperature is 86°F and the wet-bulb temperature is 68°F.

The complete graphical procedure could also be used where the actual length of the process lines are used:

$$\frac{\overline{13}}{\overline{12}} = \frac{m_{a2}}{m_{a3}} = \frac{8332}{(8332 + 4542)} = 0.65$$

and

$$\overline{13} = 0.65(\overline{12}).$$

The length of line segments $\overline{12}$ and $\overline{13}$ depend on the scale of the psychrometric chart used. However, when the length $\overline{13}$ is laid out along $\overline{12}$ from state 1, state 3 is accurately determined.

If the volume flow rates (cfm) had been used in place of mass flow rate,

$$\frac{\overline{13}}{\overline{12}} = \frac{2000}{2000 + 1000} = 0.67$$

and

$$\overline{13} = 0.67(\overline{12})$$

with some loss in accuracy.

Evaporative Cooling

This type of process is essentially adiabatic, and the cooling effect is achieved through evaporation of water sprayed into the airstream. Therefore, the process is most effective when the humidity of the moist air is low. This is often the case at higher elevations and in desert-like regions.

The devices used to achieve this process are usually chambers with a sump from which water is sprayed into the airstream with the excess water draining back into the sump and recirculated. A small, insignificant amount of makeup water is required. When the makeup water is neglected, the energy equation becomes

$$h_1 = h_2, \qquad (D.22)$$

which leads to the conclusion that the wet-bulb temperature is essentially constant. An evaporative cooling process is shown in Figure D7. The following example will illustrate the process.

Example D.5. In this example, 2000 ft³ of atmospheric air at 100°F and 10% relative humidity are to be cooled in an evaporative cooler. The relative humidity of the air leaving the cooler is 50%. Determine the dry-bulb temperature of the air leaving the cooler, the required amount of makeup water, and the cooling effect. Assume standard sea level pressure.

Solution: The process is shown in Figure D7, and ASHRAE Chart 1 can be used to determine the final temperature, the humidity ratios W_1 and W_2, and specific volume, v_1 by laying out the line 1-2. Then,

$t_2 \quad = 76°F,$
$W_1 \quad = 0.0040 \text{ lb}_v/\text{lb}_a,$
$W_2 \quad = 0.0095 \text{ lb}_v/\text{lb}_a,$

Basic Moist Air Processes

$$v_1 = 14.2 \text{ ft}^3/\text{lb}_a.$$

The flow rate of the makeup water is given by Equation D.10a,

$$m_w = m_a(W_2 - W_1)$$

where

$m_a = 60(\text{cfm})/v_1 = 60(2000)/14.2 = 8{,}450 \text{ lb}_a/\text{h},$

$m_w = 8450(0.0095 - 0.004) = 46.5 \text{ lb}_w/\text{h}.$

This is a volume flow rate of 0.093 gallons of water per minute. The assumption of negligible makeup water is thus valid. Normally, one would use Equation D.7 to determine the cooling effect or heat transfer rate; however, in this case there is no external heat transfer. There has been an internal transformation of energy where sensible heat from the air has evaporated water, which has become part of the air-water vapor mixture. To evaluate the cooling effect, one has to apply the conditioned air to a space to be conditioned. Suppose the air in this example is supplied to a room, which is maintained at 85°F and 40% relative humidity.

$$q = m_a(h_r - h_2)$$

and from Chart 1

$$h_2 = 29.2 \text{ Btu/lb}_a$$

$$h_r = 31.8 \text{ Btu/lb}_a$$

then

$$q = 8{,}450(31.8 - 29.2) = 21{,}970 \text{ Btu/h}.$$

Fog Condition

A constant pressure fog condition occurs when the cooling process at constant pressure occurs in such a way that water droplets remain suspended in the air in a nonequilibrium condition after the dew point is reached. If all the condensed liquid

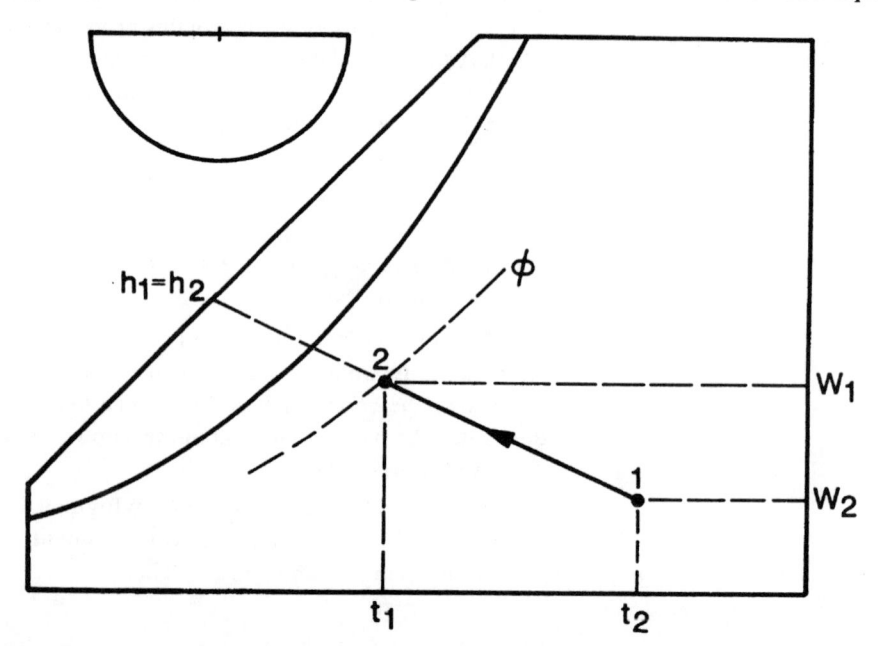

Figure D7 Evaporative cooling process.

Psychrometric Processes—Basic Principles

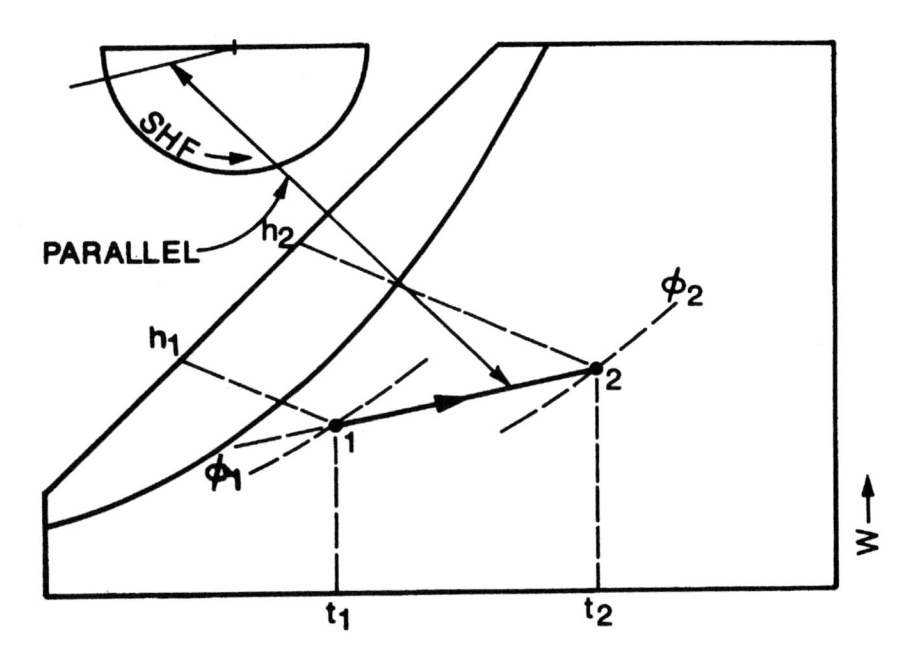

Figure D8 Space conditioning psychrometric process.

remains suspended along with remaining water vapor, the humidity ratio remains fixed. Energy and mass balance equations must be examined.

The fog condition exists when the condition is to the left of the saturation curve on the psychrometric chart regardless of how that condition was attained. All that is inferred is that liquid water droplets remain suspended in the air rather than dropping out as required by total equilibrium concepts. This two-phase region represents a mechanical mixture of saturated moist air and liquid water with the two components in thermal equilibrium. Isothermal lines in the fog region are coincident with extensions of thermodynamic wet-bulb temperature lines. As a rule it is not necessary to make calculations in the fog region.

Conditioning a Space

Air must be supplied to a space at certain conditions to absorb the load, which generally includes both a sensible and a latent component. In the case of a cooling load, the air undergoes simultaneous heating and humidification as it passes through the space and leaves at a condition dictated by comfort conditions. Such a conditioning process is shown in Figure D8.

The process 1-2 and its extension to the left is called the condition line for the space. Assuming that state 2, the space condition, is fixed, air supplied at any state on the condition line, such as state 1, will satisfy the load requirements. However, as the point is moved, different quantities of air must be supplied to the space. In general, the closer point 1 is to point 2, the more air is required, and the converse is also true.

The sensible heat factor for the process, which is referred to as the room sensible heat factor (RSHF), can be determined using the circular scale by transferring a parallel line as shown in Figure D8. The RSHF is dictated by the relative amounts of sensible and latent cooling load on the space. Therefore, assuming that state 2, the space condition, is known, the condition line can be constructed based on the cooling load. State 1, which depends on a number of factors, such as indoor air quality, comfort, and the cooling coil, then completely defines the amount of air required.

PROCESSES INVOLVING WORK AND LOST PRESSURE

Example D.6. A given space is to be maintained at 78°F db and 65°F wb. The total cooling load for the space has been determined to be 60,000 Btu/h of which 42,000 Btu/h is sensible heat transfer. Assume standard sea level pressure and compute the required air supply rate.

Solution. A simplified schematic is shown in Figure D8. State 2 represents the space condition and state 1, at this point unknown, represents the entering air condition. By Equation D.9 the sensible heat factor is

$$\text{RSHF} = 42{,}000/60{,}000 = 0.7.$$

The state of the air entering the space lies on the line defined by the RSHF on psychrometric Chart 1. Therefore, state 2 is located as shown on Figure D8 and a line drawn through the point parallel to the RSHF = 0.7 line on the protractor. State 1 may be any point on the line and is determined by the operating characteristics of the equipment, desired indoor air quality, and by what will be comfortable for the occupants. For now assume that the dry-bulb temperature t_1 is about 20°F less than t_2. Then $t_1 = 58°F$ and state 1 is determined. The air quantity may now be found from

$$q = m_a(h_2 - h_1) = 60(\text{cfm})(h_2 - h_1)/v_1$$

and

$$\text{cfm}_1 = \frac{q v_1}{(h_2 - h_1)60}.$$

From Chart 1, $h_2 = 30$ Btu/lb$_a$, $h_1 = 23$ Btu/lb$_a$, and $v_1 = 13.21$ ft^3/lb$_a$.

$$\text{cfm}_1 = \frac{60{,}000(13.21)}{(30 - 23)60} = 1890$$

Note that the volume flow rate at state 1 is not standard cfm but the actual cfm. It is sometimes desirable to give the volume flow rate as scfm. The actual cfm can be easily transformed by multiplying by the ratio of standard specific volume to actual specific volume, thus,

scfm$_1$ = cfm$_1(v_s/v_1)$
scfm$_1$ = 1890(13.3/13.21) = 1903.

In case this problem is being solved for some elevation where a psychrometric chart is not available, Equation D.6a or D.6b and Table D2 would be convenient. Assume that the elevation is 7,500 ft above sea level and find cfm$_1$. From Equation D.6a,

$$q_s = 60(\text{cfm})c_p(t_2 - t_1)/v_1. \tag{D.6a}$$

The specific volume, $v_1 = 17.608$ ft^3/lb$_a$ from Table D2 and $c_p = 0.244$ Btu/(lb$_a$·°F).

$$\text{cfm}_1 = \frac{v_1 q_s}{60(c_p)(t_2 - t_1)}$$

$$\text{cfm}_1 = \frac{17.608\,(42{,}000)}{60(0.244)(78 - 58)} = 2526$$

D.3 PROCESSES INVOLVING WORK AND LOST PRESSURE

Air distribution systems have fans to circulate the air to the various conditioned spaces. The work energy or power input to the fan takes two forms as it enters the airstream. First, the useful effect is to cause an increase in total pressure at the fan outlet. The total pressure is the driving potential for the air to flow throughout the system.

PSYCHROMETRIC PROCESSES—BASIC PRINCIPLES

The second effect is not useful and is due to the inability of the fan to convert all the work input into total pressure, and the result is an increase in the air temperature, the same as if heated. The fan total efficiency relates these quantities:

$$\eta_t = P_a/P_{SH}$$

where

P_a = power delivered to the air, Btu/h or horsepower;
P_{SH} = shaft power input to the fan, Btu/h or horsepower.

The shaft power input may be expressed using the energy equation as

$$P_{SH} = m_a(h_2 - h_1) = m_a c_p(t_2 - t_1) \tag{D.24}$$

since no moisture transfer is present. The power input to the air is

$$P_a = m_a(p_{01} - p_{02})/\rho_a = \eta_t P_{SH} \tag{D.25}$$

where

p_o = total pressure for the air, lb_f/ft^2;
ρ_a = air mass density, ft^3/lb_a.

Combining Equations D.24 and D.25 results in

$$t_2 - t_1 = (p_{01} - p_{02})/(\eta_t c_p \rho_a), \tag{D.26}$$

which expresses the temperature rise of the air from the fan inlet to the point where the total pressure has been dissipated. It is assumed that the motor driving the fan is outside the airstream. When standard air is assumed, $(p_{01} - p_{02})$ is in in. wg and h_t is expressed as a fraction, Equation D.26 reduces to

$$t_2 - t_1 = 0.364(p_{01} - p_{02})/\eta_t. \tag{D.26a}$$

When the fan motor is located within the airstream, such as a direct drive fan, h_t in Equation D.26 must be replaced by the product of the fan total efficiency and the motor efficiency. Table D3 gives the air temperature rise for standard air as a function of fan efficiency and total pressure rise according to Equation D.26a. Figure D9 illustrates the effect of fans. Process 1-2 is for a draw-through fan installation where the air coming off the cooling coil experiences a rise in temperature before entering the space at state 2. Process 2-3 represents the space conditioning process. Process 3-4 would be typical of the effect of a return air fan.

It should be noted that from the standpoint of load calculation, all the shaft power input to the fan eventually enters the airstream because the energy represented by Equation D.24 is converted to energy stored in the air as the air flows through the ducts and into the space where total pressure is approximately zero.

D.4 HEAT TRANSFER IN THE AIR DISTRIBUTION SYSTEM

It is common for some part of the air delivery or return system to be located outside the conditioned space. Heat transfer to or from the system then has an effect on the psychrometric analysis and the cooling load, much like fans discussed above. Duct systems should be well insulated to minimize heat loss or gain. Indeed, an economic study would show that well-insulated ducts are very cost effective.[1] However,

---

[1] ANSI/ASHRAE/IESNA. 1989. *Standard 90.1-1989, Energy efficient design of new buildings except low-rise residential buildings.* New York: American National Standards Institute; Atlanta: American Society of Heating, Refrigerating and Air-Conditioning Engineers, Inc.; City: Illuminating Engineering Society of North America.

Heat Transfer in the Air Distribution System

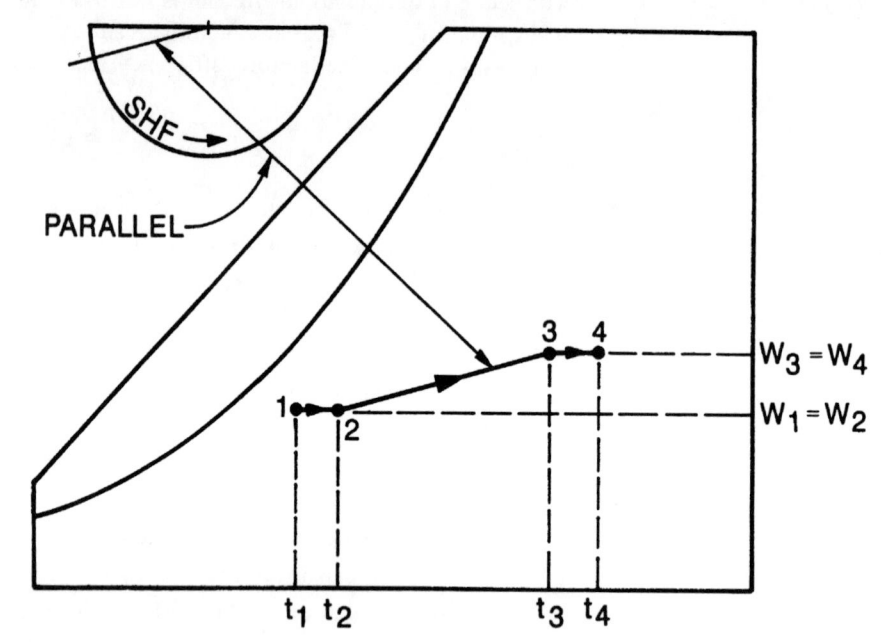

Figure D9 Psychrometric processes showing effect of fans.

Table D3
Air Temperature Rise Due to Fans, °F

Fan or Combined[a] Motor and Fan Eff. %	\multicolumn{11}{c}{Pressure Difference, in. of Water}
	1.0	1.5	2.0	2.5	3.0	3.5	4.0	4.5	5.0	5.5	6.0
50	0.7	1.1	1.5	1.8	2.2	2.6	2.9	3.3	3.6	4.0	4.4
55	0.7	1.0	1.3	1.7	2.0	2.3	2.7	3.0	3.3	3.6	4.0
60	0.6	0.9	1.2	1.5	1.8	2.1	2.4	2.7	3.0	3.3	3.6
65	0.6	0.8	1.1	1.4	1.7	2.0	2.2	2.5	2.8	3.1	3.4
70	0.5	0.8	1.0	1.3	1.6	1.8	2.1	2.3	2.6	2.9	3.1
75	0.5	0.7	1.0	1.2	1.5	1.7	1.9	2.2	2.4	2.7	2.9
80	0.5	0.7	0.9	1.1	1.4	1.6	1.8	2.1	2.3	2.5	2.7
85	0.4	0.6	0.9	1.1	1.3	1.5	1.7	1.9	2.1	2.4	2.6
90	0.4	0.6	0.8	1.0	1.2	1.4	1.6	1.8	2.0	2.2	2.4
95	0.4	0.6	0.8	1.0	1.2	1.3	1.5	1.7	1.9	2.1	2.3
100	0.4	0.6	0.7	0.9	1.1	1.3	1.5	1.6	1.8	2.0	2.2

a. If fan motor is situated within the airstream, the combined efficiency is the product of the fan and motor efficiencies. If the motor is external to the airstream, use only the fan efficiency.

in cases of high exposure and large temperature differences, it is desirable to estimate heat loss/gain and temperature rise/fall of the airstream. The physical problem is quite similar to a heat exchanger, where an airstream flowing through a pipe is separated from still air by an insulated duct.

PSYCHROMETRIC PROCESSES—BASIC PRINCIPLES

The following analysis may not always be practical. The intent is to discuss the problem fully so that a designer can adapt to a given situation.

Heat transfer to the airstream is given by

$$q = m_a(h_2 - h_1) = m_a c_p (t_2 - t_1) \tag{D.27}$$

and by the heat exchanger equation

$$q = UA \Delta t_m \tag{D.28}$$

where
- U = overall heat transfer coefficient, Btu/(h·ft²·°F);
- A = surface area of the duct on which U is based, ft²;
- Δt_m = log mean temperature difference, °F.

When Equations D.27 and D.28 are equated and solved for the temperature rise,

$$t_2 - t_1 = \frac{UA}{m_a c_p \Delta t_m}. \tag{D.29}$$

Some simplifications are in order. Since the anticipated temperature rise is small and the temperature in the surroundings t_o is constant,

$$\Delta t_m \approx t_0 - t_1. \tag{D.30}$$

As discussed before,

$$m_a = 60(\text{cfm})/v_1$$

and $c_p = 0.244$ Btu/lb·F. It is usually most convenient to base U on the inside surface area of the duct, then

$$U_i \frac{1}{(1/h_i) + R_d(A_i/A_m) + (1/h_o)(A_i/A_o)} \tag{D.31}$$

where
- h_i = heat transfer coefficient inside the duct, Btu/(h·ft²·°F);
- h_o = heat transfer coefficient outside the duct, Btu/(h·ft²·°F);
- R_d = unit thermal resistance for the duct and insulation, h·ft²·°F/Btu;
- A_i = duct inside surface area, ft²;
- A_o = duct outside surface area, ft²;
- A_m = duct mean surface area, ft².

Again, simplifications are in order. The outside heat transfer coefficient h_o will be about 1.5 to 2.0 Btu/(h·ft²·°F) depending on whether the insulation is foil backed or not. The mean area A_m can be approximated by

$$A_m \approx (A_i + A_o)/2. \tag{D.32}$$

The thermal resistance of metal duct can be neglected and only the insulation considered. For standard air, the inside heat transfer coefficient h_i can be approximated by a function of volume flow rate and duct diameter by

$$h_i = 7.64(\text{cfm})0.8/D^{1.8} \tag{D.33}$$

where D, the duct diameter, is in inches.

Heat Transfer in the Air Distribution System

In the case of rectangular duct, Equation D.33 will be adequate when the aspect ratio is not greater than about 2:1. When duct velocity is compatible with typical low-velocity duct design, h_i will vary from about 15 to 30 Btu/(h·ft²·°F) as cfm varies from 200 to 35,000.

Example D.7. In this example, 2000 ft³ of airflow in a 16 in. diameter duct, 100 ft in length. The duct is metal with 2 in. of fibrous glass insulation and is located in an unconditioned space where the air temperature is estimated to be 120°F on a design day. Estimate the temperature rise and heat gain for air entering the duct at 60°F, assuming standard air conditions.

Solution: Equations D.27 and D.29 may be used to solve this problem. The various parameters required are evaluated as follows:

$$\Delta t_m = t_o - t_1 = 120 - 60 = 60°F$$

$$m_a = 2000(60)/13.3 = 9023 \text{ lb}_a/h$$

where

v_1 = 13.3 ft³/lb$_a$ for standard air,
A_i = $\pi(16/12)$ = 4.2 ft²/ft,
A_o = $\pi(20/12)$ = 5.2 ft²/ft,
A_m = $(A_i + A_2)/2$ = 4.7 ft²/ft,
h_o = 2.0 Btu/(h·ft²·°F),
R_d = 7 h·ft²·°F/Btu,
h_i = $7.64(2000)^{0.8}/(16)^{1.8}$ = 22.7 Btu/(h·ft²·°F).

Then the overall heat transfer coefficient, U_i may be computed:

$$U_i = \frac{1}{(1/22.7) + 7(4.2/4.7) + (1/2)(4.2/5.2)} = 0.15 \text{ Btu/h} \cdot \text{ft}^2 \cdot °F$$

It should be noted that the insulation is the dominant resistance; therefore, the other thermal resistances do not have to be known with great accuracy. In fact, the inside and outside thermal resistance could be neglected and $U_i = 0.16$ Btu/(h·ft²·°F).

The temperature rise is then given by Equation 10.29,

$$t_2 - t_1 = \frac{100(4.2)(0.15)(60)}{0.244(9023)} = 1.72°F$$

and the heat gain to the air from Equation D.27 is

$$q = 9023(0.244)(1.72) = 3780 \text{ Btu/h},$$

which is sensible heat gain.

The above example shows that it is generally unnecessary to compute the heat transfer coefficients h_i and h_o when the duct is well insulated. If the duct is not insulated or poorly insulated, the complete calculation procedure is necessary to obtain reliable results.

Reference

ASHRAE. 1997. *ASHRAE handbook—Fundamentals*. Atlanta, Ga.: American Society of Heating, Refrigerating and Air-Conditioning Engineers, Inc.